CAD/C … 系

中文版 Autodesk Revit Architecture 2022 从入门到精通（实战案例版）

576 分钟同步微视频讲解　88 个实例案例分析

建筑信息建模（BIM）　适用于☑建筑设计师　☑MEP 工程师　☑结构工程师　☑施工人员

天工在线　编著

·北京·

内 容 提 要

《中文版 Autodesk Revit Architecture 2022 从入门到精通（实战案例版）》详细介绍了 BIM 软件 Revit Architecture 2022 在建筑设计方面的使用方法和应用技巧，它是一本 BIM 基础教程，同时包含了大量的 BIM 视频教程。

《中文版 Autodesk Revit Architecture 2022 从入门到精通（实战案例版）》全书共 3 篇 20 章，其中第 1 篇为基础篇，内容包括 Revit 2022 入门、辅助建模工具、创建族和概念体量，帮助读者初步掌握 Revit 2022 的基本功能；第 2 篇为提高篇，整篇以别墅设计为例，详细介绍了模型布局、结构设计、各个建筑结构单元设计（柱、梁、桁架、墙、楼板、门窗、屋顶、楼梯）、房间图例和家具布置、场地设计、漫游和渲染及施工图设计等 Revit 实现过程；第 3 篇为综合篇，通过一个宾馆大楼的综合设计实例，详细介绍了 Revit 建筑设计的全过程。本书在讲解过程中理论联系实际，对实例的讲解配有详细的操作步骤和图示，图文对照，可以提高读者的动手能力，并加深对知识点的理解。

《中文版 Autodesk Revit Architecture 2022 从入门到精通（实战案例版）》一书**配有 88 集（576 分钟）微视频讲解。读者可以扫描二维码，随时随地看视频，使用方便。本书还提供了实例的源文件和初始文件，可以直接调用和对比学习，效率更高。另外，本书还赠送了一套医院办公楼的综合实战案例的视频文件和源文件，以便于提高读者的综合实战能力。**

《中文版 Autodesk Revit Architecture 2022 从入门到精通（实战案例版）》作为一本 BIM 教材，适合 BIM 从入门到提高、到精通等各层次的读者使用，也适合建筑师、三维设计爱好者参考学习 BIM 相关内容，应用型高校或相关培训机构也可选择此书作为相关课程的学习教材。

图书在版编目（CIP）数据

中文版 Autodesk Revit Architecture 2022 从入门到精通 ：实战案例版 / 天工在线编著. -- 北京 ：中国水利水电出版社, 2022.6

（CAD/CAM/CAE 微视频讲解大系）

ISBN 978-7-5226-0592-0

I. ①中… II. ①天… III. ①建筑设计－计算机辅助设计－应用软件－教材 IV. ①TU201.4

中国版本图书馆 CIP 数据核字（2022）第 053370 号

丛 书 名	CAD/CAM/CAE 微视频讲解大系
书　　名	中文版 Autodesk Revit Architecture 2022 从入门到精通（实战案例版） ZHONGWENBAN Autodesk Revit Architecture 2022 CONG RUMEN DAO JINGTONG
作　　者	天工在线　编著
出版发行	中国水利水电出版社 （北京市海淀区玉渊潭南路 1 号 D 座　100038） 网址：www.waterpub.com.cn E-mail：zhiboshangshu@163.com 电话：（010）62572966-2205/2266/2201（营销中心）
经　　售	北京科水图书销售有限公司 电话：（010）68545874、63202643 全国各地新华书店和相关出版物销售网点
排　　版	北京智博尚书文化传媒有限公司
印　　刷	涿州市新华印刷有限公司
规　　格	190mm×235mm　16 开本　24.5 印张　502 千字　2 插页
版　　次	2022 年 6 月第 1 版　2022 年 6 月第 1 次印刷
印　　数	0001—3000 册
定　　价	89.90 元

前　言

Preface

BIM（Building Information Modeling，建筑信息模型）是以建筑项目的设计、施工及运营维护等各阶段的信息数据为基础，建立参数化模型，通过数字的形式仿真模拟建筑物所具有的真实信息（即将工程项目中各个不同阶段的信息集成在一个模型中进行共享和传递，方便工程各参与方使用），并根据这些信息可视化展示成本、工期与环境对项目的影响，使工程技术人员对各种建筑信息作出正确的理解和高效应对，从而降低工程生产成本，保障工程按时按质完成。

Revit 系列软件是为建筑信息模型而构建的，可应用于建筑设计、结构工程、MEP 工程和施工过程等方面，是我国建筑业 BIM 体系中应用最广泛的软件之一。

Revit Architecture 作为 BIM 体系中的建筑设计软件，可以让建筑设计师通过其强大工具自由地进行形状建模和参数化设计及分析，为项目的建造和施工构建模型，并进行各种模拟分析，减少客户在施工过程中的反复作业，提高项目开发效率。设计师可以在项目流程的各个阶段对模型中的设计元素进行修改，以保持其精确设计理念。所有变更的信息会自动更新，从而使项目流程更加精确、一致。本书采用 Autodesk Revit Architecture 2022 版本进行讲解，读者可在 Autodesk 官网搜索、下载软件试用版本或购买正版软件后使用。

本书特点

➘ 内容合理，适合自学

本书主要面向对 Autodesk Revit Architecture 2022 零基础的读者，充分考虑初学者的需求，内容讲解由浅入深，循序渐进，引领读者快速入门。在知识点上不求面面俱到，但求有效实用。本书的内容足以满足读者在实际设计工作中的各项需要。

➘ 视频讲解，通俗易懂

为了方便读者学习，本书中的大部分实例都录制了教学视频。视频录制时采用模仿实际授课的形式，在各知识点的关键处给出解释、提醒和注意事项，让读者高效学习的同时，更多地体会 Autodesk Revit Architecture 功能的强大。

➘ 内容全面，实例丰富

本书详细介绍了 Autodesk Revit Architecture 2022 的使用方法和操作技巧，全书共 3 篇，其中第 1 篇为基础篇，内容包括 Revit 2022 入门、辅助建模工具、创建族和概念体量；第 2 篇为提高篇，整篇以别墅设计为例，详细介绍了模型布局、结构设计、各个建筑结构单元设计（柱、梁、桁架、墙、楼板、门窗、屋顶、楼梯）、房间图例和家具布置、场地设计、漫游和渲染及施工图设计等 Revit 实现过程；第 3 篇为综合篇，通过一个宾馆大楼的综合实例，详细介绍了 Revit 建筑设计的全过程。本书在讲解过程中理论联系实际，对实例的讲解配有详细的操作步骤和图示，图文对照，不仅可以提高读者的动手能力，而且能加深对知识点的理解。

本书显著特色

➘ 体验好，随时随地学习

二维码扫一扫，随时随地看视频。书中提供了大部分实例的二维码，读者朋友可以通过手机扫一扫，随时随地观看相关的教学视频，也可以在计算机上下载相关资源后观看学习。

➘ 实例多，用实例学习更高效

案例丰富详尽，边做边学更快捷。跟着大量实例学习，边学边做，从做中学，可以使学习更深入、更高效。

➘ 入门易，全力为初学者着想

遵循学习规律，入门与实战相结合。万事开头难，本书的编写模式采用“基础知识+实例+综合案例”的形式，内容由浅入深、循序渐进，使初学者能够快速入门和进阶提升。

➘ 服务快，让你学习无后顾之忧

提供 QQ 群在线服务，随时随地可交流。提供公众号、QQ 群等多渠道贴心服务。

本书学习资源及获取方式

本书实例配有同步教学视频和操作源文件，另外，为了提高读者的综合实战能力，本书特赠送一套医院办公楼的综合实战案例的视频文件和源文件。读者可以通过下面的方法下载后使用。

（1）读者扫描下方的二维码或关注微信公众号“设计指北”，发送 “bim0592”到公众号后台，获取资源下载链接，然后将此链接复制到计算机浏览器的地址栏中，根据提示下载即可。

（2）读者可加入本书的读者交流圈，进行在线学习交流，或者查看本书的相关资讯。

设计指北公众号

读者交流圈

关于作者

本书由天工在线组织编写。天工在线是一个 CAD/CAM/CAE 技术研讨、工程开发、培训咨询和图书创作的工程技术人员协作联盟，包含 40 多位专职和众多兼职 CAD/CAM/CAE 工程的技术专家。天工在线负责人由 Autodesk 中国认证考试中心首席专家担任，全面负责 Autodesk 中国官方认证考试的大纲制定、题库建设、技术咨询和师资力量培训工作，成员精通 Autodesk 系列软件。其创作的很多教材成为国内具有引导性的旗帜作品，在国内相关专业方向的图书创作领域具有举足轻重的地位。

本书具体编写人员有张亭、秦志霞、井晓翠、解江坤、闫国超、吴秋彦、毛瑢、王玮、王艳池、王培合、王义发、王玉秋、张红松、王佩楷、陈晓鸽、张日晶、禹飞舟、杨肖、吕波、李瑞、贾燕、刘建英、薄亚、方月、刘浪、穆礼渊、张俊生、郑传文、韩冬梅、王敏、李瑞、张秀辉等。

致谢

本书能够顺利出版，是作者、编辑和所有审校人员共同努力的结果，在此表示深深的感谢。同时，祝福所有读者在通往优秀工程师的道路上一帆风顺。

编　者

目 录

Contents

第1篇 基础篇

第2篇 提 高 篇

第3篇　综　合　篇

第1篇 基 础 篇

本篇主要介绍中文版 Autodesk Revit Architecture 2022 的相关基础知识。

通过本篇的学习，读者将初步掌握 Revit 2022 的基本功能，为后面的学习打下坚实的基础。

☑ Revit 2022 入门

☑ 辅助建模工具

☑ 创建族

☑ 概念体量

第 1 章　Revit 2022 入门

作为一款专为建筑行业的建筑信息模型（Building Information Modeling，BIM）构建的软件，Revit 为许多专业的设计人员和施工人员提供了基于模型的新的工作方法与工作流程，将设计师的设计创意从最初的想法变为虚拟的工程三维模型。

- Autodesk Revit Architecture 概述
- Revit 2022 新增功能
- Revit 2022 界面
- 文件管理
- 系统设置

关键界面

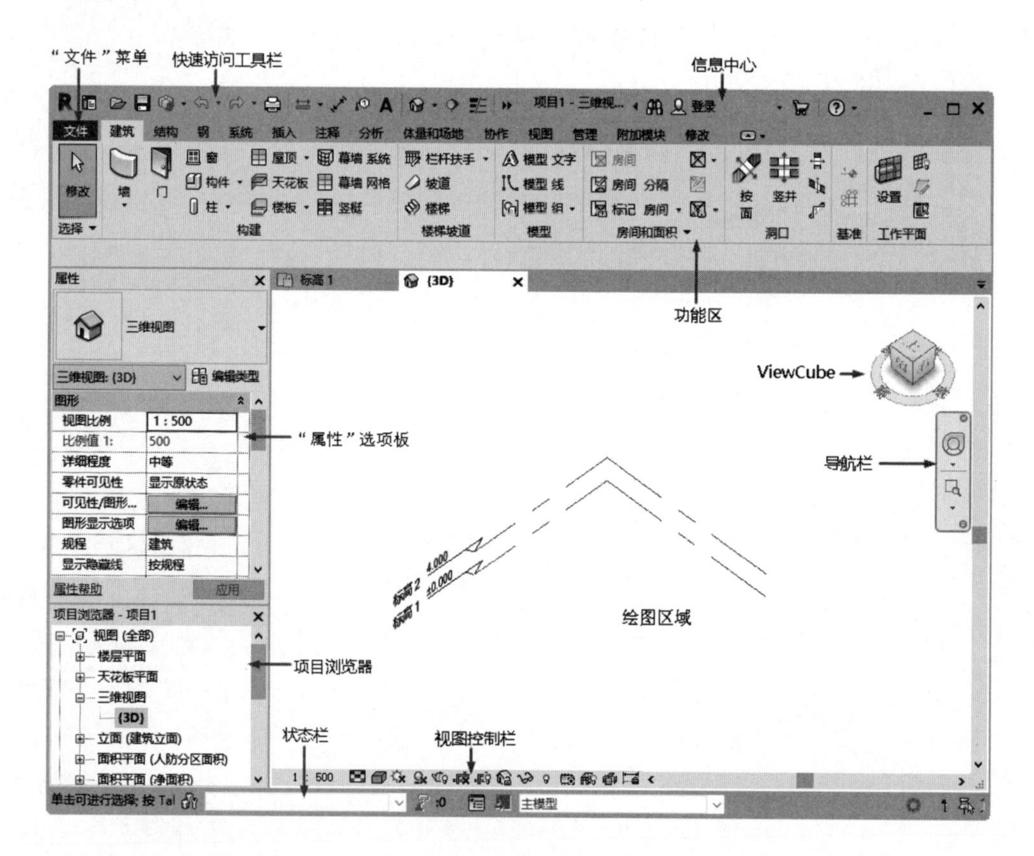

1.1 Autodesk Revit Architecture 概述

Autodesk Revit Architecture 软件专为建筑信息模型（BIM）而构建，集设计、施工、协调运营、共享与传递可靠项目信息等一系列环节于一体。通过应用 Autodesk Revit Architecture（简称为 Revit 软件），建筑公司可以在整个流程中使用一致的信息来设计、建造和维护质量更好、能效更高的建筑项目，还可以通过软件的精确计算实现建筑的可视化、模拟真实性能，以此作为该工程项目可行性研究的依据，让项目各方了解成本、工期与环境的影响。

1.1.1 软件介绍

Autodesk Revit Architecture 提供了大量支持建筑（Architecture）设计，暖通、电气和给排水（MEP）工程设计，以及结构（Structure）工程设计的工具。

1. Architecture

Revit 软件可以按照建筑师和设计师的思考方式进行设计，因此可以为用户提供更高质量、更精确的建筑设计作品。通过使用 Revit 专为支持建筑信息模型工作流而构建的工具，用户可以获取、分析自身的设计理念，并可通过设计、文档和建筑拓宽视野。强大的建筑设计工具可帮助用户精确、灵活地进行概念设计，以保持其从设计到建筑的各个阶段的一致性。

2. MEP

暖通、电气和给排水（MEP）工程师利用 Revit 提供的工具，可以更高效地设计和分析最复杂的建筑系统，以及为这些系统编档。Revit 支持建筑信息建模，可帮助用户更高效地导出建筑系统从概念到建筑的精确的设计图、分析报告和各类文档。用户可利用 Revit 丰富的建筑信息模型在整个建筑生命周期中支持建筑系统。

3. Structure

结构工程师和设计师使用 Revit 提供的工具，可以更加精确地设计和建造高效的建筑结构。

1.1.2 Revit 特性

BIM 支持建筑师在施工前更好地预测竣工后的建筑，以使其在日益复杂的商业环境中保持竞争优势。

建筑行业中的竞争极为激烈，只有采用独特的技术来充分发挥专业人员的实战技能水平和累积相关的经验，才能脱颖而出，领先一步。Autodesk Revit Architecture 消除了很多庞杂的任务，深受建筑从业人员的欢迎。

Autodesk Revit Architecture 软件能够帮助用户在建筑设计流程前期探究最新颖的设计概念和三维立体模型，并能在整个施工文档中忠实传达用户的设计理念。Autodesk Revit Architecture 面向建筑信息模型（BIM）而构建，支持可持续设计、碰撞检测、施工规划和建造等功能，帮助工程师、承包商与业主更好地沟通协作。用户在设计过程中的所有变更都会在相关设计与文档中自动更新，使流程更加协调一致，获得更加可靠的设计文档。

Autodesk Revit Architecture 全面创新的概念设计功能可以帮助用户更高效地进行自由形状建模和参数化设计，还能够让用户对早期设计进行分析。借助这些功能，用户可以自由地绘制草图，快速创建三维形状，交互地处理各种形状。利用其内置的工具，用户可以对复杂形状的概念进行解释，为建造和施工准备模型。随着设计的持续推进，Autodesk Revit Architecture 能够围绕最复杂的形状自动构建参数化框架，并为用户提供更高的创建控制能力，使工程设计更富有精确性和灵活性，保持从概念模型设计到具体施工文档撰写的整个流程都在一个直观环境中完成。

1.2 Revit 2022 新增功能

Autodesk Revit 2022 新增了以下功能：

（1）PDF 导出功能：将二维视图和图纸直接导出为 PDF 文件，可以导出单个文件，也可以批量导出，还可以把选定的多个视图和图纸合并成一个文件导出。批量导出时可以自定义命名规则。

（2）锥形墙的绘制：创建可变宽度的墙类型，也就是锥形墙，在“墙类型”中可以定义锥角，也可以选择把墙的顶部、底部或者基础作为墙总宽度的测量位置。

（3）关键字明细表：通过关键字创建明细表。把参数都放到一张 Excel 表里，方便批量填数据，再通过一个关键字把参数批量写到字段里。

（4）与 FormIt 的交互提升：FormIt 创建的模型可以更好地在 Revit 中优化设计，不会丢失数据。两个软件之间共享的几何图形已更新，外观更加一致。

（5）增强了和 Rhino 的联动：把 3DM 文件链接或者导入到 Revit 模型，建立 Rhino-Revit 工作流。和之前的 DWG 一样，如果选择了 Rhino 模型链接到 Revit 的方式，那么原始模型一旦修改，链接的文件也能自动修改。

（6）多重引线标记：可以添加标记，视图中标记的数值由被标记构件的参数生成。

（7）多类别标记：支持所有可标记图元，公用的参数和共享参数可以显示在标记标签里。

（8）批量旋转标记：通过标记的“角度”参数来实现旋转。

（9）标记竖梃：可以标记幕墙的竖梃。

（10）尺寸标记可以自动添加前缀和后缀：以前的版本中只能手动向尺寸标注的各个实例添加前缀和后缀，现在可以把它们添加到类型参数里，放置尺寸标注的时候，选择类型，自定义的前缀和后缀会自动添加。

（11）钢筋功能的改进：可以隔离选定的钢筋集或区域钢筋系统，选择一个或多个钢筋，然后进行移动、删除等操作，这样可以避免部分钢筋和其他钢筋或洞口的碰撞，同时不打断钢筋系统的逻辑。

（12）系统分析负荷报告：在系统分析中选择“HVAC 系统负荷和尺寸调整”，可以生成新的复核报告，用于调整机械系统尺寸的负荷、湿度等信息。

（13）跨图纸拆分明细表：出图的时候，如果明细表很长，需要进行拆分，以前的版本中，拆分的明细表必须把所有分段放到同一张图纸上，现在使用明细表“拆分和放置”功能，可以拆分明细表并为不同的分段指定不同的图纸。

（14）明细表功能改进：明细表功能支持导出为 CSV 格式；可以在配电盘明细表模板中基于配电盘配置启用“自动着色”功能；可以添加“工作集”参数，用于多人合作的项目管理；改进了明细表中的族过滤功能，明细表和材质提取时，可以按族和类型参数过滤；明细表过滤器添加了新的过滤条件，可以过滤参数名称、参数类型等，更快速地筛选参数；明细表和材质提取中加入了其他系统类别，在创建多类别明细表时，将会提供多个类别和子类别供用户选择。

（15）增强平面/参照平面导入功能：导入的 3DM 和 SAT 文件，如果原始图形中包含参照平面，现在也可以一并导入到 Revit 里，对导入的面和参照平面进行尺寸标注、捕捉和对齐，可以帮助用户定位导入的三维图形。

（16）三维视图网格功能：在三维视图里可以显示并修改模型的网格。

（17）PRC 功能的增强：新增了 28 个人物、车辆和家具，改进了三维真实视图下的显示效果，对非渲染视图简化表示以增强性能，可以通过参数改变汽车的颜色，支持家具类别的渲染外观特性。

1.3 Revit 2022 界面

双击桌面上的 Revit 2022 图标，打开如图 1-1 所示的 Revit 2022 主页面。单击“新建”按钮，新建一个项目文件，进入 Revit 2022 绘图界面，如图 1-2 所示。单击“主视图”按钮，切换到主视图。

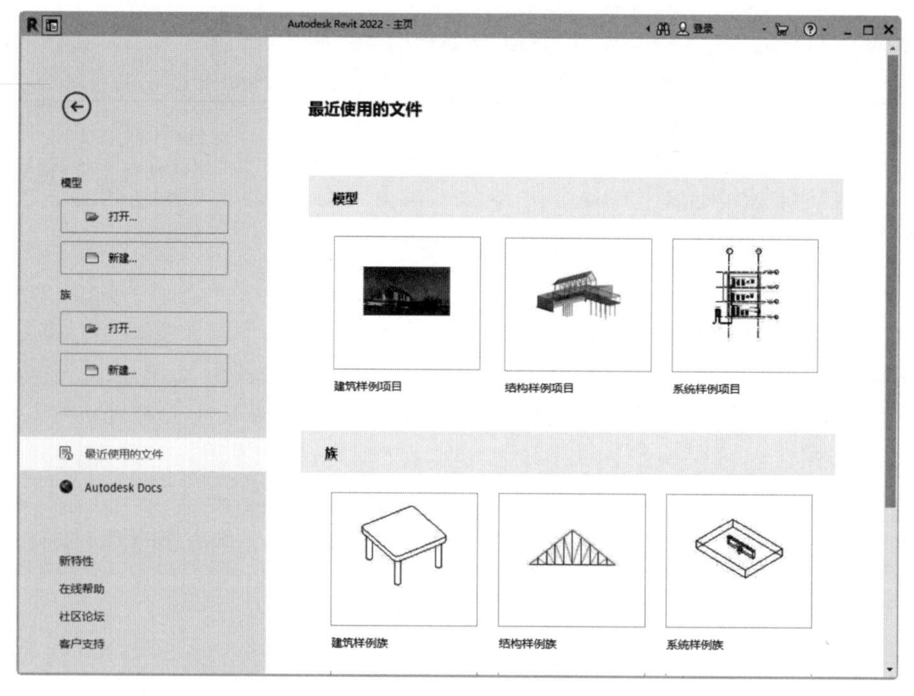

图 1-1 Revit 2022 主页面

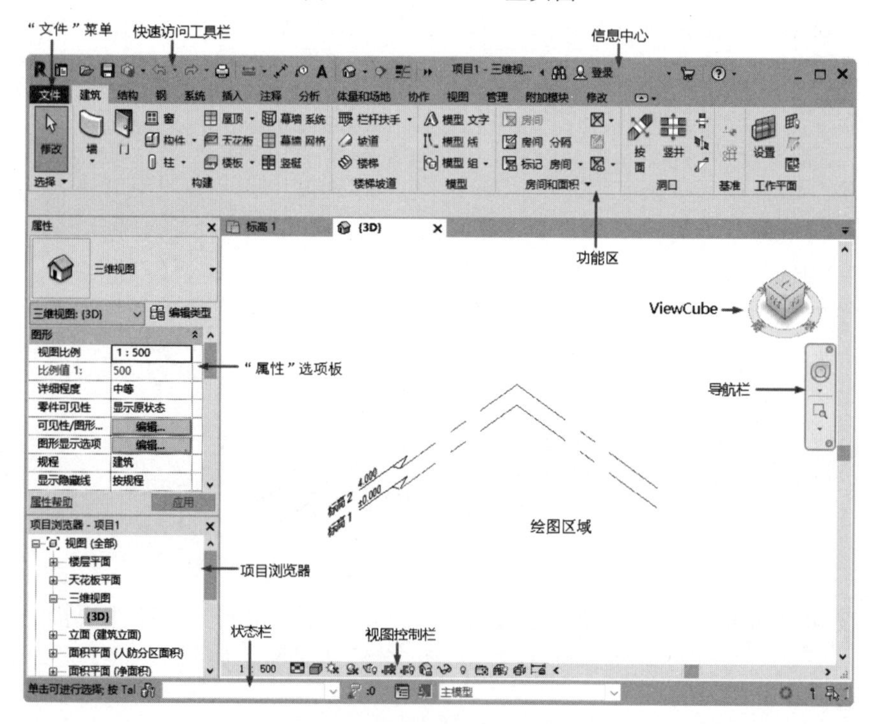

图 1-2 Revit 2022 绘图界面

1.3.1　“文件”菜单

“文件”菜单中提供了一些常用的文件操作命令，如“新建”“打开”“保存”等。此外，它还允许使用更高级的工具（如“导出”和“发布”）来管理文件。单击“文件”菜单项，即可打开如图 1-3 所示的下拉菜单。“文件”菜单无法在功能区中移动。

“文件”菜单中的命令分为两类，一类是单独的命令，选择这些命令将执行默认的操作；另一类是右侧带有▶标志的命令，选择这些命令将打开下一级菜单（即子菜单），可从中选择所需命令进行相应的操作。

1.3.2　快速访问工具栏

扫一扫，看视频

快速访问工具栏默认放置一些常用的工具按钮。

动手学——设置快速访问工具栏

（1）单击快速访问工具栏中的“自定义快速访问工具栏”按钮▼，在弹出的如图 1-4 所示的下拉菜单中选择相应的命令，可以对该工具栏进行自定义。选择某一命令，将在快速访问工具栏中显示对应按钮；若取消选择，则隐藏对应按钮。

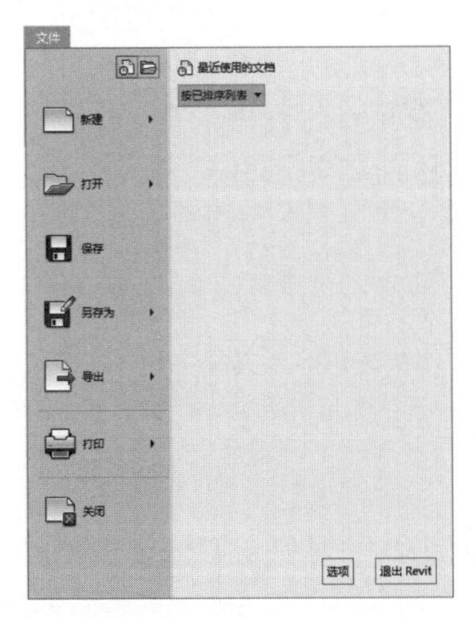

图 1-3　“文件”菜单

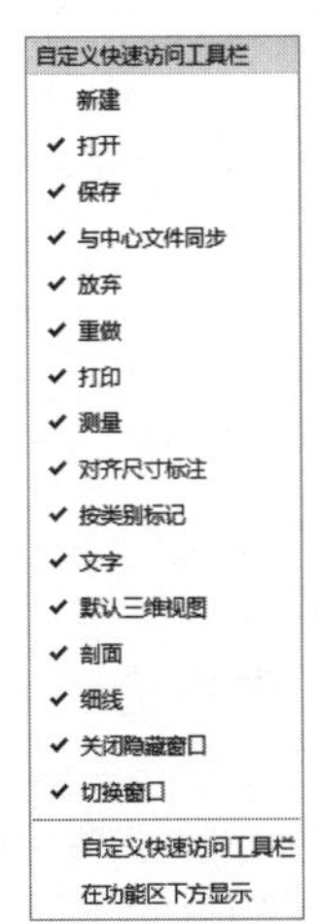

图 1-4　下拉菜单

（2）在快速访问工具栏中的某个工具按钮上右击，可打开如图 1-5 所示的快捷菜单。

① 选择“从快速访问工具栏中删除”命令，将删除选中的工具按钮。

② 选择“添加分隔符”命令，可在工具按钮的右侧添加分隔符。

③ 选择“自定义快速访问工具栏”命令，可打开如图 1-6 所示的“自定义快速访问工具栏”对话框，可以对快速访问工具栏中的工具按钮进行排序、添加或删除分隔符等。

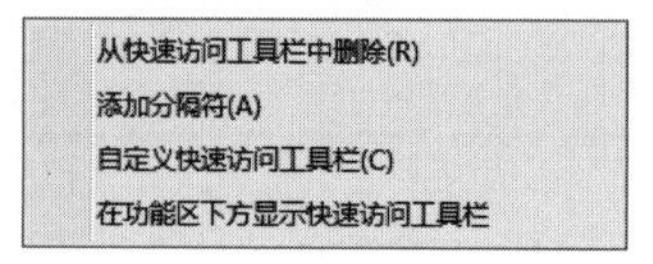

图 1-5 快捷菜单

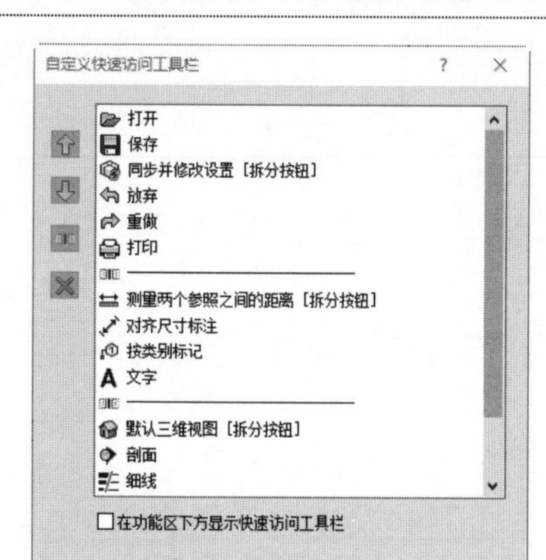

图 1-6 “自定义快速访问工具栏”对话框

- 上移或下移：在列表框中选择所需工具，然后单击（上移）或（下移）按钮，即可将该工具移动到所需位置。
- 添加分隔符：选择要显示在对话框中分隔符上方的工具，然后单击此按钮，添加分隔符。
- 删除：从工具栏中删除工具或分隔符。

④ 选择“在功能区下方显示快速访问工具栏”命令，可使快速访问工具栏显示在功能区的下方。

（3）在功能区中的任意工具按钮上右击，在弹出的快捷菜单中选择“添加到快速访问工具栏”命令，可将该工具按钮添加到快速访问工具栏中。

注意：

上下文功能区选项卡中的某些工具无法添加到快速访问工具栏中。

1.3.3 信息中心

信息中心中包括一些常用的数据交互访问工具，可以访问许多与产品相关的信息源，如图 1-7 所示。

图 1-7 信息中心

（1）搜索：在搜索框中输入要搜索信息的关键字，然后单击“搜索”按钮，可以在联机帮助中快速查找信息。

（2）Autodesk Account：使用该工具可以登录到 Autodesk Account 以访问与桌面软件集成的联机服务器。

（3）Autodesk App Store：单击此按钮，可以登录到 Autodesk 官方的 App 网站下载不同系列软件的插件。

1.3.4 功能区

创建或打开文件时，在功能区会显示出系统所提供的创建项目或族所需的全部工具。调整窗口的大小时，功能区中的工具会根据可用的空间自动调整大小。每个选项卡中都集成了与其相关的操作工具，极大地方便了用户的使用。用户可以通过单击功能区选项卡后面的按钮来控制功能区的展开与收缩。

扫一扫，看视频

动手学——设置功能区

（1）单击功能区选项卡右侧的下拉按钮，系统在弹出的下拉菜单中提供了“最小化为选项卡”“最小化为面板标题”“最小化为面板按钮”3 种功能区的显示方式，如图 1-8 所示。

（2）在面板上按住鼠标左键拖动，如图 1-9 所示，将其放置到绘图区域或桌面上，即可使其成为浮动面板。将光标放到浮动面板的右上角位置，将显示“将面板返回到功能区”，如图 1-10 所示。单击此处，即可将面板返回到功能区，重新变为固定面板。将光标移动到面板上以显示一个夹子，拖动该夹子到所需位置，即可移动面板。

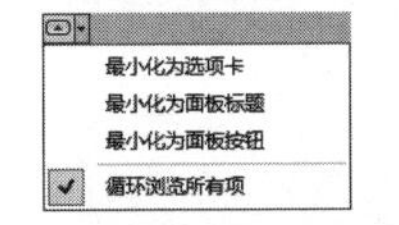

图 1-8 下拉菜单

图 1-9 拖动面板

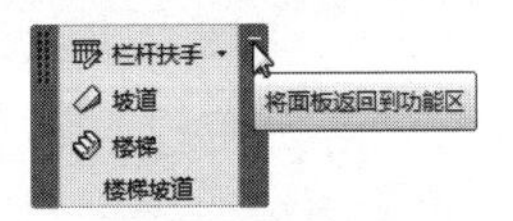

图 1-10 固定面板

（3）面板标题旁边如果显示按钮，则表示该面板可以展开。单击该下拉按钮，将显示相关的工具和控件，如图 1-11 所示。默认情况下，单击面板以外的区域时，展开的面板会自动关闭。单击图钉按钮，面板在其功能区选项卡显示期间始终保持展开状态。

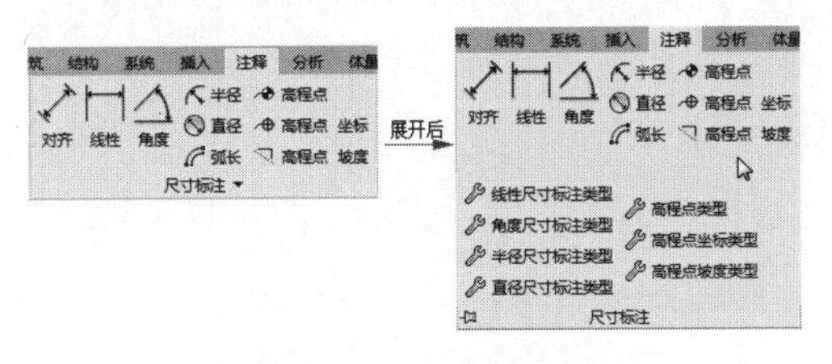

图 1-11 展开面板

（4）使用某些工具或者选择图元时，上下文功能区选项卡中会显示与该工具或图元的上下文相关的工具，如图 1-12 所示。退出该工具或清除选择时，该选项卡将关闭。

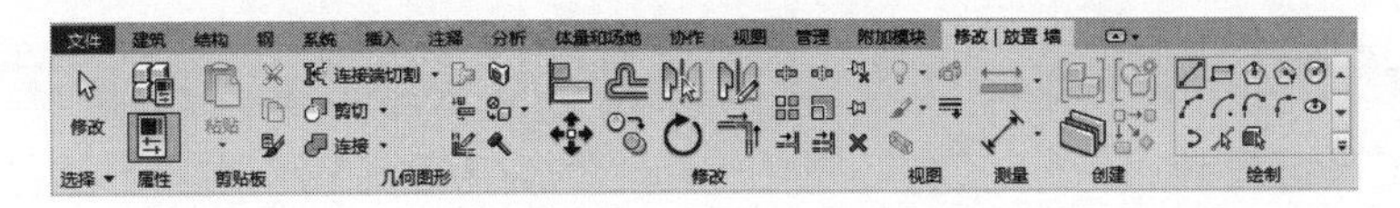

图 1-12 上下文功能区选项卡

1.3.5 “属性”选项板

“属性”选项板是一个无模式对话框，通过该对话框，可以查看和修改用来定义图元属性的参数。

第一次启动 Revit 时，“属性”选项板处于打开状态并固定在绘图区域左侧“项目浏览器”的上方，如图 1-13 所示。

1. 类型选择器

类型选择器显示当前选择的族类型，并提供一个可从中选择其他类型的下拉列表，如图 1-14 所示。

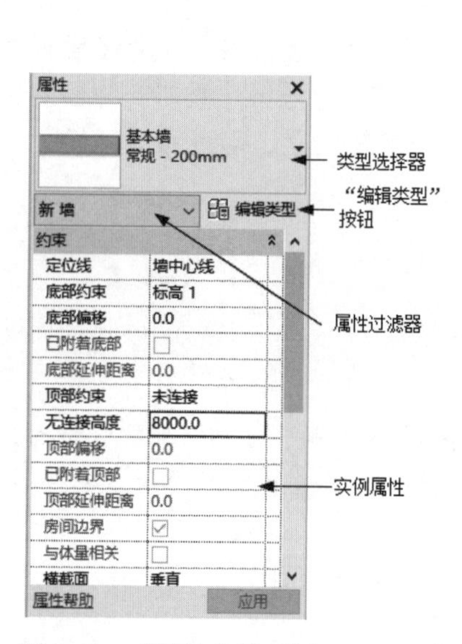

图 1-13 “属性”选项板

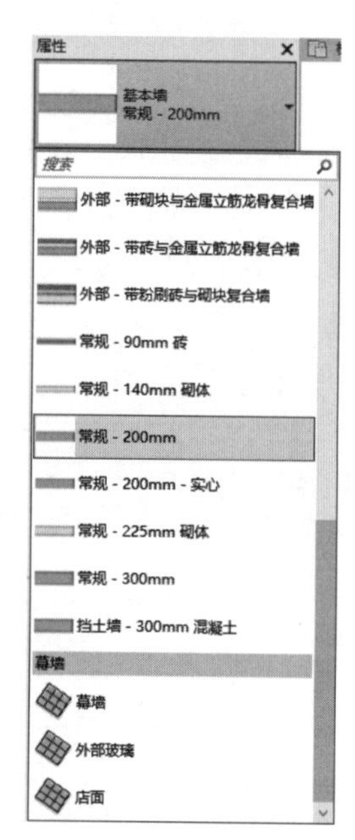

图 1-14 “类型选择器”下拉列表

2. 属性过滤器

属性过滤器用来标识将由工具放置的图元类别，或者标识绘图区域中所选图元的类别和数量。如果选择了多个类别或类型，则选项板上仅显示所有类别或类型所共有的实例属性。当选择了多个类别时，使用过滤器的下拉列表可以仅查看特定类别或视图本身的属性。

3. “编辑类型”按钮

单击此按钮，打开相关的“类型属性”对话框，从中可以查看和修改选定图元或视图的类型属性，如图 1-15 所示。

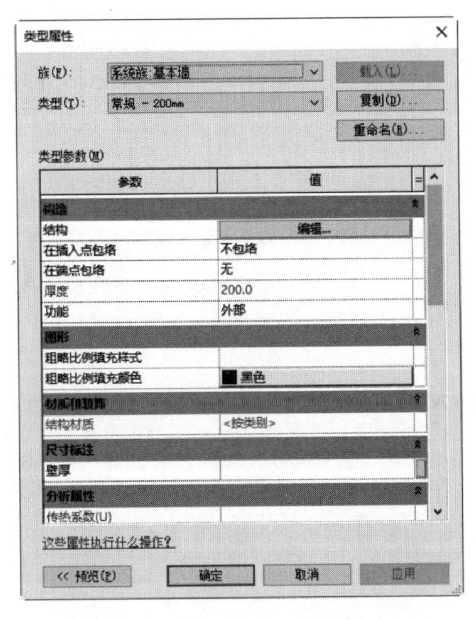

图 1-15 “类型属性”对话框

4．实例属性

在大多数情况下，“属性”选项板中既显示可由用户编辑的实例属性，又显示只读实例属性。当某属性的值由软件自动计算或赋值，或者取决于其他属性的设置时，该属性可能是只读属性，不可编辑。

1.3.6 项目浏览器

项目浏览器用于显示当前项目中所有视图、明细表、图纸、组和其他部分的逻辑层次。展开和折叠各分支时，将显示下一层项目，如图 1-16 所示。

扫一扫，看视频

动手学——设置项目浏览器

（1）打开视图：双击视图名称，或在视图名称上右击，在弹出的如图 1-17 所示的快捷菜单中选择“打开”命令，即可打开视图。

（2）打开放置了视图的图纸：在视图名称上右击，在弹出的如图 1-17 所示的快捷菜单中选择“打开”命令，即可打开放置了视图的图纸。如果快捷菜单中的“打开”命令不可用，则要么视图未放置在图纸上，要么视图是明细表或可放置在多个图纸上的图例视图。

（3）将视图添加到图纸中：将视图名称拖曳到图纸名称上或拖曳到绘图区域中的图纸上。

（4）从图纸中删除视图：在图纸名称下的视图名称上右击，在弹出的快捷菜单中选择“删除”命令，即可删除视图。

（5）单击“视图”选项卡的“窗口”面板中的“用户界面”按钮，在弹出的如图 1-18 所示的下拉列表中选中“项目浏览器”复选框，即可在绘图界面中显示项目浏览器。如果取消选中该复选框或单击项目浏览器顶部的“关闭”按钮，则会隐藏项目浏览器。

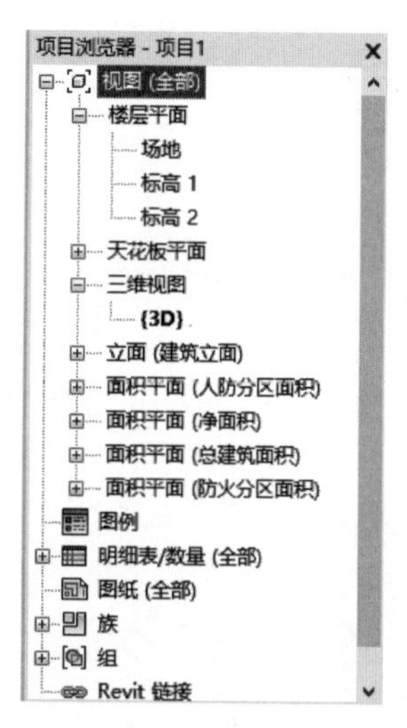

图 1-16　项目浏览器

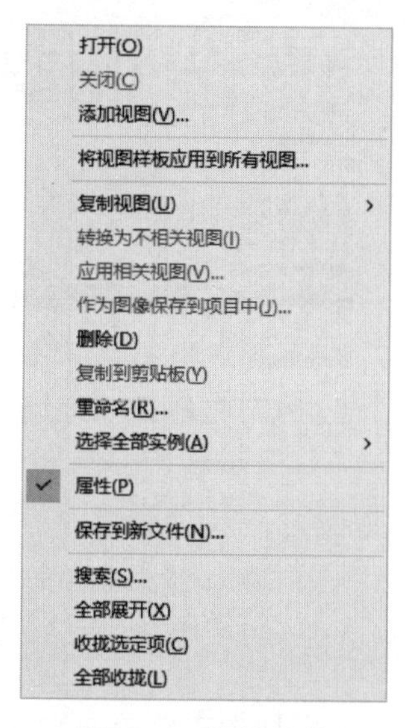

图 1-17　快捷菜单

图 1-18　下拉列表

（6）拖曳项目浏览器的边框，可以调整项目浏览器的大小。

（7）在 Revit 绘图界面中拖曳项目浏览器移动时会显示一个轮廓，用鼠标拖曳该轮廓，到达要移动到的位置时松开鼠标，即可将项目浏览器放置到所需位置。此外，还可将项目浏览器从 Revit 绘图界面拖曳到桌面。

1.3.7　视图控制栏

视图控制栏位于视图窗口的底部、状态栏的上方，通过它可以快速访问影响当前视图的功能，如图 1-19 所示。

（1）比例：是指在图纸中用于表示对象的比例。可以为项目中的每个视图指定不同的比例，也可以创建自定义视图比例。可以在比例上单击，打开如图 1-20 所示的比例列表，从中选择需要的比例，也可以选择“自定义”选项，打开“自定义比例”对话框，在其中输入比率，如图 1-21 所示。

注意：

不能将自定义视图比例应用于该项目中的其他视图。

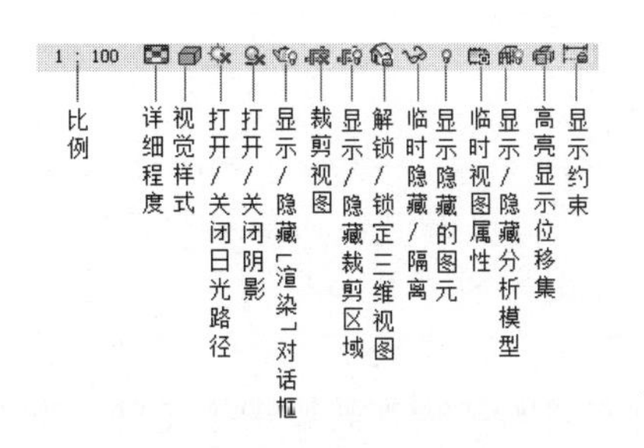

图 1-19 视图控制栏

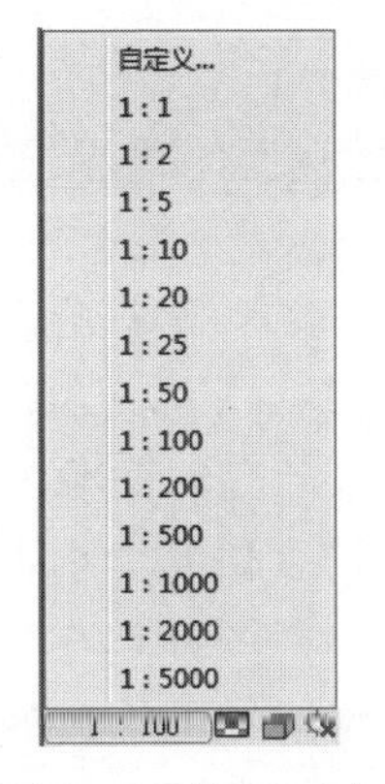

图 1-20 比例列表

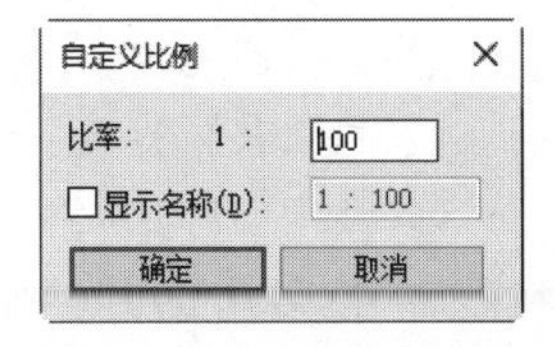

图 1-21 “自定义比例”对话框

（2）详细程度：可根据视图比例设置新建视图的详细程度，包括粗略、中等和精细 3 种。当在项目中创建新视图并设置其视图比例后，视图的详细程度将会自动根据表格中的排列进行设置。通过预定义详细程度，可以影响不同视图比例下同一几何图形的显示。

（3）视觉样式：可以为项目视图指定多种不同的图形样式，如图 1-22 所示。

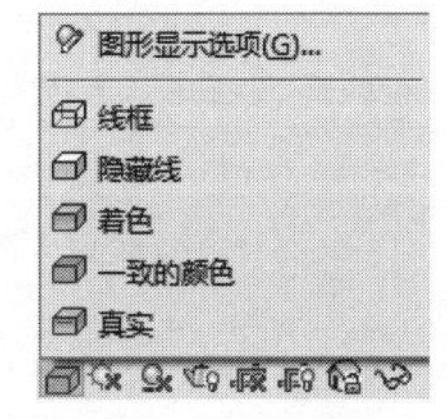

图 1-22 视觉样式

- 线框：显示绘制了所有边和线而未绘制表面的模型图像。视图显示线框视觉样式时，可以将材质应用于选定的图元类型。这些材质不会显示在线框视图中，但是表面填充图案仍会显示。
- 隐藏线：显示绘制了除被表面遮挡部分以外的所有边和线的图像。
- 着色：显示处于着色模式下的图像，而且有显示“间接光及其阴影”的选项。
- 一致的颜色：显示所有表面都按照表面材质颜色设置进行着色的图像。该样式会保持一致的着色颜色，使材质始终以相同的颜色显示，而无论以何种方式都会将其定向到光源。
- 真实：可在模型视图中即时显示真实材质外观。旋转模型时，表面会显示在各种照明条件下呈现的外观。

注意：

“真实”视觉视图中不会显示人造灯光。

（4）打开/关闭日光路径：控制日光路径可见性。在一个视图中打开或关闭日光路径时，其他任何视图都不受影响。

（5）打开/关闭阴影：控制阴影的可见性。在一个视图中打开或关闭阴影时，其他任何视图都不受影响。

（6）显示/隐藏“渲染”对话框：单击此按钮，打开“渲染”对话框，定义控制照明、曝光、分辨率、背景和图像质量的设置。

（7）裁剪视图：定义了项目视图的边界。在所有图形项目视图中显示模型裁剪区域和注释裁剪区域。

（8）显示/隐藏裁剪区域：可以根据需要显示或隐藏裁剪区域。在绘图区域中，选择裁剪区域则会显示注释和模型裁剪。内部裁剪是模型裁剪，外部裁剪则是注释裁剪。

（9）解锁/锁定三维视图：锁定三维视图的方向，以在视图中标记图元并添加注释记号。包括“保存方向并锁定视图”“恢复方向并锁定视图”和“解锁视图”3个选项。

- 保存方向并锁定视图：将视图锁定在当前方向，在该模式下无法动态观察模型。
- 恢复方向并锁定视图：将解锁的、旋转方向的视图恢复到其原来锁定的方向。
- 解锁视图：解锁当前方向，从而允许定位和动态观察三维视图。

（10）临时隐藏/隔离：“隐藏”工具可在视图中隐藏所选图元，“隔离”工具可在视图中显示所选图元并隐藏其他所有图元。

（11）显示隐藏的图元：临时查看隐藏图元或将其取消隐藏。

（12）临时视图属性：包括“启用临时视图属性”“临时应用样板属性”“最近使用的模板属性”和“恢复视图属性”4种视图选项。

（13）显示/隐藏分析模型：可以在任何视图中显示/隐藏分析模型。

（14）高亮显示位移集：单击此按钮，启用高亮显示模型中所有位移集的视图。

（15）显示约束：在视图中临时查看尺寸标注和对齐约束，以解决或修改模型中的图元。“显示约束”绘图区域将显示一个彩色边框，以指定处于“显示约束”模式。所有约束都以彩色显示，而模型图元以半色调（灰色）显示。

1.3.8 状态栏

状态栏在屏幕的底部，如图1-23所示。状态栏会提供有关要执行的操作的提示。高亮显示图元或构件时，状态栏会显示族和类型的名称。

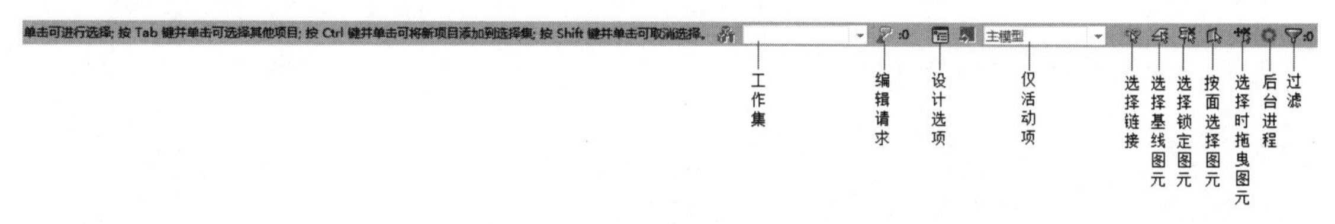

图1-23　状态栏

（1）工作集：显示处于活动状态的工作集。

（2）编辑请求：对于工作共享项目，表示未决定的编辑请求数。

（3）设计选项：显示处于活动状态的设计选项。

（4）仅活动项：用于过滤所选内容，以便仅选择活动的设计选项构件。

（5）选择链接：可在已链接的文件中选择链接和单个图元。

（6）选择基线图元：可在底图中选择图元。

（7）选择锁定图元：可选择锁定的图元。

（8）按面选择图元：可通过单击某个面来选中某个图元。

（9）选择时拖曳图元：不用先选择图元就可以通过拖曳操作移动图元。

（10）后台进程：显示在后台运行的进程列表。

（11）过滤：用于优化在视图中选定的图元类别。

1.3.9 ViewCube

ViewCube 默认位于绘图区的右上方。通过 ViewCube 可以在标准视图和等轴测视图之间切换。

扫一扫，看视频

动手学——设置 ViewCube

（1）单击 ViewCube 上的某个角，可以根据模型的 3 个侧面定义的视口将模型的当前视图重定向到 3/4 视图；单击其中一条边缘，可以根据模型的两个侧面将模型的视图重定向到 1/2 视图；单击相应面，可将视图切换到相应的主视图。

（2）如果从某个面视图中查看模型时，ViewCube 处于活动状态，则 4 个正交三角形会显示在 ViewCube 附近，使用这些三角形可以切换到某个相邻的面视图。

（3）单击或拖动 ViewCube 中指南针的东、南、西、北字样，切换到西南、东南、西北、东北等方向视图，或者绕视图旋转到任意方向视图。

（4）单击“主视图”图标，不管视图目前是何种视图，都会恢复到主视图方向。

（5）从某个面视图查看模型时，两个滚动箭头图标会显示在 ViewCube 附近。单击图标，视图以 90° 逆时针或顺时针进行旋转。

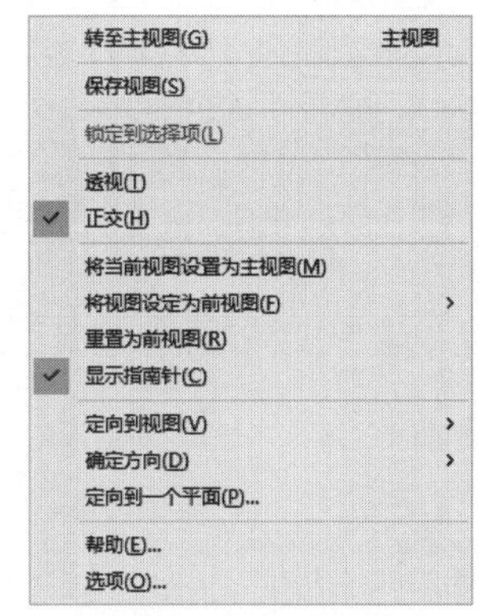

图 1-24 关联菜单

（6）单击“关联菜单”按钮，打开如图 1-24 所示的关联菜单。

- 转至主视图：恢复随模型一同保存的主视图。
- 保存视图：使用唯一的名称保存当前的视图方向。此选项只允许在查看默认三维视图时使用唯一的名称保存三维视图。如果查看的是以前保存的正交三维视图或透视（相机）三维视图，则视图仅以新方向保存，而且系统不会提示您提供唯一的名称。
- 锁定到选择项：当视图方向随 ViewCube 发生更改时，使用选定对象可以定义视图的中心。
- 透视/正交：在三维视图的平行和透视模式之间切换。

- 将当前视图设置为主视图：根据当前视图定义模型的主视图。
- 将视图设定为前视图：在 ViewCube 上更改定义为前视图的方向，并将三维视图定向到该方向。
- 重置为前视图：将模型的前视图重置为其默认方向。
- 显示指南针：显示或隐藏围绕 ViewCube 的指南针。
- 定向到视图：将三维视图设置为项目中的任何平面、立面、剖面或三维视图的方向。
- 确定方向：将相机定向到北、南、东、西、东北、西北、东南、西南或顶部。
- 定向到一个平面：将视图定向到指定的平面。

（7）还可以通过“选项”对话框中的 ViewCube 选项卡来设置 ViewCube，如图 1-25 所示。

图 1-25　ViewCube 选项卡

①“ViewCube 外观”选项组。

- 显示 ViewCube：设置在三维视图中显示或隐藏 ViewCube。
- 显示位置：指定在哪些视图中显示 ViewCube。如果选择“仅活动视图”，仅在当前视图中显示 ViewCube。
- 屏幕位置：指定 ViewCube 在绘图区域中的位置，如“右上”“右下”“左上”“左下”。

- ViewCube 大小：指定 ViewCube 的大小，包括“自动”“微型”“小”“中”“大”。
- 不活动时的不透明度：指定未使用 ViewCube 时它的不透明度。如果选择了 0%，需要将光标移动至 ViewCube 位置上方，否则 ViewCube 不会显示在绘图区域中。

②“拖曳 ViewCube 时”选项组。

捕捉到最近的视图：选中此复选框，将捕捉到最近的 ViewCube 的视图方向。

③“在 ViewCube 上单击时”选项组。

- 视图更改时布满视图：选中此复选框，在绘图区中选择了图元或构件，并在 ViewCube 上单击，则视图将相应地进行旋转并缩放以匹配绘图区域中的该图元。
- 切换视图时使用动画转场：选中此复选框，切换视图方向时显示动画操作。
- 保持场景正立：选中此复选框，使 ViewCube 和视图的边垂直于地平面。取消选中此复选框，可以按 360° 动态观察模型。

④“指南针”选项组。

同时显示指南针和 ViewCube（仅当前项目）：选中此复选框，在显示 ViewCube 的同时显示指南针。

1.3.10 导航栏

在绘图区域中，导航栏沿当前模型窗口的一侧显示，如图 1-26 所示。

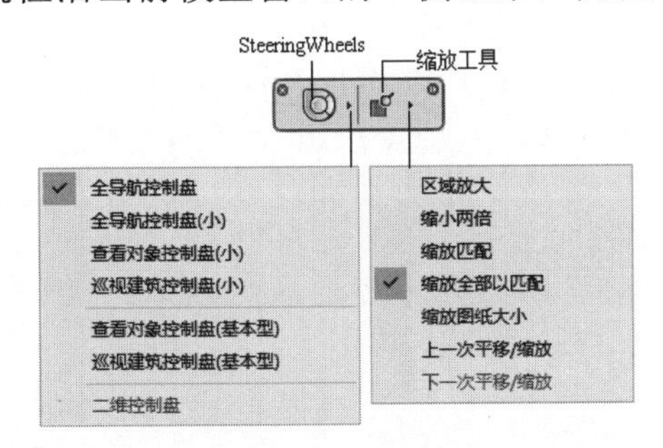

图 1-26 导航栏

1. SteeringWheels

控制盘的集合，通过这些控制盘，可以在专门的导航工具之间快速切换。每个控制盘都被分成多个不同的按钮。每个按钮都包含一个导航工具，用于重新定位模型的当前视图。

单击控制盘右下角的“显示控制盘菜单”按钮，打开如图 1-27 所示的控制盘菜单，其中包含了所有全导航控制盘的视图工具。选择“关闭控制盘”命令，可以关闭控制盘；单击控制盘上的“关闭”按钮，也可以关闭控制盘。

可以通过“选项”对话框中的 SteeringWheels 选项卡来设置控制盘视图导航工具，如图 1-28 所示。

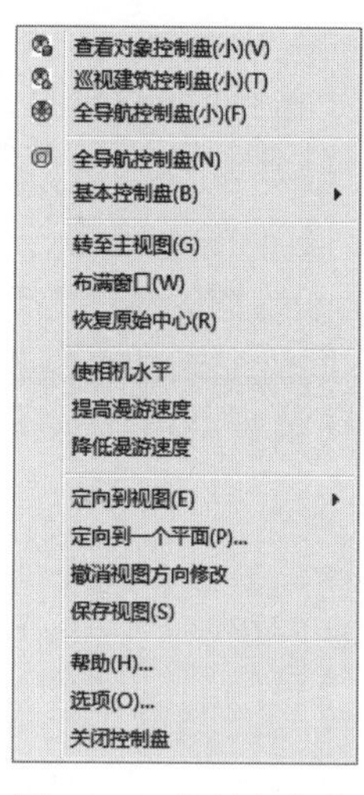

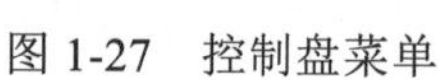
图 1-27　控制盘菜单

图 1-28　SteeringWheels 选项卡

（1）“文字可见性”选项组。

- 显示工具消息（始终对基本控制盘启用）：显示或隐藏工具消息，如图 1-29 所示。不管该设置如何，对于基本控制盘工具消息始终显示。
- 显示工具提示（始终对基本控制盘启用）：显示或隐藏工具提示，如图 1-30 所示。

图 1-29　显示工具消息

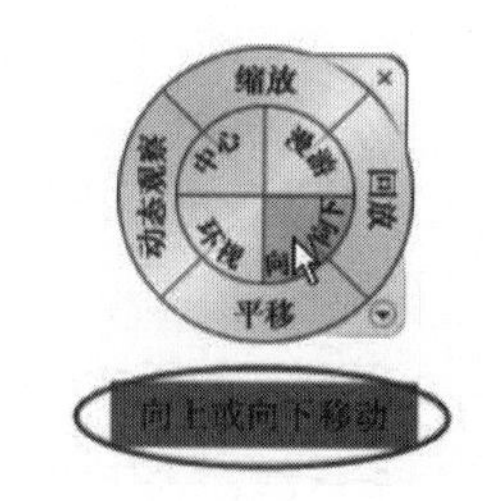

图 1-30　显示工具提示

- 显示工具光标文字（始终对基本控制盘启用）：工具处于活动状态时显示或隐藏光标文字。

（2）“大控制盘外观”/“小控制盘外观”选项组。

- 尺寸：用来设置大/小控制盘的尺寸，包括大、中、小 3 种。
- 不透明度：用来设置大/小控制盘的不透明度，可以在其下拉列表中选择不透明度值。

（3）“环视工具行为”选项组。

反转垂直轴（将鼠标拉回进行查阅）：反转环视工具的向上、向下查找操作。

（4）“漫游工具”选项组。

- 将平行移动到地平面：使用“漫游”工具漫游模型时，选中此复选框可将移动角度约束到地平面；取消选中此复选框，漫游角度将不受约束，沿查看的方向“飞行”，可沿任何方向或角度在模型中漫游。
- 速度系数：使用“漫游工具”漫游模型或在模型中“飞行”时，可以控制移动速度。移动速度由光标从“中心圆”图标移动的距离控制。可以拖动滑块调整速度系数，也可以直接在文本框中输入。

（5）“缩放工具”选项组。

单击一次鼠标放大一个增量（始终对基本控制盘启用）：允许通过单次单击缩放视图。

（6）“动态观察工具”选项组。

保持场景正立：使视图的边垂直于地平面。取消选中此复选框，可以按 360° 旋转动态观察模型。此功能在编辑一个族时很有用。

2．缩放工具

缩放工具包括区域放大、缩小两倍、缩放匹配、缩放全部以匹配和缩放图纸大小等工具。

（1）区域放大：放大所选区域内的对象。

（2）缩小两倍：将视图窗口显示的内容缩小两倍。

（3）缩放匹配：缩放以显示所有对象。

（4）缩放全部以匹配：缩放以显示所有对象的最大范围。

（5）缩放图纸大小：缩放以显示图纸内的所有对象。

（6）上一次平移/缩放：显示上一次平移或缩放结果。

（7）下一次平移/缩放：显示下一次平移或缩放结果。

1.3.11 绘图区域

在绘图区域中显示了当前项目的视图及图纸和明细表。每次打开项目中的某一视图时，默认情况下此视图会显示在绘图区域中其他打开的视图上面，其他视图仍处于打开的状态，但是这些视图在当前视图下面。

绘图区域的背景颜色默认为白色。

1.4 文件管理

1.4.1 新建文件

选择“文件”→“新建”命令，在弹出的子菜单中选择相应的命令，可以创建项目文件、族文件、概念体量等，如图 1-31 所示。

扫一扫，看视频

动手学——新建项目文件

（1）选择“文件”→“新建”→“项目”命令，打开“新建项目”对话框，如图 1-32 所示。

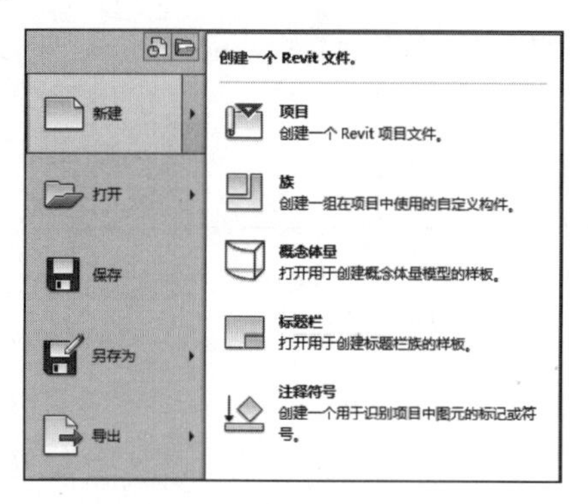

图 1-31 “新建”子菜单

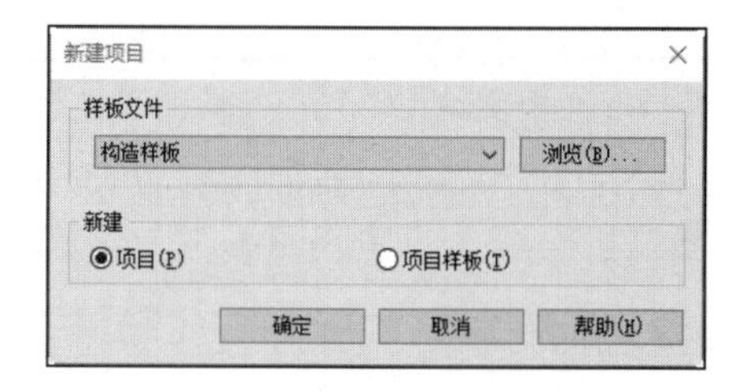

图 1-32 “新建项目”对话框

（2）在“样板文件”下拉列表中选择样板，或者单击“浏览”按钮，在弹出的如图 1-33 所示的“选择样板”对话框中选择需要的样板，单击“打开”按钮，打开样板文件。

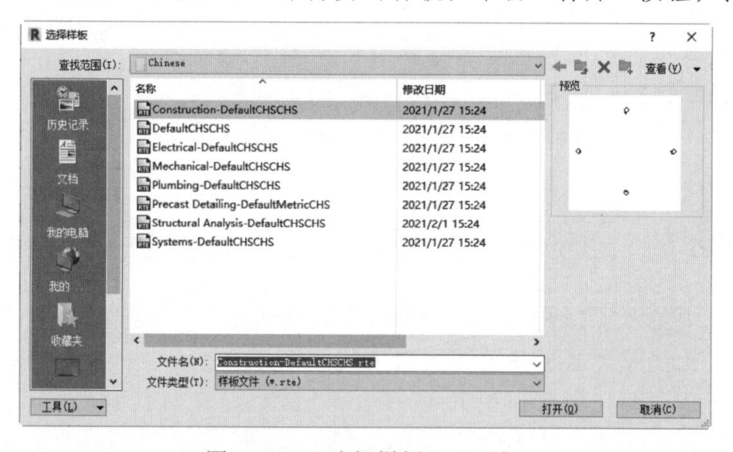

图 1-33 “选择样板”对话框

（3）选中“项目”单选按钮，单击“确定”按钮，即可创建一个新项目文件。

注意：

在 Revit 中，项目文件是整个建筑物设计的联合文件。建筑的所有标准视图、建筑设计图、施工图及明细表都包含在项目文件中，只要修改模型，所有相关的视图、设计图、施工图和明细表都会随之自动更新。

1.4.2 打开文件

选择“文件”→“打开”命令，在弹出的子菜单中选择相应的命令，可以打开云模型、项目文件、族文件、Revit 文件、建筑构件、IFC 文件、IFC 选项、样例文件，如图 1-34 所示。

（1）云模型：选择此命令，登录 Autodesk Account，选择要打开的云模型。

（2）项目：选择此命令，在弹出的“打开”对话框中可以选择要打开的 Revit 项目文件和族文件，如图 1-35 所示。

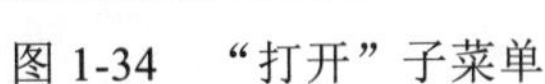

图 1-34 “打开”子菜单

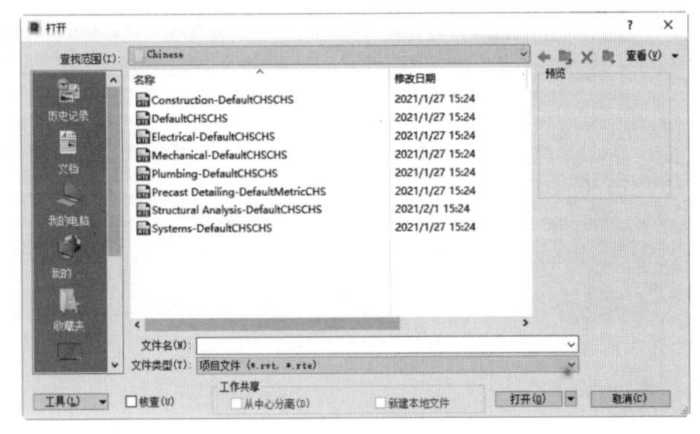

图 1-35 “打开”对话框

- 核查：扫描、检测并修复模型中损坏的图元。选中此复选框，可能会大幅增加打开模型所需的时间。
- 从中心分离：独立于中心模型而打开工作共享的本地模型。
- 新建本地文件：打开中心模型的本地副本。

（3）族：选择此命令，在弹出的“打开”对话框中可以选择要打开的软件自带族库中的族文件或用户自己创建的族文件。

（4）Revit 文件：选择此命令，在弹出的“打开”对话框中可以选择要打开的 Revit 所支持的文件，如.rvt、.rfa、.adsk 或.rte 文件。

（5）建筑构件：选择此命令，在弹出的“打开 ADSK 文件”对话框中可以选择要打开的 Autodesk 交换文件。

（6）IFC：选择此命令，在弹出的“打开 IFC 文件”对话框中可以选择要打开的 IFC 类型文件。IFC 文件格式一般应用于含有模型的建筑物或设施，也包括空间的元素、材料和形状。IFC 文件通常用于 BIM 工业程序之间的交互。

（7）IFC 选项：选择此命令，在弹出的“导入 IFC 选项”对话框中可以设置 IFC 类名称对应的 Revit 类别，此命令只有在打开 Revit 文件的状态下才可以使用。

（8）样例文件：选择此命令，在弹出的“打开”对话框中可以打开软件自带的样例项目文件和族文件。

1.4.3　保存文件

选择“文件”→“保存”命令，可以保存当前项目、族文件、样例文件等。若文件已命名，则 Revit 自动保存；若文件未命名，则系统会打开“另存为”对话框（见图 1-36），用户可以命名保存。在“保存于”下拉列表框中可以指定保存文件的路径；在“文件类型”下拉列表框中可以指定保存文件的类型。为了防止因意外操作或计算机系统故障导致正在绘制的图形文件丢失，可以对当前图形文件设置自动保存。

单击“选项”按钮，打开如图 1-37 所示的“文件保存选项”对话框，可以指定备份文件的最大数量及与文件保存相关的其他设置。

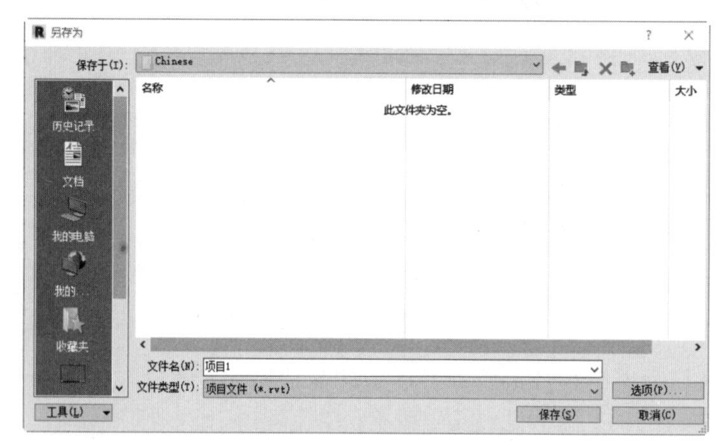

图 1-36　“另存为”对话框

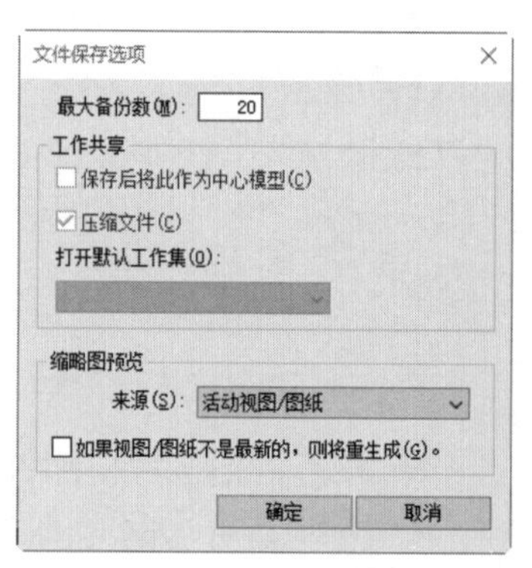

图 1-37　“文件保存选项”对话框

- 最大备份数：指定最多备份文件的数量。默认情况下，非工作共享项目有 3 个备份，工作共享项目最多有 20 个备份。
- 保存后将此作为中心模型：将当前已启用工作集的文件设置为中心模型。
- 压缩文件：保存已启用工作集的文件时减小文件的大小。在正常保存时，Revit 仅将新图元和经过修改的图元写入现有文件。这可能会导致文件变得非常大，但会加快保存的速度。压缩过程会将整个文件进行重写并删除旧的部分以节省空间。
- 打开默认工作集：定义中心模型在本地打开时所对应的工作集默认设置。通过该下拉列表框中的内容可以将一个工作共享文件保存为始终以下列选项之一的默认设置，即“全部”“可编辑”“上次查看的”“指定”。用户修改该选项的唯一方式是在“文件保存选项”对话框中选中“保存后将此作为中心模型”复选框来重新保存新的中心模型。
- 缩略图预览：指定打开或保存项目时显示的预览图像。“来源”默认为“活动视图/

图纸”，Revit 只能从打开的视图中创建预览图像。如果选中“如果视图/图纸不是最新的，则将重生成。”复选框，则无论用户何时打开或保存项目，Revit 都会更新预览图像。

1.4.4 另存为文件

选择“文件”→“另存为”命令，在弹出的子菜单中选择相应的命令，可以将文件保存为“项目”“族”“样板”和“库”4 种类型文件，如图 1-38 所示。

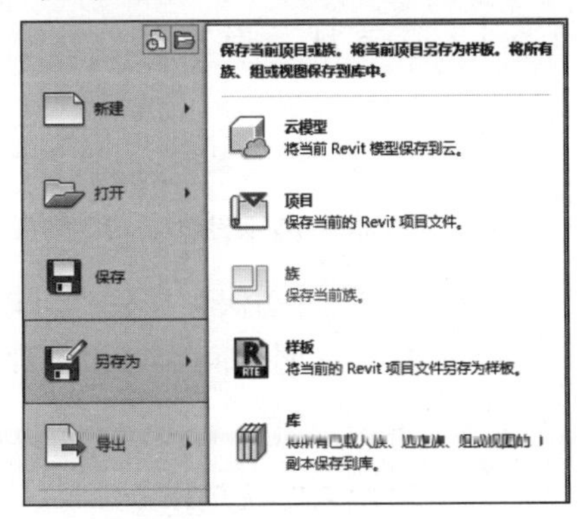

图 1-38 “另存为”菜单

从中选择某一命令后，打开“另存为”对话框（见图 1-36），Revit 将用另存名称保存文件，并把当前图形更名。

1.5 系统设置

“选项”对话框用于控制软件及其用户界面的各个方面。

在“文件”菜单中单击“选项”按钮，打开“选项”对话框，如图 1-39 所示。

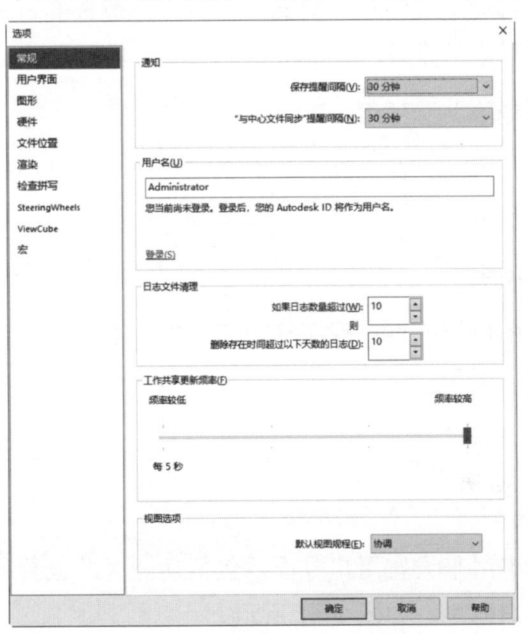

图 1-39 “选项”对话框

1.5.1 “常规”设置

在“常规”选项卡中可以设置通知、用户名、日志文件清理等参数。

1. “通知”选项组

Revit 不能自动保存文件，可以通过“通知”选项组设置用户建立项目文件或族文件时保存文档的提醒时间。在“保存提醒间隔”下拉列表中选择保存提醒时间，保存提醒时间最少是 15 分钟。

2. “用户名”选项组

Revit 首次在工作站中运行时，使用 Windows 登录名作为默认用户名。在以后的设计中可以修改和保存用户名。如果需要使用其他用户名，以便在某个用户不可用时放弃该用户的图元，则先注销 Autodesk 账户，然后在“用户名”文本框中输入另一个用户的 Autodesk 用户名。

3. “日志文件清理”选项组

日志文件是记录 Revit 任务中每个步骤的文本文件，主要用于软件支持进程。要检测问题或重新创建丢失的步骤或文件时，可运行日志。设置要保留的日志文件数量及要保留的天数后，系统会自动进行清理，并始终保留设定数量的日志文件，后面产生的新日志会自动覆盖前面的日志文件。

4. “工作共享更新频率”选项组

工作共享是一种设计方法，此方法允许多名团队成员同时处理同一项目模型。在该选项组中，可以拖动滑块来设置工作共享的更新频率。

5. “视图选项”选项组

对于不存在默认视图样板或存在视图样板但未指定视图规程的视图，指定其默认规程。系统提供了 6 种视图规程，如图 1-40 所示。

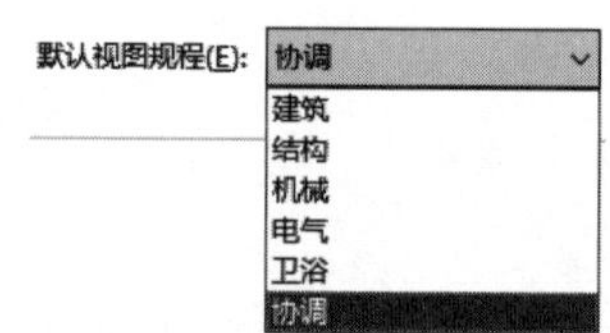

图 1-40　默认视图规程

1.5.2 “用户界面”设置

“用户界面”选项卡用来设置用户界面，包括功能区的设置、活动主题的设置、快捷键的设置和选项卡的切换等，如图 1-41 所示。

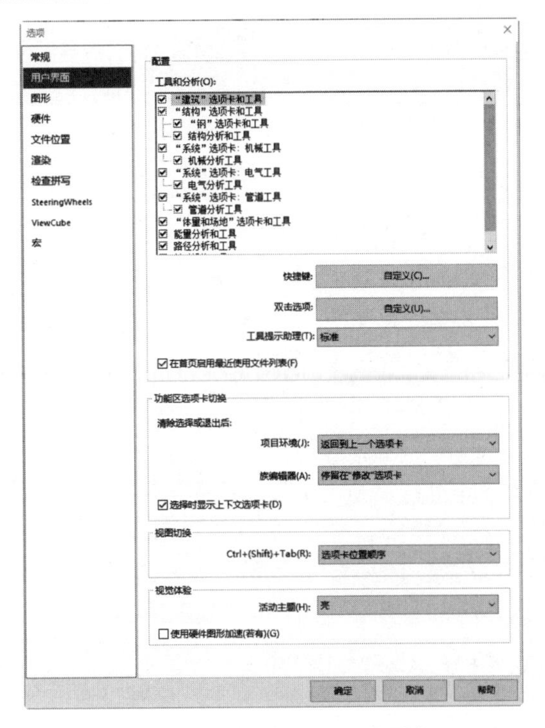

图 1-41 “用户界面”选项卡

1.“配置”选项组

（1）工具和分析：可以通过选择或清除“工具和分析”列表框中的复选框控制用户界面功能区中选项卡的显示和关闭。例如，取消选中“‘建筑’选项卡和工具”复选框，单击“确定”按钮，在功能区中的“建筑”选项卡将不再显示，如图 1-42 所示。

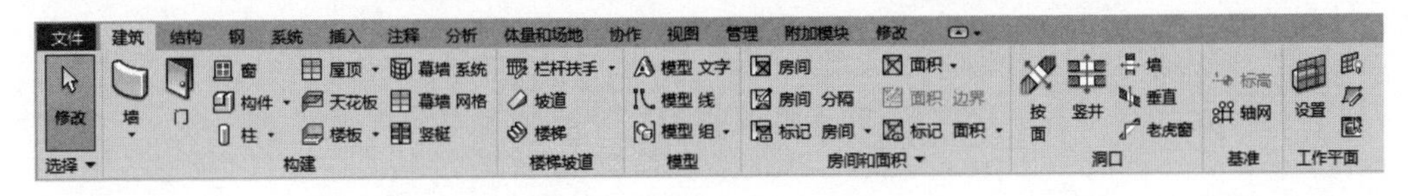

（a）原始

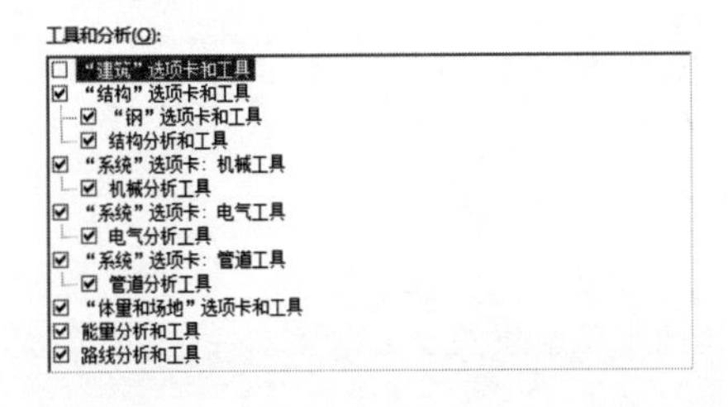

（b）取消选中“‘建筑’选项卡和工具”复选框

图 1-42 选项卡的关闭

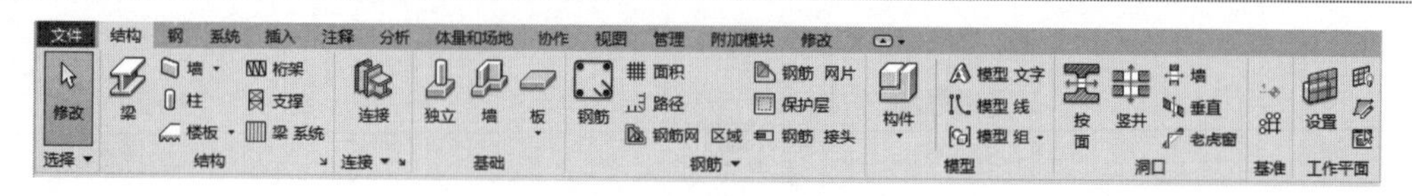

（c）不显示“建筑”选项卡

图 1-42　选项卡的关闭（续）

（2）快捷键：用于设置命令的快捷键。单击“自定义”按钮，打开“快捷键”对话框，如图 1-43 所示。设置快捷键的方法：搜索要设置快捷键的命令或者在“指定”列表框中选择要设置快捷键的命令，然后在“按新键”文本框中输入快捷键，单击“指定”按钮，即可添加快捷键。

（3）双击选项：指定用于进入族、绘制的图元、部件、组等类型的编辑模式的双击动作。单击“自定义”按钮，打开如图 1-44 所示的“自定义双击设置”对话框，选择图元类型，然后在对应的“双击操作”栏中单击，右侧会出现下拉箭头，单击，打开下拉列表，从中选择对应的双击操作，然后单击“确定”按钮，完成双击设置。

教你一招：

怎样避免双击误操作?

答：在使用 Revit 建模过程中，常会由于双击模型中的构件而进入族编辑视图。如果不需要进行族的编辑工作，为了避免由于双击导致的不确定性后果，可以在“选项”对话框的“用户界面”选项卡中单击“双击选项”右侧的“自定义”按钮，在弹出的对话框中将族的双击操作设置为无反应。

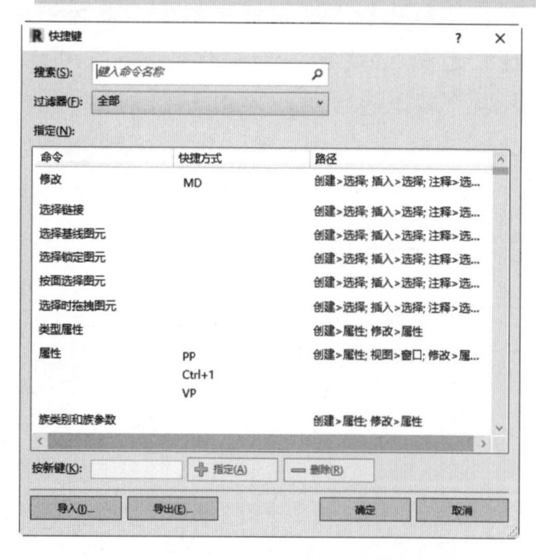

图 1-43　“快捷键”对话框

图 1-44　“自定义双击设置”对话框

（4）工具提示助理：工具提示提供了有关用户界面中某个工具或绘图区域中某个项

目的信息，或者在工具使用过程中提供了下一步操作的说明。将光标停留在功能区的某个工具之上时，默认情况下，Revit会显示工具提示，提供该工具的简要说明。如果光标在该功能区工具上再停留片刻，则会显示附加的信息（如果有），如图1-45所示。系统提供了“无”“最小”“标准”和“高”4种类型。

① 无：关闭功能区中工具提示和画布中工具提示，使它们不再显示。

② 最小：只显示简要的说明，而隐藏其他信息。

③ 标准：为默认选项。当光标移动到工具上时，显示简要的说明；如果光标再停留片刻，则接着显示更多信息。

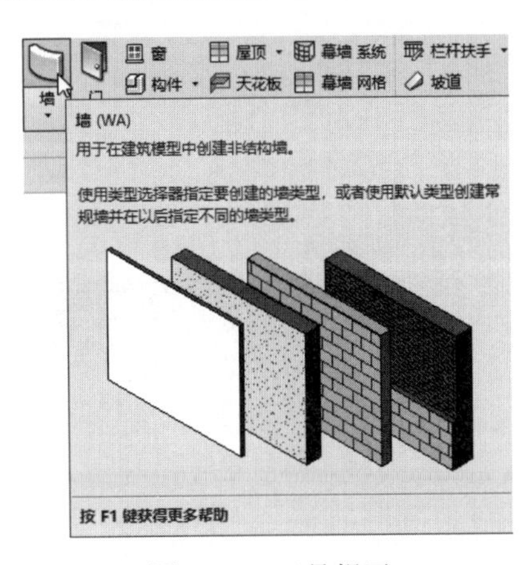

图1-45　工具提示

④ 高：同时显示有关工具的简要说明和更多信息（如果有），没有时间延迟。

（5）在首页启用最近使用文件列表：在启动Revit时，在首页页面中会列出用户最近处理过的项目和族的列表，还提供对联机帮助和视频的访问。

2．“功能区选项卡切换”选项组

“功能区选项卡切换”选项组用来设置上下文选项卡在功能区中的行为。

（1）清除选择或退出后：在“项目环境”或“族编辑器”下拉列表中指定所需的行为，其中包括“返回到上一个选项卡”和“停留在‘修改’选项卡”选项。

① 返回到上一个选项卡：在取消选择图元或者退出工具之后，Revit显示上一次出现的功能区选项卡。

② 停留在“修改”选项卡：在取消选择图元或者退出工具之后，仍保留在“修改”选项卡上。

（2）选择时显示上下文选项卡：选中此复选框，当激活某些工具或者编辑图元时会自动增加并切换到该选项卡。图1-46所示为“修改|放置 窗”选项卡。其中包含一组只与该工具或图元的上下文相关的工具。

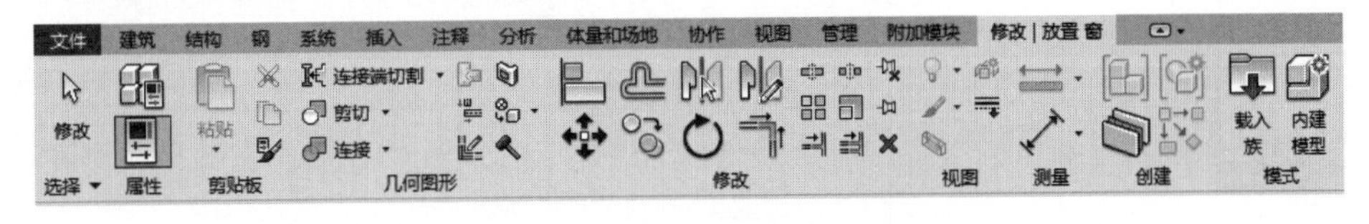

图1-46　“修改|放置 窗”选项卡

3．“视觉体验”选项组

（1）活动主题：用于设置Revit用户界面的视觉效果，包括亮和暗两种效果，如图1-47所示。

（a）亮

（b）暗

图 1-47　活动主题

（2）使用硬件图形加速（若有）：通过使用可用的硬件，提高了渲染 Revit 用户界面时的性能。

1.5.3　“图形”设置

“图形”选项卡用来控制图形和文字在绘图区域中的显示，如图 1-48 所示。

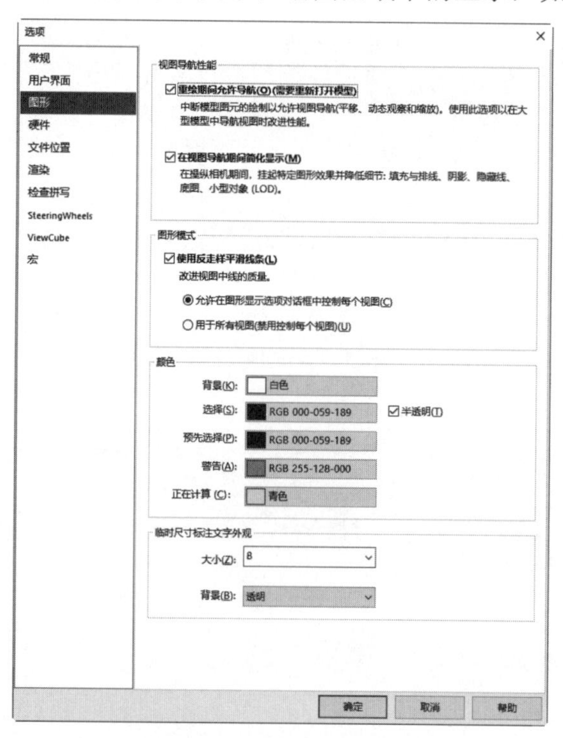

图 1-48　“图形”选项卡

1. “视图导航性能”选项组

（1）重绘期间允许导航（需要重新打开模型）：可以在二维或三维视图中导航模型（平移、缩放和动态观察视图），而无须在每一步等待软件完成图元绘制。软件会中断视图中模型图元的绘制，从而可以更快和更平滑地导航。在大型模型中导航视图时使用该选项可以改进性能。

（2）在视图导航期间简化显示：通过减少显示的细节量并暂停某些图形效果，提供了导航视图（平移、动态观察和缩放）时的性能。

2. “图形模式”选项组

选中“使用反走样平滑线条”复选框，可提高视图中的线条质量，使边显示得更平滑。如果要在使用反走样时体验最佳性能，则在“硬件”选项卡中选中“使用硬件加速”复选框，启用硬件加速。如果没有启用硬件加速且使用反走样，则在缩放、平移和操纵视图时性能会降低。

3. “颜色”选项组

（1）背景：更改绘图区域中背景和图元的颜色。单击“颜色”按钮，打开如图 1-49 所示的“颜色”对话框，指定新的背景颜色。系统会自动根据背景色调整图元颜色，比如较暗的颜色将导致图元显示为白色，如图 1-50 所示。

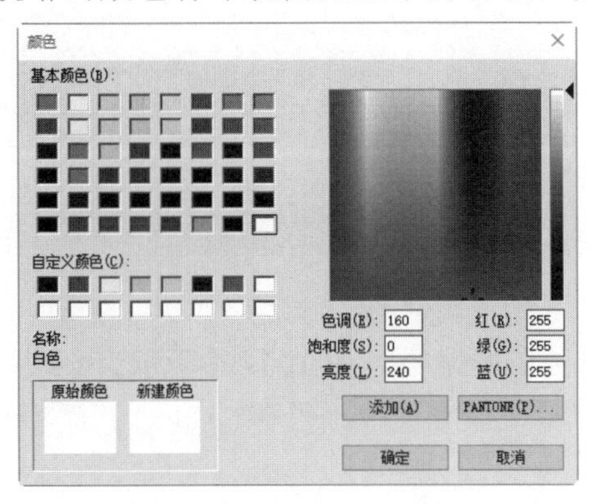

图 1-49 “颜色”对话框

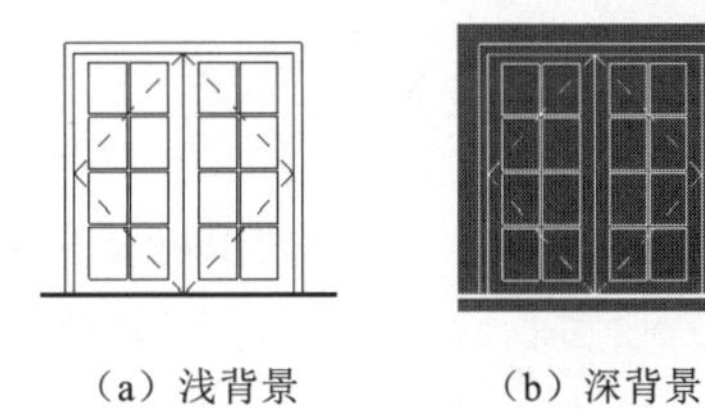

（a）浅背景 （b）深背景

图 1-50 背景色和图元颜色

（2）选择：设置绘图区域中选定图元的显示颜色，如图 1-51 所示。单击“颜色”按钮，可在弹出的“颜色”对话框中指定新的颜色。选中“半透明”复选框，可以查看选定图元下面的图元。

（3）预先选择：设置在将光标移动到绘图区域中的图元上时，图元高亮显示的颜色，如图 1-52 所示。单击“颜色”按钮，可在弹出的“颜色”对话框中指定高亮显示颜色。

（4）警告：设置在出现警告或错误时图元的显示颜色，如图 1-53 所示。单击“颜色”

按钮，可在弹出的“颜色”对话框中指定新的警告颜色。

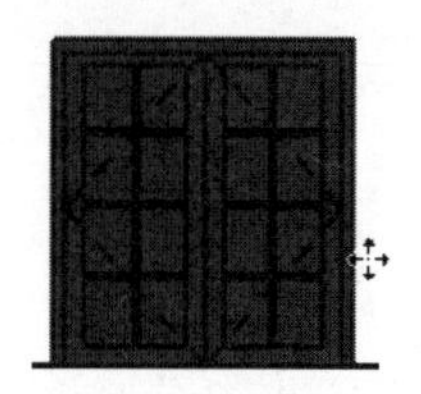

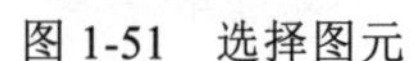
图 1-51　选择图元

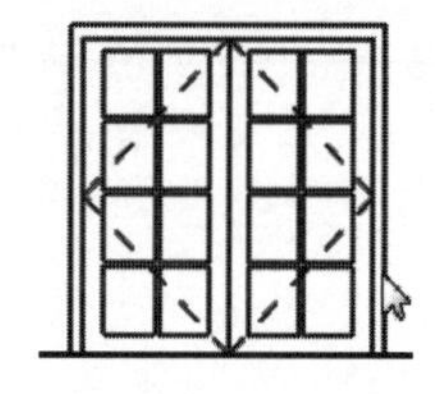

图 1-52　高亮显示

图 1-53　警告颜色

4.“临时尺寸标注文字外观”选项组

（1）大小：用于设置临时尺寸标注中文字的字体大小，如图 1-54 所示。

（a）　　　（b）

图 1-54　字体大小

（2）背景：用于指定临时尺寸标注中的文字背景为透明或不透明，如图 1-55 所示。

（a）透明　　　（b）不透明

图 1-55　设置文字背景

1.5.4　“文件位置”设置

“文件位置”选项卡用来设置 Revit 文件和目录的路径，如图 1-56 所示。

（1）项目模板：指定在创建新模型时要在“最近使用的文件”窗口和“新建项目”对话框中列出的样板文件。

（2）用户文件默认路径：指定 Revit 保存当前文件的默认路径。

（3）族样板文件默认路径：指定样板和库的路径。

（4）点云根路径：指定点云文件的根路径。

（5）系统分析工作流：指定要在“系统分析”对话框中列出以供 OpenStudio 使用的工作流文件。默认文件提供用于“年度建筑能量模拟”和“暖通空调系统负荷和尺寸”。

（6）放置：添加公司专用的第二个库。单击此按钮，打开如图 1-57 所示的“放置”对话框，添加或删除库路径。

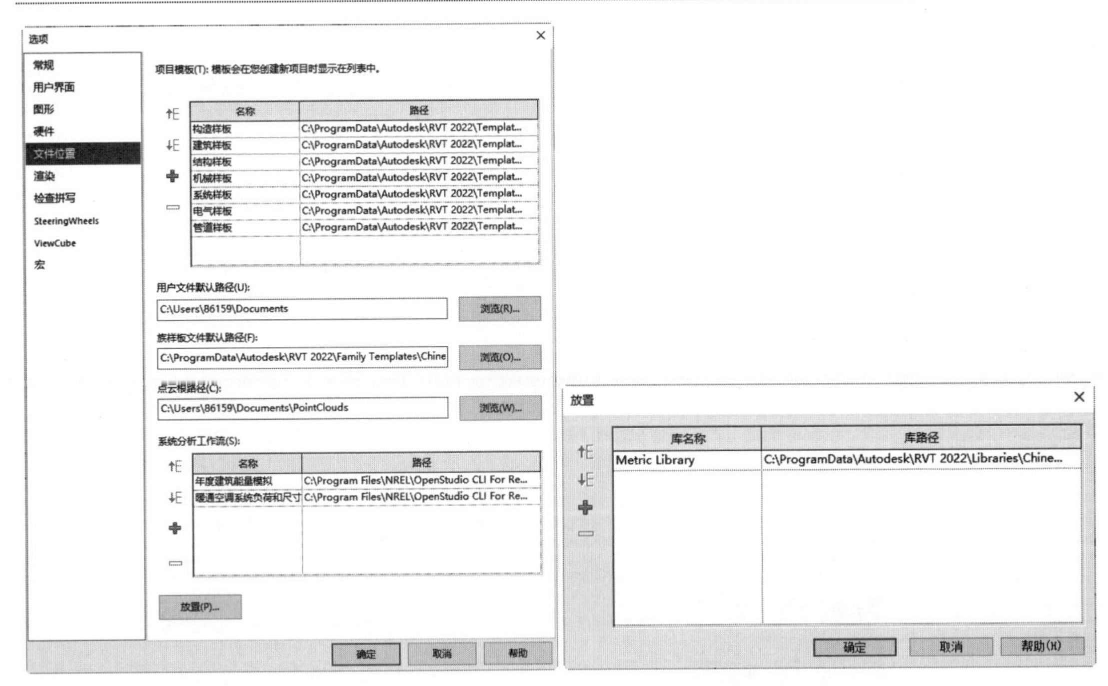

图 1-56 “文件位置”选项卡

图 1-57 “放置”对话框

1.5.5 其他设置

(1)“硬件”选项卡用来设置硬件加速。

(2)“渲染”选项卡提供了有关在渲染三维模型时如何访问要使用的图像信息。在此选项卡中可以指定用于渲染外观的文件路径及贴花的文件路径。单击“添加值”按钮✚，输入路径，或单击路径上的…按钮，打开“浏览器文件夹”对话框设置路径。选择列表中的路径，单击“删除值”按钮▬，删除路径。

(3)“检查拼写”选项卡用于设置对输入的单词进行检查。

(4)“宏”选项卡用于定义创建自动化重复任务的宏的安全性设置。

第 2 章　辅助建模工具

Revit 提供了丰富的实体操作工具，用户可轻松、快捷地绘制图形。

- 工作平面
- 模型创建
- 编辑图元

案例效果

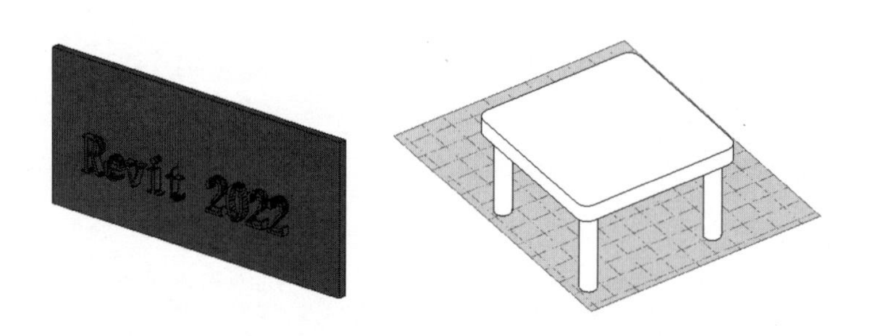

2.1　工 作 平 面

工作平面是一个用作视图或绘制图元起始位置的虚拟二维表面。工作平面可作为视图的原点，可以用来绘制图元，还可以用来放置基于工作平面的构件。

2.1.1　设置工作平面

每个视图都与工作平面相关联。在视图中设置工作平面时，则工作平面与该视图一起保存。

在某些视图（如平面视图、三维视图和绘图视图）及族编辑器的视图中，工作平面是自动设置的，在其他视图（如立面视图和剖面视图）中，则必须设置工作平面。

单击“建筑”选项卡的“工作平面”面板中的“设置”按钮，打开如图 2-1 所示的“工作平面”对话框。在该对话框中可以显示或更改视图的工作平面，也可以显示、

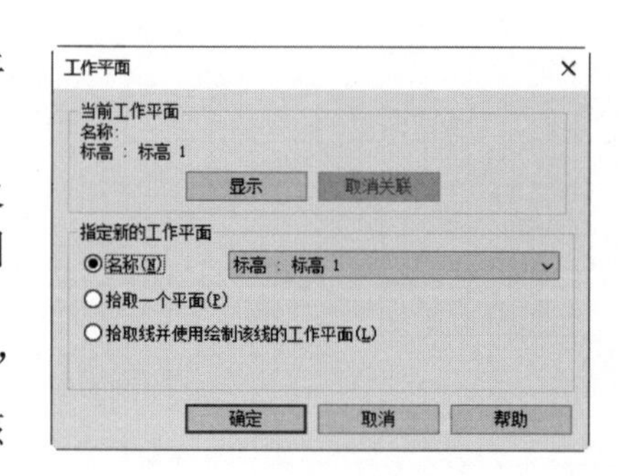

图 2-1　“工作平面”对话框

设置、更改或取消关联基于工作平面图元的工作平面。

（1）名称：从右侧的下拉列表中选择一个可用的工作平面，其中包括标高、网格和已命名的参照平面。

（2）拾取一个平面：选中该单选按钮，可以选择任何可以进行尺寸标注的平面，包括墙面、链接模型中的面、拉伸面、标高、网格和参照平面为所需平面，Revit 会创建与所选平面重合的平面。

（3）拾取线并使用绘制该线的工作平面：Revit 会创建与选定线的工作平面共面的工作平面。

2.1.2　显示工作平面

在视图中显示或隐藏活动的工作平面，工作平面在视图中以网格显示。

单击“建筑”选项卡的“工作平面”面板中的“显示工作平面”按钮，显示工作平面，如图 2-2 所示。再次单击“显示工作平面”按钮，则隐藏工作平面。

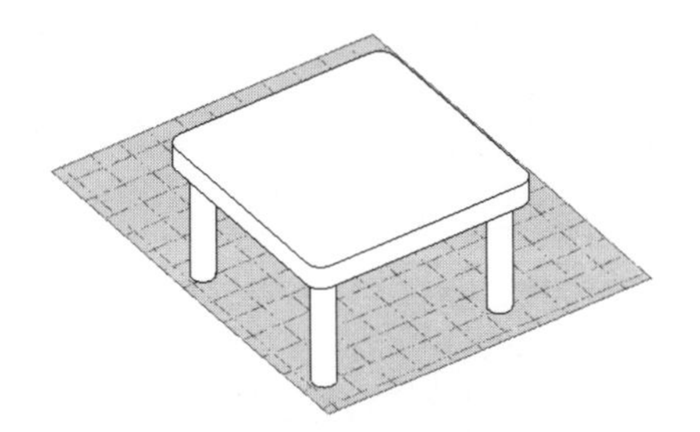

图 2-2　显示工作平面

2.1.3　编辑工作平面

可以修改工作平面的边界大小和网格大小。

（1）选取视图中的工作平面，拖动平面的边界控制点即可改变大小，如图 2-3 所示。

（2）在“属性”选项板的工作平面网格间距文本框中输入新的间距值，或者在选项栏中输入新的间距值，然后按 Enter 键或单击“应用”按钮，即可更改网格间距大小，如图 2-4 所示。

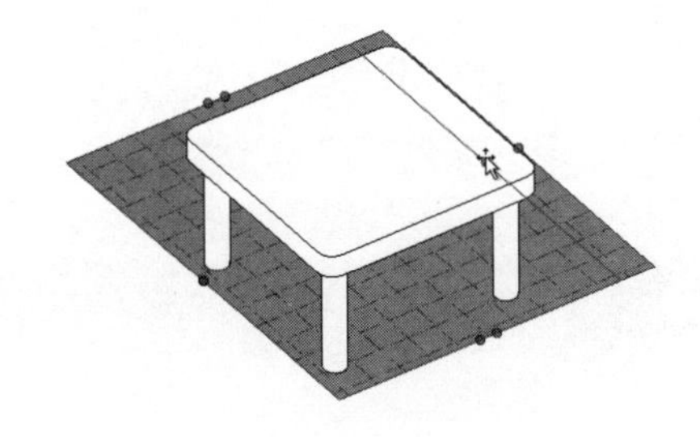

图 2-3　拖动更改大小

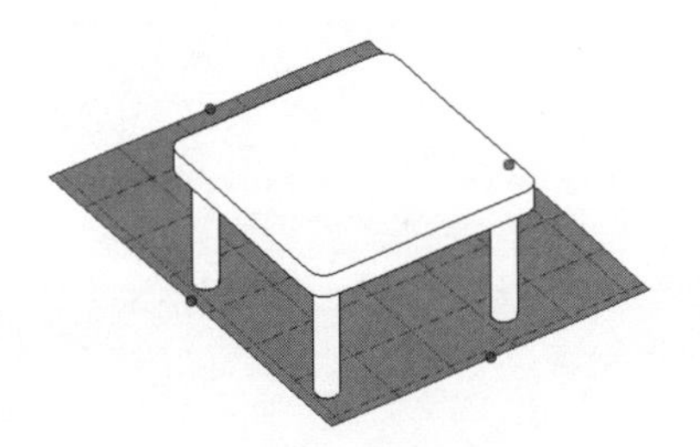

图 2-4　更改网格间距

2.1.4 工作平面查看器

使用“工作平面查看器”可以修改模型中基于工作平面的图元。工作平面查看器提供了一个临时性的视图，不会保留在项目浏览器中。对于编辑形状、放样和放样融合中的轮廓非常有用。

（1）单击快速访问工具栏中的“打开”按钮，打开“放样.rfa”图形，如图 2-5 所示。

（2）单击“创建”选项卡的“工作平面”面板中的“工作平面查看器”按钮，打开“工作平面查看器”窗口，如图 2-6 所示。

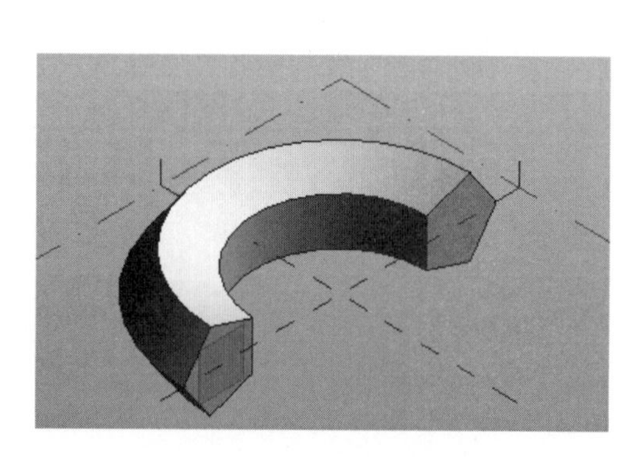

图 2-5 打开图形

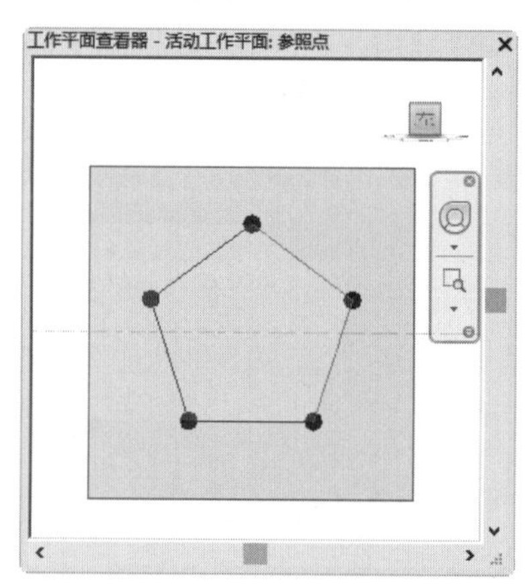

图 2-6 “工作平面查看器”窗口

（3）根据需要编辑模型，如图 2-7 所示。

（4）当在项目视图或工作平面查看器中进行更改时，其他视图会实时更新，结果如图 2-8 所示。

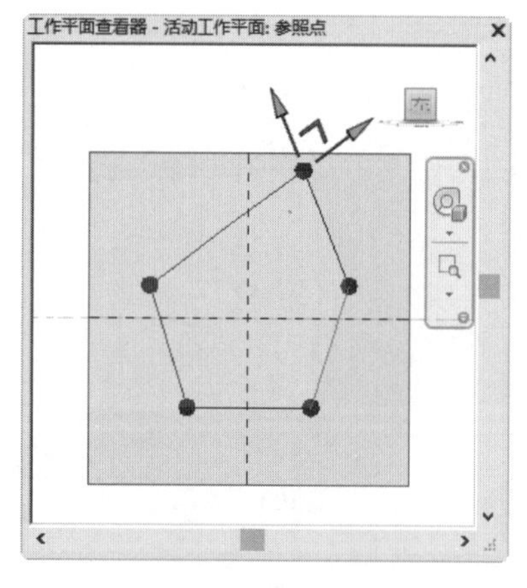

图 2-7 更改图形

图 2-8 更改后的图形

2.2 模 型 创 建

2.2.1 模型线

模型线是基于工作平面的图元，存在于三维空间且在所有视图中都可见。模型线可以绘制成直线或曲线，也可以单独绘制、链状绘制，还可以以矩形、圆形、椭圆形或其他多边形的形状进行绘制。

单击“建筑”选项卡的“模型”面板中的“模型线”按钮，打开“修改|放置线”选项卡，其中“绘制”面板和“线样式”面板中包含了所有用于绘制模型线的绘图工具与线样式设置，如图 2-9 所示。

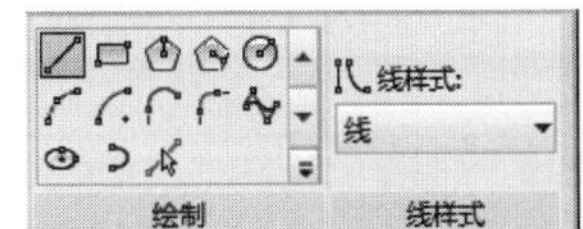

图 2-9　“绘制”面板和“线样式”面板

1. 直线

（1）单击“修改|放置线”选项卡的“绘制”面板中的“直线”按钮，鼠标指针变成十，并在功能区的下方显示选项栏，如图 2-10 所示。

图 2-10　选项栏

- 放置平面：显示当前的工作平面，可以从下拉列表中选择标高或拾取新工作平面为工作平面。
- 链：选中此复选框，可绘制连续线段。
- 偏移：在文本框中输入偏移值，绘制的直线根据输入的偏移值自动偏移轨迹线。
- 半径：选中此复选框，并输入半径值。绘制的直线之间会根据半径值自动生成圆角。要使用此选项，必须先选中“链”复选框绘制连续曲线，才能绘制圆角。

（2）在视图区中指定直线的起点，按住鼠标左键开始拖动，直到直线终点放开。此时在视图中将显示所绘直线的参数，如图 2-11 所示。

（3）可以直接输入直线的参数，按 Enter 键确认，如图 2-12 所示。

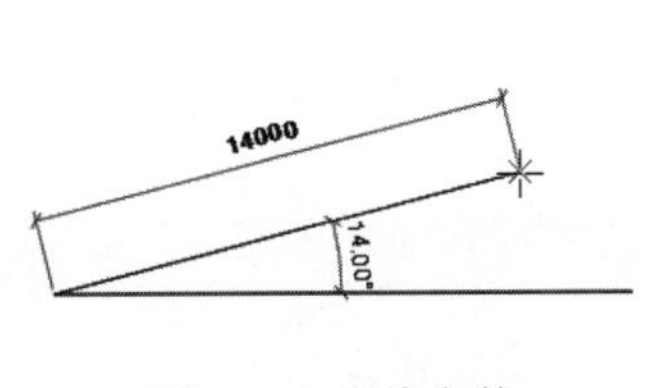

图 2-11　直线参数

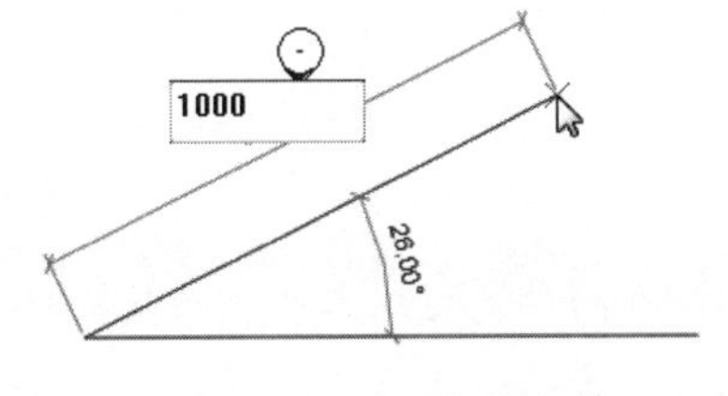

图 2-12　输入直线参数

2．矩形

根据起点和角点绘制矩形。

（1）单击“修改|放置线”选项卡的“绘制”面板中的“矩形”按钮▭，在图中适当位置单击确定矩形的起点。

（2）拖动鼠标进行移动，系统将动态显示矩形的大小，单击确定矩形的角点，也可以直接输入矩形的尺寸值。

（3）在选项栏中选中“半径”复选框，输入半径值，可以绘制带圆角的矩形，如图2-13所示。

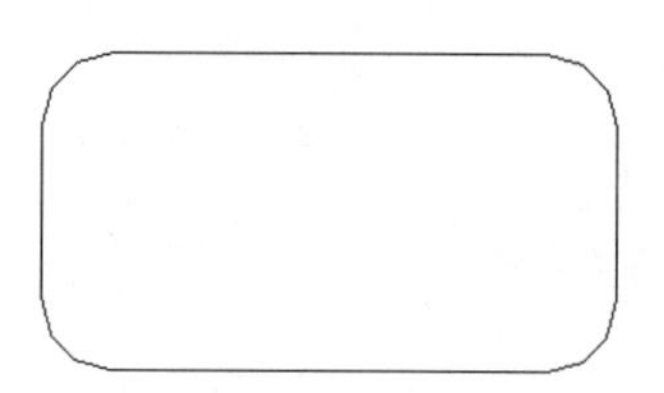

图2-13　带圆角矩形

3．多边形

（1）内接多边形。对于内接多边形，圆的半径是指圆心到多边形边之间顶点的距离。

① 单击“修改|放置线”选项卡的“绘制”面板中的“内接多边形”按钮，打开“内接多边形”选项栏，如图2-14所示。

图2-14　“内接多边形”选项栏

② 在选项栏中输入边数、偏移值及半径等参数。

③ 在绘图区域内单击以指定多边形的圆心。

④ 移动光标并单击确定圆心到多边形边之间顶点的距离，完成内接多边形的绘制。

（2）外接多边形。绘制一个各边与中心相距某个特定距离的多边形。

① 单击“修改|放置线”选项卡的“绘制”面板中的“外接多边形”按钮，打开“外接多边形”选项栏。

② 在选项栏中输入边数、偏移值及半径等参数。

③ 在绘图区域内单击以指定多边形的圆心。

④ 移动光标并单击确定圆心到多边形边的垂直距离，完成外接多边形的绘制。

4．圆

通过指定圆心和半径来绘制圆形。

（1）单击“修改|放置线”选项卡的“绘制”面板中的“圆”按钮，打开“圆”选项栏，如图2-15所示。

图2-15　“圆”选项栏

（2）在绘图区域中单击以确定圆的圆心。

（3）在选项栏中输入半径，仅需要单击一次就可将圆形放置在绘图区域。

（4）如果在选项栏中没有确定半径，可以拖动鼠标调整圆的半径，再次单击确认半径，完成圆的绘制。

5. 圆弧

Revit 提供了 4 种绘制弧的方法。

（1）起点-终点-半径弧：通过指定起点、端点和半径绘制圆弧。

（2）圆心-端点弧：通过指定圆心、起点和端点绘制圆弧。此方法不能绘制角度大于 180° 的圆弧。

（3）相切-端点弧：从现有墙或线的端点创建相切弧。

（4）圆角弧：绘制两相交直线间的圆角。

教你一招：

绘制图元时，Shift 键的限制作用如下：

（1）将直线和多边形半径限制为水平或垂直的线。

（2）将三点画弧的弦、从圆心和端点创建的弧半径以及椭圆的轴限制为 45° 的整数倍，将两点画弧和三点画弧限制为 90°、180° 或 270°。

6. 椭圆和半椭圆

（1）椭圆：通过中心点、长半轴和短半轴来绘制椭圆。

（2）半椭圆：通过长半轴和短半轴来控制半椭圆的尺寸。

7. 样条曲线

绘制一条经过或靠近指定点的平滑曲线。

（1）单击“修改|放置线”选项卡的“绘制”面板中的“样条曲线”按钮，打开“样条曲线”选项栏。

（2）在绘图区域中单击以指定样条曲线的起点。

（3）移动光标单击，指定样条曲线上的下一个控制点。

用一条样条曲线无法创建单一闭合环，此时可以使用第二条样条曲线来使曲线闭合。

2.2.2 模型文字

模型文字是基于工作平面的三维图元，可用于建筑的标志或字母。对于能以三维方式显示的族（如墙、门、窗和家具族），可以在项目视图和族编辑器中添加模型文字。模型文字不可用于只能以二维方式表示的族，如注释、详图构件和轮廓族。

在添加模型文字之前，首先设置要在其中显示文字的工作平面。

动手学——创建模型文字

扫一扫，看视频

具体步骤如下：

（1）在绘图区域中绘制一段墙体。

（2）单击“建筑”选项卡的“工作平面”面板中的“设置”按钮，打开“工作平面”对话框，选中“拾取一个平面”单选按钮，如图 2-16 所示。单击“确定”按钮，选择墙体的前端面为工作平面，如图 2-17 所示。

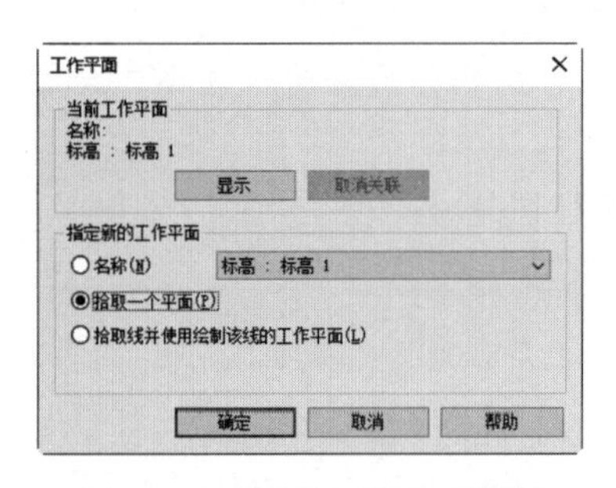

图 2-16　“工作平面”对话框

图 2-17　选取前端面

（3）单击“建筑”选项卡的“模型”面板中的“模型文字”按钮，打开“编辑文字”对话框，输入文字 Revit 2022，如图 2-18 所示，单击“确定”按钮。

（4）拖曳模型文字，将其放置在选取的平面上，如图 2-19 所示。

（5）将文字放置到墙上适当位置后单击，效果如图 2-20 所示。

图 2-18　“编辑文字”对话框

图 2-19　放置文字

图 2-20　模型文字

扫一扫，看视频

动手学——编辑模型文字

具体步骤如下：

（1）选中图 2-20 中的文字，在“属性”选项板中更改文字深度为 200，单击“应用”按钮，更改文字深度，如图 2-21 所示。

- 工作平面：表示用于放置文字的工作平面。
- 文字：单击此文本框中的“编辑”按钮，打开“编辑文字”对话框，更改文字。
- 水平对齐：指定存在多行文字时文字的对齐方式，各行之间相互对齐。
- 材质：单击按钮，打开“材质浏览器”对话框，指定模型文字的材质。

- 深度：输入文字的深度。
- 注释：有关文字的特定注释。
- 标记：指定某一类别模型文字的标记。如果将此标记修改为其他模型文字已使用的标记，则 Revit 将发出警告，但仍允许使用此标记。
- 子类别：显示默认类别或从下拉列表中选择子类别。定义子类别的对象样式时，可以定义其颜色、线宽以及其他属性。

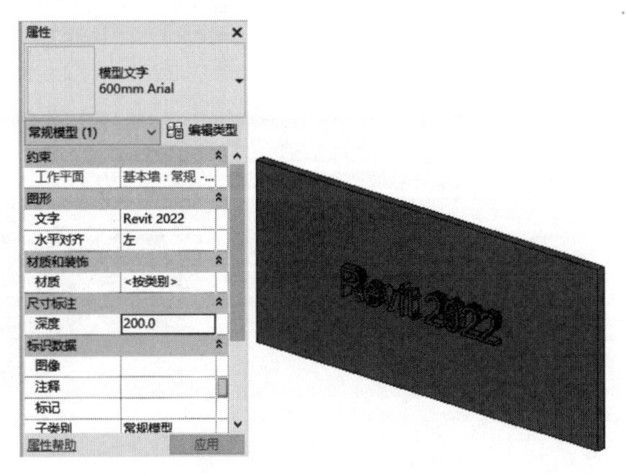

图 2-21　更改文字深度

（2）单击“属性”选项板中的编辑类型按钮，打开如图 2-22 所示的“类型属性”对话框；单击“复制”按钮，打开“名称”对话框，输入名称为“800mm 仿宋”，如图 2-23 所示；单击“确定”按钮，返回到“类型属性”对话框，在“文字字体”下拉列表中选择“仿宋”，更改“文字大小”为 800，选中“斜体”复选框，如图 2-24 所示；单击“确定”按钮，完成文字字体和大小的更改，如图 2-25 所示。

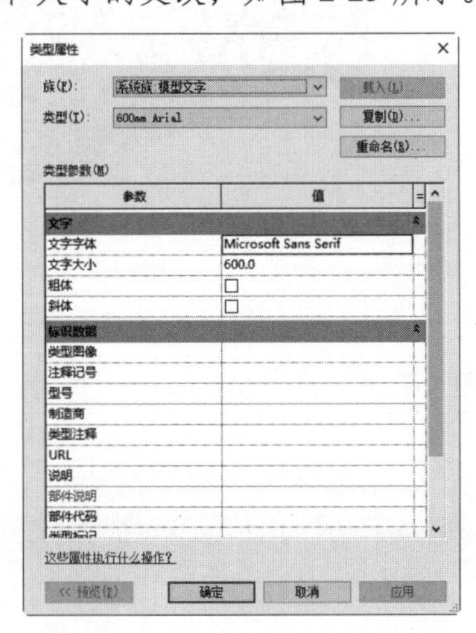

图 2-22　“类型属性”对话框

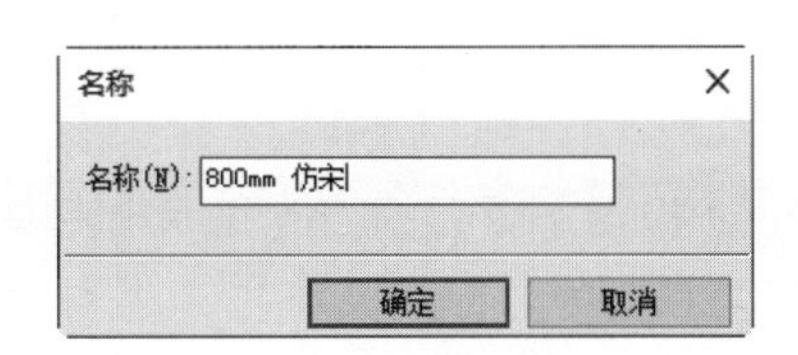

图 2-23　输入新名称

- 文字字体：设置模型文字的字体。
- 文字大小：设置文字大小。
- 粗体：将字体设置为粗体。
- 斜体：将字体设置为斜体。

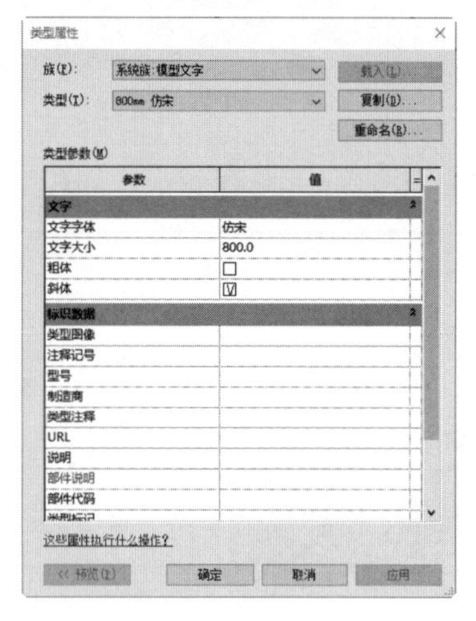

图 2-24　文字属性

图 2-25　更改字体和大小

（3）选中文字，按住鼠标左键拖动，如图 2-26 所示；将其拖动到墙体中间位置释放鼠标，完成文字的移动，如图 2-27 所示。

图 2-26　拖动文字

图 2-27　移动文字

2.3　编 辑 图 元

Revit 提供了图元的修改和编辑工具，主要集中在“修改”选项卡中，如图 2-28 所示。当选择要修改的图元后，会打开“修改|××”选项卡，选择的图元不同，打开的“修改|××”选项卡也会有所不同，但是“修改”面板中的操作工具是相同的。

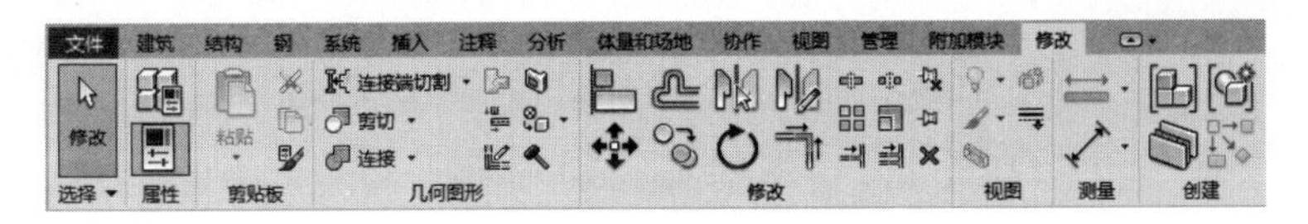

图 2-28　“修改”选项卡

2.3.1　对齐图元

可以将一个或多个图元与选定图元对齐。此工具通常用于对齐墙、梁和线，但也可以用于其他类型的图元。可以对齐同一类型的图元，也可以对齐不同族的图元。可以在平面视图（二维）、三维视图或立面视图中对齐图元。

具体步骤如下：

（1）单击“修改”选项卡的“修改”面板中的“对齐”按钮，打开“对齐”选项栏，如图 2-29 所示。

- 多重对齐：选中此复选框，将多个图元与所选图元对齐，也可以在按住 Ctrl 键的同时选择多个图元进行对齐。
- 首选：指明将如何对齐所选墙，包括参照墙面、参照墙中心线、参照核心层表面和参照核心层中心等几种方式。

（2）选择要与其他图元对齐的图元，如图 2-30 所示。

图 2-29　“对齐”选项栏　　　　图 2-30　选择要对齐的图元

（3）选择要与参照图元对齐的一个或多个图元，如图 2-31 所示。在选择之前，将光标在图元上移动，直到高亮显示要与参照图元对齐的图元部分时为止，然后单击该图元，对齐图元，如图 2-32 所示。

（4）如果希望选定图元与参照图元保持对齐状态，可单击锁定标记来锁定对齐。当修改具有对齐关系的图元时，系统会自动修改与之对齐的其他图元，如图 2-33 所示。

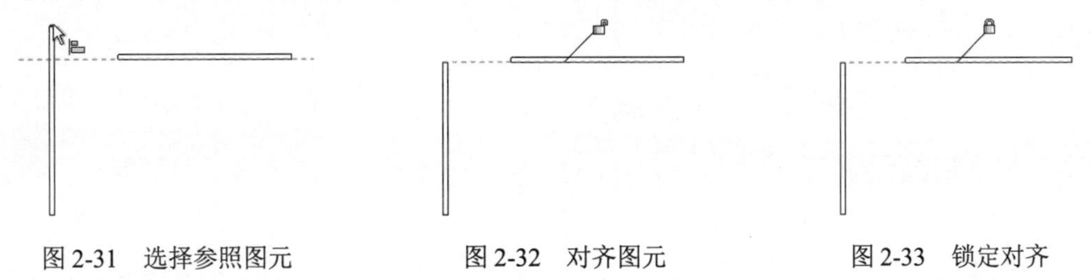

图 2-31　选择参照图元　　　　图 2-32　对齐图元　　　　图 2-33　锁定对齐

注意：

要启动新对齐，按 Esc 键一次；要退出对齐工具，按 Esc 键两次。

2.3.2 移动图元

移动图元是指将选定的图元移动到新的位置。

具体步骤如下：

（1）选择要移动的图元，如图 2-34 所示。

（2）单击“修改”选项卡的“修改”面板中的“移动”按钮，打开“移动”选项栏，如图 2-35 所示。

图 2-34 选择图元　　图 2-35 “移动”选项栏

- 约束：选中此复选框，限制图元沿着与其垂直或共线的矢量方向移动。
- 分开：选中此复选框，可在移动前中断所选图元和其他图元之间的关联，也可以将依赖于主体的图元从当前主体移动到新的主体上。

（3）单击图元上的点作为移动的起点，如图 2-36 所示。

（4）移动鼠标将图元移动到适当位置，如图 2-37 所示。

（5）单击完成移动操作，如图 2-38 所示。如果要更精准地移动图元，在移动过程中输入要移动的距离即可。

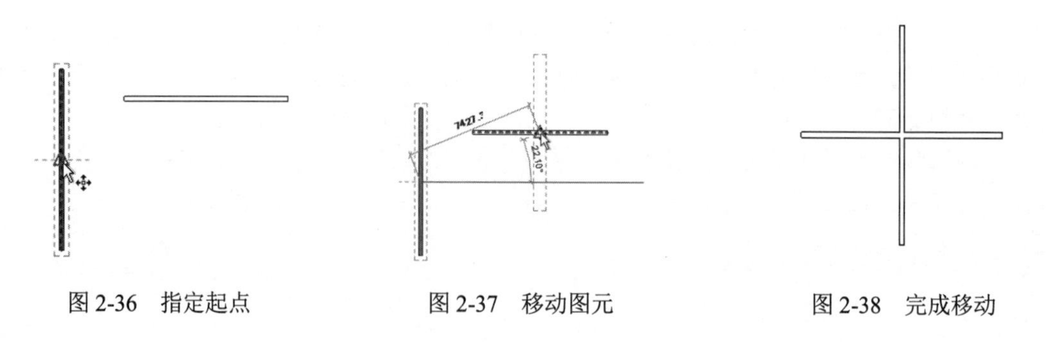

图 2-36 指定起点　　图 2-37 移动图元　　图 2-38 完成移动

2.3.3 复制图元

复制图元是指复制一个或多个选定图元，并可随即在图纸中放置这些副本。

具体步骤如下：

（1）选择要复制的图元，如图 2-39 所示。

（2）单击“修改”选项卡的“修改”面板中的“复制”按钮，打开“复制”选项栏，如图 2-40 所示。

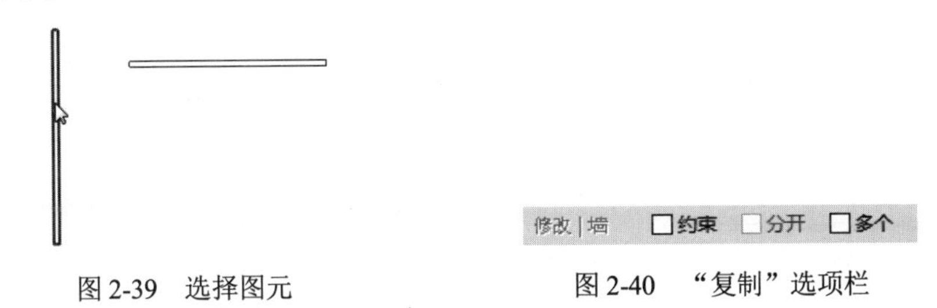

图 2-39　选择图元　　图 2-40　“复制”选项栏

- 约束：选中此复选框，限制图元沿着与其垂直或共线的矢量方向复制。
- 多个：选中此复选框，复制多个副本。

（3）单击图元上的点作为复制的起点，如图 2-41 所示。

（4）移动鼠标将图元复制到适当位置，如图 2-42 所示。

（5）如果选中“多个”复选框，可继续放置更多的图元，如图 2-43 所示。

（6）单击完成复制操作，如图 2-44 所示。

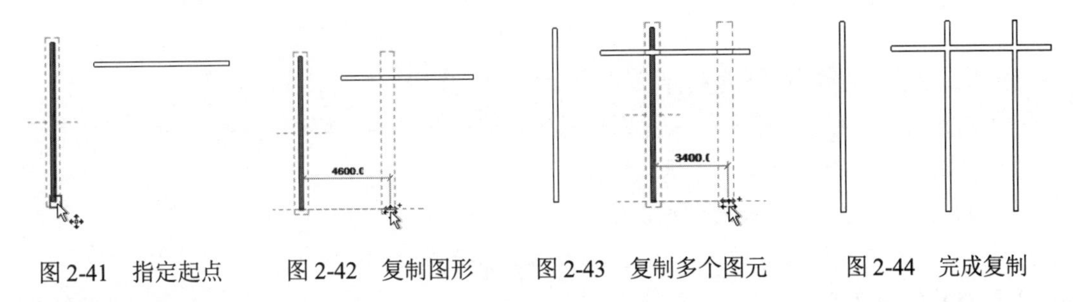

图 2-41　指定起点　　图 2-42　复制图形　　图 2-43　复制多个图元　　图 2-44　完成复制

教你一招：

“复制”和“复制到剪贴板”工具的区别：要复制某个选定图元并立即放置该图元时（例如，在同一个视图中），可使用“复制”工具。在某些情况下可使用“复制到剪贴板”工具，例如需要在放置副本之前切换视图时。

快速复制方法：选中要复制的图元，按住 Ctrl 键的同时按住鼠标左键拖动所选中的图元，即可完成复制。

2.3.4　旋转图元

旋转图元是指用来绕轴旋转选定的图元。在楼层平面视图、天花板投影平面视图、立面视图和剖面视图中，图元会围绕垂直于这些视图的轴进行旋转，并不是所有图元均可以围绕任何轴旋转。例如，墙不能在立面视图中旋转，窗不能在没有墙的情况下旋转。

具体步骤如下：

（1）选择要旋转的图元，如图 2-45 所示。

（2）单击“修改”选项卡的“修改”面板中的“旋转”按钮，打开“旋转”选项栏，如图 2-46 所示。

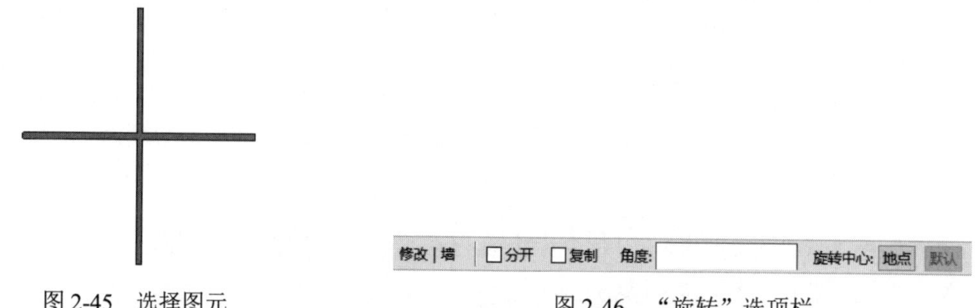

图 2-45　选择图元　　图 2-46　“旋转”选项栏

- 分开：选中此复选框，可在移动前中断所选图元和其他图元之间的关联。
- 复制：选中此复选框，旋转所选图元的副本，而在原来位置上保留原始对象。
- 角度：输入旋转角度，系统会根据指定的角度执行旋转。
- 旋转中心：默认的旋转中心是图元中心，可以单击“地点”按钮，指定新的旋转中心。

（3）单击以指定旋转的起始位置放射线，如图 2-47 所示。此时显示的线即表示第一条放射线。如果在指定第一条放射线时用光标进行捕捉，则捕捉线将随预览框一起旋转，并在放置第二条放射线时捕捉屏幕上的角度。

（4）移动光标将图元旋转到适当位置，如图 2-48 所示。

（5）单击完成旋转操作，如图 2-49 所示。如果要更精准地旋转图元，在旋转过程中输入要旋转的角度即可。

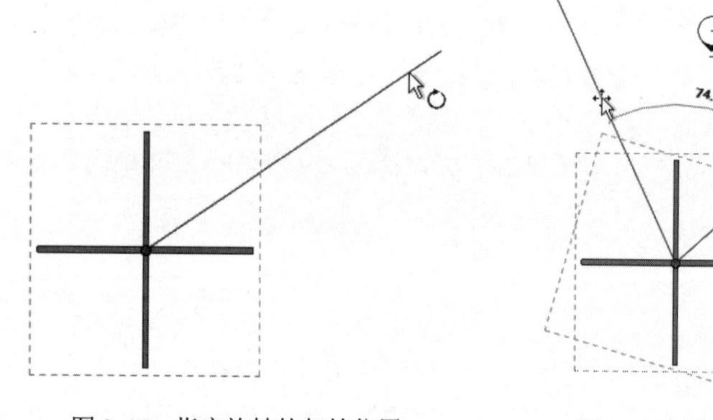

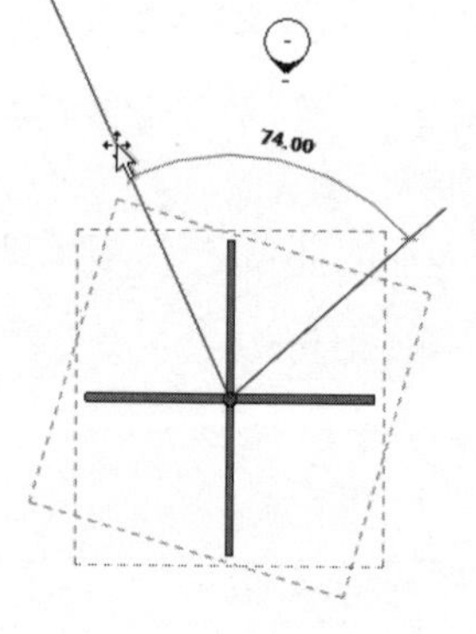

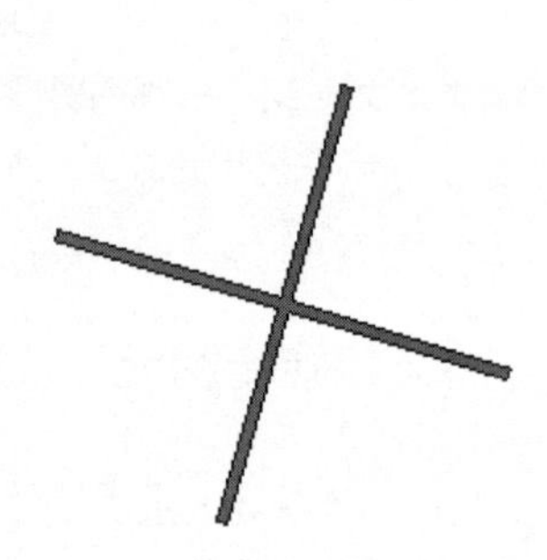

图 2-47　指定旋转的起始位置　　图 2-48　旋转图元　　图 2-49　完成旋转

2.3.5 偏移图元

偏移图元是指将选定的图元，如线、墙或梁复制移动到其长度的垂直方向上的指定距离处。偏移工具适用于单个图元或属于相同族的图元链。可以通过拖曳选定图元或输入值来指定偏移距离。

偏移工具的使用限制条件如下：

（1）只能在线、梁和支撑的工作平面中偏移它们。

（2）不能对创建为内建族的墙进行偏移。

（3）不能在与图元的移动平面相垂直的视图中偏移这些图元，如不能在立面图中偏移墙。

具体步骤如下：

（1）单击“修改”选项卡的“修改”面板中的“偏移”按钮，打开选项栏，如图 2-50 所示。

图 2-50 “偏移”选项栏

- 图形方式：选中此单选按钮，将选定图元拖曳到所需位置。
- 数值方式：选中此单选按钮，在“偏移”文本框中输入偏移距离值，距离值须为正值。
- 复制：选中此复选框，偏移所选图元的副本，而在原来位置上保留原始对象。

（2）在选项栏中选择偏移方式。

（3）选择要偏移的图元或链，如果选中“数值方式”单选按钮，指定了偏移距离，则将其放置在光标的一侧，在离高亮显示图元该距离的地方显示一条预览线，如图 2-51 所示。

（4）根据需要移动光标，以便在所需偏移位置显示预览线，然后单击将图元或链移动到该位置，或在那里放置一个副本。

（a）光标在墙的内部　　（b）光标在墙的外部

图 2-51 偏移方向

（5）如果选中“图形方式”单选按钮，则单击选择高亮显示的图元，然后将其拖曳到所需距离并再次单击。开始拖曳后，将显示一个关联尺寸标注，可以输入特定的偏移距离。

2.3.6 镜像图元

镜像图元是指移动或复制所选图元，并将其位置反转到所选轴线的对面。

1. 镜像-拾取轴

镜像-拾取轴是指通过已有轴来镜像图元。

具体步骤如下：

（1）选择要镜像的图元，如图 2-52 所示。

（2）单击“修改”选项卡的“修改”面板中的“镜像-拾取轴”按钮，打开“镜像”选项栏，如图 2-53 所示。

复制：选中此复选框，镜像所选图元的副本在原来位置上保留原始对象。

（3）选择代表镜像轴的线，如图 2-54 所示。

（4）单击完成镜像操作，如图 2-55 所示。

图 2-52　选择图元　图 2-53　“镜像”选项栏　图 2-54　选择镜像轴线　图 2-55　镜像图元

2. 镜像-绘制轴

镜像-绘制轴是指绘制一条临时镜像轴线来镜像图元。

具体步骤如下：

（1）选择要镜像的图元，如图 2-56 所示。

（2）单击“修改”选项卡的“修改”面板中的“镜像-拾取轴”按钮，打开“镜像”选项栏，如图 2-53 所示。

（3）绘制一条临时镜像轴线，如图 2-57 所示。

（4）单击完成镜像操作，如图 2-58 所示。

图 2-56　选择图元

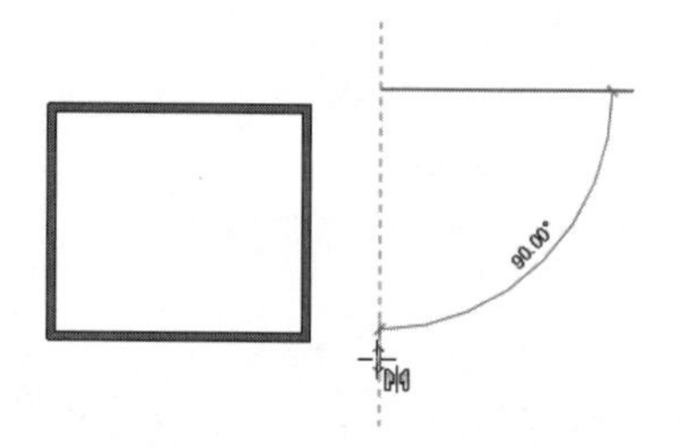

图 2-57　绘制镜像轴线

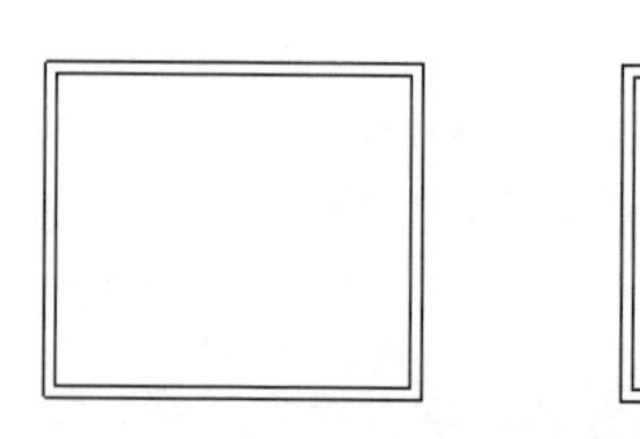

图 2-58　完成镜像

2.3.7　阵列图元

阵列图元是指使用阵列工具创建一个或多个图元的多个实例，并同时对这些实例执行操作。

1．线性阵列

线性阵列是指可以指定阵列中图元之间的距离。

具体步骤如下：

（1）单击“修改”选项卡的“修改”面板中的“阵列”按钮，选择要阵列的图元，按 Enter 键，打开“线性阵列”选项栏，单击“线性”按钮，如图 2-59 所示。

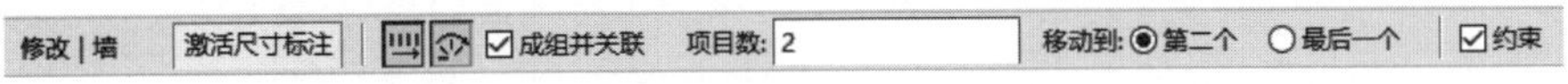

图 2-59　“线性阵列”选项栏

① 成组并关联：选中此复选框，将阵列的每个成员都包括在一个组中。如果取消选中此复选框，则阵列后，每个副本都独立于其他副本。

② 项目数：指定阵列中所有选定图元的副本总数。

③ 移动到：成员之间间距的控制方法。

- 第二个：指定阵列中每个成员之间的间距，如图 2-60 所示。

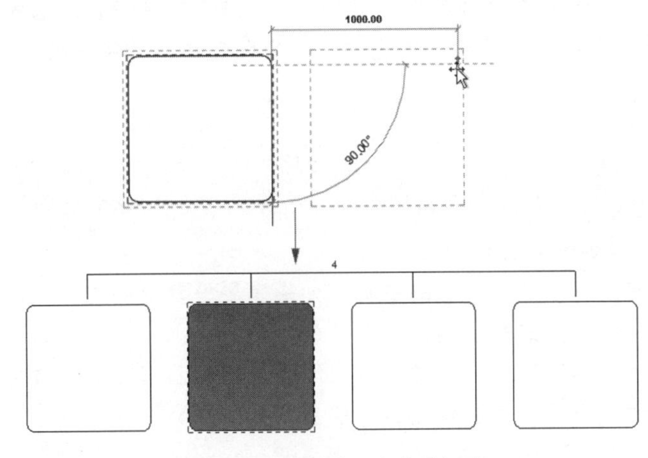

图 2-60　设置第二个成员间距

- 最后一个：指定阵列中第一个成员到最后一个成员之间的间距。阵列成员会在第一个成员和最后一个成员之间以相等间距分布，如图 2-61 所示。

④ 约束：选中此复选框，限制阵列成员沿着与所选图元垂直或共线的矢量方向移动。

⑤ 激活尺寸标注：单击此按钮，可以显示并激活要阵列图元的定位尺寸。

（2）在绘图区域中单击以指明测量的起点。

（3）移动光标显示第二个成员尺寸或最后一个成员尺寸，单击确定间距尺寸或直接输入尺寸值。

（4）在选项栏中输入副本数，也可以直接修改图形中的副本数，完成阵列。

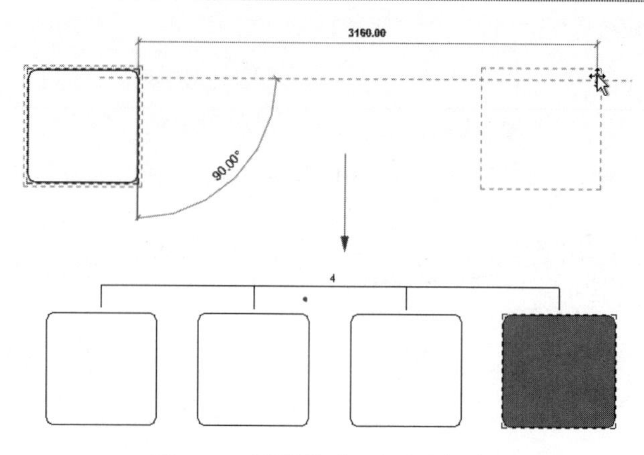

图 2-61　设置最后一个成员间距

2. 半径阵列

半径阵列是指绘制圆弧并指定阵列中要显示的图元数量。

具体步骤如下：

（1）单击“修改”选项卡的“修改”面板中的“阵列”按钮，选择要阵列的图元，按 Enter 键，打开“半径阵列”选项栏，单击“半径”按钮，如图 2-62 所示。

图 2-62　“半径阵列”选项栏

- 角度：在此文本框中输入总的径向阵列角度，最大为 360°。
- 旋转中心：设定径向旋转中心点。

（2）旋转中心点系统默认为图元的中心，如果需要设置旋转中心点，则单击“地点”按钮，在适当的位置单击指定旋转直线，如图 2-63 所示。

（3）将光标移动到半径阵列的弧形开始的位置，如图 2-64 所示。在大部分情况下，都需要将旋转中心控制点从所选图元的中心移开或重新定位。

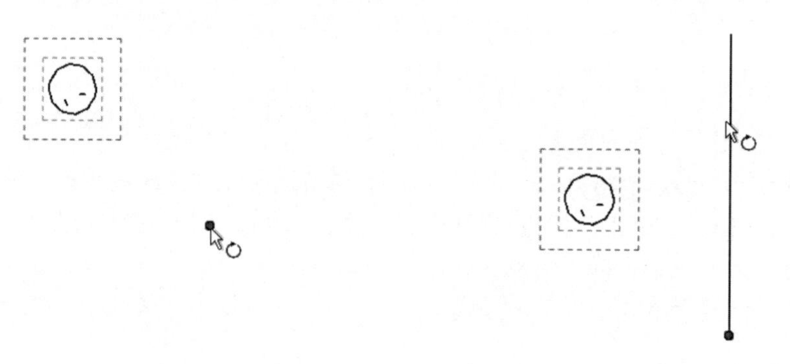

图 2-63　指定旋转中心　　　　图 2-64　半径阵列的开始位置

（4）在选项栏中输入旋转角度为 360°，也可以在指定第一条旋转放射线后移动光标放置第二条旋转放射线来确定旋转角度。

（5）在视图中输入项目副本数为 6（也可以直接在选项栏中输入项目数），如图 2-65 所示。按 Enter 键确认，结果如图 2-66 所示。

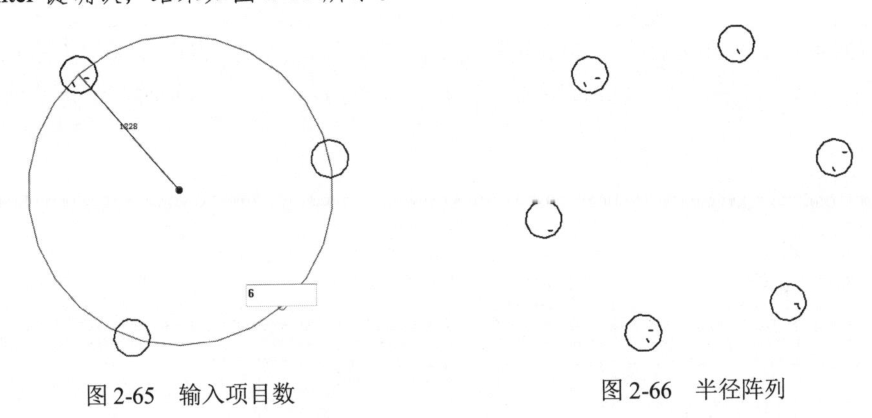

图 2-65　输入项目数　　图 2-66　半径阵列

2.3.8　缩放图元

缩放工具适用于线、墙、图像、链接、DWG 和 DXF 导入、参照平面及尺寸标注的位置。可以通过图形方式或输入比例系数来调整图元的尺寸和比例。

具体步骤如下：

（1）单击“修改”选项卡的“修改”面板中的“缩放”按钮，选择要缩放的图元（见图 2-67），打开选项栏，如图 2-68 所示。

图 2-67　选取图元　　图 2-68　“缩放”选项栏

- 图形方式：选中此单选按钮，Revit 通过确定两个矢量长度的比率来计算比例系数。
- 数值方式：选中此单选按钮，在“比例”文本框中直接输入缩放比例系数，图元将按定义的比例系数调整大小。

（2）在选项栏中选中“数值方式”单选按钮，输入缩放比例为 0.5，在图形中单击以确定原点，如图 2-69 所示。

（3）缩放后的结果如图 2-70 所示。

图 2-69　确定原点　　图 2-70　缩放图形

（4）如果选中“图形方式”单选按钮，则移动光标定义第一个矢量，单击设置长度，然后再次移动光标定义第二个矢量，系统根据定义的两个矢量确定缩放比例。

2.3.9　修剪/延伸图元

修剪/延伸一个或多个图元至由相同的图元类型定义的边界；也可以延伸不平行的图元以形成角，或者在它们相交时进行修剪以形成角。选择要修剪的图元时，光标位置指定要保留的图元部分。

1．修剪/延伸为角

修剪/延伸为角是指将两个所选图元修剪或延伸成一个角。

具体步骤如下：

（1）单击“修改”选项卡的“修改”面板中的“修剪/延伸为角”按钮，选择要修剪/延伸的一个线或墙，单击要保留部分，如图2-71所示。

（2）选择要修剪/延伸的第二个线或墙，如图2-72所示。

图2-71　选择第一个图元保留部分　　图2-72　选择第二个图元

（3）根据所选图元修剪/延伸为一个角，如图2-73所示。

2．修剪/延伸单个图元

修剪/延伸单个图元是指将一个图元修剪或延伸到其他图元定义的边界。

具体步骤如下：

（1）单击“修改”选项卡的“修改”面板中的“修剪/延伸单个图元”按钮，选择要用作边界的参照图元，如图2-74所示。

图2-73　修剪/延伸成角　　图2-74　选择边界参照图元

（2）选择要延伸的图元，如图 2-75 所示。

（3）如果此图元与边界（或投影）交叉，则保留所单击的部分，修剪边界另一侧的部分，如图 2-76 所示。

图 2-75 选择要延伸的图元　　图 2-76 延伸图元

教你一招：

同一位置有多个图元时，如何快速选中目标图元？

答：在被激活的当前视图下，将光标移动到图元位置，重复按 Tab 键，直至所需图元高亮为蓝色，此时单击鼠标左键，可快速、准确地选中目标图元。

3. 修剪/延伸多个图元

将多个图元修剪或延伸到其他图元定义的边界。

具体步骤如下：

（1）单击“修改”选项卡的“修改”面板中的“修剪/延伸单个图元”按钮，选择要用作边界的参照图元，如图 2-77 所示。

（2）单击以选择要修剪或延伸的每个图元，或者框选所有要修剪/延伸的图元，如图 2-78 所示。

注意：

当从右向左绘制选择框时，图元不必包含在选择框内；当从左向右绘制时，仅选中完全包含在框内的图元。

（3）如果此图元与边界（或投影）交叉，则保留所单击的部分，修剪边界另一侧的部分，如图 2-79 所示。

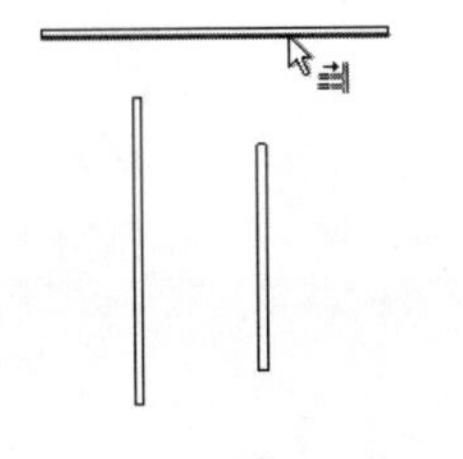

图 2-77 选择边界图元

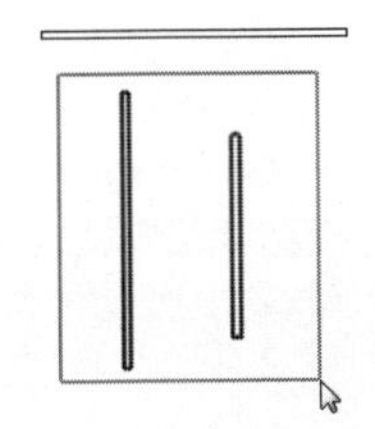

图 2-78 选择延伸图元

图 2-79 延伸图元

2.3.10　拆分图元

通过拆分工具可将图元拆分为两个单独的部分，可删除两个点之间的线段，也可在两面墙之间创建定义的间隙。

拆分工具有两种使用方法：拆分图元和用间隙拆分。

拆分工具可以拆分墙、线、栏杆护手（仅拆分图元）、柱（仅拆分图元）、梁（仅拆分图元）、支撑（仅拆分图元）等图元。

1. 拆分

拆分是指在选定点剪切图元（例如墙或管道）或删除两点之间的线段。

具体步骤如下：

（1）单击“修改”选项卡的“修改”面板中的“拆分图元”按钮，打开“拆分图元”选项栏，如图 2-80 所示。

☑删除内部线段

图 2-80　“拆分图元”选项栏

删除内部线段：选中此复选框，Revit 会删除墙或线上所选点之间的线段。

（2）在图元上要拆分的位置处单击，拆分图元，如图 2-81 所示。

（3）如果选中“删除内部线段”复选框，则单击确定另一个点（见图 2-82）删除一条线段，如图 2-83 所示。

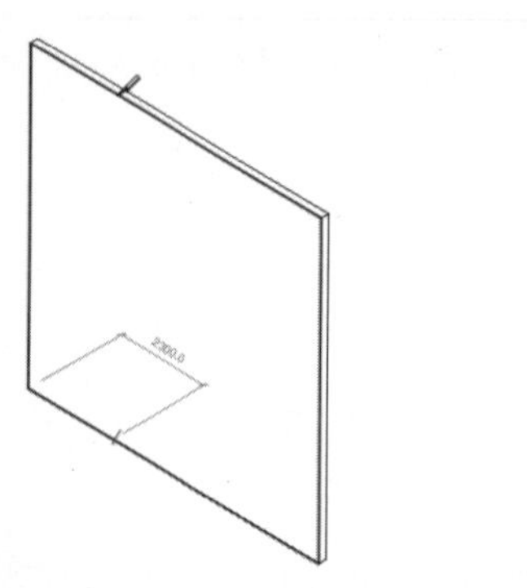

图 2-81　第一个拆分处

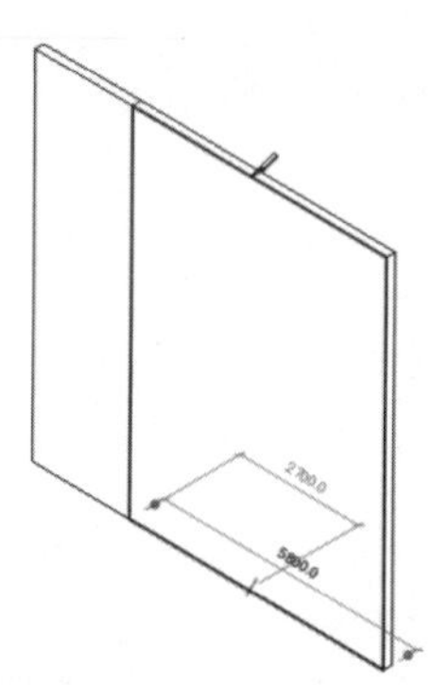

图 2-82　选取另一个点

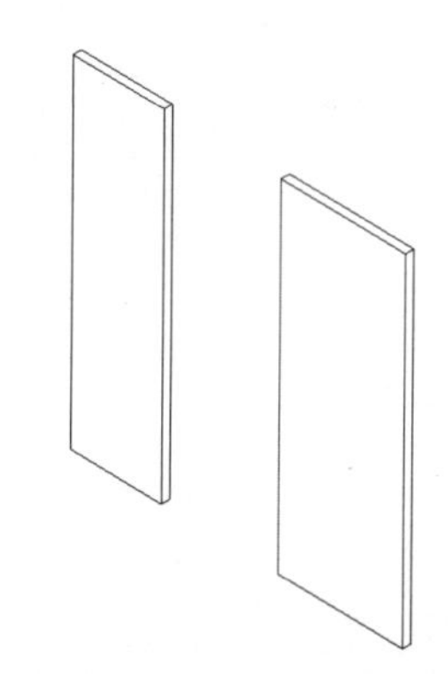

图 2-83　拆分并删除图元

教你一招：

如何合并拆分后的图元？

答：选择拆分后的任意一部分图元，单击其操作夹点使其分离；然后拖动到原来的位置松手，被拆分的图元就重新合并。

2. 用间隙拆分

用间隙拆分是指将墙拆分成之前已定义间隙的两面单独的墙。

具体步骤如下：

（1）单击“修改”选项卡的“修改”面板中的“用间隙拆分”按钮，打开“用间隙拆分”选项栏，如图 2-84 所示。

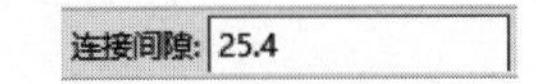

图 2-84　“用间隙拆分”选项栏

（2）在选项栏中输入连接间隙值。

（3）在图元上要拆分的位置处单击，如图 2-85 所示。

（4）拆分图元，系统根据输入的间隙值自动删除图元，如图 2-86 所示。

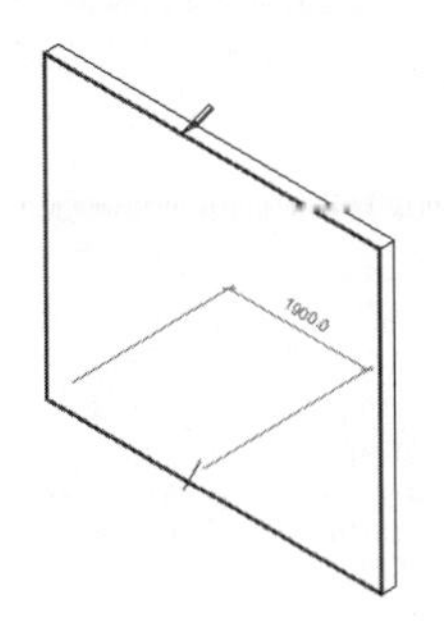

图 2-85　选取拆分位置

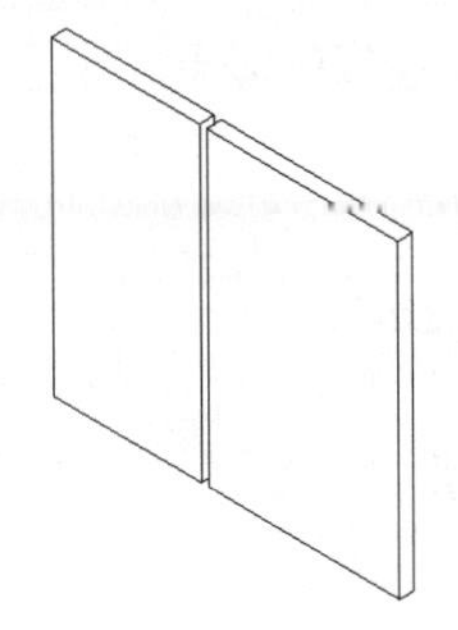

图 2-86　拆分图元

第3章　创　建　族

族是 Revit 软件中一个非常重要的构成要素。在 Revit 中，不管模型还是注释，均是由族构成的，所以掌握族的概念和用法至关重要。

- 族概述
- 二维族
- 三维模型族

案例效果

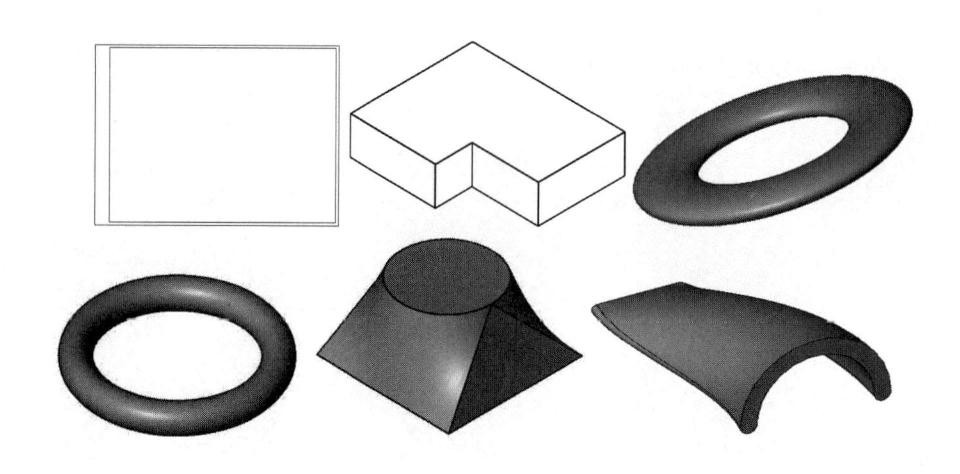

3.1　族　概　述

族是一个包含通用属性（称作参数）集和相关图形表示的图元组。属于一个族的不同图元的部分或全部参数可能有不同的值，但是参数（其名称与含义）的集合是相同的。

通过使用预定义的族和在 Revit Architecture 中创建新族，可以将标准图元和自定义图元添加到建筑模型中。通过族，还可以对用法和行为类似的图元进行某种级别的控制，以便用户轻松修改设计和高效管理项目。

项目中所有正在使用或可用的族都显示在项目浏览器“族”下，并按图元类别分组，如图 3-1 所示。

Revit 提供了三种类型的族：系统族、可载入族和内建族。

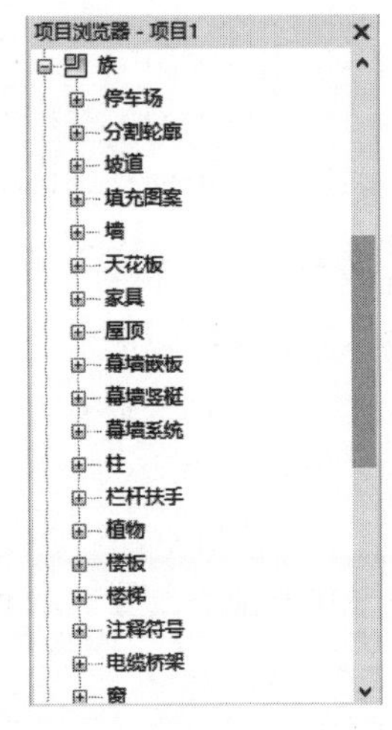

图 3-1　项目浏览器“族”

1. 系统族

系统族可以创建要在建筑现场装配的基本图元，如墙、屋顶、楼板、风管、管道等。系统族还包含项目和系统设置，而这些设置会影响项目环境，如标高、轴网、图纸和视口等类型。

系统族是在 Revit 中预定义的，不能从外部文件载入项目中，也不能保存到项目之外的位置。Revit 不允许用户创建、复制、修改或删除系统族，但可以复制或修改系统族中的类型，以便创建自定义的系统族类型。系统族中可以只保留一个系统族类型，除此以外的其他系统族类型都可以删除，因为每个族至少需要一个类型才能创建新系统族类型。

2. 可载入族

可载入族是在外部 RFA 文件中创建的，可导入或载入项目中。

可载入族用于创建下列构件的族，如窗、门、橱柜、装置、家具、植物及锅炉、热水器等，以及一些常规自定义的主视图元。由于可载入族具有高度可自定义的特征，因此可载入的族是在 Revit 中经常创建和修改的族。对于包含许多类型的可载入族，可以创建和使用类型目录，以便仅载入项目所需的类型。

3. 内建族

内建族是用户需要创建当前项目专有的独特构件时所创建的独特图元。用户可以创建内建几何图形，以便它可参照其他项目几何图形，使其在所参照的几何图形发生变化时进行相应大小或其他调整。创建内建族时，Revit 将为内建族创建一个族，该族包含单个族类型。

可以在项目中创建多个内建族，并且可以将同一内建族的多个副本放置在项目中。但是，与系统族和可载入族不同，用户不能通过复制内建族类型来创建多种类型。

3.2 二 维 族

二维族包括标记族、符号族、图纸模板族、详图构件族等。不同类型的族由不同的族样板文件来创建。

3.2.1 创建标记族

标记族主要用于标注各种类别构件的不同属性，如窗标记、门标记等，而符号族则一般在项目中用于“装配”各种系统族标记，如立面标记、高程点标高等。

与另一种二维构件族“详图构件”不同，标记族拥有“注释比例”的特性，即标记族的大小会根据视图比例的不同而变化，以保证出图时标记族保持同样的出图大小。

扫一扫，看视频

动手学——创建门标记族

具体步骤如下：

（1）在主页面中单击“族”→“新建”或者选择“文件”→“新建”→“族”命令，打开“新族-选择样板文件”对话框，选择“注释”文件夹中的“公制门标记.rft”为样板族，如图 3-2 所示，单击“打开”按钮进入族编辑器，该族样板中默认提供了两个正交参照平面，参照平面点位置表示标签的定位位置。

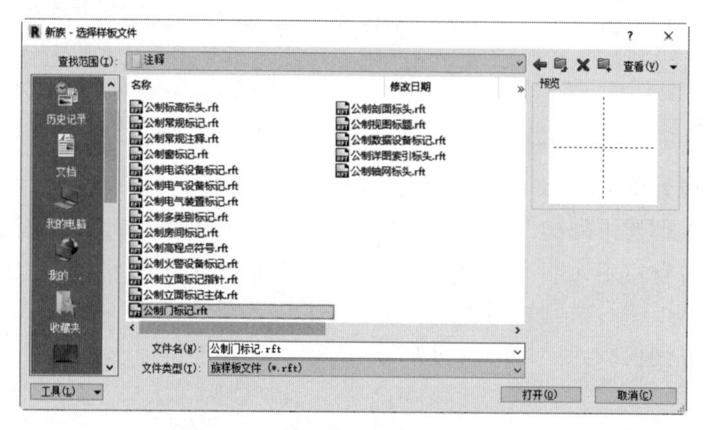

图 3-2 “新族-选择样板文件”对话框

（2）单击“创建”选项卡的“文字”面板中的“标签”按钮，在视图中位置中心单击确定标签位置，打开“编辑标签”对话框，在“类别参数”栏中选择“类型标记”，双击后添加到“标签参数”栏，或者单击“将参数添加标签”按钮，将其添加到“标签参数”栏，更改“样例值”为 FM01，如图 3-3 所示。

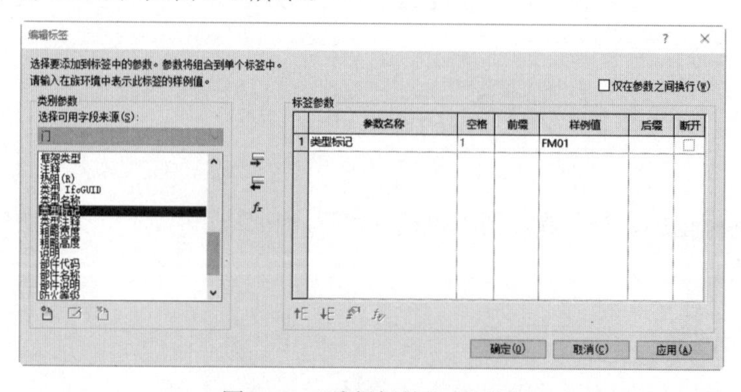

图 3-3 “编辑标签”对话框

（3）单击“确定”按钮，将标签添加到视图中，如图 3-4 所示。

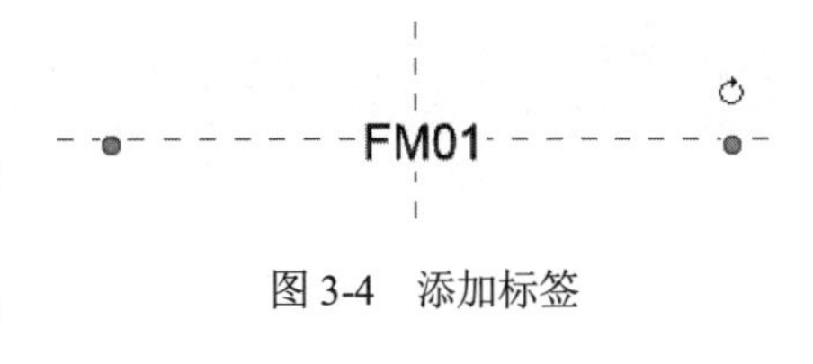

图 3-4 添加标签

（4）选中标签，单击“编辑类型”按钮，打开如图 3-5 所示的“类型属性”对话框，单击“复制”按钮，打开“名称”对话框，输入名称为 5mm，如图 3-6 所示。单击“确定”按钮，返回到“类型属性”对话框。

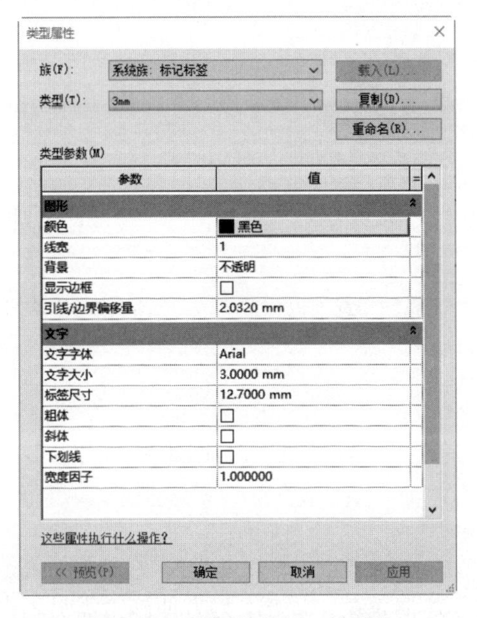

图 3-5 “类型属性”对话框

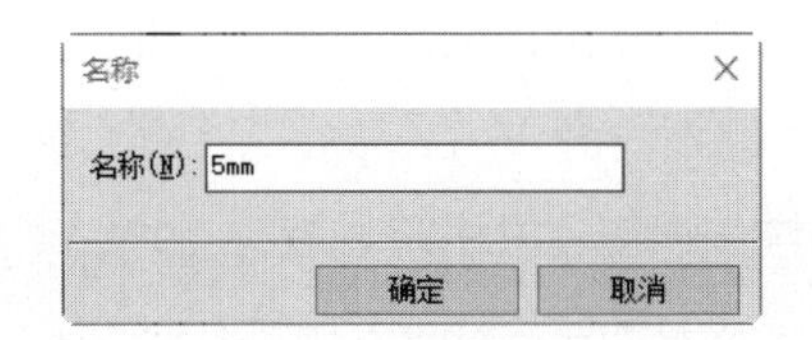

图 3-6 “名称”对话框

（5）在“类型属性”对话框中设置“背景”为“透明”，“文字字体”为“仿宋”，“文字大小”为 5mm，其他参数采用默认设置，如图 3-7 所示，单击“确定”按钮。

（6）在“属性”选项板中选中“随构件旋转”复选框（见图 3-8），当项目中有不同方向的门时，门标记会根据标记对象自动更改。

（7）在视图中选取门标记，将其向上移动，使文字中心对齐垂直方向参照平面，底部稍高于水平参照平面，如图 3-9 所示。

（8）单击快速访问工具栏中的“保存”按钮，打开“另存为”对话框，输入文件名为“门标记”，单击“保存”按钮，保存族文件。

技巧：

其他类型的标记族与门标记族的创建方法相同。只需要在建立其他标记族的时候选择相应的样板族即可。

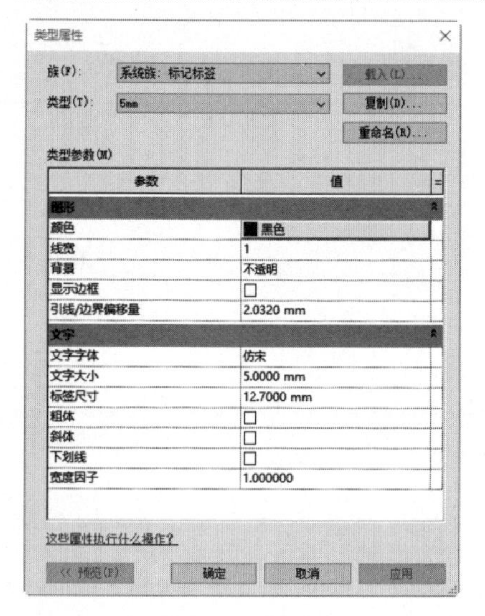

图 3-7　设置参数

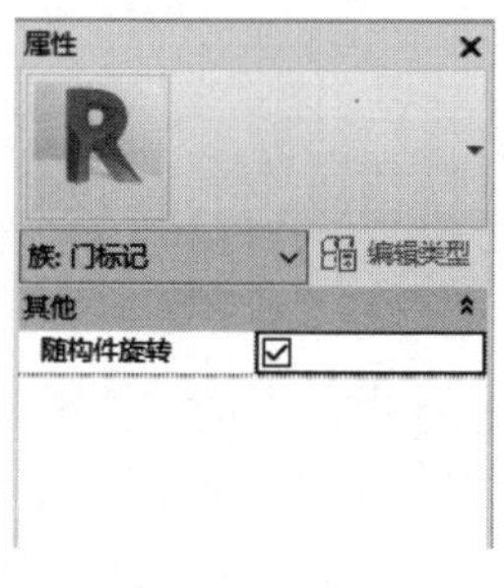

图 3-8　“属性”选项板

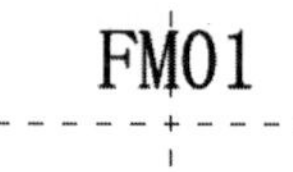

图 3-9　移动门标记

3.2.2　创建符号族

在绘制施工图的过程中需要使用大量的注释符号，以满足二维出图要求。例如，指北针、高程点等符号。

扫一扫，看视频

动手学——创建索引符号族

在施工图中，有时会因为比例问题而无法表达清楚某一局部，为方便施工需另画详图。一般用索引符号注明画出详图的位置、详图的编号及详图所在的图纸编号。

具体步骤如下：

（1）在主页面中单击“族”→“新建”或者选择“文件”→“新建”→“族”命令，打开“新族-选择样板文件”对话框，选择“注释”文件夹中的“公制详图索引标头.rft”为样板族，如图 3-10 所示。单击“打开”按钮进入族编辑器，如图 3-11 所示。

（2）删除族样板中默认提供的注意事项文字。

（3）单击“创建”选项卡的“详图”面板中的“线”按钮，打开“修改|放置线”选项卡，单击“绘制”面板中的“圆形”按钮，在视图中心位置绘制直径为 10mm 的圆。

（4）单击“绘制”面板中的“线”按钮，在最大直径处绘制水平直线，如图 3-12 所示。完成索引符号外形的绘制。

（5）单击“创建”选项卡的“文字”面板中的“标签”按钮，在视图的位置中心单击确定标签位置，打开“编辑标签”对话框，在“类别参数”栏中分别选择“详图编号”和“图纸编号”，单击“将参数添加标签”按钮，将其添加到“标签参数”栏并更改“样例值”，选中“详图编号”后的“断开”复选框，如图 3-13 所示。

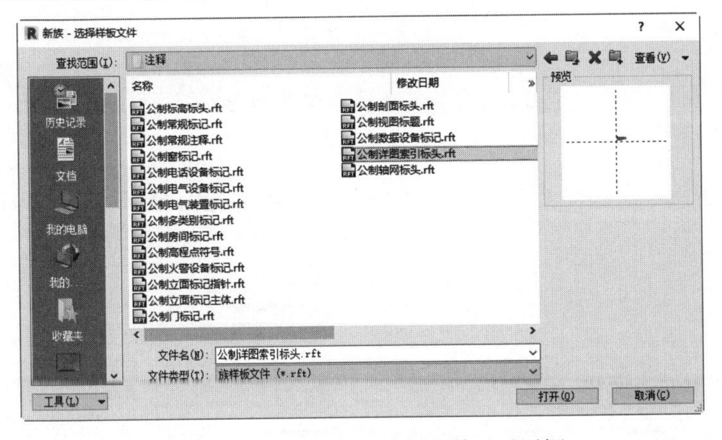

图 3-10 “新族-选择样板文件”对话框

图 3-11 族样板　　图 3-12 绘制图形

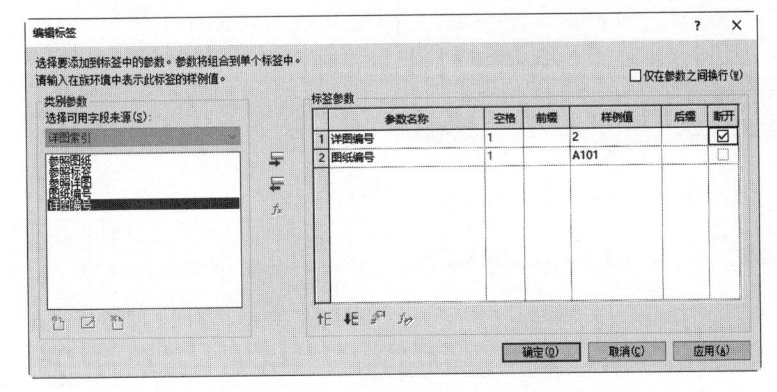

图 3-13 “编辑标签”对话框

（6）单击“确定”按钮，将标签添加到图形中，如图 3-14 所示。从中可以看出索引符号不符合标准，下面进行修改。

（7）选中标签，单击“编辑类型”按钮，打开如图 3-15 所示的“类型属性”对话框，单击“复制”按钮，打开“名称”对话框，输入“名称”为 2mm，单击“确定”按钮，返回到“类型属性”对话框。

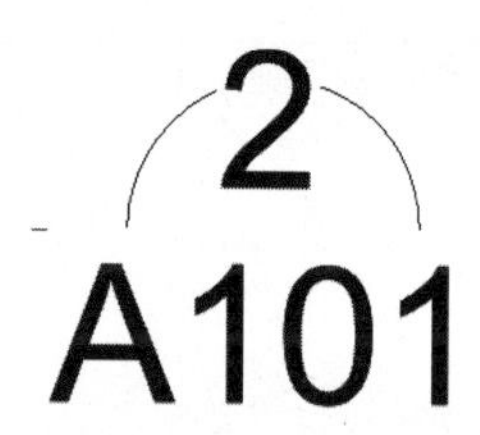

图 3-14　添加标签

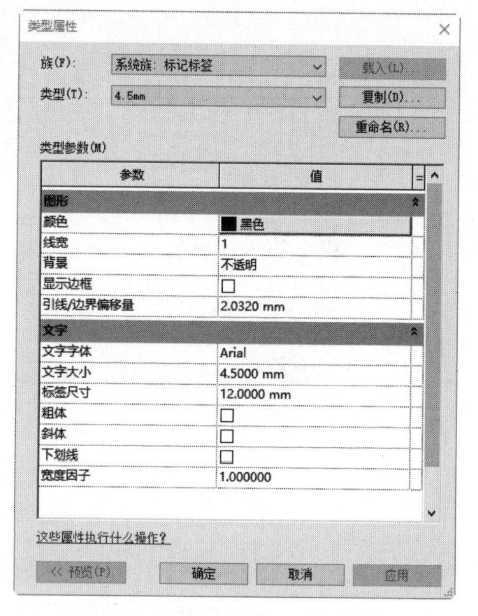

图 3-15　“类型属性”对话框

（8）设置“背景”为“透明”，“文字大小”为 2mm，其他采用默认设置，如图 3-16 所示。单击“确定”按钮，更改后的索引符号如图 3-17 所示。

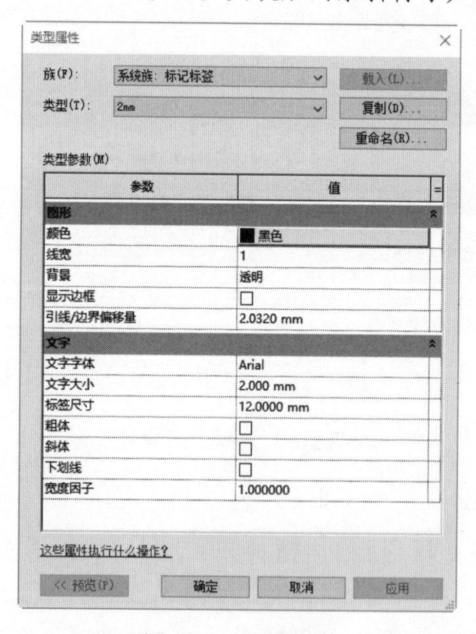

图 3-16　设置参数

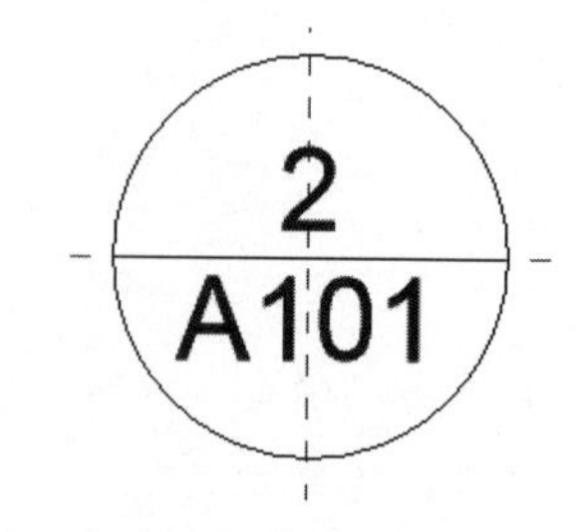

图 3-17　更改文字大小

（9）单击快速访问工具栏中的“保存”按钮，打开“另存为”对话框，输入“名称”为“索引符号”，单击“保存”按钮，保存族文件。

教你一招：

族命令规则如下：

（1）对于族和类型名称使用标题大小写。

（2）不要在类型名称中重复使用族名称。

（3）类型名称应该体现出实际用途，要在名称中指明尺寸，请使用特定的尺寸标注，不能使用不明确的描述。

（4）名称中的英制单位格式应该是 *a'-b c/d"×a'-b c/d"*。大多数情况下，应该以英寸作为尺寸单位，即 *aa"×bb"*。

（5）名称中公制单位格式应该是 *aa*mm×*bb*mm。

（6）公称尺寸不应将单位指示器用于名称，即对于尺寸标注使用 2×4，而不是 2"×4"。

3.2.3 创建图纸模板

标准图纸的图幅、图框、标题栏及会签栏都必须按照国家标准来进行确定和绘制。

1. 图幅

根据国家标准规定，按图面的长和宽确定图幅的等级。室内设计常用的图幅有 A0（也称 0 号图幅，其余类推）、A1、A2、A3 及 A4。每种图幅的长宽尺寸见表 3-1，表中的尺寸代号意义如图 3-18 和图 3-19 所示。

表 3-1 图幅标准 单位：mm

尺寸代号 \ 图幅代号	A0	A1	A2	A3	A4
$b \times l$	841×1189	594×841	420×594	297×420	210×297
c	10			5	
a	25				

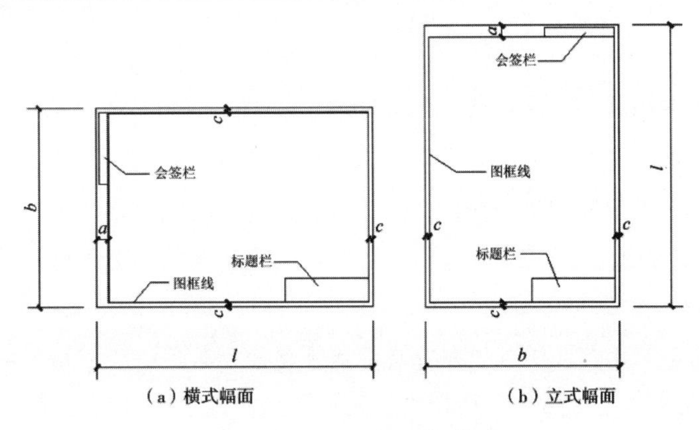

图 3-18 A0～A3 图幅格式

2．标题栏

标题栏包括设计单位名称、工程名称区、签字区、图名区及图号区等内容。一般标题栏格式如图 3-20 所示，如今不少设计单位采用个性化的标题栏格式，但是仍必须包括这几项内容。

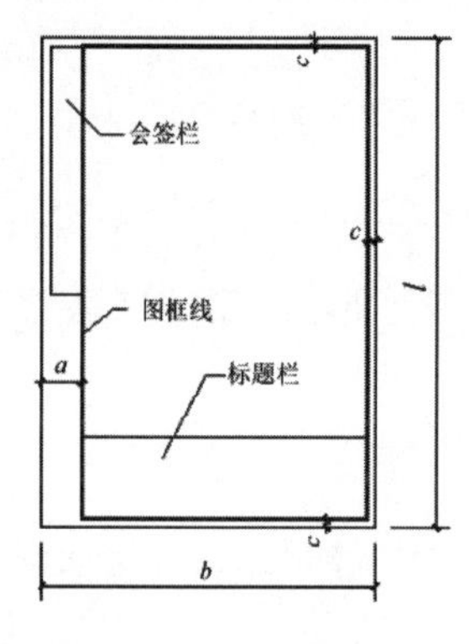

图 3-19　A4 图幅格式

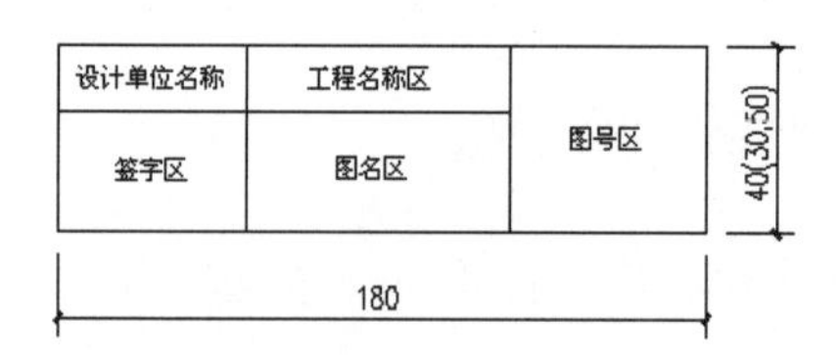

图 3-20　标题栏格式

3．会签栏

会签栏是为各工种负责人审核后签名用的表格，它包括专业、姓名、日期等内容，具体根据需要设置。图 3-21 所示为其中一种格式。对于不需要会签的图样，可以不设此栏。

（专业）	（实名）	（签名）	（日期）

25　25　25　25

100

5　5　5　5　20

图 3-21　会签栏格式

4．线型要求

建筑设计图主要由各种线条构成，不同的线型表示不同的对象和不同的部位，代表着不同的含义。为了使图面能够清晰、准确、美观地表达设计思想，工程实践中采用了一套常用的线型，并规定了它们的使用范围。

扫一扫，看视频

动手学——创建 A3 图纸

具体步骤如下：

（1）在主页面中单击“族”→“新建”或者选择“文件”→“新建”→“族”命令，打开“新族-选择样板文件”对话框，选择“标题栏”文件夹中的“A3 公制.rft”为样板族，如图 3-22 所示。单击“打开”按钮进入族编辑器，视图中显示出了 A3 图幅的边界线。

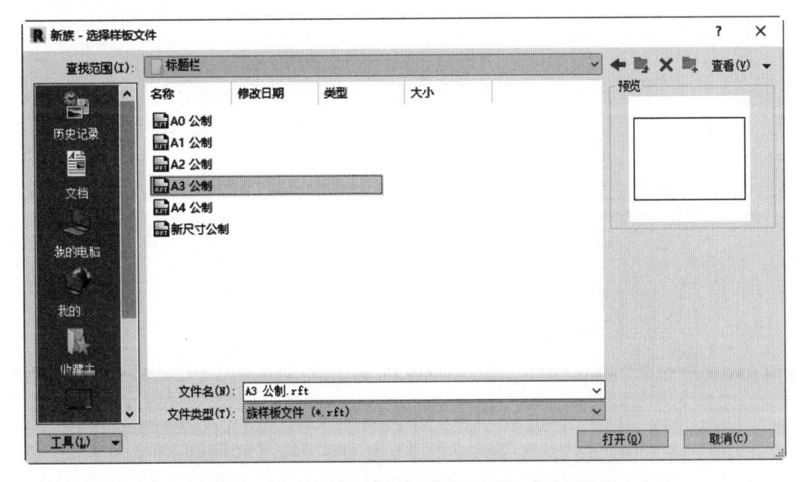

图 3-22　“新族-选择样板文件”对话框

（2）单击“创建”选项卡的“详图”面板中的“线”按钮，打开“修改|放置线”选项卡，单击“修改”面板中的“偏移”按钮，将左侧竖直线向内偏移 25mm，将其他三条直线向内偏移 5mm，并利用“拆分图元”按钮拆分图元后删除多余的线段，结果如图 3-23 所示。

图 3-23　绘制图框

（3）单击“管理”选项卡的“设置”面板中的“其他设置”下拉菜单中的“线宽”按钮，打开“线宽”对话框，分别设置 1 号线线宽为 0.2mm，2 号线线宽为 0.4mm，3 号线线宽为 0.8mm，其他采用默认设置，如图 3-24 所示。单击“确定”按钮，完成线宽设置。

（4）单击“管理”选项卡的“设置”面板中的“对象样式”按钮，打开“对象样式”对话框，修改“图框”线宽为 3 号，“中粗线”为 2 号，“细线”为 1 号，如图 3-25 所示，单击“确定”按钮。选取最外面的图幅边界线，将其子类别设置为“细线”。完成图幅和图框线型的设置。

（5）如果放大视图也看不出线宽效果，则单击“视图”选项卡的“图形”面板中的“细线”按钮，取消其选中状态。

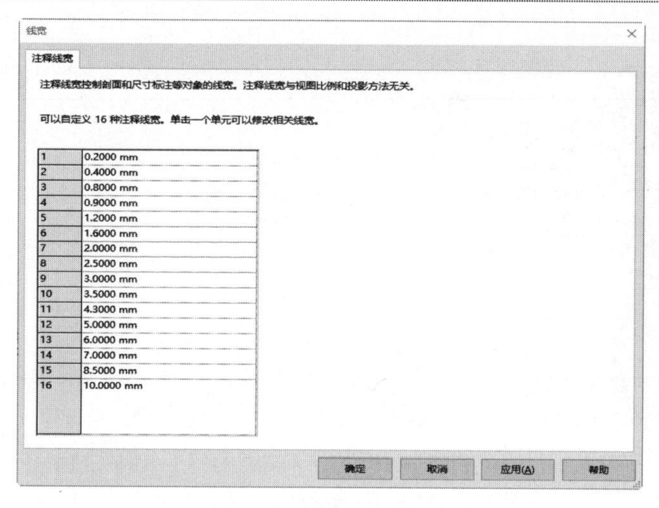

图 3-24　“线宽”对话框

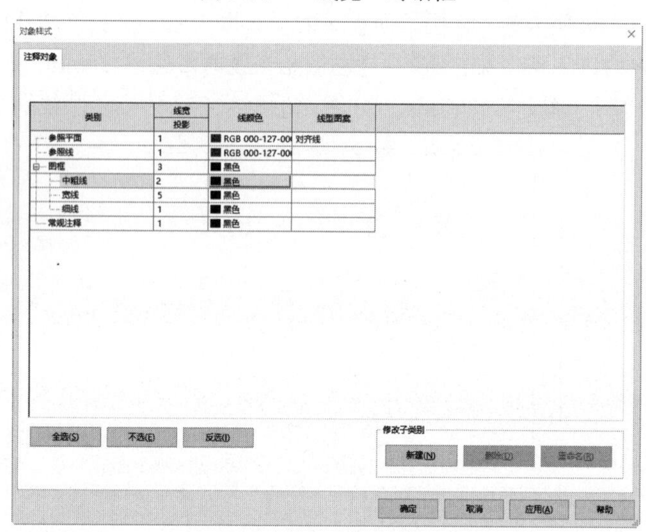

图 3-25　“对象样式”对话框

（6）单击“创建”选项卡的“详图”面板中的“线”按钮，打开“修改|放置线”选项卡，单击“绘制”面板中的“矩形”按钮，绘制长为 100、宽为 20 的矩形。

（7）将子类别更改为“细线”，单击“绘制”面板中的“直线”按钮，根据图 3-21 绘制会签栏，如图 3-26 所示。

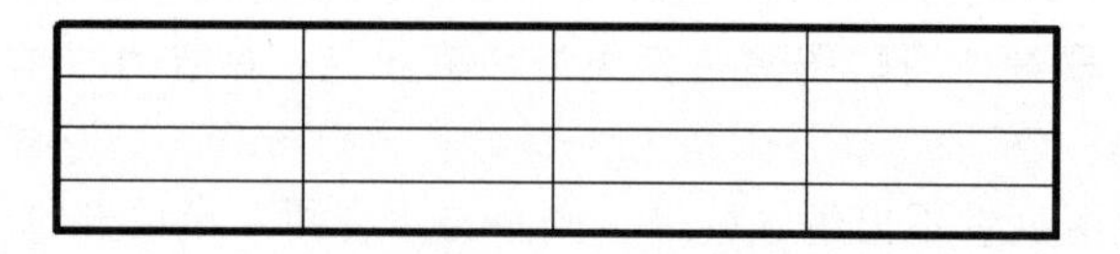

图 3-26　绘制会签栏

（8）单击“创建”选项卡的“文字”面板中的“文字”按钮**A**，单击“属性”选项板中的“编辑类型”按钮，打开“类型属性”对话框，设置“文字字体”为“仿宋”，“背景”为“透明”，“文字大小”为 2.5，单击“确定”按钮，然后在会签栏中输入如图 3-27 所示的文字。

（9）单击“修改”选项卡的“修改”面板中的“旋转”按钮，将会签栏逆时针旋转 90°；单击“修改”选项卡的“修改”面板中的“移动”按钮，将旋转后的会签栏移动到图框外的左上角，如图 3-28 所示。

建筑	结构工程	签名	2022年

图 3-27 输入文字

2022年			
签名			
结构工程			
建筑			

图 3-28 移动会签栏

（10）单击“创建”选项卡的“详图”面板中的“线”按钮，打开“修改|放置线”选项卡，将子类别更改为“线框”，单击“绘制”面板中的“矩形”按钮，以图框的右下角点为起点，绘制长为 140、宽为 35 的矩形。

（11）单击“绘制”面板中的“偏移”按钮，将水平直线和竖直直线进行偏移，偏移尺寸如图 3-29 所示，然后将偏移后的直线子类别更改为“细线”。

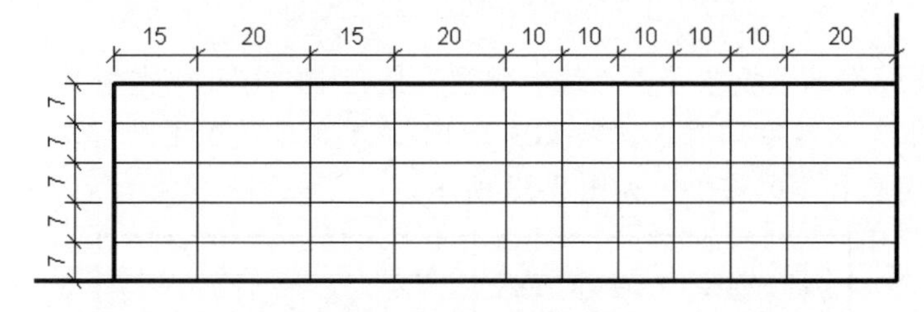

图 3-29 绘制标题栏

（12）单击“修改”选项卡的“修改”面板中的“拆分图元”按钮，删除多余的线段，或拖动直线端点调整直线长度，如图 3-30 所示。

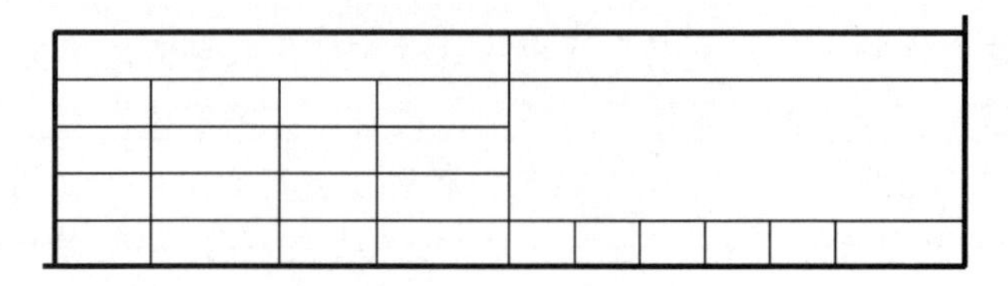

图 3-30　调整线段

（13）单击“创建”选项卡的“文字”面板中的“文字”按钮A，填写标题栏中的文字，如图 3-31 所示。

职责	签字	职责	签字						
				比例		日期		图号	

图 3-31　填写文字

（14）单击“创建”选项卡的“文字”面板中的“标签”按钮，在标题栏的最大区域内单击，打开“编辑标签”对话框，在“类别参数”列表中选择“图纸名称”，单击“将参数添加到标签”按钮，将“图纸名称”添加到“标签参数”栏中，如图 3-32 所示。

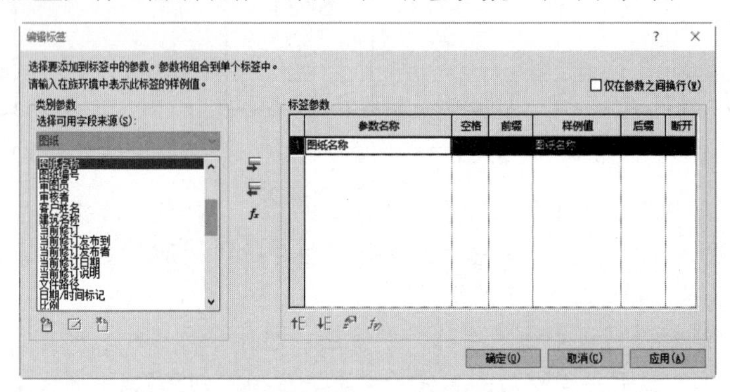

图 3-32　“编辑标签”对话框

（15）在“属性”选项板中单击“编辑类型”按钮，打开“类型属性”对话框，设置“背景”为“透明”，更改字体为“仿宋 GB_2312”，其他参数采用默认设置，单击“确定”按钮，完成图纸名称标签的添加，如图 3-33 所示。

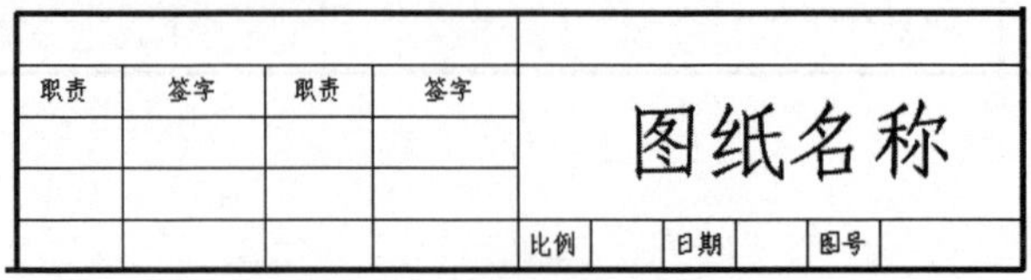

职责	签字	职责	签字	图纸名称					
				比例		日期		图号	

图 3-33　添加图纸名称标签

（16）采用相同的方法添加其他标签，结果如图 3-34 所示。

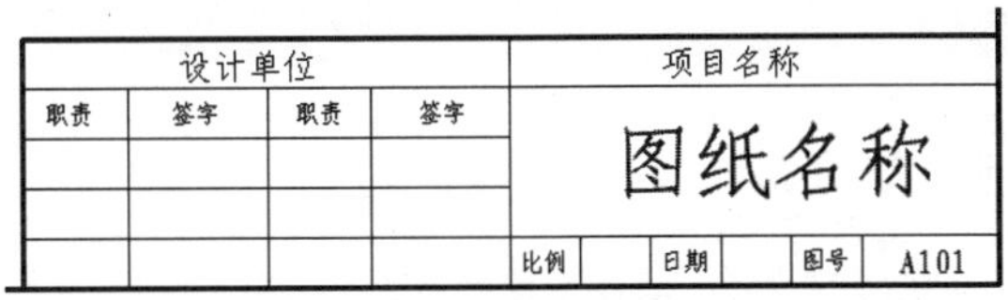

设计单位				项目名称					
职责	签字	职责	签字	图纸名称					
				比例		日期		图号	A101

图 3-34　添加标签

（17）单击快速访问工具栏中的“保存”按钮，打开“另存为”对话框，输入名称为“A3 图纸”，单击“保存”按钮，保存族文件。

3.3　三维模型族

在“族编辑器”中可以创建实心几何图形和空心几何图形。基于二维截面轮廓进行扫掠得到实心几何图形，通过布尔运算进行剪切得到空心几何图形。

3.3.1　拉伸

在工作平面上绘制二维轮廓，然后拉伸该轮廓使其与绘制它的平面垂直得到拉伸模型。

单击“创建”选项卡的“形状”面板中的“拉伸”按钮，打开“修改|创建拉伸”选项卡，如图 3-35 所示。

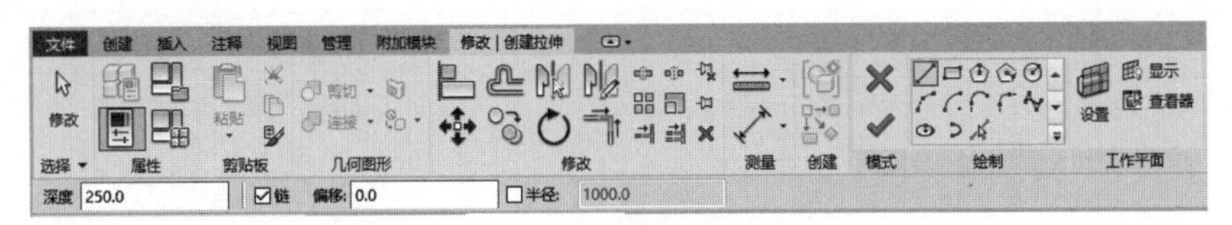

图 3-35　“修改|创建拉伸”选项卡

动手学——创建拉伸模型

扫一扫，看视频

具体步骤如下：

（1）在主页面中单击“族”→“新建”或者选择“文件”→“新建”→“族”命令，打开“新族-选择样板文件”对话框，选择“公制常规模型.rft”为样板族，如图 3-36 所示。单击“打开”按钮进入族编辑器。

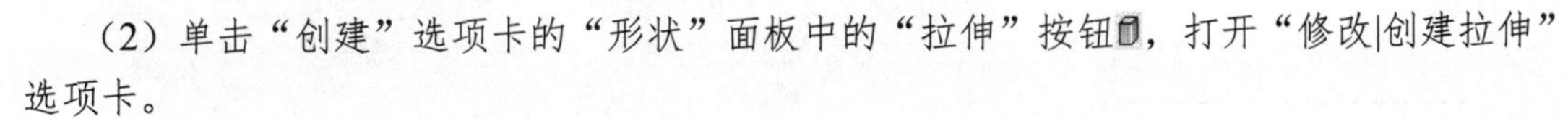

（2）单击“创建”选项卡的“形状”面板中的“拉伸”按钮，打开“修改|创建拉伸”选项卡。

（3）单击“修改|创建拉伸”选项卡的“绘制”面板中的绘图工具绘制拉伸截面，这里单击“绘制”面板中的“矩形”按钮，绘制如图 3-37 所示的截面。

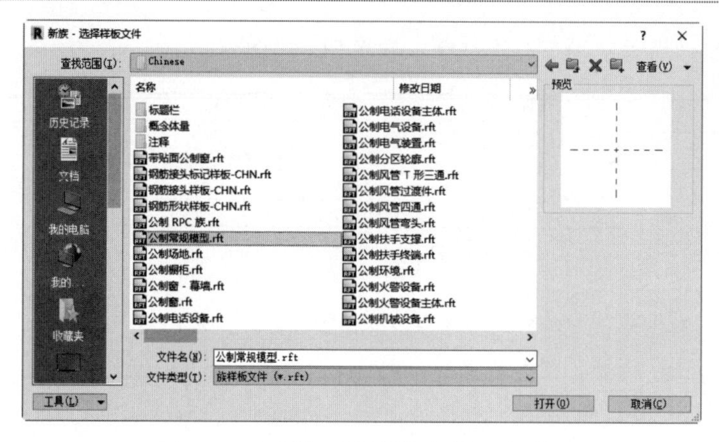

图 3-36　“新族-选择样板文件”对话框

（4）在“属性”选项板中输入“拉伸终点”为 350，如图 3-38 所示，或在选项栏中输入“深度”为 350。单击“模式”面板中的“完成编辑模式”按钮✔，完成拉伸模型的创建，如图 3-39 所示。

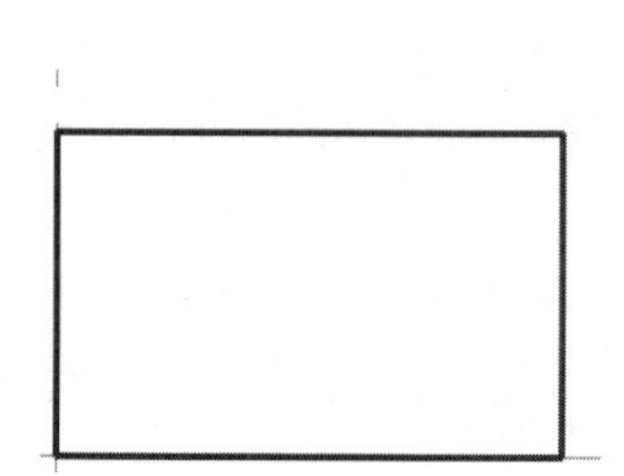

图 3-37　绘制截面

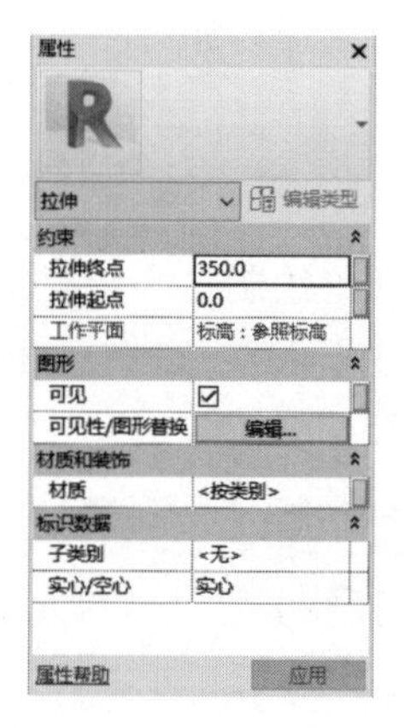

图 3-38　“属性”选项板

（5）拖动模型上的控制点，调整图形的大小，如图 3-40 所示。

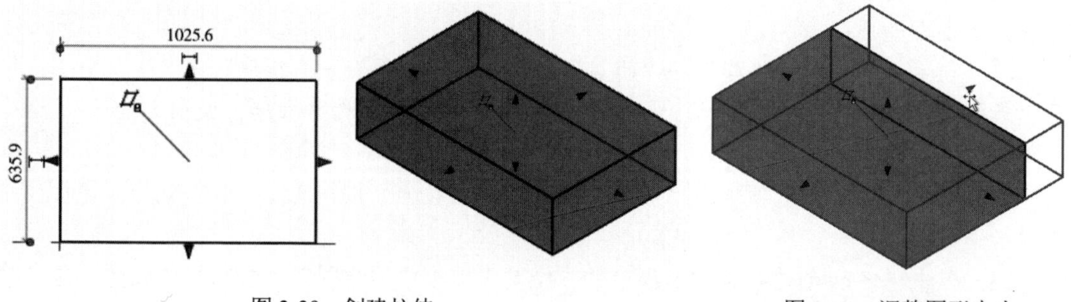

图 3-39　创建拉伸

图 3-40　调整图形大小

扫一扫，看视频

动手学——创建空心拉伸模型

具体步骤如下：

（1）单击“创建”选项卡的“形状”面板中的“空心形状”下拉列表中的“空心拉伸”按钮，打开“修改|创建空心拉伸”选项卡，如图 3-41 所示。

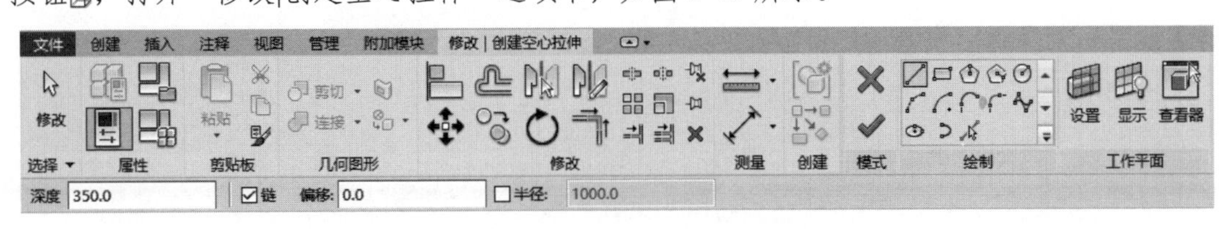

图 3-41　“修改|创建空心拉伸”选项卡

（2）单击“修改|创建空心拉伸”选项卡的“绘制”面板中的绘图工具绘制拉伸截面，这里单击“绘制”面板中的“矩形”按钮，绘制如图 3-42 所示的截面。

（3）在“属性”选项板的 “拉伸终点”中输入 250，或在选项栏中输入“深度”为 250，单击“模式”面板中的“完成编辑模式”按钮，完成空心拉伸模型的创建，如图 3-43 所示。

（4）如果空心拉伸模型与实体拉伸模型重合，将会在实体模型中减去空心模型。这里将“拉伸终点”设为-250，结果如图 3-44 所示。

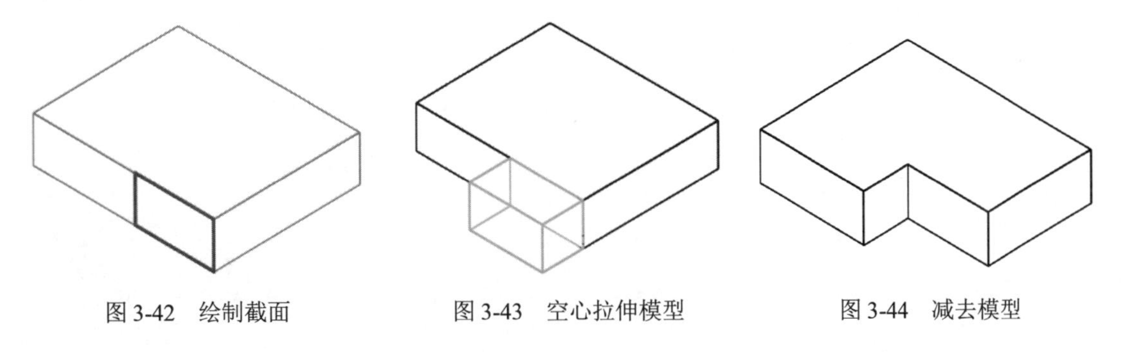
图 3-42　绘制截面　　图 3-43　空心拉伸模型　　图 3-44　减去模型

3.3.2　旋转

旋转是指围绕轴旋转某个形状而创建的形状。

如果轴与旋转造型接触，则产生一个实心几何图形。如果远离轴旋转几何图形，则旋转体中将有个孔。

单击“创建”选项卡的“形状”面板中的“旋转”按钮，打开“修改|创建旋转”选项卡，如图 3-45 所示。

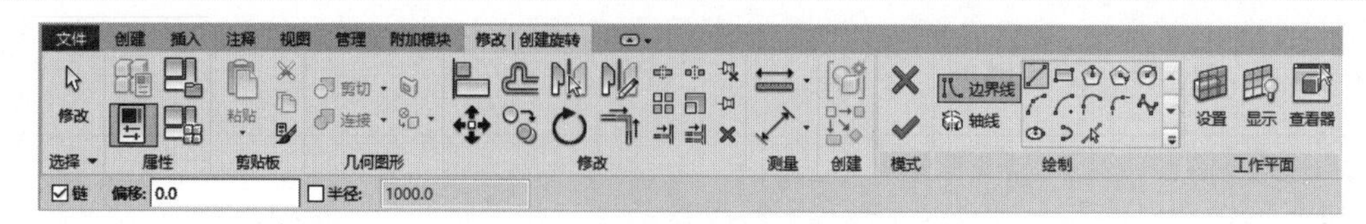

图 3-45 “修改|创建旋转”选项卡

扫一扫，看视频

动手学——创建旋转模型

具体步骤如下：

（1）在主页面中单击“族”→“新建”或者选择“文件”→“新建”→“族”命令，打开“新族-选择样板文件”对话框，选择“公制常规模型.rft”为样板族，单击“打开”按钮进入族编辑器。

（2）单击“创建”选项卡的“形状”面板中的“旋转”按钮，打开“修改|创建旋转”选项卡。

（3）单击“修改|创建旋转”选项卡的“绘制”面板中的“椭圆”按钮，绘制旋转截面，单击“修改|创建旋转”选项卡的“绘制”面板中的“轴线”按钮，系统默认激活“线”按钮，绘制竖直轴线，如图 3-46 所示，也可以直接拾取已存在的轴线。

（4）系统默认起始角度为 0°，结束角度为 360°，可以在“属性”选项板中更改“起始角度”和“结束角度”，单击“模式”面板中的“完成编辑模式”按钮，完成旋转模型的创建，如图 3-47 所示。

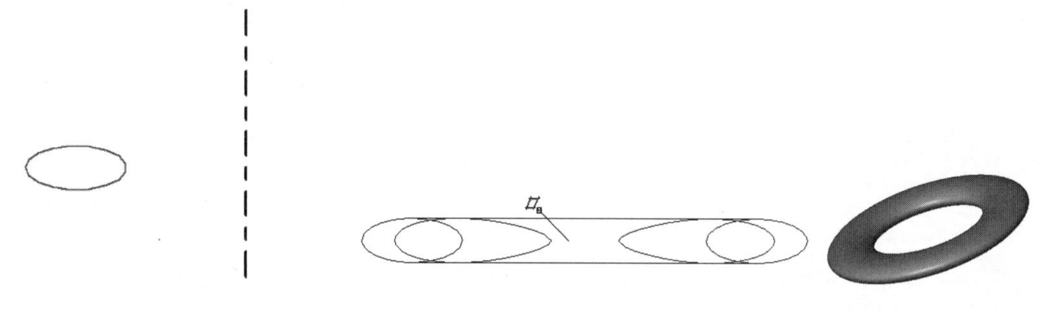

图 3-46 绘制旋转截面　　图 3-47 完成旋转

3.3.3 放样

放样是指通过沿路径放样二维轮廓以创建三维形状，可以使用放样方式创建饰条、栏杆扶手或简单的管道。

路径既可以是单一的闭合路径，也可以是单一的开放路径，但不能有多条路径。路径可以是直线和曲线的组合。轮廓草图可以是单个闭合环形，也可以是不相交的多个闭合环形。

单击“创建”选项卡的“形状”面板中的“放样”按钮，打开“修改|放样”选项卡，如图 3-48 所示。

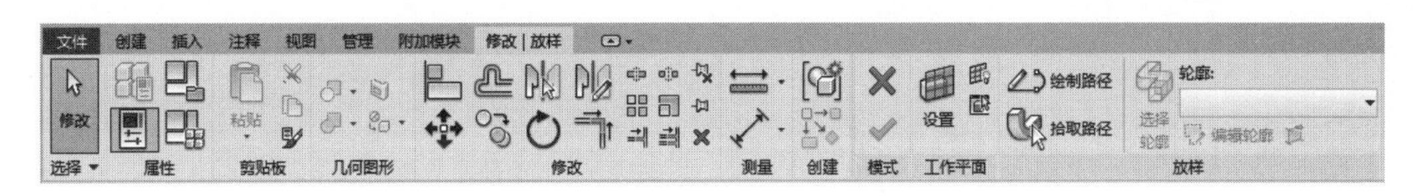

图 3-48 “修改|放样”选项卡

扫一扫，看视频

动手学——创建放样模型

具体步骤如下：

（1）在主页面中单击“族”→“新建”或者选择“文件”→“新建”→“族”命令，打开“新族-选择样板文件”对话框，选择“公制常规模型.rft”为样板族，单击“打开”按钮进入族编辑器。

（2）单击“创建”选项卡的“形状”面板中的“放样”按钮，打开“修改|放样”选项卡。

（3）单击“放样”面板中的“绘制路径”按钮，打开“修改|放样>绘制路径”选项卡，单击“绘制”面板中的“圆形”按钮，绘制如图 3-49 所示的放样路径。单击“模式”面板中的“完成编辑模式”按钮，完成路径绘制。如果选择现有的路径，则单击“拾取路径”按钮，拾取现有绘制线作为路径。

（4）单击“放样”面板中的“编辑轮廓”按钮，打开如图 3-50 所示的“转到视图”对话框，选择“立面：右”视图绘制轮廓，如果在平面视图中绘制路径，则应选择立面视图来绘制轮廓。单击“打开视图”按钮，将视图切换至右立面图。

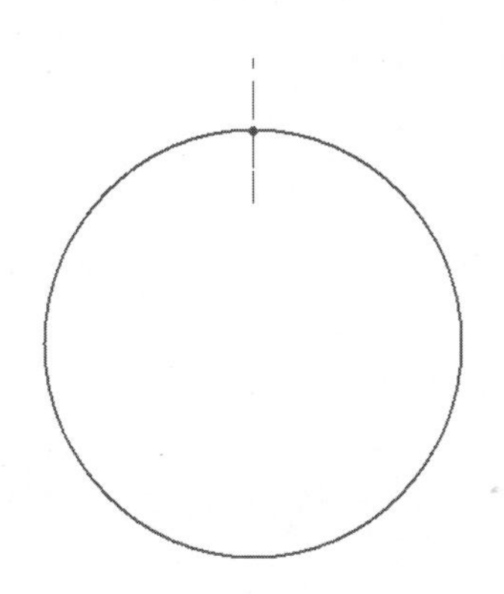

图 3-49 绘制放样路径

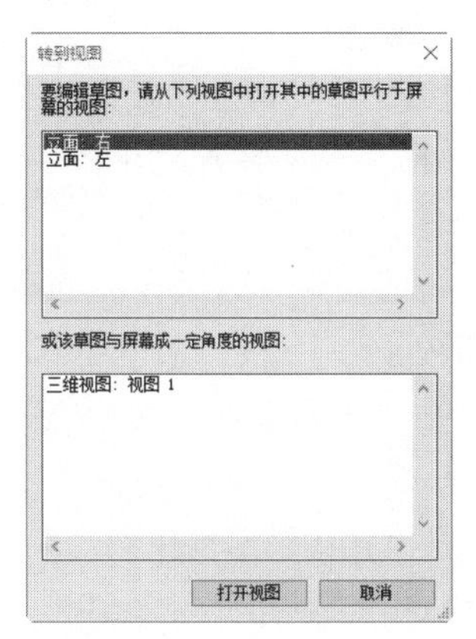

图 3-50 “转到视图”对话框

注意：

绘制的轮廓必须是闭合环，可以是单个闭合环形，也可以是不相交的多个闭合环形，还可以单击“载入截面”按钮，载入已经绘制好的轮廓。

（5）单击“绘制”面板中的“圆形”按钮，在靠近轮廓平面和路径的交点附近绘制轮廓，如图 3-51 所示。单击“模式”面板中的“完成编辑模式”按钮，结果如图 3-52 所示。

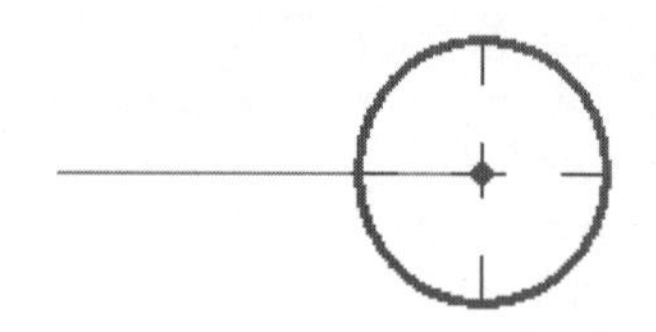

图 3-51　绘制轮廓

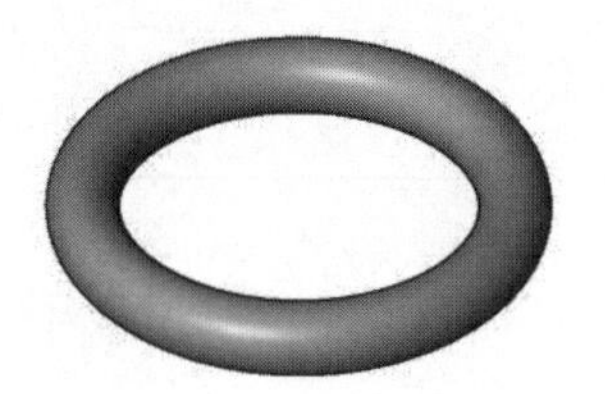

图 3-52　放样结果

3.3.4　融合

融合工具可将两个轮廓（边界）融合在一起。

单击“创建”选项卡的“形状”面板中的“融合”按钮，打开“修改|创建融合底部边界”选项卡，如图 3-53 所示。

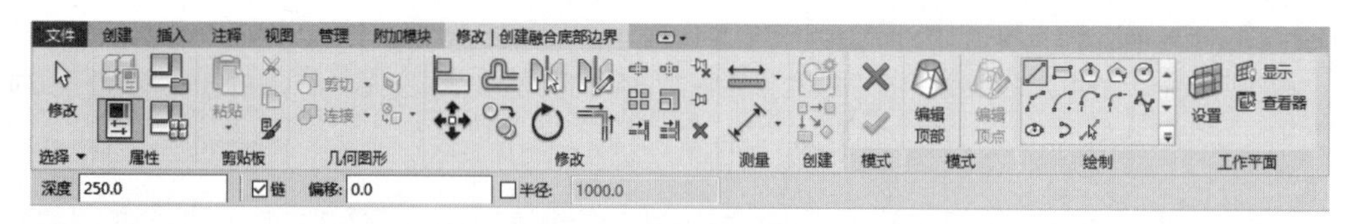

图 3-53　“修改|创建融合底部边界”选项卡

扫一扫，看视频

动手学——创建融合模型

具体步骤如下：

（1）在主页面中单击“族”→“新建”或者选择“文件”→“新建”→“族”命令，打开“新族-选择样板文件”对话框，选择“公制常规模型.rft”为样板族，单击“打开”按钮进入族编辑器。

（2）单击“创建”选项卡的“形状”面板中的“融合”按钮，打开“修改|创建融合底部边界”选项卡。

（3）单击“绘制”面板中的“矩形”按钮，绘制边长为 1000 的正方形，如图 3-54 所示。

（4）单击“模式”面板中的“编辑顶部”按钮，单击“绘制”面板中的“圆形”按钮，绘制半径为 340 的圆，如图 3-55 所示。

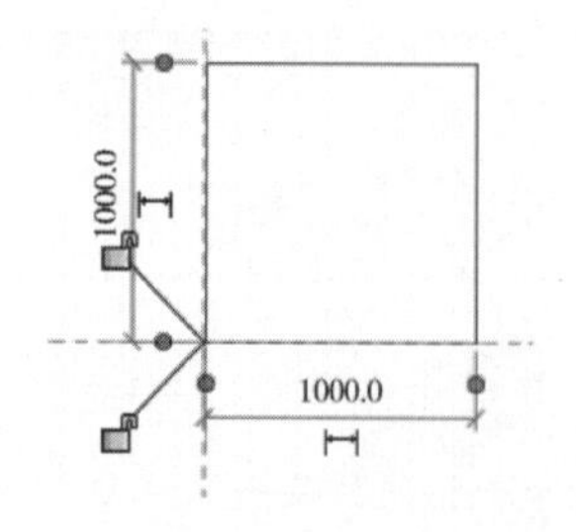

图 3-54　绘制底部边界

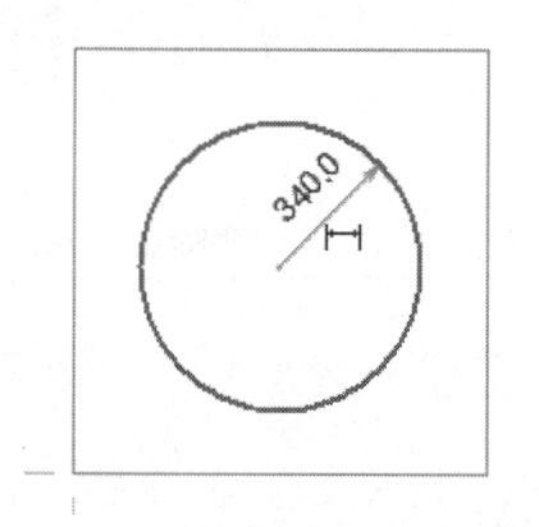

图 3-55　绘制顶部边界

（5）在“属性”选项板的“第二端点”中输入500，如图3-56所示，或在选项栏中输入“深度”为500。单击“模式”面板中的“完成编辑模式”按钮，结果如图3-57所示。

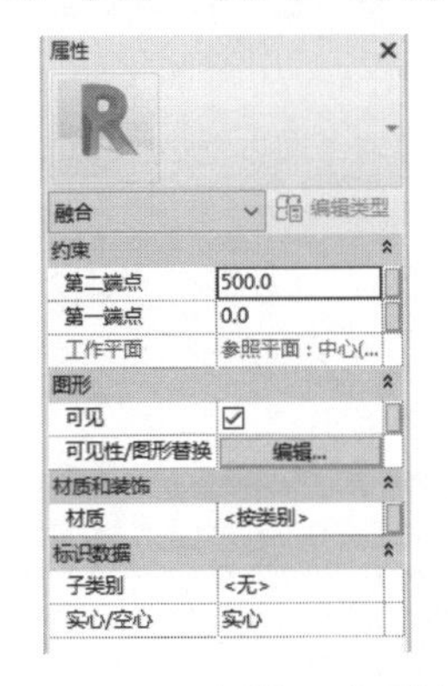

图3-56 “属性”选项板

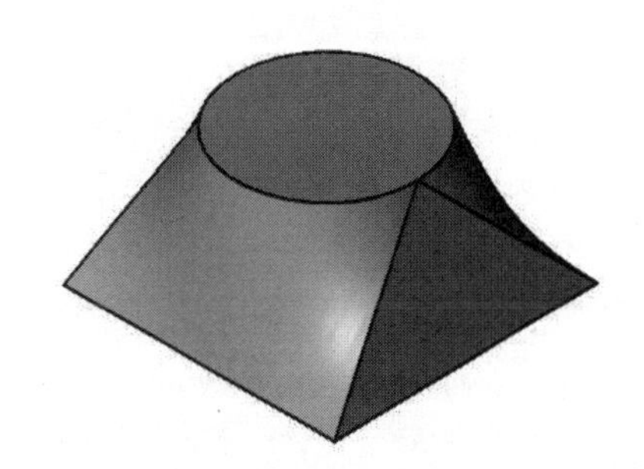

图3-57 融合

3.3.5 放样融合

通过放样融合工具可以创建一个具有两个不同轮廓的融合体，然后沿某个路径对其进行放样。放样融合的造型由绘制或拾取的二维路径和绘制或载入的两个轮廓确定。

单击“创建”选项卡的“形状”面板中的“放样融合”按钮，打开“修改|放样融合”选项卡，如图3-58所示。

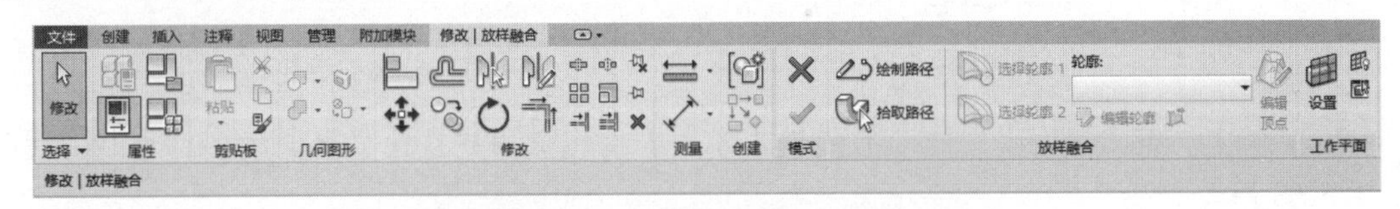

图3-58 “修改|放样融合”选项卡

动手学——创建放样融合模型

扫一扫，看视频

具体步骤如下：

（1）在主页面中单击“族”→“新建”或者选择“文件”→“新建”→“族”命令，打开“新族-选择样板文件”对话框，选择“公制常规模型.rft”为样板族，单击“打开”按钮进入族编辑器。

（2）单击“创建”选项卡的“形状”面板中的“放样融合”按钮，打开“修改|放样融合”选项卡。

（3）单击“放样”面板中的“绘制路径”按钮，打开“修改|放样融合>绘制路径”选项卡，单击“绘制”面板中的“样条曲线”按钮，绘制如图3-59所示的放样路径。单击“模式”面板中的“完成编辑模式”按钮，完成路径绘制。如果选择现有的路径，则单击“拾取路径”按钮，拾取现有绘制线作为路径。

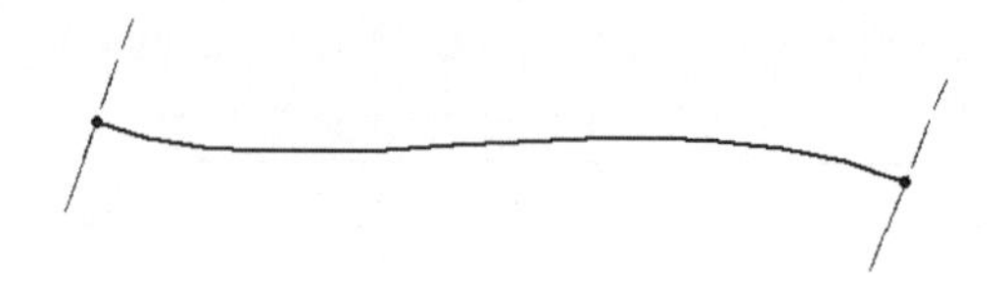

图 3-59　绘制放样路径

（4）单击“放样融合”面板中的“选择轮廓 1”按钮，然后单击“编辑轮廓”按钮，打开如图 3-60 所示的“转到视图”对话框，选择“立面：前”视图绘制轮廓，如果在平面视图中绘制路径，则应选择立面视图来绘制轮廓。单击“打开视图”按钮，绘制如图 3-61 所示的截面轮廓 1。

（5）单击“放样融合”面板中的“选择轮廓 2”按钮，然后单击“编辑轮廓”按钮，利用圆弧绘制如图 3-62 所示的截面轮廓 2。

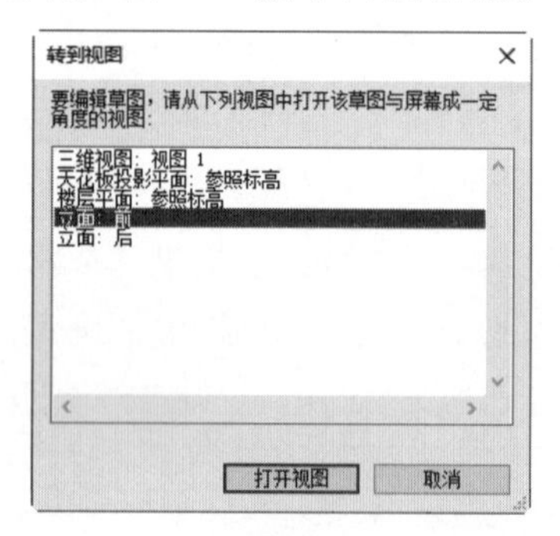

图 3-60　“转到视图”对话框

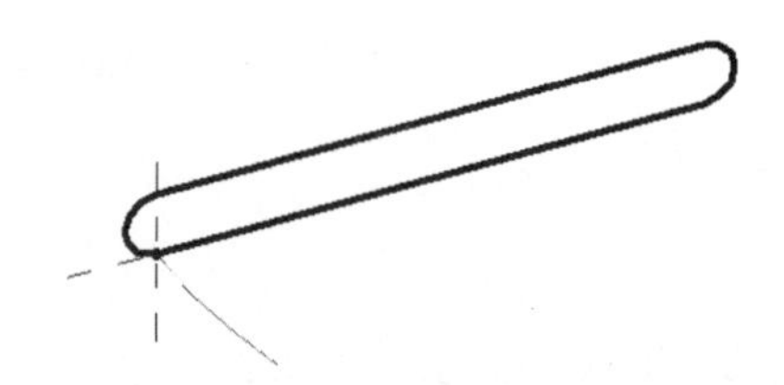

图 3-61　绘制截面轮廓 1

（6）单击“模式”面板中的“完成编辑模式”按钮，完成放样融合模型的绘制，结果如图 3-63 所示。

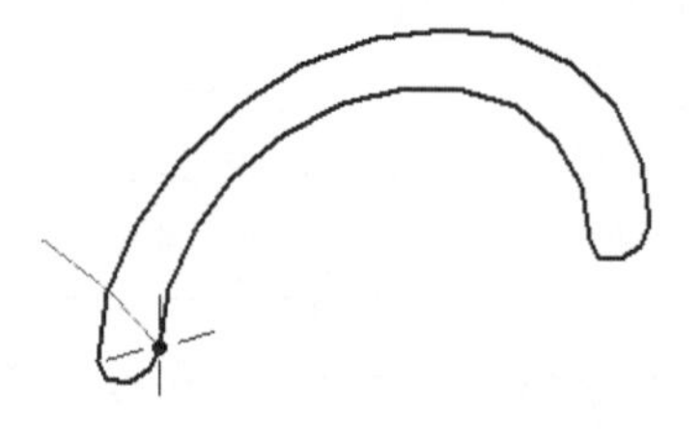

图 3-62　绘制截面轮廓 2

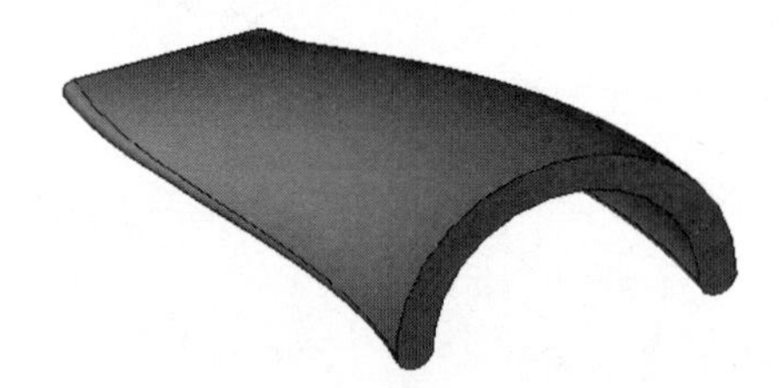

图 3-63　放样融合

第 4 章　概 念 体 量

在初始设计中可以使用体量工具表达潜在设计意图，而无须使用通常项目中的模型图元。可以创建和修改组合成建筑模型图元的几何造型；可以随时拾取体量面并创建建筑模型图元，如墙、楼板、幕墙系统和屋顶。

项目以设计概念模型作为开始。使用体量工具创建基本形状后，可以将体量面转换为建筑图元。

- 体量概述
- 创建体量族
- 编辑体量
- 内建体量

案例效果

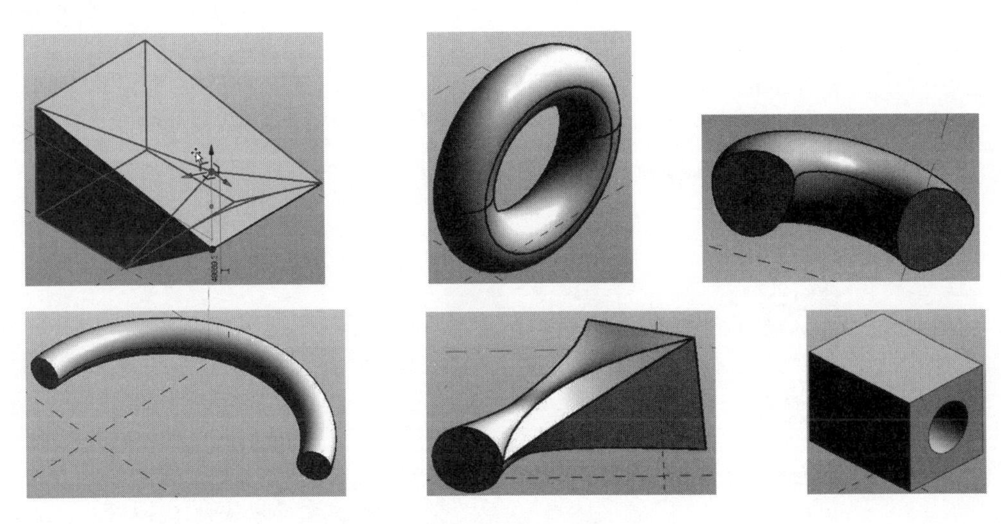

4.1　体 量 概 述

体量可以在项目内部（内建体量）或项目外部（可载入体量族）创建。常用术语如下：

- 体量：使用体量实例观察、研究和解析建筑形式的过程。

- 体量族：形状的族，属于体量类别。内建体量随项目一起保存，不是单独的文件。
- 体量实例或体量：载入的体量族的实例或内建体量。
- 概念设计环境：一类族编辑器，可以使用内建和可载入族体量图元来创建概念设计。
- 体量形状：每个体量族和内建体量的整体形状。
- 体量研究：在一个或多个体量实例中对一个或多个建筑形式进行的研究。
- 体量面：体量实例上的表面，可用于创建建筑图元（如墙或屋顶）。
- 体量楼层：在已定义的标高处穿过体量的水平切面。体量楼层提供了有关切面上方体量直至下一个切面或体量顶部之间尺寸标注的几何图形信息。
- 建筑图元：可以从体量面创建的墙、屋顶、楼板和幕墙系统。
- 分区外围：建筑必须包含在其中的法定定义的体积。分区外围可以作为体量进行建模。

4.2 创建体量族

在族编辑器中创建体量族后，可以将族载入项目中，并将体量族的实例放置在项目中。具体步骤如下：

（1）在主页面中单击“族”→“新建”按钮，打开“新族-选择样板文件”对话框，选择“概念体量”文件夹中的“公制体量.rft”文件，如图 4-1 所示。

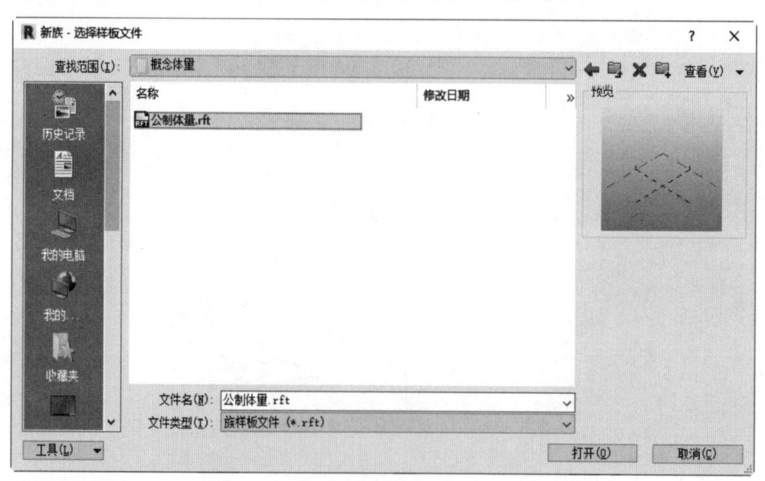

图 4-1 “新族-选择样板文件”对话框

（2）单击“打开”按钮，进入体量族创建环境。

动手学——创建拉伸形状

先绘制截面轮廓，然后系统根据截面创建拉伸模型。

具体步骤如下：

（1）新建一个体量族文件。

（2）单击“创建”选项卡的“绘制”面板中的“线”按钮，打开如图4-2所示的“修改|放置 线”选项卡，绘制如图4-3所示的封闭轮廓。

图4-2　“修改|放置 线”选项卡

（3）选取绘制的封闭轮廓，单击“形状”面板的“创建形状”下拉列表中的“实心形状”按钮，系统自动创建如图4-4所示的拉伸模型。

（4）双击尺寸，输入新的尺寸修改拉伸深度，如图4-5所示。也可以直接拖动竖直方向的箭头调整拉伸深度。

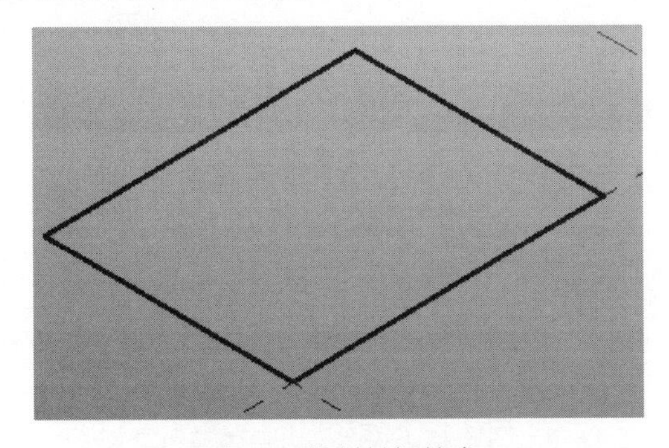

图4-3　绘制封闭轮廓

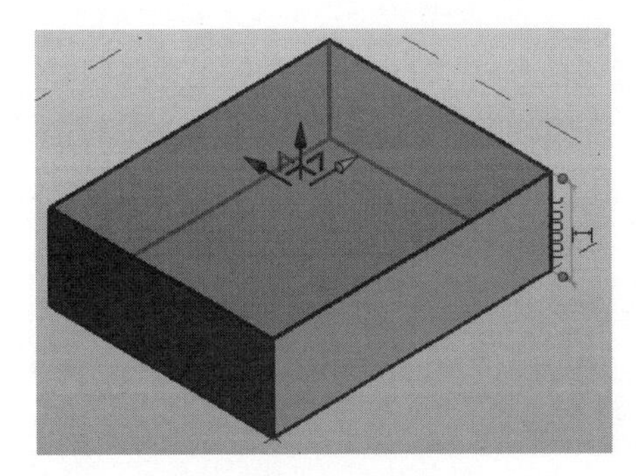

图4-4　拉伸模型

（5）选取模型上的边线，拖动操控件上的箭头可以修改模型的局部形状，如图4-6所示。

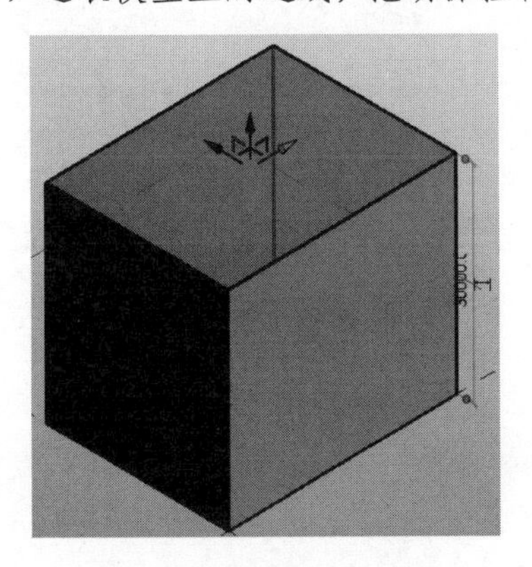

图4-5　修改拉伸深度

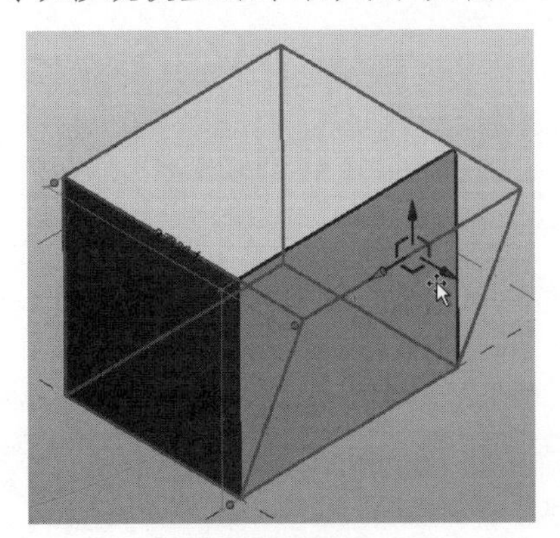

图4-6　改变形状

（6）选取模型的端点，可以拖动操纵控件改变该点在三个方向的形状，如图 4-7 所示。

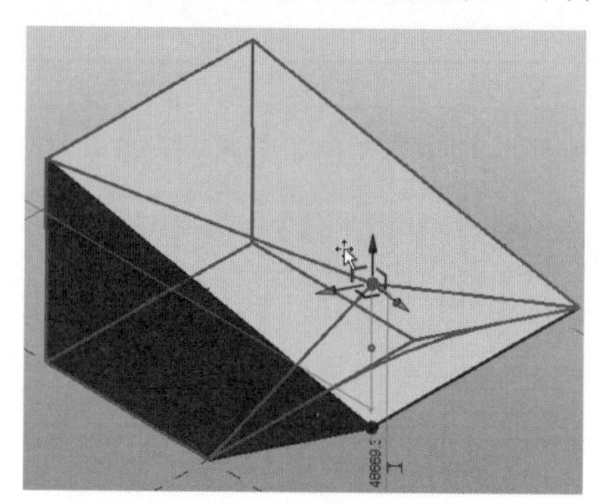

图 4-7　拖动端点

扫一扫，看视频

动手学——创建旋转形状

从线和共享工作平面的二维轮廓来创建旋转形状。

具体步骤如下：

（1）新建一个体量族文件。

（2）单击“创建”选项卡的“绘制”面板中的“线”按钮，绘制一条直线段作为旋转轴。

（3）单击“绘制”面板中的“圆形”按钮，绘制旋转截面，如图 4-8 所示。

（4）选取直线和圆，单击“形状”面板的“创建形状”下拉列表中的“实心形状”按钮，系统自动创建如图 4-9 所示的旋转模型。

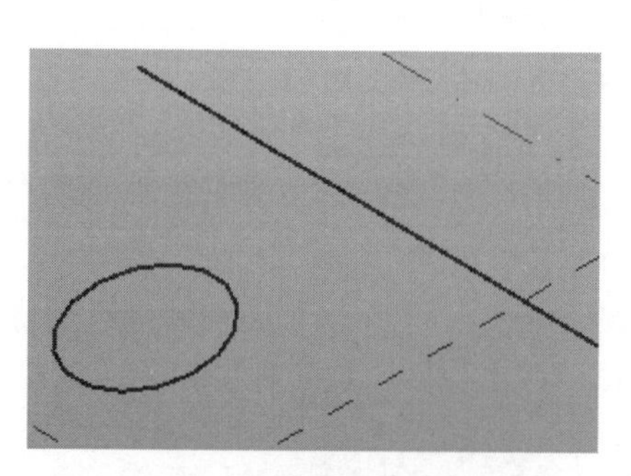

图 4-8　绘制旋转截面

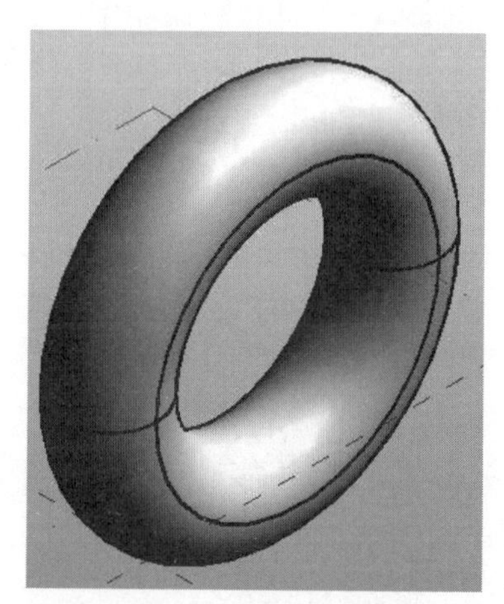

图 4-9　创建旋转模型

（5）选取模型上的面，拖动操纵控件上的红色箭头可以移动模型，如图 4-10 所示。

（6）选取旋转模型上的面或边线，拖动操纵控件上的紫色箭头可以改变模型大小，如图 4-11 所示。

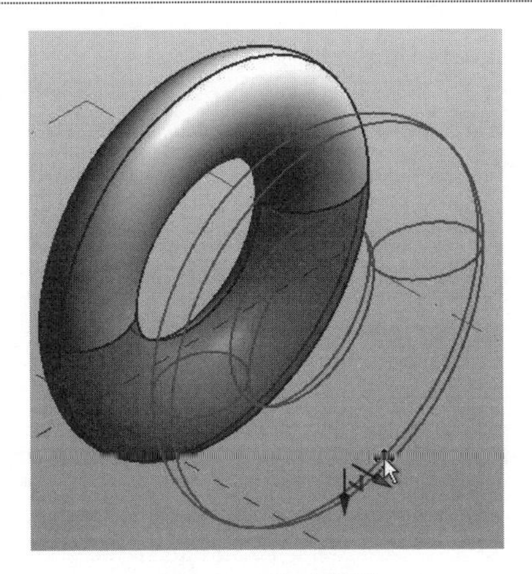

图 4-10　移动模型

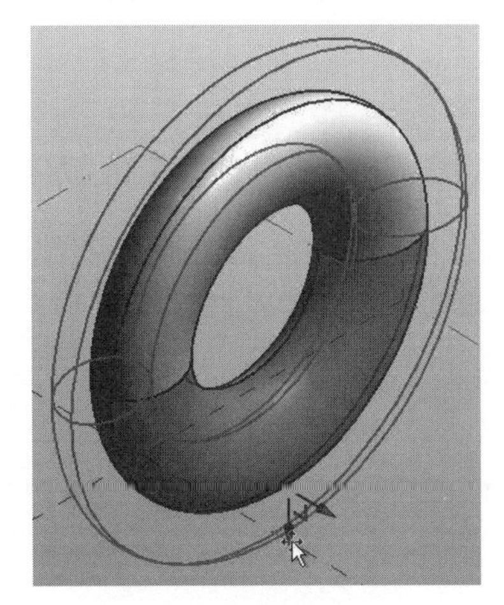

图 4-11　改变模型大小

（7）选取旋转轮廓的外边缘，拖动操纵控件上的橙色箭头可以更改旋转角度，如图 4-12 所示。也可以在“属性”选项板中更改“起始角度”和“结束角度”，如图 4-13 所示，单击“应用”按钮，更改模型旋转角度后的效果如图 4-14 所示。

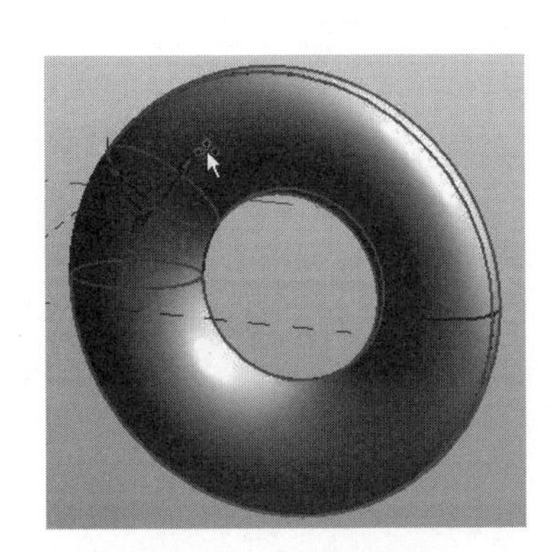

图 4-12　更改旋转角度

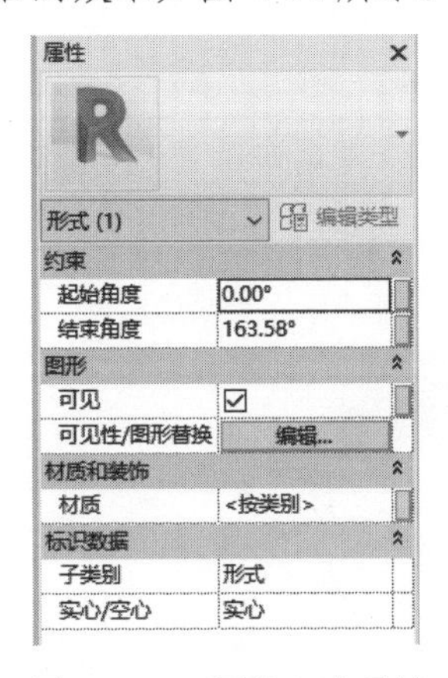

图 4-13　“属性”选项板

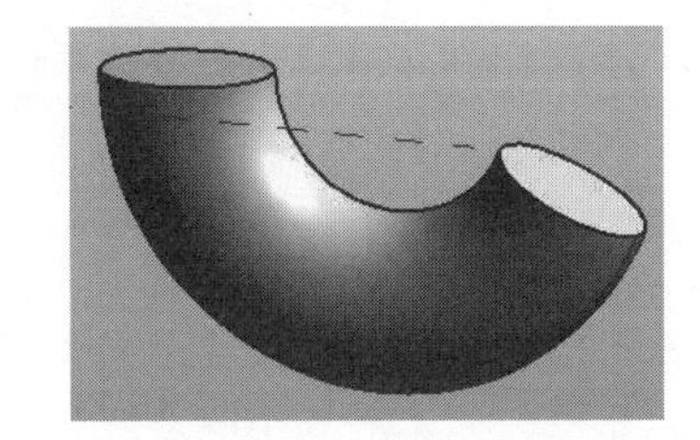

图 4-14　更改角度后的效果

扫一扫，看视频

动手学——创建放样形状

从线和垂直于线绘制的二维轮廓创建放样形状。放样中的线定义了由放样二维轮廓来创建三维形态的路径。轮廓由线处理组成，线处理由垂直于用于定义路径的一条或多条线绘制而成。

如果轮廓是基于闭合环生成的，可以使用多分段路径来创建放样。如果轮廓不是闭合的，则不会沿多分段路径进行放样。如果路径是由一条线段构成的，则使用开放的轮廓创建扫描。

具体步骤如下：

（1）新建一个体量族文件。

（2）单击“创建”选项卡的“绘制”面板中的“圆心-端点弧”按钮，绘制一条曲线作为放样路径，如图 4-15 所示。

（3）单击“创建”选项卡的“绘制”面板中的“点图元”按钮，在路径上放置参照点，如图 4-16 所示。

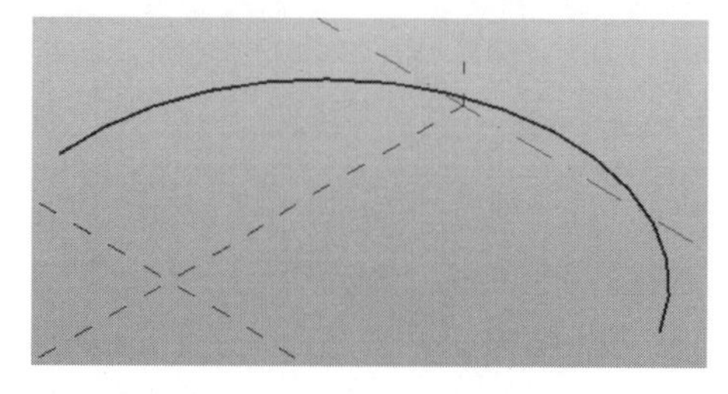

图 4-15　绘制放样路径

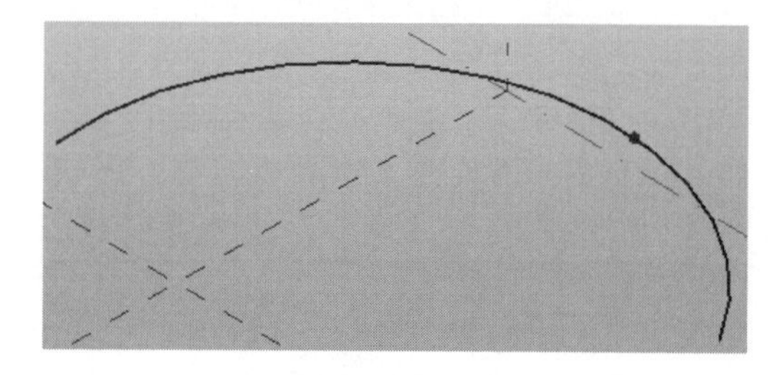

图 4-16　创建参照点

（4）选择参照点，放大图形，将工作平面显示出来，如图 4-17 所示。

（5）单击“绘制”面板中的“圆形”按钮，在选项栏中取消选中“根据闭合的环生成表面”复选框，以参考点为圆心绘制圆截面轮廓，如图 4-18 所示。

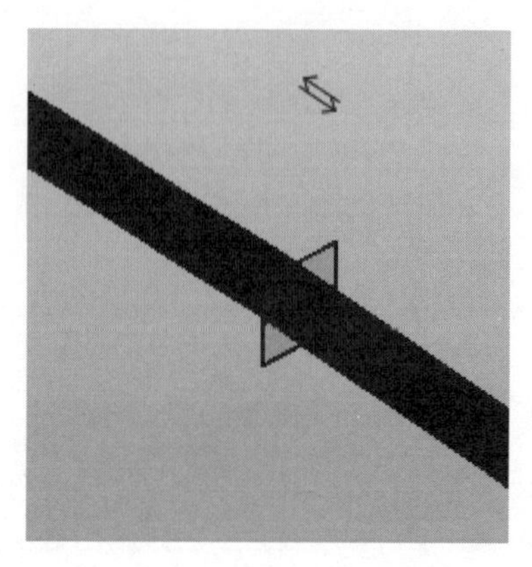

图 4-17　显示工作平面

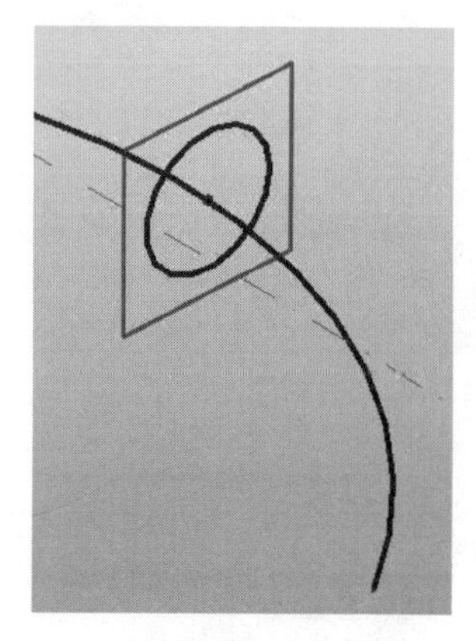

图 4-18　绘制圆截面轮廓

（6）选择路径和截面轮廓，单击“形状”面板的“创建形状”下拉列表中的“实心形状”按钮，系统自动创建如图 4-19 所示的放样模型。

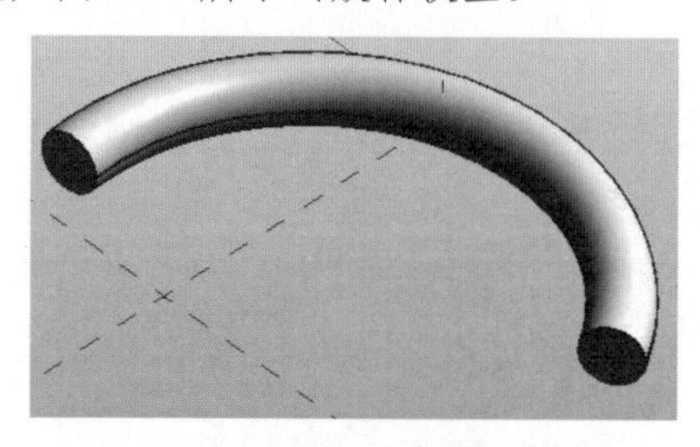

图 4-19　放样模型

动手学——创建放样融合形状

扫一扫，看视频

从垂直于路径绘制的两个或多个二维轮廓创建放样融合形状。放样融合中的线定义了由放样并融合二维轮廓来创建三维形状的路径。轮廓由线处理组成，线处理由垂直于用于定义路径的一条或多条线绘制而成。

与放样形状不同，放样融合无法沿着多段路径创建。但是，轮廓可以打开、闭合或是两者的组合。

具体步骤如下：

（1）新建一个体量族文件。

（2）单击“创建”选项卡的“绘制”面板中的“样条曲线”按钮，绘制一条曲线作为路径，如图 4-20 所示。

（3）单击“创建”选项卡的“绘制”面板中的“点图元”按钮，沿路径放置放样融合轮廓的参照点，如图 4-21 所示。

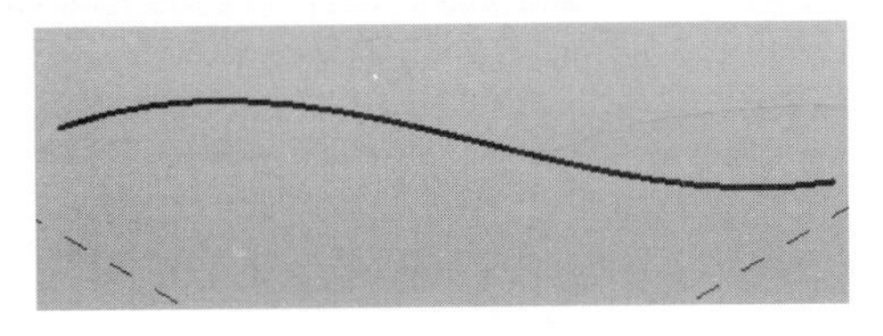

图 4-20　绘制路径

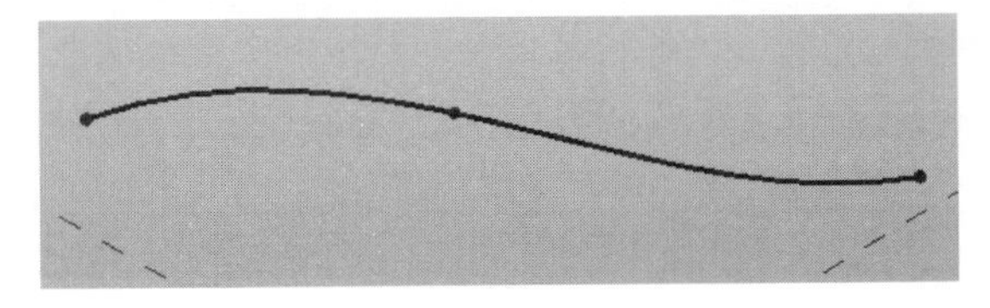

图 4-21　创建参照点

（4）选择起点参照点，放大图形，将工作平面显示出来，单击“绘制”面板中的“圆”按钮，在工作平面上绘制第一个截面轮廓，如图 4-22 所示。

（5）选择中间的参照点，放大图形，将工作平面显示出来，单击“绘制”面板中的“内接多边形”按钮，在工作平面上绘制第二个截面轮廓，如图 4-23 所示。

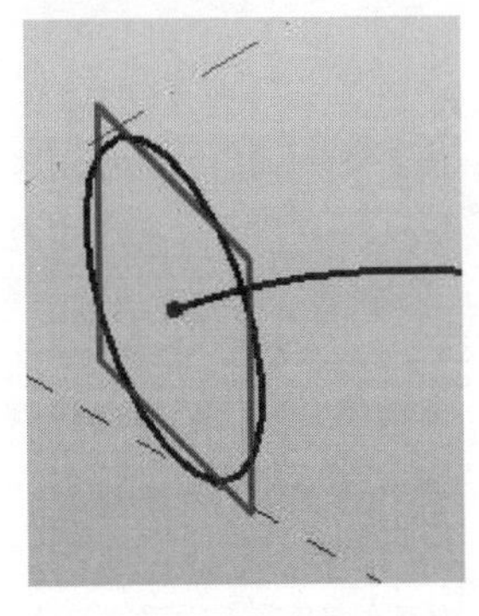

图 4-22　绘制第一个截面轮廓

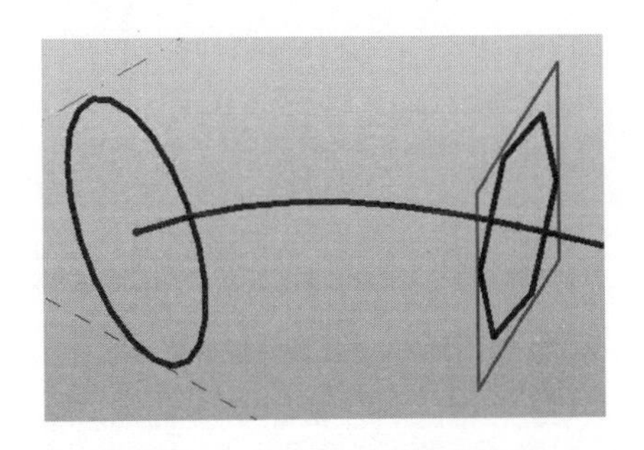

图 4-23　绘制第二个截面轮廓

（6）选择终点的参照点，放大图形，将工作平面显示出来，单击“绘制”面板中的“内接多边形”按钮，在选项栏中更改“边数”为 4，在工作平面上绘制第三个截面轮廓，如图 4-24 所示。

（7）选择所有的路径和截面轮廓，单击“形状”面板的“创建形状”下拉列表中的“实心形状”按钮，系统自动创建如图 4-25 所示的放样融合模型。

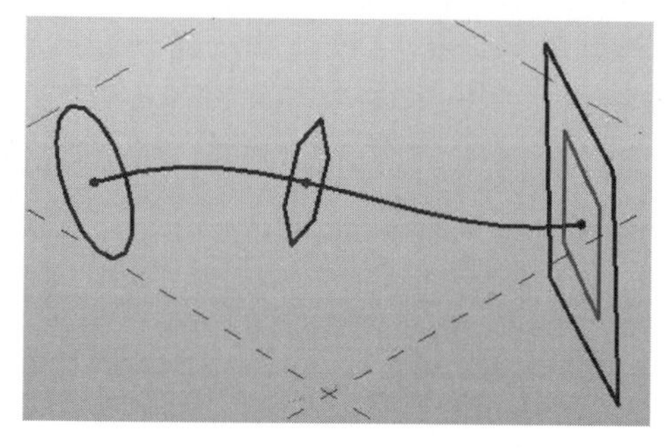

图 4-24　绘制第三个截面轮廓

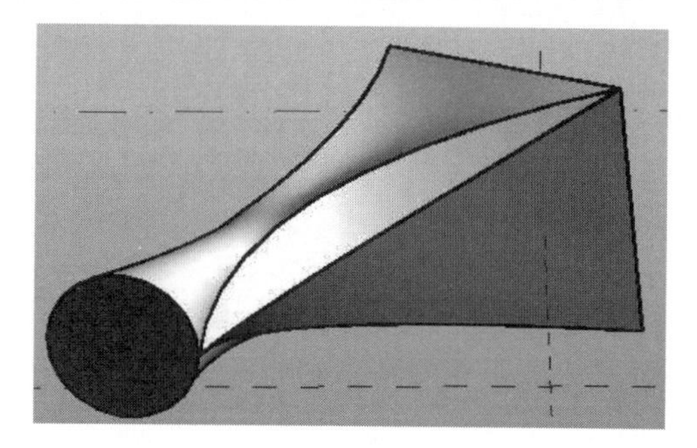

图 4-25　放样融合模型

扫一扫，看视频

动手学——创建空心形状

使用“创建空心形状”工具来创建负几何图形（空心）以剪切实心几何图形。

具体步骤如下：

（1）新建一个体量族文件。

（2）单击“创建”选项卡的“绘制”面板中的“矩形”按钮，绘制如图 4-26 所示的封闭轮廓。

（3）单击“形状”面板的“创建形状”下拉列表中的“实心形状”按钮，系统自动创建如图 4-27 所示的拉伸模型。

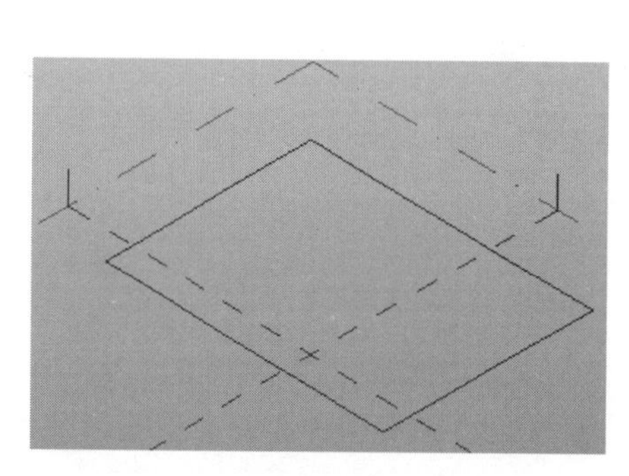

图 4-26　绘制封闭轮廓

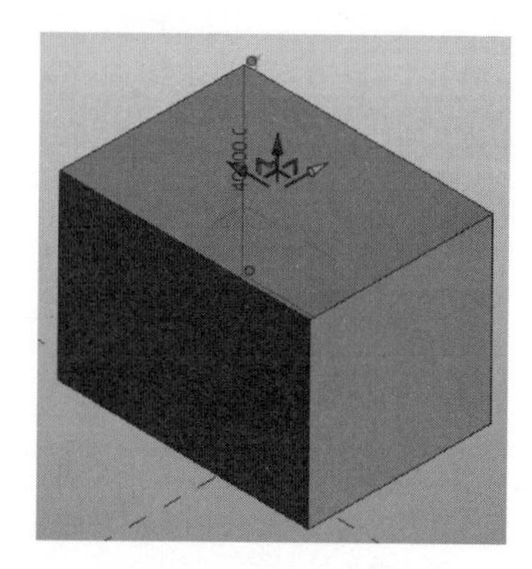

图 4-27　拉伸模型

（4）单击“绘制”面板中的“圆”按钮，在拉伸模型的侧面绘制截面轮廓，如图 4-28 所示。

（5）单击“形状”面板的“创建形状”下拉列表中的“空心形状”按钮，系统自动创建一个空心形状拉伸。默认孔底为如图 4-29 所示的平底，也可以单击“圆弧”按钮，更改孔底为圆弧底，如图 4-30 所示。

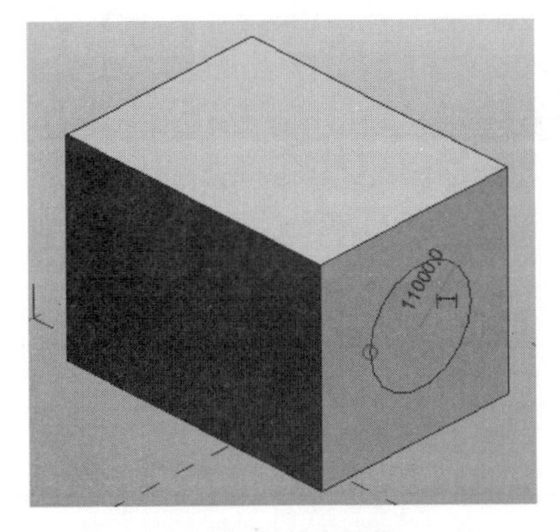

图 4-28　绘制截面

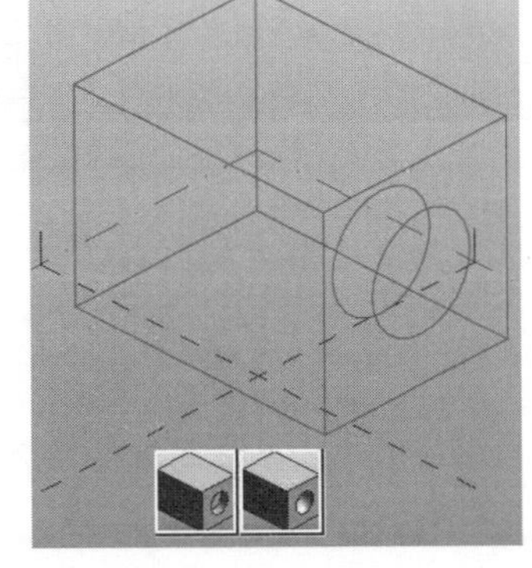

图 4-29　平底

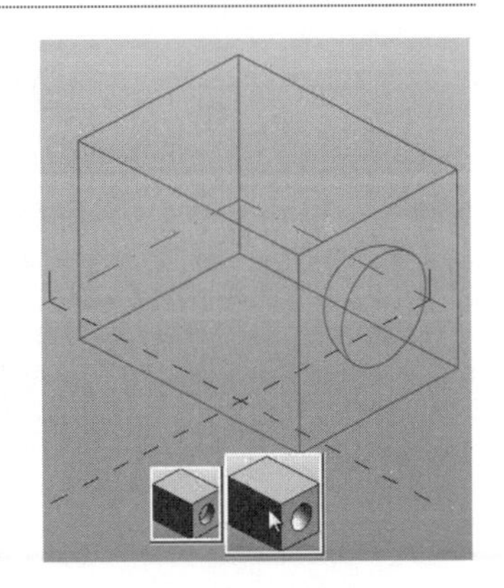

图 4-30　圆弧底

（6）拖动操控件调整孔的深度或直接修改尺寸创建通孔，结果如图 4-31 所示。

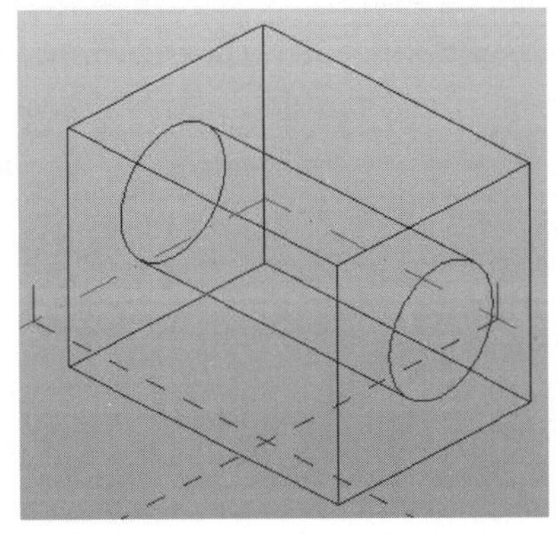

图 4-31　创建通孔

4.3 编辑体量

扫一扫，看视频

动手学——编辑形状轮廓

通过更改轮廓或路径来编辑形状。

具体步骤如下：

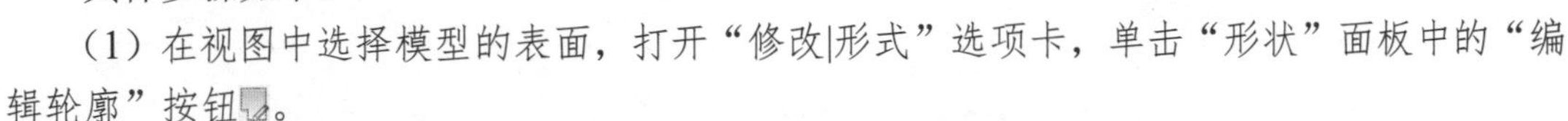

（1）在视图中选择模型的表面，打开“修改|形式”选项卡，单击“形状”面板中的“编辑轮廓”按钮。

（2）进入轮廓编辑模式，对截面轮廓进行编辑，如图 4-32 所示。

（3）单击“模式”面板中的“完成编辑模式”按钮，完成形状编辑，结果如图 4-33 所示。

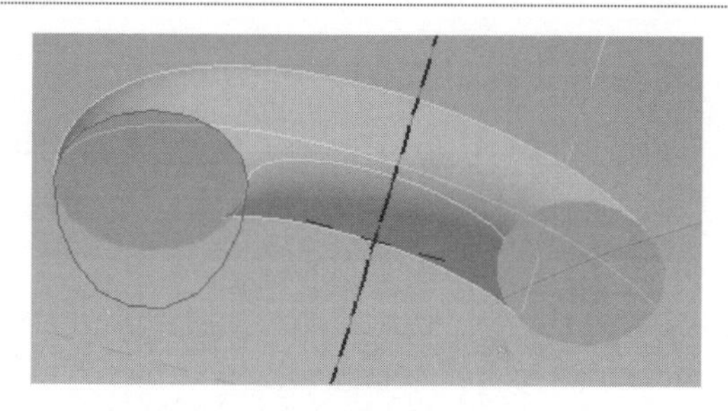

图 4-32　编辑截面轮廓

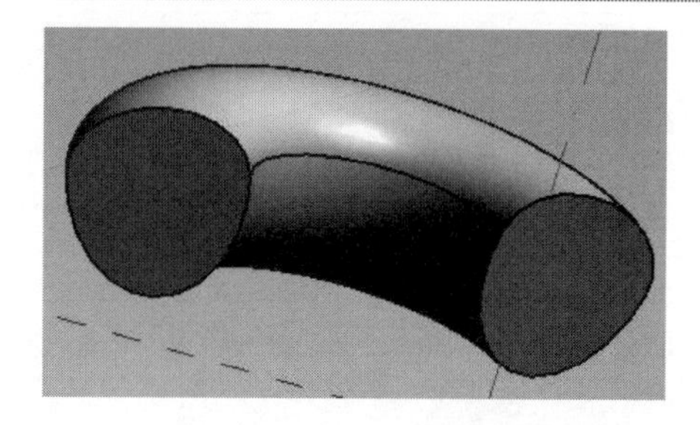

图 4-33　形状编辑结果

扫一扫，看视频

动手学——在透视模式中编辑形状

编辑形状的原几何图形来调整其形状。也可以在透视模式中添加和删除轮廓、边和顶点。具体步骤如下：

（1）选择形状模型，打开“修改|形式”选项卡，单击“形状”面板中的“透视”按钮，进入透视模式，显示形状的几何图形和节点，如图 4-34 所示。

（2）选择形状和三维控件显示的任意图元以重新定位节点和线，如图 4-35 所示。

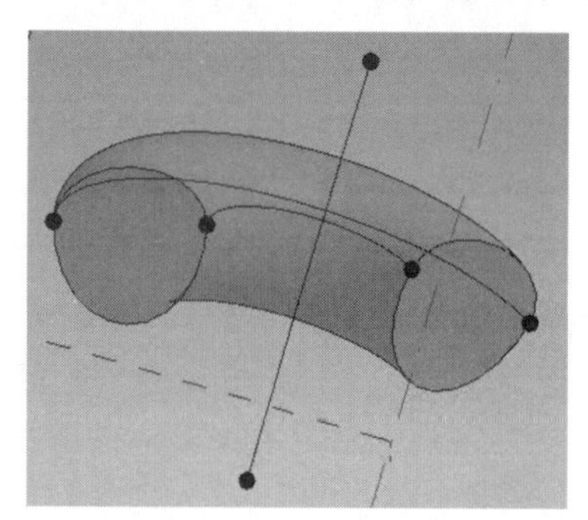

图 4-34　透视模式

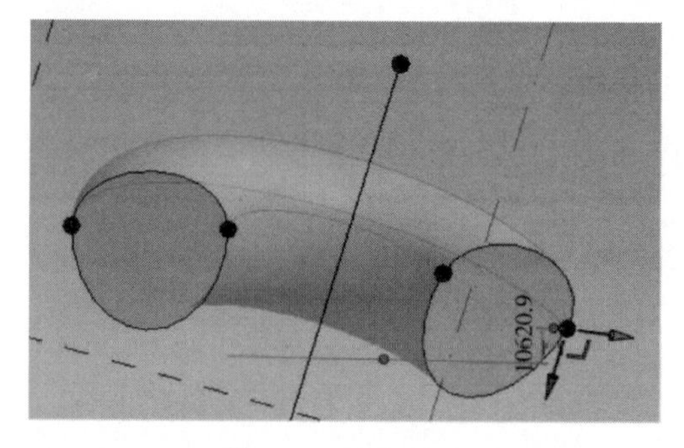

图 4-35　选择节点

（3）选择并拖动节点，更改截面大小，如图 4-36 所示。

（4）单击“添加边”按钮，在轮廓线上添加节点并增加边，如图 4-37 所示。

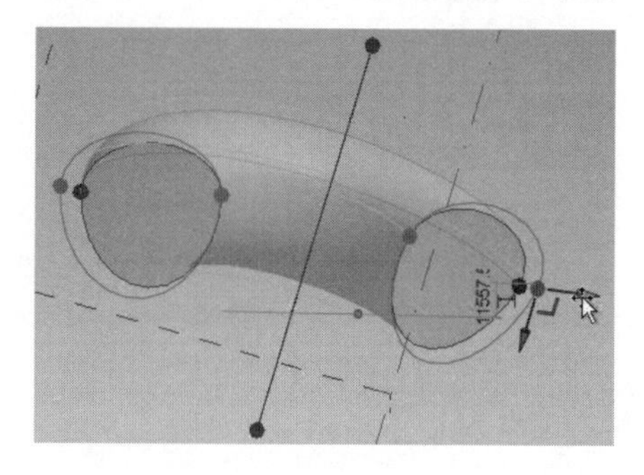

图 4-36　更改截面大小

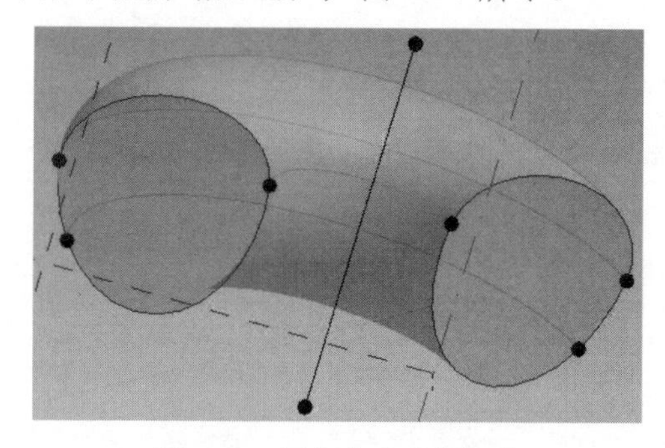

图 4-37　添加节点并增加边

（5）选择增加的节点，拖动控件改变截面形状，如图 4-38 所示。

（6）单击“形状”面板中的“透视”按钮，退出透视模式，完成形状编辑，结果如图 4-39 所示。

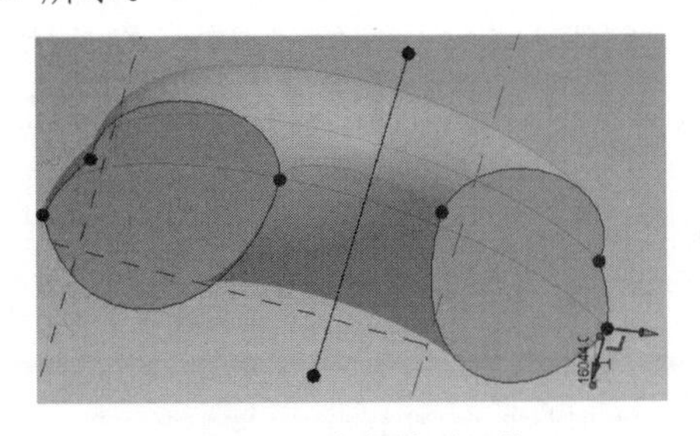

图 4-38　改变截面形状

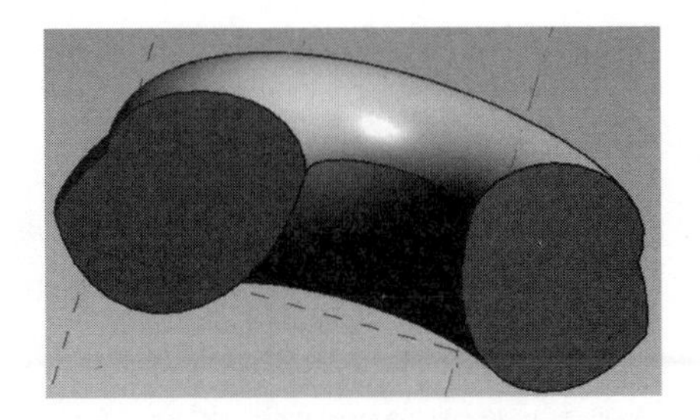

图 4-39　编辑形状结果

动手学——分割路径

扫一扫，看视频

可以分割路径和形状边以定义放置在设计中自适应构件上的节点。

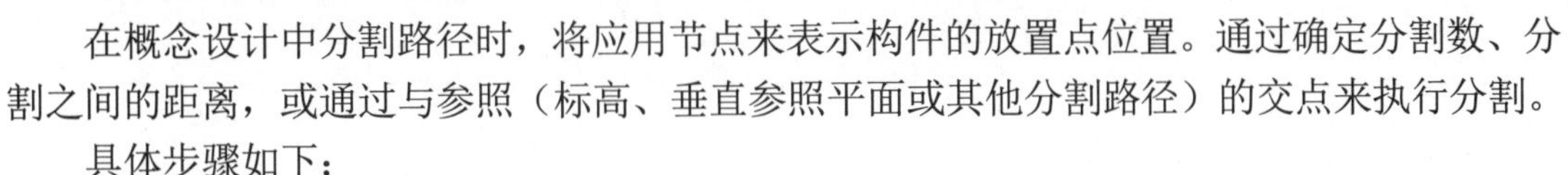

在概念设计中分割路径时，将应用节点来表示构件的放置点位置。通过确定分割数、分割之间的距离，或通过与参照（标高、垂直参照平面或其他分割路径）的交点来执行分割。

具体步骤如下：

（1）选择形状的一条边线。

（2）打开“修改|形式”选项卡，单击“分割”面板中的“分割路径”按钮，默认情况下，路径将分割为具有 6 个等距离节点的 5 段（英制样板）或具有 5 个等距离节点的 4 段（公制样板），如图 4-40 所示。

（3）在“属性”选项板中更改节点数量为 5，如图 4-41 所示。也可以在视图中直接输入节点数量 5，如图 4-42 所示。

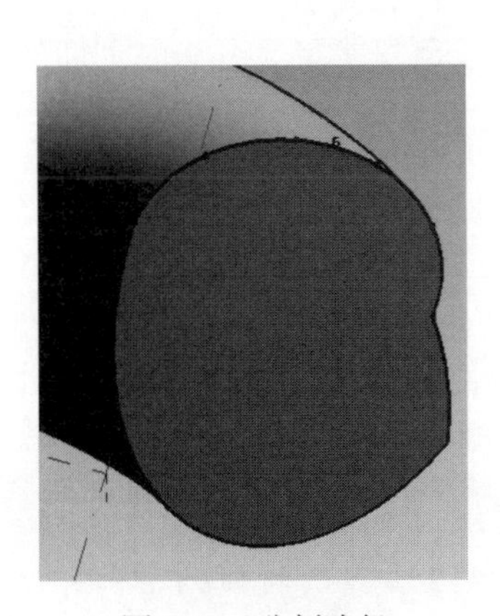

图 4-40　分割路径

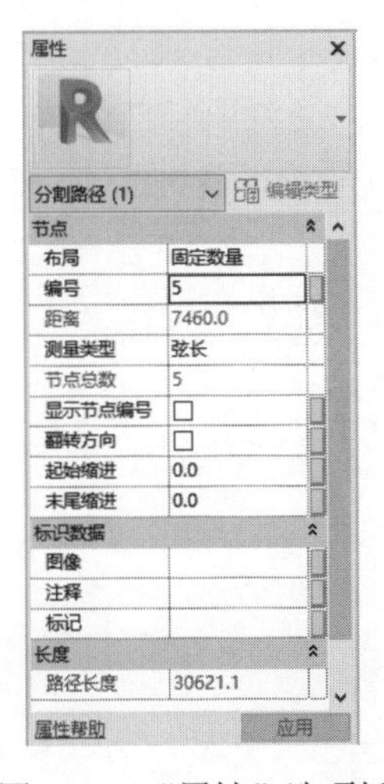

图 4-41　“属性”选项板

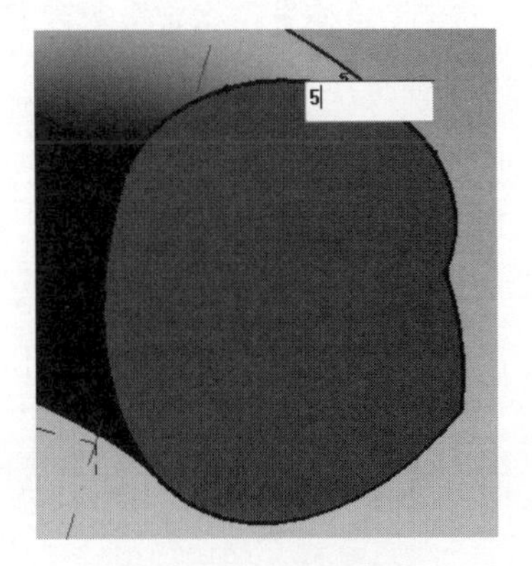

图 4-42　更改节点数量

① 布局：指定如何沿分割路径分布节点。包括“无”“固定数量”“固定距离”“最小距离”“最大距离”。

- 无：移除使用“分割路径”工具创建的节点并对路径产生影响。
- 固定数量：默认为此布局，它指定以相等间距沿路径分布的节点数。默认情况下，该路径将分割为 5 段 6 个等距离节点（英制样板）或 4 段 5 个等距离节点（公制样板）。
- 固定距离：指定节点之间的距离。默认情况下，一个节点放置在路径的起点，新节点按路径的“距离”实例属性定义的间距放置。通过指定“对齐”实例属性，也可以将第一个节点指定在路径的“中心”或“末端”。
- 最小距离：以相等间距沿节点之间距离最短的路径分布节点。
- 最大距离：以相等间距沿节点之间距离最长的路径分布节点。

② 编号：指定用于分割路径的节点数量。

③ 距离：沿分割路径指定节点之间的距离。

④ 测量类型：指定测量节点之间距离所使用的长度类型。包括“弦长”和“线段长度”两种类型。

- 弦长：节点之间的直线。
- 线段长度：节点之间沿路径的线段长度。

注意：

当“弦长”的“测量类型”仅与复杂路径的几个分割点一起使用时，生成的系列点可能不像图 4-40 所示的那样非常接近曲线。当路径的起点和终点相互靠近时会发生这种情况。

⑤ 节点总数：指定根据分割和参照交点创建的节点总数。

⑥ 显示节点编号：设置在选择路径时是否显示每个节点的编号。

⑦ 翻转方向：选中此复选框，则沿分割路径反转节点的数字方向。

⑧ 起始缩进：指定分割路径起点的缩进长度。缩进取决于测量类型，分布时创建的节点不会延伸到缩进范围。

⑨ 末尾缩进：指定分割路径终点的缩进长度。

⑩ 路径长度：指定分割路径的长度。

扫一扫，看视频

动手学——分割表面

在概念设计中沿着形状表面应用分割网格。

具体步骤如下：

（1）选择形状的一个面。

（2）打开“修改|形式”选项卡，单击“分割”面板中的“分割表面”按钮，打开“修改|分割的表面”选项卡，如图 4-43 所示。

图 4-43　“修改|分割的表面”选项卡

默认情况下，U/V 网格的数量为 10，如图 4-44 所示。

（3）可以在选项栏中更改 U/V 网格的数量或距离，也可以在“属性”选项板中更改，如图 4-45 所示。

- 边界平铺：确定填充图案与表面边界相交的方式。包括“空”“部分”和“悬挑”三种方式。
- 所有网格旋转：指定 U 网格及 V 网格的旋转。
- 布局：指定 U/V 网格的间距形式为固定数量或固定距离。默认设置为固定数量。
- 编号：设置 U/V 网格的固定分割数量。
- 距离：设置 U/V 网格的固定分割距离。
- 对正：用于测量 U/V 网格的位置。包括“起点”“中心”和“终点”。
- 网格旋转：用于指定 U/V 网格的旋转角度。
- 偏移：指定网格原点的 U/V 向偏移距离。
- 区域测量：沿分割的弯曲表面 U/V 网格的位置，进行网格之间的弦距离测量。

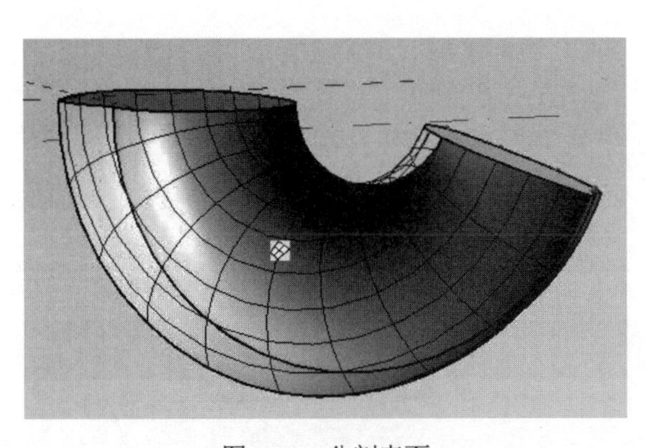

图 4-44　分割表面

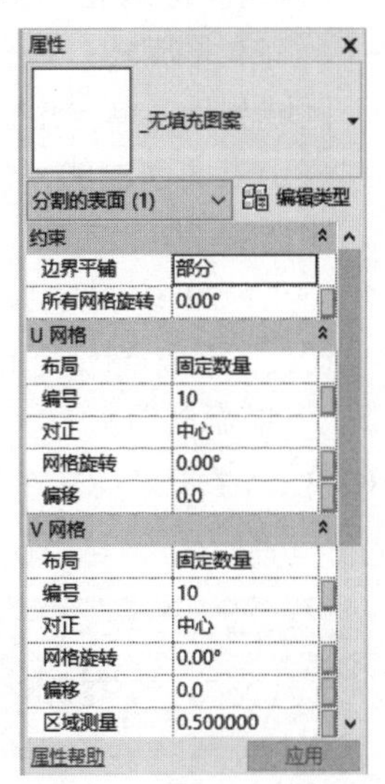

图 4-45　“属性”选项板

（4）单击“配置 U/V 网格布局”按钮，U/V 网格编辑控件即显示在分割表面上，如图 4-46 所示。

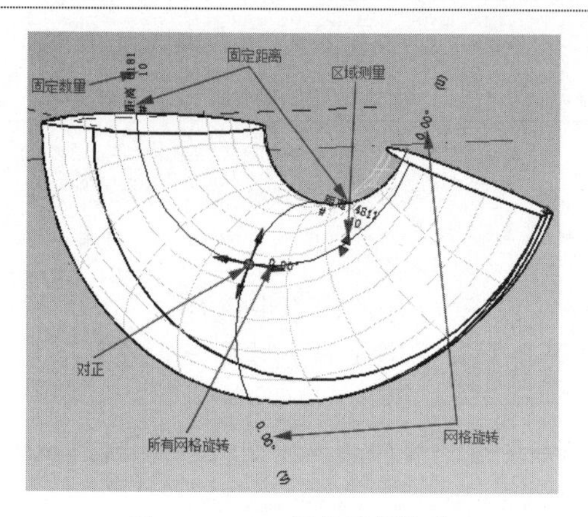

图 4-46　U/V 网格编辑控件

- 固定数量：单击绘图区域中的数值，然后输入新数量值。
- 固定距离：单击绘图区域中的距离值，然后输入新距离值。

注意：

选项栏中的“距离”下拉列表列出的是最小距离或最大距离，而不是绝对距离。只有表面在最初就被选中时（不是在面管理器中），才能使用该选项。

- 网格旋转：单击绘图区域中的旋转值，然后输入两种网格的新角度值。
- 所有网格旋转：单击绘图区域中的旋转值，然后输入新角度以均衡旋转两个网格。
- 区域测量：单击并拖曳这些控制柄以沿着对应的网格重新定位网格带。每个网格带表示沿曲面的线，网格之间的弦距离将由此进行测量。距离沿着曲线可以是不同的比例。
- 对正：单击、拖曳并捕捉该小控件至表面区域（或中心）以对齐 U/V 网格。新位置即为“U/V 网格”布局的原点。也可以使用“对齐”工具将网格对齐到边。

（5）根据需要调整 U/V 网格的间距、旋转和网格定位。

（6）可以单击“U/V 网格和交点”面板中的“U 网格”按钮和“V 网格”按钮来控制 U/V 网格的关闭或显示，如图 4-47 所示。

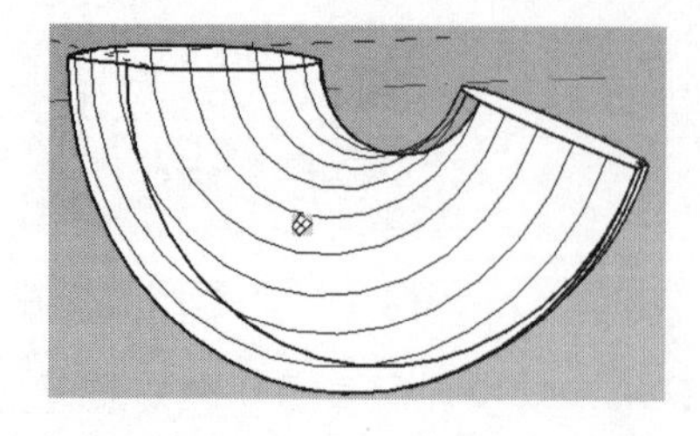

（a）关闭 V 网格

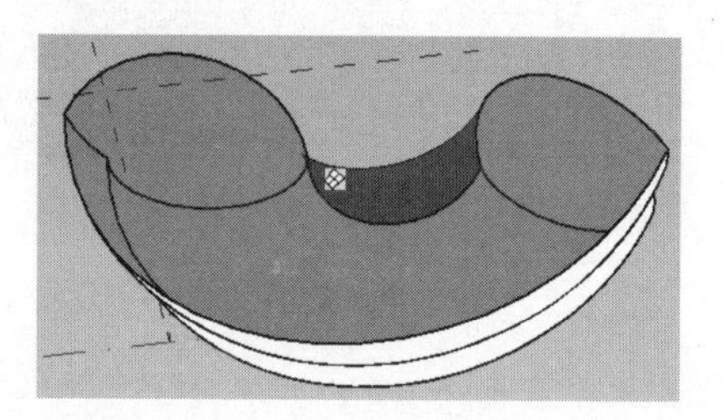

（b）关闭 U/V 网格

图 4-47　U/V 网格的显示控制

（7）单击“表面表示”面板中的“表面”按钮，控制分割表面后的网格显示，默认状态下系统激活此按钮，显示网格，再次单击此按钮，关闭网格显示。

4.4　内建体量

创建特定于当前项目上下文的体量。

具体步骤如下：

（1）在项目文件中，单击“体量和场地”选项卡的“概念体量”面板中的“内建体量”按钮，打开“名称”对话框，输入体量名称，如图 4-48 所示。

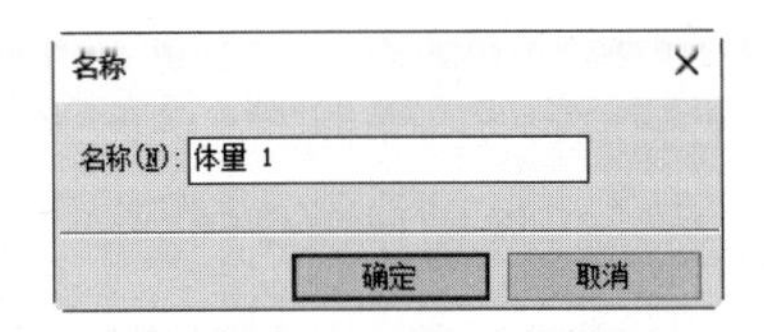

图 4-48　“名称”对话框

（2）单击“确定”按钮，进入体量创建环境。

（3）单击“创建”选项卡的“绘制”面板中的“矩形”按钮，绘制截面轮廓，如图 4-49 所示。

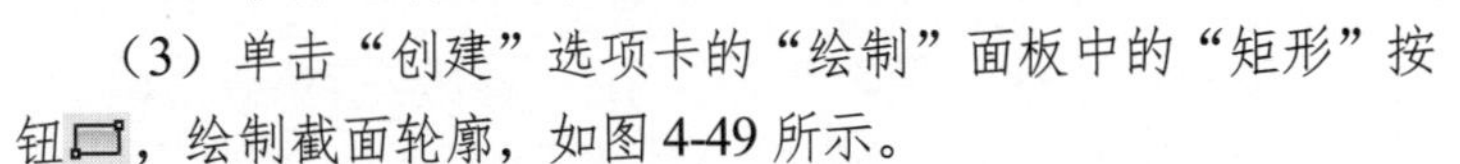

（4）单击“形状”面板的“创建形状”下拉列表中的“实心形状”按钮，系统自动创建如图 4-50 所示的拉伸模型。

（5）单击“在位编辑”面板中的“完成体量”按钮，完成体量的创建，将视图切换到三维视图，如图 4-51 所示。

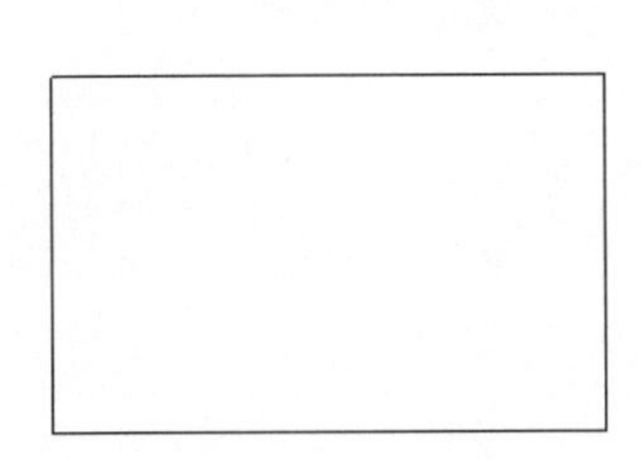
图 4-49　绘制截面轮廓

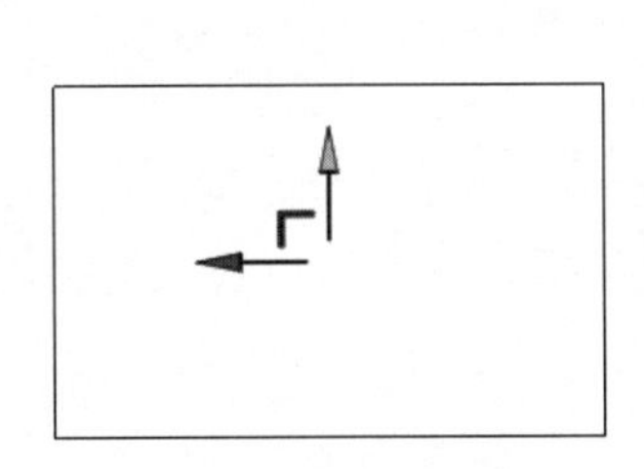
图 4-50　拉伸模型

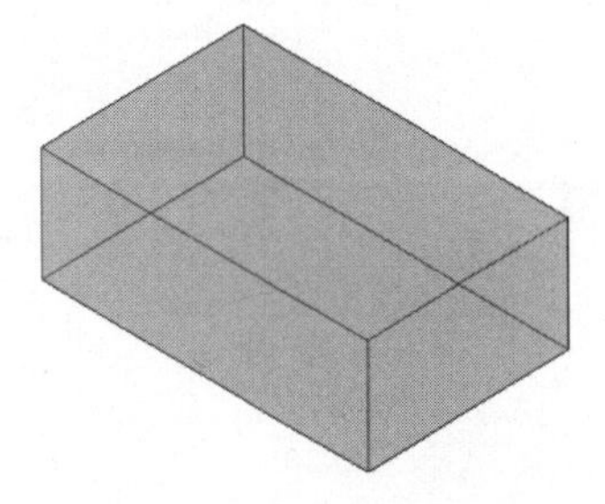
图 4-51　完成体量创建

其他体量的创建与体量族中各种形状的创建方法相同，这里就不再一一介绍，读者可以自己创建，内建体量不能在其他项目中重复使用。

▶▶第2篇 提 高 篇

本篇将以别墅设计为例介绍模型布局、结构设计、各个建筑结构单元设计、漫游和渲染及施工图设计 Revit 实现过程。通过本篇的学习，读者将掌握建筑设计方法及相应的 Revit 制图技巧。

☑ 了解建筑设计的方法和特点

☑ 掌握建筑设计 Revit 制图操作技巧

第 5 章　模 型 布 局

通过定义标高、轴网等，开始模型的设计。通过创建标高和轴网来为项目建立上下关系和准则。

- 标高
- 轴网

案例效果

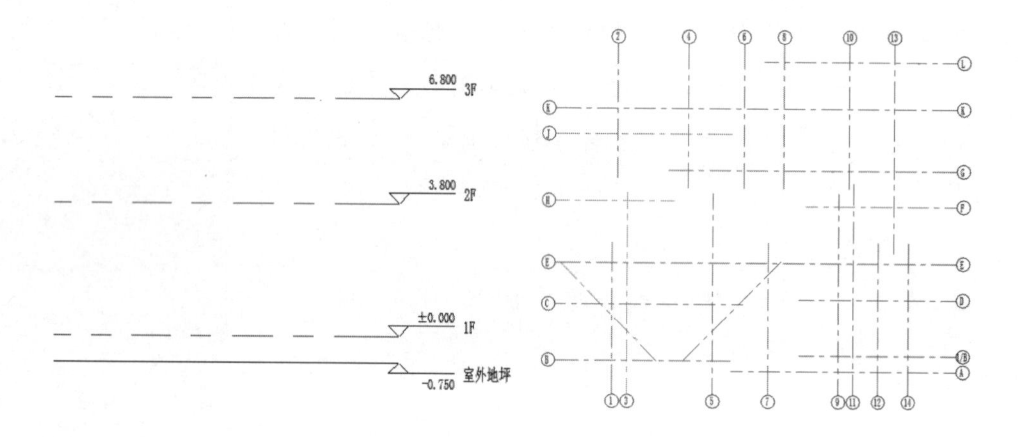

5.1　标　　高

标高是在无限水平平面内用作屋顶、楼板和天花板等以层为主体的图元的参照，标高大多用于定义建筑内的垂直高度或楼层。用户可以为每个已知楼层或其他必需的建筑参照创建标高。要放置标高必须处于剖面或立面视图中，当标高修改后，这些建筑构件会随着标高的改变而发生高度上的变化。

5.1.1　创建标高

使用标高工具，可定义垂直高度或建筑内的楼层标高。可为每个已知楼层或其他必需的建筑参照（例如，第二层、墙顶或基础底端）创建标高。要添加标高，必须处于剖面视图或立面视图中。添加标高时，可以创建一个关联的平面视图。

可以调整标高范围的大小，使其不显示在某些视图中。

具体步骤如下：

（1）新建一项目文件，并将视图切换到东立面视图，或者打开要添加标高的剖面视图或立面视图。

（2）东立面视图中显示预设的标高，如图 5-1 所示。在 Revit 中使用默认样板开始创建新项目时，将会显示两个标高：标高 1 和标高 2。

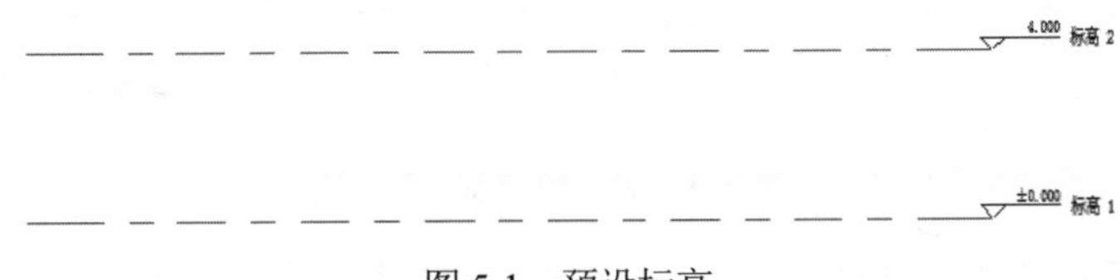

图 5-1 预设标高

（3）单击“建筑”选项卡的“基准”面板中的“标高”按钮，打开“修改|放置 标高”选项卡，如图 5-2 所示。

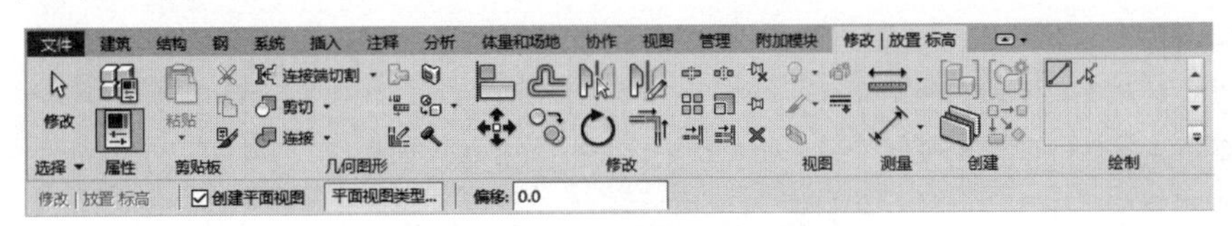

图 5-2 “修改|放置 标高”选项卡

- 创建平面视图：默认选中此复选框，所创建的每个标高都是一个楼层，并且拥有关联楼层平面视图和天花板投影平面视图。如果取消选中此复选框，则认为标高是非楼层的标高或参照标高，并且不创建关联的平面视图。墙及其他以标高为主体的图元可以将参照标高用作自己的墙顶或墙底定位标高。
- 平面视图类型：单击此选项，打开如图 5-3 所示的“平面视图类型”对话框，指定视图类型。

（4）当放置光标以创建标高时，如果光标与现有标高线对齐，则光标和该标高线之间会显示一个临时的垂直尺寸标注，如图 5-4 所示。单击确定标高的起点。

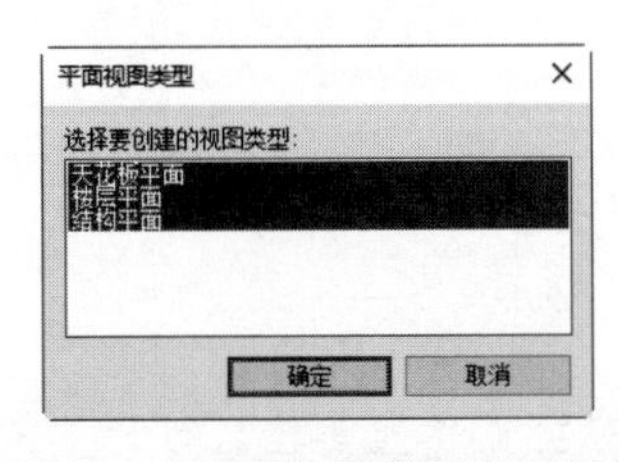

图 5-3 “平面视图类型”对话框

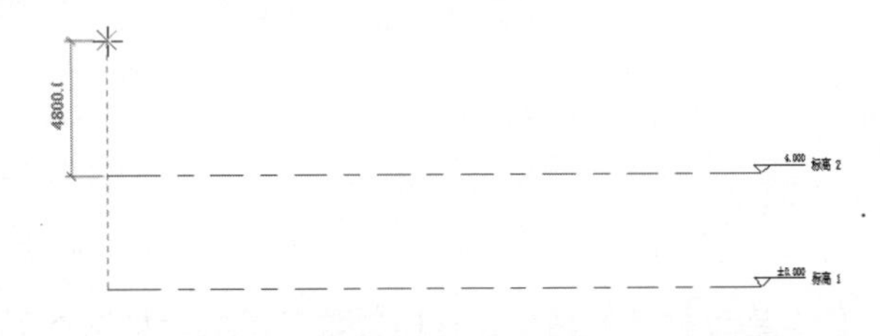

图 5-4 对齐标头

（5）通过水平移动光标绘制标高线，直到捕捉到另一侧标头时，单击确定标高线的终点。

（6）选择与其他标高线对齐的标高线时，将会出现一个锁以显示对齐，如图 5-5 所示。

如果水平移动标高线，则全部对齐的标高线会随之移动。

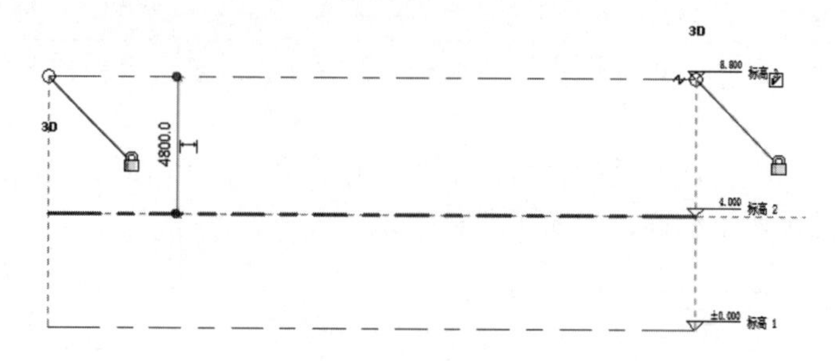

图 5-5　锁定对齐

（7）如果想要生成多条标高，还可以利用“复制”按钮和“阵列”按钮创建多个标高。需要注意的是，利用这两种工具只能单纯地创建标高符号而不会生成相应的视图。需要手动创建平面视图。

教你一招：

创建的标高没有对应的视图怎么办？

答：通过复制创建的标高不会在楼层平面自动生成楼层平面视图，需要通过“视图”选项卡的“创建”面板中的“平面视图”下拉列表中的“楼层平面”选项创建新的楼层平面视图。

5.1.2　编辑标高

当标高创建完成后，还可以修改标高的标头样式、标高线型，调整标高的标头位置。具体步骤如下：

（1）选中视图中标高的临时尺寸值，可以更改标高的高度，如图 5-6 所示。

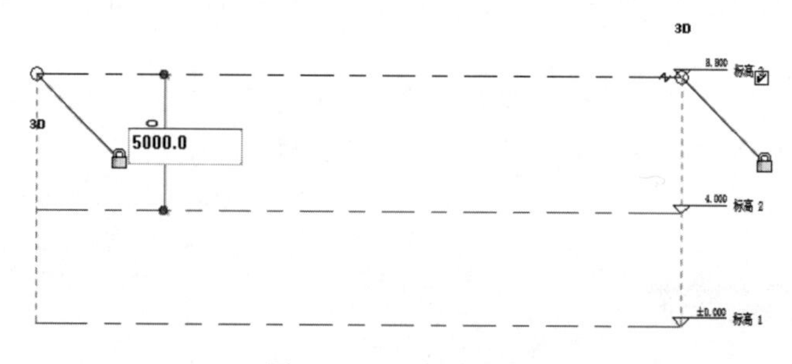

图 5-6　更改标高高度

（2）单击标高的名称，可以修改其名称，如图 5-7 所示。在空白位置单击，打开如图 5-8 所示的“确认标高重命名”对话框，单击“是”按钮，则相关的楼层平面和天花板投影平面的名称也将随之更新。如果输入的名称已存在，则会弹出如图 5-9 所示的 Autodesk Revit 2022 错误提示对话框，单击“取消”按钮，重新输入名称。

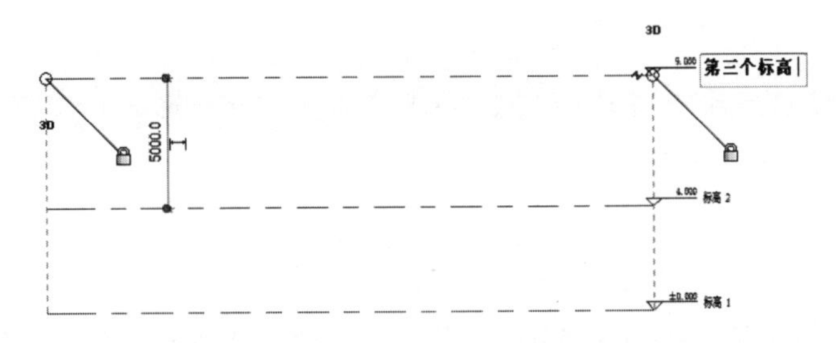

图 5-7 输入标高名称

图 5-8 “确认标高重命名”对话框

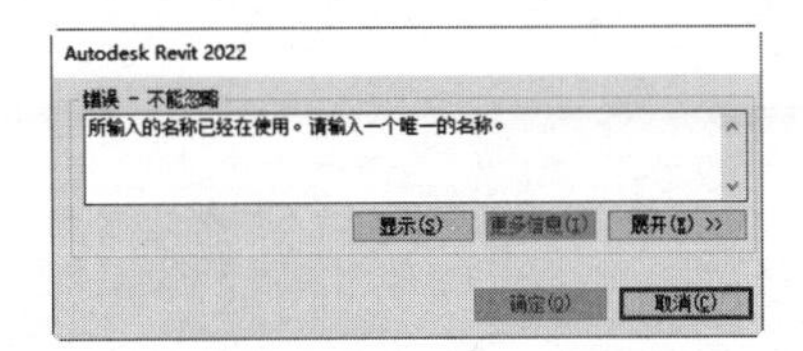

图 5-9 Autodesk Revit 2022 错误提示对话框

注意：

在绘制标高时，要注意光标的位置。如果光标在现有标高位置的上方，则会在当前标高位置的上方生成标高；如果光标在现有标高位置的下方，则会在当前标高位置的下方生成标高。在拾取时，视图中会以虚线表示即将生成的标高位置，可以根据此预览来判断标高位置是否正确。

（3）选取要修改的标高，在“属性”选项板中更改类型，如图 5-10 所示。

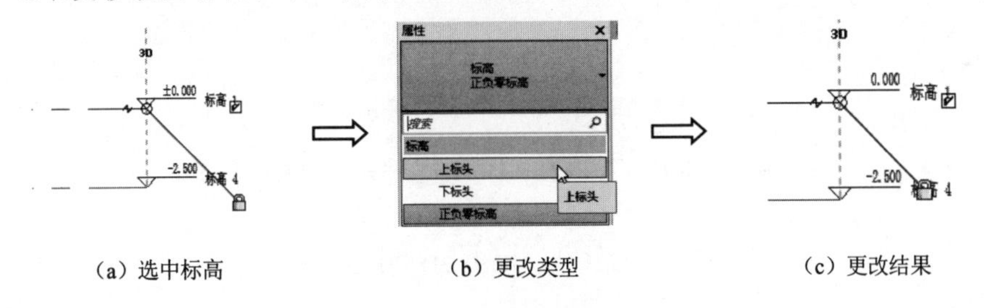

（a）选中标高　（b）更改类型　（c）更改结果

图 5-10 更改标高类型

（4）当相邻两个标高靠得很近时，有时会出现标头文字重叠现象，可以单击“添加弯头”按钮，拖动控制柄到适当的位置，如图 5-11 所示。

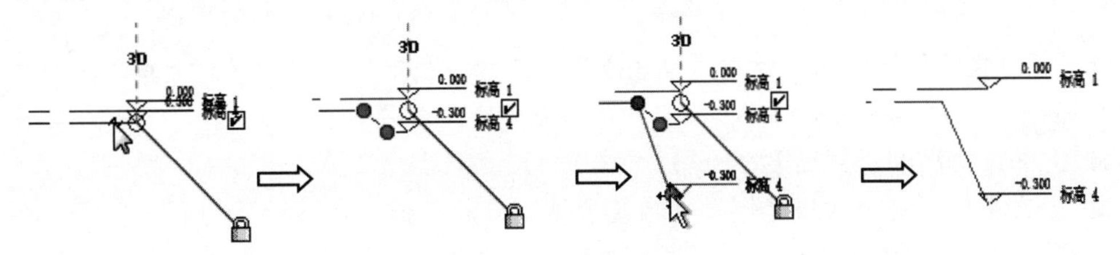

图 5-11 调整位置

注意：

当编号移动偏离标高线时，其效果仅在本视图中显示，而不会影响其他视图。通过拖曳编号所创建的线段为实线，不能改变这个样式。

（5）选取标高线，拖动标高线两端的操纵柄，向左或向右移动鼠标，调整标高线的长度，如图 5-12 所示。

（6）选取一条标高线，在标高编号的附近会显示“隐藏或显示标头”复选框，取消选中此复选框，隐藏标头；选中此复选框，显示标头，如图 5-13 所示。

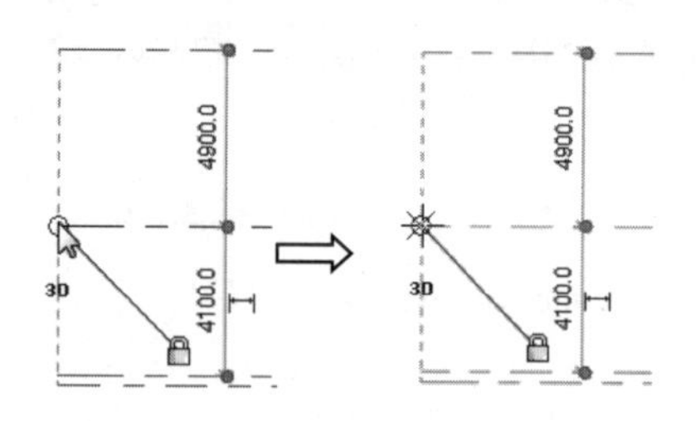

图 5-12　调整标高线长度

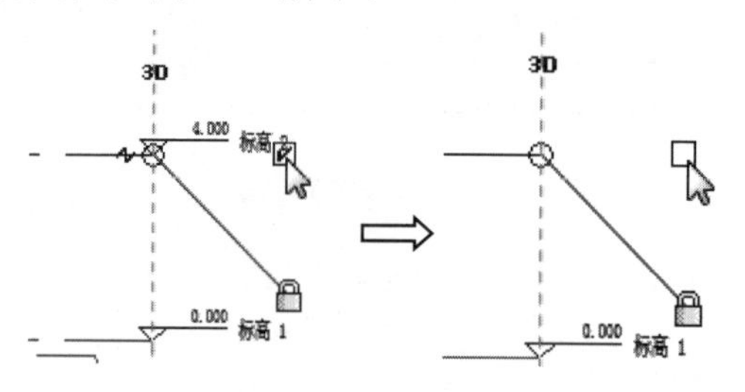

图 5-13　隐藏或显示标头

（7）选取标高后，单击 3D 字样，将标高切换到 2D 属性，如图 5-14 所示。这时拖曳标头延长标高线后，其他视图不会受到影响。

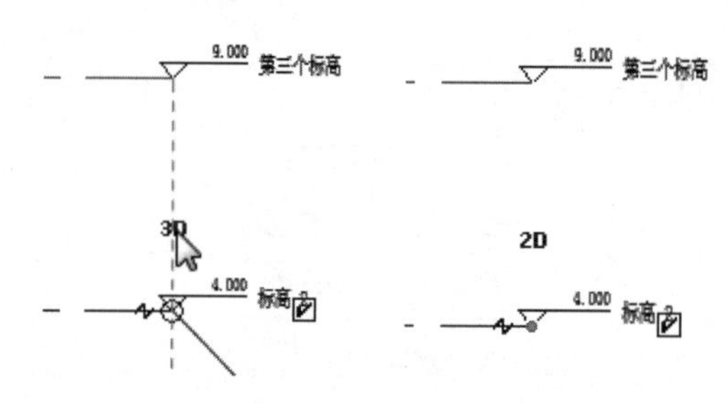

图 5-14　3D 与 2D 切换

教你一招：

轴网 3D 和 2D 的区别是什么?

答：如果轴网都是 3D 的信息，那么拖动标高 1，则标高 2 会跟着一起移动。如果轴网是 2D 的信息，那么拖动标高 1，则只有标高 1 移动，标高 2 不移动。

（8）可以在“属性”选项板中通过修改实例属性来指定标高的高程，计算高度和名称，如图 5-15 所示。对实例属性的修改只会影响当前所选中的图元。

- 立面：标高的垂直高度。
- 上方楼层：与“建筑楼层”参数结合使用，此参数指定该标高的下一个建筑楼层。默认情况下，“上方楼层”是下一个启用“建筑楼层”的最高标高。

- 计算高度：在计算房间周长、面积和体积时要使用的标高之上的距离。
- 名称：标高的标签。可以为该属性指定任何所需的标签或名称。
- 结构：将标高标识为主要结构（如钢顶部）。
- 建筑楼层：指定标高对应于模型中的功能楼层或楼板，与其他标高（如平台和保护墙）相对应。

（9）单击“属性”选项板中的“编辑类型”按钮，打开如图 5-16 所示的“类型属性”对话框，可以在该对话框中修改“基面”“线宽”“颜色”等标高类型属性。

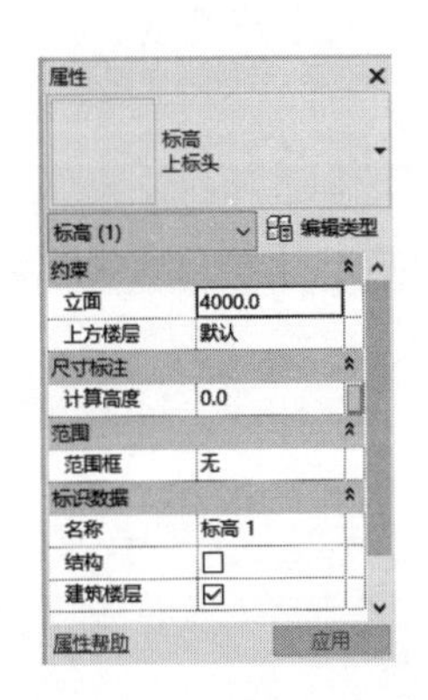

图 5-15　“属性”选项板

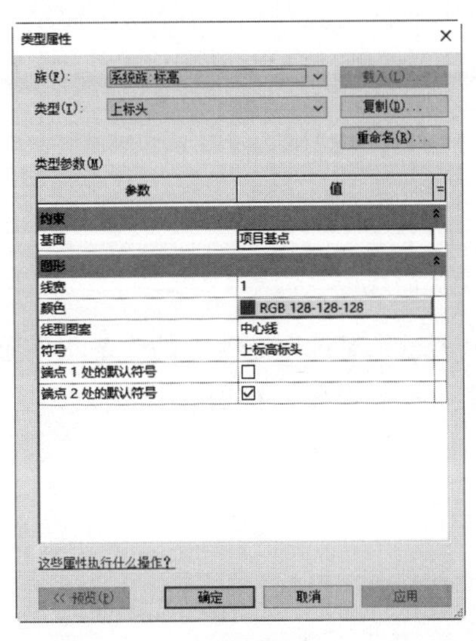

图 5-16　“类型属性”对话框

- 基面：包括项目基点和测量点。如果选择项目基点，则在某一标高上报告的高程基于项目原点。如果选择测量点，则报告的高程基于固定测量点。
- 线宽：设置标高类型的线宽。可以从值列表中选择线宽型号。
- 颜色：设置标高线的颜色。单击颜色的值，打开“颜色”对话框，从对话框的颜色列表中选择颜色或自定义颜色。
- 线型图案：设置标高线的线型图案，线型图案可以为实线或虚线和圆点的组合。可以从 Revit 定义的值列表中选择线型图案或自定义线型图案。
- 符号：确定标高线的标头是否显示编号中的标高号（标高标头-圆圈），显示标高号但不显示编号（标高标头-无编号）或不显示标高号（<无>）。
- 端点 1 处的默认符号：默认情况下，在标高线的左端点处不放置编号，选中此复选框，显示编号。
- 端点 2 处的默认符号：默认情况下，在标高线的右端点处放置编号。选择标高线时，标高编号旁边将显示复选框，取消选中此复选框，则隐藏编号。

扫一扫，看视频

动手学——创建别墅标高

具体步骤如下：

（1）在主界面中单击“模型”→“新建”按钮，打开“新建项目”对话框，选择“建筑样板”文件，单击“确定”按钮，新建一项目文件，系统自动切换视图到楼层平面：标高 1。

（2）在项目浏览器中双击立面节点下的“东”，将视图切换到东立面视图，显示预设的标高，如图 5-17 所示。

4.000 标高 2

±0.000 标高 1

图 5-17　预设标高

（3）单击“建筑”选项卡的“基准”面板中的“标高”按钮，打开“修改|放置 标高”选项卡，绘制标高线，如图 5-18 所示。

5.800 标高 4

4.000 标高 2

±0.000 标高 1

-1.600 标高 3

图 5-18　绘制标高线

（4）双击标高上的临时尺寸值，修改尺寸，如图 5-19 所示。

6.800 标高 4

3.800 标高 2

±0.000 标高 1

-0.750 标高 3

图 5-19　修改标高线尺寸

（5）双击标高线上的名字“标高 3”，更改为“室外地坪”，系统打开如图 5-20 所示的“确认标高重命名”对话框，单击“是”按钮，更改相应的视图名称。采用相同的方法更改其他标高线的名称，结果如图 5-21 所示。

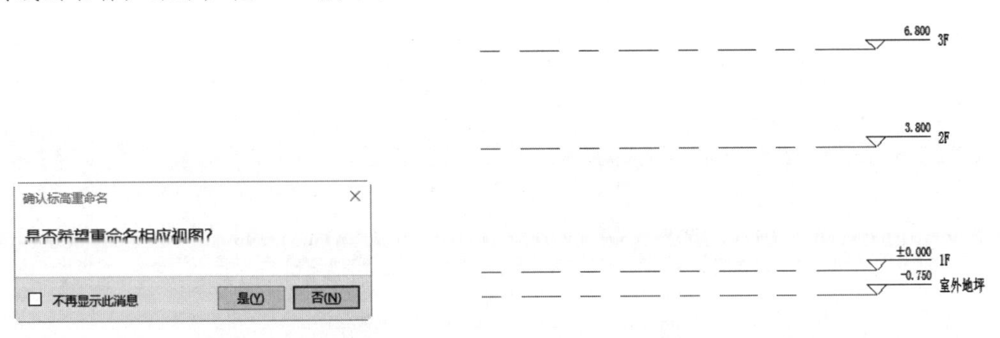

图 5-20 “确认标高重命名”对话框

图 5-21 更改名称

（6）选取室外地坪标高线，在“属性”选项板中选取“下标头”，如图 5-22 所示。更改后的结果如图 5-23 所示。

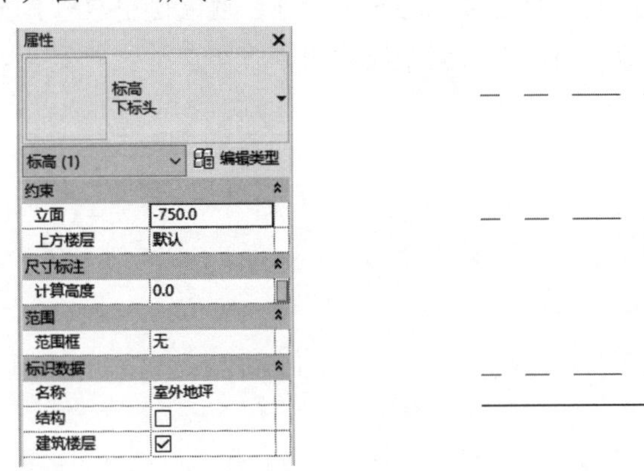

图 5-22 “属性”选项板

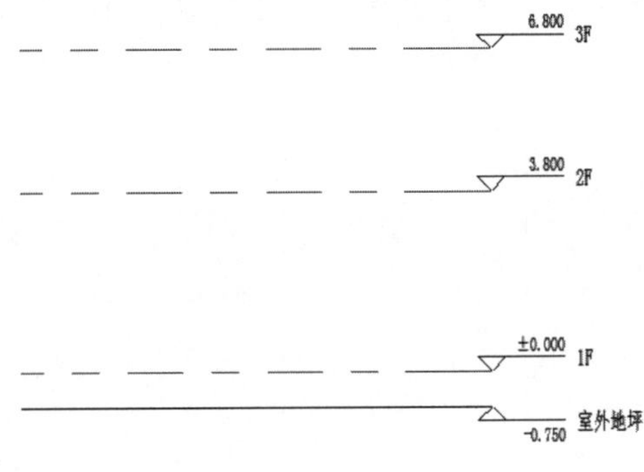

图 5-23 更改标头

5.2 轴　网

轴网用于为构件定位，在 Revit 中轴网确定了一个不可见的工作平面。软件目前可以绘制弧形和直线轴网，不支持折线轴网。

5.2.1 添加轴网

使用“轴网”工具可以在建筑设计中放置柱轴网线。轴网可以是直线、圆弧或多段线。

轴线是有限平面，可以在立面视图中拖曳其范围，使其不与标高线相交。这样便可以确定轴线是否出现在为项目创建的每个新平面的视图中。

具体步骤如下：

（1）新建一个项目文件，在默认的标高平面上绘制轴网。

（2）单击“建筑”选项卡的“基准”面板中的“轴网”按钮，打开“修改|放置 轴网”选项卡，如图 5-24 所示。

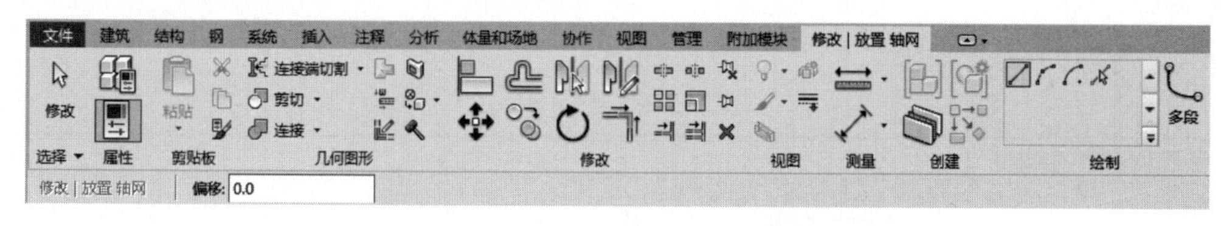

图 5-24 “修改|放置 轴网”选项卡

（3）单击确定轴线的起点，如图 5-25 所示，拖动鼠标向下移动到适当位置单击确定轴线的终点，完成一条竖直直线的绘制，结果如图 5-26 所示。Revit 会自动为每个轴线编号。要修改轴线编号，只需单击编号，输入新值，然后按 Enter 键即可。可以使用字母作为轴线的值。如果将第一个轴线编号修改为字母，则所有后续轴线的编号将相应地进行更新。

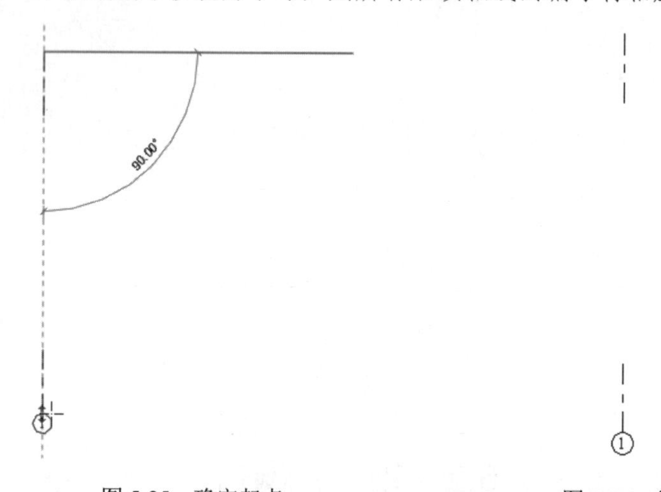

图 5-25 确定起点　　图 5-26 绘制轴线

（4）继续绘制其他轴线，也可以单击“修改”面板中的“复制”按钮，框选上一步绘制的轴线，然后按 Enter 键指定起点，移动鼠标到适当位置，单击确定终点，如图 5-27 所示。也可以直接输入尺寸值确定两轴线之间的间距。

（5）继续绘制其他竖直轴线，如图 5-28 所示。复制的轴线编号是自动排序的。当绘制轴线时，可以让各轴线的头部和尾部相互对齐。如果轴线是对齐的，则选择轴线时会出现一个锁以指明对齐。如果移动轴网范围，则所有对齐的轴线都会随之移动。

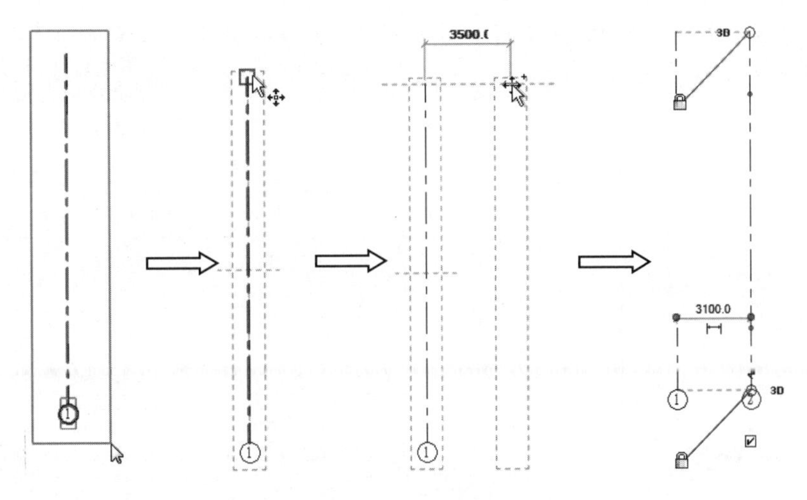

图 5-27 复制轴线

（6）继续指定轴线的起点，水平移动鼠标到适当位置，单击确定终点，绘制一条水平轴线，继续绘制其他水平轴线，如图 5-29 所示。

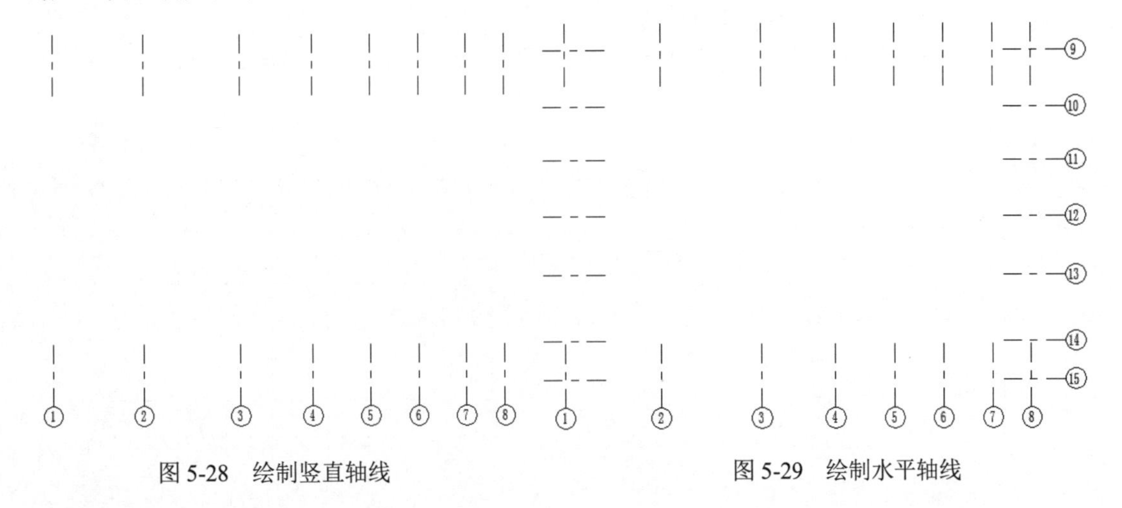

图 5-28 绘制竖直轴线　　　　图 5-29 绘制水平轴线

提示：

可以利用“阵列”命令创建轴线，在选项栏中采用“最后一个”选项阵列出来的轴线编号不是按顺序编号的，但是采用“第二个”选项阵列出来的轴线编号是按顺序编号的。

5.2.2 编辑轴网

绘制完轴网后若发现轴网中有的地方不符合要求，则需要进行修改。

具体步骤如下：

（1）选取所有轴线，在“属性”选项板中选择“6.5mm 编号”类型，如图 5-30 所示。更改后的结果如图 5-31 所示。

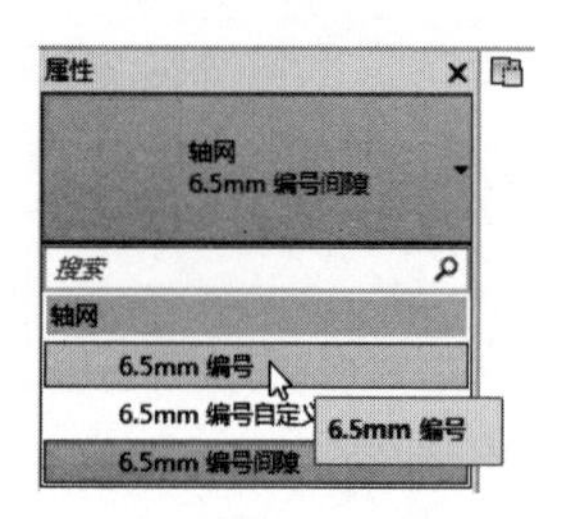

图 5-30　选择类型

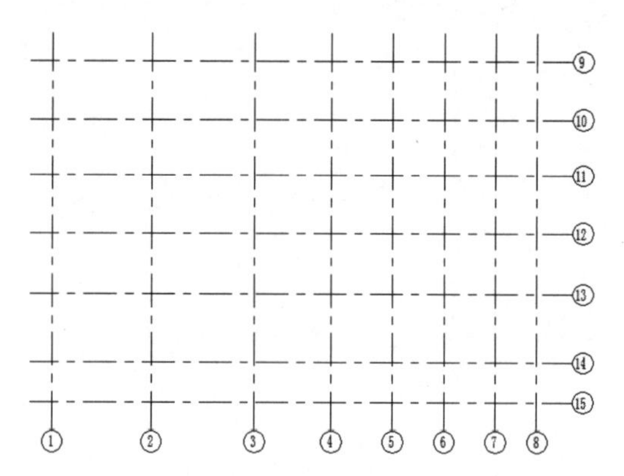

图 5-31　更改轴线类型

（2）一般情况下，横向轴线的编号按从左到右的顺序编写，纵向轴线的编号则用大写的拉丁字母从下到上编写，不能用字母 I 和 O。选择最下端水平轴线，双击数字 15，将它更改为 A，如图 5-32 所示，然后按 Enter 键确认。

（3）采用相同的方法更改其他纵向轴线的编号，结果如图 5-33 所示。

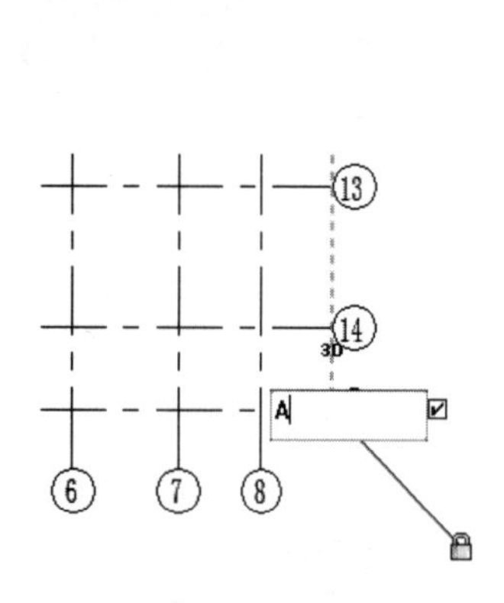

图 5-32　输入轴号

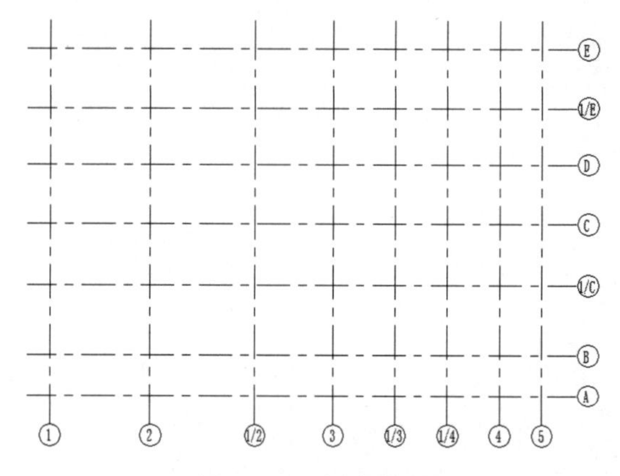

图 5-33　更改轴编号

（4）选中临时尺寸，可以编辑此轴线与相邻两轴线之间的尺寸，如图 5-34 所示。采用相同的方法可以更改轴线之间的所有尺寸，也可以直接拖动轴线调整轴线之间的间距。

（5）选取轴线，拖曳轴线端点，调整轴线的长度，如图 5-35 所示。

（6）选取任意轴线，单击“属性”选项板中的“编辑类型”按钮或者单击“修改|轴网”选项卡的“属性”面板中的“类型属性”按钮，打开如图 5-36 所示的“类型属性”对话框，可以在该对话框中修改轴线“类型”“符号”等属性。选中“平面视图轴号端点 1（默认）”选项，单击“确定”按钮，结果如图 5-37 所示。

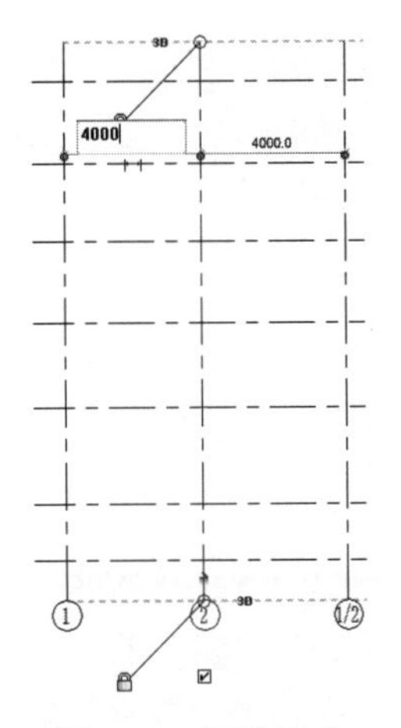

图 5-34　编辑尺寸

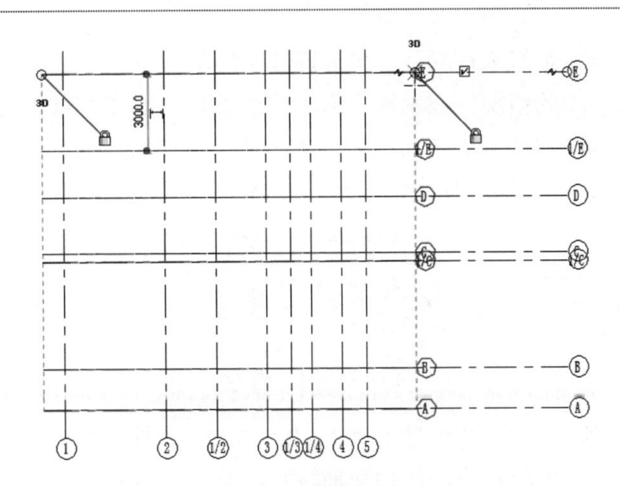

图 5-35　调整轴线长度

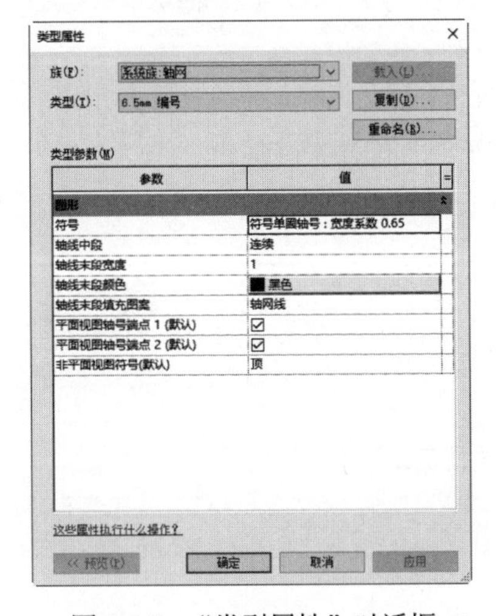

图 5-36　“类型属性”对话框

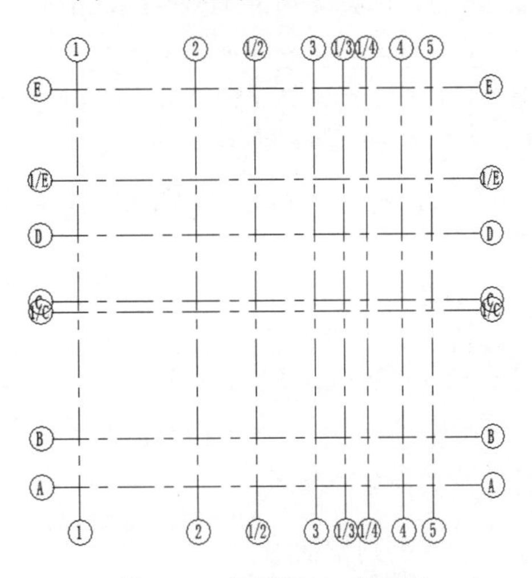

图 5-37　显示端点 1 的轴号

- 符号：用于轴线端点的符号。
- 轴线中段：在轴线中显示的轴线中段的类型。它包括“无”“连续”“自定义”，如图 5-38 所示。
- 轴线末段宽度：表示连续轴线的线宽，或者在“轴线中段”为“无”或“自定义”的情况下表示轴线末段的线宽，如图 5-39 所示。

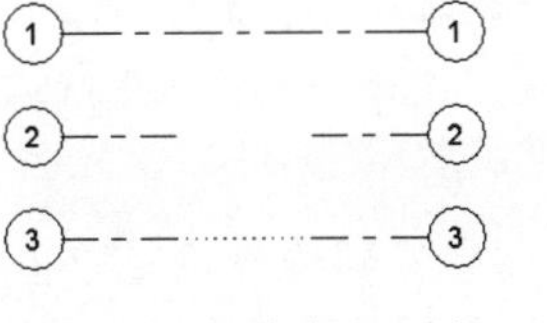

图 5-38　轴线中段形式

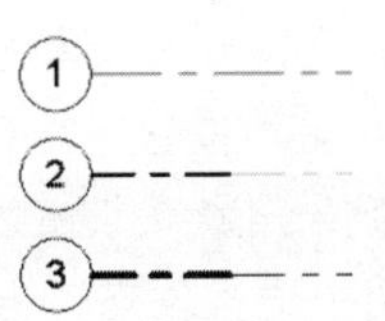

图 5-39　轴线末段宽度

- 轴线末段颜色：表示连续轴线的线颜色，或者在“轴线中段”为“无”或“自定义”的情况下表示轴线末段的线颜色，如图 5-40 所示。
- 轴线末段填充图案：表示连续轴线的线样式，或者在“轴线中段”为“无”或“自定义”的情况下表示轴线末段的线样式，如图 5-41 所示。

图 5-40　轴线末段颜色　　　　图 5-41　轴线末段填充图案

- 平面视图轴号端点 1（默认）：在平面视图中，在轴线的起点处显示编号的默认设置。也就是说，在绘制轴线时，编号显示在其起点处。
- 平面视图轴号端点 2（默认）：在平面视图中，在轴线的终点处显示编号的默认设置。也就是说，在绘制轴线时，编号显示在其终点处。
- 非平面视图符号（默认）：在非平面视图的项目视图（例如，立面视图和剖面视图）中，轴线上显示编号的默认位置——“顶”“底”“两者”（顶和底）或“无”。如果需要，可以显示或隐藏视图中各轴网线的编号。

（7）从图 5-37 中可以看出 C 和 1/C 两条轴线之间相距太近，可以选取 1/C 轴线，单击“添加弯头”按钮，添加弯头后如图 5-42 所示。然后将控制柄拖曳到正确的位置，从而将轴号从轴线中移开。

（8）选择任意轴线，选中或取消选中轴线外侧的方框，可以打开或关闭轴号显示。

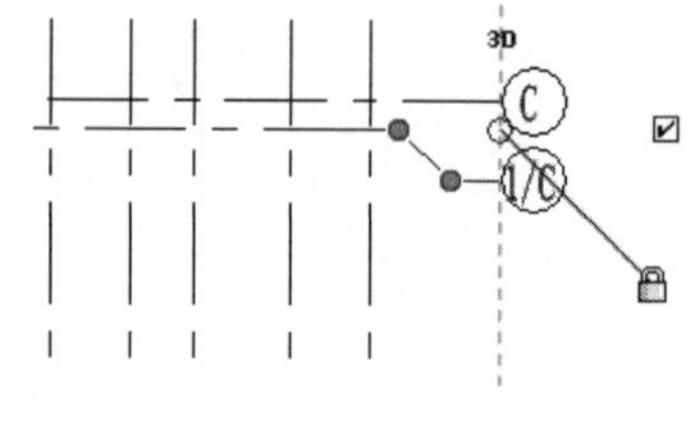

图 5-42　添加弯头

扫一扫，看视频

动手学——绘制别墅轴网

具体步骤如下：

（1）在项目浏览器中双击楼层平面节点下的 1F，或者在项目浏览器的楼层平面节点下右击 1F，在打开快捷菜单中选择“打开”选项，将视图切换到 1F 楼层平面视图。

（2）单击“建筑”选项卡的“基准”面板中的“轴网”按钮，打开“修改|放置 轴网”选项卡。

（3）在“属性”选项板中选择“轴网 6.5mm 编号”类型，单击“编辑类型”按钮，打开“类型属性”对话框，单击“轴线末段颜色”栏的颜色块，打开“颜色”对话框，选择红色，单击“确定”按钮，返回“类型属性”对话框，选中“平面视图轴号端点 1（默认）”选项，其他参数采用默认设置，单击“确定”按钮。

（4）在视图中适当位置单击确定轴线的起点，移动鼠标到适当位置单击确定轴线的终点，重复绘制水平轴线和垂直轴线，结果如图 5-43 所示。

（5）双击轴号，输入新的轴编号，竖直方向更改为字母，从A开始，结果如图5-44所示。

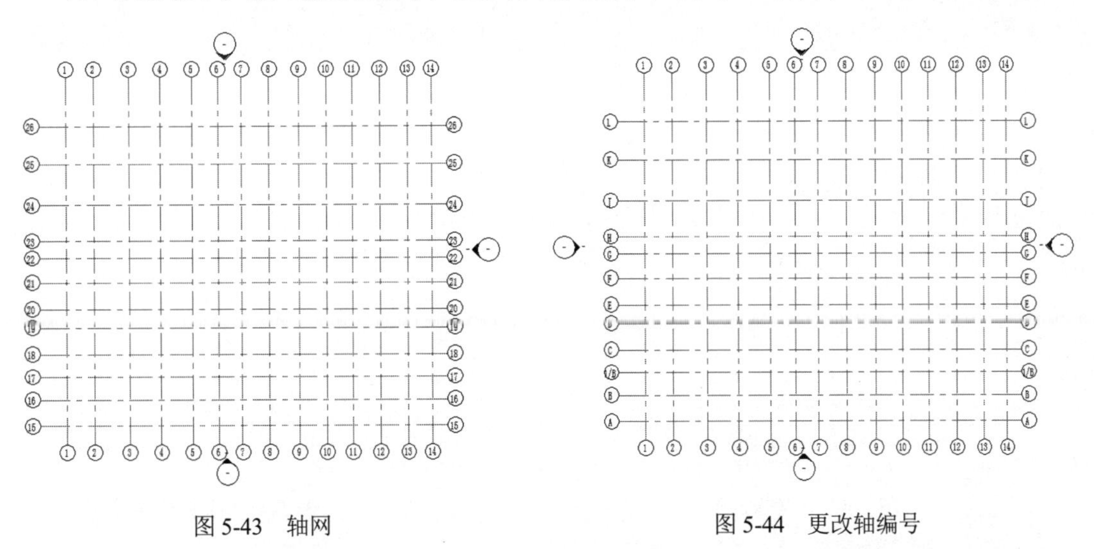

图5-43 轴网　　　　图5-44 更改轴编号

（6）选取轴线2，双击轴线1与轴线2之间的临时尺寸，输入新尺寸为300，如图5-45所示，按Enter键完成尺寸的修改；采用相同的方法，更改轴线之间的距离，具体尺寸如图5-46所示。

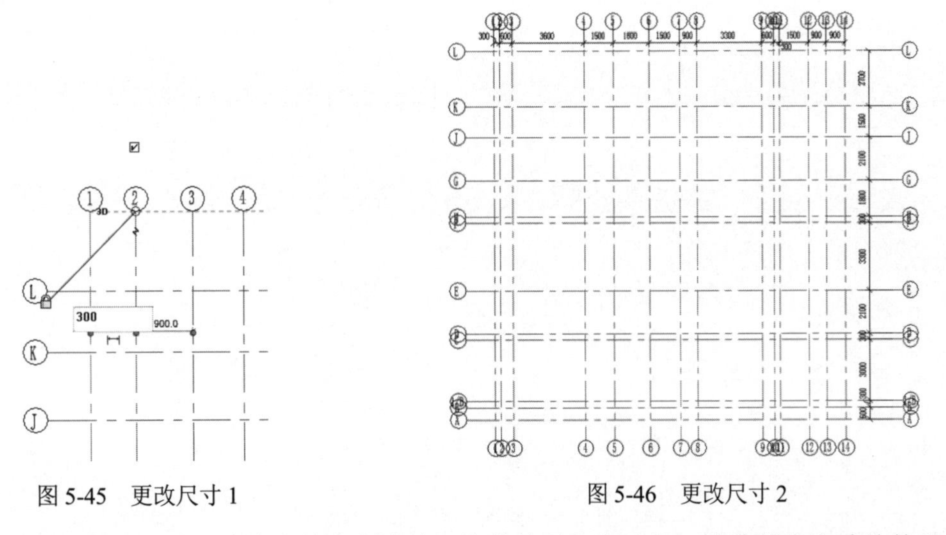

图5-45 更改尺寸1　　　　图5-46 更改尺寸2

（7）选择轴线1，取消选中轴线上端的“隐藏编号”复选框，隐藏轴线上端的轴号。然后单击🔒，图标变成🔓，删除对齐约束，拖动轴线1调整轴线长度，然后采用相同的方法编辑其他的轴线，结果如图5-47所示。

（8）单击“建筑”选项卡的“基准”面板中的“轴网”按钮，打开“修改|放置 轴网”选项卡，绘制轴线并修改尺寸，如图5-48所示。

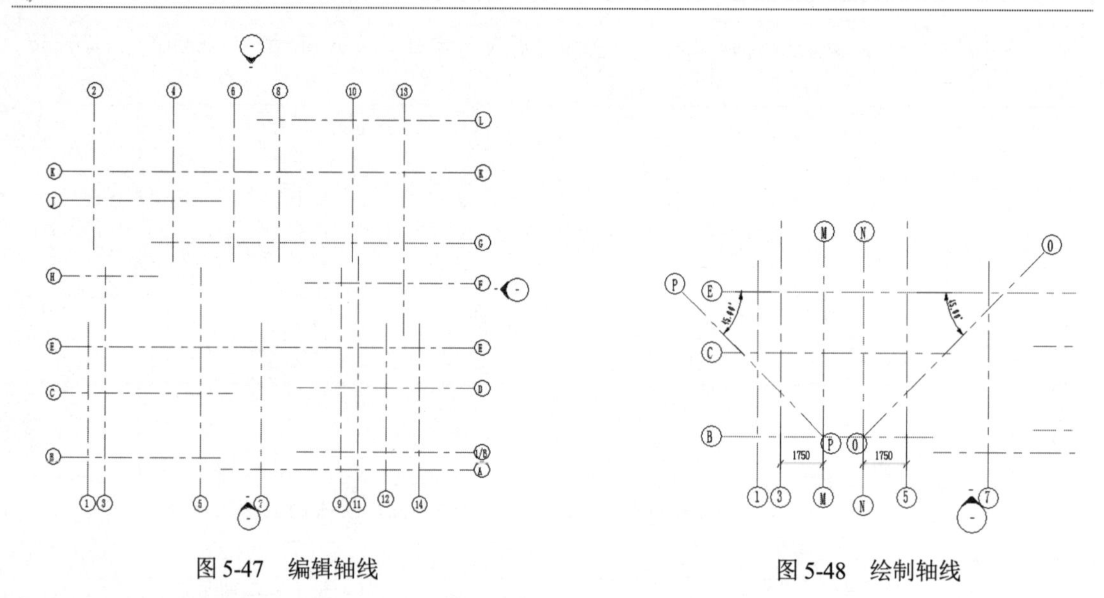

图 5-47 编辑轴线　　　　图 5-48 绘制轴线

（9）删除图 5-48 中的 M、N 两条轴线，然后隐藏两条斜轴线的编号，结果如图 5-49 所示。

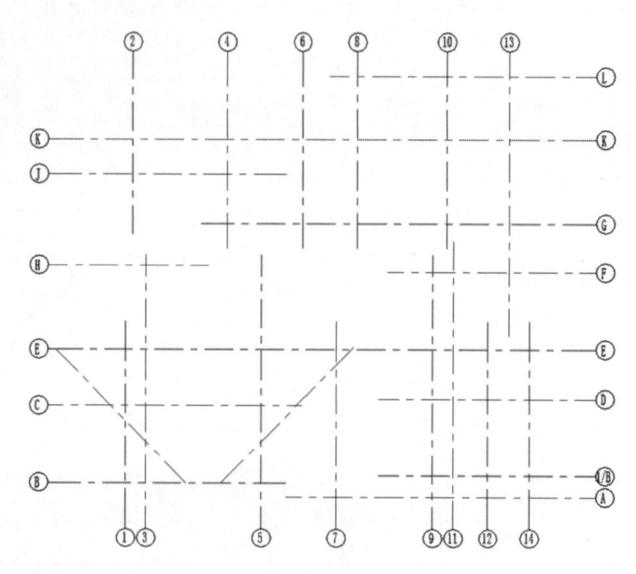

图 5-49 删除并隐藏 M、N 轴线

第 6 章　结构设计

梁承托着建筑物上部构架中的构件及屋面的全部重量，是建筑上部构架中最为重要的部分。柱和梁是建筑结构中经常出现的构件。在框架结构中，梁把各个方向的柱连接成整体；在墙结构中，洞口上方的梁将两个墙体连接起来，使之共同工作。

- 柱
- 梁
- 桁架

案例效果

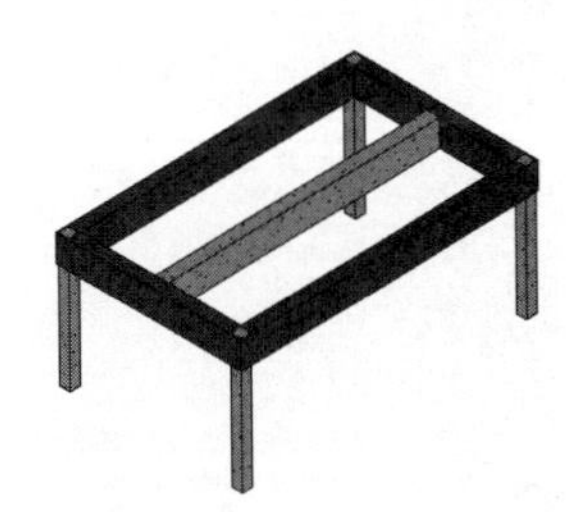

6.1　柱

在 Revit 中包括两种柱，分别是建筑柱和结构柱。建筑柱用于装饰和围护，结构柱用于承重。

6.1.1　建筑柱

可以使用建筑柱围绕结构柱创建柱框外围模型，并将其用于装饰应用，墙的复合层包络建筑柱。这并不适用于结构柱。

具体步骤如下：

（1）新建项目文件。

（2）单击“建筑”选项卡的“构建”面板中的“柱”下拉列表中的“柱：建筑”按钮，打开“修改|放置 柱”选项卡，如图 6-1 所示。

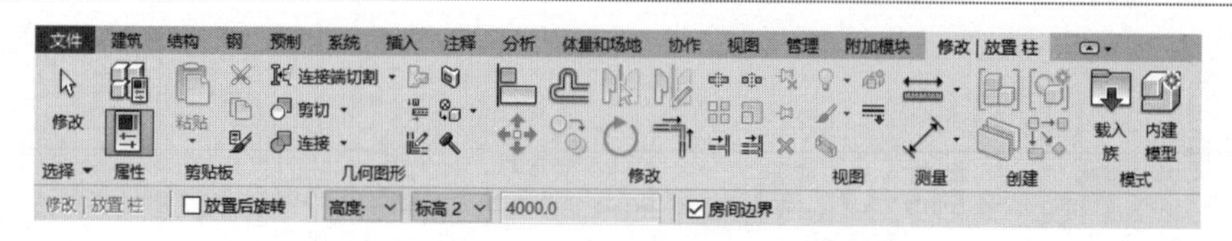

图 6-1 “修改|放置 柱”选项卡

- 放置后旋转：选择此选项可以在放置柱后立即将其旋转。
- 深度/高度：深度是从柱的底部向下绘制的；要从柱的底部向上绘制，则选择“高度”。
- 标高/未连接：标高是指柱的顶部标高；或者选择“未连接”，然后指定柱的高度。
- 房间边界：选择此选项可以在放置柱之前将其指定为房间边界。

（3）在选项栏中设置建筑柱的参数。

（4）在“属性”选项板的类型下拉列表中选择建筑柱的类型，系统默认的只有“矩形柱”，可以单击“模式”面板中的“载入族”按钮，打开“载入族”对话框，在 Chinese→“建筑”→“柱”文件夹中选择需要的柱，如图 6-2 所示。

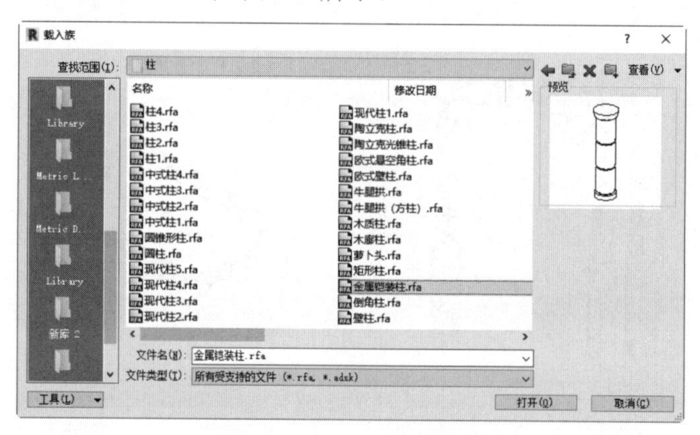

图 6-2 “载入族”对话框

（5）单击“打开”按钮，加载所选取的柱，将其放置在合适的位置。

教你一招：

如何控制在插入建筑柱时不与墙自动合并？

答：定义建筑柱族时，单击其“属性”中的“类别和参数”按钮，在打开的对话框中取消选中“将几何图形自动连接到墙”选项。

扫一扫，看视频

动手学——创建大门处的柱

具体步骤如下：

（1）单击“建筑”选项卡的“构建”面板中的“柱”下拉列表中的“柱：建筑”按钮，打开“修改|放置 柱”选项卡。

（2）单击“插入”选项卡的“从库中载入”面板中的“载入族”按钮，打开“载入族”

对话框，在 Chinese→“建筑”→“柱”中选择“柱 2.rfa”族文件，单击“打开”按钮，打开族文件。

（3）在绘图区中轴线 K 和轴线 2 的交点处单击，放置建筑柱，如图 6-3 所示。

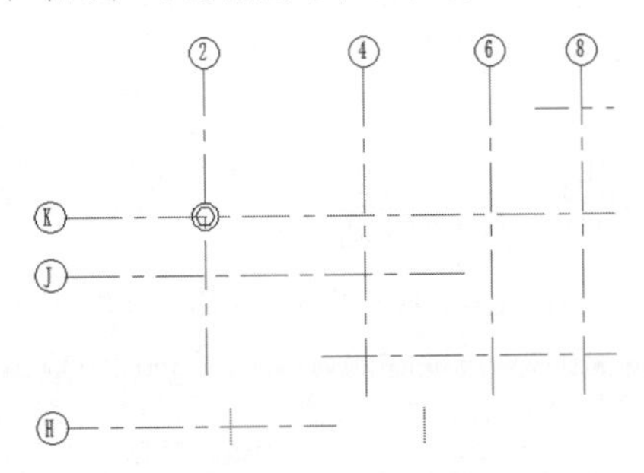

图 6-3　放置建筑柱

（4）选中第（3）步放置的建筑柱，在“属性”选项板中设置“底部标高”为“室外地坪”，“底部偏移”为 0，“顶部标高”为 2F，“顶部偏移”为-650，其他采用默认设置，如图 6-4 所示。

（5）单击“编辑类型”按钮，打开“类型属性”对话框，新建“柱 240”类型，修改“宽度”为 240，其他采用默认设置，如图 6-5 所示，单击“确定”按钮。

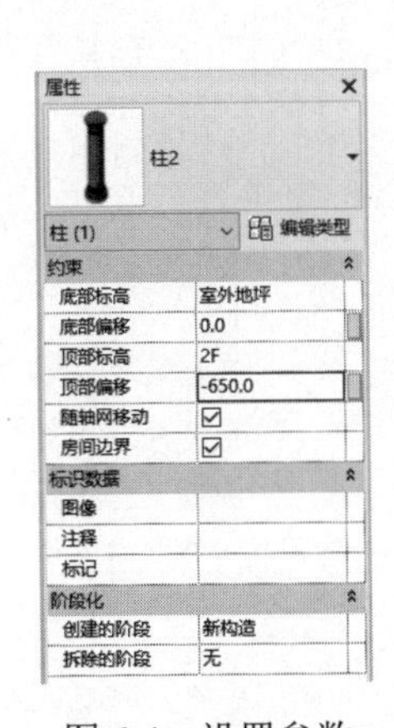

图 6-4　设置参数

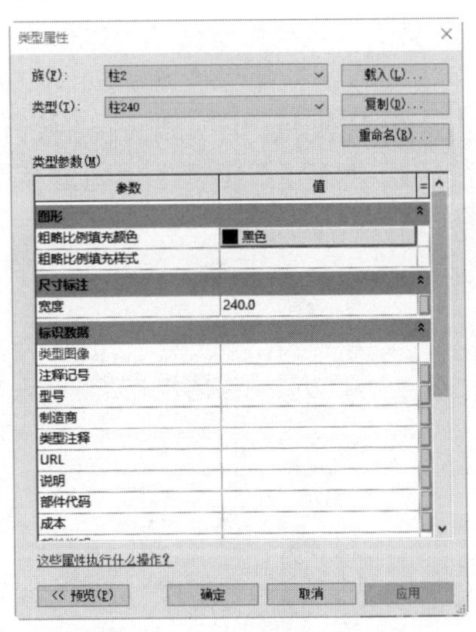

图 6-5　“类型属性”对话框

6.1.2　结构柱

结构柱用于对建筑中的垂直承重图元建模，尽管结构柱与建筑柱共享许多属性，但结构柱还具有许多由它自己的配置和行业标准定义的其他属性。在行为方面，结构柱也与建筑柱不同。

结构图元（如梁、支撑和独立基础）与建筑柱连接，它们不与建筑主体连接。另外，结构柱具有一个可用于数据交换的分析模型。

使用结构柱工具将垂直承重图元添加到建筑模型中。

具体步骤如下：

（1）单击“建筑”选项卡的“构建”面板中的“柱”下拉列表中的“结构柱”按钮，打开“修改|放置 结构柱”选项卡，如图 6-6 所示。

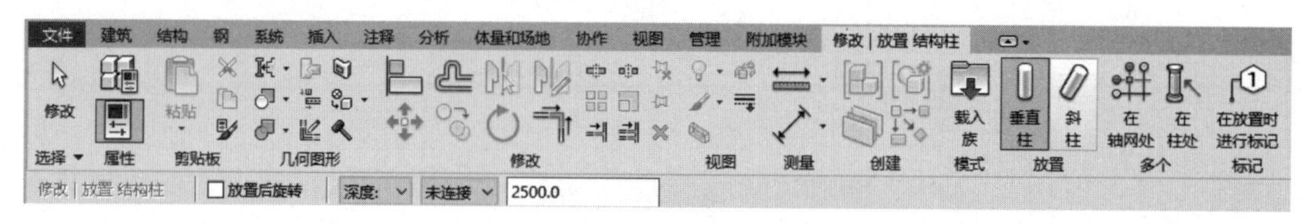

图 6-6 “修改|放置 结构柱”选项卡

- 放置后旋转：选择此选项可以在放置柱后立即将其旋转。
- 深度：此设置从柱的底部向下绘制；要从柱的底部向上绘制，则选择“高度”。
- 标高/未连接：选择柱的顶部标高；或者选择“未连接”，然后指定柱的高度。

（2）在选项栏中设置结构柱的参数，如放置后是否旋转、结构柱的深度等。

（3）在“属性”选项板的类型下拉列表中选择结构柱的类型，系统默认的只有“UC-普通柱-柱”，需要载入其他结构柱类型。

① 单击“模式”面板中的“载入族”按钮，打开“载入族”对话框，选择 Chinese→“结构”→“柱”→“混凝土”文件夹中的“混凝土-矩形-柱.rfa”，如图 6-7 所示。

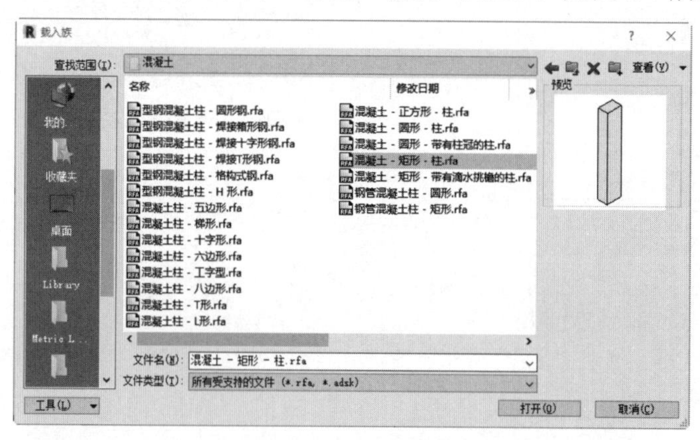

图 6-7 “载入族”对话框

② 单击“打开”按钮，加载“混凝土-矩形-柱.rfa”，此时“属性”选项板如图 6-8 所示。

- 随轴网移动：将垂直柱限制条件改为轴网。
- 房间边界：将柱限制条件改为房间边界条件。

- 启用分析模型：显示分析模型，并将它包含在分析计算中。默认情况下处于选中状态。
- 钢筋保护层-顶面：只适用于混凝土柱。设置与柱顶面间的钢筋保护层距离。
- 钢筋保护层-底面：只适用于混凝土柱。设置与柱底面间的钢筋保护层距离。
- 钢筋保护层-其他面：只适用于混凝土柱。设置从柱到其他图元面间的钢筋保护层距离。

③ 单击“属性”选项板中的“编辑类型”按钮，打开“类型属性”对话框，单击“复制”按钮，打开“名称”对话框，输入名称为 240×240mm，单击“确定”按钮，返回到“类型属性”对话框中，更改 b 和 h 的值均为 240，如图 6-9 所示。

图 6-8 “属性”选项板

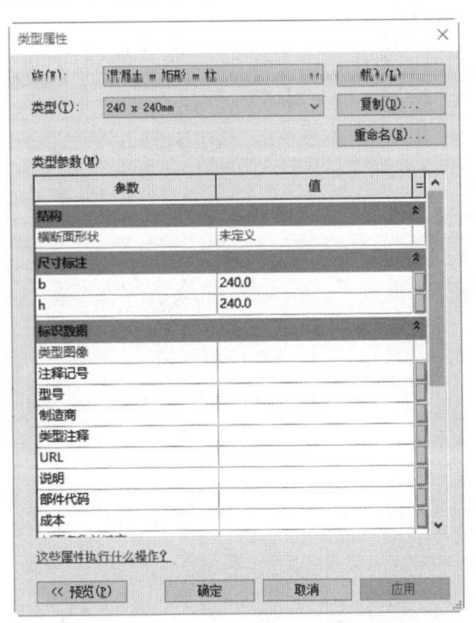

图 6-9 “类型属性”对话框

（4）在选项栏中设置“高度”为“标高 2”，如图 6-10 所示。

（5）柱放置在轴网交点时，两组网格线将亮显，如图 6-11 所示。单击放置柱，在其他轴网交点处放置柱。

图 6-10 选项栏设置

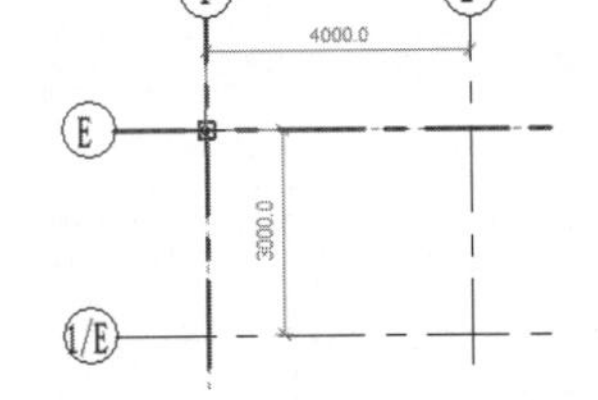

图 6-11 捕捉轴网交点

提示：

放置柱时，使用空格键更改柱的方向。每次按空格键时，柱将发生旋转，以便与选定位置的相交轴网对齐。在不存在任何轴网的情况下，按空格键时会使柱旋转 90°。

📖 教你一招：

画的柱在视图中不显示怎么办?

答：在创建柱的时候默认放置方式为深度，表示柱是由放置高度平面向下布置，在建筑样板创建的项目中默认的视图范围只能看到当前平面向上的图元，也就导致了所创建的柱显示不出来。所以一般在创建柱的时候将放置方式由“深度”改为“高度”。

扫一扫，看视频

动手学——创建别墅的结构柱

具体步骤如下：

（1）单击“建筑”选项卡的“构建”面板中的“柱”下拉列表中的“结构柱”按钮，打开“修改|放置 结构柱”选项卡。

（2）单击“模式”面板中的“载入族”按钮，打开“载入族”对话框，选择 Chinese →“结构”→“柱”→“混凝土”文件夹中的“混凝土-正方形-柱.rfa”，单击“打开”按钮，将加载“混凝土-正方形-柱.rfa”族文件。

（3）在“属性”选项板中选择“混凝土-正方形-柱 300×300mm”，在选项栏中设置“高度”为 3F，如图 6-12 所示。

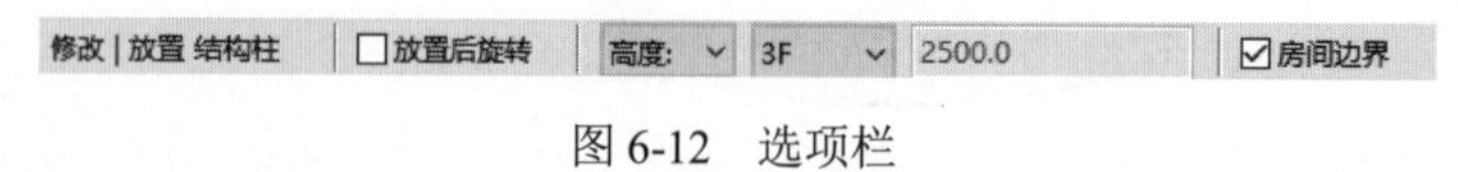

图 6-12　选项栏

（4）在轴网的交点处单击放置柱，如图 6-13 所示。

（5）选中第（4）步放置的柱，在“属性”选项中设置“底部标高”为“室外地坪”，“底部偏移”为 0，“顶部标高”为 3F，“顶部偏移”为 0，其他采用默认设置，如图 6-14 所示。

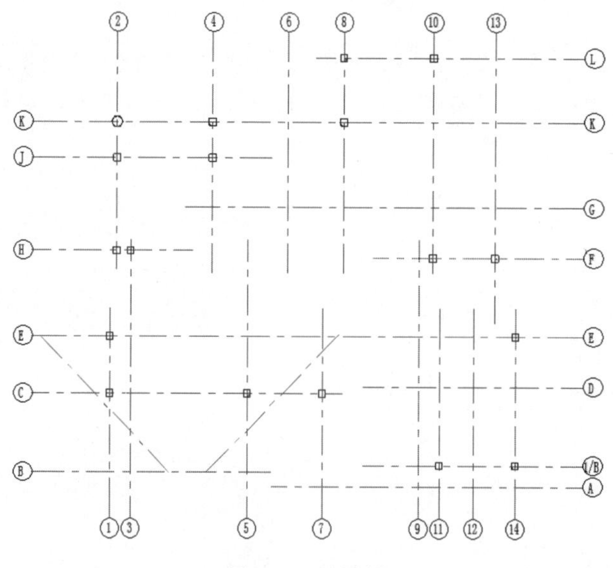

图 6-13　放置柱

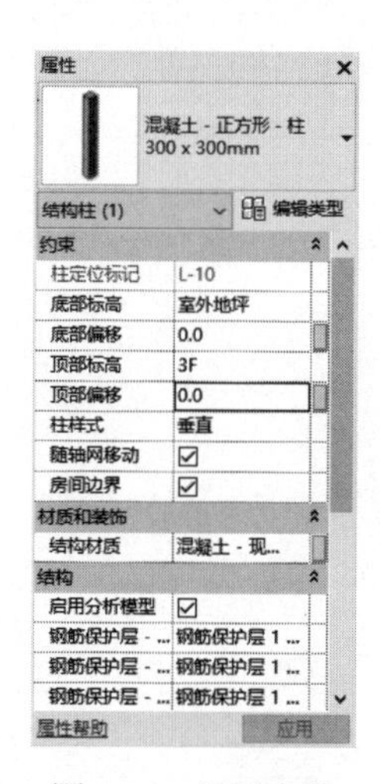

图 6-14　设置参数

6.2 梁

由支座支撑，承受的外力以横向力和剪力为主，以弯曲为主要变形的构件称为梁。

将梁添加到平面视图中时，必须将底剪裁平面设置为低于当前标高；否则，梁在该视图中不可见。但是如果使用结构样板，视图范围和可见性设置会相应地显示梁。每个梁的图元是通过特定梁族的类型属性定义的。此外，还可以修改各种实例属性来定义梁的功能。

可以使用以下任一方法，将梁附着到项目中的任何结构图元。

- 绘制单个梁。
- 创建梁链。
- 选择位于结构图元之间的轴线。
- 创建梁系统。

如果墙的“结构用途”属性设置为“承重”或“复合结构”，则梁会连接在结构承重墙上。

6.2.1 创建单个梁

梁及其结构属性还具有以下特性：

- 可以使用“属性”选项板修改默认的“结构用途”设置。
- 可以将梁附着到任何其他结构图元（包括结构墙）上，但是它们不会连接在非承重墙上。
- 结构用途参数可以包括在结构框架明细表中，这样便可以计算大梁、托梁、檩条和水平支撑的数量。
- 结构用途参数值可确定粗略比例视图中梁的线样式。可使用“对象样式”对话框修改结构用途的默认样式。
- 梁的另一结构用途是作为结构桁架的弦杆。

具体步骤如下：

（1）单击“结构”选项卡的“结构”面板中的“梁”按钮，打开“修改|放置 梁”选项卡，如图6-15所示。

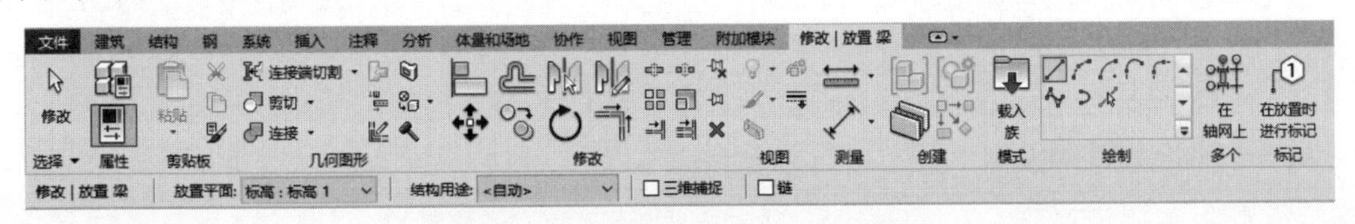

图6-15 “修改|放置 梁”选项卡

- 放置平面：在列表中可以选择梁的放置平面。

- 结构用途：指定梁的结构用途，包括大梁、水平支撑、托梁、檩条及其他。
- 三维捕捉：选中此复选框，可以捕捉任何视图中的其他结构图元，不论高程如何，屋顶梁都将捕捉到柱的顶部。
- 链：选中此复选框后，依次连续放置梁，将放置梁时的第二次单击将作为下一个梁的起点。按 Esc 键完成链式放置梁。

（2）在“属性”选项板中只有热轧 H 型钢类型的梁。这里单击“模式”面板中的“载入族”按钮，打开“载入族”对话框，选择 Chinese→“结构”→“框架”→“混凝土”文件夹中的“混凝土-矩形梁.rfa”，如图 6-16 所示。

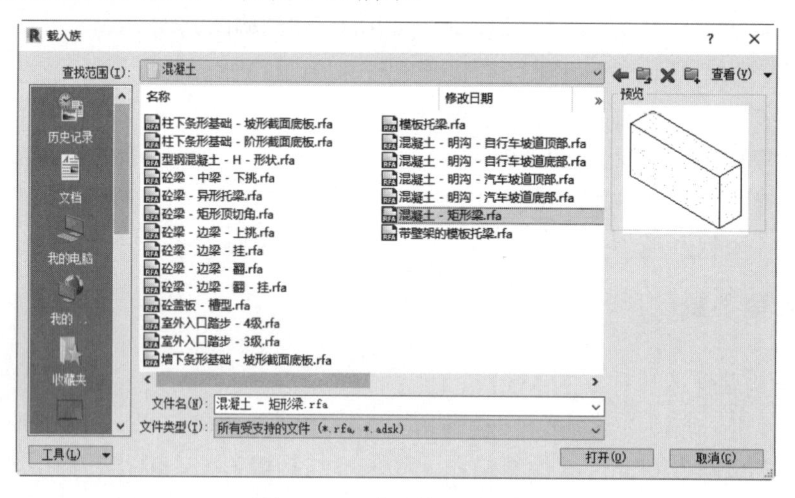

图 6-16 “载入族”对话框

（3）混凝土梁的“属性”选项板如图 6-17 所示。在 Revit 中提供了混凝土和钢梁两种不同属性的梁，其属性参数也稍有不同。

- 参照标高：标高限制。这是一个只读值，取决于放置梁的工作平面。
- YZ 轴对正：包括统一和独立两个选项。使用“统一”可为梁的起点和终点设置相同的参数；使用“独立”可为梁的起点和终点设置不同的参数。
- Y 轴对正：指定物理几何图形相对于定位线的位置，包括“原点”“左侧”“中心”“右侧”。
- Y 轴偏移值：物理几何图形偏移的数值。在“Y 轴对正”参数中设置的定位线与特性点之间的距离。
- Z 轴对正：指定物理几何图形相对于定位线的位置，包括“原点”“顶”“中心”“底”。
- Z 轴偏移值：物理几何图形偏移的数值。在“Z 轴对正”参数中设置的定位线与特性点之间的距离。

（4）单击“属性”选项板中的“编辑类型”按钮，打开“类型属性”对话框，新建 240×480mm 类型，更改 b 为 240、h 为 480，其他采用默认设置，如图 6-18 所示。

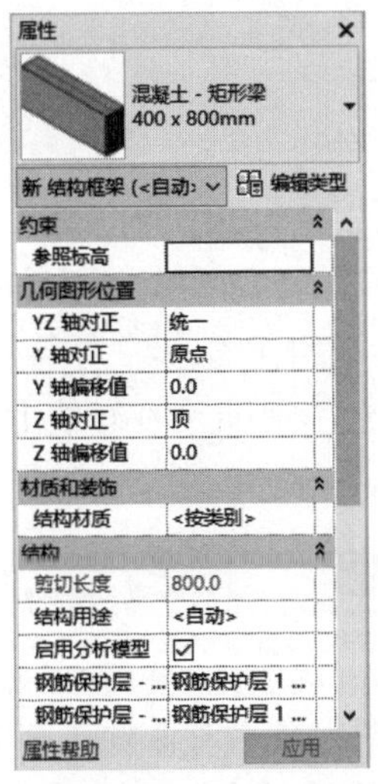

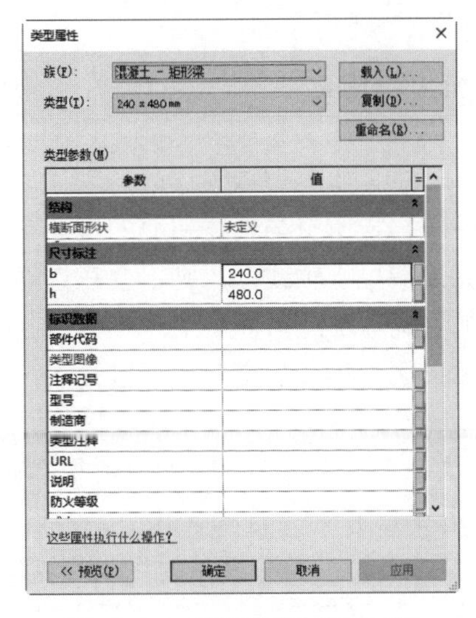

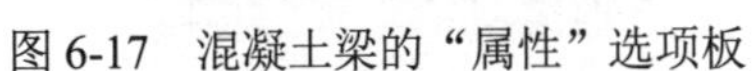

图 6-17　混凝土梁的“属性”选项板　　　　图 6-18　“类型属性”对话框

（5）在选项栏中设置“放置平面”为“标高 2”，其他采用默认设置。

（6）在绘图区域中单击柱的中点作为梁的起点，如图 6-19 所示。

（7）移动鼠标，光标将捕捉到其他结构图元（如柱的质心或墙的中心线），状态栏将显示光标的捕捉位置，这里捕捉另一个柱的中心，如图 6-20 所示。若要在绘制时指定梁的精确长度，可在起点处单击，然后按其延伸的方向移动光标。开始输入所需长度，然后按 Enter 键以放置梁。

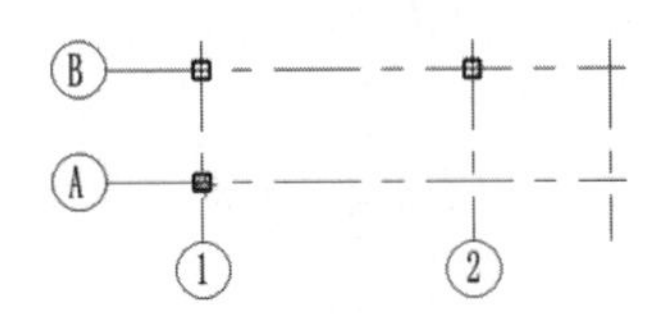

图 6-19　指定梁的起点

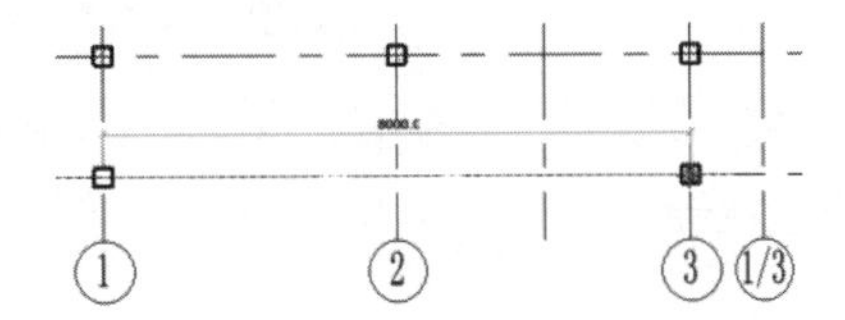

图 6-20　指定梁的中点

提示：

将梁添加到平面视图中时，必须将底剪裁平面设置为低于当前标高；否则，梁在该视图中不可见。

教你一招：

标高偏移与 Z 轴偏移有什么区别?

答：在创建结构梁的过程中，可以通过设置起点、终点的标高偏移和 Z 轴偏移两个参数来调整梁的高度，在结构梁并未旋转的情况下，这两种偏移的结果是相同的。但如果梁需要一个旋转角度，这两种方式创建的梁就会产生差别。

因为标高的偏移无论是否有角度，都会将构件垂直升高或降低。而结构梁的 Z 轴偏移在设定角度后，将会沿着旋转后的 Z 轴方向进行偏移。另外，用起点、终点偏移的方式可以创建斜梁。

6.2.2 创建轴网梁

在 Revit 中，沿轴线放置梁时，创建的梁因前提条件不同而有差异。

- 系统扫描所有与轴线相交的可能支座，如柱、墙或梁。
- 如果墙位于轴线上，则不会在该墙上放置梁。墙的各端用作支座。
- 如果梁与轴线相交并穿过轴线，则此梁被认为是中间支座，因此会在轴线上创建新梁。
- 如果梁与轴线相交但不穿过轴线，则此梁由在轴线上创建的新梁支撑。

具体步骤如下：

（1）单击“结构”选项卡的“结构”面板中的“梁”按钮，打开“修改|放置 梁”选项卡，如图 6-15 所示，选择“标高 2”为放置平面。

（2）单击“模式”面板中的“载入族”按钮，打开“载入族”对话框，选择 Chinese →“结构”→“框架”→“混凝土”文件夹中的“混凝土-矩形梁.rfa”。

（3）在选项栏中设置“放置平面”为“标高 2”，其他采用默认设置。

（4）单击“多个”面板中的“在轴网上”按钮，打开“修改|放置 梁>在轴网线上”选项卡，如图 6-21 所示。

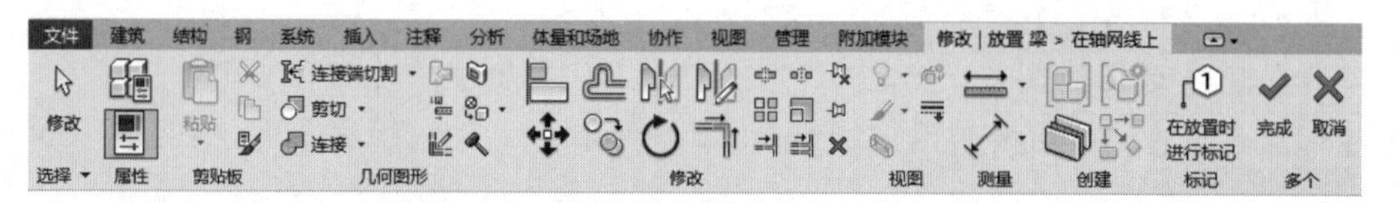

图 6-21 “修改|放置 梁>在轴网线上”选项卡

（5）框选视图中绘制好的轴网，如图 6-22 所示。

（6）单击“多个”面板中的“完成”按钮，生成梁，如图 6-23 所示。

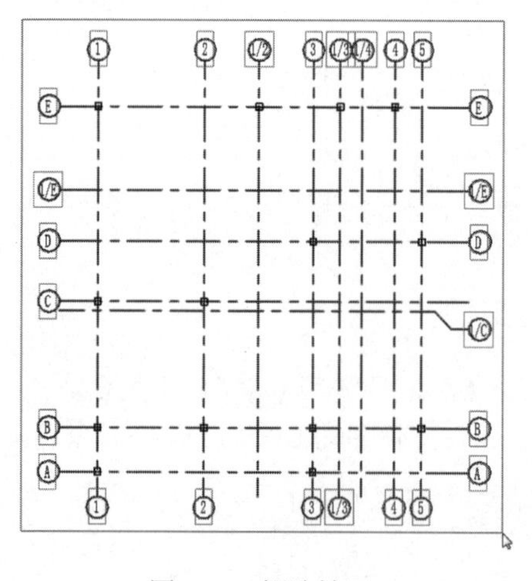

图 6-22 框选轴网

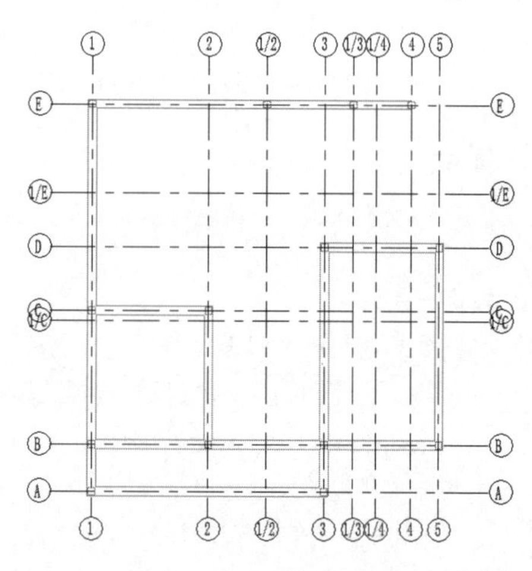

图 6-23 创建轴网梁

6.2.3 创建梁系统

结构梁系统可创建包含一系列平行放置的梁的结构框架图元。

梁系统参数随设计的改变而调整。如果重新定位一个柱，梁系统参数将自动随着这个柱的位置的变化而调整。

创建梁系统时，如果梁的形状和支座不相同，则粘贴的梁系统可能不会像期望的那样附着到支座上。在这种情况下，可能需要修改梁系统。

图 6-24　创建图形

具体步骤如下：

（1）新建一项目文件，创建如图 6-24 所示的图形。

（2）单击“结构”选项卡的“结构”面板中的“梁系统”按钮▥，打开“修改|创建梁系统边界”选项卡，如图 6-25 所示。

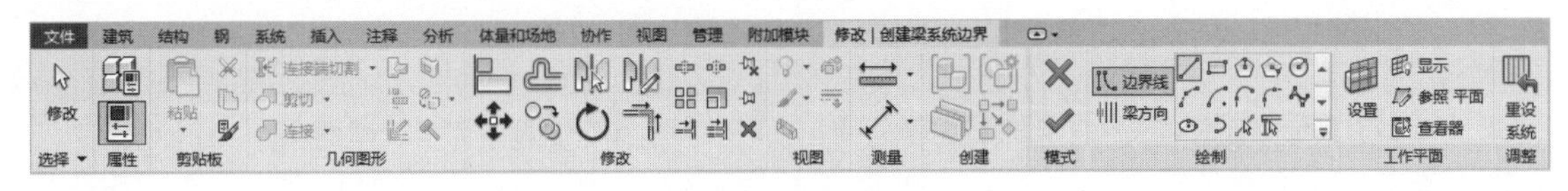

图 6-25　“修改|创建梁系统边界”选项卡

（3）在“属性”选项板的填充图案栏中设置“梁类型”，在“固定间距”中输入两个梁之间的间距值为 1828.8，输入“立面”为 3000，如图 6-26 所示。

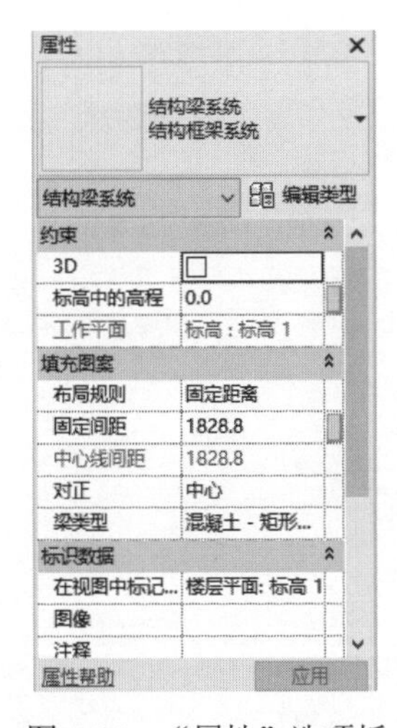

图 6-26　“属性”选项板

① 3D：在梁绘制线定义梁立面的地方，创建非平面梁系统。

② 标高中的高程：梁系统中的梁距离工作平面的垂直距离。

③ 工作平面：取决于放置图元的工作平面。

④ 布局规则：包括“固定距离”“固定数量”“最大间距”和“净间距”。

- 固定距离：指定梁系统内各梁中心线之间的距离。梁系统中梁的数量根据输入的距离进行计算。
- 固定数量：指定梁系统内梁的数量。梁系统所需的梁的数量会自动进行计算，且在梁系统中居中。
- 最大间距：指定各梁中心线之间的最大距离。
- 净间距：类似于“固定距离”值，但测量的是梁外部之间的间距，而不是中心线之间的间距。当调整梁系统中具有净间距布局规则的单个梁的尺寸时，邻近的梁将相应地移动以保持它们之间的距离。

⑤ 中心线间距：梁中心线之间的距离。

⑥ 对正：指定梁系统相对于所选边界的起始位置，包括“起点”“终点”“中心”和“方向线”。

- 起点：如果选择“起点”，则位于梁系统顶部或左侧的第一个梁将用于进行对正。
- 终点：如果选择“终点”，则位于梁系统底部或右侧的第一个梁将用于进行对正。
- 中心：如果选择“中心”，则第一个梁将放置在梁系统的中心位置，其他梁则在中心位置两侧以固定距离分隔放置。
- 方向线：如果选择“方向线”，则对正功能将设置为梁系统的方向线。

⑦ 梁类型：指定在梁系统中创建梁的结构框架类型。

（4）单击“绘制”面板中的“矩形”按钮，绘制边界线，如图 6-27 所示。将边界线锁定，梁系统参数将自动随其位置的改变而调整。

提示：

边界线上两条短的平行线表示梁系统方向。

注意：

边界线必须形成一个闭合环，必要时使用选项卡中的编辑工具（修剪、延伸等）创建绘制线的闭合环。

（5）单击“模式”面板中的“完成编辑模式”按钮，完成的结构梁系统如图 6-28 所示。

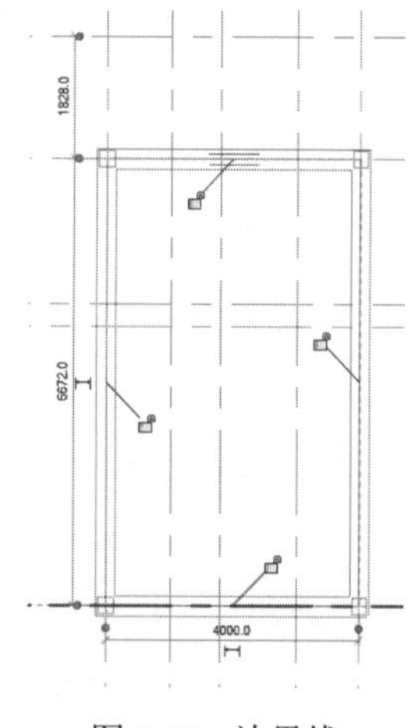

图 6-27　边界线

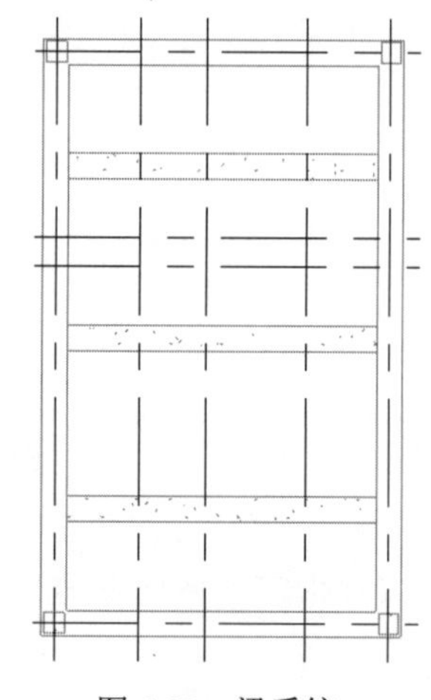

图 6-28　梁系统

提示：

要定义结构梁系统的边界，可以拾取位于梁系统边缘上的结构支撑图元，或者使用绘制工具来绘制边界。在上述两种方法中，应该尽可能使用“拾取支座”工具。拾取支座时，梁系统会自动锁定到这些图元，对支撑图元位置所做的任何修改都会自动应用于梁系统。

6.3 桁　　架

在 Revit 中可以向建筑模型中添加桁架，使用“桁架”工具可以根据所选桁架族类型中指定的布局和其他参数创建桁架。

6.3.1 放置桁架

具体绘制步骤如下：

（1）单击“结构”选项卡的“结构”面板中的“桁架”按钮，打开如图 6-29 所示的 Revit 提示对话框，提示是否载入桁架族，单击“是”按钮。

图 6-29　Revit 提示对话框

（2）打开“载入族”对话框，在 Chinese→“结构”→“桁架”文件夹中选择需要的桁架族，这里选择“豪威氏人字形桁架-8 嵌板.rfa”，如图 6-30 所示，单击“打开”按钮，载入“豪威氏人字形桁架-8 嵌板.rfa”族文件。

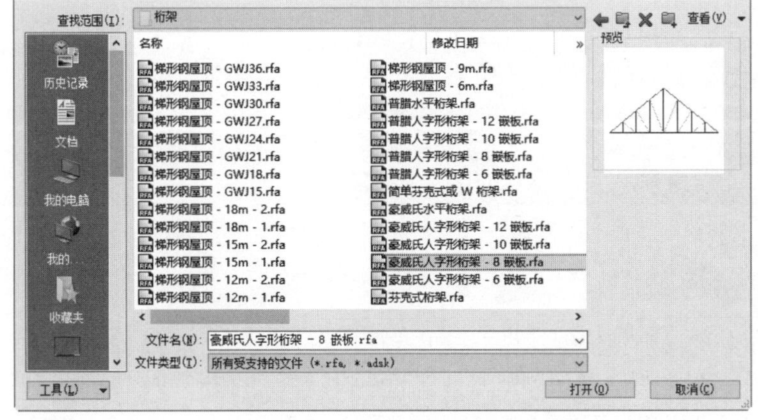

图 6-30　“载入族”对话框

（3）打开“修改|放置 桁架”选项卡，如图 6-31 所示。

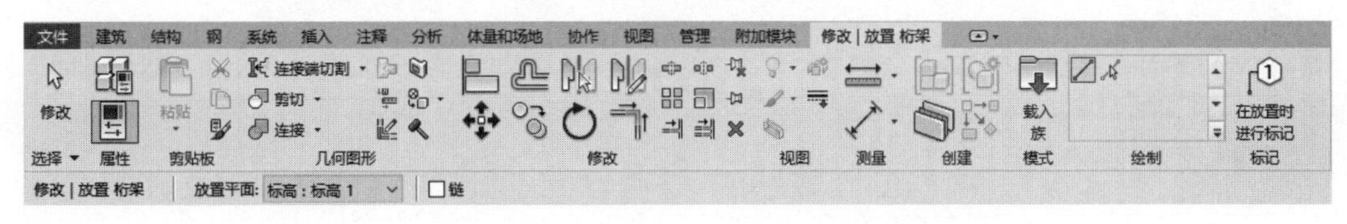

图 6-31　“修改|放置 桁架”选项卡

（4）单击“绘制”面板中的“线”按钮，指定桁架的起点和终点；也可以单击“拾取线”按钮，选择约束桁架模型所需要的边或线。

（5）将视图切换至北立面图，桁架如图 6-32 所示。

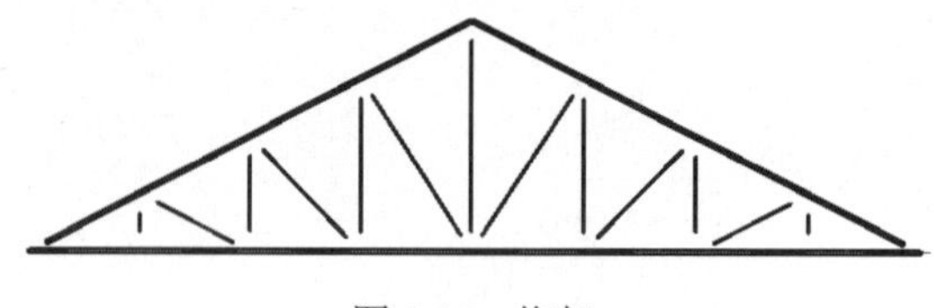

图 6-32　桁架

6.3.2　编辑桁架

在非平面、垂直立面、剖面或三维视图中可以编辑桁架。

选取视图中的桁架，打开“修改|结构桁架”选项卡，如图 6-33 所示。

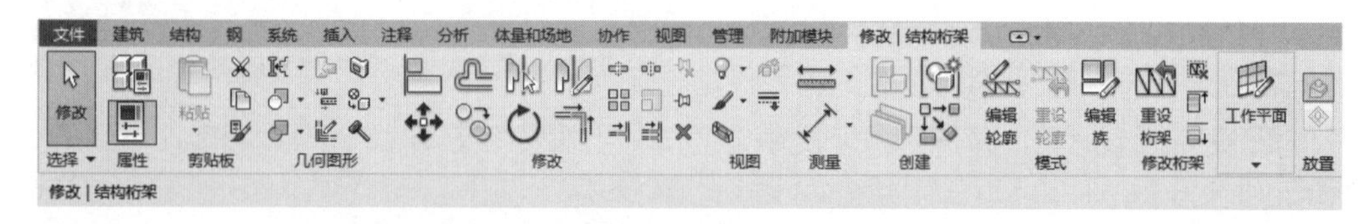

图 6-33　“修改|结构桁架”选项卡

- 编辑轮廓：根据需要，可以创建新线，删除现有线，以及使用“修剪/编辑”工具调整轮廓。通过编辑桁架的轮廓，可以将其上弦杆和下弦杆修改为任何所需形状。

注意：

不是所有桁架族都能正确转换为轮廓草图。为了使上弦杆和下弦杆与轮廓的形状吻合，布局族的上弦杆和下弦杆绘制线必须分别与顶部和底部的参照平面重合。在轮廓草图中使用上弦杆和下弦杆参照工具绘制的曲线，定义了族的顶部和底部参照平面的转换，而不是上弦杆和下弦杆的形状。

- 重设轮廓：将桁架构件重新锁定并设定为其默认定义。
- 重设桁架：可以撤销对桁架构件的编辑操作，并恢复类型定义的值。重设功能重新锁定，并将桁架构件设置为其默认定义。
- 删除桁架族：可以从项目中删除桁架族，并将其弦杆和腹杆保持在原来的位置。

第 7 章　墙　设　计

墙体是建筑物重要的组成部分，起承重、围护和分隔空间的作用，同时还具有保温、隔热、隔音等功能。墙体的材料和构造方法的选择，将直接影响房屋的质量和造价，因此合理地选择墙体材料和构造方法十分重要。

本章主要介绍墙体、墙饰条、幕墙创建方法和墙体的编辑方法。

- 墙体
- 编辑墙体
- 墙饰条
- 分隔条
- 幕墙

案例效果

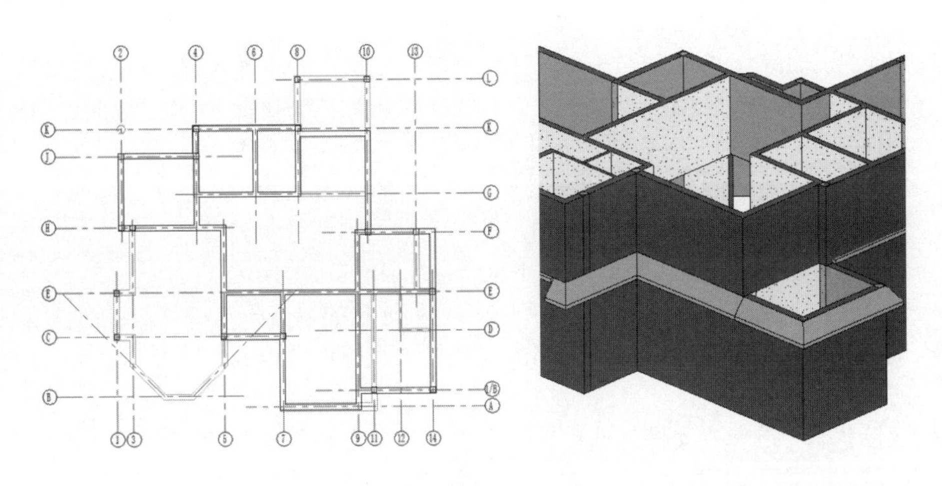

7.1　墙　　体

与建筑模型中的其他基本图元类似，墙体也是预定义系统族类型的实例，表示墙功能、组合和厚度的标准变化形式。通过修改墙的类型属性来添加或删除层，将层分割为多个区域，以及修改层的厚度或指定的材质，可以自定义这些特性。

7.1.1　一般墙体

通过单击“墙”工具，选择所需的墙类型，并将该类型的实例放置在平面视图或三维视图中，可以将墙添加到建筑模型中。

可以在功能区中选择一个绘制工具，在绘图区域中绘制墙的线性范围，或者通过拾取现有线、边或面来定义墙的线性范围。相对于所绘制路径或所选现有图元，墙的位置由墙的某个实例属性的值来确定，即定位线。

具体步骤如下：

（1）单击“建筑”选项卡的“构建”面板中的“墙”按钮，打开“修改|放置 墙”选项卡，如图 7-1 所示。

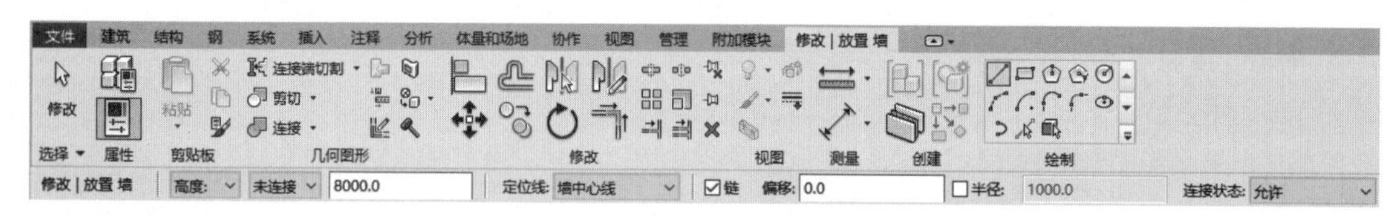

图 7-1　“修改|放置 墙”选项卡

- 高度：为墙的墙顶定位标高、选择标高，或者默认设置为“未连接”，然后输入高度值。
- 定位线：相对于所绘制的路径或在绘图区域中指定的路径来说，指定使用墙的哪一个垂直平面来定位墙，包括“墙中心线（默认）”“核心层中心线”“面层面：外部”“面层面：内部”“核心面：外部”“核心面：内部”。在简单的砖墙中，“墙中心线”和“核心层中心线”平面将会重合，然而它们在复合墙中可能会不同，从左到右绘制墙时，其外部面（面层面：外部）默认情况下位于顶部。
- 链：选中此复选框，以绘制一系列在端点处连接的墙分段。
- 偏移：输入一个距离，以指定墙的定位线与光标位置或选定的线与面之间的偏移。
- 连接状态：选择“允许”选项以在墙相交位置自动创建对接（默认）；选择“不允许”选项以防止各墙在相交时连接。每次打开软件时默认选择“允许”选项，但上一选定选项在当前会话期间保持不变。

（2）从“属性”选项板的类型下拉列表中选择墙类型，如图 7-2 所示。

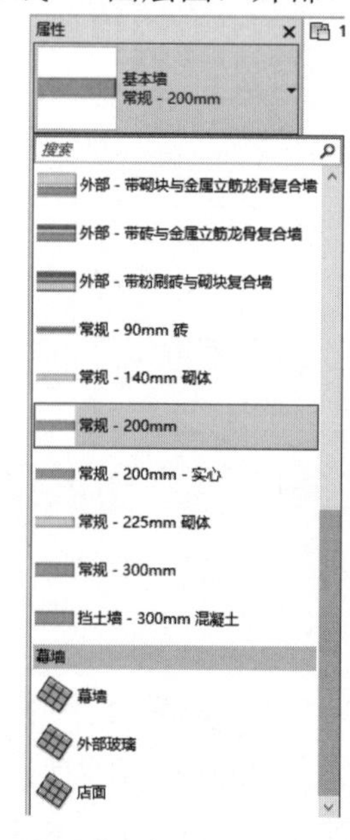

图 7-2　墙类型

（3）在视图中单击以指定起点，移动光标到适当位置后单击以确定墙体的终点，如图 7-3 所示。持续绘制墙体，绘制完成的墙如图 7-4 所示。

图 7-3　指定终点　　　　图 7-4　绘制墙体

可以使用以下三种方法来放置墙。

- 绘制墙：使用默认的“线”工具，通过在图形中指定起点和终点来放置墙分段。或者可以指定起点，沿所需方向移动光标，然后输入墙长度值。
- 沿着现有的线放置墙：使用“拾取线”工具，沿着在图形中选择的线来放置墙分段。线可以是模型线、参照平面或图元（如屋顶、幕墙嵌板和其他墙）边缘。
- 将墙放置在现有面上：使用“拾取面”工具，将墙放置于在图形中选择的体量面或常规模型面上。

（4）使用空格键或在视图中单击“翻转控制柄”按钮⇅来切换墙的内部/外部方向。

（5）在“属性”选项板中可以更改墙实例属性来修改其定位线、底部限制条件、顶部限制条件、高度和其他属性，如图 7-5 所示。

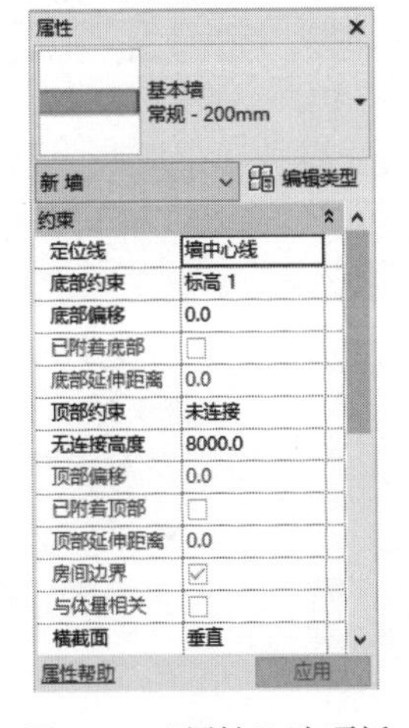

图 7-5　“属性”选项板

- 定位线：墙在指定平面上的定位线。即使其类型发生变化，墙的定位线也会保持相同。
- 底部约束：墙的底部标高，如“标高 1”。
- 已附着底部：指定墙底部是否附着到另一个模型构件上。
- 底部延伸距离：墙层底部移动的距离。
- 顶部约束：墙高度延伸到指定标高，如果选择“未连接”选项，则墙高度延伸至无连接高度中指定的值。
- 无连接高度：绘制墙的高度时，从底部向上测量的高度值。
- 顶部偏移：墙距顶部标高的偏移。
- 已附着顶部：指定墙顶部是否附着到另一个模型构件。
- 顶部延伸距离：墙层顶部移动的距离。
- 房间边界：如果选中此复选框，则墙将成为房间边界的一部分；如果取消选中此复选框，则墙不是房间边界的一部分。此属性在创建墙之前为只读，在绘制墙之后可以选择并随后修改此属性。
- 与体量相关：指定此图元是从体量图元创建的。
- 横截面：确定墙是垂直、倾斜还是锥形。

动手学——创建别墅墙体

扫一扫，看视频

墙体创建的具体步骤如下。

1．创建第一层墙

（1）绘制 240 外墙。

① 单击“建筑”选项卡的“构建”面板中的“墙”按钮，在“属性”选项板中选择“基本墙 常规-200mm”类型，单击“编辑类型”按钮，打开“类型属性”对话框，单击“复制”按钮，新建“外墙-240 砖墙”类型，单击“结构”栏中的“编辑”按钮。

② 打开如图 7-6 所示的“编辑部件”对话框，单击“结构”栏“材质”框中的按钮，打开“材质浏览器”对话框，选择“砌体-普通砖 75×225mm”材质，选中“使用渲染外观”复选框，单击“确定”按钮，返回到“编辑部件”对话框，更改“结构”层的“厚度”为 240，完成“结构”栏中的设置。

③ 单击“插入”按钮，插入“面层 2[5]”，单击“向上”按钮，将其调整到第一栏，然后设置“材质”为“砖，诺曼”，输入“厚度”为 5。采用相同的方法，设置其他层，如图 7-7 所示。连续单击“确定”按钮，完成外墙-240 砖墙的创建。

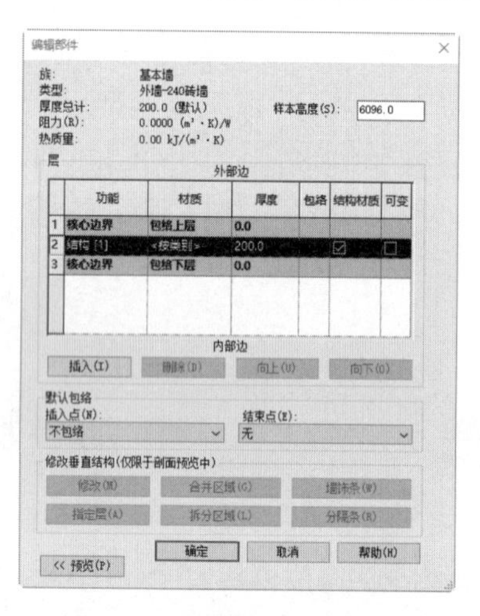

图 7-6 “编辑部件”对话框

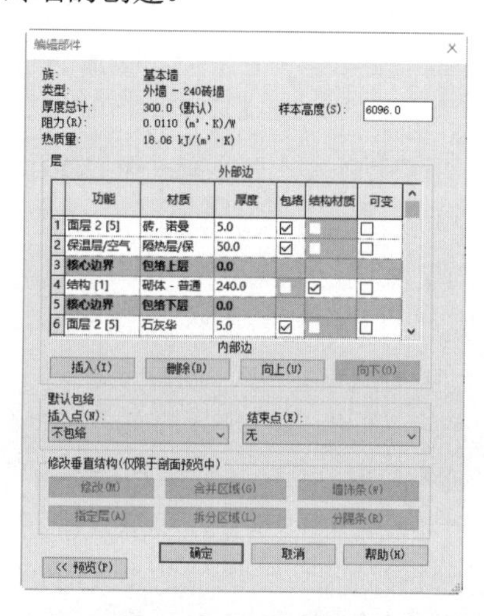

图 7-7 240 外墙参数

④ 在“属性”选项板中设置“定位线”为“核心层中心线”，“底部约束”为“室外地坪”，“顶部约束”为“直到标高：2F”，其他采用默认设置，如图 7-8 所示。

⑤ 在选项栏中设置“连接状态”为“允许”，根据轴网和结构柱绘制如图 7-9 所示的外墙。注意绘制顺序为逆时针方向。

（2）绘制外墙-370 砖墙。

① 单击“建筑”选项卡的“构建”面板中的“墙”按钮，在“属性”选项板中选择“基本墙 外墙-240 砖墙”类型，单击“编辑类型”按钮，打开“类型属性”对话框，新建“外墙-370 砖墙”类型，单击“结构”栏中的“编辑”按钮，打开“编辑部件”对话框，设置参数如图 7-10 所示。连续单击“确定”按钮，完成“外墙-370 砖墙”的创建。

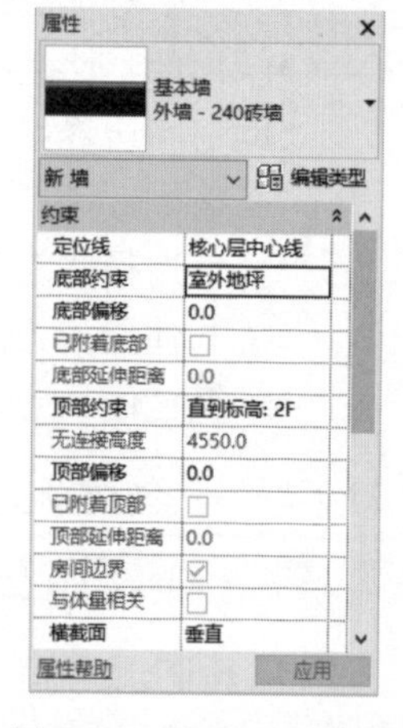

图 7-8 “属性”选项板

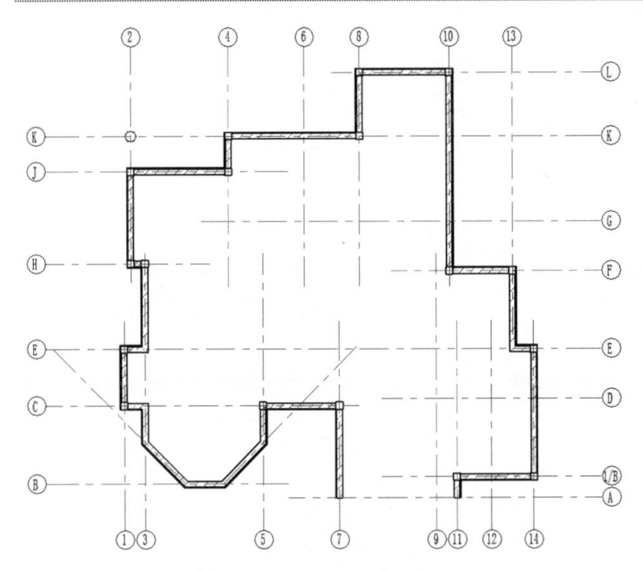

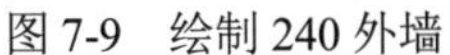

图 7-9　绘制 240 外墙

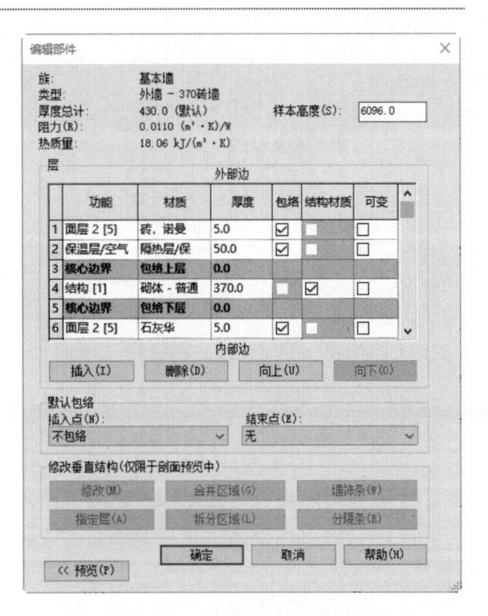

图 7-10　设置外墙参数

② 绘制轴线 7 到轴线 11 之间的墙体，如图 7-11 所示。

（3）绘制 240 内墙。

① 单击“建筑”选项卡的“构建”面板中的“墙”按钮，在“属性”选项板中选择“基本墙 外墙-240 砖墙”类型，单击“编辑类型”按钮，打开“类型属性”对话框，新建“内墙-240 砖墙”类型，单击“结构”栏中的“编辑”按钮，打开“编辑部件”对话框，删除“保温层/空气层”，更改“面层 2[5]”的“材质”为“松散-石膏”。连续单击“确定”按钮，完成“内墙-240 砖墙”的创建。

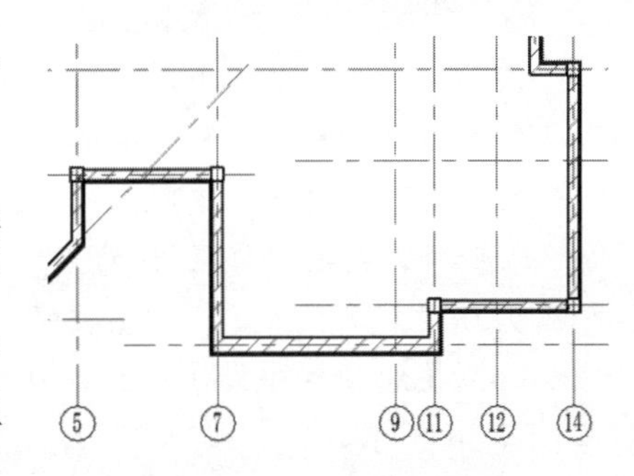

图 7-11　绘制 370 砖墙

② 在“属性”选项板中设置“定位线”为“核心层中心线”，“底部约束”为 1F，“顶部约束”为“直到标高：2F”，其他采用默认设置。

③ 根据轴网和结构柱绘制如图 7-12 所示的 240 内墙。

（4）绘制 120 隔断墙。

① 单击“建筑”选项卡的“构建”面板中的“墙”按钮，在“属性”选项板中选择“基本墙 内墙-240 砖墙”类型，单击“编辑类型”按钮，打开“类型属性”对话框，新建“隔断墙-120 砖墙”类型，单击“结构”栏中的“编辑”按钮，打开“编辑部件”对话框，更改“结构”层的“厚度”为 120，连续单击“确定”按钮，完成“隔断墙-120 砖墙”的创建。

② 在“属性”选项板中设置“定位线”为“核心层中心线”，“底部约束”为 1F，“顶部约束”为“直到标高：2F”，其他采用默认设置。

③ 根据轴网和结构柱绘制如图 7-13 所示的隔断墙。

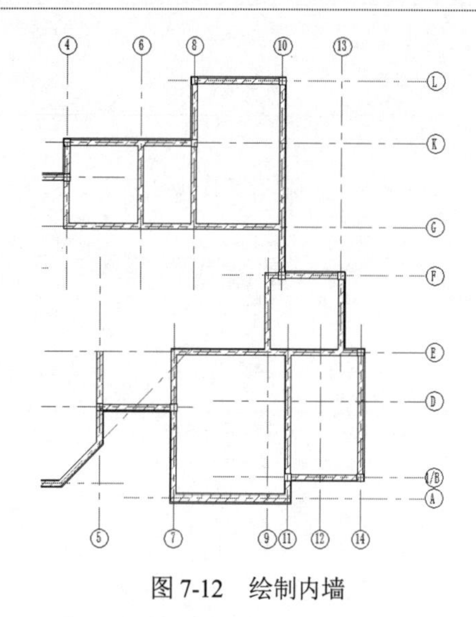

图 7-12　绘制内墙

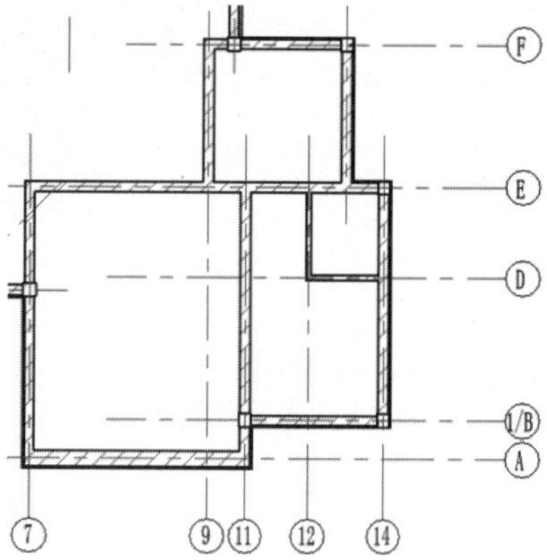

图 7-13　绘制隔断墙

2. 创建第二层墙

（1）在项目浏览器中双击楼层平面节点下的 2F，将视图切换到 2F 楼层平面视图。

（2）整理轴网，取消选中轴线上“隐藏编号”复选框，隐藏轴线上的轴号。

（3）单击“建筑”选项卡的“构建”面板中的“墙”按钮，在“属性”选项板中选择“基本墙 外墙-240 砖墙”，设置“定位线”为“核心层中心线”，“底部约束”为 2F，“底部偏移”为 0，“顶部约束”为“直到标高：3F”。

（4）在选项栏中设置“连接状态”为“允许”，根据轴网和结构柱绘制二层的外墙，如图 7-14 所示。

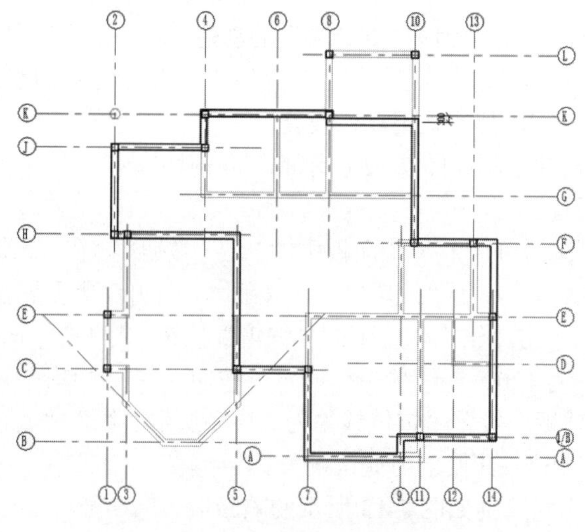

图 7-14　绘制二层的外墙

（5）单击“建筑”选项卡的“构建”面板中的“墙”按钮，在“属性”选项板中选择“基本墙 内墙-240 砖墙”，其他采用默认设置，根据轴网和结构柱绘制内墙，如图 7-15 所示。

（6）单击“建筑”选项卡的“构建”面板中的“墙”按钮，在“属性”选项板中选择“基本墙 隔断墙-120 砖墙”类型。

（7）绘制隔断墙，并选取隔断墙，双击临时尺寸修改尺寸值，如图 7-16 所示。

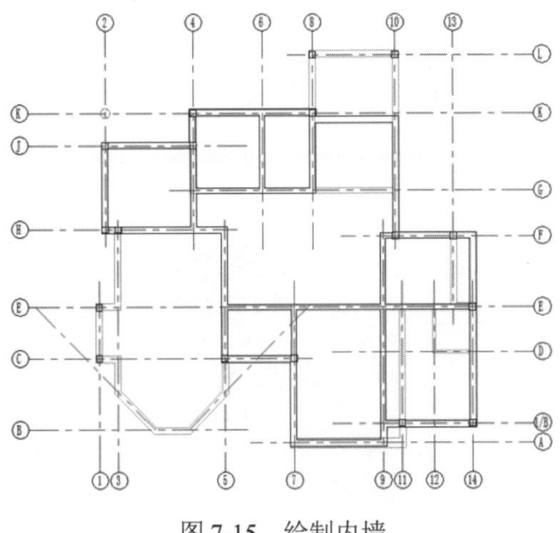

图 7-15　绘制内墙

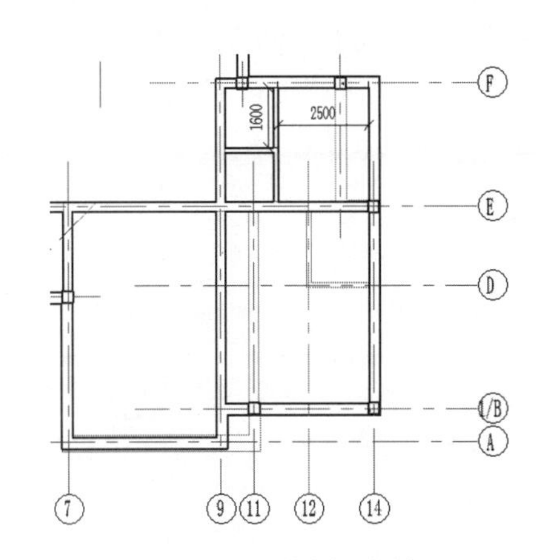

图 7-16　绘制隔断墙

（8）单击“修改”选项卡的“修改”面板中的“用间隙拆分”按钮，选取墙体为拆分对象，指定拆分点，完成墙体拆分，如图 7-17 所示。

（9）选取拆分后中间段墙体然后将其删除，选取两侧墙体使其与墙体对齐，如图 7-18 所示。

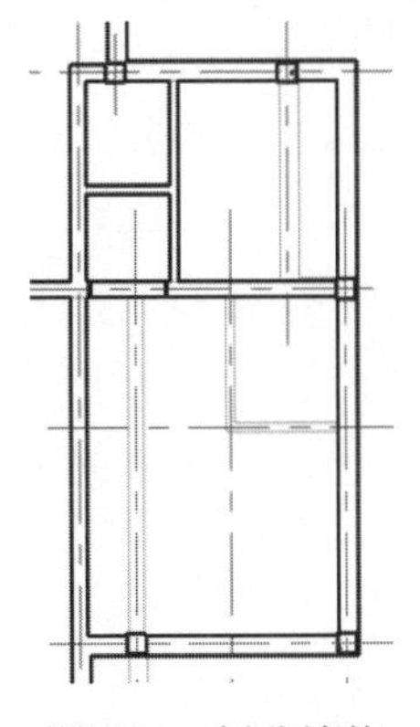

图 7-17　拆分墙体

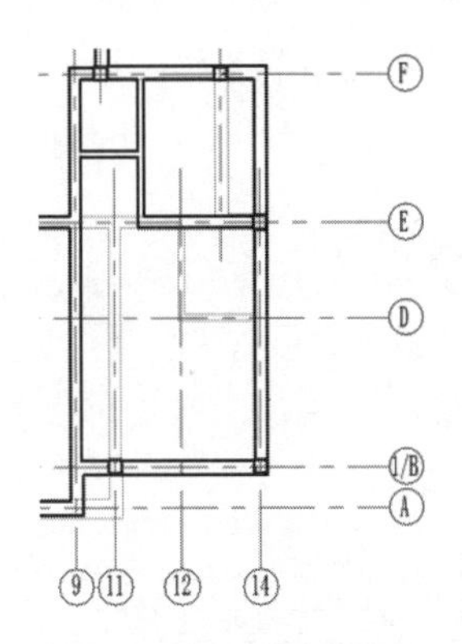

图 7-18　调整墙体

教你一招：

视图总是灰显下一层的解决办法是什么？

答：在“属性”选项板的“基线”选项组中设置“范围：底部标高”为“无”，如图 7-19 所示，就不会看到下层楼层的图元了。

7.1.2 复合墙

复合墙板是用几种材料制成的多层板，其面层有石棉水泥板、石膏板、铝板、树脂板、硬质纤维板、压型钢板等，夹心材料可用矿棉、木质纤维、泡沫塑料和蜂窝状材料等。复合墙板充分利用材料的性能，大多具有强度高，耐久性、防水性、隔音性能好等优点，且安装、拆卸简便，有利于建筑工业化。

使用层或区域可以修改墙类型以定义垂直复合墙的结构，如图 7-20 所示。

图 7-19 “属性”选项板

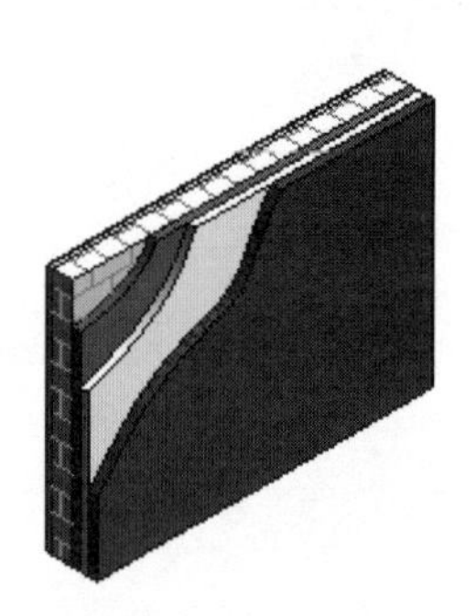

图 7-20 复合墙

具体步骤如下：

（1）单击“建筑”选项卡的“构建”面板中的“墙”按钮，打开“修改|放置墙”选项卡。

（2）在“属性”选项板中选择“常规-200mm”类型墙体，单击“编辑类型”按钮，打开如图 7-21 所示的“类型属性”对话框，单击“复制”按钮，打开“名称”对话框，输入“名称”为“复合墙”，如图 7-22 所示，单击“确定”按钮，新建复合墙并返回到“类型属性”对话框。

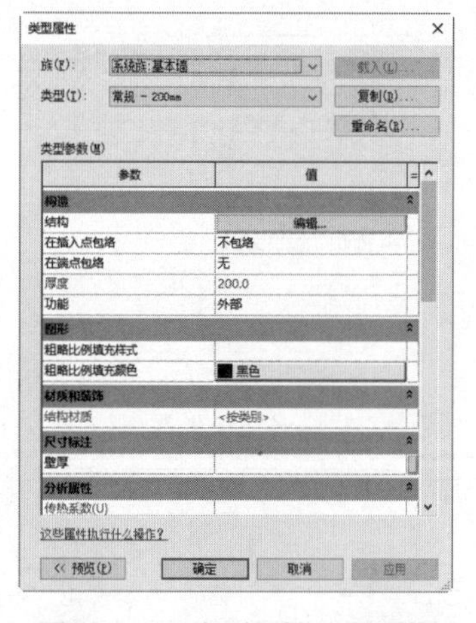

图 7-21 “类型属性”对话框

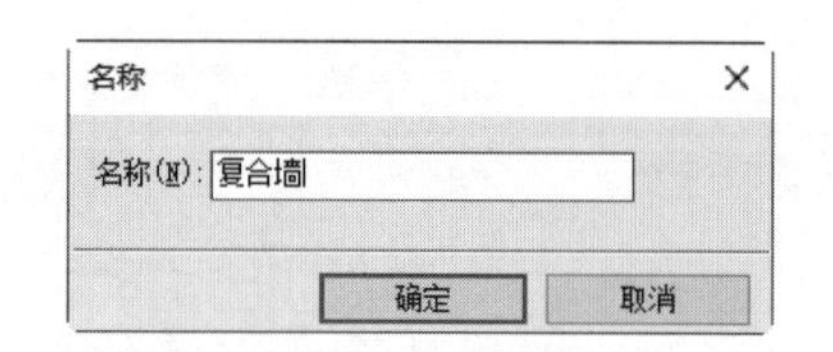

图 7-22 “名称”对话框

- 结构：单击“编辑”按钮，打开“编辑部件”对话框，创建复合墙。
- 在插入点包络：设置位于插入点墙的层包络，包括“不包络”“外部”“内部”和“两者”。“在插入点包络”的位置由插入族中定义为“墙闭合”的参照平面控制，如图 7-23 所示。

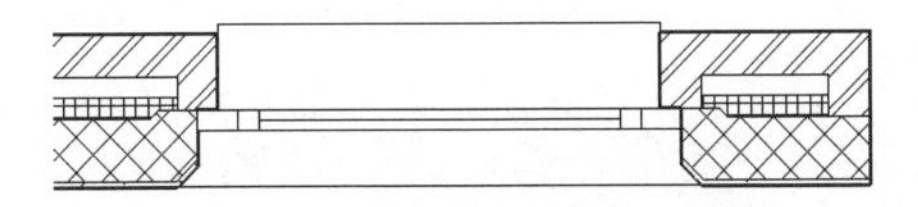

图 7-23　插入窗对象的包络

- 在端点包络：墙的端点条件可设定为“内部”或“外部”，以控制材质将包络到墙的哪一侧。如果不想对墙的层进行包络，则将端点条件设定为“无”，如图 7-24 所示。

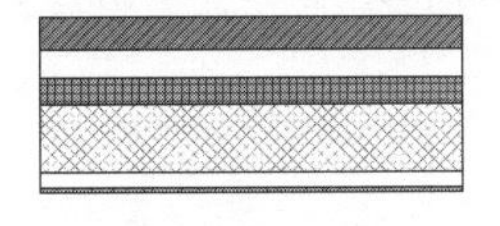

（a）无端点包络

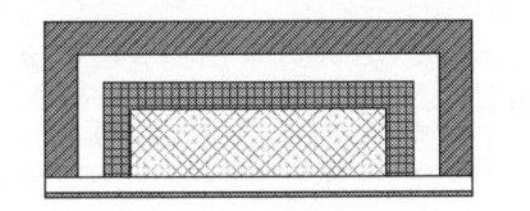

（b）外包络

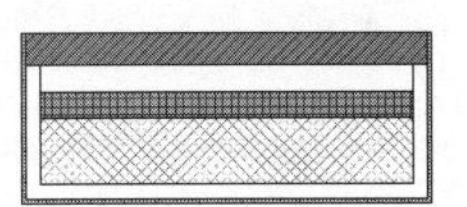

（c）内包络

图 7-24　在端点包络

（3）单击“编辑”按钮，打开如图 7-25 所示的“编辑部件”对话框，单击“插入”按钮插入(I)，插入一个构造层，选择“功能”为“面层 1[4]”，如图 7-26 所示，单击“材质”中的⋯按钮，打开“材质浏览器”对话框，选择“涂料-黄色”材质，右击，在弹出的快捷菜单中选择“复制”选项，并更改“名称”为“涂料-棕色”，单击着色中颜色，打开“颜色”对话框，输入 RGB 值，然后单击“添加”按钮，将颜色添加到自定义颜色，单击“确定”按钮。返回到“材质浏览器”对话框，其他采用默认设置，如图 7-27 所示，单击“确定”按钮，返回到“编辑部件”对话框。

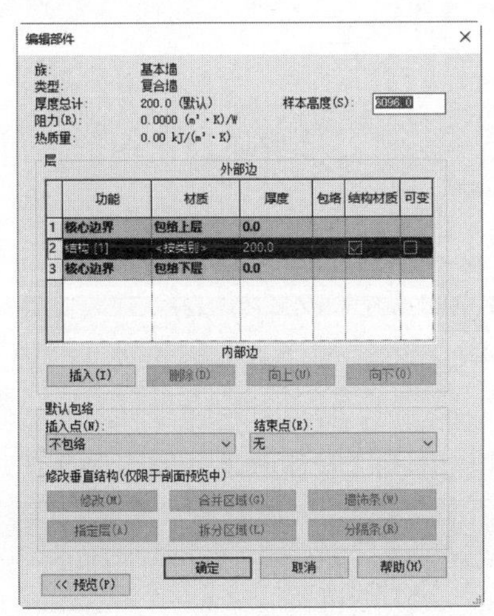

图 7-25　“编辑部件”对话框

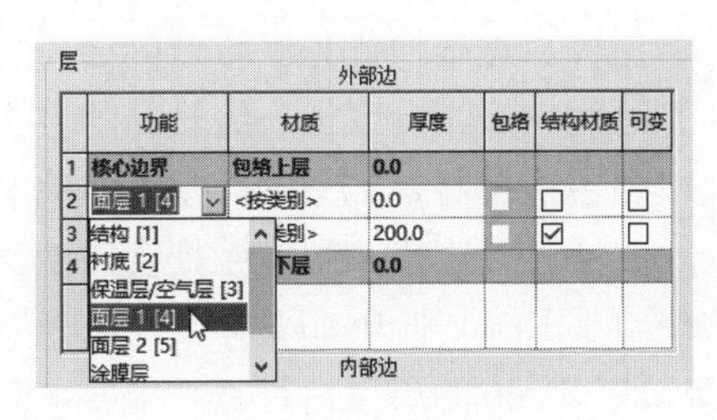

图 7-26　设置功能

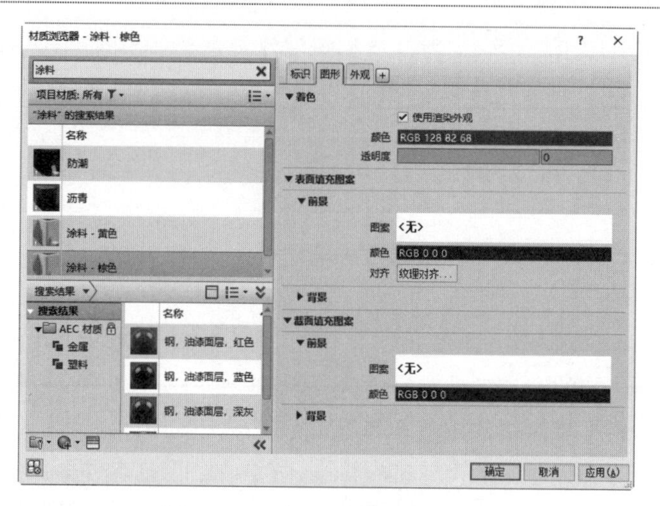

图 7-27　“材质浏览器”对话框

说明：

Revit 软件提供了 6 种层，分别为“结构[1]”“衬底[2]”“保温层/空气层[3]”“面层 1[4]”“面层 2[5]”“涂膜层”。

结构[1]：支撑其余墙、楼板或屋顶的层。

衬底[2]：作为其他材质基础的材质（如胶合板或石膏板）。

保温层/空气层[3]：隔绝并防止空气渗透。

面层 1[4]：面层 1 通常是外层。

面层 2[5]：面层 2 通常是内层。

涂膜层：通常用于防止水蒸气渗透的薄膜，涂膜层的厚度应该为零。

层的功能具有优先顺序，其规则如下：

- 结构层具有最高优先级（优先级 1）。
- 面层 2 具有最低优先级（优先级 6）。
- Revit 首先连接优先级最高的层，然后连接优先级较低的层。例如，假设连接两个复合墙，第一面墙中优先级 1 的层会连接到第二面墙中优先级 1 的层上。优先级 1 的层可穿过其他优先级较低的层与另一个优先级 1 的层相连接。优先级低的层不能穿过优先级相同或优先级较高的层进行连接。
- 当层连接时，如果两个层都具有相同的材质，则接缝会被清除。如果两个不同材质的层进行连接，则连接处会出现一条线。
- 对于 Revit 来说，每一层都必须带有指定的功能，以使其准确地进行层匹配。
- 墙核心内的层可穿过连接墙核心外的优先级较高的层。即使核心层被设置为优先级

6，核心中的层也可延伸到连接墙的核心。

（4）单击“插入”按钮，插入“保温层/空气层”，单击材质中的浏览器按钮，打开“材质浏览器”对话框，单击 AEC→“隔热层”，在“材质”栏中单击“材质库”，选择“纤维填充”材质，单击“将材质添加到文档中”按钮，将“纤维填充”材质添加到项目材质列表中，选择此材质，单击“确定”按钮，返回到“编辑部件”对话框，设置“厚度”为 10，单击“向上”按钮或“向下”按钮调整当前层所在的位置。

（5）继续在“结构”层下方插入“面层 2[5]”，采用“材质”为“水泥砂浆”，“厚度”为 20。

（6）更改“结构”层的“材质”为“砖，普通，红色”，单击“预览”按钮，可以查看所设置的层，如图 7-28 所示。

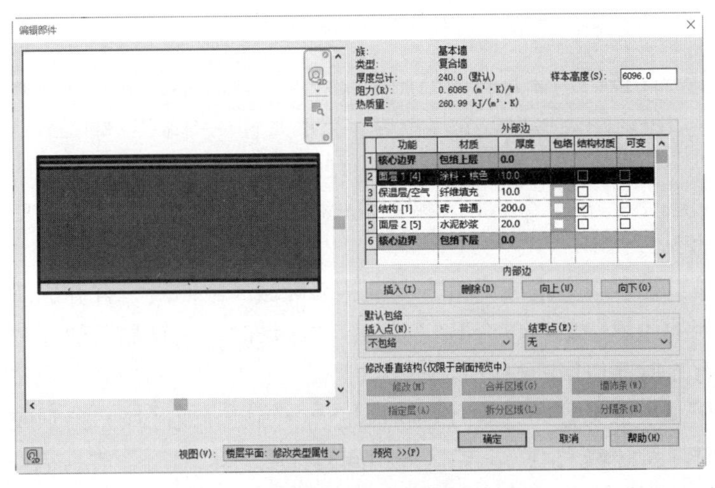

图 7-28　设置结构层

（7）连续单击“确定”按钮，在图形中绘制复合墙体，结果如图 7-29 所示。

（8）选取右侧墙，在“属性”选项板中单击“编辑类型”按钮，新建“加装饰条复合墙”类型，单击“编辑”按钮，在打开的“编辑部件”对话框中选择“视图”为“剖面：修改类型属性”，如图 7-30 所示。

图 7-29　复合墙

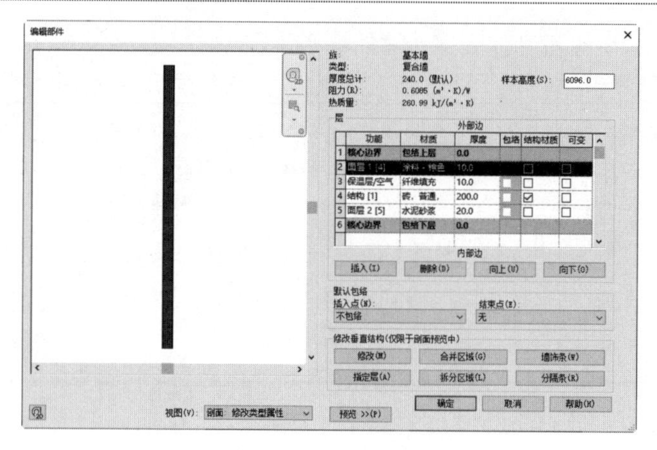

图 7-30　切换视图

- 修改：单击此按钮，在预览窗格中高亮显示并选择示例墙的外边界或区域之间的边界。选择边界之后，可以改变厚度、设置层延伸或约束区域距墙顶部和底部的距离。
- 指定层：单击此按钮，将对话框中的行指定给图层或预览窗格中的区域。例如，可以将饰面层 1 拆分为若干个区域，然后将另一个面层行指定给其中某些区域，并创建交叉的图案。
- 合并区域：在水平方向或垂直方向上将墙区域（或图层）合并成新区域。高亮显示区域之间的边界，单击以合并它们。合并区域时，高亮显示边界时光标所在的位置决定了合并后要使用的材质。
- 拆分区域：在水平方向或垂直方向上将一个墙层（或区域）分割成多个新区域。拆分区域时，新区域采用与原始区域相同的材质。
- 墙饰条：控制墙饰条的放置和显示。轮廓定义墙的形状时，扫掠将轮廓添加到墙。
- 分隔条：控制墙分隔条的放置和显示。分隔条会在轮廓与墙层相交的地方删除材质。

（9）单击“墙饰条”按钮 墙饰条(W) ，打开“墙饰条”对话框，单击“添加”按钮，添加墙饰条，设置“材质”为“石膏墙板”，“距离”为 2000，其他采用默认设置，如图 7-31 所示。

（10）连续单击“确定”按钮，完成带装饰条复合墙的创建，如图 7-32 所示。

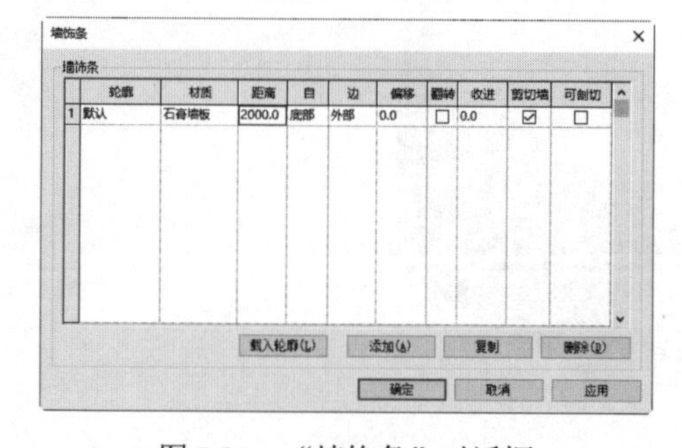

图 7-31　“墙饰条”对话框

图 7-32　带装饰条的复合墙

- 轮廓：在下拉列表框中选择一种轮廓。
- 材质：指定墙饰条材质。
- 距离：指定到墙顶部或底部之间的距离。
- 自：选择墙的顶部或底部作为距离的起始。
- 边：选择墙的内部或外部作为边。
- 偏移：输入偏移值，负值会使墙饰条朝墙核心方向移动。
- 翻转：选中此复选框，测量到墙饰条轮廓顶而不是墙饰条轮廓底的距离。
- 收进：指定到附属件的墙饰条收进距离。
- 剪切墙：选中此复选框，当墙饰条偏移并内嵌墙中时，会从墙中剪切几何图形。
- 可剖切：选中此复选框，墙饰条由插入对象进行剖切。

7.1.3　叠层墙

Revit 包括用于为墙建模的“叠层墙”系统族，这些墙包含一面接一面叠放在一起的两面或多面子墙。子墙在不同的高度可以具有不同的墙厚度。叠层墙中的所有子墙都被附着，其几何图形相互连接。

具体步骤如下：

（1）单击“建筑”选项卡的“构建”面板中的“墙”按钮，打开“修改|放置墙”选项卡。

（2）在“属性”选项板中设置“叠层墙”为“外部-砌块勒脚砖墙”类型，如图 7-33 所示。

（3）在视图中绘制一段叠层墙体，如图 7-34 所示。

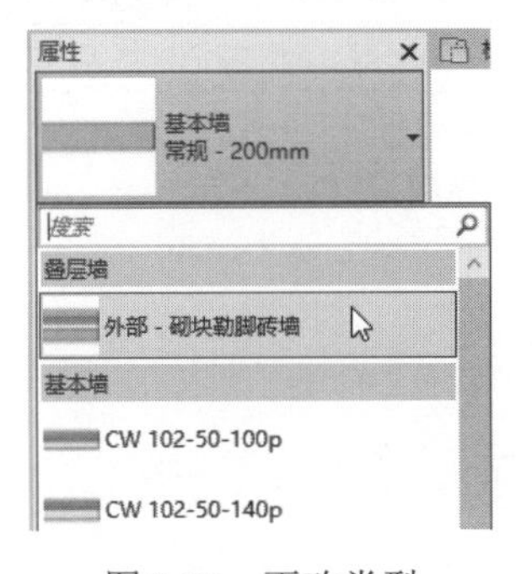

图 7-33　更改类型

图 7-34　叠层墙

（4）单击“编辑类型”按钮，打开“类型属性”对话框，如图 7-35 所示。单击“编辑”按钮，打开“编辑部件”对话框，单击“预览”按钮 << 预览(P)，预览当前墙体的结构，如图 7-36 所示。

（5）单击“插入”按钮 插入(I)，插入“外部-带砌块与金属立筋龙骨复合墙”，单击“向上”或“向下”按钮，调整位置，如图 7-37 所示。

（6）连续单击“确定”按钮，完成叠层墙的编辑，如图 7-38 所示。

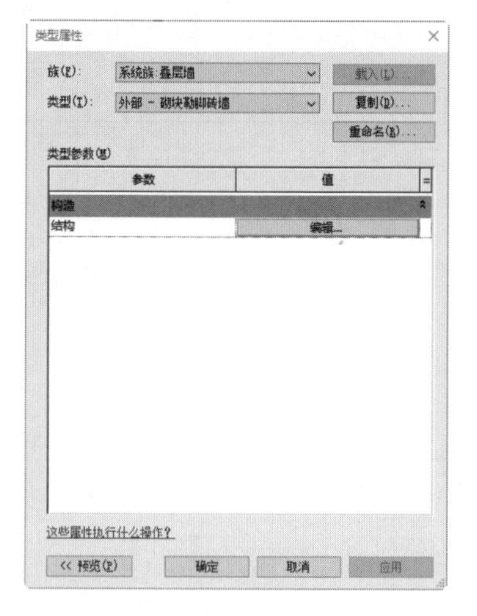

图 7-35 “类型属性”对话框

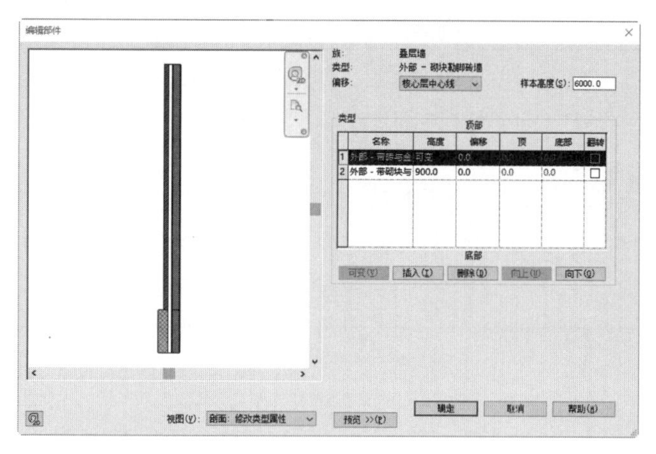

图 7-36 “编辑部件”对话框

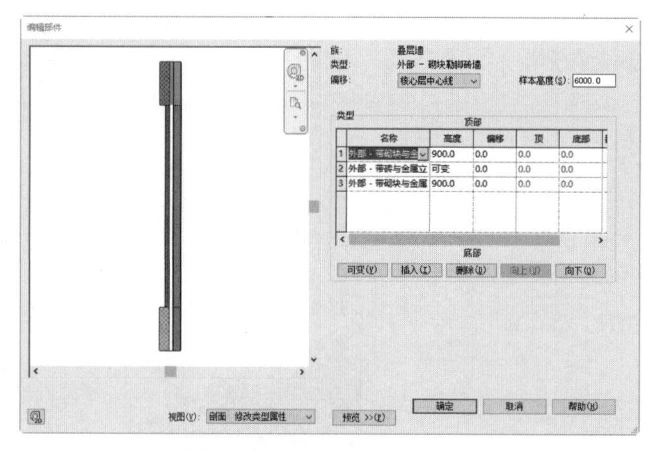

图 7-37 插入墙

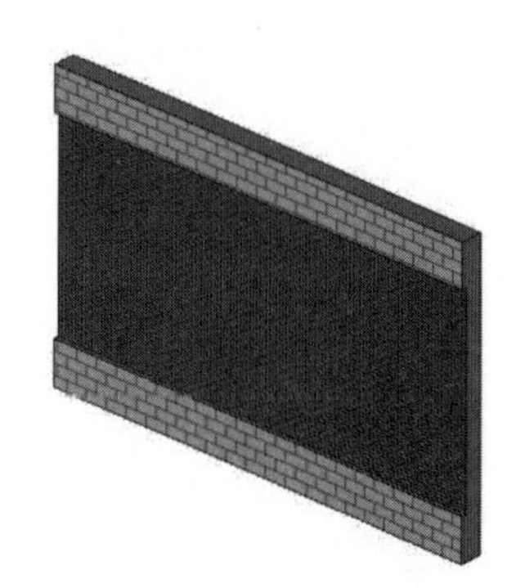

图 7-38 叠层墙

7.2 编辑墙体

7.2.1 修改墙形状

通过编辑墙的立面轮廓可以修改墙的形状或向墙添加洞口。要编辑墙的立面轮廓，视图必须平行，既可以是剖面视图也可以是立面视图，不能编辑弧形墙的立面轮廓。

具体步骤如下：

（1）在绘图区域中选取要编辑的墙体。

（2）单击“修改|墙”选项卡的“模式”面板中的“编辑轮廓”按钮，如果在平面视图

中选择了一面墙，将打开如图 7-39 所示的“转到视图”对话框，选择“立面：北”视图，单击“打开视图”按钮，将视图切换至北立面视图，并显示墙体的模型线，如图 7-40 所示。

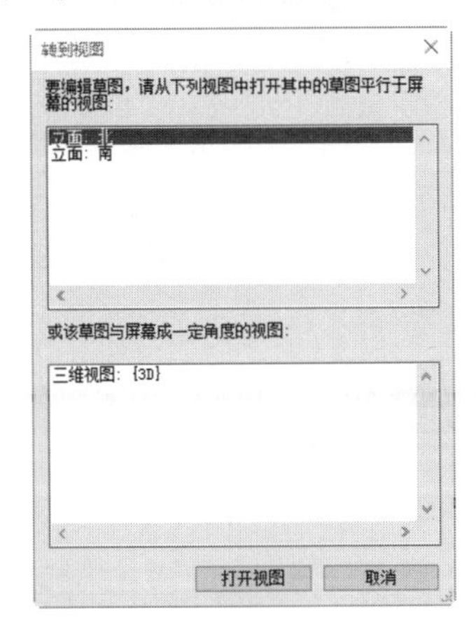

图 7-39　“转到视图”对话框

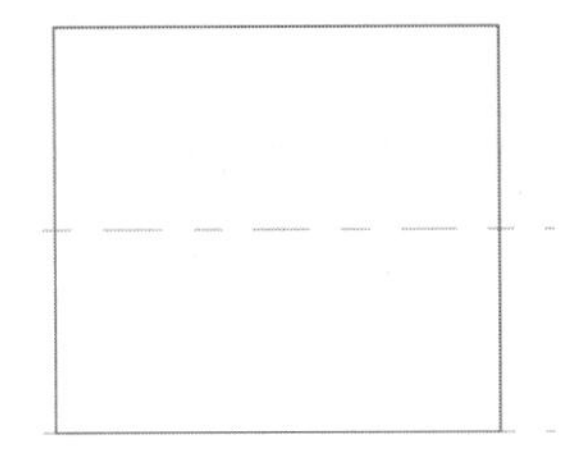

图 7-40　墙体轮廓

提示：

不能编辑弧形墙的立面轮廓。

（3）可以删除线，然后绘制完全不同的形状；也可以拆分现有线并添加圆弧，编辑后的轮廓如图 7-41 所示。

提示：

编辑矩形时，会显示基准平面，指明墙的原始形状和尺寸。如果所绘制的线捕捉到基准面，则这条线的端点将会自动与平面对齐，除非已明确取消它们之间的锁定；如果取消了对绘制线的锁定，则可以独立于基准面来修改它们；如果退出了草图模式，而绘制线依然对齐，这种情况下，当移动基准面操纵柄时，绘制线也会同时移动。

（4）单击“修改|编辑轮廓”选项卡的“模式”面板中的“完成编辑模式”按钮✔，完成墙体轮廓的编辑修改，将视图切换到三维视图。观察结果如图 7-42 所示。

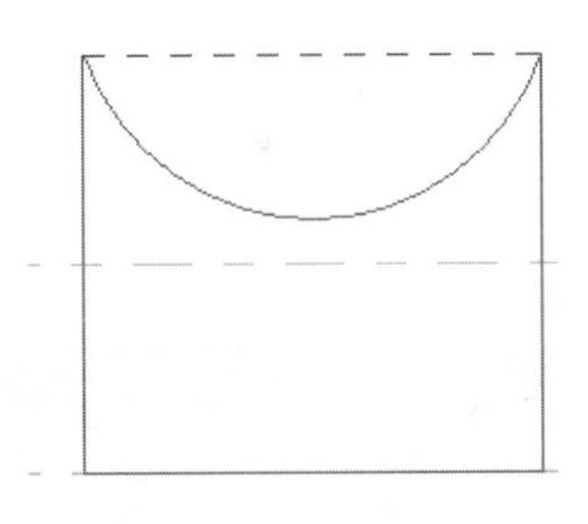

图 7-41　编辑轮廓

图 7-42　编辑轮廓后的墙体

（5）选取编辑后的墙体，单击“修改|墙”选项卡的“模式”面板中的“重设轮廓”按钮，将已编辑的墙轮廓恢复到其原始形状。

注意：

> 编辑附着到另一图元的墙的立面轮廓时，墙会暂时恢复为原始形状和高度。如果编辑一面附着到屋顶的墙的轮廓，此墙会采用其附着到屋顶前的无连接高度。

7.2.2 墙连接

墙相交时，Revit 默认情况下会创建平接连接，并通过删除墙与其相应构件层之间的可见边来清理平面视图中的显示。

具体步骤如下：

（1）单击“修改”选项卡的“几何图形”面板中的“墙连接”按钮，打开“墙连接”选项栏，如图 7-43 所示。

图 7-43 “墙连接”选项栏

（2）将光标移至墙连接上，然后单击显示的灰色方块。

（3）若要选择多个相交墙连接进行编辑，在按下 Ctrl 键的同时选择每个连接。

（4）在选项栏中选择连接类型为“平接”（默认连接类型）、“斜接”或“方接”，如图 7-44 所示。

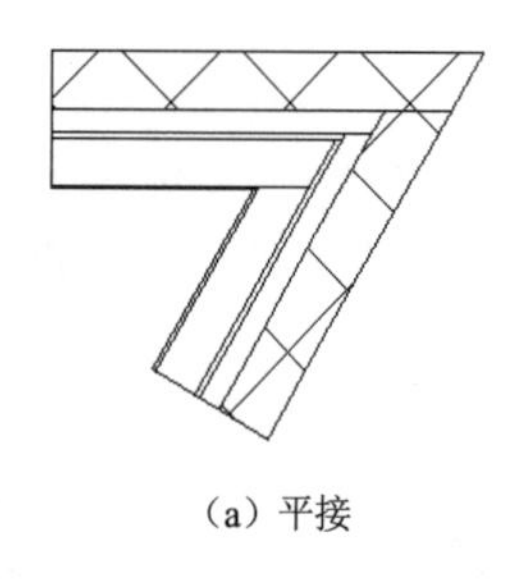

（a）平接

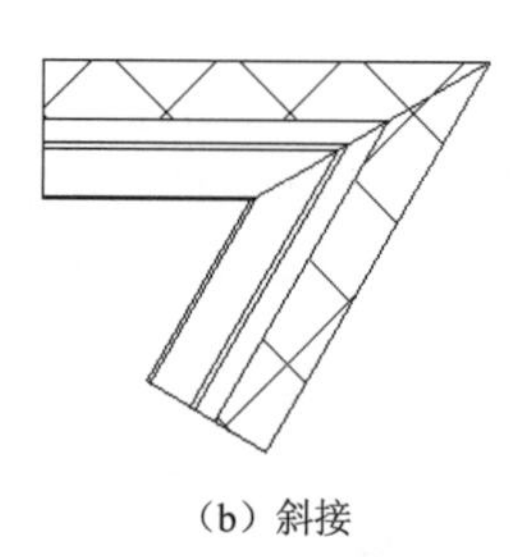

（b）斜接

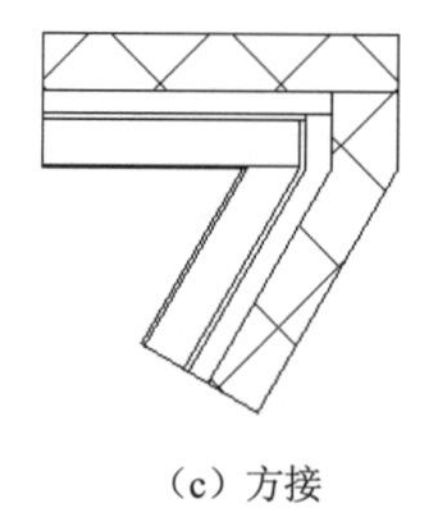

（c）方接

图 7-44 连接类型

（5）如果选定的连接类型为“平接”或“方接”，则可以单击“下一步”和“上一步”按钮。

（6）如果在选项栏中选中“允许连接”单选按钮，则在“显示”下拉列表中包含“清理连接”“不清理连接”和“使用视图设置”。

- 清理连接：显示平滑连接。选择连接进行编辑时，临时实线指定墙层实际在何处结束，如图 7-45 所示；退出“墙连接”工具且不打印时，这些线将消失。
- 不清理连接：显示墙端点针对彼此平接的情况，如图 7-46 所示。

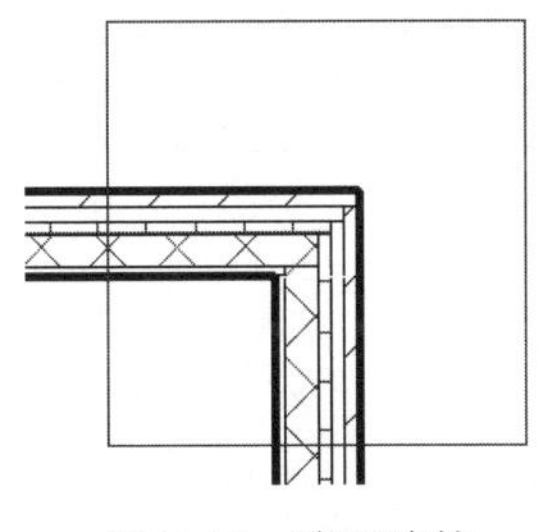

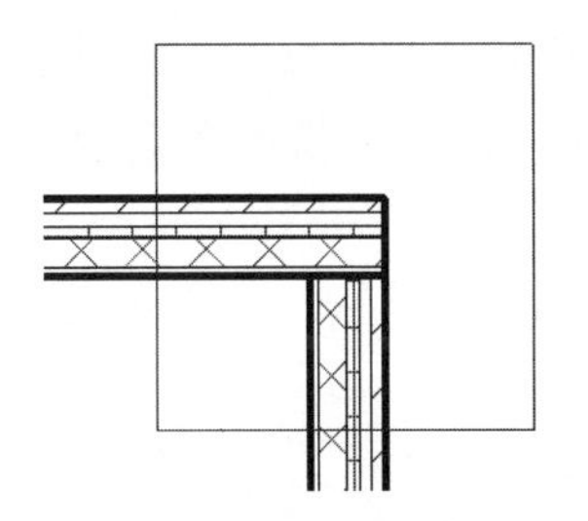

图 7-45 清理连接　　图 7-46 不清理连接

➘ 使用视图设置：按照视图的“墙连接显示”实例属性清理墙连接。此属性控制清理功能适用于所有的墙类型还是仅适用于同种类型的墙。

（7）如果在选项栏中选中“不允许连接”单选按钮，则指定相交墙的墙端点不连接。该单选按钮决定墙端点的连接行为，与墙放置位置无关。

7.3 墙 饰 条

在图纸中放置墙后，可以添加墙饰条或分隔缝、编辑墙的轮廓，以及插入主体构件，如门和窗。

7.3.1 绘制墙饰条

使用“墙：饰条”工具向墙中添加踢脚板、冠顶饰或其他类型的装饰用水平或垂直投影。具体步骤如下：

（1）打开 7.1.2 小节绘制的带装饰条的复合墙文件。

（2）单击“建筑”选项卡的“构建”面板中“墙”下拉列表下的“墙：饰条”按钮，打开“修改|放置 墙饰条”选项卡，如图 7-47 所示。

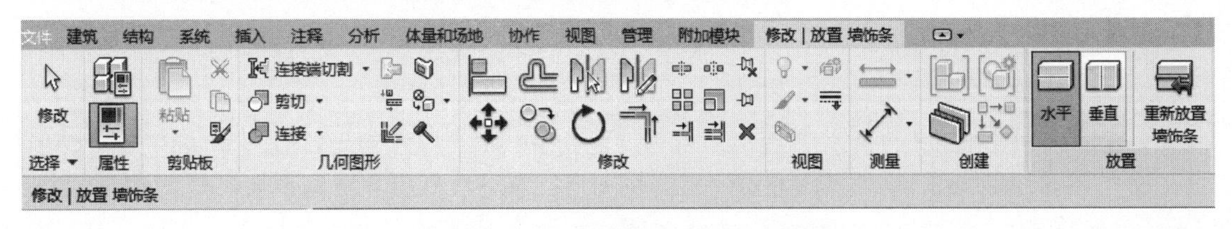

图 7-47 “修改|放置 墙饰条”选项卡

（3）在“属性”选项板中选择墙饰条的类型，默认为“檐口”，单击“编辑类型”按钮，打开如图 7-48 所示的“类型属性”对话框，可以修改现有墙饰条的轮廓或即将放置的墙饰条的轮廓。

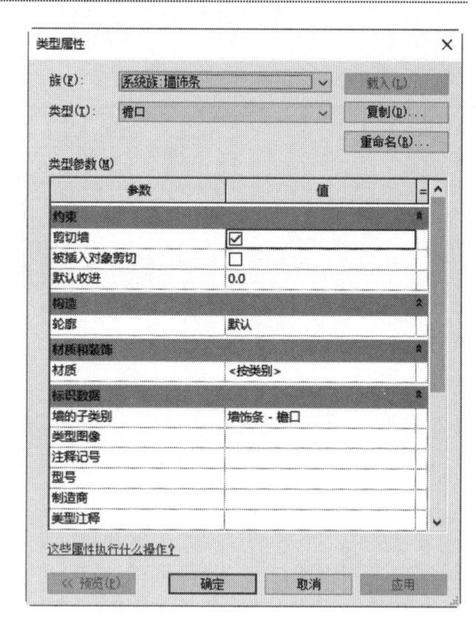

图 7-48 “类型属性”对话框

- 剪切墙：选中此复选框，指定在几何图形和主体墙发生重叠时，墙饰条是否会从主体墙中剪切掉几何图形。
- 被插入对象剪切：选中此复选框，指定门和窗等插入对象是否会从墙饰条中剪切掉几何图形。
- 默认收进：指定墙饰条从每个相交的墙附属件收进的距离。
- 轮廓：指定用于创建墙饰条的轮廓族。
- 材质：设置墙饰条的材质。
- 墙的子类别：默认情况下，墙饰条设置为墙的“墙饰条”子类别。在“对象样式”对话框中，可以创建新的墙子类别，并随后在此选择一种类别。

（4）在“修改|放置 墙饰条”选项卡中选择装饰条的方向为“水平”或“垂直”。

（5）将光标放在墙上以高亮显示墙饰条位置，如图 7-49 所示，单击以放置墙饰条。

（6）继续为相邻墙添加墙饰条，Revit 会在各相邻墙体上预选墙饰条的位置，如图 7-50 所示。

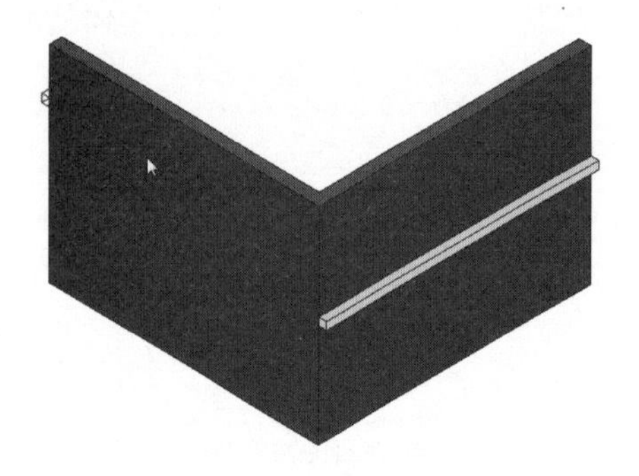

图 7-49 放置墙饰条

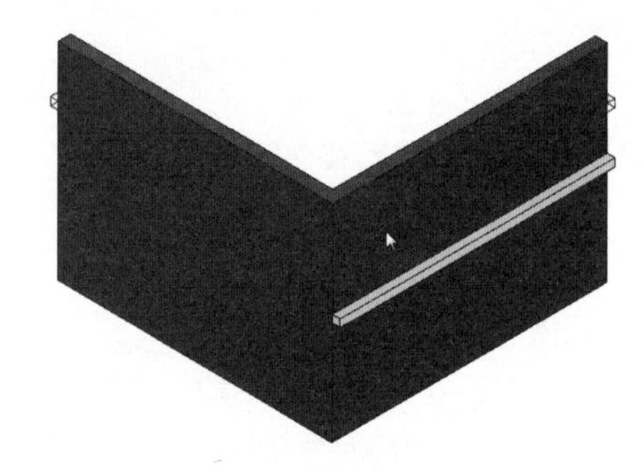

图 7-50 添加相邻墙饰条

扫一扫，看视频

动手学——创建别墅墙饰条

具体步骤如下：

（1）在项目浏览器中双击三维视图节点下的“三维”，将视图切换到三维视图。

（2）单击“建筑”选项卡的“构建”面板中“墙”下拉列表下的“墙：饰条”按钮，打开“修改|放置 墙饰条”选项卡，单击“放置”面板中的“水平”按钮。

（3）在“属性”选项板中单击“编辑类型”按钮，打开“类型属性”对话框，单击“材质”栏中的按钮，打开“材质浏览器”对话框，在“Autodesk 材质”栏的“地板材料”中选择“水磨石”材质，将其添加到项目材质列表中，在“图形”选项卡中选中“使用渲染外观”复选框，连续单击“确定”按钮。

（4）在墙体上选取第二层墙体的下边线放置墙饰条，在“属性”选项板中更改相对标高的偏移为 4397，结果如图 7-51 所示。

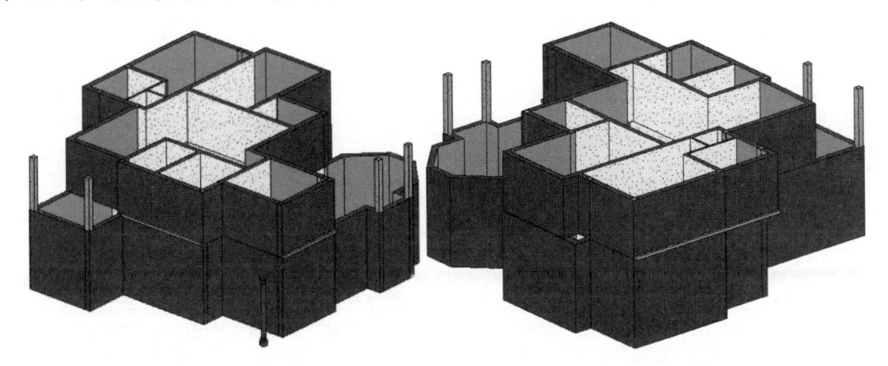

图 7-51　墙饰条

（5）选择“文件”→“新建”→“族”命令，打开“新族-选择样板文件”对话框，选择“公制轮廓.rft”文件，单击“打开”按钮，进入轮廓族创建界面。

（6）单击“创建”选项卡的“详图”面板中的“线”按钮，打开“修改|放置线”选项卡，单击“绘制”面板中的“线”按钮，绘制如图 7-52 所示的墙饰条轮廓。

（7）单击快速访问工具栏中的“保存”按钮，打开“另存为”对话框，输入文件名为“坡形外墙轮廓-450mm.rfa”，单击“保存”按钮，保存绘制的轮廓。

（8）单击“族编辑器”面板中的“载入到项目并关闭”按钮，关闭族文件进入到别墅绘图区。

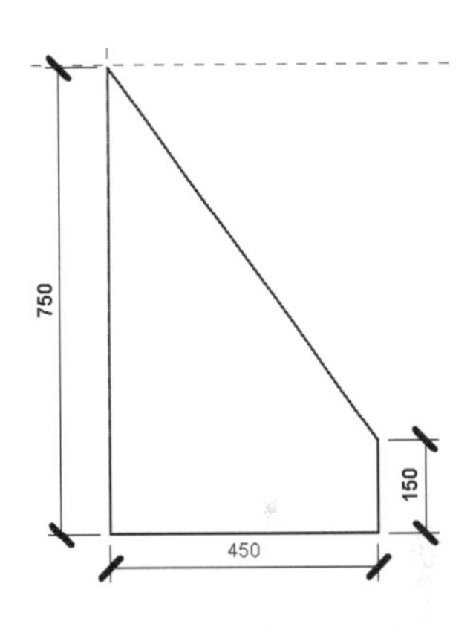

图 7-52　绘制墙饰条轮廓

（9）选取绘图区中露出来的结构柱，在“属性”选项板中更改“顶部标高”为 2F，更改结构柱的高度。

（10）单击“建筑”选项卡的“构建”面板中“墙”下拉列表下的“墙：饰条”按钮，打开“修改|放置 墙饰条”选项卡，单击“放置”面板中的“水平”按钮。

（11）在“属性”选项板中单击“编辑类型”按钮，打开“类型属性”对话框，单击“复制”按钮，新建“墙饰条 450mm”，在轮廓下拉列表中选择“坡形外墙轮廓-450mm”，其他采用默认设置，如图 7-53 所示，单击“确定”按钮。

（12）选取墙体边线放置墙饰条 450，如图 7-54 所示。

（13）重复步骤（2）～（7），绘制如图 7-55 所示的坡形外墙轮廓-600mm，在墙体上添加如图 7-56 所示的墙饰条 600mm。

（14）重复步骤（2）～（7），绘制如图 7-57 所示的坡形外墙轮廓-1000mm，在墙体上添加如图 7-58 所示的墙饰条 1000mm。

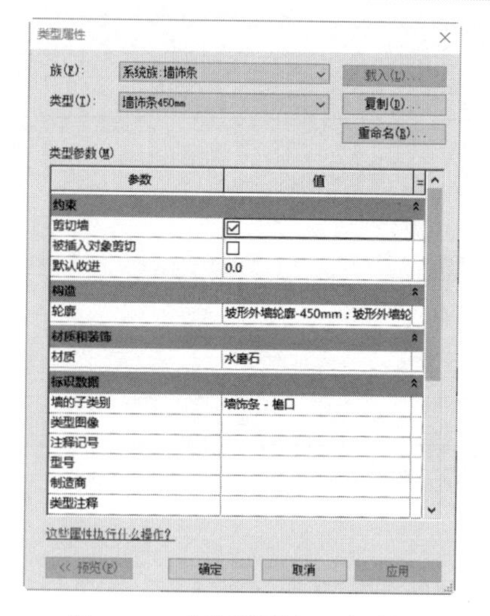

图 7-53 “类型属性”对话框

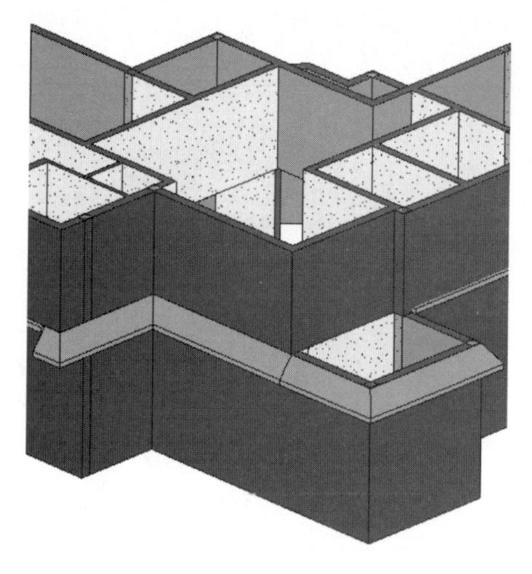

图 7-54 放置墙饰条 450

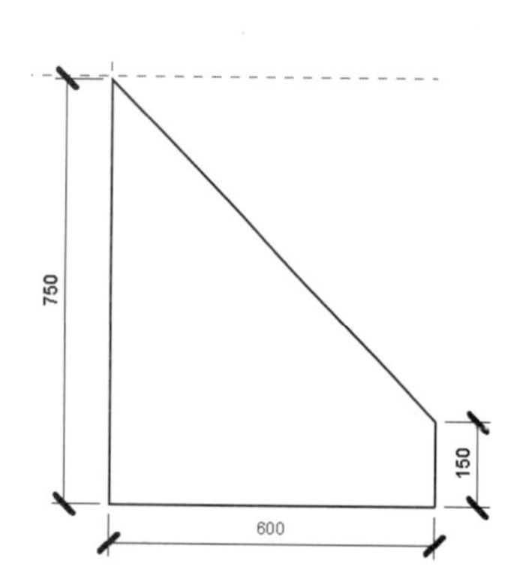

图 7-55 坡形外墙轮廓-600mm

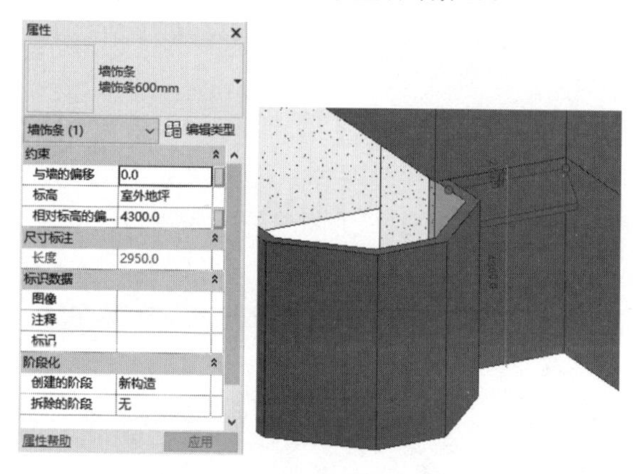

图 7-56 放置墙饰条 600mm

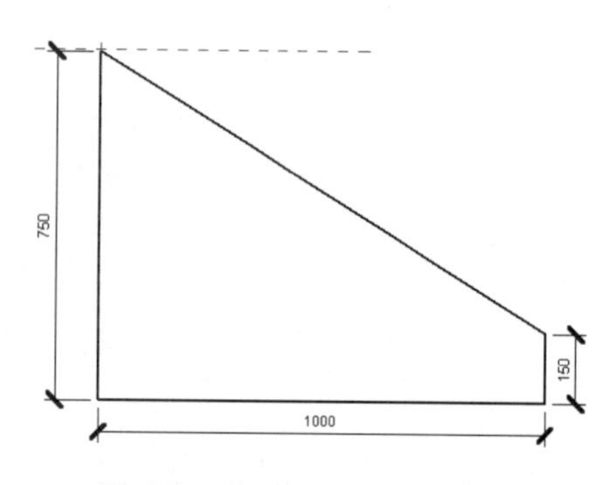

图 7-57 坡形外墙轮廓-1000mm

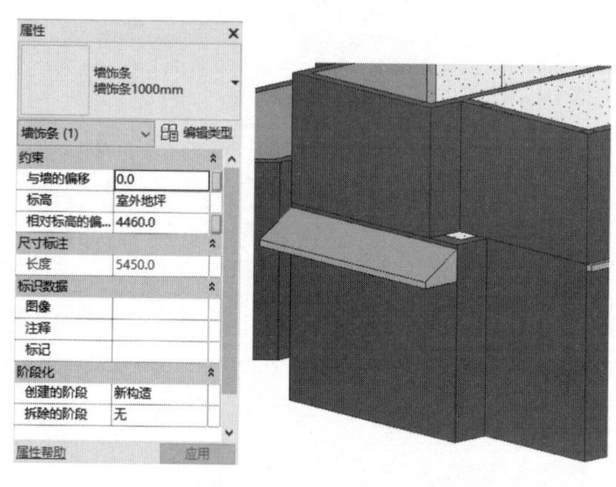

图 7-58 放置墙饰条 1000mm

7.3.2　编辑墙饰条

（1）若要在不同的位置放置墙饰条，则需要单击“放置”面板中的“重新放置装饰条”按钮，将光标移到墙上所需的位置，如图 7-59 所示。单击鼠标以放置墙饰条，结果如图 7-60 所示。

（2）选取墙饰条，可以拖动操纵柄来调整其大小，也可以单击“翻转”按钮调整位置，如图 7-61 所示。

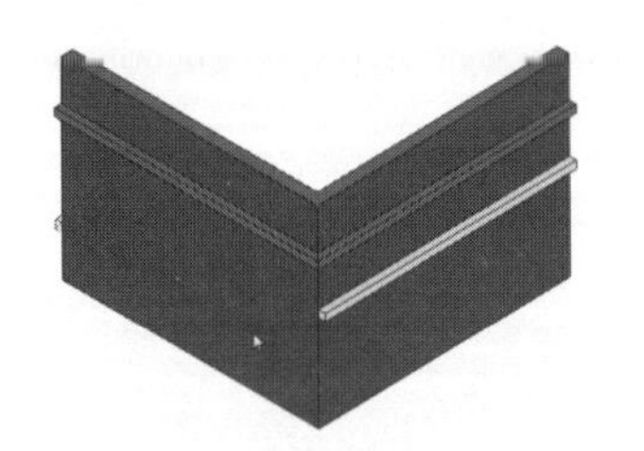

图 7-59　添加不同位置的墙饰条

图 7-60　放置墙饰条

图 7-61　调整墙饰条大小

注意：

如果在不同高度创建多个墙饰条，然后将这些墙饰条设置为同一高度，这些墙饰条将在连接处斜接。

7.4　分　隔　条

使用“分隔条”工具将装饰用水平或垂直剪切添加到立面视图或三维视图的墙中。

继续以上 3 节的实例。

（1）单击“建筑”选项卡的“构建”面板中“墙”下拉列表下的“墙：分隔条”按钮，打开“修改|放置 分隔条”选项卡，如图 7-62 所示。

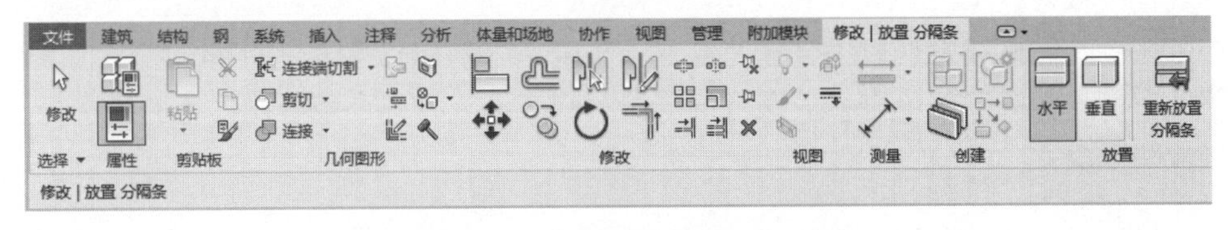

图 7-62　“修改|放置 分隔条”选项卡

（2）在“属性”选项板中选择分隔条的类型，默认为“檐口”。

（3）在“修改|放置 分隔条”选项卡中选择装饰条的方向为水平或垂直。

（4）将光标放在墙上以高亮显示分隔条位置，如图 7-63 所示，单击以放置分隔条。

（5）单击“放置”面板中的“垂直”按钮，放置竖直分隔条，如图 7-64 所示。

图 7-63　放置分隔条

图 7-64　添加竖直分隔条

（6）若要在不同的位置放置分隔条，则需要单击“放置”面板中的“重新放置分隔条”按钮，将光标移到墙上所需的位置，单击鼠标以放置分隔条。

7.5 幕　　墙

幕墙是建筑物的外墙围护，不承受主体结构载荷，像幕布一样挂上去，故又称为悬挂墙，是大型或高层建筑常用的带有装饰效果的轻质墙体。由结构框架与镶嵌板材组成，幕墙是不承担主体结构载荷与作用的建筑围护结构。

幕墙利用各种强劲、轻盈、美观的建筑材料取代传统的砖石或窗墙结合的外墙，通过包围在主结构的外围而使整栋建筑达到美观，使用功能健全而又安全的效果，简而言之，是给建筑穿上了一件漂亮的外衣。

7.5.1　绘制幕墙

在一般应用中，幕墙常常定义为薄的、带铝框的墙，包含填充的玻璃、金属嵌板或薄石。绘制幕墙时，单个嵌板可延伸墙的长度。如果所创建的幕墙具有自动幕墙网格，则该墙将被再分为几个嵌板。

在幕墙中，网格线定义放置竖梃的位置。竖梃是分割相邻窗单元的结构图元。可通过选择幕墙并右击访问关联菜单来修改该幕墙。在关联菜单上有几个用于操作幕墙的选项，例如选择嵌板和竖梃。

具体步骤如下：

（1）单击“建筑”选项卡的“构建”面板中的“墙”按钮，打开“修改|放置 墙”选项卡。

（2）从“属性”选项板的类型下拉列表中选择“幕墙”类型，此时“属性”选项板如图 7-65 所示。

- 底部约束：设置幕墙的底部标高，如“标高 1”。
- 底部偏移：输入幕墙距墙底定位标高的高度。

- 已附着底部：选中此复选框，指定幕墙底部附着到另一个模型构件上。
- 顶部约束：设置幕墙的顶部标高。
- 无连接高度：输入幕墙的高度值。
- 顶部偏移：输入距顶部标高的幕墙偏移量。
- 已附着顶部：选中此复选框，指定幕墙顶部附着到另一个模型构件，如屋顶等。
- 房间边界：选中此复选框，则幕墙将成为房间边界的组成部分。
- 与体量相关：选中此复选框，表示此图元是从体量图元创建的。
- 编号：如果将“垂直/水平网格样式”下的“布局”设置为“固定数量”，则可以在这里输入幕墙上放置幕墙网格的数量，最多为 200。
- 对正：确定在网格间距无法平均分割幕墙图元面的长度时，Revit 如何沿幕墙图元面调整网格间距。
- 角度：将幕墙网格旋转到指定角度。
- 偏移：从起始点到开始放置幕墙网格位置的距离。

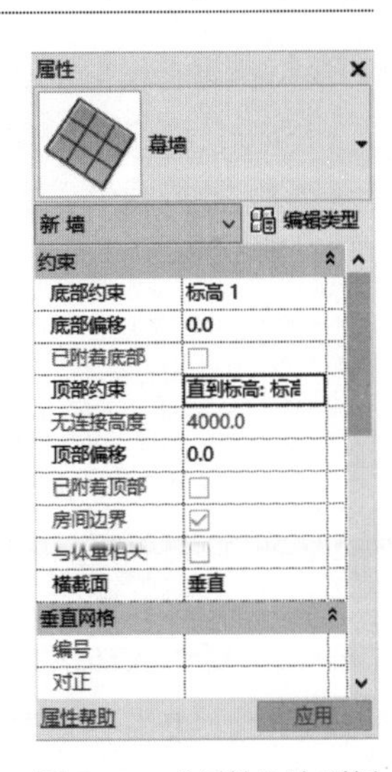

图 7-65　“属性”选项板

(3) 在默认情况下，系统自动选择“线”按钮，在选项栏或“属性”选项板中设置墙的参数。

(4) 在绘图区域中单击确定幕墙的起点，移动光标，在适当位置单击确定幕墙的终点，如图 7-66 所示。

(5) 单击“属性”选项板中的“编辑类型”按钮，打开如图 7-67 所示的“类型属性”对话框，修改类型属性来更改幕墙族的功能、连接条件、轴网样式和竖梃。

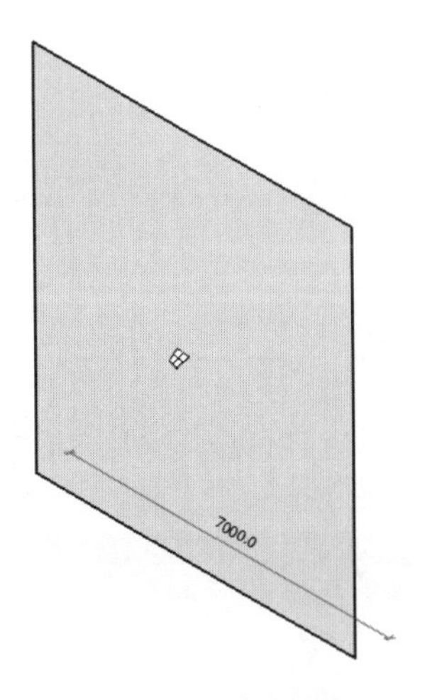

图 7-66　绘制幕墙

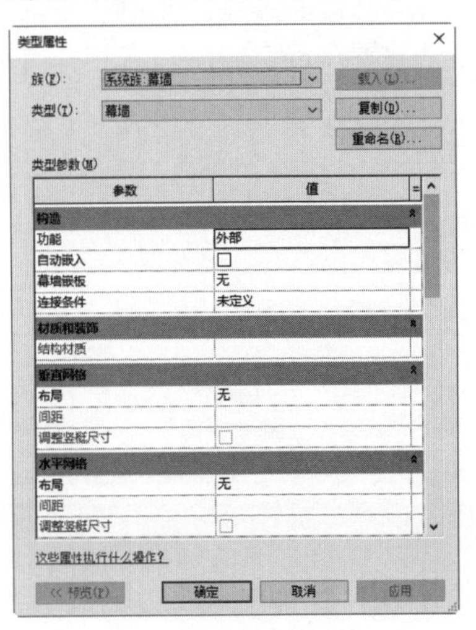

图 7-67　“类型属性”对话框

- 功能：指定墙的作用，包括外墙、内墙、挡土墙、基础墙、檐底板或核心竖井。
- 自动嵌入：指定幕墙是否自动嵌入墙中。
- 幕墙嵌板：设置幕墙图元的幕墙嵌板族类型。
- 连接条件：控制在某个幕墙图元类型中在交点处截断哪些竖梃。
- 布局：沿幕墙长度设置幕墙网格线的自动垂直/水平布局。
- 间距：当“布局”设置为“固定距离”或“最大间距”时启用。如果将布局设置为固定距离，则 Revit 将使用确切的“间距”值。如果将布局设置为最大间距，则 Revit 将使用不大于指定值的值对网格进行布局。
- 调整竖梃尺寸：调整从动网格线的位置，以确保幕墙嵌板的尺寸相等（如果可能）。有时放置竖梃时，尤其放置在幕墙主体的边界处时，可能会导致嵌板的尺寸不相等，即使“布局”的设置为“固定距离”也是如此。

（6）单击幕墙上的“配置网格布局”按钮，打开幕墙网格布局界面，可以以图形方式修改面的实例参数值，如图 7-68 所示。

- 1：对正原点。单击箭头可修改网格的对正方案。水平箭头用于修改垂直网格的对正。垂直箭头用于修改水平网格的对正。
- 2：原点和角度（垂直幕墙网格）。单击控制柄可修改相应的值。
- 3：原点和角度（水平幕墙网格）。单击控制柄可修改相应的值。

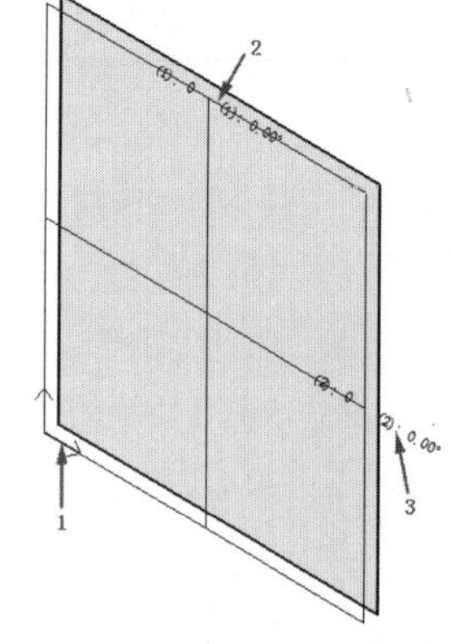

图 7-68　幕墙网格布局界面

7.5.2　幕墙网格

幕墙网格主要控制整个幕墙的划分，横梃、竖梃及幕墙嵌板都要基于幕墙网格建立。如果绘制了不带自动网格的幕墙，则可以手动添加网格。

将幕墙网格放置在墙、玻璃斜窗和幕墙系统上时，幕墙网格将捕捉到可见的标高、网格和参照平面。另外，在选择公共角边缘时，幕墙网格将捕捉到其他幕墙网格。

具体步骤如下：

（1）单击“建筑”选项卡的“构建”面板中的“幕墙 网格”按钮，打开“修改|放置 幕墙网格”选项卡，如图 7-69 所示。

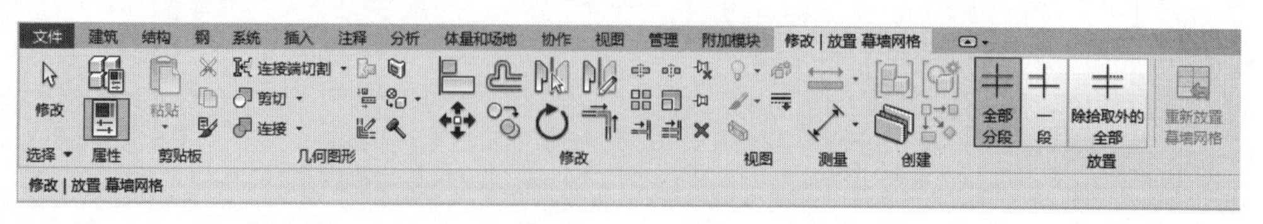

图 7-69　“修改|放置 幕墙网格”选项卡

- 全部分段：单击此按钮，添加整条网格线。
- 一段：单击此按钮，添加一段网格线细分嵌板。

- 除拾取外的全部：单击此按钮，先添加一条红色的整条网格线，然后再单击某段删除，其余的嵌板添加网格线。

（2）在选项卡中选择放置类型。

（3）沿着墙体边缘移动光标，会出现一条临时网格线，如图 7-70 所示。

（4）在适当位置单击放置网格线，继续绘制其他网格线，如图 7-71 所示。

（5）选中幕墙中的网格线，可以拖动网格线改变位置，如图 7-72 所示；也可以输入尺寸值更改距离，如图 7-73 所示。

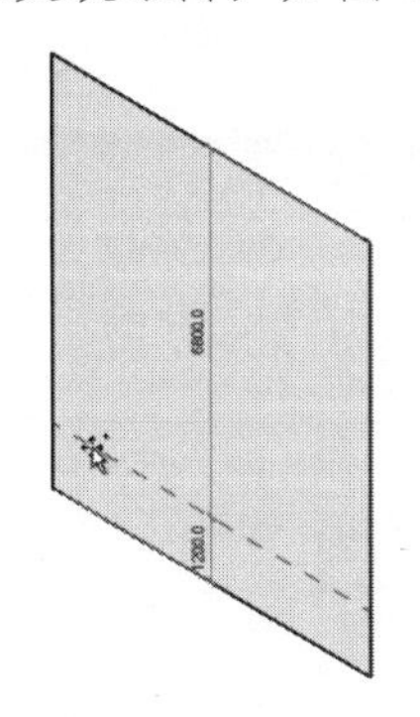

图 7-70　临时网格线

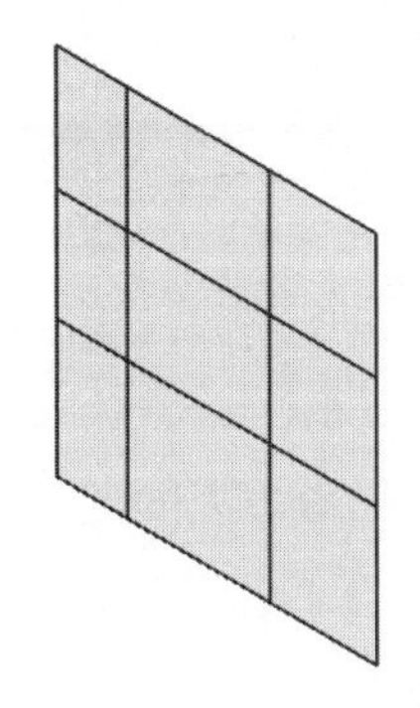

图 7-71　绘制幕墙网格

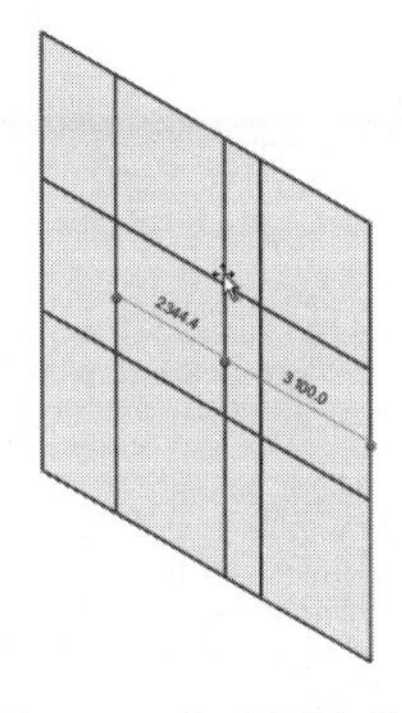

图 7-72　拖动网格线

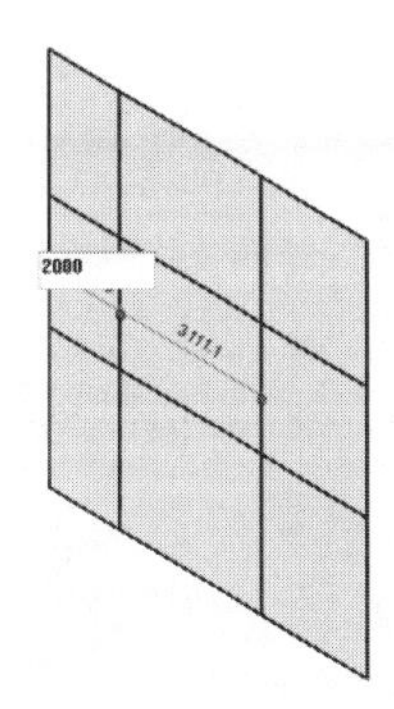

图 7-73　更改距离

（6）选中幕墙中的网格线，打开“修改|幕墙网格”选项卡，单击“幕墙网格”面板中的“添加/删除线段”按钮，然后在绘图区中单击不需要的网格线，网格线即被删除，如图 7-74 所示。删除线段时，相邻嵌板连接在一起。

7.5.3　竖梃

幕墙竖梃是幕墙的龙骨，是根据幕墙网格来创建的，如图 7-75 所示。将竖梃添加到网格上时，竖梃将自动调整其尺寸，以便与网格拟合。如果将竖梃添加到内部网格上，竖梃将位于网格的中心处；如果将竖梃添加到周长网格，竖梃会自动对齐，防止跑到幕墙以外。

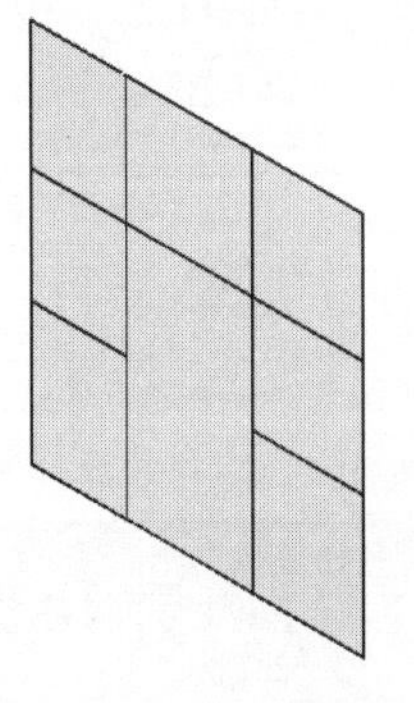

图 7-74　删除网格线

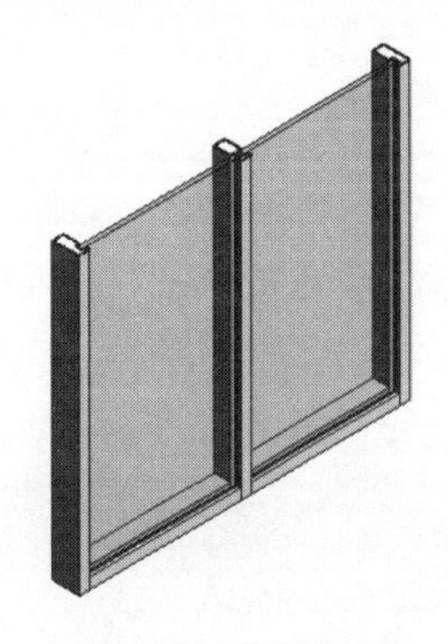

图 7-75　幕墙竖梃

具体步骤如下：

（1）单击“建筑”选项卡的“构建”面板中的“竖梃”按钮，打开“修改|放置 竖梃”选项卡，如图 7-76 所示。

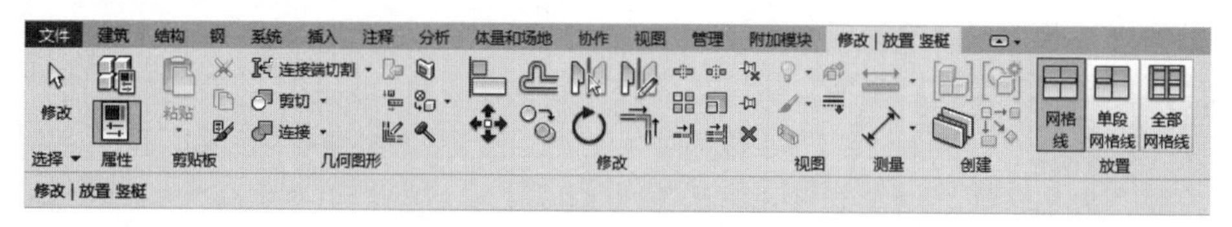

图 7-76　“修改|放置 竖梃”选项卡

（2）在选项卡中选择竖梃的放置方式，包括网格线、单段网格线、全部网格线。这里单击“全部网格线”按钮，选择全部网格线放置方式。

- 网格线：创建当前选中的连续的水平或垂直的网格线，从头到尾创建，如图 7-77 所示。
- 单段网格线：创建当前所选网格中的一段竖梃，如图 7-78 所示。

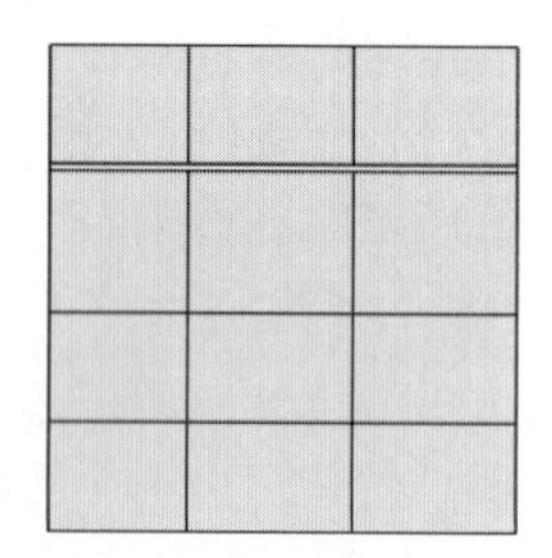

图 7-77　网格线竖梃

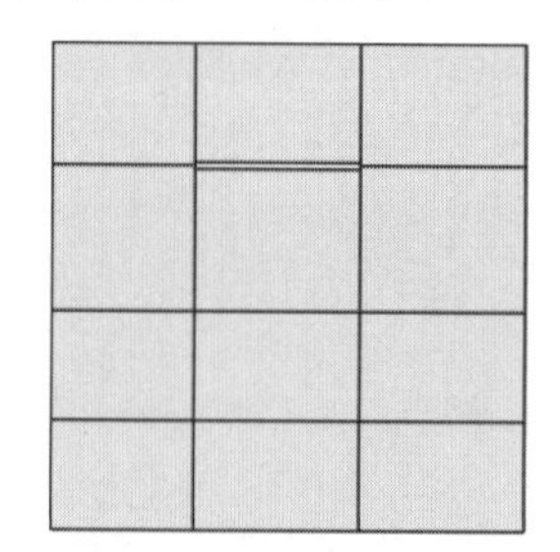

图 7-78　单段网格线竖梃

- 全部网格线：创建当前幕墙中所有网格线上的竖梃，如图 7-79 所示。

（3）在“属性”选项板的类型下拉列表中选择竖梃类型，这里选择“矩形竖梃 30mm 正方形”类型，如图 7-80 所示。

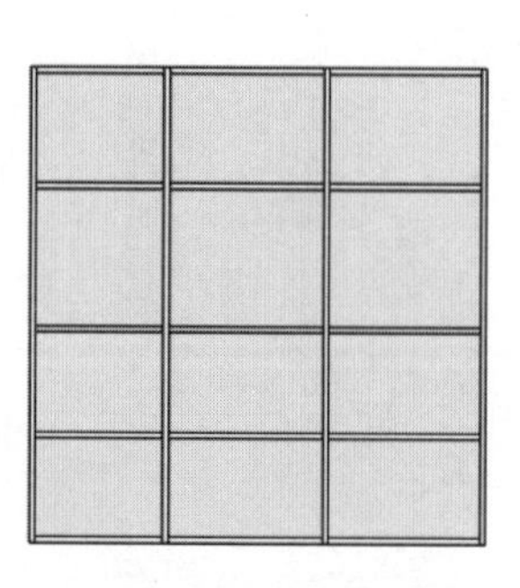

图 7-79　全部网格线竖梃

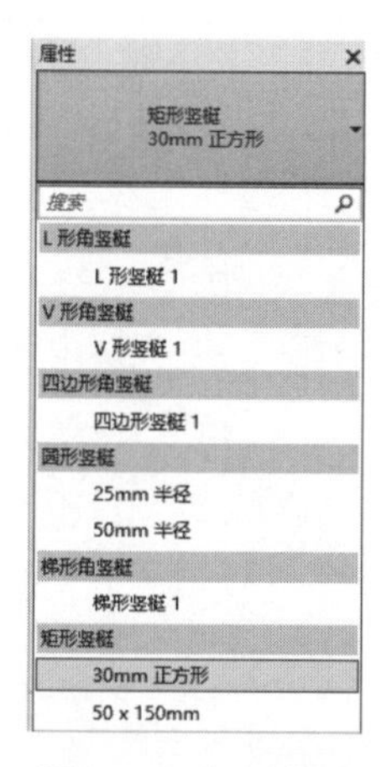

图 7-80　竖梃类型

- L 形角竖梃：幕墙嵌板或玻璃斜窗与竖梃的支脚端部相交，如图 7-81 所示。可以在竖梃的类型属性中指定竖梃支脚的长度和厚度。
- V 形角竖梃：幕墙嵌板或玻璃斜窗与竖梃的支脚侧边相交，如图 7-82 所示。可以在竖梃的类型属性中指定竖梃支脚的长度和厚度。

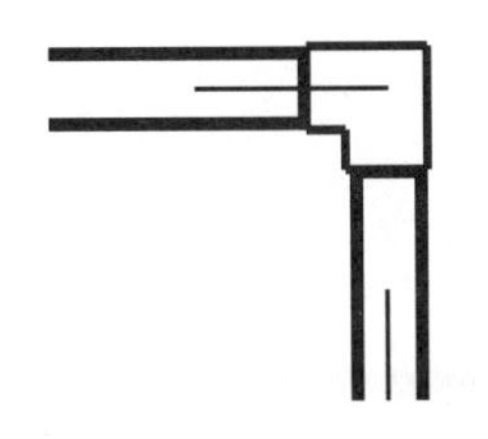

图 7-81　L 形角竖梃

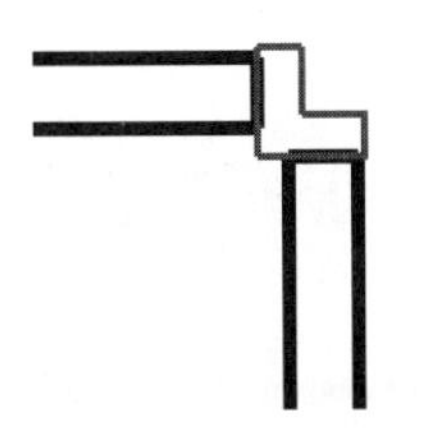

图 7-82　V 形角竖梃

- 四边形角竖梃：幕墙嵌板或玻璃斜窗与竖梃的支脚侧边相交。如果两个竖梃部分相等并且连接不是 90° 角，则竖梃会呈现出风筝的形状，如图 7-83（a）所示；如果连接角度为 90° 并且各部分不相等，则竖梃是矩形的，如图 7-83（b）所示；如果两个部分相等并且连接处是 90° 角，则竖梃是正方形的，如图 7-83（c）所示。可以通过定义各个支架的长度、偏移和竖梃厚度来创建四边形角竖梃。

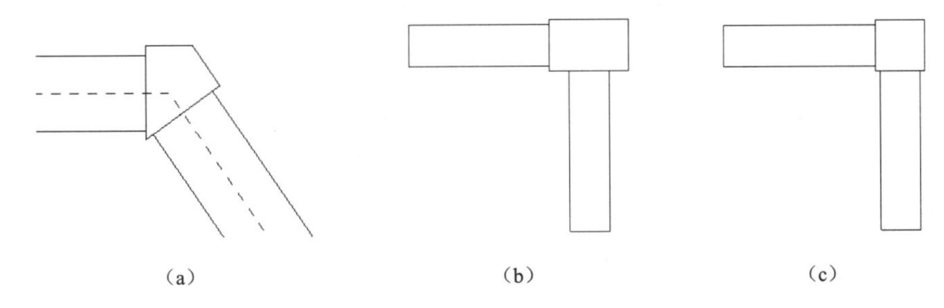

图 7-83　四边形角竖梃

- 圆形竖梃：常作为幕墙嵌板之间分隔或幕墙边界，可以通过定义竖梃的半径及距离幕墙嵌板的偏移来创建圆形竖梃，如图 7-84 所示。
- 梯形角竖梃：幕墙嵌板或玻璃斜窗与竖梃的侧边相交，如图 7-85 所示。可以在竖梃的类型属性中指定沿着与嵌板相交的侧边的中心宽度和长度，也可以通过定义中心宽度、深度、偏移和厚度来创建梯形角竖梃。

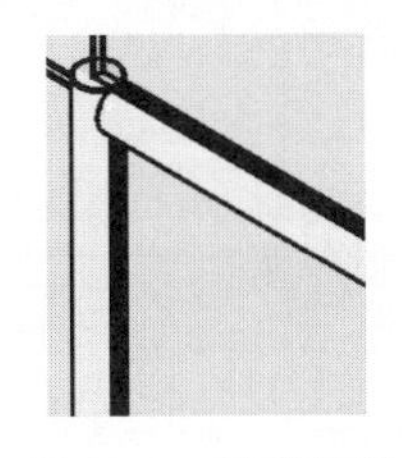

图 7-84　圆形竖梃

图 7-85　梯形角竖梃

- 矩形竖梃：常作为幕墙嵌板之间分隔或幕墙边界，可以通过定义角度、偏移、轮廓、位置和其他属性来创建矩形竖梃，如图 7-86 所示。

（4）单击“修改|放置 竖梃”选项卡的“放置”面板中的“单段网格线”按钮，在绘图中选取网格线添加竖梃，如图 7-87 所示。

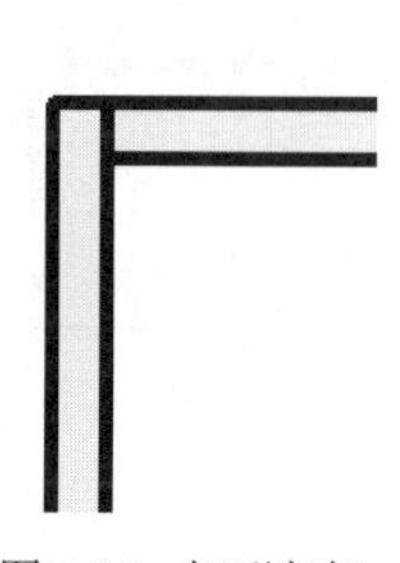

图 7-86　矩形竖梃

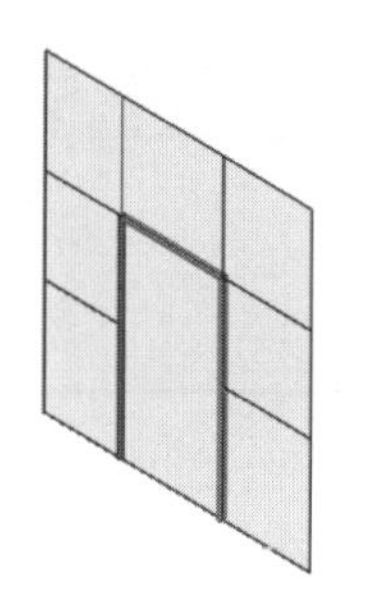

图 7-87　添加竖梃

（5）可以更改竖梃在交点处的连接方式。在绘图区中选取竖梃，打开“修改|幕墙竖梃”选项卡，如图 7-88 所示。

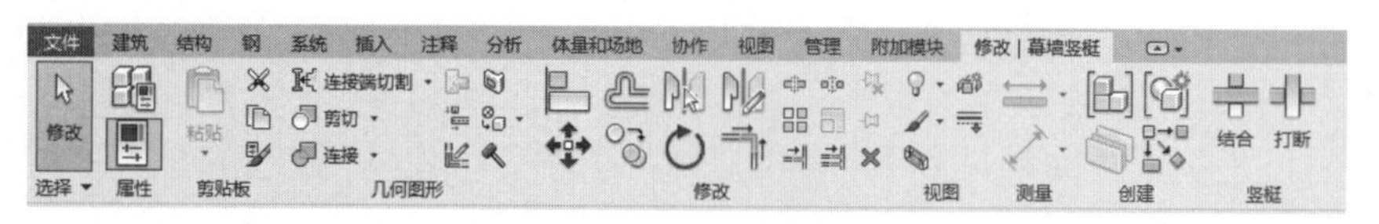

图 7-88　“修改|幕墙竖梃”选项卡

- 结合：使用此工具，可在连接处延伸竖梃的端点，以便将竖梃显示为一个连续的竖梃，如图 7-89 所示。
- 打断：使用此工具，可在连接处修剪竖梃的端点，以便将竖梃显示为单独的竖梃，如图 7-90 所示。

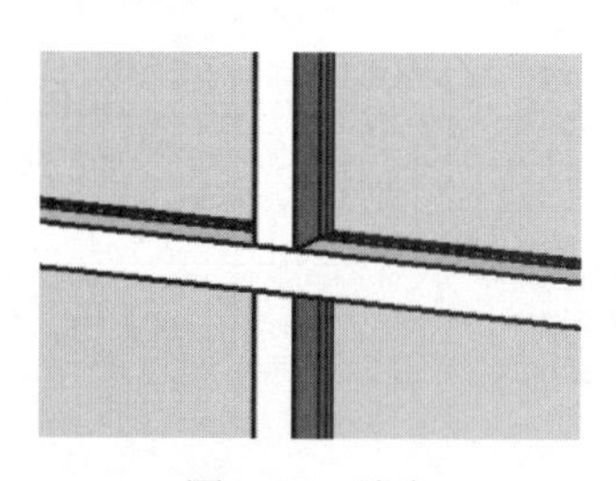

图 7-89　结合

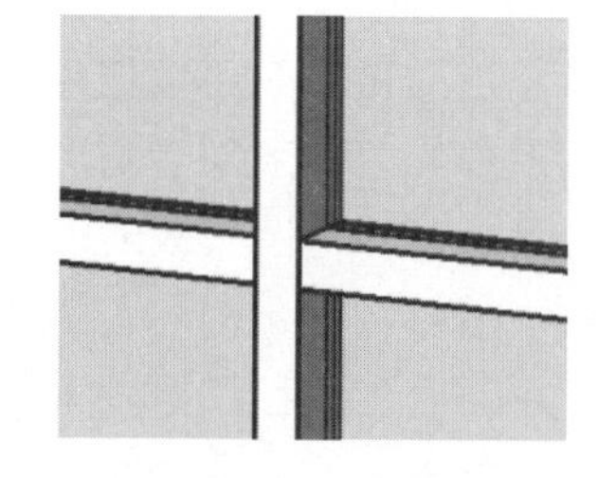

图 7-90　打断

扫一扫，看视频

动手学——创建别墅幕墙

具体步骤如下：

（1）在项目浏览器中双击楼层平面节点下的 2F，将视图切换到 2F 楼层平面视图。

（2）单击“建筑”选项卡的“构建”面板中的“墙”按钮，在“属性”选项板中选择

“幕墙”类型，单击“编辑类型”按钮⊞，打开“类型属性”对话框，选中“自动嵌入”复选框，选择“幕墙嵌板”为“系统嵌板：玻璃”，选择“连接条件”为“边界和垂直网格连续”，分别设置“垂直网格”和“水平网格”的“布局”为“最大间距”，“间距”均为4000，分别设置“垂直竖梃”和“水平竖梃”的“内部类型”“边界1类型”“边界2类型”为“矩形竖梃：50×150mm”，其他采用默认设置，如图7-91所示，然后连续单击“确定”按钮。

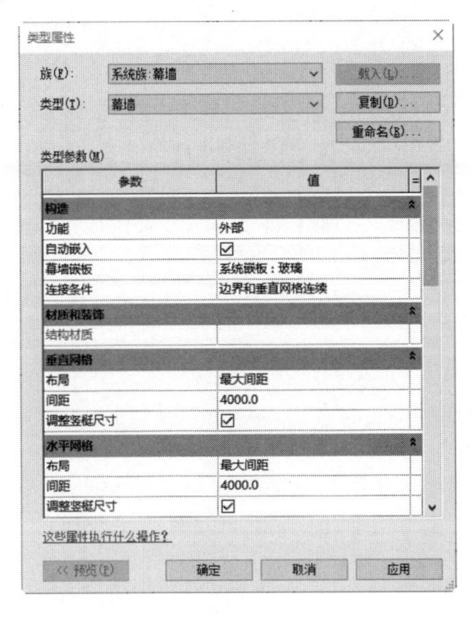

(a)

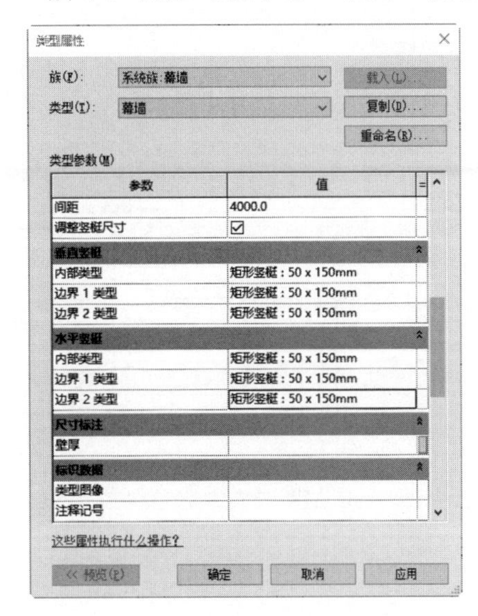

(b)

图7-91 设置幕墙参数

(3) 在“属性”选项板中设置“底部约束”为2F，“底部偏移”为0，“顶部约束”为“未连接”，“无连接高度”为2500，其他采用默认设置。

(4) 在如图7-92所示的位置绘制幕墙，并修改临时尺寸。

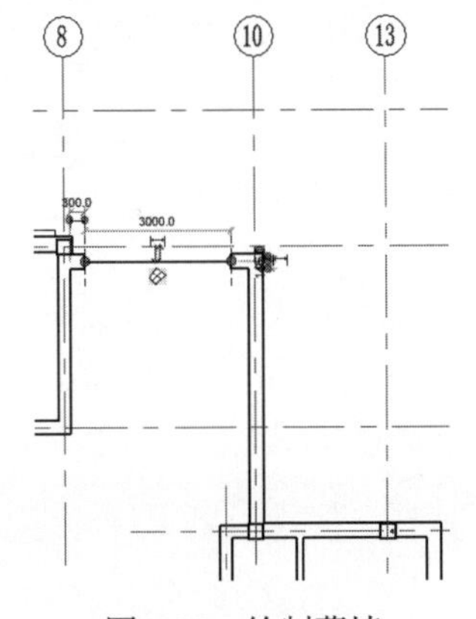

图7-92 绘制幕墙

（5）采用相同的方法，在如图 7-93 所示的位置绘制幕墙，并修改临时尺寸。

（6）在项目浏览器的立面（建筑立面）节点下双击“北”，将视图切换到北立面视图。

（7）单击“建筑”选项卡的“构建”面板中的“幕墙网格”按钮，在选项卡中单击“全部分段”按钮，在幕墙上绘制网格线，自动沿着网格线创建竖梃，如图 7-94 所示。

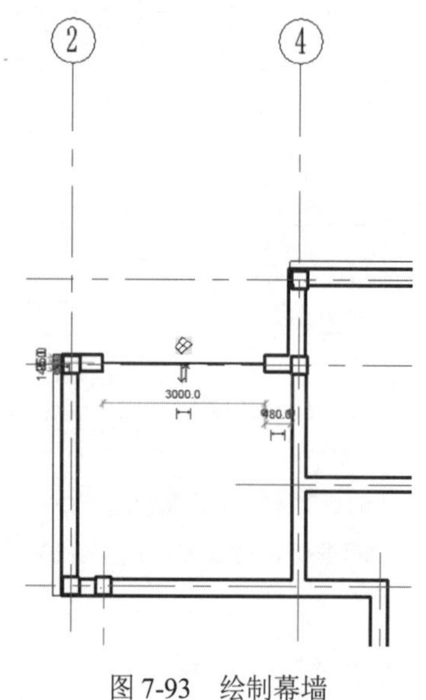

图 7-93　绘制幕墙

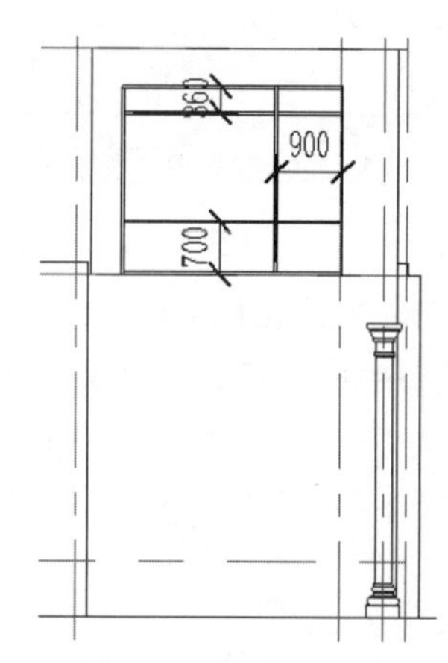

图 7-94　绘制网格线

（8）选取第（7）步绘制的垂直竖梃，在打开的“修改|幕墙网格”选项卡中单击“添加/删除线段”按钮，拾取竖梃的下端和上端，将其删除，如图 7-95 所示。

（9）采用相同的方法在另一个幕墙上创建相同尺寸的竖梃，结果如图 7-96 所示。

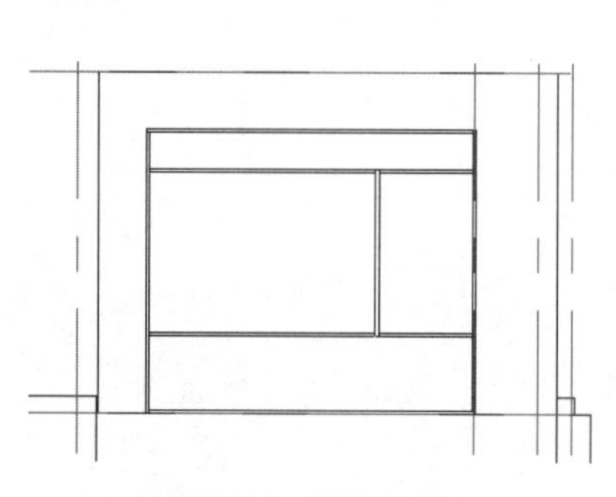

图 7-95　删除竖梃

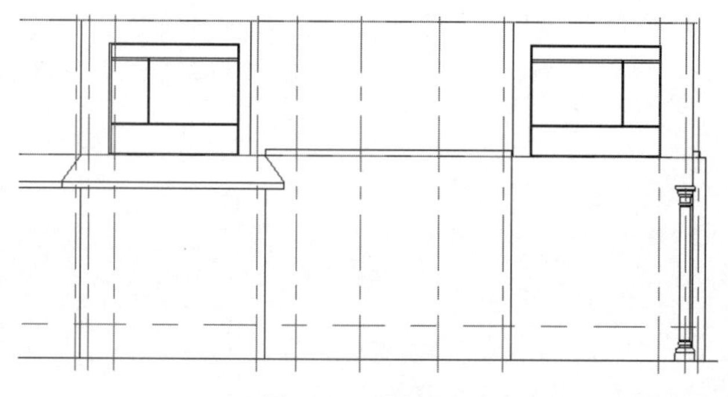

图 7-96　绘制竖梃

第 8 章　楼 板 设 计

楼板、天花板是建筑的普遍构成要素，本章将介绍这几种要素的创建工具的使用方法。

- 建筑楼板
- 天花板

案例效果

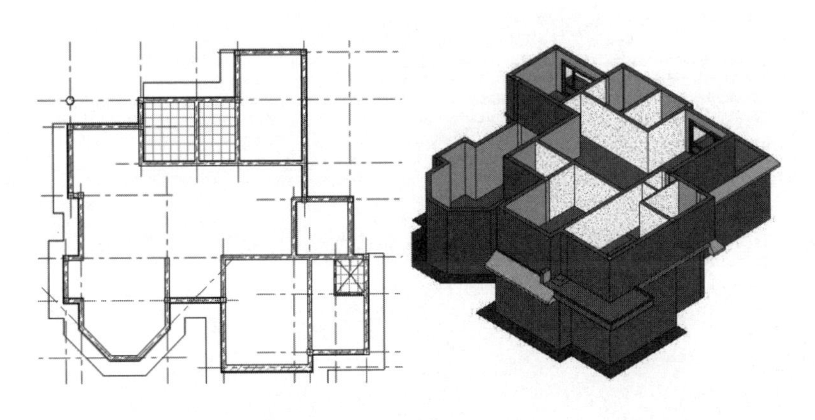

8.1　建 筑 楼 板

楼板是一种分隔承重构件，是楼板层中的承重部分，它将房屋垂直方向分隔为若干层，并把人和家具等竖向荷载及楼板自重通过墙体、梁或柱传给基础。

建筑楼板是楼地面层中的面层，是室内装修中的地面装饰层，其构建方法与结构楼板相同，只是楼板的构造不同。

可通过拾取墙或使用绘制工具定义楼板的边界来创建楼板。通常在平面视图中绘制楼板，当三维视图的工作平面设置为平面视图时，也可以使用该三维视图绘制楼板。楼板会沿绘制时所处的标高向下偏移。

8.1.1　绘制建筑楼板

具体步骤如下：

（1）单击“建筑”选项卡的“构建”面板中“楼板”下拉列表中的“楼板：建筑”按

钮，打开“修改|创建楼层边界”选项卡，如图 8-1 所示。

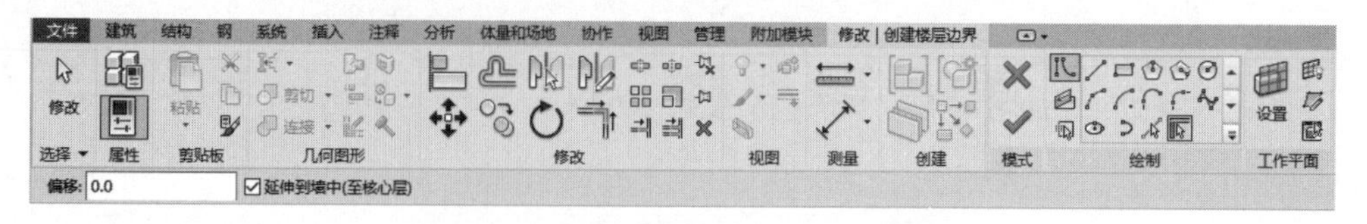

图 8-1 “修改|创建楼层边界”选项卡

（2）在选项栏中输入“偏移”为 0，在“属性”选项板中选择“楼板常规-150mm”类型，如图 8-2 所示。

- 标高：放置楼板的标高。
- 自标高的高度偏移：指定楼板顶部相对于标高参数的高程。
- 房间边界：表明楼板是房间边界图元。
- 与体量相关：指定此图元是从体量图元创建的。
- 结构：指定此图元有一个分析模型。选中此复选框表示楼板为结构型。
- 坡度：将坡度定义线修改为指定值，而无须编辑草图。
- 周长：指定楼板的周长。
- 面积：指定楼板的面积。
- 体积：指定楼板的体积。
- 顶部高程：指定用于对楼板顶部进行标记的高程。这是一个只读参数，它报告倾斜平面的变化。

（3）单击“编辑类型”按钮，打开“类型属性”对话框，如图 8-3 所示。单击“复制”按钮，打开“名称”对话框，输入“名称”为“瓷砖地板”，单击“确定”按钮。

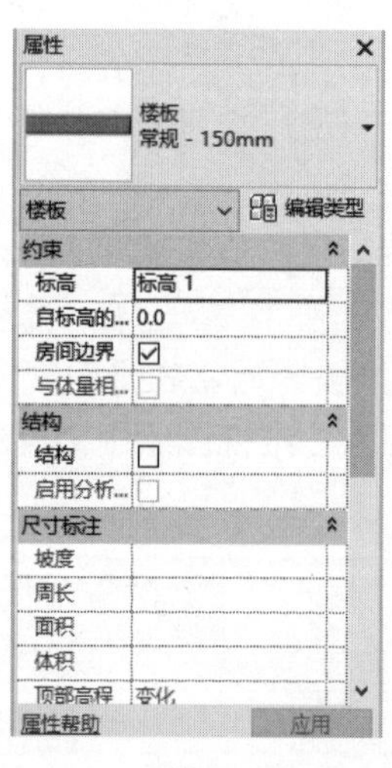

图 8-2 “属性”选项板

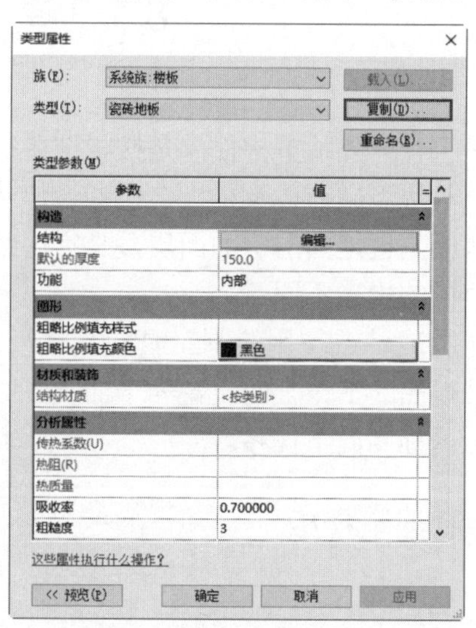

图 8-3 “类型属性”对话框

- 结构：创建复合楼板合成。
- 默认的厚度：指定楼板类型的厚度，通过累加楼板层的厚度得出。
- 功能：指定楼板是内部的还是外部的。
- 粗略比例填充样式：指定粗略比例视图中楼板的填充样式。
- 粗略比例填充颜色：为粗略比例视图中的楼板填充图案应用颜色。
- 结构材质：为图元结构指定材质。此信息可包含于明细表中。
- 传热系数（U）：用于计算热传导，通常通过流体和实体之间的对流和阶段变化。
- 热阻（R）：用于测量对象或材质抵抗热流量（每时间单位的热量或热阻）的温度差。
- 热质量：对建筑图元蓄热能力进行测量的一个单位，是每个材质层质量和指定热容量的乘积。
- 吸收率：对建筑图元吸收辐射能力进行测量的一个单位，是吸收的辐射与事件总辐射的比率。
- 粗糙度：表示表面粗糙度的一个指标，其值为 1~6（其中 1 表示粗糙，6 表示平滑，3 是大多数建筑材质的典型粗糙度）。

（4）单击“编辑”按钮，打开“编辑部件”对话框，如图 8-4 所示。单击“插入”按钮插入(I)，插入新的层并更改“功能”为“面层 1[4]”，单击“材质”中的“浏览”按钮，打开“材质浏览器”对话框，选择“瓷砖，机制”材质并添加到文档中，选中“使用渲染外观”复选框，单击表面填充图案前景中“图案”区域，打开“填充样式”对话框，选择“交叉线 5mm”，如图 8-5 所示，单击“确定”按钮。

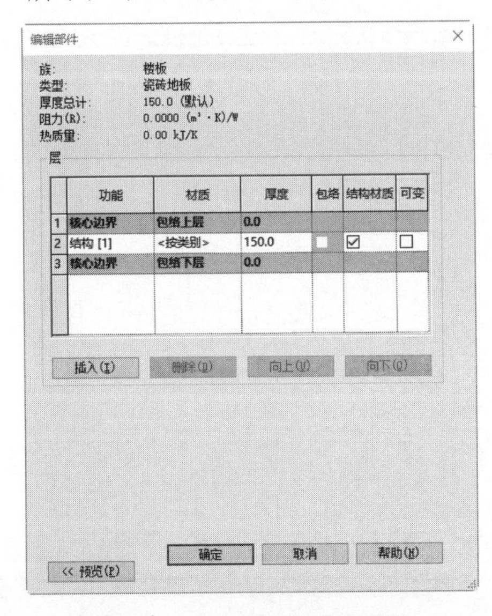

图 8-4　“编辑部件”对话框

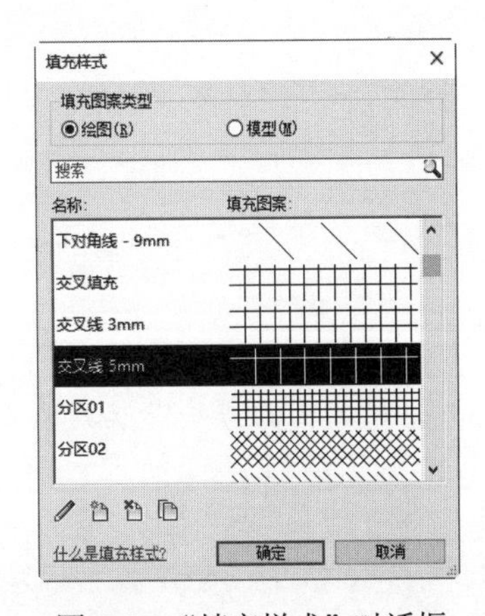

图 8-5　“填充样式”对话框

（5）返回“材质浏览器”对话框，其他采用默认设置，如图 8-6 所示，单击“确定”按钮。

（6）返回到“编辑部件”对话框，设置“面层 1[4]”的“厚度”为 50，“结构[1]”的“厚度”为 100，并调整“面层 1[4]”的位置，如图 8-7 所示，连续单击“确定”按钮。

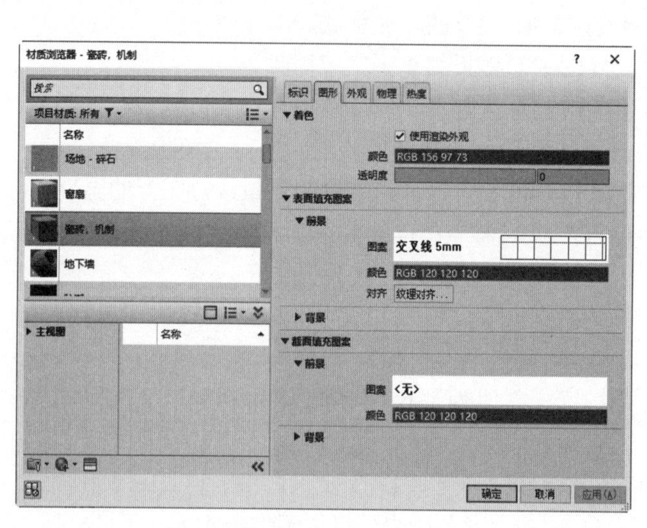

图 8-6 “材质浏览器”对话框

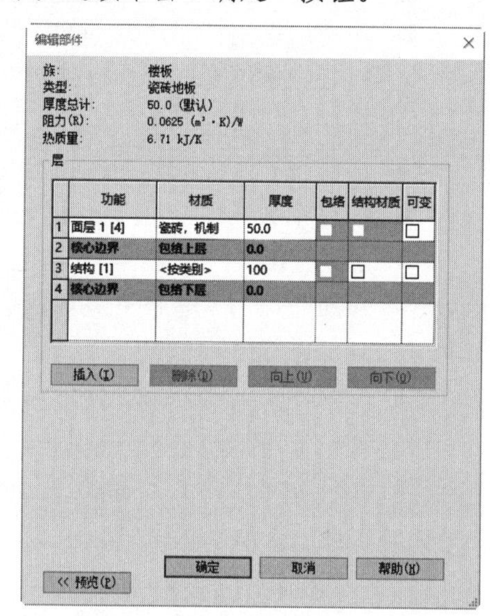

图 8-7 “编辑部件”对话框

（7）单击“绘制”面板中的“边界线”按钮和“拾取墙”按钮（默认状态下，系统会激活这两个按钮），选择边界墙，提取边界线，如图 8-8 所示。

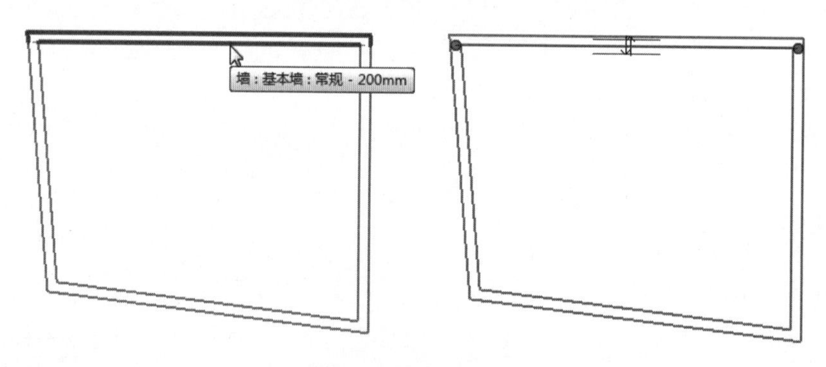

图 8-8 提取边界线

（8）采用相同的方法提取其他边界线，使边界线段形成封闭区域，如图 8-9 所示。

提示：

楼层边界必须为闭合环（轮廓）。要在楼板上开洞，可以在需要开洞的位置绘制另一个闭合环。

（9）单击“模式”面板中的“完成编辑模式”按钮，完成瓷砖地板的创建，如图 8-10 所示。

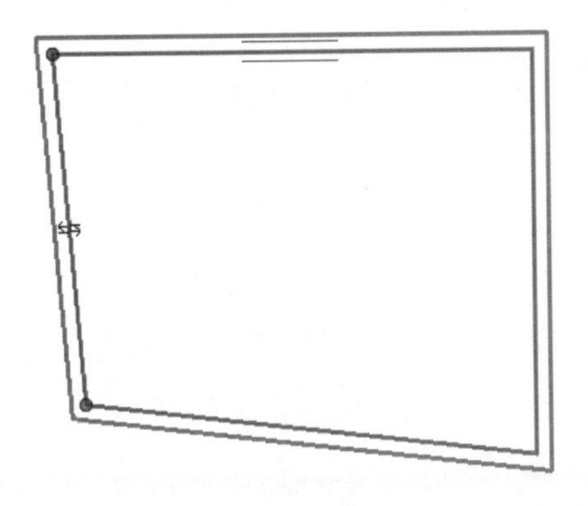

图 8-9　提取楼板边界

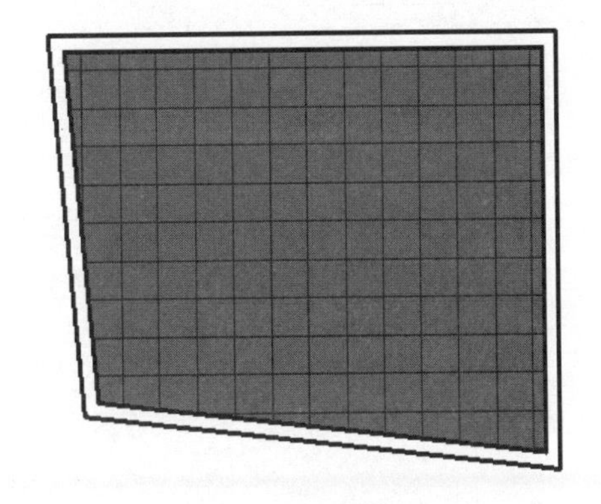

图 8-10　瓷砖地板

动手学——创建别墅地板

具体步骤如下。

1. 创建室外散水

（1）在项目浏览器的楼层平面节点下双击“室外地坪”，将视图切换到室外地坪楼层平面视图。

（2）整理轴网，取消选中轴线上的“隐藏编号”复选框，隐藏轴线上的轴号。

（3）单击“建筑”选项卡的“构建”面板中“楼板”下拉列表中的“楼板：建筑”按钮，打开“修改|创建楼层边界”选项卡。

（4）在“属性”选项板中选择“楼板常规-150mm”类型，单击“编辑类型”按钮，打开“类型属性”对话框，单击“复制”按钮，新建“室外散水”类型。

（5）单击“编辑”按钮 编辑... ，打开“编辑部件”对话框，单击结构层“材质”中的“浏览”按钮，打开“材质浏览器”对话框，选择“水泥砂浆”材质，单击“确定”按钮，返回到“编辑部件”对话框，更改“结构[1]”的“厚度”为 50，如图 8-11 所示，然后连续单击“确定”按钮。

（6）在“属性”选项板中设置“标高”为“室外地坪”，“自标高的高度偏移”为 50，其他采用默认设置，如图 8-12 所示。

（7）单击“绘制”面板中的“边界线”按钮和“拾取墙”按钮，拾取墙体提取边界线，如图 8-13 所示。

（8）单击“修改”面板中的“偏移”按钮，在选项栏中输入“偏移距离”为 900，选中“复制”复选框，将提取的边界线向外偏移，拖动边界线的控制点调整边界线的长度；单击“绘制”面板中的“线”按钮，使边界线形成封闭的环，如图 8-14 所示。

（9）单击“模式”面板中的“完成编辑模式”按钮，完成室外散水的创建。

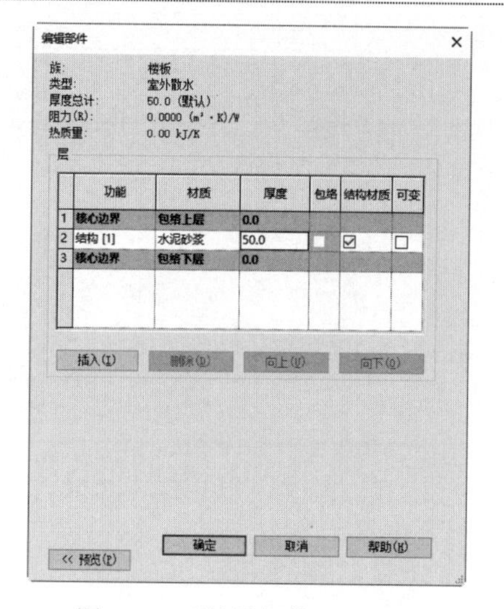

图 8-11 “编辑部件”对话框

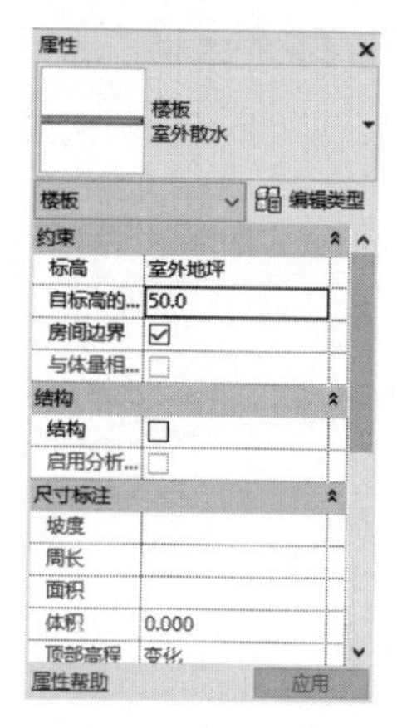

图 8-12 “属性”选项板

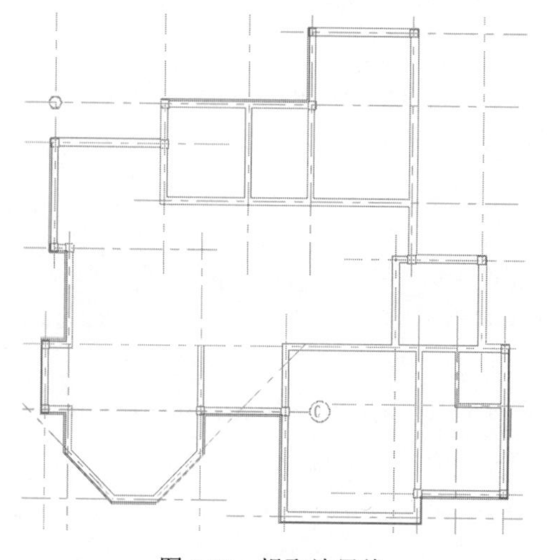

图 8-13 提取边界线

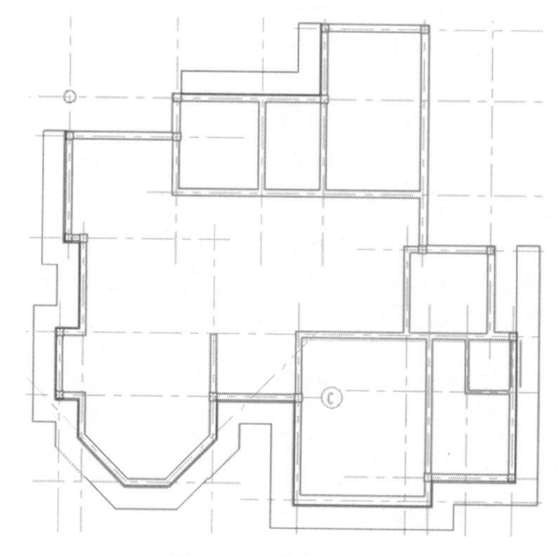

图 8-14 绘制边界线

2. 创建第一层地板

（1）在项目浏览器的“楼层平面”节点下双击 1F，将视图切换到 1F 楼层平面视图。

（2）单击“建筑”选项卡的“构建”面板中“楼板”下拉列表中的“楼板：建筑”按钮，打开“修改|创建楼层边界”选项卡。

（3）在“属性”选项板中选择“楼板常规-150mm”类型，单击“编辑类型”按钮，打开“类型属性”对话框，单击“复制”按钮，新建“常规-室内”类型。

（4）单击“编辑”按钮 编辑...，打开“编辑部件”对话框，更改“结构[1]”的“厚度”为 50，然后连续单击“确定”按钮。

（5）在“属性”选项板中设置“标高”为 1F，输入“自标高的高度偏移”为-5，其他采用默认设置。

（6）单击“绘制”面板中的“边界线”按钮和“拾取墙”按钮，拾取墙体提取边界线，如图 8-15 所示。

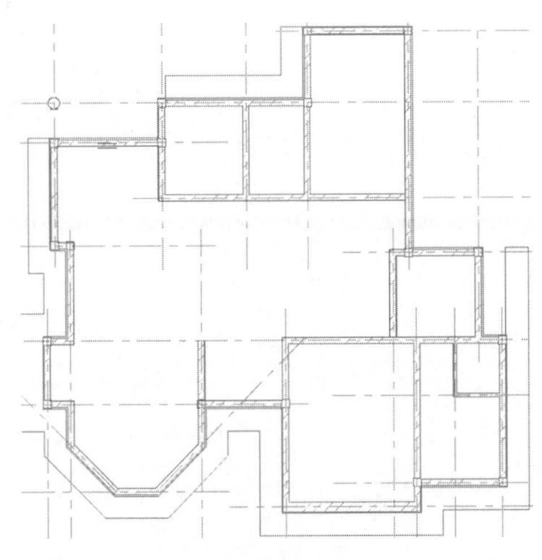

图 8-15　提取边界线

（7）从图 8-15 中可以看出边界线不是一个封闭的环，选取边界线并拖动调整其长度，使楼板边界形成一个封闭环，如图 8-16 所示。

（8）单击“绘制”面板中的“矩形”按钮和“线”按钮，绘制其他房间的边界线，如图 8-17 所示。

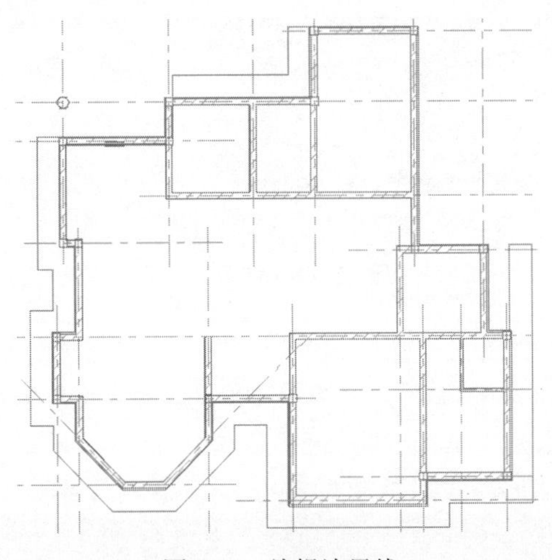

图 8-16　编辑边界线

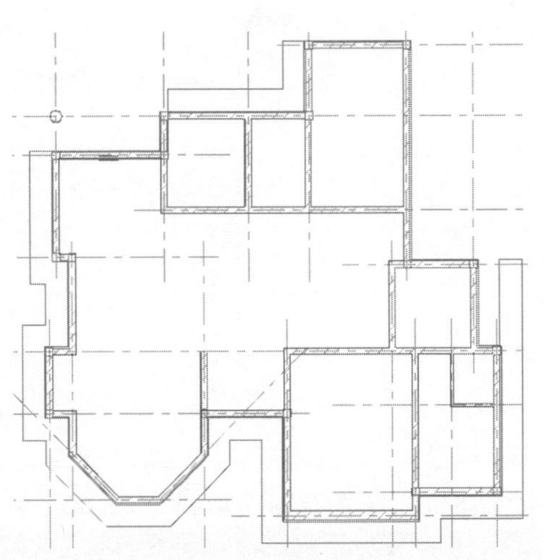

图 8-17　绘制边界线

（9）单击“模式”面板中的“完成编辑模式”按钮，完成室内第一层楼板的创建。

3. 创建卫生间地板

（1）单击“建筑”选项卡的“构建”面板中“楼板”下拉列表中的“楼板：建筑”按钮，打开“修改|创建楼层边界”选项卡。

（2）在“属性”选项板中选择“常规-室内”类型，单击“编辑类型”按钮，打开“类型属性”对话框，新建“卫生间”。

（3）返回“类型属性”对话框，单击“编辑”按钮 编辑... ，打开“编辑部件”对话框，单击结构层“材质”中的“浏览”按钮，打开“材质浏览器”对话框，新建“面砖”材质，在“图形”选项卡的“着色”选项组中单击“颜色”，打开“颜色”对话框，自定义颜色，单击“确定”按钮，返回“材质浏览器”对话框。

（4）在“表面填充图案”选项组“前景”中单击“图案”区域，打开“填充样式”对话框，选择“交叉线 5mm”填充图案，单击“确定”按钮，返回“材质浏览器”对话框。

（5）在“截面填充图案”选项组“前景”中单击“图案”区域，打开“填充样式”对话框，选择“松散-多孔材料”填充图案，单击“确定”按钮，返回“材质浏览器”对话框。

（6）分别更改“表面填充图案”和“截面填充图案”的“颜色”为“RGB 0 0 0”，其他采用默认设置，如图 8-18 所示，然后单击“确定”按钮。

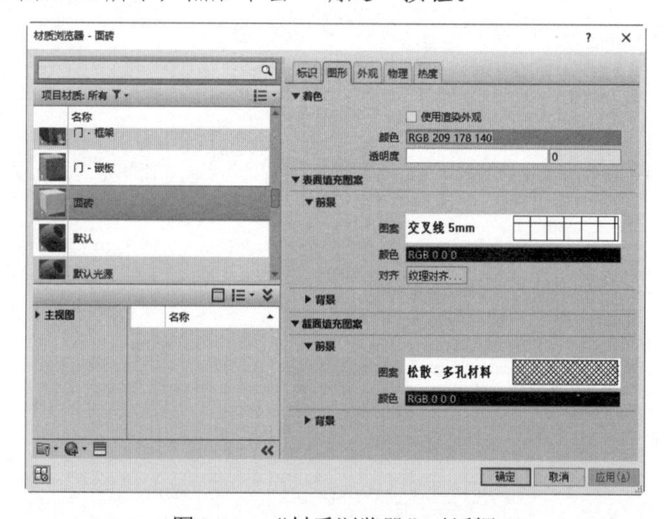

图 8-18 “材质浏览器”对话框

（7）返回到“编辑部件”对话框，设置“结构[1]”的“厚度”为 100，然后连续单击“确定”按钮。

（8）单击“绘制”面板中的“边界线”按钮和“矩形”按钮，绘制边界线，如图 8-19 所示。

（9）在“属性”选项板中设置“标高”为 1F，输入“自标高的高度偏移”为-50，其他采用默认设置。

（10）单击“模式”面板中的“完成编辑模式”按钮✔，完成卫生间地板的创建，如图 8-20 所示。

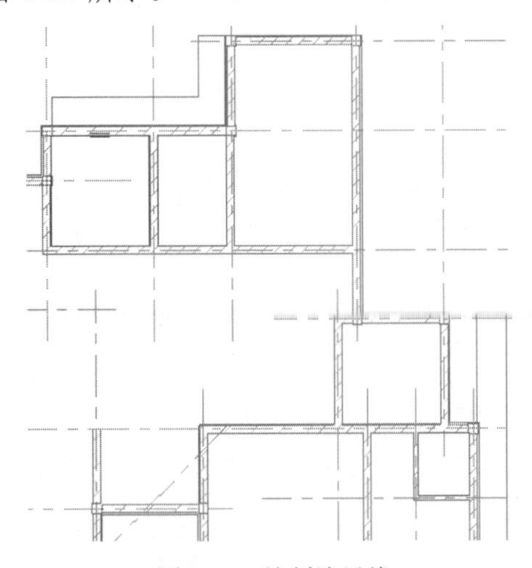

图 8-19　绘制边界线

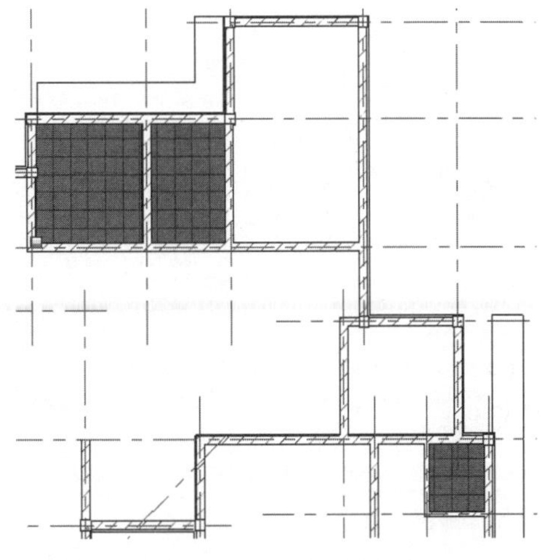

图 8-20　卫生间地板

提示：

卫生间地板中间部分要比周围低，以利于排水，因此需要对卫生间地板进行编辑。

（11）选取卫生间地板，打开“修改|楼板”选项卡，如图 8-21 所示。

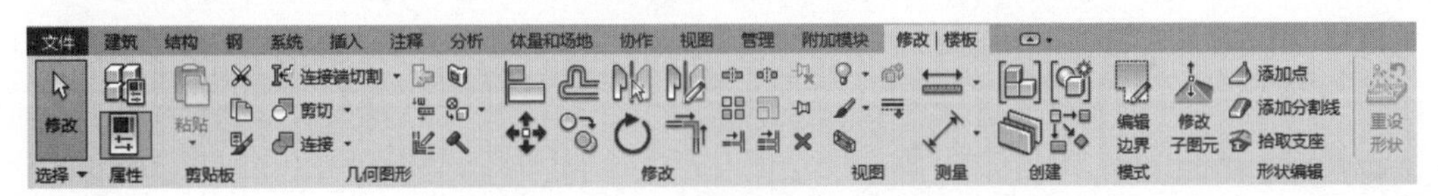

图 8-21　“修改|楼板”选项卡

（12）单击“形状编辑”面板中的“添加点”按钮，在卫生间的中间位置添加点，如图 8-22 所示。单击“形状编辑”面板中的“修改子图元”按钮，然后选取点显示高程为 0，将高程值更改为 2，如图 8-23 所示，按 Enter 键确认。

（13）按 Esc 键退出修改，修改后的卫生间地板如图 8-24 所示。

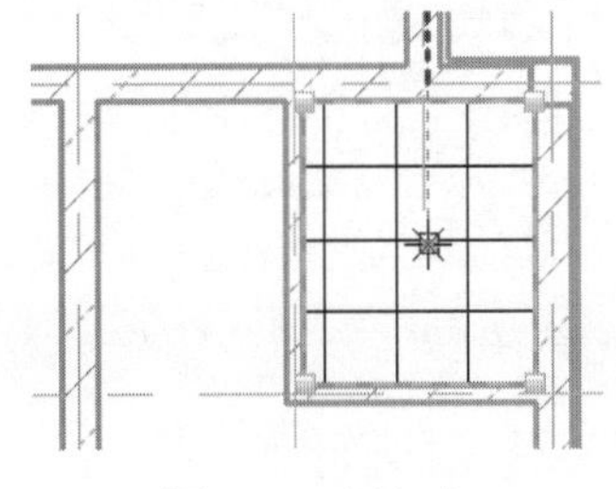

图 8-22　添加点

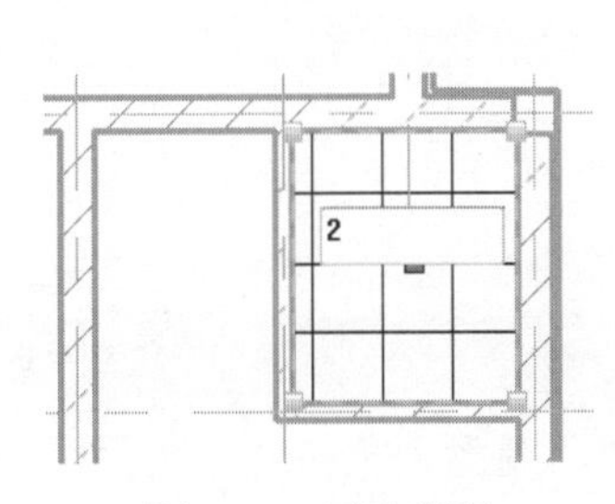

图 8-23　更改高程

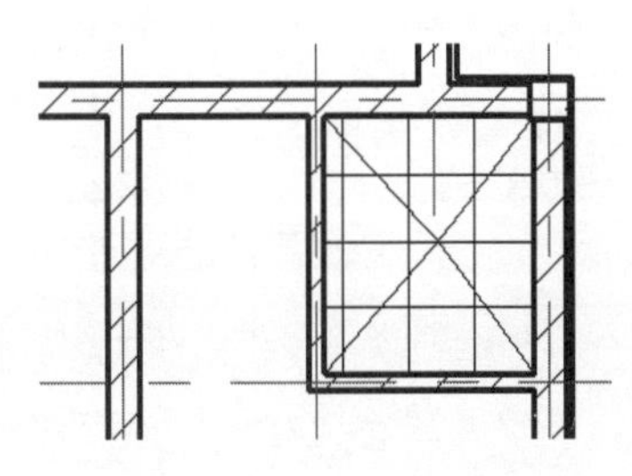

图 8-24　修改后卫生间地板

4．创建车库地板

（1）单击“建筑”选项卡的“构建”面板中“楼板”下拉列表中的“楼板：建筑”按钮，打开“修改|创建楼层边界”选项卡。

（2）在“属性”选项板中选择“常规-室内”类型，单击“编辑类型”按钮，打开“类型属性”对话框，单击“复制”按钮，新建“车库”类型。

（3）单击“编辑”按钮 编辑... ，打开“编辑部件”对话框，单击“插入”按钮，插入“面层 2[5]”，更改“材质”为“水泥砂浆”，“厚度”为 10.0，并将其调整到第一层。更改结构层的材质为“混凝土-现场浇注混凝土”，“厚度”为 100.0，其他采用默认设置，然后连续单击“确定”按钮。

（4）单击“绘制”面板中的“边界线”按钮和“线”按钮，绘制如图 8-25 所示的车库边界线。

（5）在“属性”选项板中设置“标高”为 1F，输入“自标高的高度偏移”为−450.0，其他采用默认设置。

（6）单击“模式”面板中的“完成编辑模式”按钮，完成车库地板的创建。

5．创建第二层地板

（1）在项目浏览器的楼层平面节点下双击 2F，将视图切换到 2F 楼层平面视图。

（2）单击“建筑”选项卡的“构建”面板中“楼板”下拉列表中的“楼板：建筑”按钮，打开“修改|创建楼层边界”选项卡。

（3）在“属性”选项板中选择“楼板常规-室内”类型，输入“自标高的高度偏移”为 0。创建如图 8-26 所示的楼板。

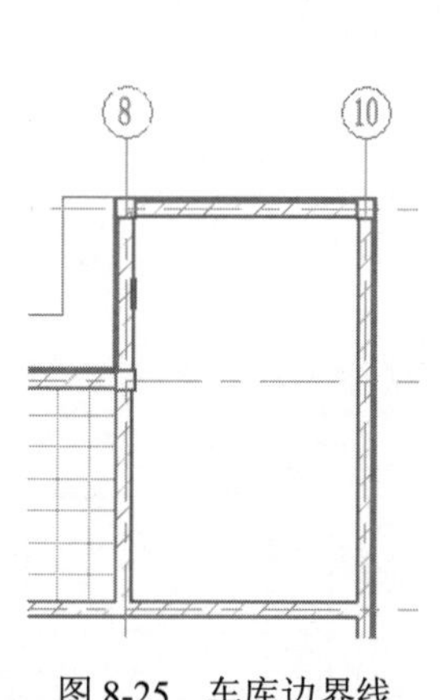

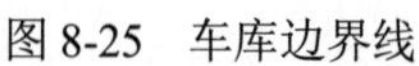
图 8-25　车库边界线

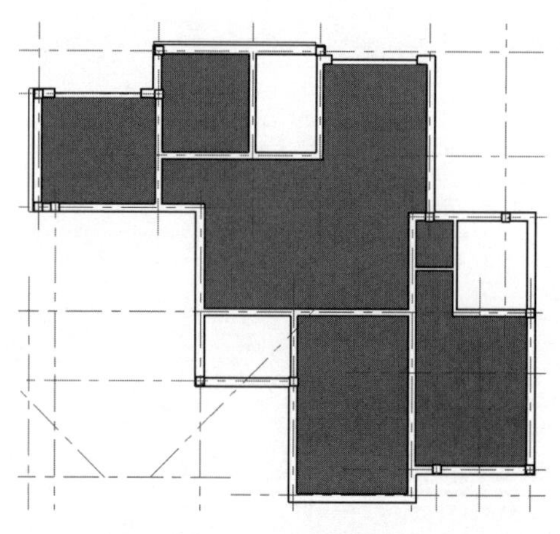

图 8-26　室内楼板

（4）单击“建筑”选项卡的“构建”面板中“楼板”下拉列表中的“楼板：建筑”按钮，打开“修改|创建楼层边界”选项卡。在“属性”选项板中选择“楼板 卫生间”类型，

输入“自标高的高度偏移”为-50。

（5）按照第一层卫生间楼板的创建方式，创建第二层两个卫生间的楼板，结果如图 8-27 所示。

（6）单击“建筑”选项卡“构建”面板中“楼板”下拉列表中的“楼板：建筑”按钮，打开“修改|创建楼层边界”选项卡。

（7）在“属性”选项板中选择“楼板常规-室内”类型，单击“编辑类型”按钮，打开“类型属性”对话框，单击“复制”按钮，新建“常规-室外”类型，单击“编辑”按钮，打开“编辑部件”对话框，更改结构层的“厚度”为 20，连续单击“确定”按钮，输入“自标高的高度偏移”为 0，创建如图 8-28 所示的室外楼板。

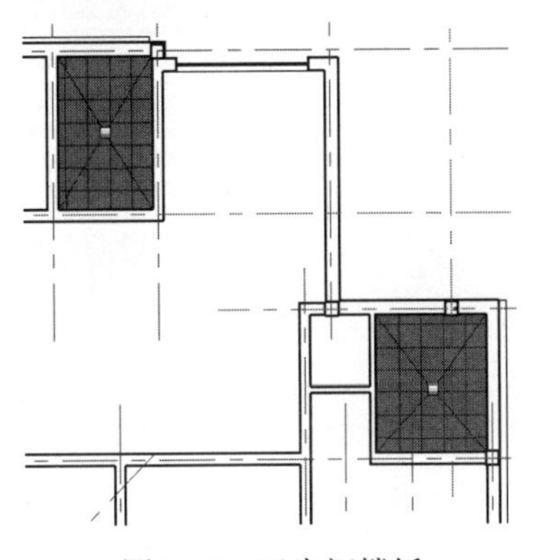

图 8-27　卫生间楼板

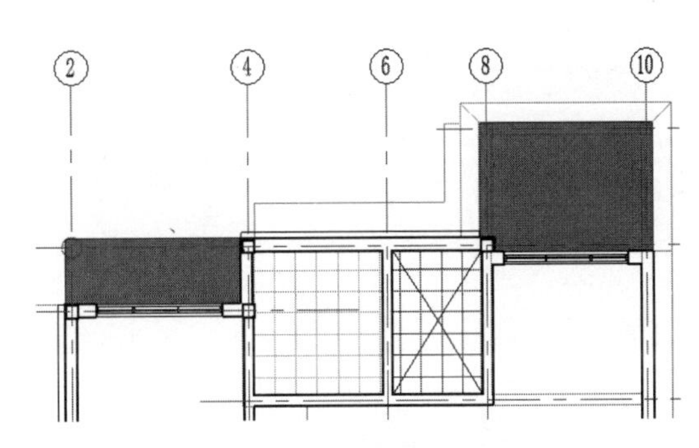

图 8-28　室外楼板

（8）单击“建筑”选项卡的“构建”面板中的“墙”按钮，在“属性”选项板中选取“外墙-240 砖墙”类型，设置“定位线”为“核心层中心线”，“底部约束”为 2F，“顶部约束”为“未连接”，“无连接高度”为 780，如图 8-29 所示。

（9）在选项栏中设置“连接状态”为“不允许”，绘制如图 8-30 所示长度为 600 的墙体。

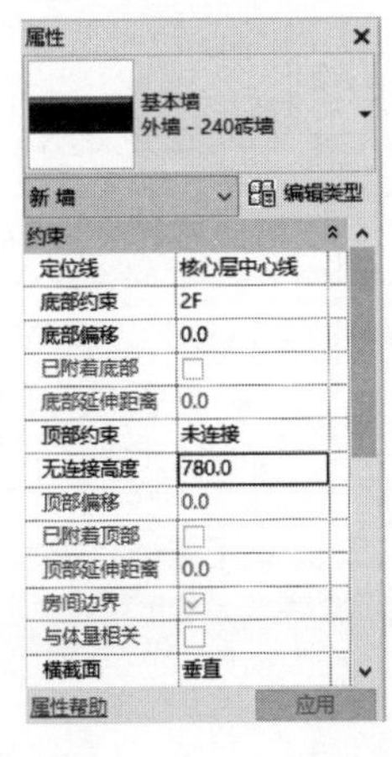

图 8-29　“属性”选项板

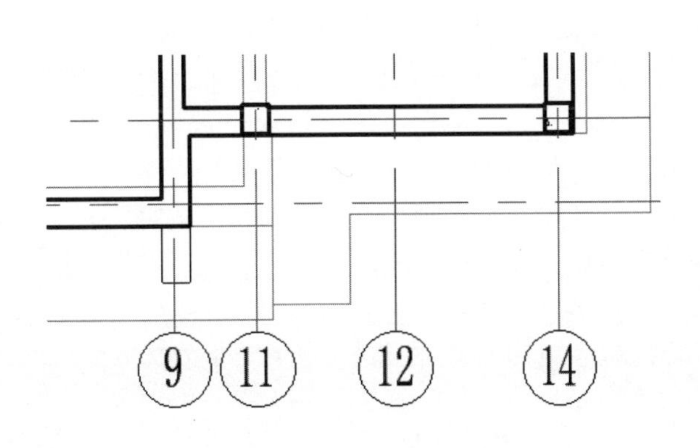

图 8-30　绘制墙体

（10）单击“建筑”选项卡的“构建”面板中“楼板”下拉列表中的“楼板：建筑”按钮，打开“修改|创建楼层边界”选项卡。

（11）在“属性”选项板中选择“楼板常规-室外”类型，创建如图 8-31 所示的楼板边界。单击“绘制”面板中的“完成编辑模式”按钮，完成楼板的绘制。

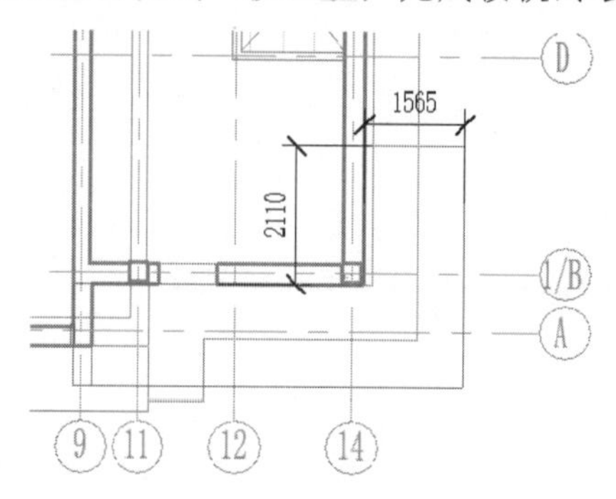

图 8-31　绘制楼板边界

8.1.2　编辑建筑楼板

具体步骤如下：

（1）在绘图区域中选取要编辑的楼板，打开“修改|楼板”选项卡，如图 8-32 所示。

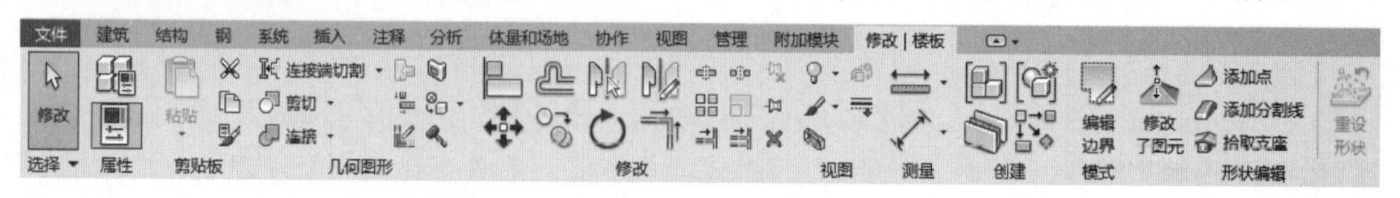

图 8-32　“修改|楼板”选项卡

- 添加点：可以向图元几何图形添加单独的点。
- 修改子图元：可以操作选定楼板或屋顶上的一个或多个点或边。
- 拾取支座：可以拾取支座来定义分割线，并为结构楼板创建固定承重线。
- 重设形状：删除楼板形状修改操作，并将图元几何图形重设为其原始状态。

（2）单击“模式”面板中的“编辑边界”按钮，打开“修改|编辑边界”选项卡，使用绘制工具以更改楼层的边界。

（3）选择边界线，然后单击“翻转”按钮，调整边界线的位置，如图 8-33 所示。也可以在选项栏中输入偏移值。

（4）单击“形状编辑”面板中的“添加分割线”按钮，单击以确定分割线的起点，然后移动光标捕捉边缘，以顶点或面为终点绘制分割线，如图 8-34 所示。

图 8-33　调整边界线的位置

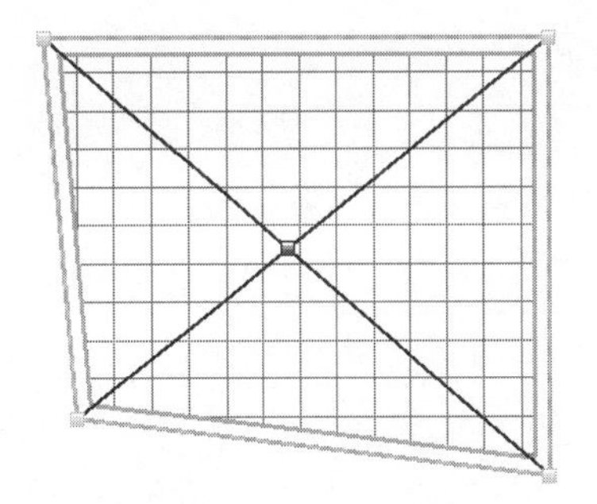

图 8-34　绘制分割线

注意：

可以在楼板面上的任意位置添加起点和终点。如果光标在顶点或边缘上，则编辑器将捕捉三维顶点和边缘，并且沿边缘显示标准捕捉控制柄及临时尺寸标注。如果未捕捉任何顶点或边缘，则选择线端点投影到表面上最近的点，将不在面上创建临时尺寸标注。

（5）单击“形状编辑”面板中的“修改子图元”按钮，单击文字控制点可为所选点或边缘输入精确的高程值，如图 8-35 所示，按 Enter 键确认。高程值表示距原始楼板顶面的偏移。

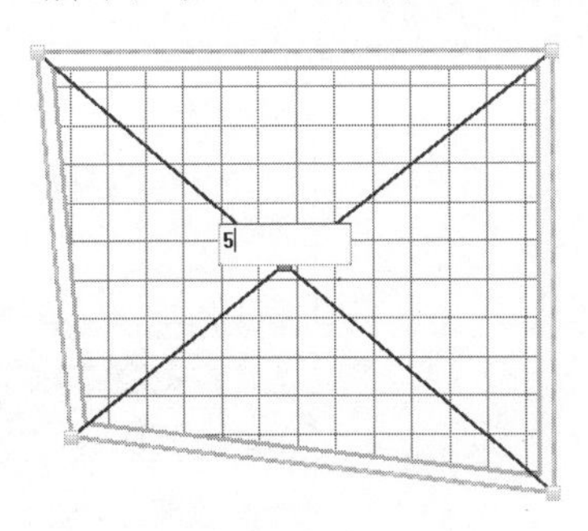

图 8-35　修改高程值

注意：

对于边来说，这意味着将中心移到指定高度，但两个端点的相对高度保持不变。

8.1.3　楼板边

可以通过选取楼板的水平边缘来添加楼板边缘。可以将楼板边缘放置在二维视图（如平面或剖面视图）中，也可以放置在三维视图中。

具体步骤如下：

（1）单击“建筑”选项卡的“构建”面板中“楼板”下拉列表中的“楼板：楼板边”按钮，打开“修改|放置楼板边缘”选项卡，如图 8-36 所示。

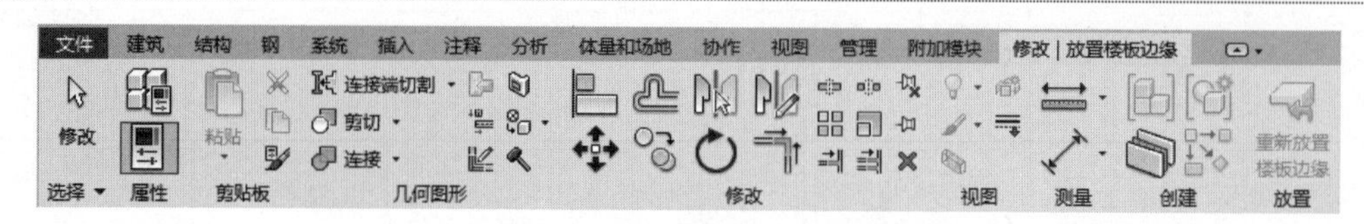

图 8-36 “修改|放置楼板边缘”选项卡

（2）在“属性”选项板中可以设置垂直、水平轮廓偏移及轮廓角度等参数，如图 8-37 所示。

- 垂直轮廓偏移：以创建的边缘为基准，向上或向下移动楼板边缘。
- 水平轮廓偏移：以创建的边缘为基准，向前或向后移动楼板边缘。
- 长度：楼板边缘的实际长度。
- 体积：楼板边缘的实际体积。
- 注释：用于放置有关楼板边缘的一般注释字段。
- 标记：为楼板边缘创建的标签。对于项目中的每个图元，此值都必须是唯一的。如果此数值已被使用，Revit 会发出警告信息，但允许继续使用它。
- 角度：将楼板边缘旋转到所需的角度。

（3）单击“编辑类型”按钮，打开如图 8-38 所示的“类型属性”对话框，在“轮廓”下拉列表中选择“楼板边缘-加厚：600×300mm”轮廓，单击“确定”按钮。

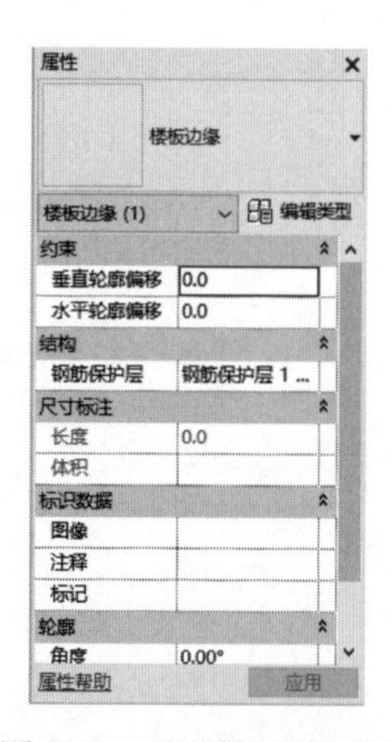

图 8-37 “属性”选项板

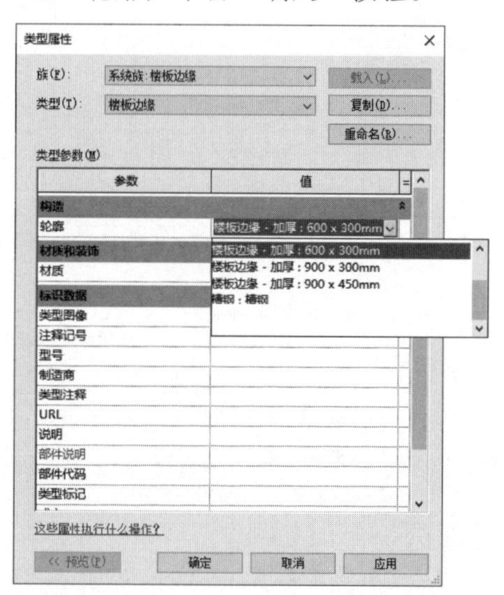

图 8-38 “类型属性”对话框

- 轮廓：特定楼板边缘的轮廓形状。
- 材质：可以采用多种方式指定楼板边缘的外观。
- 注释记号：添加或编辑楼板边缘注释记号。
- 制造商：楼板边缘的制造商。

- 类型注释：用于放置有关楼板边缘类型的一般注释的字段。
- URL：指向可能包含类型专有信息的网页的链接。
- 说明：可以在此文本框中输入楼板边缘说明。
- 部件说明：基于所选部件代码描述部件。
- 部件代码：从层级列表中选择的统一格式部件代码。
- 类型标记：为楼板边缘创建的标签。对于项目中的每个图元，此值都必须是唯一的。如果此数值已被使用，Revit 会发出警告信息，但允许继续使用它。

（4）在绘图区域中将光标放置在楼板边缘上时，高亮显示楼板边缘，选择楼板水平边缘线单击，放置楼板边缘，如图 8-39 所示。

（5）单击“使用垂直轴翻转轮廓”⇆和“使用水平轴翻转轮廓”⇅，调整楼板边缘的方向。

（6）继续单击放置楼板边缘，Revit 会将其作为一个连续的楼板边缘。如果楼板边缘的线段在角部相遇，它们会相互斜接，如图 8-40 所示。

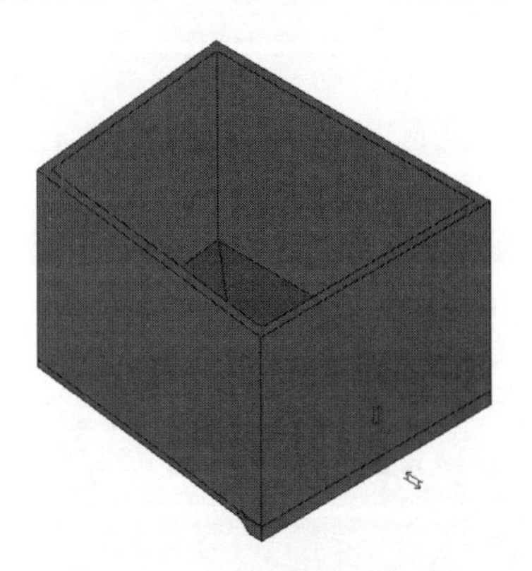

图 8-39　高亮显示楼板边缘

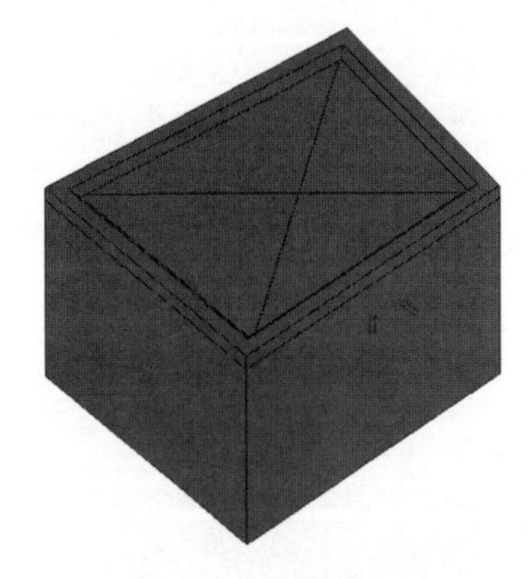

图 8-40　创建楼板边缘

（7）单击“放置”面板中的“重新放置楼板边缘”按钮，重新开始设置其他的楼板边缘。

（8）选取要修改的楼板边缘，单击“修改|楼板边缘”选项卡的“轮廓”面板中的“添加/删除线段”按钮，单击边缘以添加或删除楼板边缘的线段。

动手学——创建别墅楼板边

扫一扫，看视频

具体步骤如下：

（1）执行“文件”→“新建”→“族”命令，打开“新族-选择样板文件”对话框，选择“公制轮廓.rft”样板文件，单击“打开”按钮，进入轮廓族创建界面。

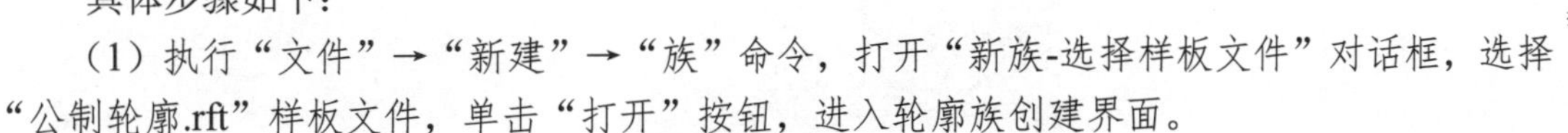

（2）单击“创建”选项卡的“详图”面板中的“线”按钮，打开“修改|放置线”选项卡，单击“绘制”面板中的“线”按钮，绘制如图 8-41 所示的楼板边轮廓。

（3）单击快速访问工具栏中的“保存”按钮，打开“另存为”对话框，输入文件名为“楼板边轮廓-150mm”，单击“保存”按钮，保存绘制的轮廓。

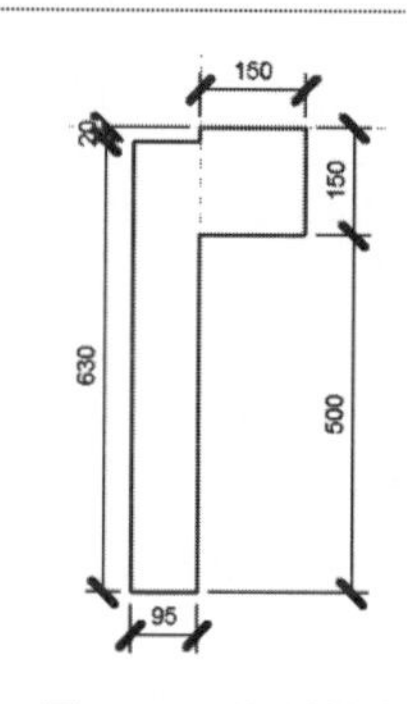

图 8-41　绘制轮廓

（4）单击“族编辑器”面板中的“载入到项目并关闭”按钮，关闭族文件，进入到别墅绘图区。

（5）将视图切换至三维视图，单击“建筑”选项卡的“构建”面板中“楼板”下拉列表中的“楼板：楼板边”按钮，打开“修改|放置楼板边缘”选项卡。

（6）在“属性”选项板中单击“编辑类型”按钮，打开“类型属性”对话框，单击“复制”按钮，新建“楼板边 150mm”，在“轮廓”下拉列表中选取“楼板边轮廓-150mm：楼板边轮”，其他采用默认设置，如图 8-42 所示，单击“确定”按钮。

（7）选取楼板边线，创建如图 8-43 所示的楼板边。

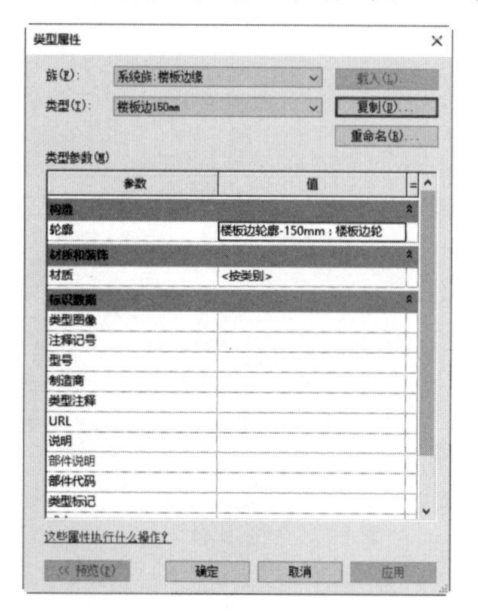

图 8-42　“类型属性”对话框

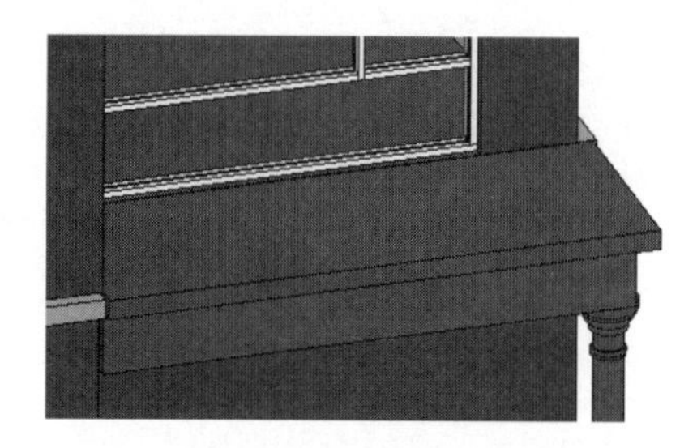
图 8-43　创建楼板边

（8）重复上述步骤绘制如图 8-44 所示的楼板边轮廓-80mm，然后选取楼板边创建如图 8-45 所示的楼板边。

（9）选取楼板边和墙饰条，拖动控制点调整其长度，结果如图 8-46 所示。

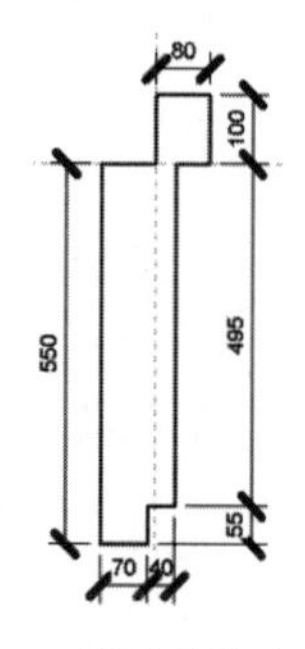

图 8-44　楼板边轮廓-80mm

图 8-45　创建楼板边

图 8-46　编辑楼板边

8.2 天 花 板

在天花板所在的标高之上按指定的距离创建天花板。天花板是基于标高的图元，创建天花板是在其所在标高以上指定距离处进行的。

可在模型中放置两种类型的天花板：基础天花板和复合天花板。

8.2.1 自动创建天花板

具体步骤如下：

（1）在“建筑”选项卡中单击“构建”面板中的“天花板”按钮，打开“修改|放置 天花板”选项卡，如图 8-47 所示。

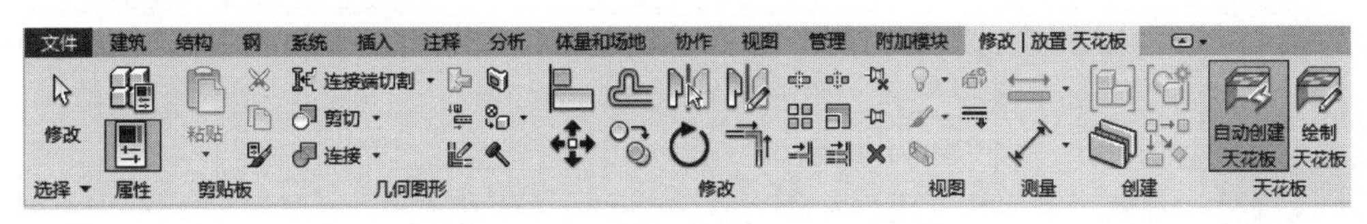

图 8-47　“修改|放置 天花板”选项卡

（2）在“属性”选项板中选择“基本天花板-常规”类型，选择“标高”为“标高 2”，输入“自标高的高度偏移”为-100，如图 8-48 所示。

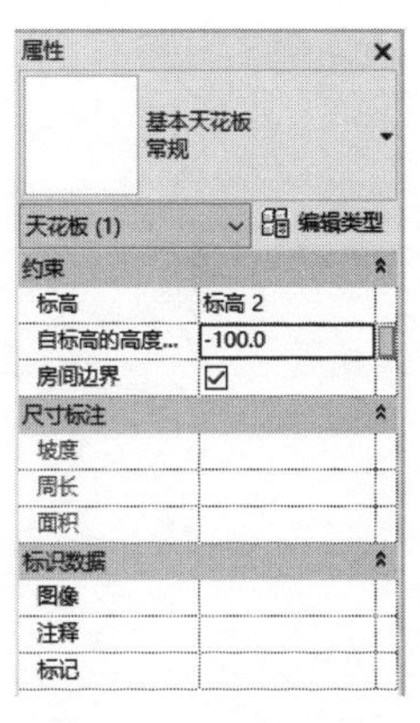

图 8-48　“属性”选项板

- 标高：指定放置此天花板的标高。
- 自标高的高度偏移：指定天花板顶部相对于标高参数的高程。
- 房间边界：指定天花板是否作为房间边界图元。
- 坡度：将坡度定义线修改为指定值，而无须编辑草图。如果有一条坡度定义线，则此参数最初会显示一个值；如果没有坡度定义线，则此参数为空并被禁用。
- 周长：设置天花板的周长。
- 面积：设置天花板的面积。
- 注释：显示输入或从下拉列表中选择的注释。输入注释后，便可以为同一类别中图元的其他实例选择该注释，而无须考虑类型或族。
- 标记：按照用户所指定的那样标识或枚举特定实例。

（3）单击“天花板”面板中的“自动创建天花板”按钮（默认状态下，系统会激活这个按钮），在单击构成闭合环的内墙时，会在这些边界内部放置一个天花板，而忽略房间分隔线，如图 8-49 所示。

（4）单击鼠标，在选择的区域内创建天花板，如图 8-50 所示。

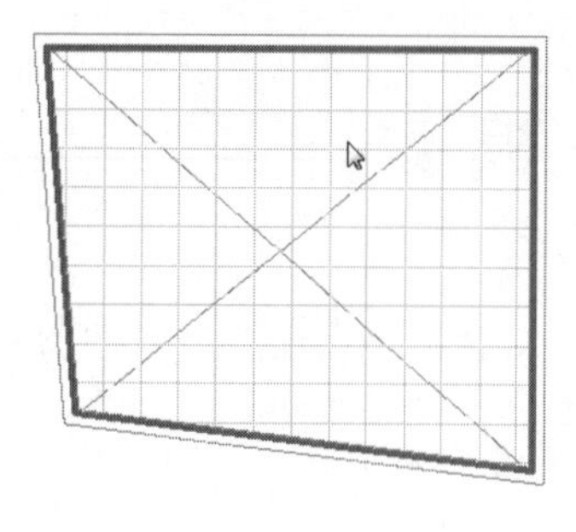

图 8-49　选择边界墙

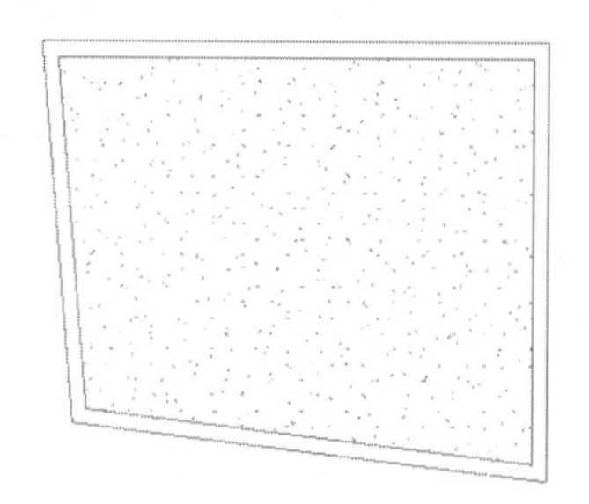

图 8-50　创建天花板

8.2.2　绘制天花板

具体步骤如下：

（1）在“建筑”选项卡中单击“构建”面板中的“天花板”按钮，打开“修改|放置 天花板”选项卡，如图 8-47 所示。

（2）在“属性”选项板中选择“复合天花板 600×600mm 轴网”类型，输入“自标高的高度偏移”为-100，如图 8-51 所示。

（3）单击“编辑类型”按钮，打开“类型属性”对话框，单击“编辑”按钮，打开“编辑部件”对话框，设置“面层 2[5]”的“厚度”为 24，其他采用默认设置，如图 8-52 所示。连续单击“确定”按钮。

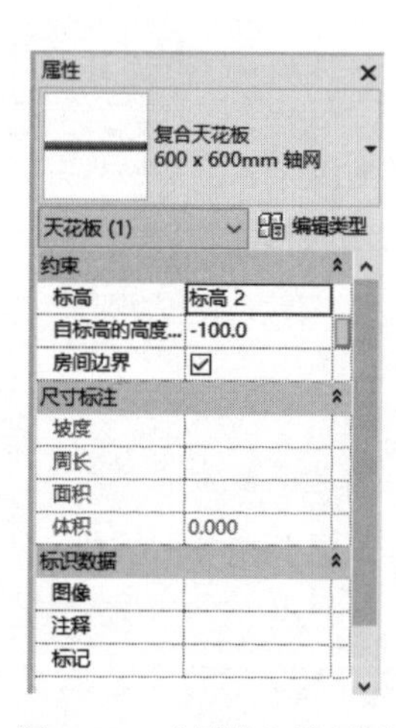

图 8-51　“属性”选项板

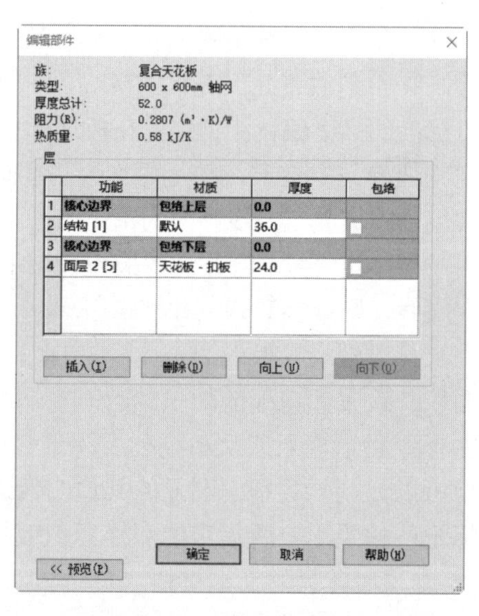

图 8-52　“编辑部件”对话框

- 结构：单击“编辑”按钮，打开“编辑部件”对话框，通过该对话框可以添加、修改和删除构成复合结构的层。

- 厚度：指定天花板的总厚度。
- 粗略比例填充样式：指定这种类型的图元在“粗略”详细程度下显示时的填充样式。
- 粗略比例填充颜色：为粗略比例视图中这种类型图元的填充样式的应用颜色。
- 传热系数（U）：用于计算热传导，通常通过流体和实体之间的对流和阶段变化。
- 热阻（R）：用于测量对象或材质抵抗热流量（每单位时间的热量或热阻）的温度差。
- 热质量：等同于热容或热容量。
- 吸收率：用于测量对象吸收辐射的能力，等于吸收的辐射通量与入射通量的比率。
- 粗糙度：用于测量表面的纹理。

（4）单击“天花板”面板中的“绘制天花板”按钮，打开“修改|创建天花板边界”选项卡，如图 8-53 所示；单击“绘制”面板中的“边界线”按钮和“线”按钮（默认状态下，系统会激活这两个按钮），绘制天花板的边界线，如图 8-54 所示。

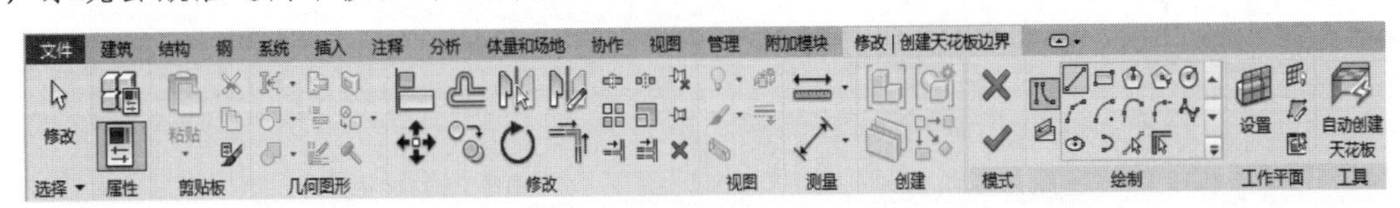

图 8-53　“修改|创建天花板边界”选项卡

（5）单击“模式”面板中的“完成编辑模式”按钮，完成卧室天花板的创建，结果如图 8-55 所示。

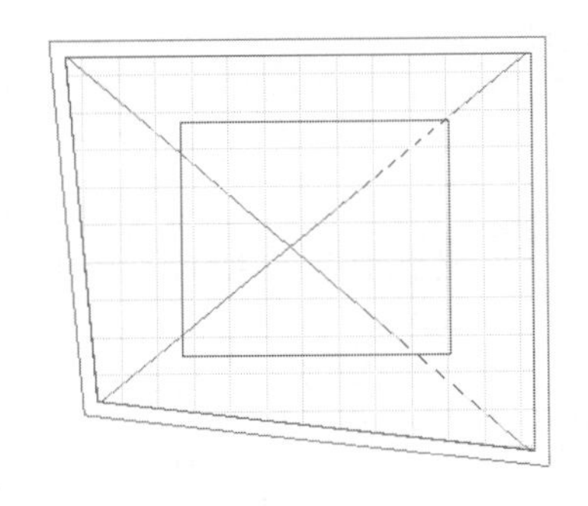

图 8-54　绘制边界线

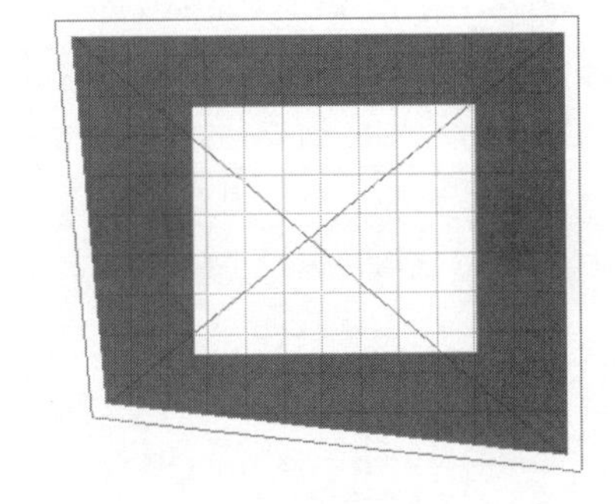

图 8-55　创建天花板

扫一扫，看视频

动手学——创建别墅天花板

具体步骤如下：

（1）在项目浏览器的天花板平面节点下双击 1F，将视图切换到 1F 天花板平面视图。

（2）单击“建筑”选项卡的“构建”面板中的“天花板”按钮，打开“修改|放置 天花板”选项卡。

（3）在“属性”选项板中选择“复合天花板-光面”类型，输入“自标高的高度偏移”为 3000，如图 8-56 所示。

（4）单击“天花板”面板中的“绘制天花板”按钮，打开“修改|创建天花板边界”选项卡，单击“边界线”按钮和“线”按钮，绘制天花板边界，如图 8-57 所示。

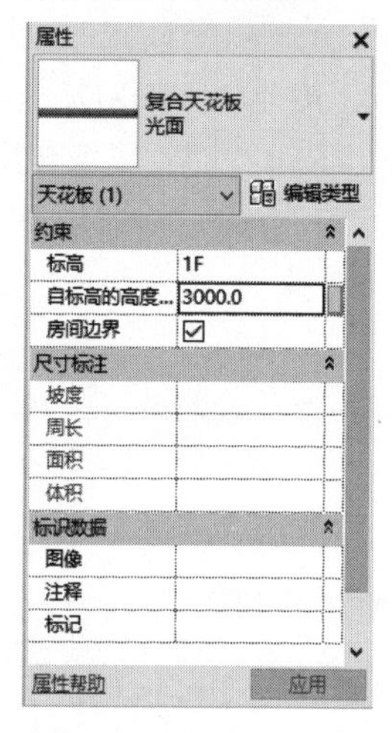

图 8-56 “属性”选项板

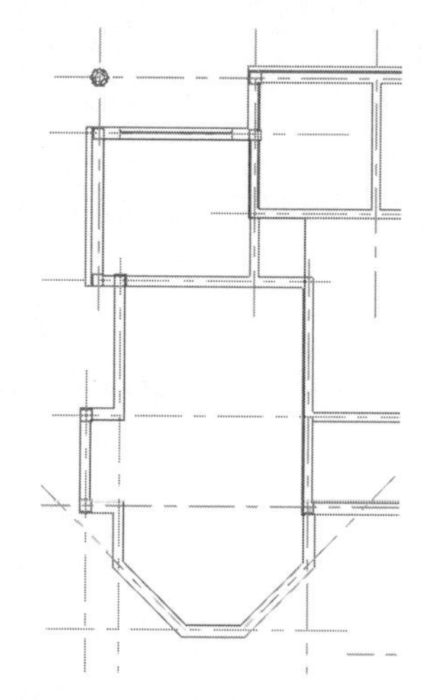

图 8-57 绘制天花板边界

（5）单击“模式”面板中的“完成编辑模式”按钮，完成客厅部分天花板的创建，如图 8-58 所示。

（6）单击“建筑”选项卡的“构建”面板中的“天花板”按钮，打开“修改|放置 天花板”选项卡。单击“天花板”面板中的“自动创建天花板”按钮，创建如图 8-59 所示的天花板。

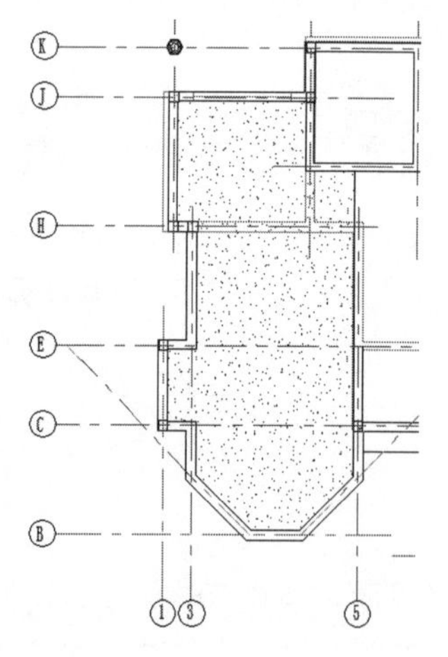

图 8-58 绘制客厅部分天花板

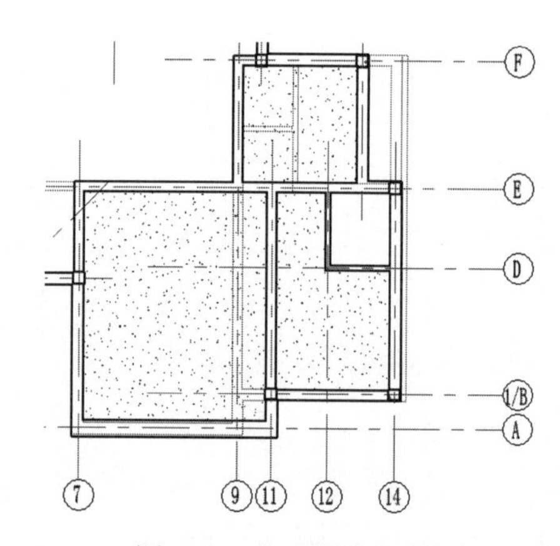

图 8-59 自动创建天花板

第9章　门 窗 设 计

门窗按其所处位置的不同分为围护构件或分隔构件，是建筑物围护结构系统中重要的组成部分。

门窗是基于墙体放置的，删除墙体，门窗也会随之被删除。在 Revit 中门窗是可载入族，可以自己创建门窗族载入，也可以直接载入系统自带的门窗族。

- 门
- 窗

案例效果

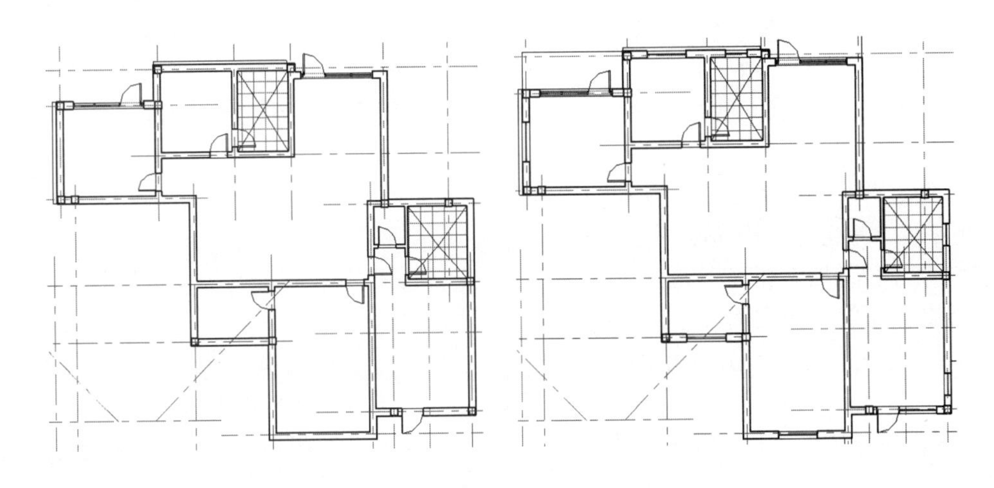

9.1　门

门是基于主体的构件，可以添加到任何类型的墙内。可以在平面视图、剖面视图、立面视图或三维视图中添加门。

9.1.1　放置门

选择要添加的门类型，然后指定门在墙上的位置，Revit 将自动剪切洞口并放置门。

具体步骤如下：

（1）将视图切换至标高 1 楼层平面视图。

（2）单击“建筑”选项卡的“构建”面板中的“门”按钮，打开如图 9-1 所示的“修改|放置 门”选项卡。

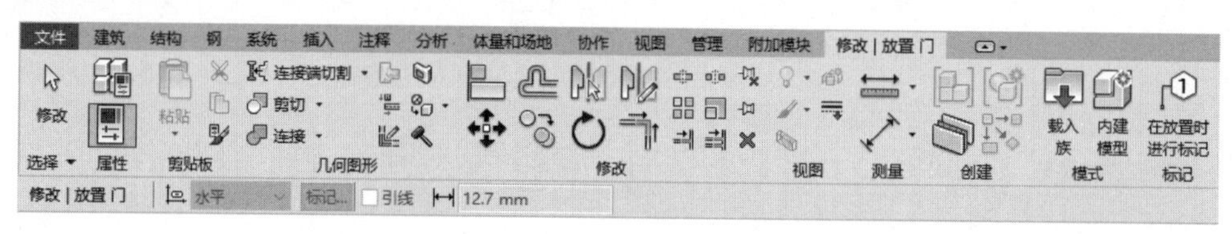

图 9-1 “修改|放置 门”选项卡

（3）在“属性”选项板中选择门类型，系统默认的只有“单扇-与墙齐”类型，如图 9-2 所示。

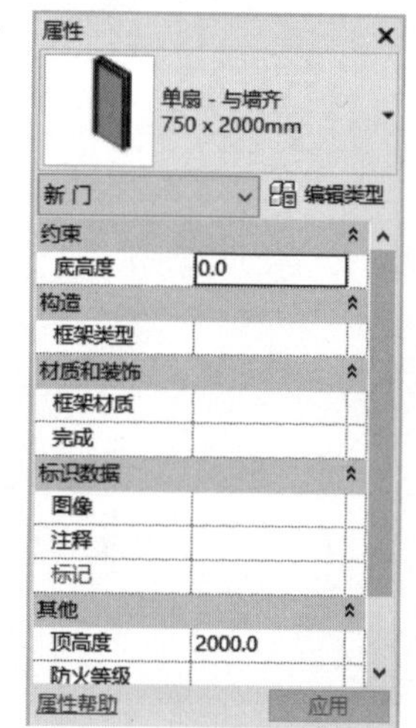

图 9-2 “属性”选项板

- 底高度：设置相对于放置比例的标高的底高度。
- 框架类型：门框类型。
- 框架材质：框架使用的材质。
- 完成：应用于框架和门的面层。
- 注释：显示输入或从下拉列表中选择的注释。输入注释后，便可以为同一类别图元的其他实例选择该注释，无须考虑类型或族。
- 标记：用于添加自定义标示的数据。
- 创建的阶段：指定创建实例时的阶段。
- 拆除的阶段：指定拆除实例时的阶段。
- 顶高度：指定相对于放置此实例的标高的实例顶高度。修改此值不会修改实例尺寸。
- 防火等级：设定当前门的防火等级。

（4）将光标移动到墙上以显示门的预览图像。在平面视图中放置门时，按空格键可将开门方向从左开翻转为右开。默认情况下，临时尺寸标注指定从门中心线到最近垂直墙的中心线的距离，如图 9-3 所示。

（5）单击放置门，Revit 将自动剪切洞口并放置门，如图 9-4 所示。

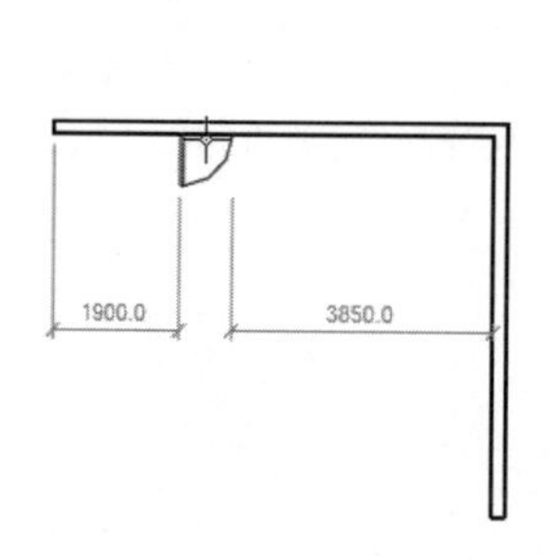

图 9-3 预览门图像

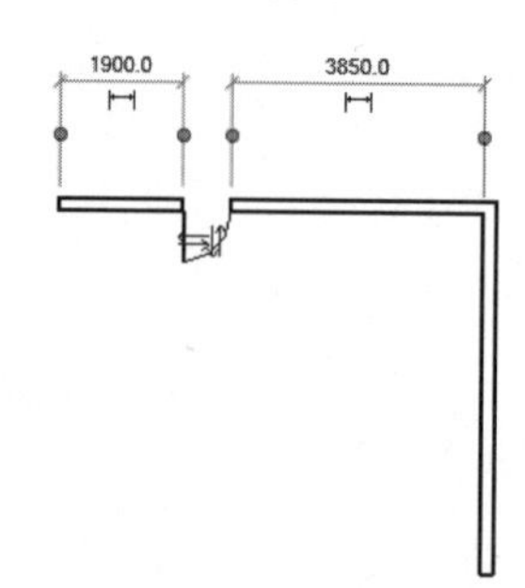

图 9-4 放置单扇门

（6）单击“模式”面板中的“载入族”按钮，打开“载入族”对话框，选择 Chinese →“建筑”→“门”→“普通门”→“推拉门”文件夹中的“双扇推拉门 5.rfa”，如图 9-5 所示。单击“打开”按钮，载入双扇推拉门。

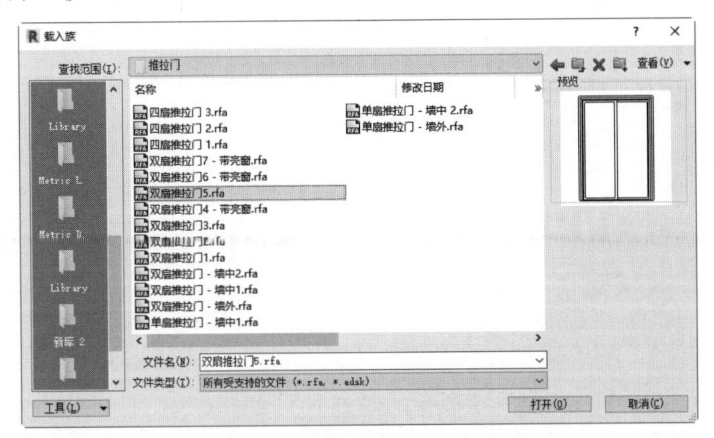

图 9-5　“载入族”对话框

（7）将光标移到墙上以显示门的预览图像。在平面视图中放置门时，按空格键可将开门方向从左开翻转为右开。默认情况下，临时尺寸标注指定从门中心线到最近垂直墙的中心线的距离，如图 9-6 所示。

（8）在“标记”面板中单击“在放置时进行标记”按钮，则在放置门时显示门标记，如图 9-7 所示。

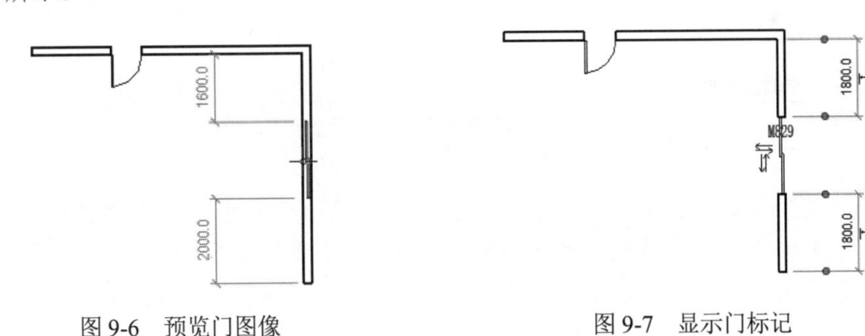

图 9-6　预览门图像　　　　图 9-7　显示门标记

9.1.2　修改门

放置门以后，可以根据室内布局设计和空间布置情况修改门的类型、开门方向、门打开位置等。

具体步骤如下：

（1）选取单扇门，显示临时尺寸。双击临时尺寸，更改尺寸值，如图 9-8 所示。按 Enter 键，确定尺寸的更改。

（2）单击“翻转实例面”按钮，更改门的打开方向（内开或外开）；单击“翻转实例开门方向”按钮，更改门轴位置（右侧或左侧），如图 9-9 所示。

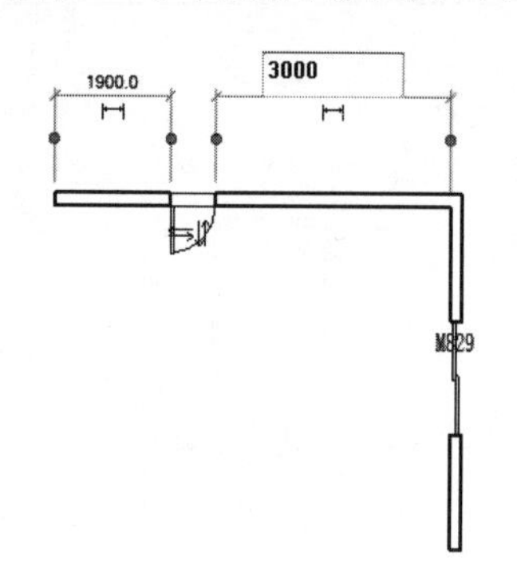

图 9-8　更改尺寸

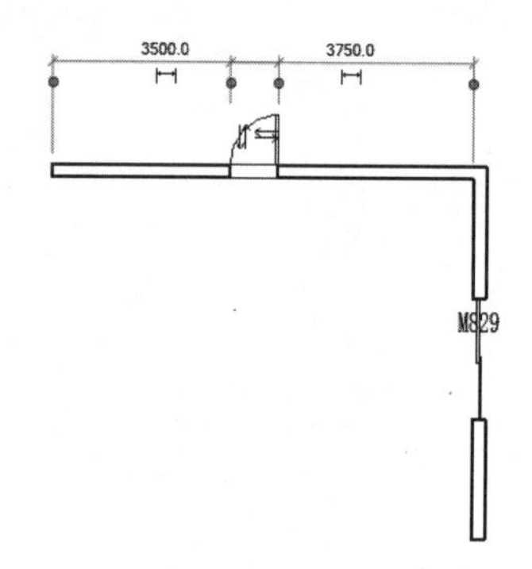

图 9-9　更改门方向

（3）选取门标记，在“属性”选项板的“方向”栏中更改门标记的“方向”为“垂直”，如图 9-10 所示，使门标记方向与门的方向平行，如图 9-11 所示。

（4）选择门，然后单击“主体”面板中的“拾取新主体”按钮，将光标移到另一面墙上，当预览图像位于所需位置时，单击以放置门，如图 9-12 所示。

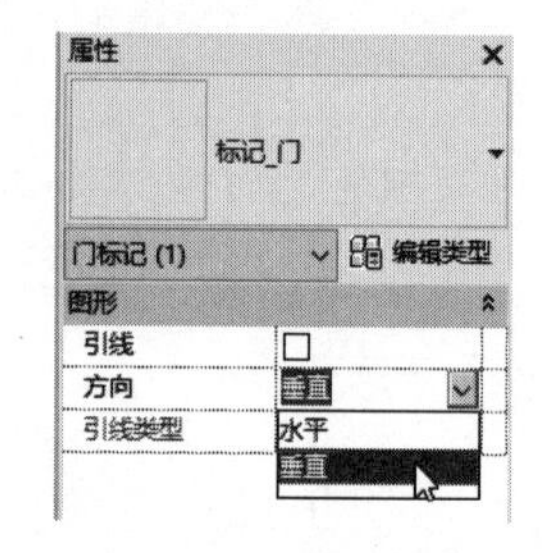

图 9-10　“属性”选项板

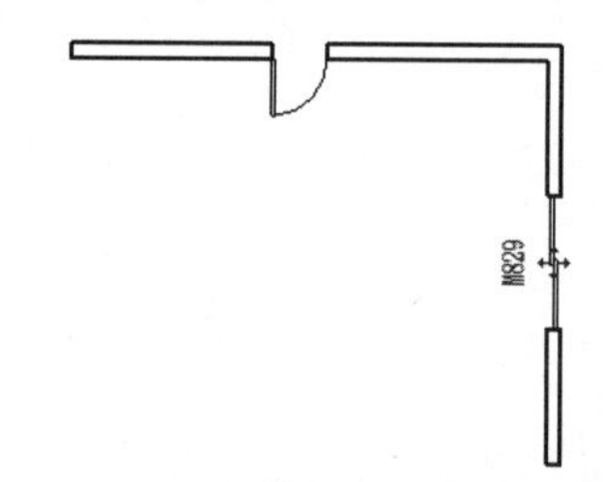

图 9-11　更改门标记方向

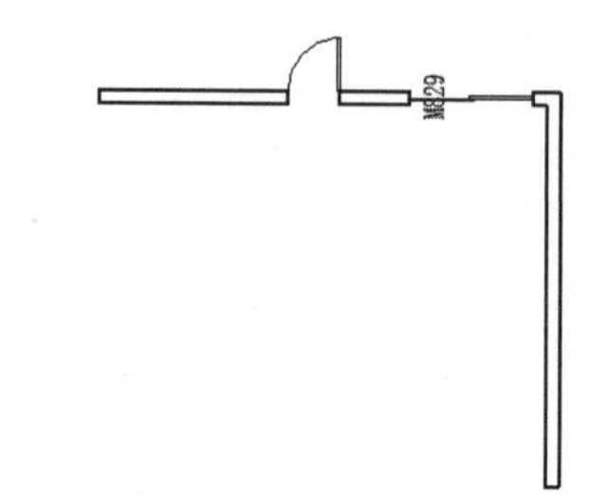

图 9-12　更改门放置主体

（5）在“属性”选项板中单击“编辑类型”按钮，打开如图 9-13 所示的“类型属性”对话框，更改其构造类型、功能、材质、尺寸标注和其他属性。

- 功能：指定门是内部的（默认值）还是外部的。可用在计划中并创建过滤器，以便在导出模型时对模型进行简化。
- 墙闭合：门周围的层包络，包括“按主体”“两者都不”“内部”“外部”和“两者”。
- 构造类型：门的构造类型。
- 门材质：显示门-嵌板的材质，如金属或木质。可以单击按钮，打开“材质浏览器”对话框，设置门-嵌板的材质。
- 框架材质：显示门-框架的材质。可以单击按钮，打开“材质浏览器”对话框，设置门-框架的材质。
- 厚度：设置门的厚度。

- 高度：设置门的高度。
- 贴面投影外部：设置外部贴面的宽度。
- 贴面投影内部：设置内部贴面的宽度。
- 贴面宽度：设置门的贴面的宽度。
- 宽度：设置门的宽度。
- 粗略宽度：设置门的粗略宽度，可以生成明细表或导出。
- 粗略高度：设置门的粗略高度，可以生成明细表或导出。

扫一扫，看视频

动手学——布置别墅的门

具体步骤如下：

（1）在项目浏览器中双击楼层平面节点下的 1F，将视图切换到 1F 楼层平面视图。

（2）单击“建筑”选项卡的“构建”面板中的“门”按钮，打开“修改|放置 门”选项卡。

（3）在“属性”选项板中选择“单扇-与墙齐 750×2000mm”类型，在如图 9-14 所示的位置放置门，并修改临时尺寸，门离墙的距离为 200。

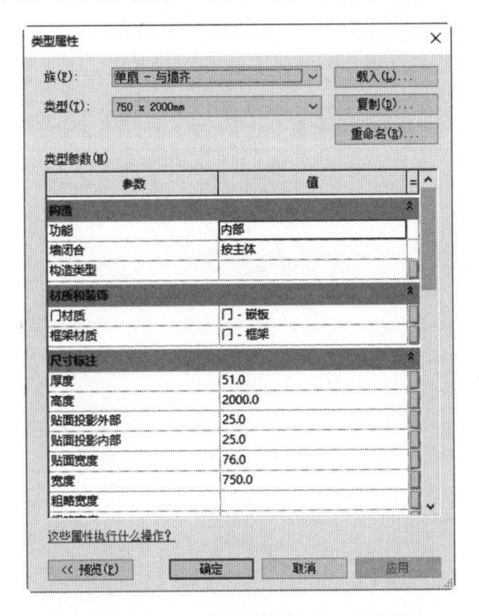

图 9-13 “类型属性”对话框

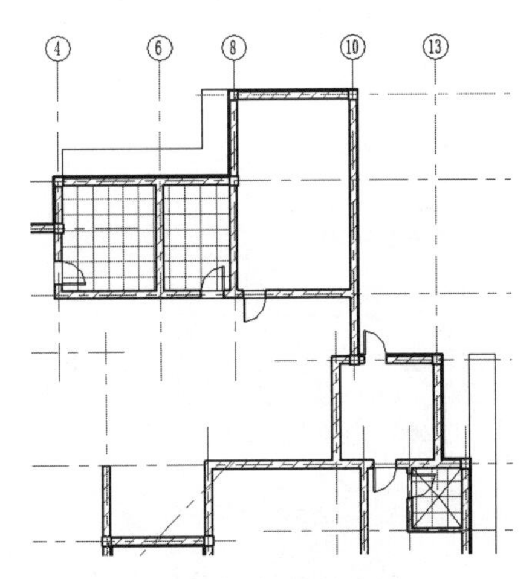

图 9-14 放置单扇门

（4）重复“门”命令，单击“模式”面板中的“载入族”按钮，打开“载入族”对话框，选择 Chinese→“建筑”→“门”→“卷帘门”文件夹中的“滑升门.rfa”，单击“打开”按钮，载入滑升门族。

（5）在“属性”选项板中单击“编辑类型”按钮，打开“类型属性”对话框。单击“复制”按钮，新建 2400×2500mm 类型，更改“高度”为 2500。单击“卷帘箱材质”栏中的按钮，打开“材质浏览器”对话框，选取“钢，镀铬”材质，在“图形”选项卡中选中“使用渲染外观”复选框，单击“确定”按钮，如图 9-15 所示。返回到“类型属性”对话框，设置“门嵌板材质”为“钢，镀铬”，其他采用默认设置，如图 9-16 所示。

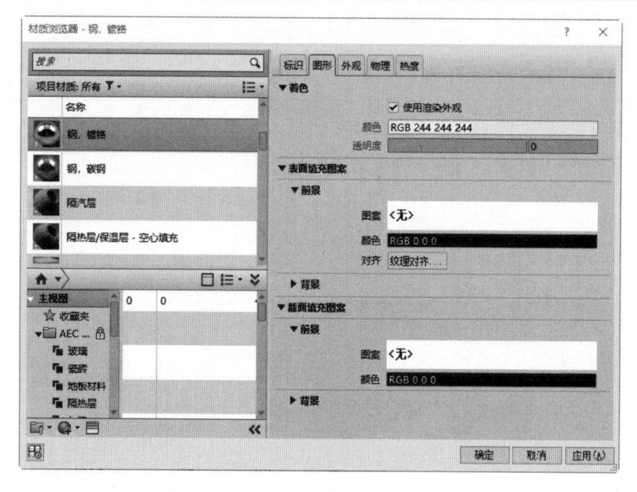

图 9-15 “材质浏览器”对话框

（6）在“属性”选项板中设置“底高度”为-450，如图 9-17 所示。

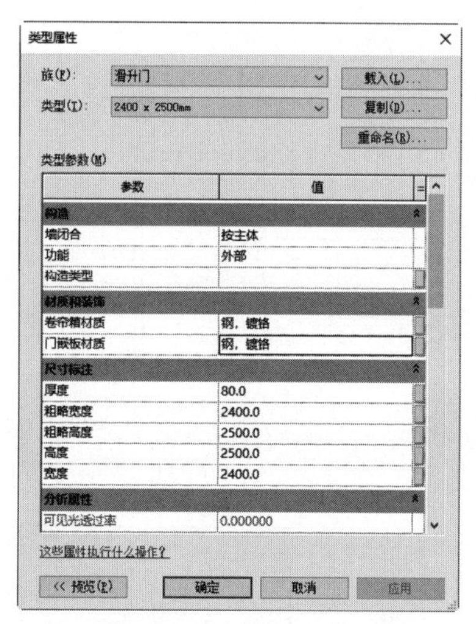

图 9-16 “类型属性”对话框

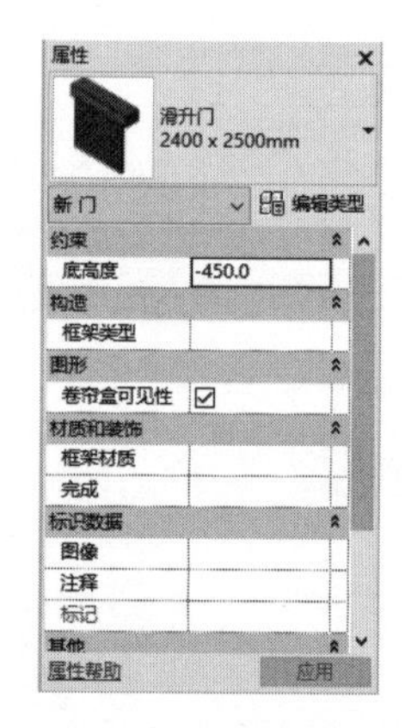

图 9-17 “属性”选项板

（7）在一层车库处放置滑升门，并修改临时尺寸，如图 9-18 所示。

（8）重复“门”命令，单击“模式”面板中的“载入族”按钮，打开“载入族”对话框，选择 Chinese→“建筑”→“门”→“普通门”→“平开门”→“双扇”文件夹中的“双面嵌板格栅门 1.rfa”，单击“打开”按钮，载入“双面嵌板格栅门 1”族文件。

（9）在一层入口处放置双面嵌板格栅门，并修改临时尺寸，如图 9-19 所示。

（10）单击“模式”面板中的“载入族”按钮，打开“载入族”对话框，选择 Chinese →“建筑”→“门”→“普通门”→“推拉门”文件夹中的“双扇推拉门 1.rfa”，单击“打开”按钮，载入“双扇推拉门 1”族文件。

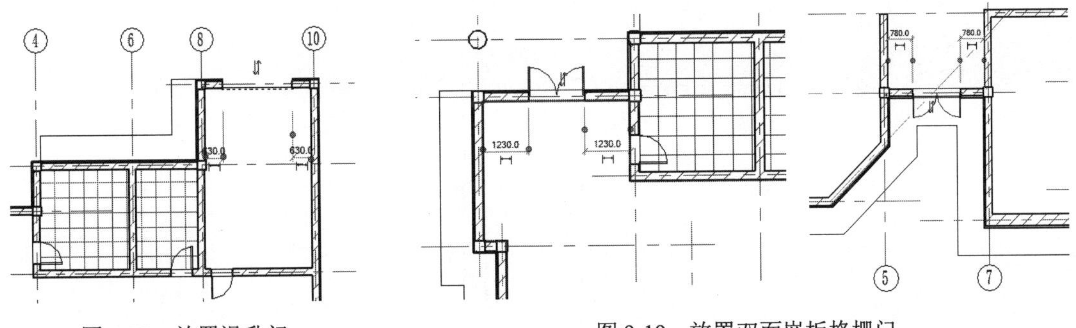

图9-18 放置滑升门　　　　图9-19 放置双面嵌板格栅门

（11）在“属性”选项板中选择“双扇推拉门 1 1500×2100mm”类型，将其放置在如图 9-20 所示的位置。

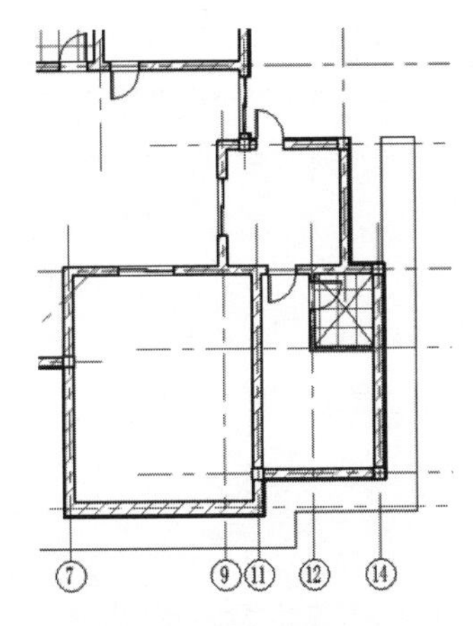

图9-20 放置双扇推拉门

（12）在项目浏览器中双击楼层平面节点下的 2F，将视图切换到 2F 楼层平面视图。

（13）单击“建筑”选项卡的“构建”面板中的“门”按钮，打开“修改|放置 门”选项卡。

（14）单击“模式”面板中的“载入族”按钮，打开“载入族”对话框，选择 Chinese →“建筑”→“门”→“普通门”→“平开门”→“单扇”文件夹中的“单嵌板玻璃门 1.rfa”，单击“打开”按钮，载入“单嵌板玻璃门 1”族文件。

（15）在“属性”选项板中选取“单嵌板玻璃门 1900×2100mm”类型，将单嵌板玻璃门放置在幕墙上，并修改临时尺寸如图 9-21 所示。

（16）以同样的方式将单嵌板玻璃门 2 放置在如图 9-22 所示的墙上。

提示：

如果在三维视图中不显示门把手，将控制栏中的详细程度更改为精细。

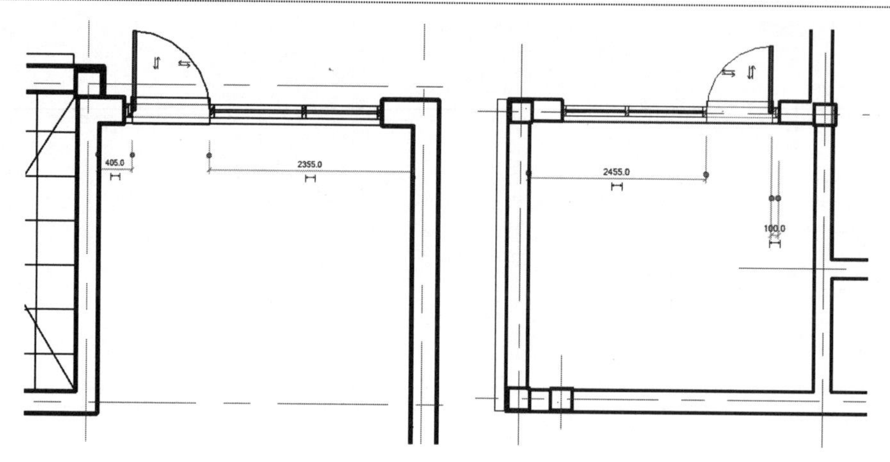

图 9-21　放置单嵌板玻璃门 1

（17）重复“门”命令，在“属性”选项板中选择“单扇-与墙齐 750×2000mm”类型，在如图 9-23 所示的位置放置门，并修改临时尺寸，门离墙的距离为 200。

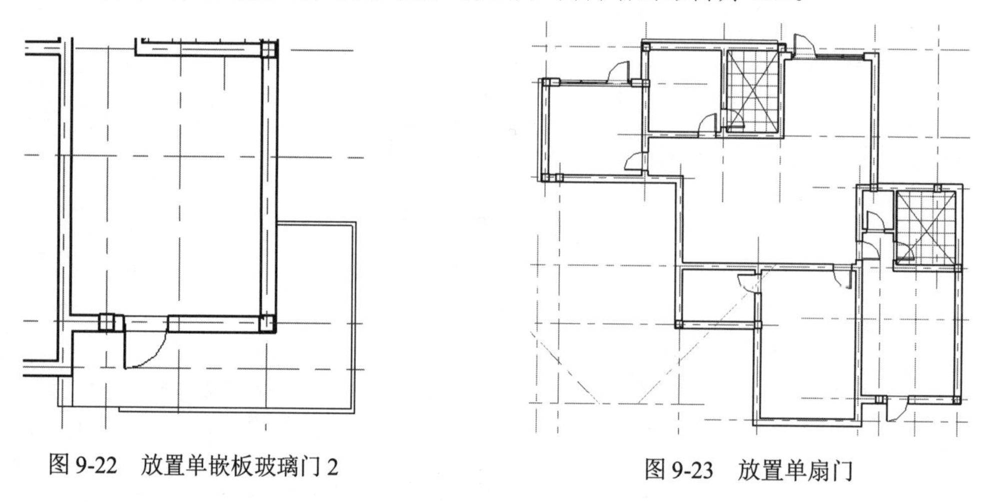

图 9-22　放置单嵌板玻璃门 2

图 9-23　放置单扇门

9.2　窗

窗是基于主体的构件，可以添加到任何类型的墙内（天窗可以添加到内建屋顶）。

9.2.1　放置窗

选择要添加的窗类型，然后指定窗在墙上的位置，Revit 将自动剪切洞口并放置窗。具体步骤如下：

（1）单击“建筑”选项卡的“构建”面板中的“窗”按钮，打开如图9-24所示的“修改|放置 窗”选项卡。

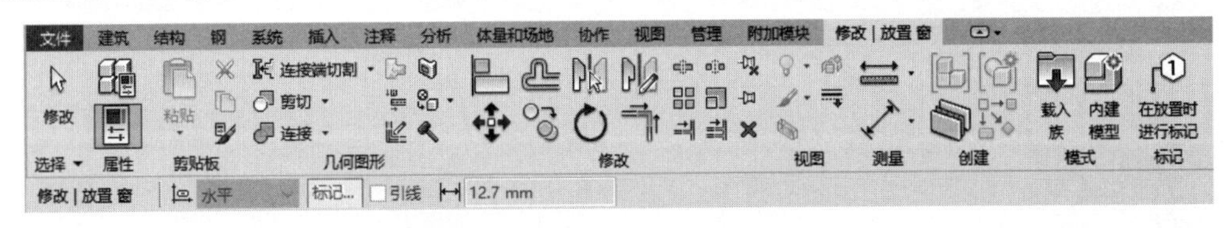

图9-24　“修改|放置 窗”选项卡

（2）在“属性”选项板中选择窗类型，系统默认的只有“固定”类型，输入“底高度”为900，如图9-25所示。

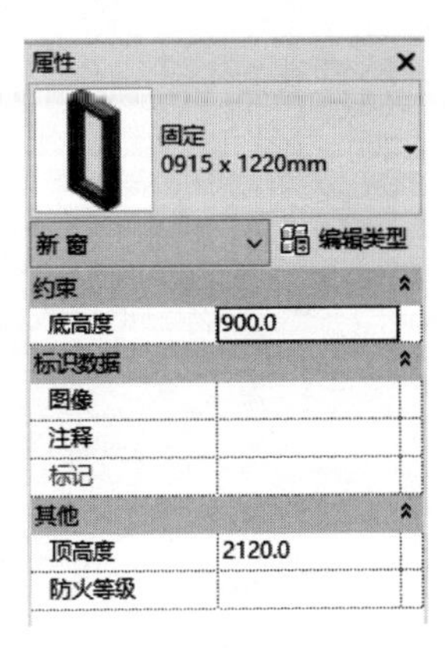

图9-25　“属性”选项板

- 底高度：设置相对于放置比例的标高的底高度。
- 注释：显示输入或从下拉列表中选择的注释。输入注释后，便可以为同一类别图元的其他实例选择该注释，无须考虑类型或族。
- 标记：用于添加自定义标示的数据。
- 顶高度：指定相对于放置此实例的标高的实例顶高度。修改此值不会修改实例尺寸。
- 防火等级：设定当前窗的防火等级。

（3）将光标移到墙上以显示窗的预览图像，默认情况下，临时尺寸标注指定从窗边线到最近垂直墙的距离，如图9-26所示。

（4）单击放置窗，Revit将自动剪切洞口并放置窗，如图9-27所示。

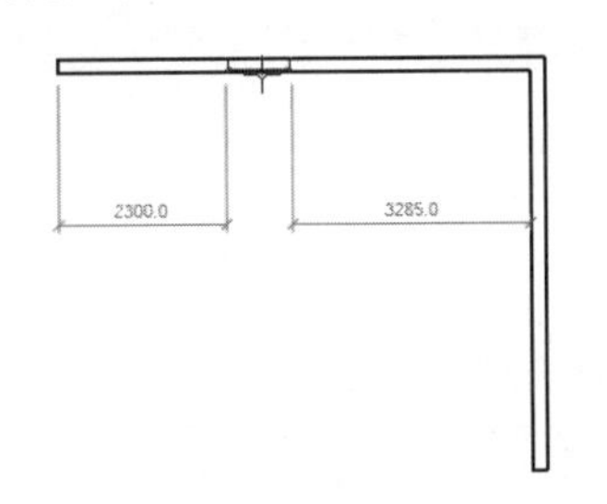

图9-26　预览窗图像

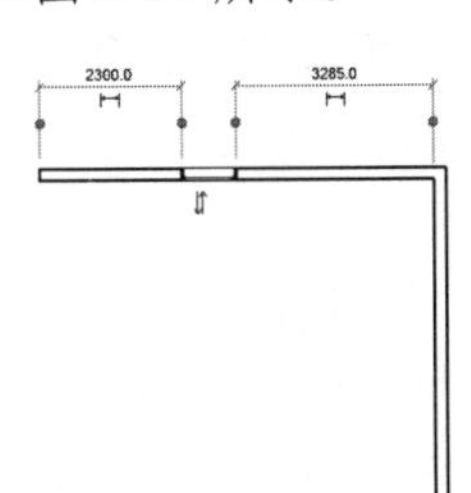

图9-27　放置平开窗

（5）单击“模式”面板中的“载入族”按钮，打开“载入族”对话框，选择Chinese→“建筑”→“窗”→“普通窗”→“平开窗”文件夹中的“双扇平开-带贴面.rfa”，如图9-28所示。单击“打开”按钮，载入“双扇平开窗”族文件。

（6）在“属性”选项板中单击“编辑类型”按钮，打开“类型属性”对话框，新建1500×2000mm类型，设置“粗略宽度”为1500，“粗略高度”为2000，其他采用默认设置，如图9-29所示。

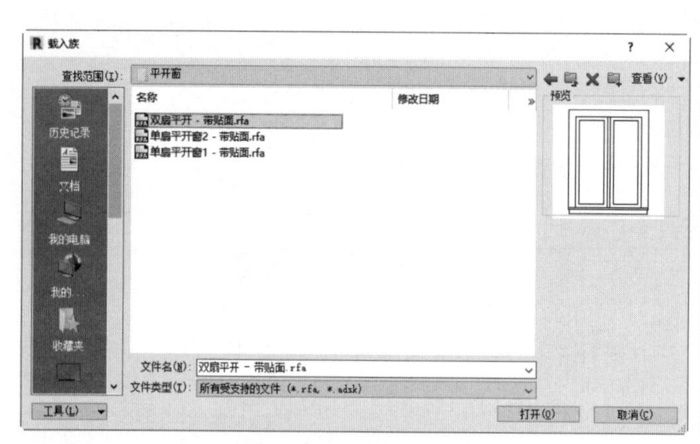

图 9-28 “载入族”对话框

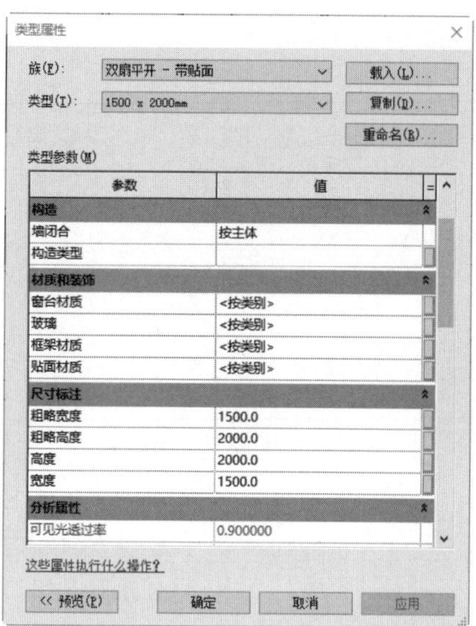

图 9-29 新建 1500×2000mm 类型

- 窗嵌入：设置窗嵌入墙内部的深度。
- 墙闭合：用于设置窗周围的层包络，包括“按主体”“两者都不”“内部”“外部”和“两者”。
- 构造类型：设置窗的构造类型。
- 窗台材质：设置窗台的材质。可以单击□按钮，打开“材质浏览器”对话框，设置窗台板的材质。
- 玻璃：设置玻璃的材质。可以单击□按钮，打开“材质浏览器”对话框，设置玻璃的材质。
- 框架材质：设置框架的材质。
- 贴面材质：设置贴面的材质。
- 粗略宽度：设置窗的粗略洞口的宽度，可以生成明细表或导出。
- 粗略高度：设置窗的粗略洞口的高度，可以生成明细表或导出。
- 高度：设置窗洞口的高度。
- 宽度：设置窗洞口的宽度。

（7）将光标移到墙上以显示窗的预览图像。默认情况下，临时尺寸标注指定从窗边线到最近垂直墙的距离，如图 9-30 所示。

（8）单击放置窗，Revit 将自动剪切洞口并放置窗，如图 9-31 所示。

（9）在项目浏览器中单击“注释符号”→“标记_窗”→“标记_窗”，将其拖动到窗户上，在选项栏中取消选中“引线”复选框，然后单击图中的窗户。添加窗标记的结果如图 9-32 所示。

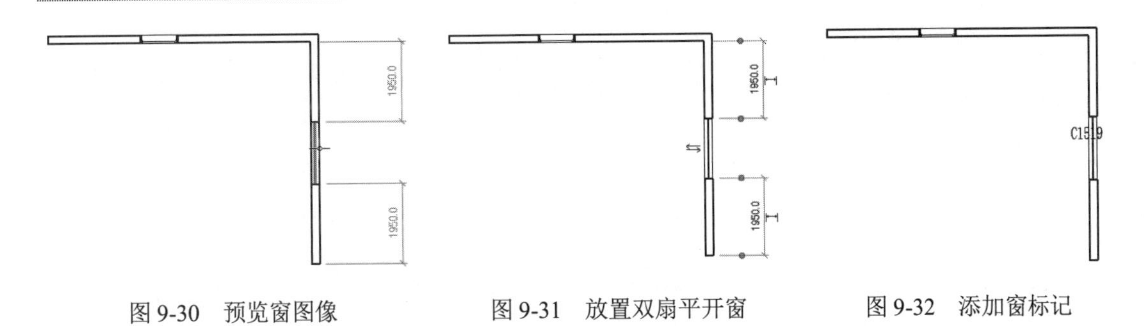

图 9-30 预览窗图像　　图 9-31 放置双扇平开窗　　图 9-32 添加窗标记

9.2.2 修改窗

放置窗以后，可以修改窗扇的开启方向等。

具体步骤如下：

（1）在平面视图中选取窗，窗被激活并打开“修改|窗”选项卡，如图 9-33 所示。

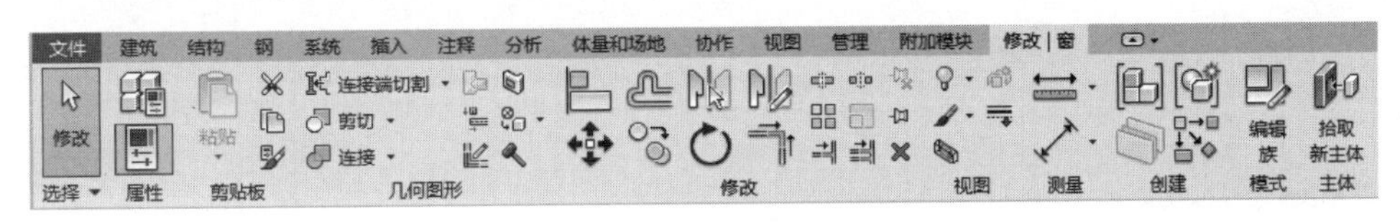

图 9-33 “修改|窗”选项卡

（2）单击“翻转实例面”按钮⇅，更改窗的朝向。

（3）双击尺寸值，然后输入新的尺寸，更改窗的位置；也可以直接拖动调整窗的位置。一般窗户放在墙中间位置。

（4）将视图切换到三维视图。选中窗，将其激活，显示窗在墙体上的定位尺寸。双击窗的底高度值，修改尺寸值为 500，也可以直接在“属性”选项板中更改高度为 1000，如图 9-34 所示。

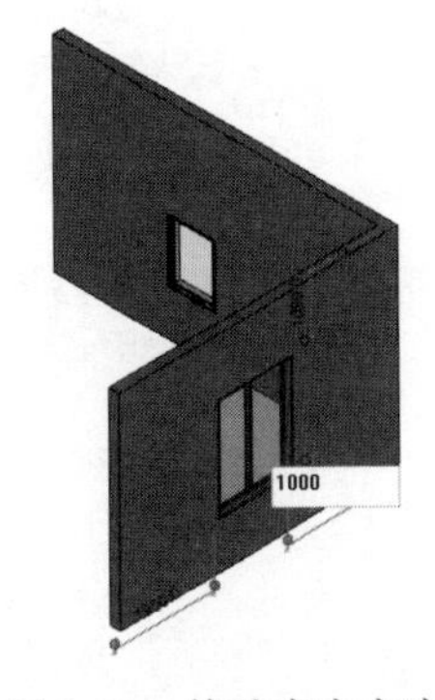

图 9-34 修改窗底高度

（5）选择窗，然后单击“主体”面板中的“拾取新主体”按钮，将光标移到另一面墙上，当预览图像位于所需位置时，单击以放置窗。

教你一招：

门窗插入的技巧。

（1）在平面中插入门窗时，输入 SM，门窗会自动定义在墙体的中心位置。

（2）按空格键可以快速调整门开启的方向。

（3）在三维视图中调整门窗的位置时需要注意，选择门窗后使用移动命令调整时只能在同一平面上进行修改，重新定义主体后可以使门窗移动到其他的墙面上。常规的编辑命令同样适用于门窗的编辑。可在平面、立面、剖面、三维等视图中移动、复制、阵列、镜像和对齐门窗。

扫一扫，看视频

动手学——布置别墅的窗

具体步骤如下。

1. 创建第一层窗

（1）在项目浏览器中双击楼层平面节点下的1F，将视图切换到1F楼层平面视图。

（2）单击“建筑”选项卡的“构建”面板中的“窗”按钮，打开“修改|放置 窗”选项卡。单击“模式”面板中的“载入族”按钮，打开“载入族”对话框，选择Chinese→“建筑”→“窗”→“普通窗”→“推拉窗”文件夹中的“推拉窗 6.rfa”，单击“打开”按钮，载入“推拉窗 6”族文件。

（3）在“属性”选项板中单击“编辑类型”按钮，打开“类型属性”对话框，新建900×1600mm类型，设置“粗略宽度”为900，“粗略高度”为1600，更改“框架材质”和“窗扇框材质”为“金属-铝-白色”，其他采用默认设置，单击“确定”按钮，如图9-35所示。

（4）在“属性”选项板中设置“底高度”为500，其他采用默认设置。

（5）将窗户放置到如图9-36所示的位置。

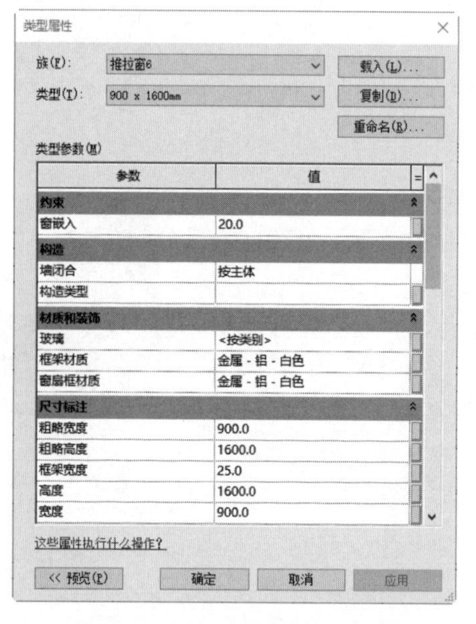

图9-35 “类型属性”对话框

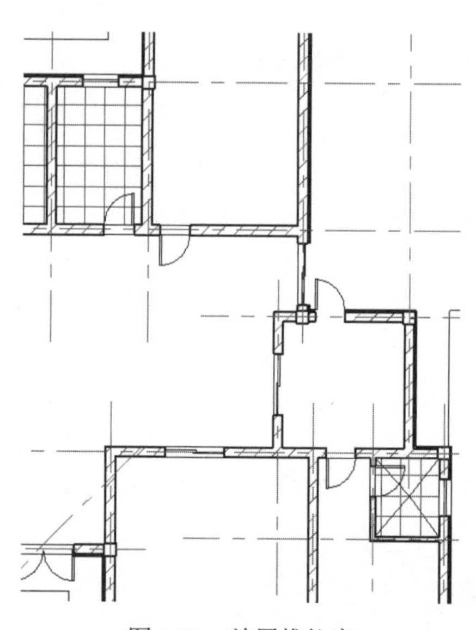

图9-36 放置推拉窗

（6）在“属性”选项板中单击“编辑类型”按钮，打开“类型属性”对话框，新建1600×1600mm类型，设置“粗略高度”为1600，“宽度”为1600，更改“框架材质”和“窗扇框材质”为“金属-铝-白色”，其他采用默认设置，单击“确定”按钮，如图9-37所示。

（7）在“属性”选项板中设置“底高度”为500，其他采用默认设置。

（8）将窗户放置到如图9-38所示的位置。

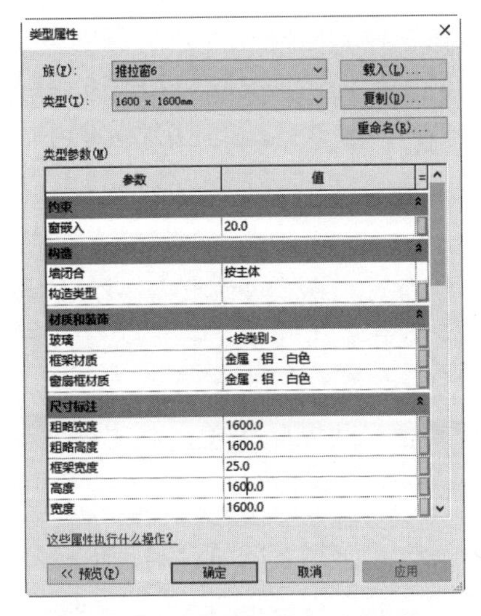

图 9-37　“类型属性”对话框

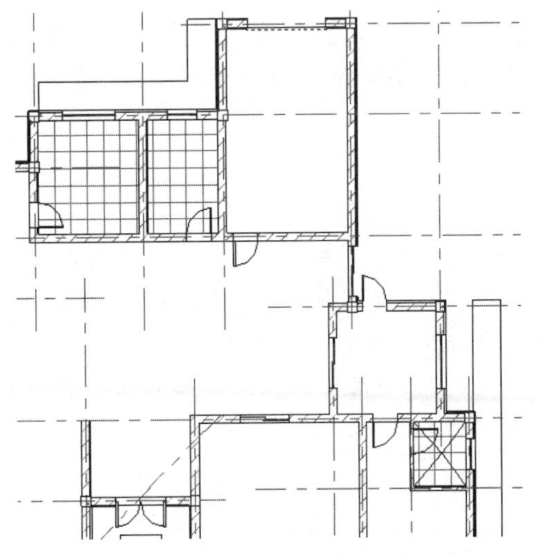

图 9-38　放置推拉窗

（9）单击“模式”面板中的“载入族”按钮，打开“载入族”对话框，选择 Chinese→“建筑”→“窗”→“普通窗”→“组合窗”文件夹中的“组合窗-三层双列（平开+固定）.rfa”，单击“打开”按钮，载入“组合窗-三层双列（平开+固定）”族文件。

（10）在“属性”选项板中单击“编辑类型”按钮，打开“类型属性”对话框，新建 1600×2800mm 类型，设置“粗略宽度”为 1600，“粗略高度”为 2800，“平开扇宽度”为 800，更改“框架材质”为“金属-铝-白色”，其他采用默认设置，单击“确定”按钮，如图 9-39 所示。

（11）在“属性”选项板中设置“底高度”为 200，其他采用默认设置。将窗户放置到如图 9-40 所示的位置。

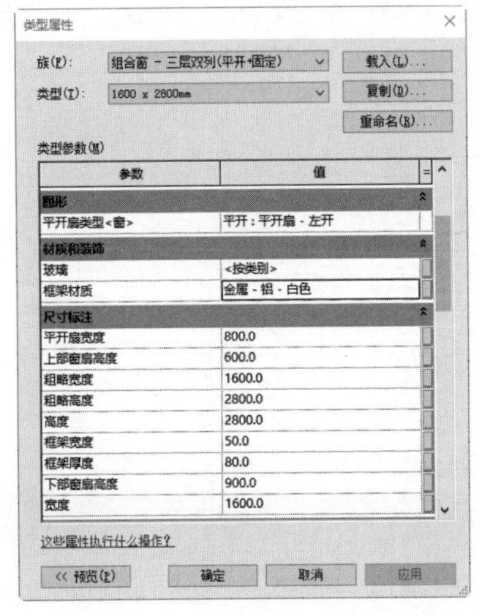

图 9-39　“类型属性”对话框

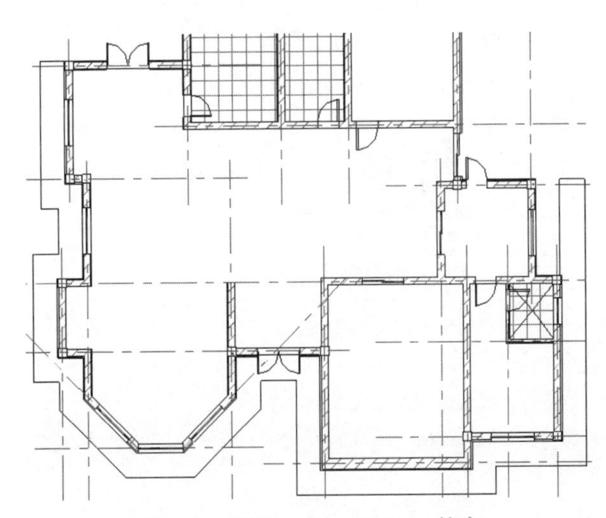

图 9-40　放置 1600×2800mm 的窗

（12）在“属性”选项板中单击“编辑类型”按钮，打开“类型属性”对话框，新建 1000×2800mm 类型，设置“粗略宽度”为 1000，“粗略高度”为 2800，“平开扇宽度”为 500，更改“框架材质”为“金属-铝-白色”，其他采用默认设置，单击“确定”按钮。

（13）在“属性”选项板中设置“底高度”为 200，其他采用默认设置。将窗户放置到如图 9-41 所示的位置。

（14）单击“模式”面板中的“载入族”按钮，打开“载入族”对话框，选择 Chinese→“建筑”→“窗”→“普通窗”→“组合窗”文件夹中的“组合窗-三层三列（平开+固定）.rfa”，单击“打开”按钮，载入“组合窗-三层三列（平开+固定）”族文件。

（15）在“属性”选项板中设置“底高度”为 200，其他采用默认设置。将窗户放置到如图 9-42 所示的位置。

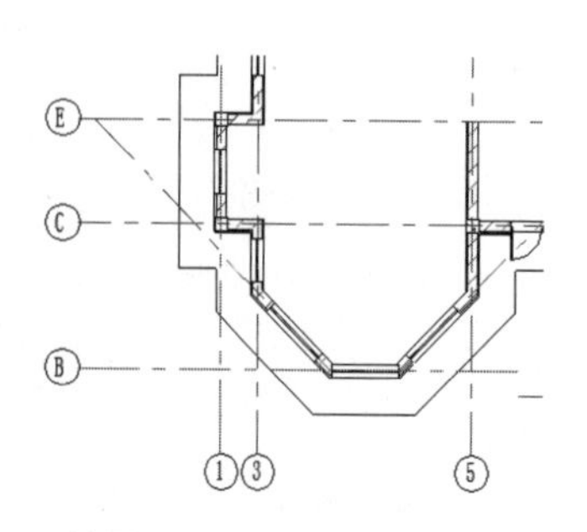

图 9-41　放置三层双列（平开+固定）组合窗

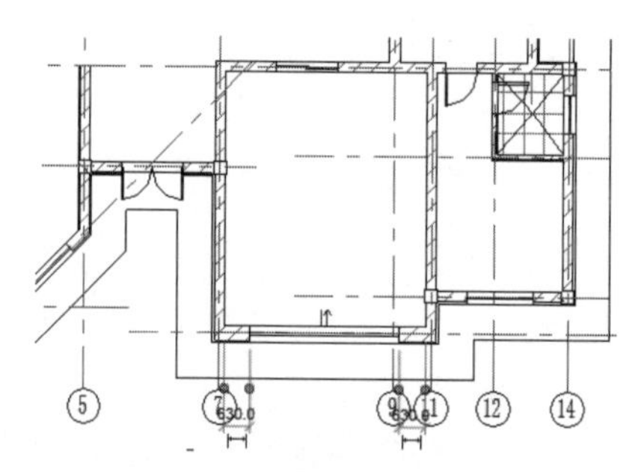

图 9-42　放置三层三列（平开+固定）组合窗

2. 创建第二层窗

（1）在项目浏览器中双击楼层平面节点下的 2F，将视图切换到 2F 楼层平面视图。

（2）单击“建筑”选项卡的“构建”面板中的“窗”按钮，在“属性”选项板中选择“推拉窗 6900×1600mm”类型，设置“底高度”为 600，如图 9-43 所示。

（3）将窗户放置在如图 9-44 所示的位置。

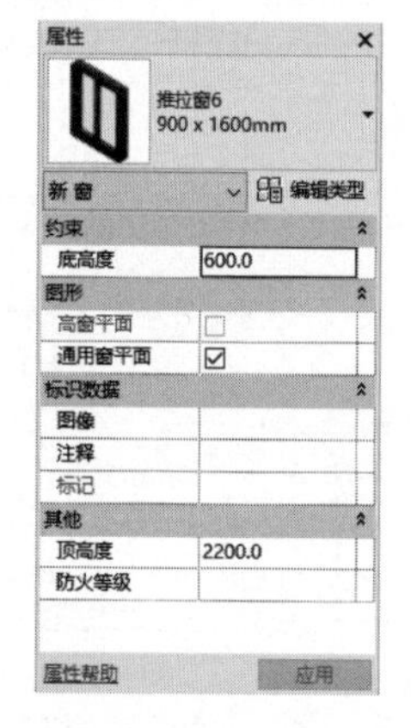

图 9-43　“属性”选项板

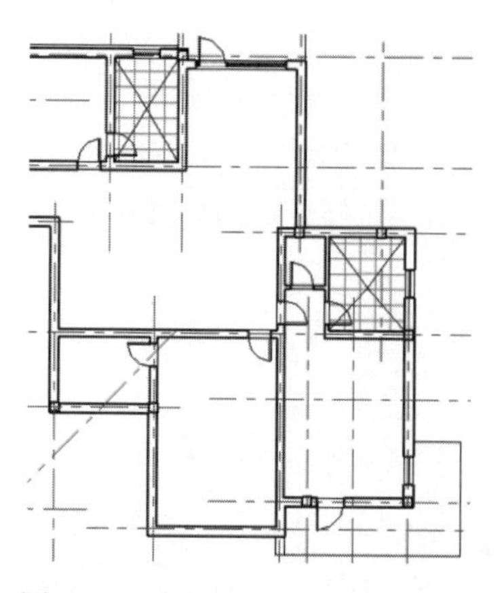

图 9-44　放置 900×1600mm 的窗

（4）在“属性”选项板中选择“推拉窗6 1600×1600mm”类型，设置“底高度”为500，将窗户放置在如图9-45所示的位置。

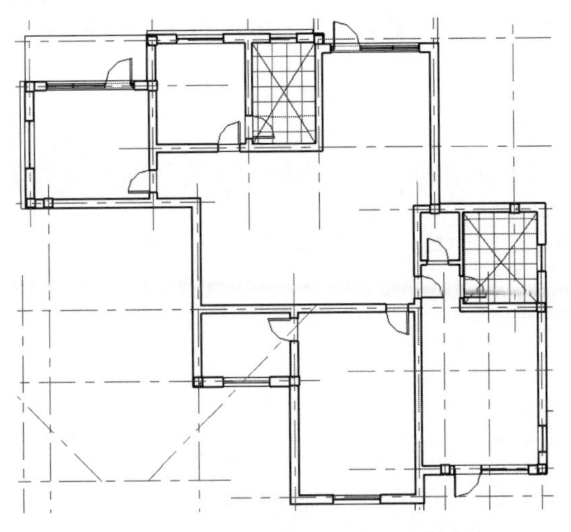

图9-45　放置1600×1600mm的窗

第 10 章　屋 顶 设 计

屋顶是指房屋或构筑物外部的顶盖，包括屋面及在墙或其他支撑物以上用以支撑屋面的一切必要材料。

屋顶一般都会延伸至墙面以外，突出的部分称为屋檐。屋檐具有保护作用，可使其下的立柱和墙面免遭风雨侵蚀。

- 屋顶
- 屋檐

案例效果

10.1　屋　　顶

屋顶有平顶和坡顶两种类型，坡顶又分为一面坡屋顶、二面坡屋顶、四面坡屋顶和攒尖顶 4 种类型。

Revit 软件提供了多种屋顶的创建工具，如迹线屋顶和拉伸屋顶等。

10.1.1　迹线屋顶

具体步骤如下：

（1）单击“建筑”选项卡的“构建”面板中“屋顶”下拉列表中的“迹线屋顶”按钮，打开“修改|创建屋顶迹线”选项卡，如图 10-1 所示。

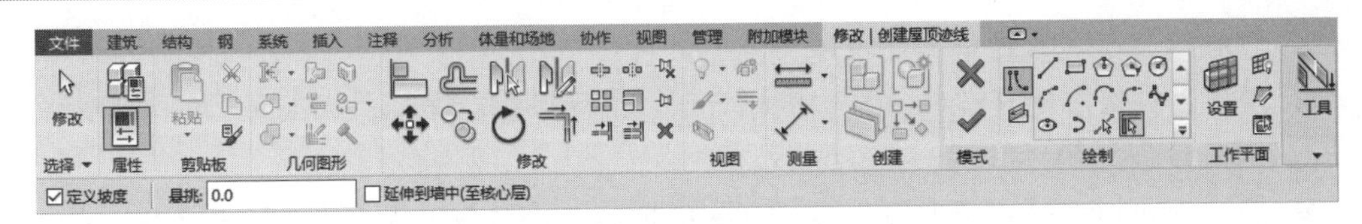

图 10-1　“修改|创建屋顶迹线”选项卡

- 定义坡度：取消选中此复选框，创建不带坡度的屋顶。
- 悬挑：定义悬挑距离。
- 延伸到墙中（至核心层）：选中此复选框，从墙核心处测量悬挑。

（2）在“属性”选项板中选择“基本屋顶 常规-125mm”类型，其他采用默认设置，如图 10-2 所示。

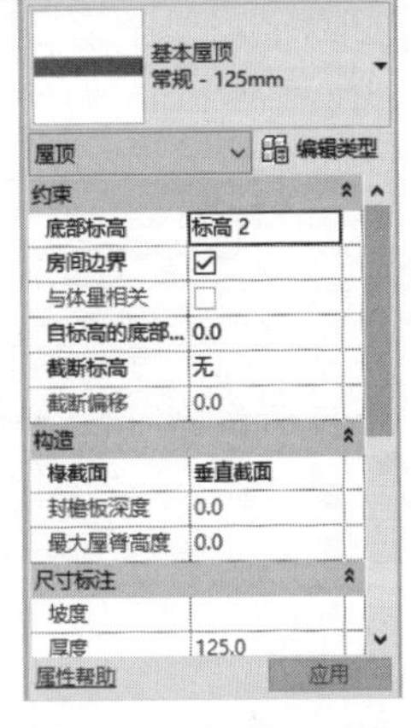

图 10-2　“属性”选项板

- 底部标高：设置迹线或拉伸屋顶的标高。
- 房间边界：选中此复选框，则屋顶是房间边界的一部分。在绘制屋顶之后，可以选择屋顶，然后修改此属性。
- 与体量相关：指定此图元是从体量图元创建的。
- 自标高的底部偏移：设置高于或低于绘制时所处标高的屋顶高度。
- 截断标高：指定标高，在该标高上方所有迹线屋顶几何图形都不会显示。以该方式剪切的屋顶可与其他屋顶组合，构成“荷兰式四坡屋顶”“双重斜坡屋顶”或其他屋顶样式。
- 截断偏移：指定标高以上或以下的截断高度。
- 椽截面：通过指定椽截面来更改屋檐的样式，包括垂直截面、垂直双截面和正方形双截面，如图 10-3 所示。

（a）垂直截面

（b）垂直双截面

（c）正方形双截面

图 10-3　椽截面

- 封檐板深度：指定一个介于零和屋顶厚度之间的值。
- 最大屋脊高度：屋顶顶部位于建筑物底部标高以上的最大高度。可以使用“最大屋脊高度”工具设置最大允许屋脊高度。

- 坡度：将坡度定义线的值修改为指定值，而无须编辑草图。如果有一条坡度定义线，则此参数最初会显示一个值。
- 厚度：可以选择可变厚度参数来修改屋顶或结构楼板的层厚度，如图 10-4 所示。如果没有可变厚度层，则整个屋顶或楼板将倾斜，并在平行的顶面和底面之间保持固定厚度；如果有可变厚度层，则屋顶或楼板的顶面将倾斜，而底部保持为水平平面，形成可变厚度楼板。

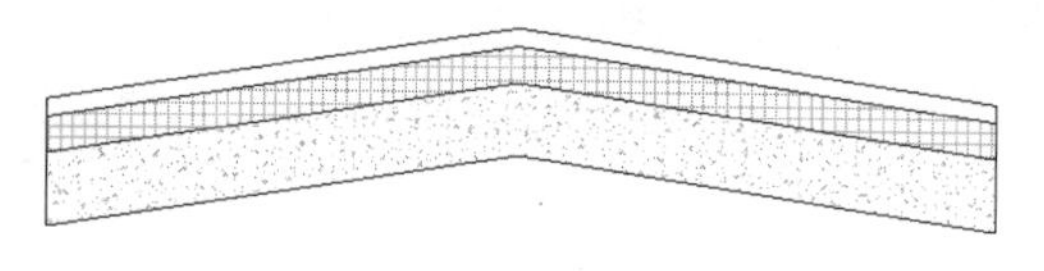

（a）没有可变厚度层

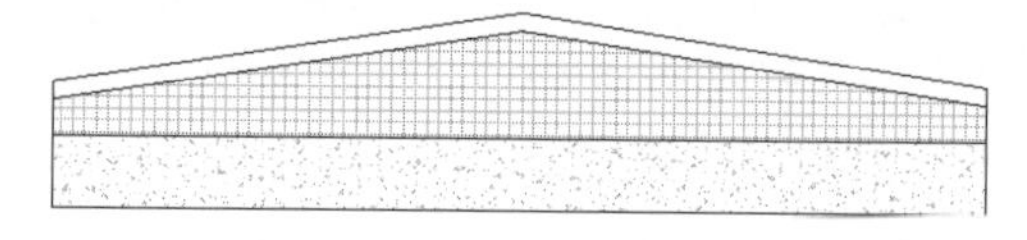

（b）有可变厚度层

图 10-4　厚度

（3）单击“绘制”面板中的“边界线”按钮和“拾取墙”按钮（系统默认激活这两个按钮，也可以单击其他绘制工具按钮绘制边界），拾取外墙创建屋顶迹线，并调整屋顶迹线使其成为一个闭合轮廓，如图 10-5 所示。

（4）单击“模式”面板中的“完成编辑模式”按钮，完成屋顶迹线的绘制，如图 10-6 所示。

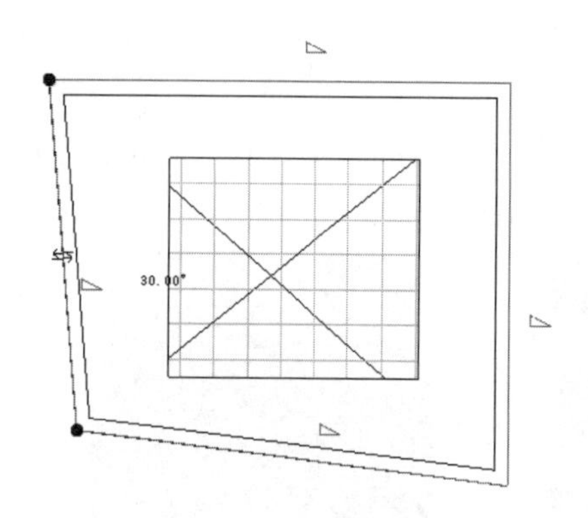

图 10-5　绘制屋顶迹线

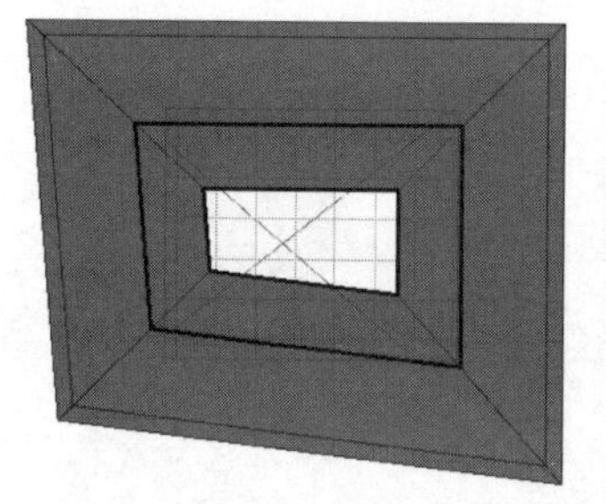

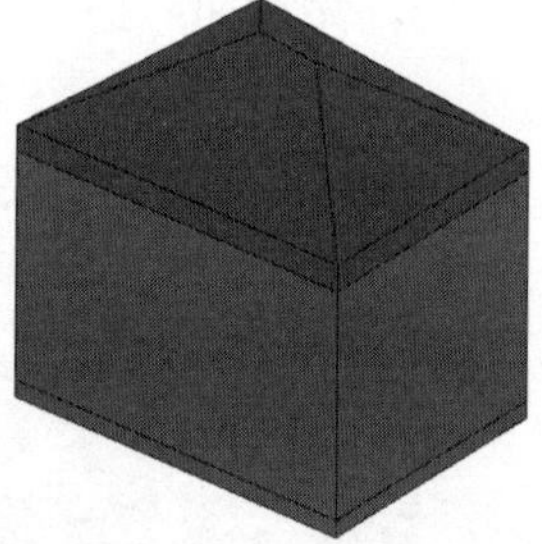

图 10-6　绘制屋顶

注意：

如果试图在最低标高上添加屋顶，则会出现一个对话框，提示将屋顶移动到更高的标高上。如果选择不将屋顶移动到其他标高上，Revit 随后会提示屋顶是否过低。

（5）双击屋顶对其进行编辑。选取最下端的屋顶迹线，打开如图 10-7 所示的“属性”选项板，取消选中“定义屋顶坡度”复选框，此时屋顶迹线上的坡度符号消失，如图 10-8 所示。

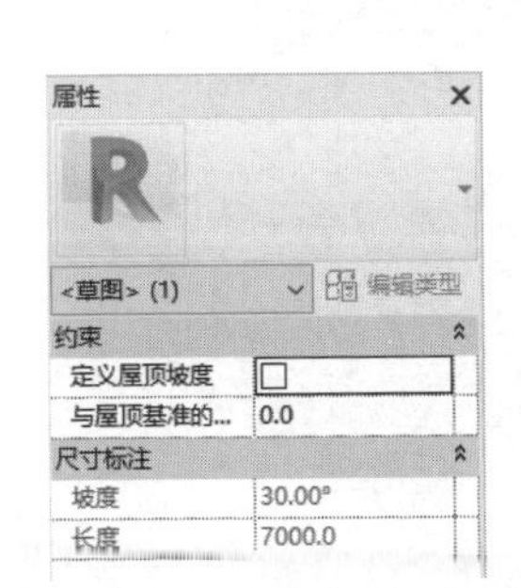

图 10-7　“属性”选项板

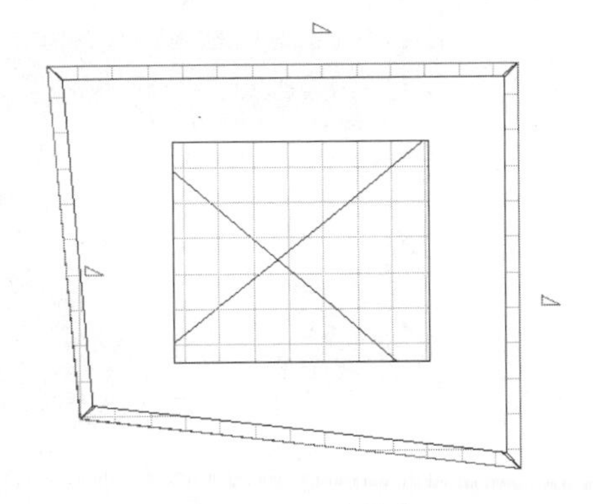

图 10-8　取消坡度

- 定义屋顶坡度：对于迹线屋顶，将屋顶线指定为坡度定义线，可以创建不同的屋顶类型（包括平屋顶、双坡屋顶和四坡屋顶）。常见的坡度屋顶如图 10-9 所示。

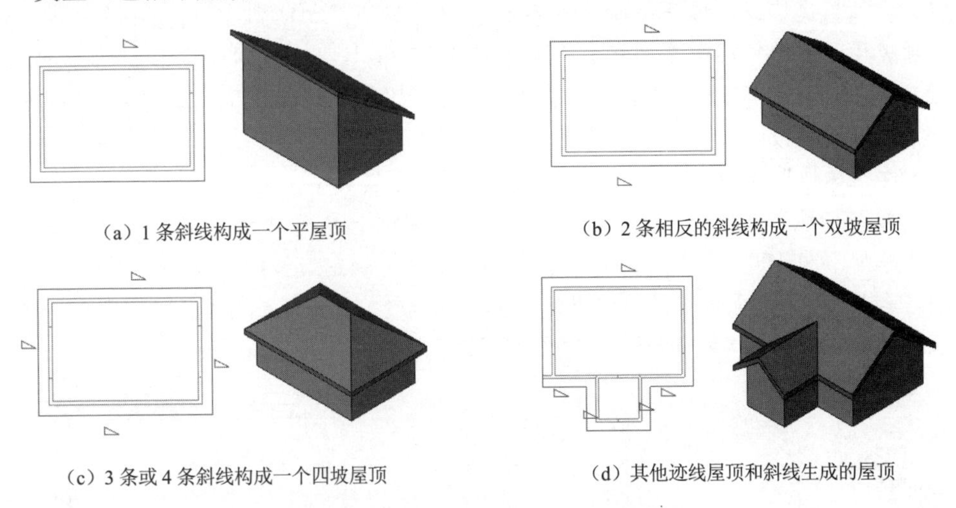

（a）1 条斜线构成一个平屋顶

（b）2 条相反的斜线构成一个双坡屋顶

（c）3 条或 4 条斜线构成一个四坡屋顶

（d）其他迹线屋顶和斜线生成的屋顶

图 10-9　根据不同坡度斜线创建屋顶

- 悬挑：调整此线距相关墙体的水平偏移。
- 与屋顶基准的偏移：此高度高于墙和屋顶相交的底部标高，即相对于屋顶底部标高的高度，默认值为 0。
- 延伸到墙中（至核心层）：指定从屋顶边到外部核心墙的悬挑尺寸标注。默认情况下，悬挑尺寸标注是从墙的外部核心墙测量的。
- 坡度：指定屋顶的斜度。此属性指定坡度定义线的坡度角。
- 长度：屋顶边界线的实际长度。

（6）单击“模式”面板中的“完成编辑模式”按钮✔，完成屋顶迹线的编辑，如图 10-10 所示。注意观察带坡度和不带坡度的屋顶有何不同。

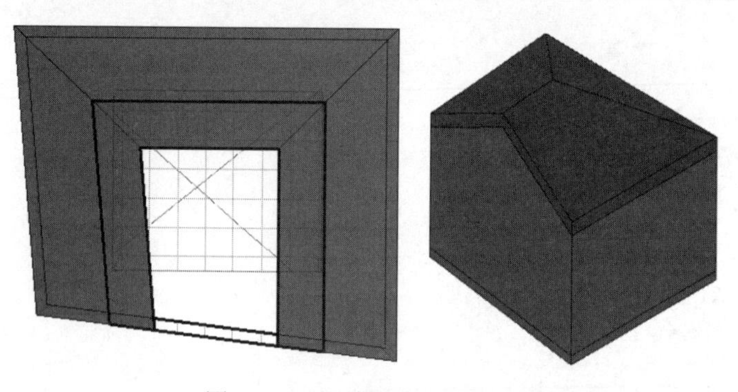

图 10-10　取消坡度后的屋顶

扫一扫，看视频

动手学——创建别墅屋顶

具体步骤如下：

（1）在项目浏览器的楼层平面节点下双击 2F，将视图切换到 2F 楼层平面视图。在“属性”选项板中设置“范围：底部标高”为 1F，在 2F 楼层平面视图中显示 1F 楼层的墙体。

（2）单击“建筑”选项卡的“构建”面板中“屋顶”下拉列表中的“迹线屋顶”按钮，打开“修改|创建屋顶迹线”选项卡。

（3）在“属性”选项板中选择“保温屋顶-混凝土”类型，单击“编辑类型”按钮，在弹出的“类型属性”对话框中单击“编辑”按钮编辑...，打开“编辑部件”对话框，更改结构层的“厚度”为 100，如图 10-11 所示。连续单击“确定”按钮，完成屋顶类型的更改。

（4）单击“绘制”面板中的“边界线”按钮和“拾取墙”按钮，在选项栏中输入“悬挑”值为 500，拾取一层外侧墙体，如图 10-12 所示。

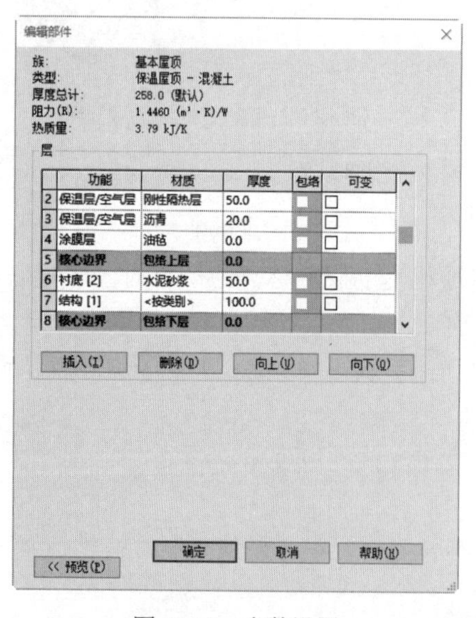

图 10-11　参数设置

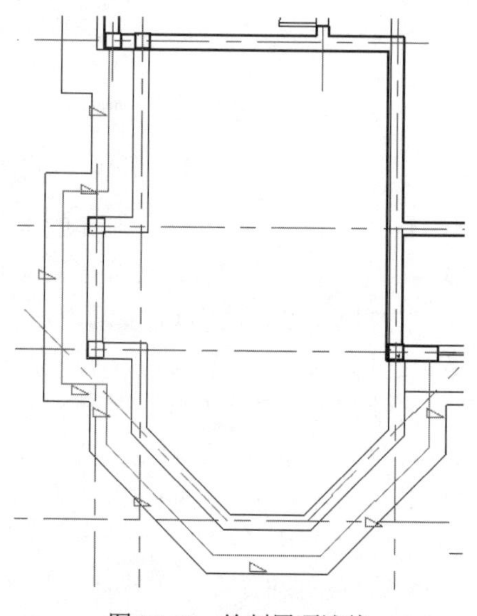

图 10-12　绘制屋顶迹线

（5）单击“绘制”面板中的“边界线”按钮和“拾取墙”按钮，在选项栏中输入“悬挑”值为0，拾取一层内侧墙体，并选取屋顶迹线，在“属性”选项板中取消选中“定义屋顶坡度”复选框，调整屋顶迹线的长度，使屋顶迹线形成闭合环，如图10-13所示。

（6）单击“模式”面板中的“完成编辑模式”按钮，完成屋顶的创建，如图10-14所示。

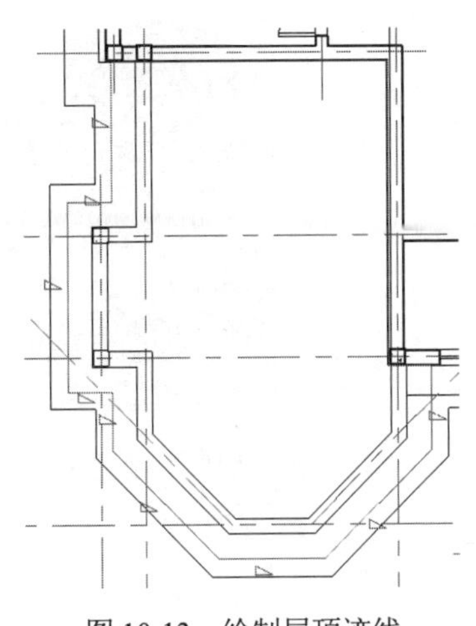

图10-13　绘制屋顶迹线

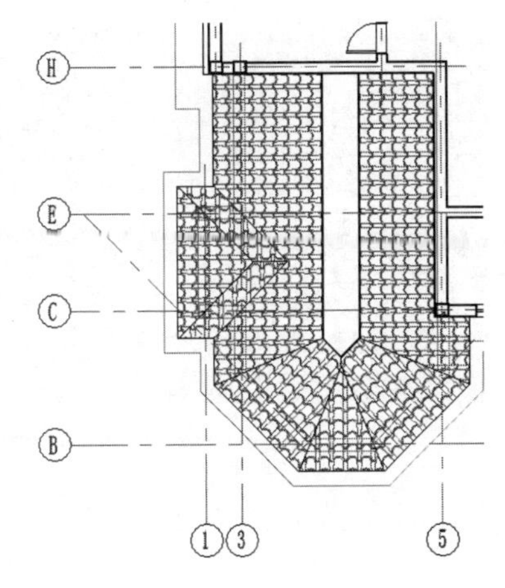

图10-14　创建屋顶

（7）在项目浏览器的楼层平面节点下双击3F，将视图切换到3F楼层平面视图。在“属性”选项板中设置“范围：底部标高”为2F，在3F楼层平面视图中显示2F楼层的墙体。

（8）单击“建筑”选项卡的“构建”面板中“屋顶”下拉列表中的“迹线屋顶”按钮，打开“修改|创建屋顶迹线”选项卡，在“属性”选项板中选择“保温屋顶-混凝土”类型。

（9）单击“绘制”面板中的“边界线”按钮和“拾取墙”按钮，在选项栏中输入“悬挑”值为400，绘制屋顶迹线，更改“坡度”为20°，取消某屋顶迹线的坡度，如图10-15所示。

（10）单击“模式”面板中的“完成编辑模式”按钮，完成屋顶的创建，如图10-16所示。

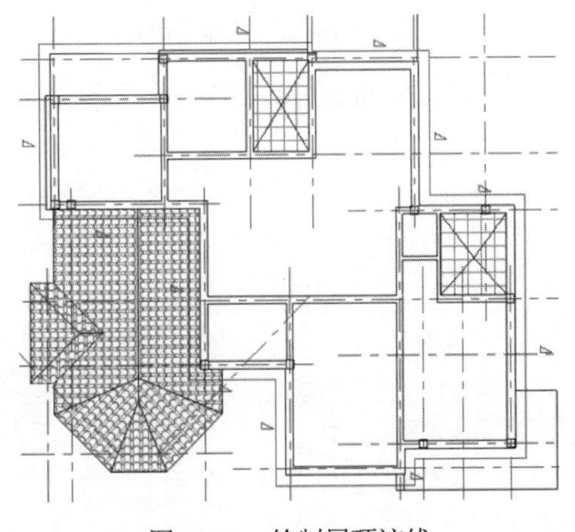

图10-15　绘制屋顶迹线

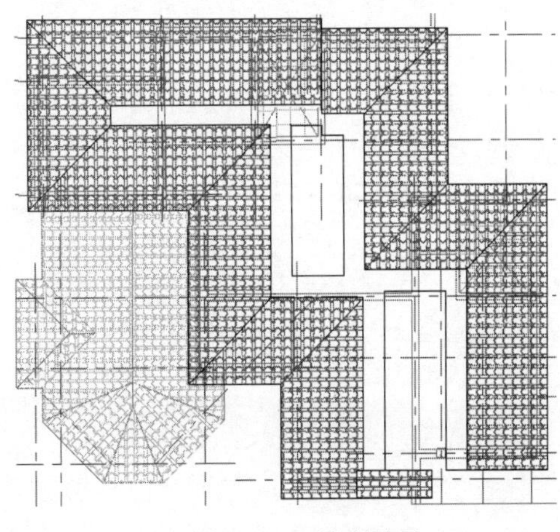

图10-16　创建屋顶

（11）将视图切换至三维视图，可以看到两面墙没有延伸到屋顶，如图 10-17 所示。

（12）选取墙，打开“修改|墙”选项卡，单击“修改墙”面板中的“附着顶部/底部”按钮，然后在选项栏中选择“顶部”选项，选取屋顶为要附着的屋顶，墙体自动延伸至屋顶。结果如图 10-18 所示。

图 10-17　三维视图

图 10-18　延伸墙体至屋顶

（13）在项目浏览器的楼层平面节点下双击 3F，将视图切换到 3F 楼层平面视图。

（14）单击“建筑”选项卡的“构建”面板中的“墙”按钮，在“属性”选项板中选择“基本墙 外墙-240 砖墙”类型，绘制如图 10-19 所示的墙体。

（15）采用与步骤（12）相同的方法，将上一步绘制的墙体延伸至屋顶，如图 10-20 所示。

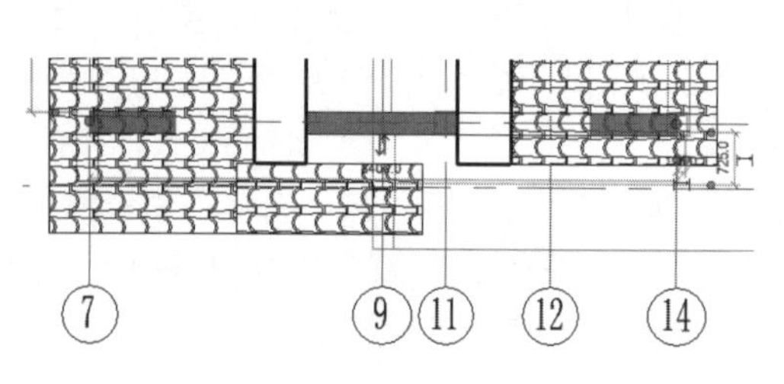

图 10-19　绘制墙体

图 10-20　墙体至屋顶

（16）在项目浏览器的楼层平面节点下双击 3F，将视图切换到 3F 楼层平面视图。

（17）单击“建筑”选项卡的“构建”面板中“屋顶”下拉列表中的“迹线屋顶”按钮，打开“修改|创建屋顶迹线”选项卡，在“属性”选项板中选择“保温屋顶-混凝土”类型。

（18）单击“绘制”面板中的“边界线”按钮、“拾取墙”按钮和“线”按钮，绘制屋顶迹线，更改坡度为 20°，取消某些屋顶迹线的坡度，如图 10-21 所示。

（19）单击“模式”面板中的“完成编辑模式”按钮，完成屋顶的创建，如图 10-22 所示。

（20）选取上一步创建的屋顶，打开“修改|屋顶”选项卡，单击“几何图形”面板中的“连接”按钮，选取大的屋顶和上一步创建的屋顶，使其连接在一起。采用相同的方法将墙连接在一起，如图 10-23 所示。

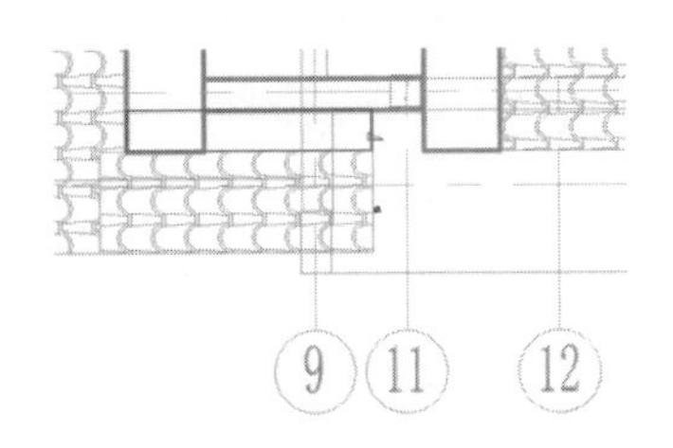

图 10-21 绘制屋顶迹线

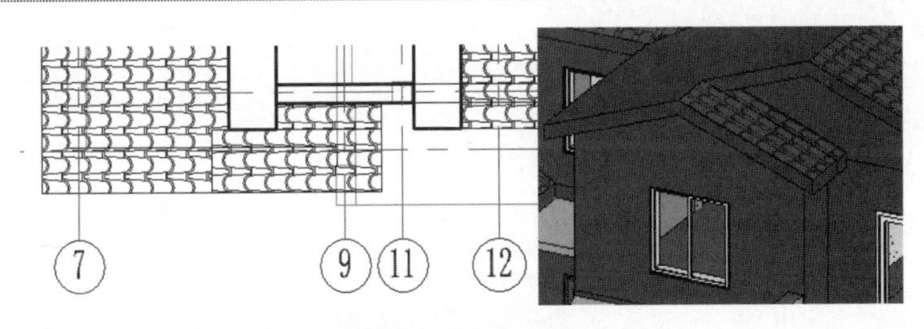

图 10-22 创建屋顶

图 10-23 连接后的屋顶和墙体

10.1.2 拉伸屋顶

通过拉伸绘制的轮廓来创建屋顶。可以沿着与实心构件（例如墙）表面垂直的平面在正方向或负方向上延伸屋顶拉伸，如图 10-24 所示。

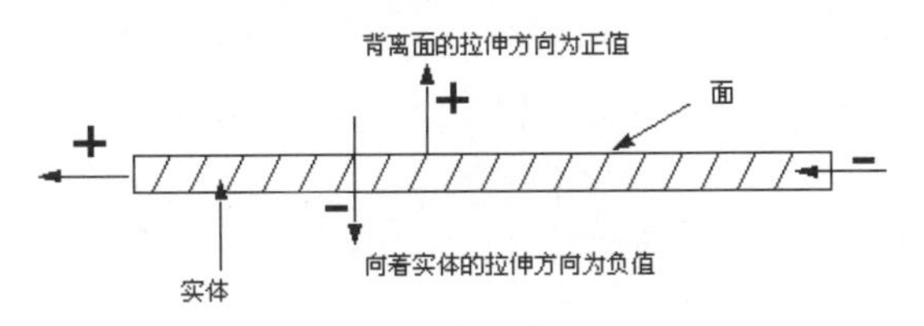

图 10-24 拉伸屋顶示意图

具体步骤如下：

（1）新建一项目文件，利用墙体命令绘制如图 10-25 所示的墙体。

（2）将视图切换到楼层平面西立面。

（3）单击“建筑”选项卡的“构建”面板中“屋顶”下拉列表中的“拉伸屋顶”按钮，打开“工作平面”对话框，选中“拾取一个平面”单选按钮，单击“确定”按钮，如图 10-26 所示。

图 10-25　绘制墙体

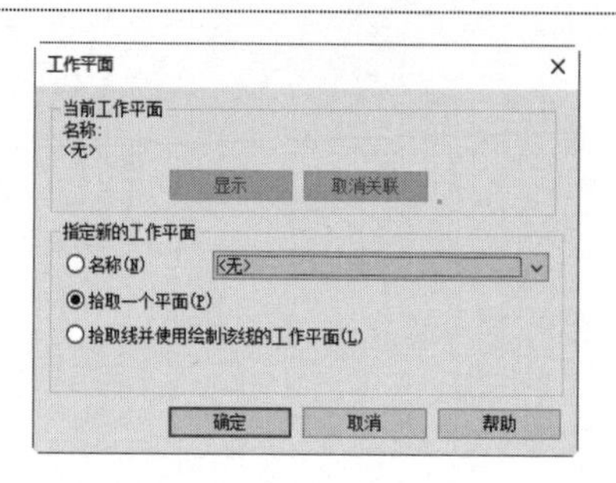

图 10-26　“工作平面”对话框

（4）在视图中选择如图 10-27 所示的墙面，打开“屋顶参照标高和偏移”对话框，设置“标高”和“偏移”量，如图 10-28 所示。

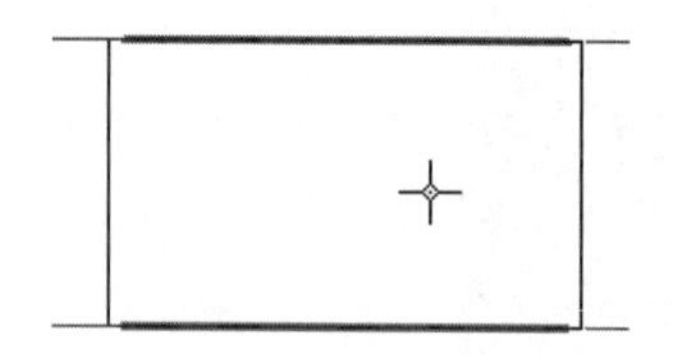

图 10-27　选取墙面

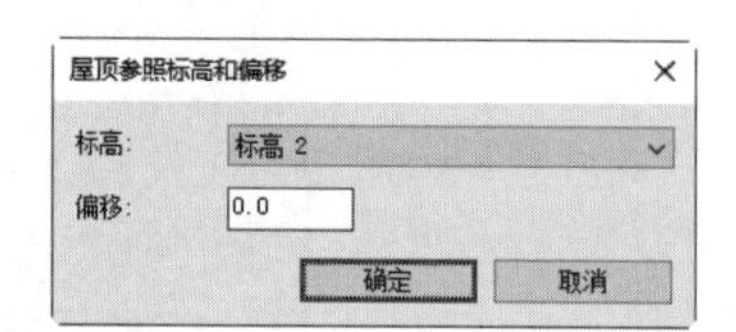

图 10-28　“屋顶参照标高和偏移”对话框

（5）打开“修改|创建拉伸屋顶轮廓”选项卡，如图 10-29 所示。

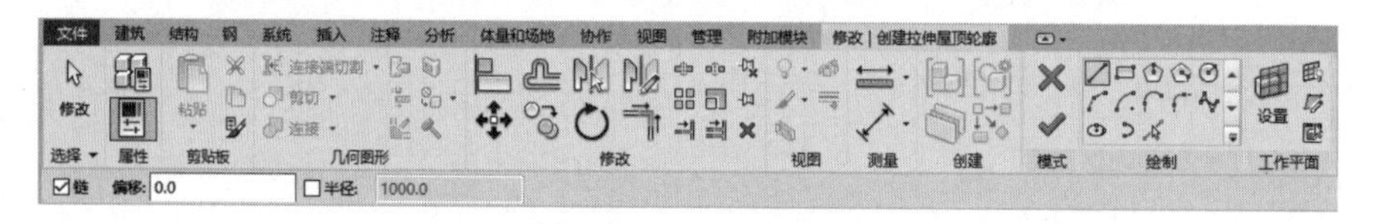

图 10-29　“修改|创建拉伸屋顶轮廓”选项卡

（6）单击“绘制”面板中的“线”按钮，首先捕捉墙体中点绘制一条竖直线，然后绘制一条过竖直线的斜直线，利用“镜像-拾取轴”命令，将斜直线沿竖直线进行镜像，然后删除竖直线，如图 10-30 所示。

（7）在“属性”管理器中选择“基本屋顶 常规-125mm”类型，其他采用默认设置，如图 10-31 所示。

（8）单击“模式”面板中的“完成编辑模式”按钮，完成屋顶拉伸轮廓的绘制，如图 10-32 所示。

（9）将视图切换至南立面图，在绘图区域中拖动控制柄调整拉伸起点和终点，或者在“属性”选项板中更改“拉伸起点”和“拉伸终点”，如图 10-33 所示。

（10）将视图切换到三维视图，可以看到墙体没有延伸到屋顶，如图 10-34 所示。

（11）选取所有的墙，在“修改|墙”选项卡中单击“修改墙”面板中的“附着到顶部/底部”按钮，在选项栏中选择“顶部”选项，然后在绘图区中选择屋顶为墙要附着的屋顶，结果选取的墙延伸至屋顶，如图 10-35 所示。

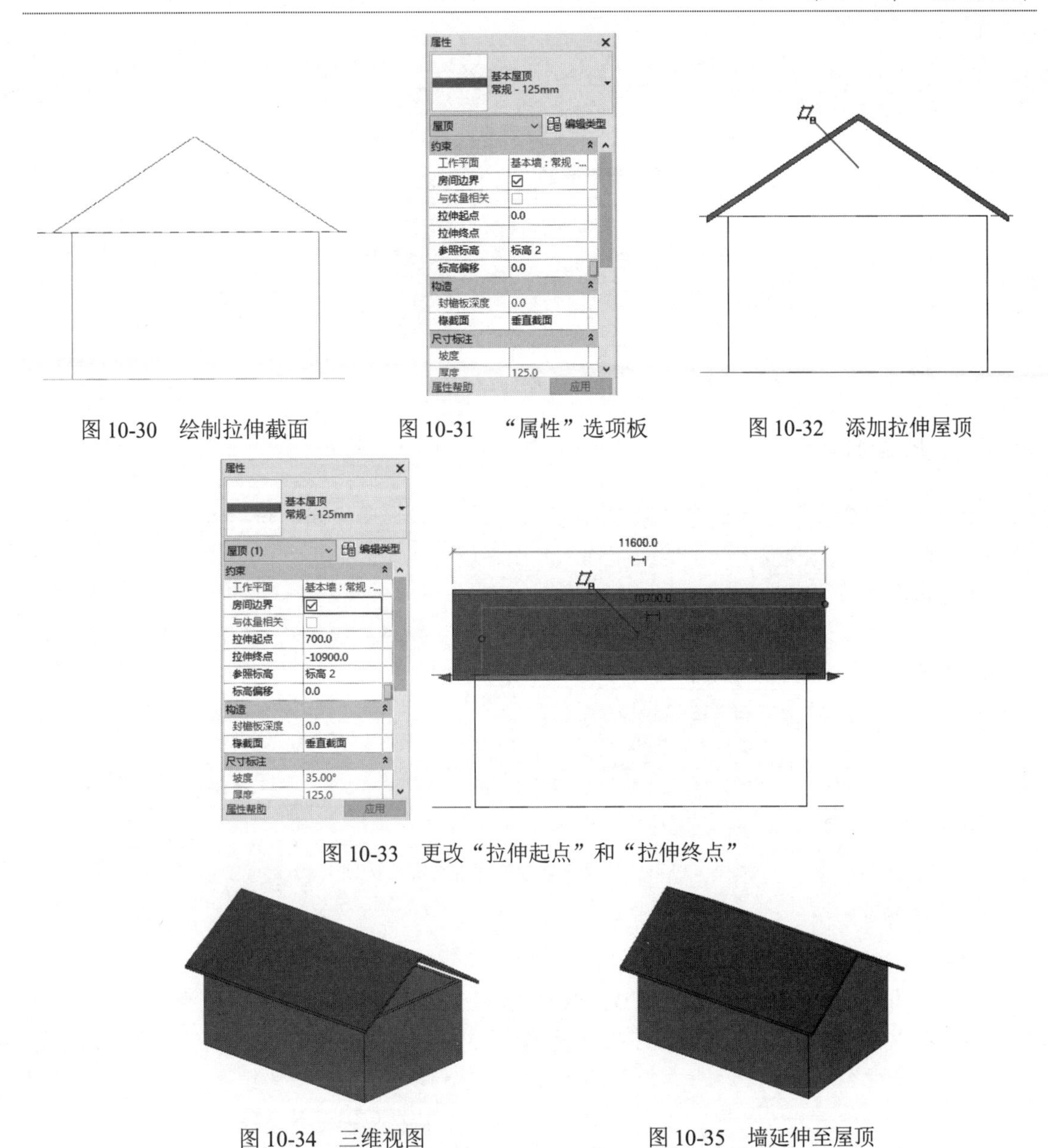

图 10-30　绘制拉伸截面

图 10-31　“属性”选项板

图 10-32　添加拉伸屋顶

图 10-33　更改“拉伸起点”和“拉伸终点”

图 10-34　三维视图

图 10-35　墙延伸至屋顶

10.2　屋　　檐

创建屋顶时，指定悬挑值来创建屋檐。完成屋顶的绘制后，可以对齐屋檐并修改其截面和高度，如图 10-36 所示。

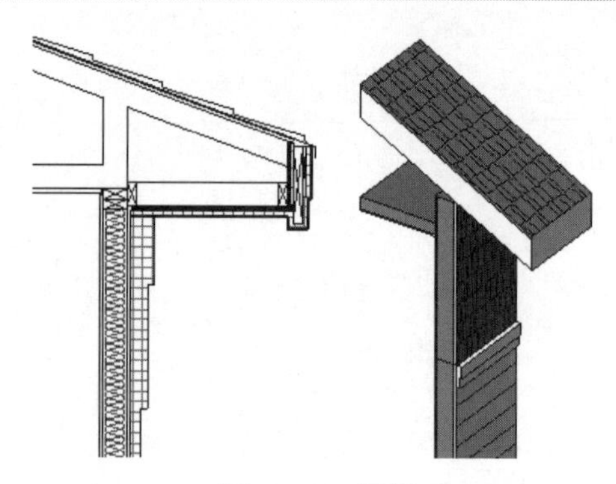

图 10-36　屋檐

10.2.1　屋檐底板

使用“屋檐底板”工具来建模建筑图元的底面。可以将屋檐底板与其他图元（例如墙和屋顶）关联，如果更改或移动了墙或屋顶，屋檐底板也将相应地进行调整。

具体步骤如下：

（1）单击“建筑”选项卡的“构建”面板中“屋顶”下拉列表中的“屋檐：底板”按钮，打开“修改|创建屋檐底板边界”选项卡，如图 10-37 所示。

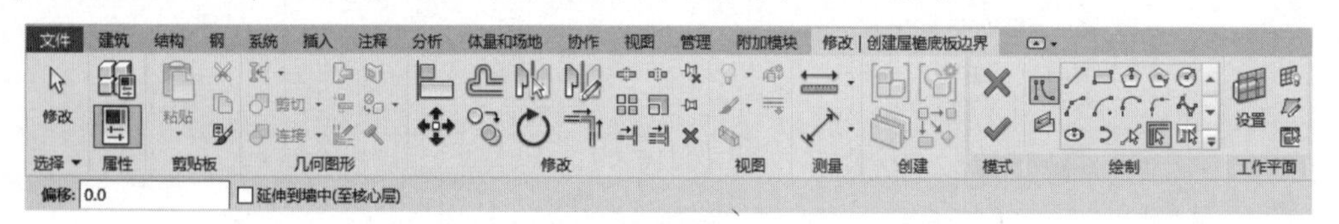

图 10-37　“修改|创建屋檐底板边界”选项卡

（2）单击“绘制”面板中的“边界线”按钮和“矩形”按钮，绘制屋檐底板边界线，如图 10-38 所示。

（3）单击“模式”面板中的“完成编辑模式”按钮，完成屋檐底板边界的绘制。

（4）在“属性”选项板中选择“屋檐底板 常规-300mm”类型，单击“编辑类型”按钮，打开“类型属性”对话框，新建“常规-100mm”类型，单击“编辑”按钮，打开“编辑部件”对话框，更改结构层的“厚度”为 100，如图 10-39 所示。连续单击“确定”按钮。

（5）在“属性”选项板中设置“自标高的高度偏移”为-200，其他采用默认设置，如图 10-40 所示。

- 标高：指定放置屋檐底板的标高。
- 自标高的高度偏移：设置高于或低于绘制时所处标高的屋檐底板高度。
- 房间边界：选中此复选框，则屋檐底板是房间边界的一部分。
- 坡度：将坡度定义线的值修改为指定值，而无须编辑草图。如果有一条坡度定义线，则此参数最初会显示一个值；如果没有坡度定义线，则此参数为空并被禁用。

图 10-38 绘制屋檐底板边界线

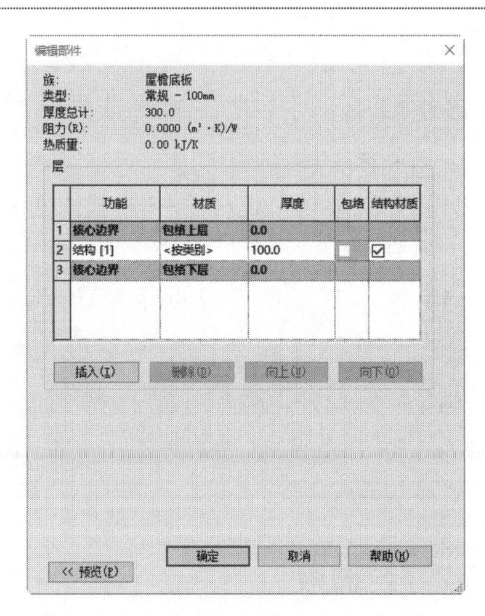

图 10-39 设置“屋檐底板”参数

➘ 周长：指定屋檐底板的周长。

➘ 面积：指定屋檐底板的面积。

➘ 体积：指定屋檐底板的体积。

（6）将视图切换到三维视图，屋檐底板如图 10-41 所示。

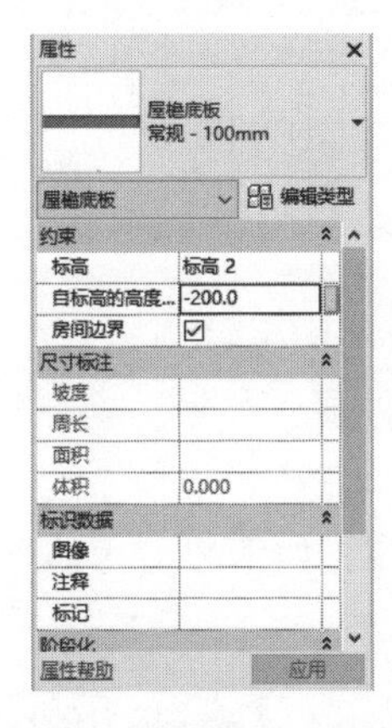

图 10-40 “属性”选项板

图 10-41 屋檐底板

动手学——创建别墅屋檐底板

扫一扫，看视频

具体步骤如下：

（1）在项目浏览器的楼层平面节点下双击 2F，将视图切换到 2F 楼层平面视图。

（2）单击“建筑”选项卡的“构建”面板中“屋顶”下拉列表中的“屋檐：底板”按钮，打开“修改|创建屋檐底板边界”选项卡。

（3）在“属性”选项板中单击“编辑类型”按钮，打开“类型属性”对话框；单击“复制”按钮，新建“常规-80mm”类型；单击“编辑”按钮，打开“编辑部件”对话框，更改结构层的“厚度”为80，然后连续单击“确定”按钮。

（4）在“属性”选项板中设置“自标高的高度偏移”为-360，其他采用默认设置。

（5）单击“绘制”面板中的“边界线”按钮、“拾取墙”按钮和“线”按钮，绘制屋檐底板边界线，设置“宽度”为450，如图10-42所示。

（6）单击“模式”面板中的“完成编辑模式”按钮，完成屋檐底板的绘制。

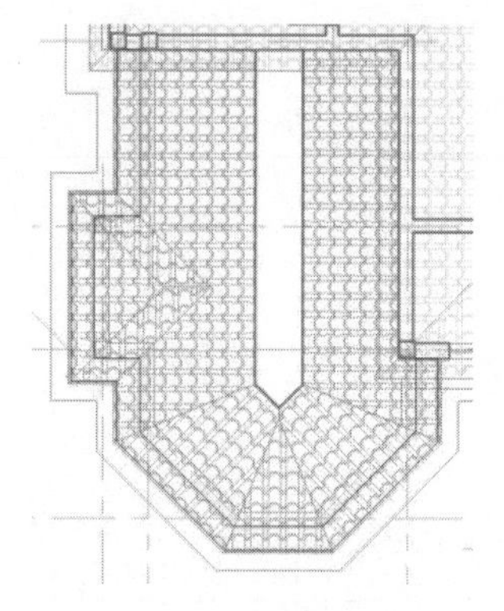

图10-42　绘制屋檐底板边界线

10.2.2　封檐板

可以使用“封檐板”工具将封檐带添加至屋顶、屋檐底板、模型线和其他封檐板的边。

具体步骤如下：

（1）单击“建筑”选项卡的“构建”面板中“屋顶”下拉列表中的“屋顶：封檐板”按钮，打开“修改|放置封檐板”选项卡，如图10-43所示。

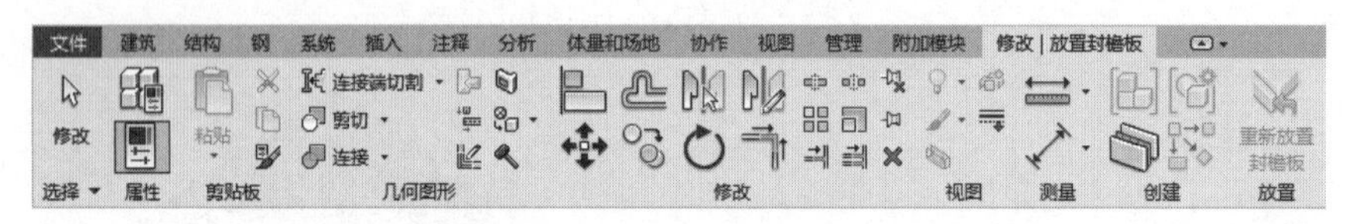

图10-43　“修改|放置封檐板”选项卡

（2）单击屋顶边、屋檐底板、封檐板或模型线进行添加，如图10-44所示。生成封檐板，如图10-45所示。单击按钮，使用水平轴翻转轮廓；单击按钮，使用垂直轴翻转轮廓，如图10-46所示。

（3）继续选择边缘时，Revit会将其作为一个连续的封檐板。如果封檐带的线段在角部相遇，它们会相互斜接，结果如图10-47所示。

图10-44　选择屋顶边

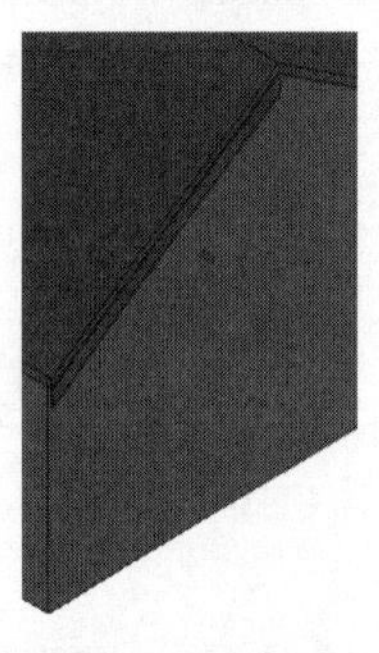

图10-45　封檐板

图10-46　翻转封檐板

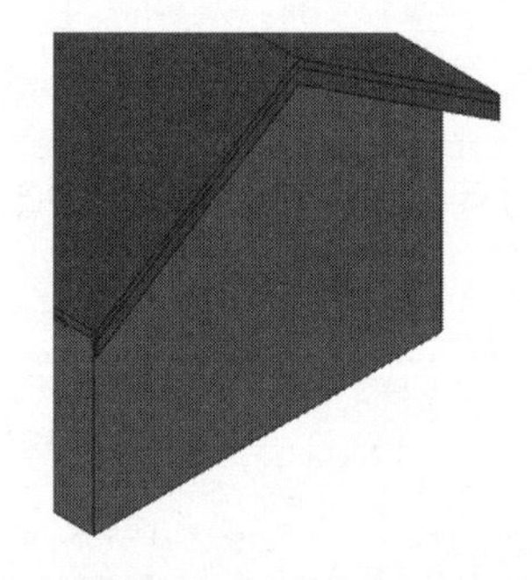

图10-47　绘制封檐板

（4）如果屋顶双坡段上部的封檐板没有包裹转角，则会斜接端部。选取封檐板，打开“修改|封檐板”选项卡，单击“修改斜接”按钮，打开“斜接”面板，如图 10-48 所示。

图 10-48　“斜接”面板

（5）选择斜接类型，单击封檐板的端面修改斜接方式，效果如图 10-49 所示，按 Esc 键退出。

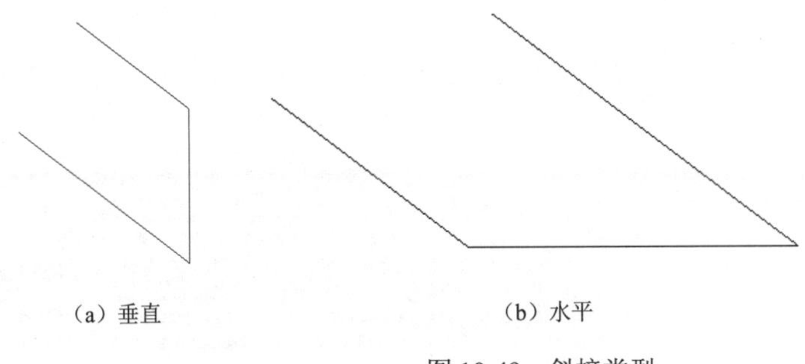

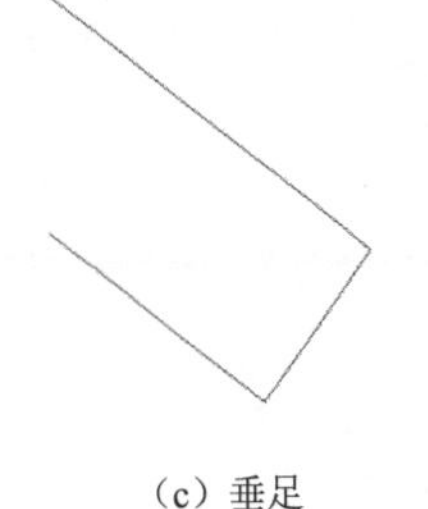

（a）垂直　　（b）水平　　（c）垂足

图 10-49　斜接类型

动手学——创建别墅屋顶封檐板

扫一扫，看视频

具体步骤如下：

（1）选择“文件”→“新建”→“族”命令，打开“新族-选择样板文件”对话框，选择“公制轮廓”选项，单击“打开”按钮，进入轮廓族创建界面。

（2）单击“创建”选项卡的“详图”面板中的“线”按钮，打开“修改|放置线”选项卡，单击“绘制”面板中的“线”按钮，绘制如图 10-50 所示的封檐板轮廓。

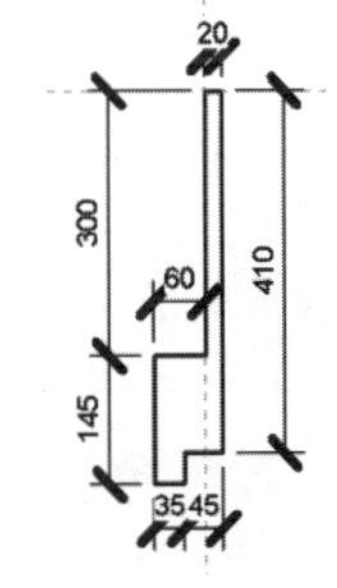

图 10-50　绘制封檐板轮廓

（3）单击快速访问工具栏中的“保存”按钮，打开“另存为”对话框，输入文件名为“屋檐滴水形轮廓.rfa”，单击“保存”按钮，保存绘制的轮廓。

（4）单击“族编辑器”面板中的“载入到项目并关闭”按钮，关闭族文件，进入到别墅绘图区。在项目浏览器的三维视图节点下双击三维，将视图切换到三维视图。

（5）单击“建筑”选项卡的“构建”面板中“屋顶”下拉列表中的“屋顶：封檐板”按钮，打开“修改|放置封檐板”选项卡。

（6）在“属性”选项板中单击“编辑类型”按钮，打开“类型属性”对话框，选择创建的“屋檐滴水形轮廓”轮廓，单击“材质”栏中的按钮，打开“材质浏览器”对话框，更改“材质”为“水磨石”，其他采用默认设置，单击“确定”按钮，如图 10-51 所示。

（7）选取屋顶的边线，创建封檐板，如图 10-52 所示。

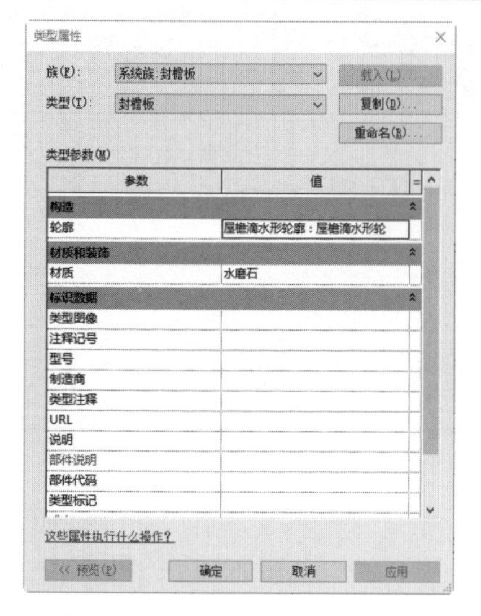

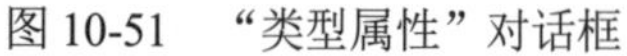
图 10-51 “类型属性”对话框

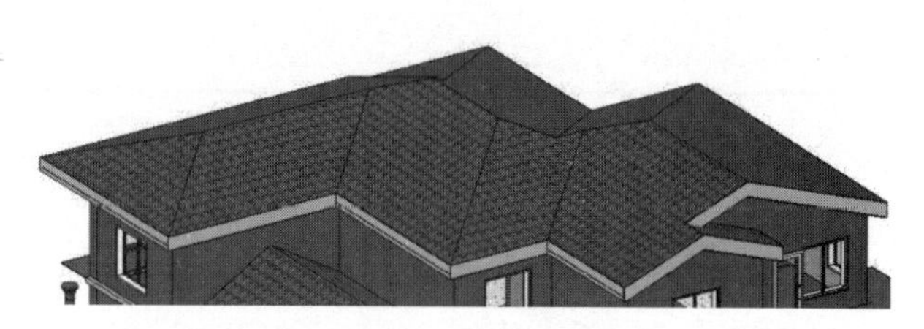
图 10-52 创建封檐板

10.2.3 檐槽

可以使用“檐槽”工具将檐沟添加到屋顶、屋檐底板、模型线和封檐带。

具体步骤如下：

（1）打开 10.2.2 小节绘制的图形。

（2）单击“建筑”选项卡的“构建”面板中“屋顶”下拉列表中的“屋顶：檐沟”按钮，打开“修改|放置檐沟”选项卡，如图 10-53 所示。

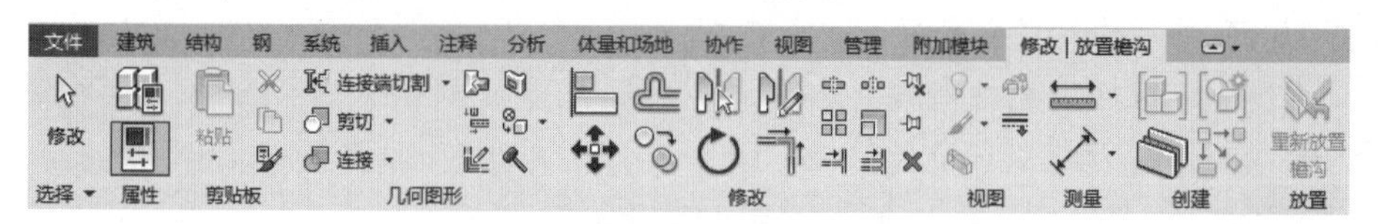

图 10-53 “修改|放置檐沟”选项卡

（3）在“属性”选项板中可以设置“垂直轮廓偏移”“水平轮廓偏移”“角度”，如图 10-54 所示。

- 垂直轮廓偏移：将檐沟向创建时所基于的边缘以上或以下移动。例如，如果选择一条水平屋顶边缘，一个封檐带就会向此边缘以上或以下移动。
- 水平轮廓偏移：将檐沟移向或背离创建时所基于的边缘。
- 长度：檐沟的实际长度。
- 注释：有关屋顶檐沟的注释。
- 标记：用于屋顶檐沟的标签，通常是数值。对于项目中的每个屋顶檐沟，此值都必须是唯一的。

➘ 角度：旋转檐沟至所需的角度。

（4）在“属性”选项板中单击“编辑类型”按钮，打开“类型属性”对话框，在“轮廓”下拉列表中选择“檐沟-斜角：150×150mm”轮廓，其他采用默认设置，单击“确定”按钮，如图 10-55 所示。

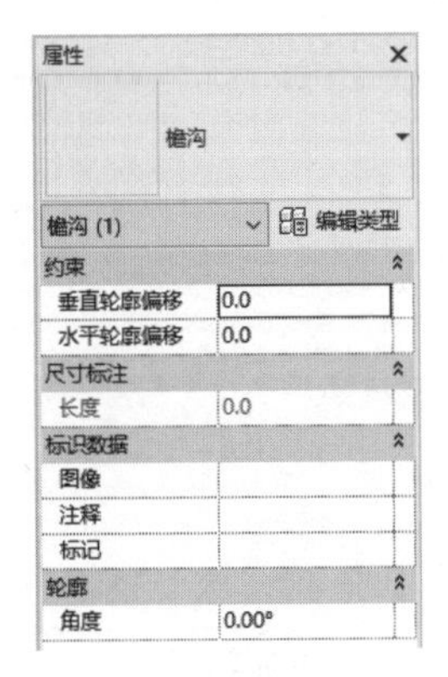

图 10-54 “属性”选项板

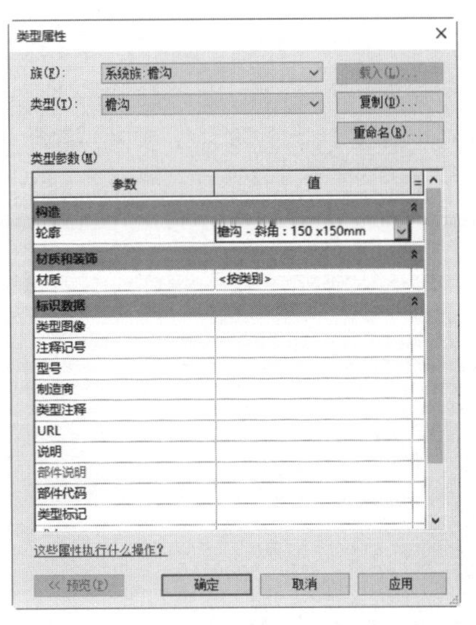

图 10-55 “类型属性”对话框

（5）单击屋顶、层檐底板、封檐带或模型线的水平边缘进行添加，如图 10-56 所示。生成檐沟，如图 10-57 所示。单击按钮，使用水平轴翻转轮廓；单击按钮，使用垂直轴翻转轮廓。

图 10-56 选择边缘

图 10-57 檐沟

第 11 章　楼 梯 设 计

楼梯是房屋各楼层间的垂直交通联系部分，是楼层人流疏散必经的通路。楼梯设计应根据使用要求，选择合适的形式，布置在恰当的位置，并根据使用性质、人流通行情况和防火规范综合确定楼梯的宽度和数量，同时根据使用对象和使用场合选择最合适的坡度。其中，扶手是楼梯的组成部分之一。

本章主要介绍楼梯、洞口和栏杆扶手的创建方法。

- 楼梯
- 洞口
- 栏杆扶手

案例效果

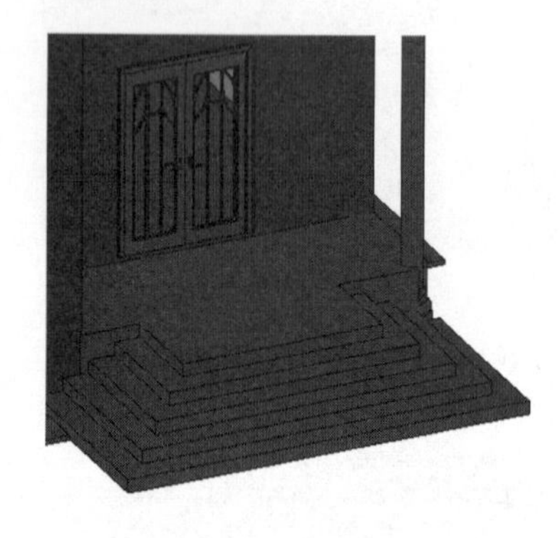

11.1　楼　　梯

在楼梯零件编辑模式下，可以直接在平面视图或三维视图中装配构件。

楼梯可以包括以下内容：

- 梯段：直梯、螺旋梯段、U 形梯段、L 形梯段、自定义绘制的梯段。
- 平台：在梯段之间自动创建，通过拾取两个梯段，或通过创建自定义绘制的平台。
- 支撑（侧边和中心）：随梯段自动创建，或通过拾取梯段或平台边缘创建。
- 栏杆扶手：在创建期间自动生成，或稍后放置。

11.1.1 绘制直梯

通过指定梯段的起点和终点来创建直梯段构件。

具体步骤如下：

（1）打开楼梯原始文件，将视图切换到标高 1 楼层平面。

（2）单击“建筑”选项卡的“构建”面板中的“楼梯”按钮，打开“修改|创建楼梯”选项卡，如图 11-1 所示。

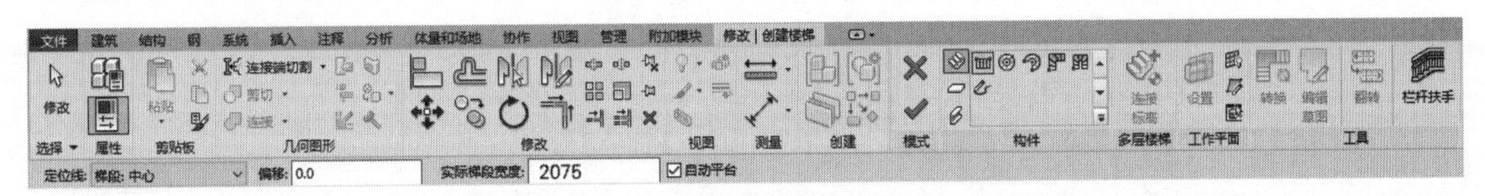

图 11-1 “修改|创建楼梯”选项卡

（3）在选项栏中设置“定位线”为“楼梯：中心”，“偏移”为 0，“实际梯段宽度”为 2075，并选中“自动平台”复选框。

（4）单击“构件”面板中的“梯段”按钮和“直梯”按钮（默认状态下，系统会激活这两个按钮），绘制楼梯路径，如图 11-2 所示。默认情况下，在创建梯段时会自动创建栏杆扶手。

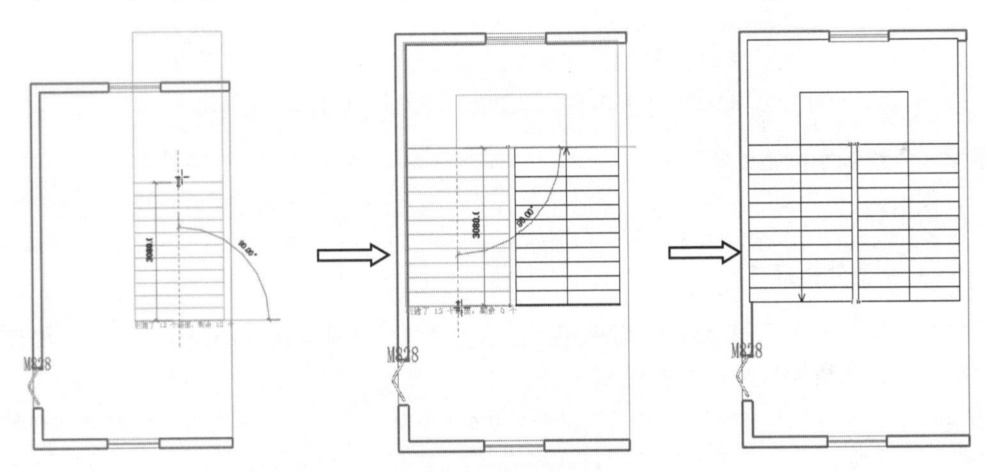

图 11-2 绘制楼梯路径过程

（5）在“属性”选项板中选择“现场浇注楼梯-整体式楼梯”类型，设置“底部标高”为“标高 1”，“底部偏移”为 0，“顶部标高”为“标高 2”，“所需踢面数”为 24，“实际踏板深度”为 280，其他采用默认设置，如图 11-3 所示。

- 底部标高：设置楼梯的基面。
- 底部偏移：设置楼梯相对于底部标高的高度。
- 顶部标高：设置楼梯的顶部。

- 顶部偏移：设置楼梯相对于顶部标高的高度。
- 所需踢面数：踢面数是基于标高间的高度计算得出的。
- 实际踢面数：通常，此值与所需踢面数相同，但如果未向给定梯段完整添加正确的踢面数，则这两个值也可能不同。
- 实际踢面高度：显示实际踢面高度。
- 实际踏板深度：设置此值以修改踏板深度，而不必创建新的楼梯类型。

（6）选取楼梯移动并调整其位置，如图 11-4 所示。单击“模式”面板中的“完成编辑模式”按钮✔，完成楼梯创建。

图 11-3 “属性”选项板

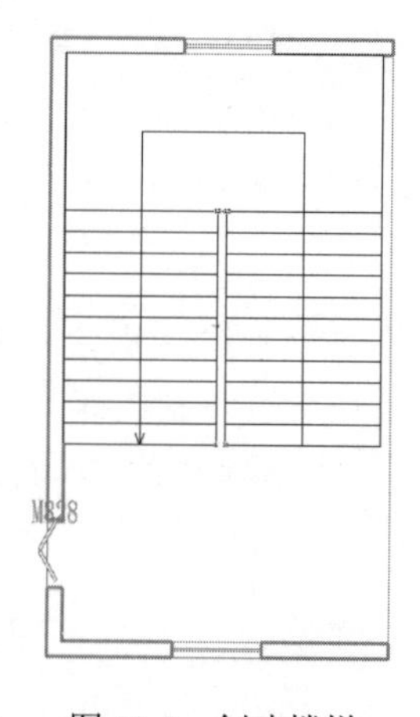

图 11-4 创建楼梯

扫一扫，看视频

动手学——绘制别墅室外楼梯

具体步骤如下。

1. 绘制室外楼梯 1

（1）将视图切换至 1F 楼层平面视图。单击“建筑”选项卡的“构建”面板中“楼板”下拉列表中的“楼板：结构”按钮，打开“修改|创建楼层边界”选项卡。

（2）在“属性”选项板中选择“常规-300mm”类型，单击“编辑类型”按钮，打开“类型属性”对话框，单击“复制”按钮，新建“常规-室外 700mm”类型，单击“编辑”按钮，打开“编辑部件”对话框，更改结构层的“厚度”为 700，其他采用默认设置，如图 11-5 所示。

（3）单击“绘制”面板中的“边界线”按钮和“矩形”按钮，绘制如图 11-6 所示的边界。

（4）在“属性”选项板中输入“自标高”的“高度偏移”为-20，单击“模式”面板中的“完成编辑模式”按钮✔，完成平台的绘制。

（5）在项目浏览器中双击楼层平面节点下的室外地坪，将视图切换到室外地坪楼层平面视图。

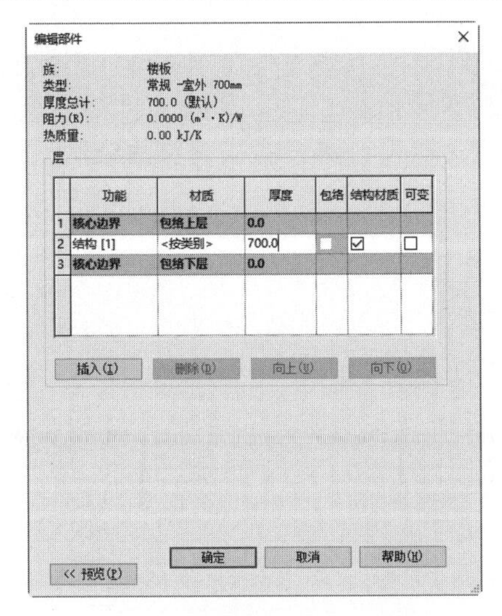

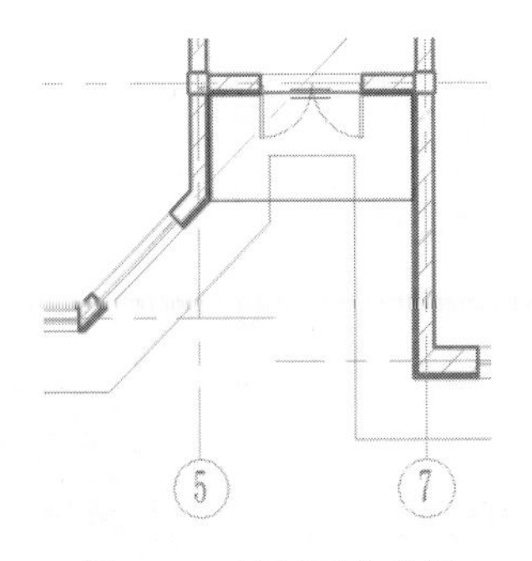

图 11-5 “编辑部件”对话框

图 11-6 绘制平台边界

（6）单击“建筑”选项卡的“构建”面板中的“楼梯”按钮，打开“修改|创建楼梯”选项卡。

（7）单击“工具”面板中的“栏杆扶手”按钮，打开“栏杆扶手”对话框，在类型下拉列表中选择“无”，如图 11-7 所示，单击“确定”按钮。

（8）在选项栏中设置“定位线”为“楼梯：中心”，“偏移”为 0，“实际梯段宽度”为 1300，并选中“自动平台”复选框。

（9）在“属性”选项板中选取“现场浇注楼梯-整体浇筑楼梯”类型，设置“底部标高”为“室外地坪”，“底部偏移”为 0，“顶部标高”为 1F，“所需踢面数”为 5，其他采用默认设置，如图 11-8 所示。

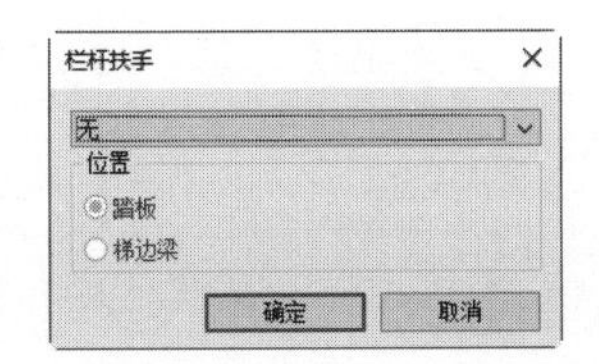

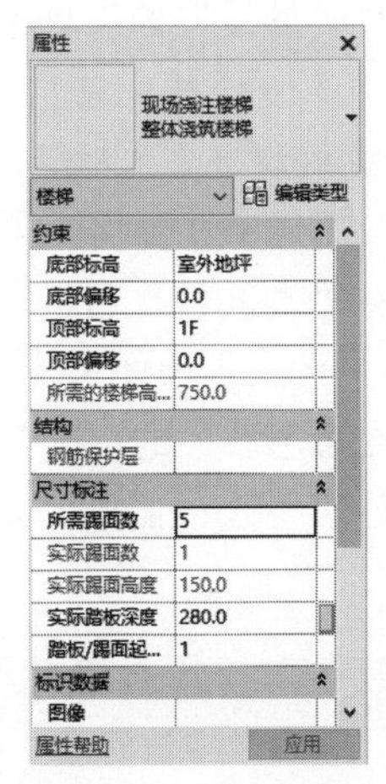

图 11-7 “栏杆扶手”对话框

图 11-8 “属性”选项板

（10）单击“构件”面板中的“梯段”按钮和“直梯”按钮（默认状态下，系统会激活这两个按钮），绘制楼梯路径，如图 11-9 所示。

（11）单击“模式”面板中的“完成编辑模式”按钮，完成楼梯的绘制，选取楼梯并调整其位置，如图 11-10 所示。

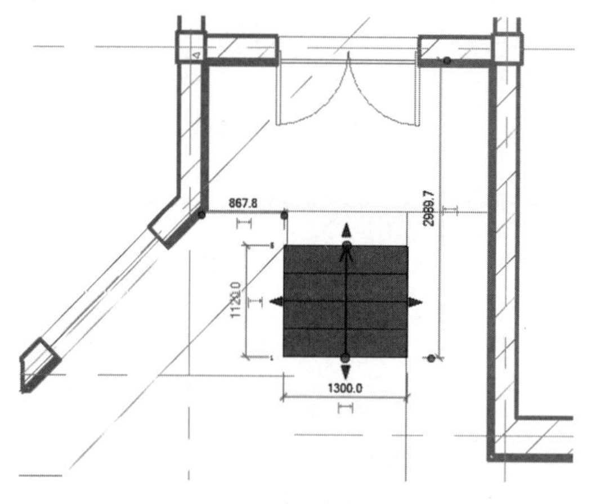

图 11-9　绘制楼梯路径

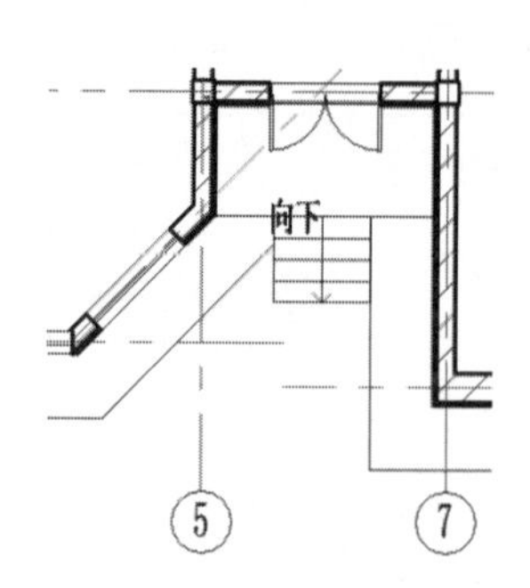

图 11-10　绘制楼梯

提示：

为了保证楼梯与平台相连，可以捕捉平台上的点向下绘制楼梯路径，然后单击“翻转”工具来调整楼梯的走向，也可以绘制完成后用“对齐”工具将楼梯端面与平台端面对齐。

（12）单击“建筑”选项卡的“构建”面板中的“墙”按钮，打开“修改|放置墙”选项卡。

（13）在“属性”选项板中选择“外墙-240 砖墙”类型，单击“编辑类型”按钮，打开“类型属性”对话框，单击“复制”按钮，新建“台阶外墙-240 砖墙”类型，单击“编辑”按钮，打开“编辑部件”对话框，删除“保温层/空气层”，然后更改“面层 2[5]”的“材质”为“砖，普通，红”，如图 11-11 所示。

（14）在“属性”选项板中设置“定位线”为“核心面：外部”，“底部约束”为“室外地坪”，“顶部约束”为“未连接”，“无连接高度”为 1000，如图 11-12 所示。

（15）在绘图区中的台阶两侧绘制墙体作为栏杆，如图 11-13 所示。

（16）选取台阶一侧墙体，单击“模式”面板中的“编辑轮廓”按钮，打开“转到视图”对话框，选择“立面：东”，单击“打开视图”按钮，打开东立面视图。

（17）单击“绘制”面板中的“线”按钮，绘制轮廓，并利用“拆分图元”按钮拆分线段，如图 11-14 所示。单击“模式”面板中的“完成编辑模式”按钮，完成墙体轮廓编辑。

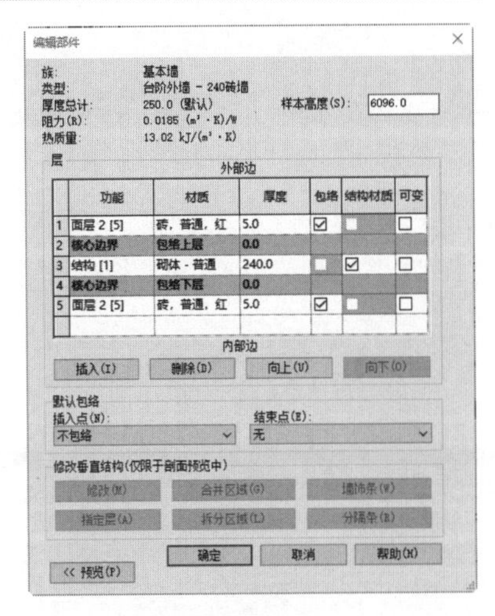

图 11-11　“编辑部件”对话框

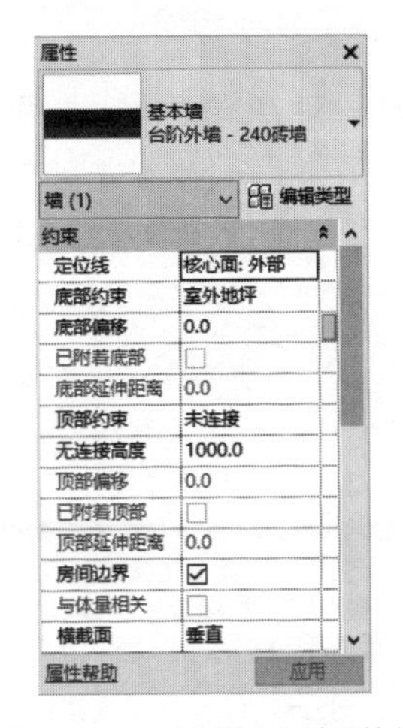

图 11-12　“属性”选项板

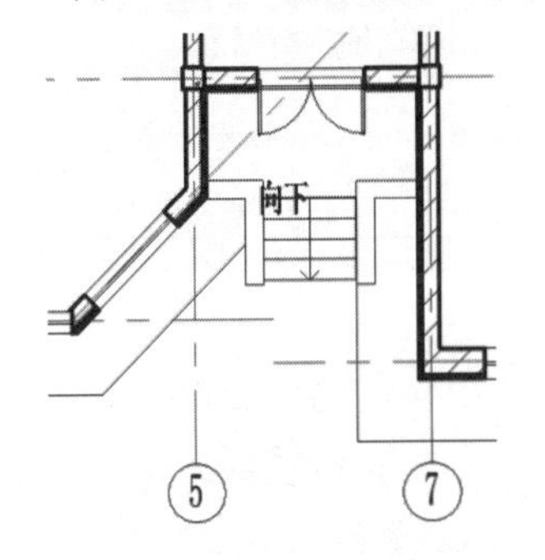

图 11-13　绘制墙体

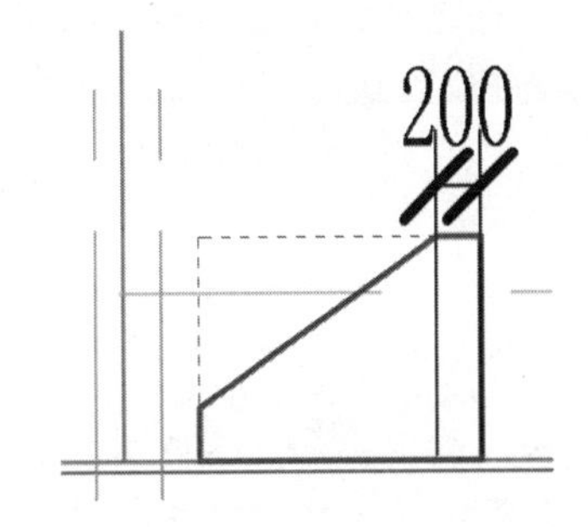

图 11-14　编辑墙体轮廓

（18）采用相同的方法编辑另一侧的墙体轮廓，编辑后的墙体如图 11-15 所示。

（19）从图 11-15 中可以看出散水与楼梯有干涉，这里编辑散水轮廓。将视图切换至 1F 楼层视图。双击“散水”，编辑散水轮廓，如图 11-16 所示。单击“模式”面板中的“完成编辑模式”按钮✔，完成散水轮廓编辑。

图 11-15　编辑墙体

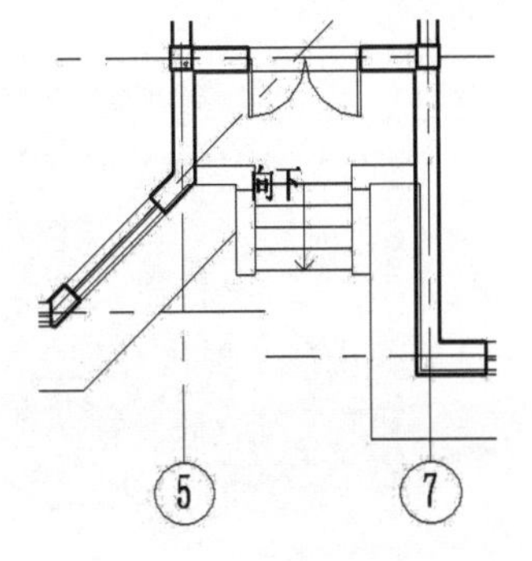

图 11-16　编辑散水轮廓

2. 绘制室外楼梯 2

（1）单击“建筑”选项卡的“构建”面板中“楼板”下拉列表中的“楼板：结构”按钮，打开“修改|创建楼层边界”选项卡。

（2）在“属性”选项板中选择“常规-室外 700mm”类型，输入“自标高的高度偏移”为-50。

（3）单击“绘制”面板中的“边界线”按钮和“矩形”按钮，绘制如图 11-17 所示的边界。

（4）单击“模式”面板中的“完成编辑模式”按钮，完成平台的绘制。

（5）新建“室外台阶 5×300mm”轮廓族，并绘制如图 11-18 所示的轮廓。保存族文件后载入到项目。

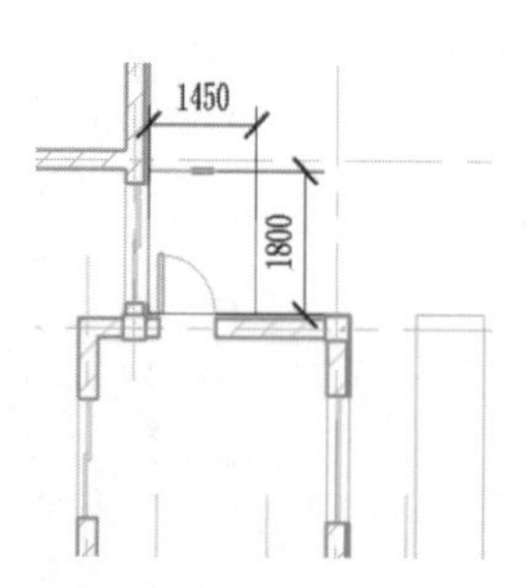

图 11-17 绘制平台边界

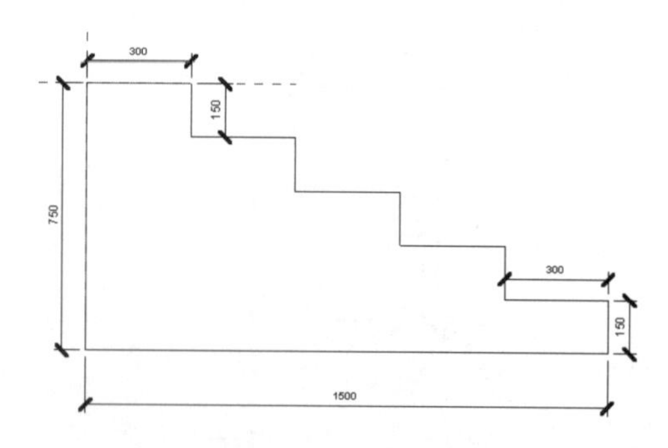

图 11-18 室外台阶轮廓

（6）将视图切换至三维视图，单击“建筑”选项卡的“构建”面板中“楼板”下拉列表中的“楼板：楼板边”按钮，打开“修改|放置楼板边缘”选项卡。

（7）在“属性”选项板中单击“编辑类型”按钮，打开“类型属性”对话框，单击“复制”按钮，新建“室外台阶”类型，选取“室外台阶 5×300mm：室外台阶 5”轮廓，单击“确定”按钮。

（8）选取楼板边线，创建如图 11-19 所示的台阶。

3. 绘制室外楼梯 3

采用室外楼梯 2 的绘制方法绘制室外楼梯 3，如图 11-20 所示。

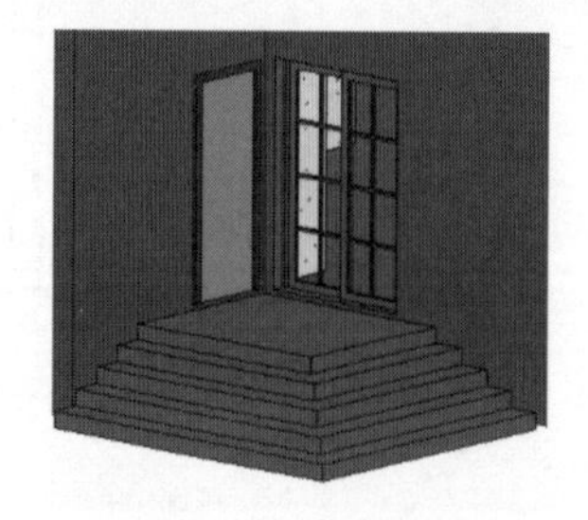

图 11-19 创建台阶

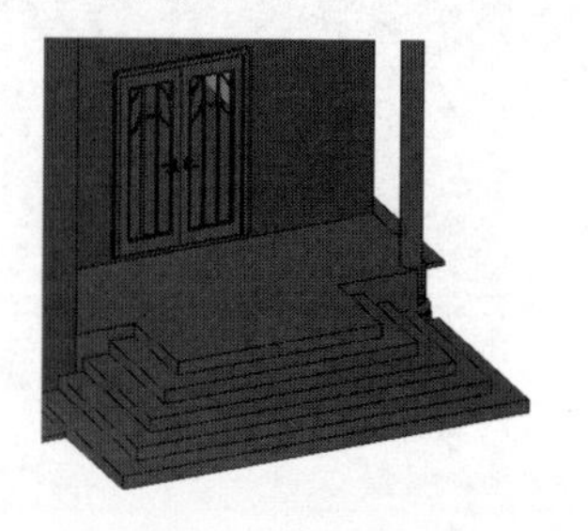

图 11-20 绘制室外楼梯

11.1.2　绘制圆心端点螺旋梯

通过指定梯段的中心点、起点和终点来创建螺旋楼梯梯段构件。使用“圆心-端点螺旋”梯段工具创建小于 360° 的螺旋梯段。

具体步骤如下：

（1）单击“建筑”选项卡的“构建”面板中的“楼梯”按钮，打开“修改|创建楼梯”选项卡。

（2）单击“构件”面板中的“梯段”按钮和“圆心-端点螺旋”按钮，在选项栏中设置“定位线”为“楼梯：中心”，“偏移”为 0，“实际梯段宽度”为 1000，并选中“自动平台”复选框。

（3）在绘图区域中指定螺旋梯段的中心点，移动光标以指定梯段的半径，如图 11-21 所示。

（4）单击确定第一个梯段起点，继续移动光标单击指定梯段终点，如图 11-22 所示。

（5）单击“模式”面板中的“完成编辑模式”按钮，完成楼梯的绘制，如图 11-23 所示。

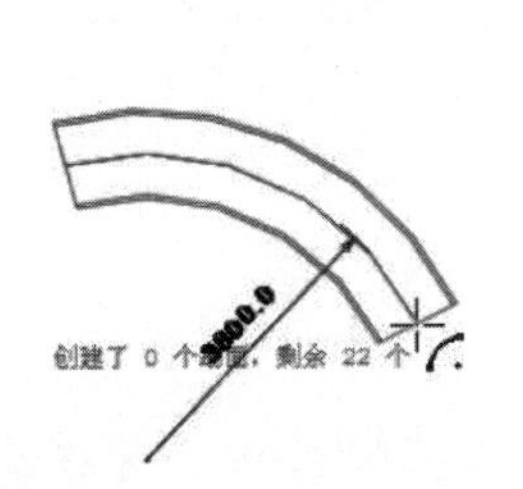

图 11-21　指定中心和半径

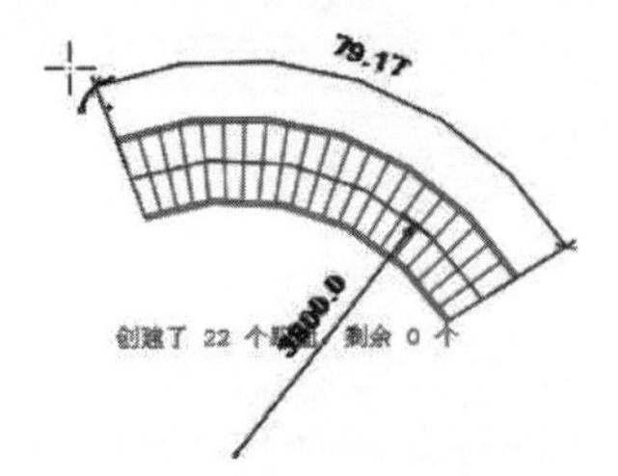

图 11-22　确定第一梯段终点

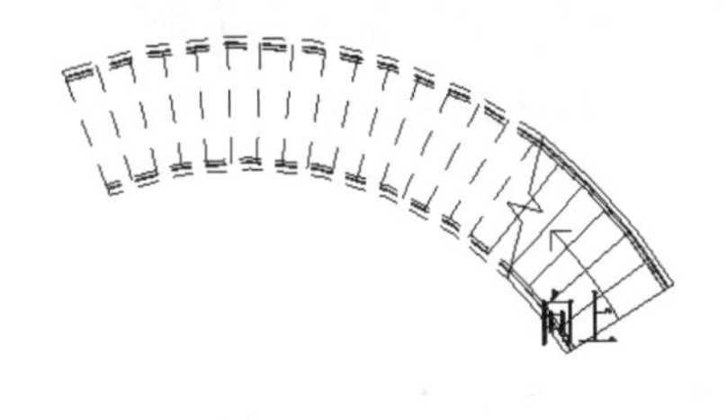

图 11-23　绘制楼梯

动手学——绘制别墅室内楼梯

扫一扫，看视频

（1）在项目浏览器中双击楼层平面节点下的 1F，将视图切换到 1F 楼层平面视图。

（2）单击“建筑”选项卡的“构建”面板中的“楼梯”按钮，打开“修改|创建楼梯”选项卡。

（3）在“属性”选项板中选择“现场浇注楼梯-整体浇筑楼梯”类型，单击“编辑类型”按钮，打开“类型属性”对话框，更改“最小梯段宽度”为 1540，其他采用默认设置，如图 11-24 所示。

（4）单击“构件”面板中的“梯段”按钮和“圆心-端点螺旋”按钮，绘制楼梯路径，如图 11-25 所示。

（5）单击“模式”面板中的“完成编辑模式”按钮，完成楼梯的绘制。

教你一招：

如何查看建筑模型内部的某一部分？

答：在“属性”选项卡中选中“剖面框”，调整剖面框的大小来查看建筑模型内部。

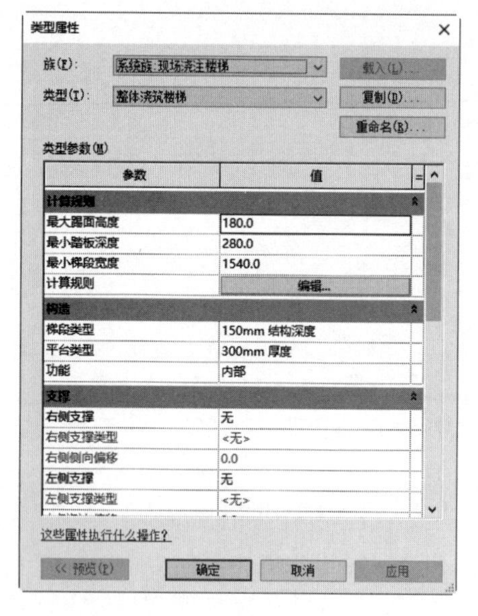

图 11-24 “类型属性”对话框

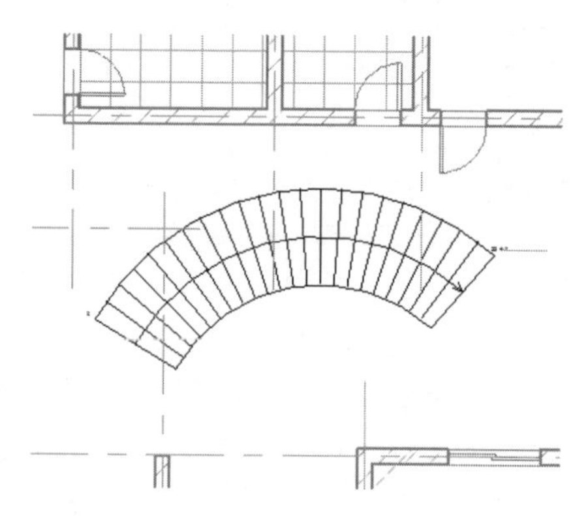

图 11-25 绘制楼梯路径

11.1.3 绘制坡道

在平面视图或三维视图中绘制一段坡道或绘制边界线来创建坡道。

具体步骤如下：

（1）单击“建筑”选项卡的“构建”面板中的“坡道”按钮，打开“修改|创建坡道草图”选项卡，如图 11-26 所示。

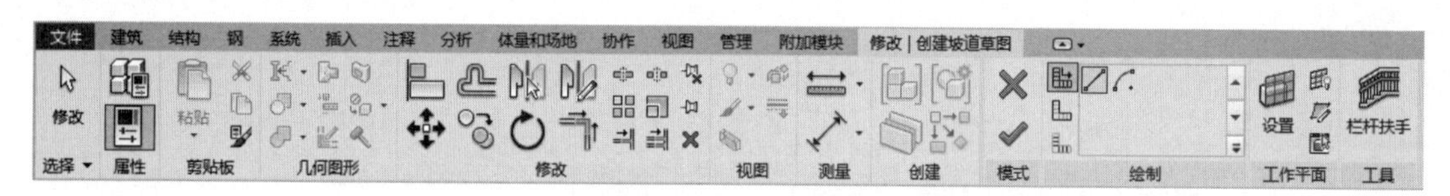

图 11-26 “修改|创建坡道草图”选项卡

（2）单击“工具”面板中的“栏杆扶手”按钮，打开“栏杆扶手”对话框，选择“无”选项，单击“确定”按钮。

（3）单击“绘制”面板中的“梯段”按钮和“线”按钮，绘制如图 11-27 所示的梯段，然后修改梯段的长度为 5000，如图 11-28 所示。

（4）在“属性”选项板中设置“底部标高”为“地下”，“顶部标高”为“标高 1”，“宽度”为 750，其他采用默认设置，如图 11-29 所示。

- 底部标高：设置坡道的基准。
- 底部偏移：设置坡道距其底部标高的坡道高度。
- 顶部标高：设置坡道的顶。

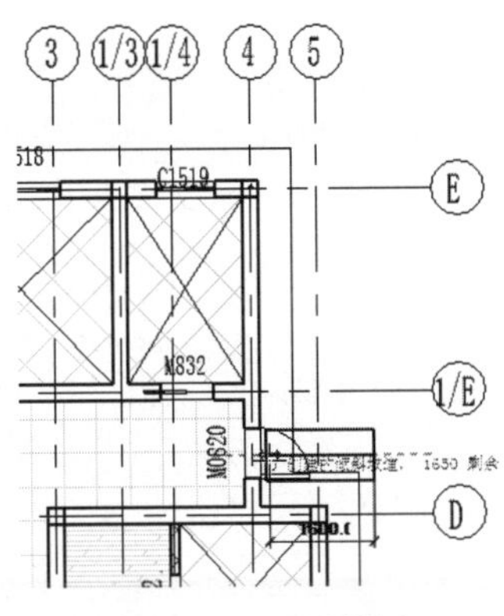

图 11-27 绘制梯段

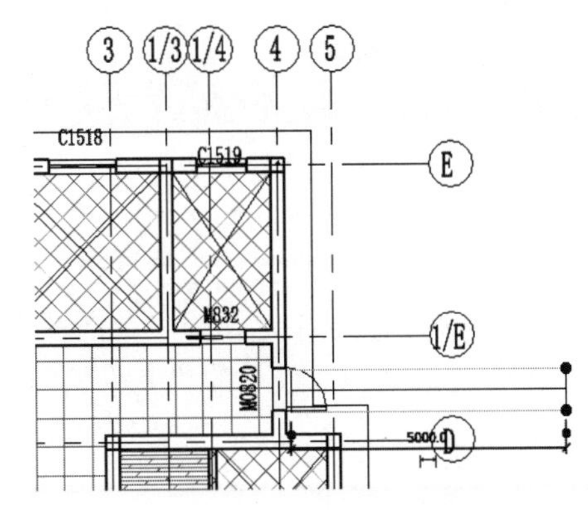

图 11-28 修改梯段长度

- 顶部偏移：设置坡道距其顶部标高的坡道高度。
- 多层顶部标高：设置多层建筑中的坡道顶部。
- 文字（向上）：指定向上文字。
- 文字（向下）：指定向下文字。
- 向上标签：指定是否显示向上文字。
- 向下标签：指定是否显示向下文字。
- 在所有视图中显示向上箭头：指定是否在所有视图中显示向上箭头。
- 宽度：坡道的宽度。

（5）单击“编辑类型”按钮，打开“类型属性”对话框，设置“造型”为“实体”，“功能”为“外部”，“坡道最大坡度(1/x)”为 3，其他采用默认设置，如图 11-30 所示。

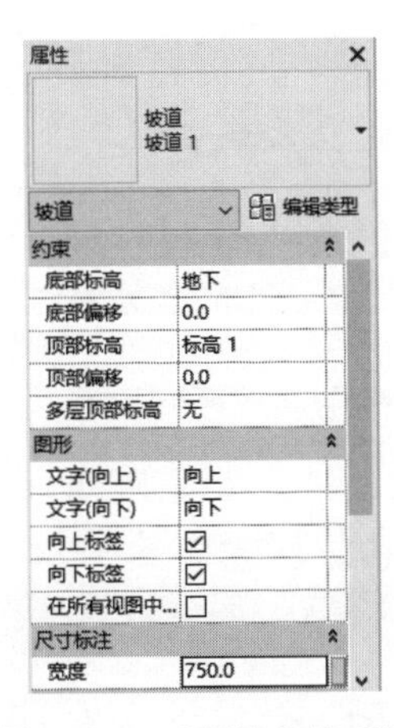

图 11-29 “属性”选项板

图 11-30 “类型属性”对话框

- 厚度：设置坡道的厚度。
- 功能：指定坡道是内部的（默认值）还是外部的。
- 文字大小：坡道向上文字和向下文字的字体大小。
- 文字字体：坡道向上文字和向下文字的字体。
- 坡道材质：为渲染而应用于坡道表面的材质。
- 最大斜坡长度：指定要求平台前坡道中连续踢面高度的最大数量。

（6）单击“模式”面板中的“完成编辑模式”按钮✔，完成坡道的绘制。

扫一扫，看视频

动手学——创建别墅车库坡道

具体步骤如下：

（1）单击“建筑”选项卡的“构建”面板中的“坡道”按钮，打开“修改|创建坡道草图”选项卡。

（2）单击“工具”面板中的“栏杆扶手”按钮，打开“栏杆扶手”对话框，在类型下拉列表中选择“无”，单击“确定”按钮。

（3）在“属性”选项板中设置“底部标高”为1F，“底部偏移”为-750，“顶部标高”为2F，“顶部偏移”为0，“宽度”为3000，单击“应用”按钮，如图11-31所示。

（4）单击“编辑类型”按钮，打开“类型属性”对话框，新建“室外”坡道，设置“造型”为“实体”，“功能”为“外部”，“最大斜坡长度”为2000，“坡道最大坡度(1/x)”为5.5，其他采用默认设置，如图11-32所示。

图11-31 “属性”选项板

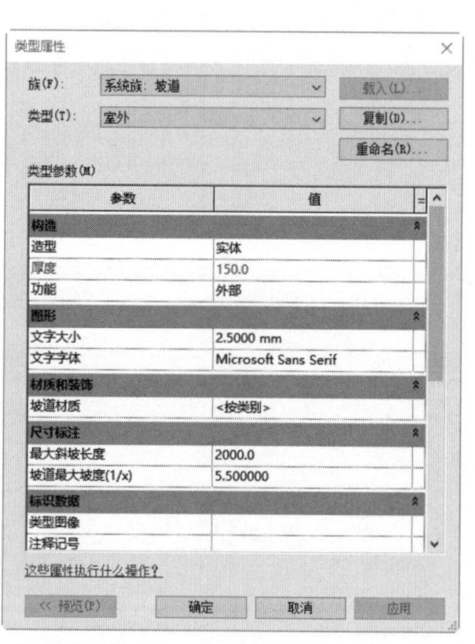

图11-32 “类型属性”对话框

（5）单击“绘制”面板中的“梯段”按钮和“直线”按钮，绘制坡道草图并修改尺寸，如图11-33所示。单击“模式”面板中的“完成编辑模式”按钮✔，完成坡道的绘制。

（6）单击“修改”选项卡的“修改”面板中的“对齐”按钮，先选择墙面，然后选择坡道端面并锁定，结果如图 11-34 所示。

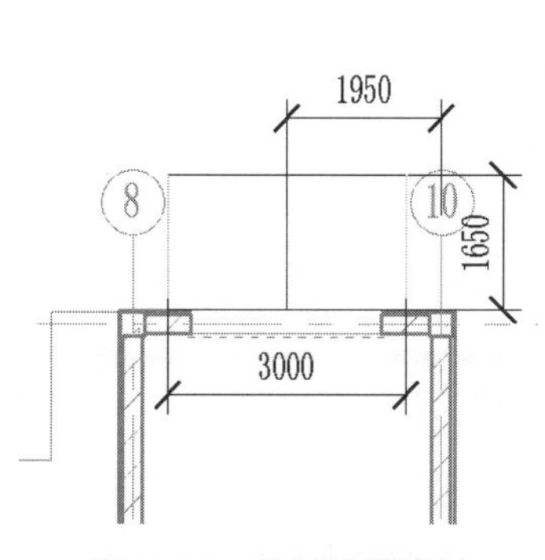

图 11-33　绘制坡道草图

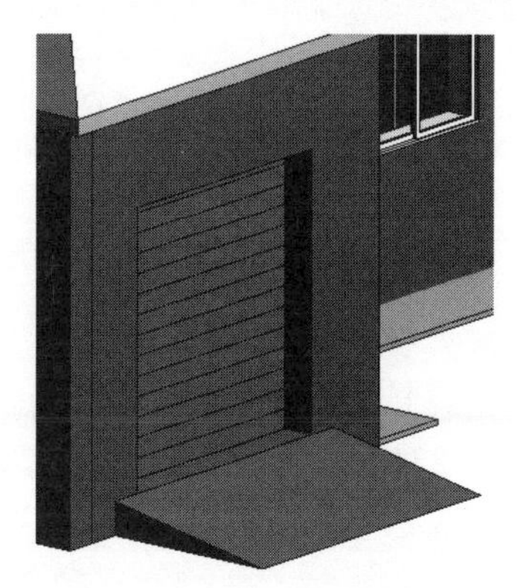

图 11-34　对齐坡道

11.2　洞　　口

使用“洞口”工具可以在墙、楼板、天花板、屋顶、结构梁、支撑和结构柱上剪切洞口。

11.2.1　面洞口

使用“面洞口”工具在楼板、屋顶或天花板上剪切竖直洞口。

具体步骤如下：

（1）单击“建筑”选项卡的“洞口”面板中的“按面”按钮，在楼板、天花板或屋顶中选择一个面，如图 11-35 所示。

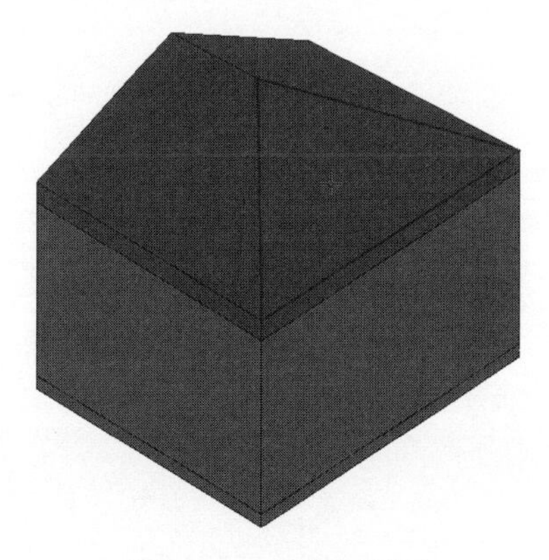

图 11-35　选取屋顶面

（2）打开“修改|创建洞口边界”选项卡，如图 11-36 所示。

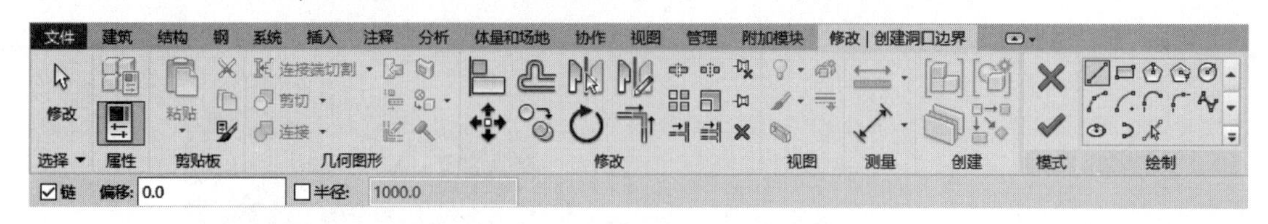

图 11-36 “修改|创建洞口边界”选项卡

（3）单击“绘制”面板中的“圆形”按钮，在屋顶上绘制圆形，如图 11-37 所示。也可以利用其他绘制工具绘制任意形状的洞口。

（4）单击“模式”面板中的“完成编辑模式”按钮，完成面洞口的绘制，如图 11-38 所示。

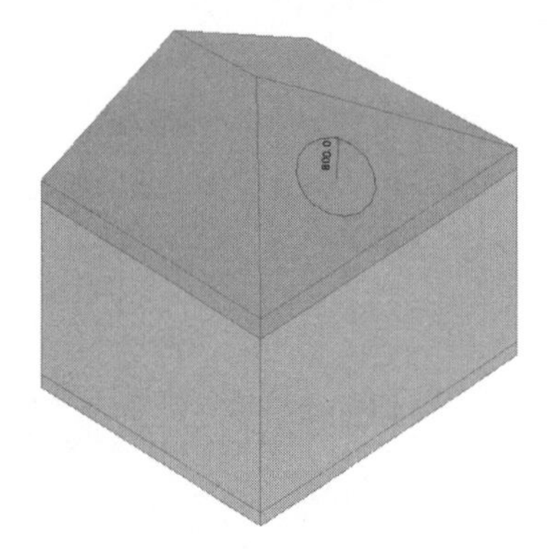

图 11-37 绘制圆形

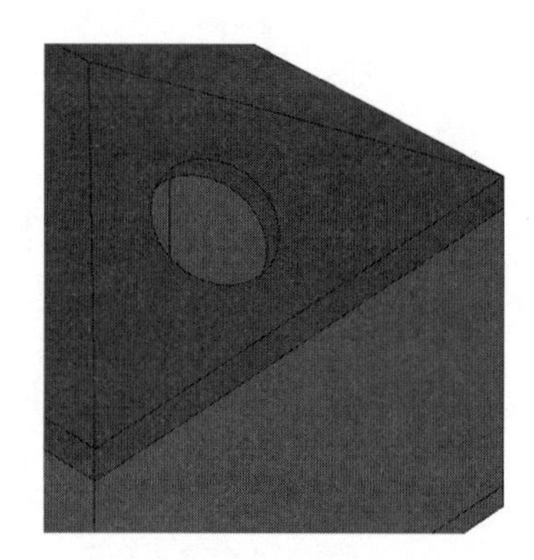

图 11-38 面洞口

11.2.2 垂直洞口

使用“垂直洞口”工具在楼板、屋顶或天花板上剪切垂直洞口。

具体步骤如下：

（1）单击“建筑”选项卡“洞口”面板中的“垂直洞口”按钮，选择屋顶，如图 11-39 所示。

（2）打开“修改|创建洞口边界”选项卡，如图 11-36 所示。

（3）单击“绘制”面板中的“圆形”按钮，在屋顶上绘制如图 11-40 所示的椭圆；也可以利用其他绘制工具绘制任意形状的洞口。

（4）单击“模式”面板中的“完成编辑模式”按钮，完成垂直洞口的绘制，如图 11-41 所示。

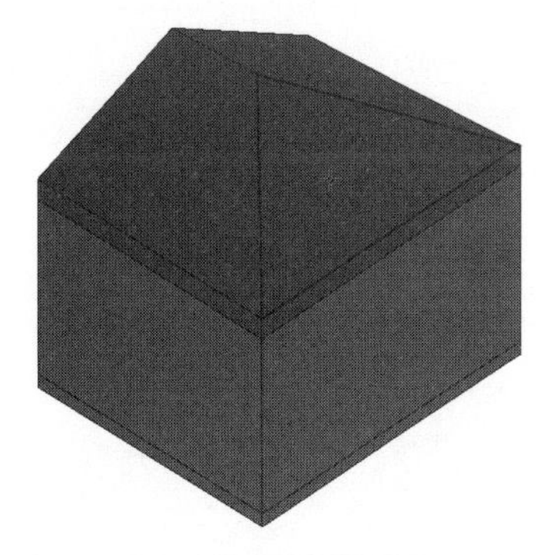

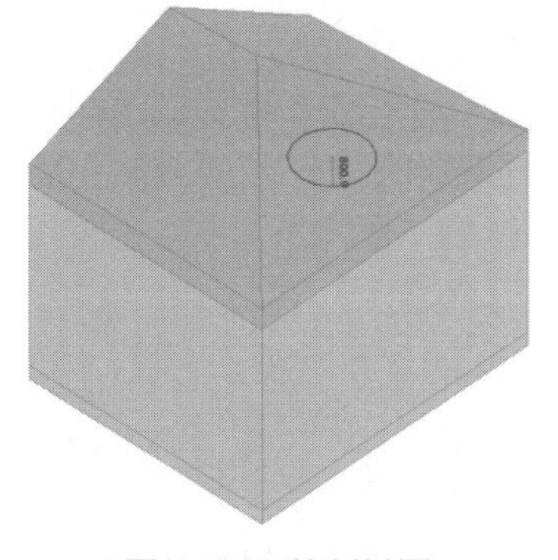

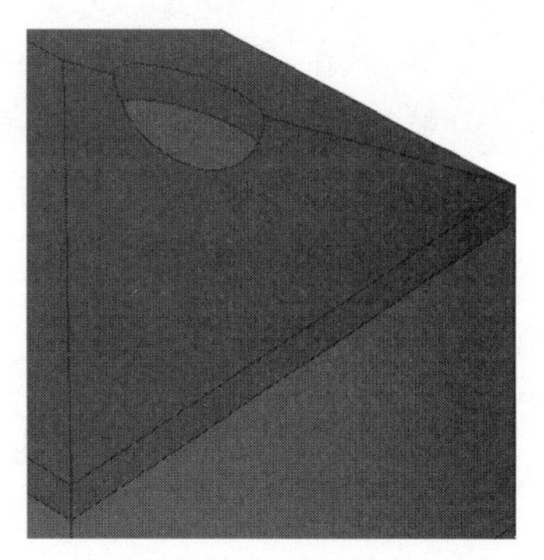

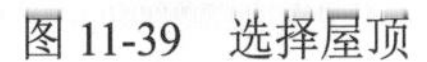

图 11-39　选择屋顶　　图 11-40　绘制椭圆　　图 11-41　垂直洞口

11.2.3　竖井洞口

使用“竖井”工具可以放置跨越整个建筑高度（或者跨越选定标高）的洞口，洞口同时贯穿屋顶、楼板或天花板的表面。

具体步骤如下：

（1）单击“建筑”选项卡的“洞口”面板中的“竖井”按钮，打开“修改|创建竖井洞口草图”选项卡，如图 11-42 所示。

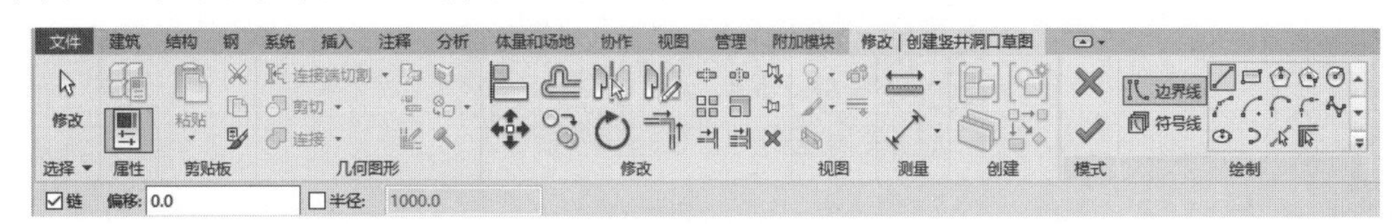

图 11-42　“修改|创建竖井洞口草图”选项卡

（2）将视图切换到上视图，绘制如图 11-43 所示的边界线。

（3）在“属性”选项板中设置“底部约束”为“标高 1”，“底部偏移”为 0，“顶部约束”为“直到标高：标高 2”，“顶部偏移”为 0，其他采用默认设置，如图 11-44 所示。

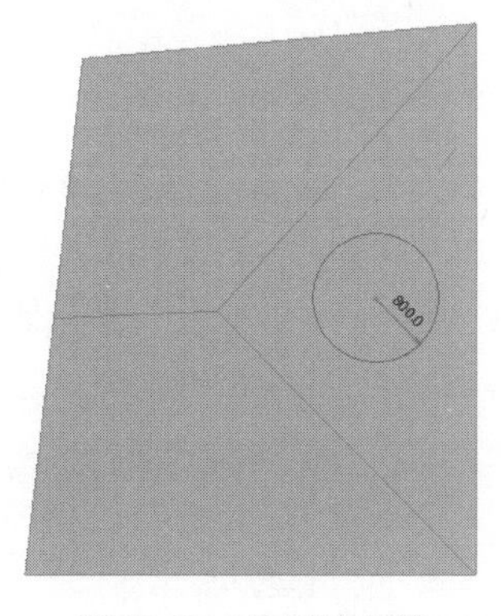

图 11-43　绘制边界线

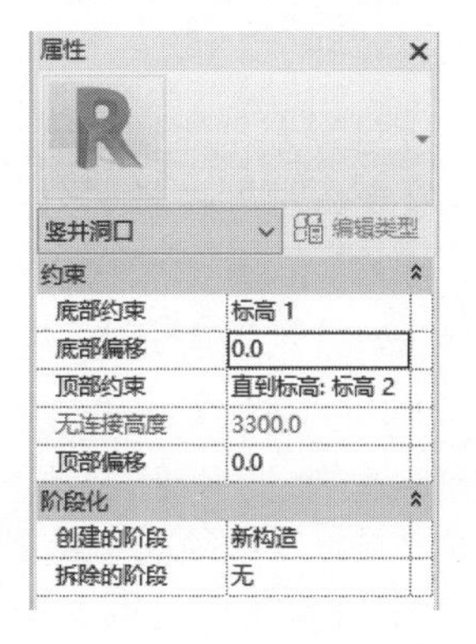

图 11-44　“属性”选项板

- 底部约束：洞口的底部标高。
- 底部偏移：洞口距洞底定位标高的洞口高度。
- 顶部约束：用于约束洞口顶部的标高。如果未定义墙顶定位标高，则洞口高度会在“无连接高度”中指定值。
- 无连接高度：如果未定义“顶部约束”，则会使用洞口的高度（从洞底向上测量）。
- 顶部偏移：洞口距顶部标高的洞口高度。
- 创建的阶段：指定主体图元的创建阶段。
- 拆除的阶段：指定主体图元的拆除阶段。

（4）单击“模式”面板中的“完成编辑模式”按钮，完成竖井洞口的绘制，如图 11-45 所示。

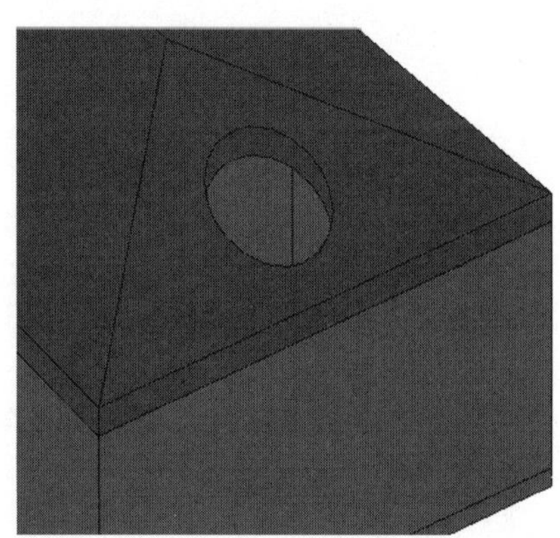

图 11-45 竖井洞口

注意：

实际绘图中应注意“面洞口”“垂直洞口”“竖井洞口”的绘制区别。

扫一扫，看视频

动手学——创建楼梯洞口

具体步骤如下：

（1）在项目浏览器的楼层平面节点下双击 2F，将视图切换到 2F 楼层平面视图。

（2）单击“建筑”选项卡的“洞口”面板中的“竖井”按钮，打开“修改|创建竖井洞口草图”选项卡。

（3）单击“绘制”面板中的“边界线”按钮、“起点-终点-半径弧”按钮和“线”按钮，绘制如图 11-46 所示的边界线。单击“模式”面板中的“完成编辑模式”按钮，完成洞口边界的绘制。

（4）在“属性”选项板中设置“底部约束”为 2F，“底部偏移”为−150，“顶部约束”为“未连接”，“无连接高度”为 1500，其他采用默认设置，如图 11-47 所示。

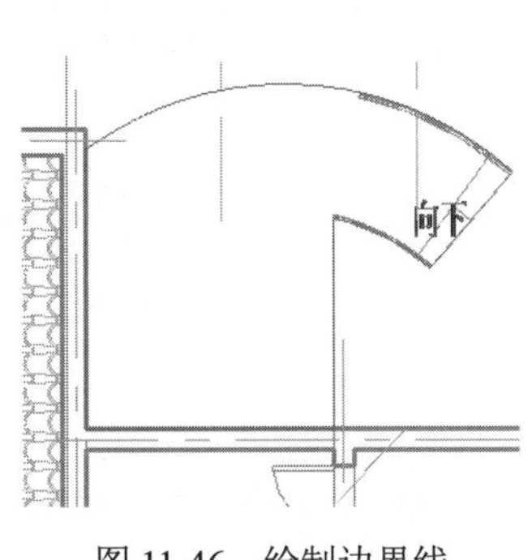

图 11-46　绘制边界线

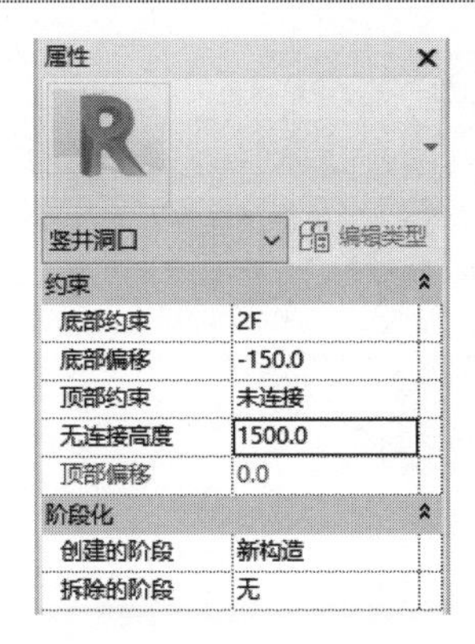

图 11-47　设置参数

（5）双击楼梯内侧的栏杆，打开“修改|绘制路径”选项卡，单击“绘制”面板中的“边界线”按钮、“起点-终点-半径弧”按钮和“线”按钮，编辑栏杆路径，如图 11-48 所示。

（6）单击“模式”面板中的“完成编辑模式”按钮，完成洞口边栏杆的绘制，如图 11-49 所示。

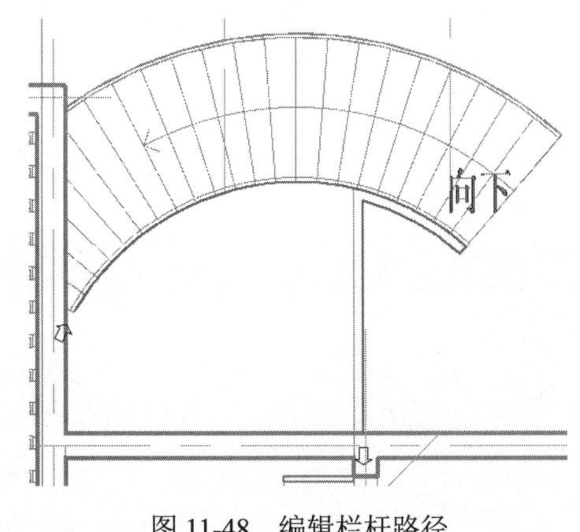

图 11-48　编辑栏杆路径

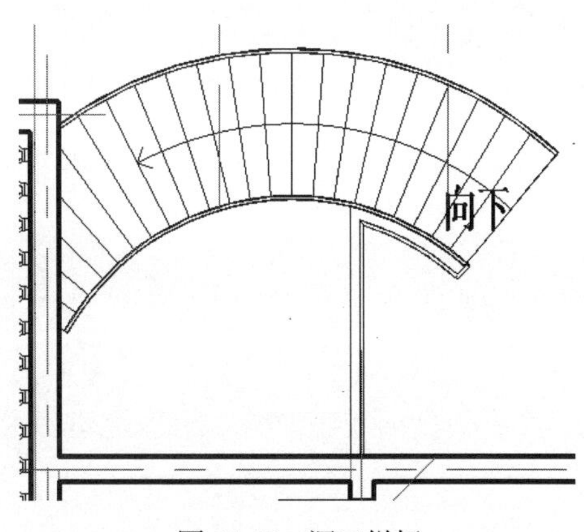

图 11-49　洞口栏杆

11.2.4　墙洞口

使用“墙洞口”工具可以在直线墙或曲线墙上剪切矩形洞口。

具体步骤如下：

（1）单击“建筑”选项卡的“洞口”面板中的“墙洞口”按钮，选择内隔断玻璃幕墙为要创建洞口的墙，如图 11-50 所示。

（2）在墙上单击以确定矩形的起点，然后移动光标到适当位置单击确定矩形的对角点，绘制一个矩形，如图 11-51 所示。

（3）生成一个矩形洞口，双击临时尺寸更改洞口大小，结果如图 11-52 所示。

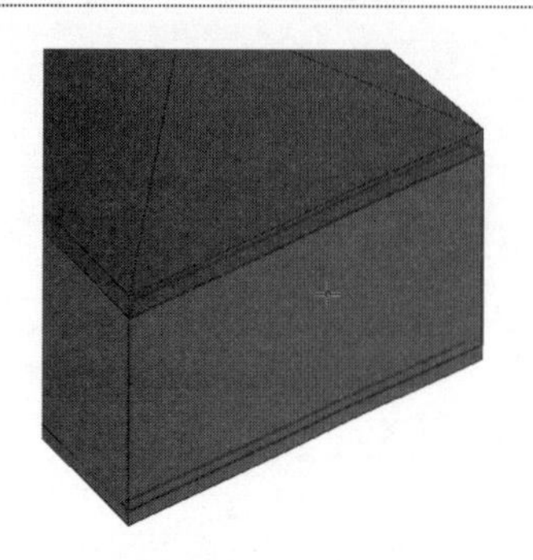

图 11-50　选取墙

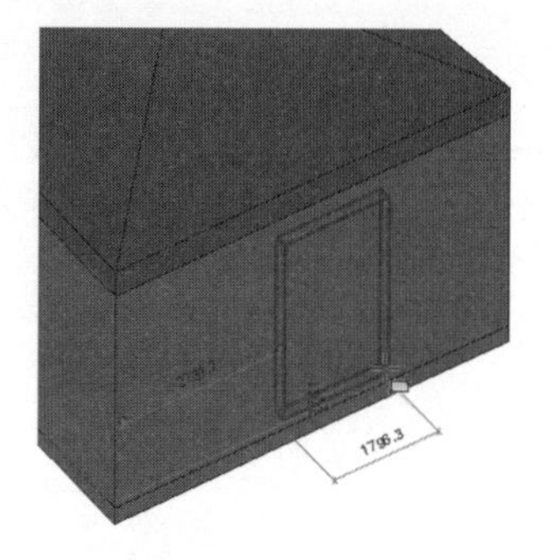

图 11-51　绘制矩形

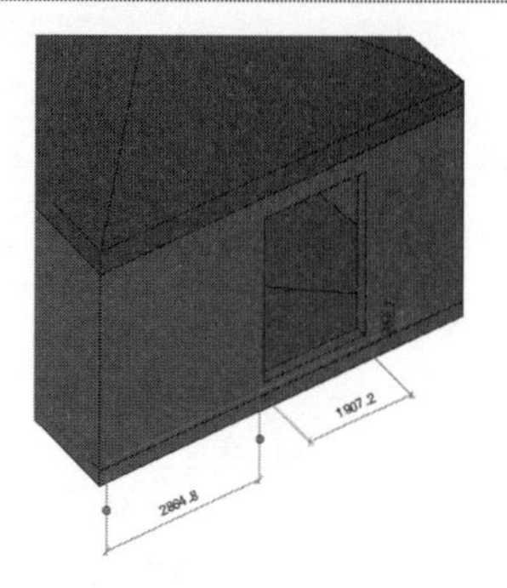

图 11-52　矩形洞口

11.2.5　老虎窗洞口

在添加老虎窗后，为其剪切一个穿过屋顶的洞口。

具体步骤如下：

（1）单击“建筑”选项卡的“洞口”面板中的“老虎窗洞口”按钮，在视图中选择大屋顶作为要被老虎窗剪切的屋顶，如图 11-53 所示。

图 11-53　选取大屋顶

（2）打开“修改|编辑草图”选项卡，如图 11-54 所示。系统默认单击“拾取”面板中的“拾取屋顶/墙边缘”按钮。

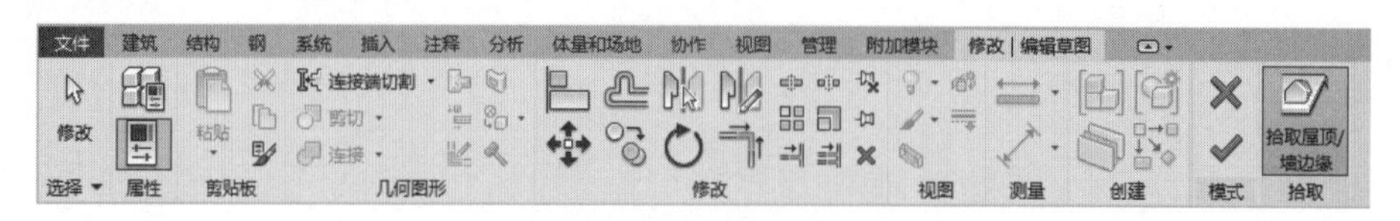

图 11-54　“修改|编辑草图”选项卡

（3）在视图中选取连接屋顶、墙的侧面或屋顶连接面定义老虎窗的边界，如图 11-55 所示。

（4）取消对“拾取屋顶/墙边缘”按钮的选择，然后选取边界调整边界线的长度，使其形成闭合区域，如图 11-56 所示。

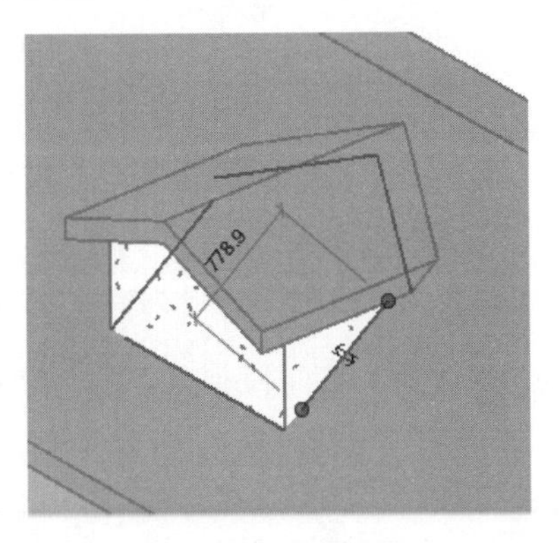

图 11-55 提取边界

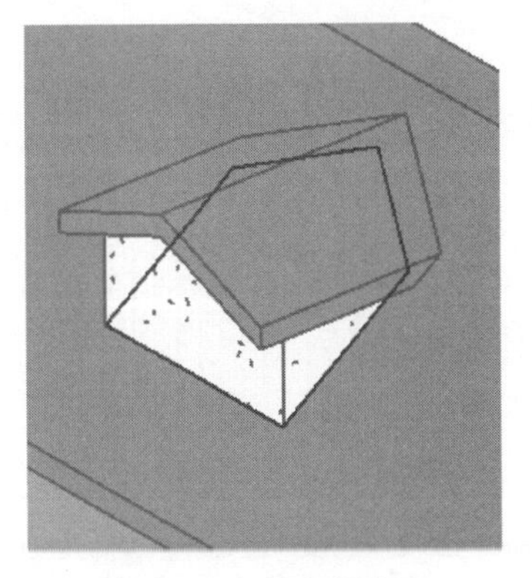

图 11-56 老虎窗边界

（5）单击“模式”面板中的“完成编辑模式”按钮✔，选取老虎窗上的墙和屋顶，单击控制栏中的“临时隐藏/隔离”按钮，在打开的下拉菜单中选择“隐藏图元”选项，如图 11-57 所示，隐藏图元以后的老虎窗洞口，如图 11-58 所示。

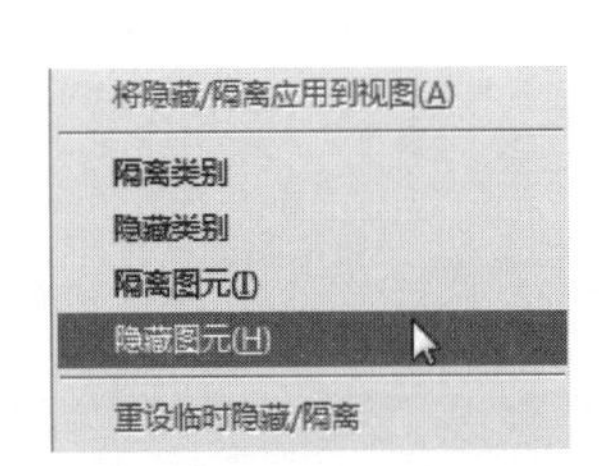

图 11-57 下拉菜单

图 11-58 老虎窗洞口

11.3 栏 杆 扶 手

可以添加独立式栏杆扶手或是将栏杆扶手附加到楼梯、坡道和其他主体上。

使用“栏杆扶手”工具，可以实现以下功能：

- 将栏杆扶手作为独立构件添加到楼层中。
- 将栏杆扶手附着到主体（如楼板、坡道或楼梯）上。
- 在创建楼梯时自动创建栏杆扶手。
- 在现有楼梯或坡道上放置栏杆扶手。
- 绘制自定义栏杆扶手路径并将栏杆扶手附着到楼板、屋顶板、楼板边、墙顶、屋顶或地形上。

11.3.1 绘制路径创建栏杆

通过绘制栏杆扶手路径来创建栏杆扶手，然后选择一个图元（例如楼板或屋顶）作为栏杆扶手主体。

具体步骤如下：

（1）单击“建筑”选项卡的“构建”面板中“栏杆扶手”下拉列表中的“绘制路径”按钮，打开“修改|创建栏杆扶手路径”选项卡，如图 11-59 所示。

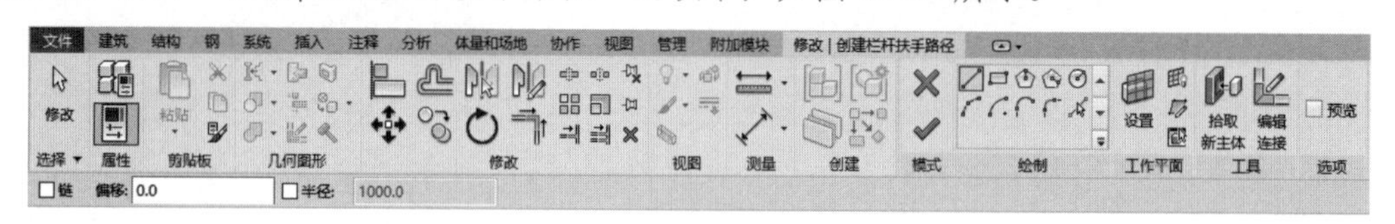

图 11-59 “修改|创建栏杆扶手路径”选项卡

（2）单击“绘制”面板中的“线”按钮（默认状态下，系统会激活此按钮），绘制栏杆路径，如图 11-60 所示。单击“模式”面板中的“完成编辑模式”按钮，完成栏杆路径的绘制。

（3）在“属性”选项板中选择“栏杆扶手-900mm 圆管”类型，输入“底部偏移”为 0，如图 11-61 所示。

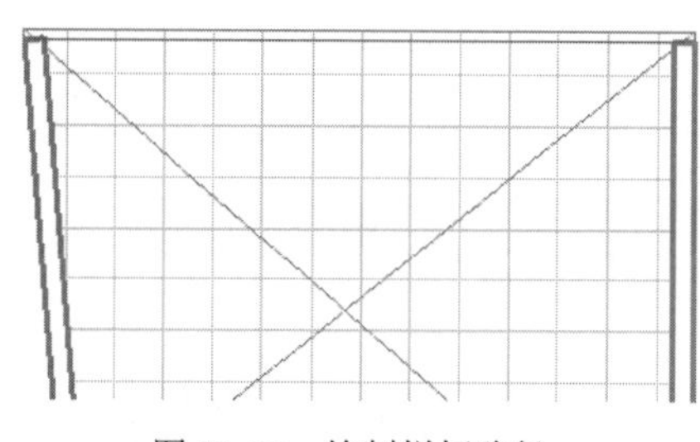

图 11-60 绘制栏杆路径

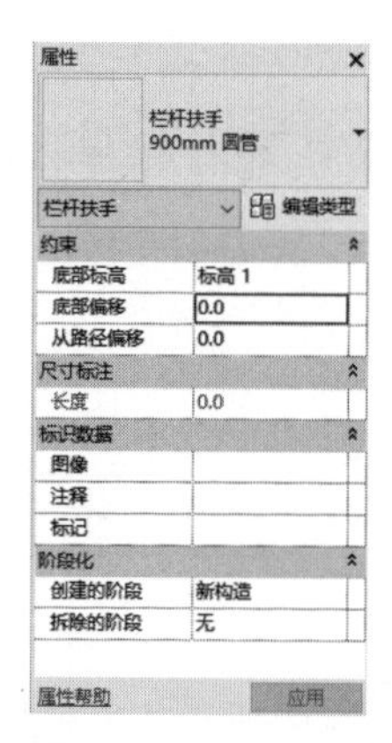

图 11-61 “属性”选项板

- 底部标高：指定栏杆扶手系统不位于楼梯或坡道上时的底部标高。如果在创建楼梯时自动放置了栏杆扶手，则此值由楼梯的底部标高决定。
- 底部偏移：如果栏杆扶手系统位于非楼梯或坡道区域，则此值是楼板或标高到栏杆扶手系统底部的距离。
- 从路径偏移：指定相对于其他主体上踏板、梯边梁或路径的栏杆扶手偏移。如果在创建楼梯时自动放置了栏杆扶手，可以选择将栏杆扶手放置在踏板或梯边梁上。

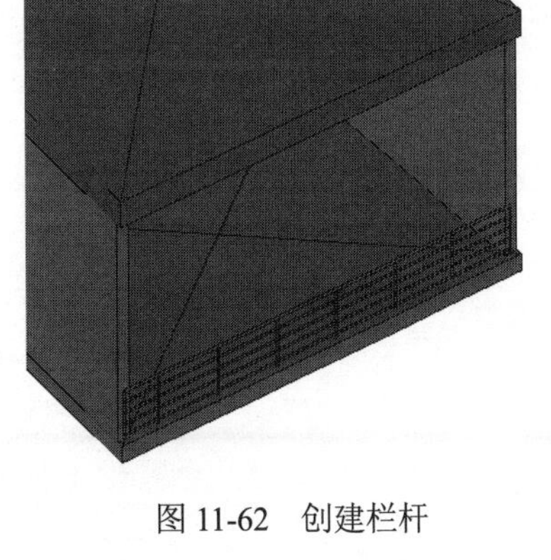

图 11-62　创建栏杆

- 长度：栏杆扶手的实际长度。
- 注释：有关图元的注释。
- 标记：应用于图元的标记，如显示在图元多类别标记中的标签。
- 创建的阶段：创建图元的阶段。
- 拆除的阶段：拆除图元的阶段。

（4）将视图切换至三维视图，结果如图 11-62 所示。

动手学——创建别墅栏杆

扫一扫，看视频

具体步骤如下：

（1）单击“建筑”选项卡的“构建”面板中“栏杆扶手”下拉列表中的“绘制路径”按钮，打开“修改|创建栏杆扶手路径”选项卡。

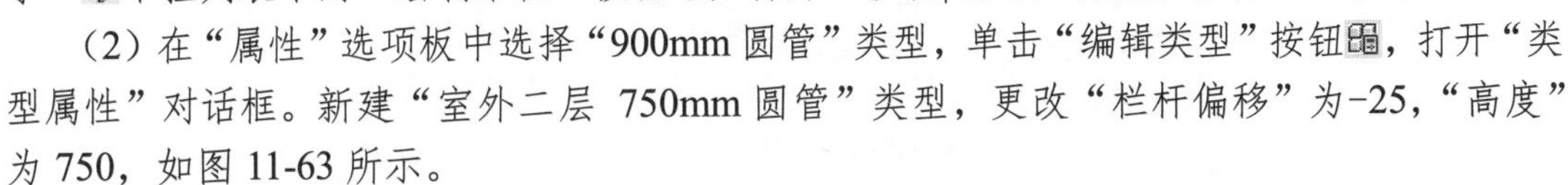

（2）在“属性”选项板中选择“900mm 圆管”类型，单击“编辑类型”按钮，打开“类型属性”对话框。新建“室外二层 750mm 圆管”类型，更改“栏杆偏移”为-25，“高度”为 750，如图 11-63 所示。

（3）单击“扶栏结构（非连续）”栏中的“编辑”按钮，打开“编辑扶手（非连续）”对话框，选取“扶栏 1”和“扶栏 3”栏，单击“删除”按钮，将其删除；更改“扶栏 2”的“高度”为 600，“偏移”为-25；更改“扶栏 4”的“高度”为 200，“偏移”为-25，其他采用默认设置，如图 11-64 所示。单击“确定”按钮，返回到“类型属性”对话框。

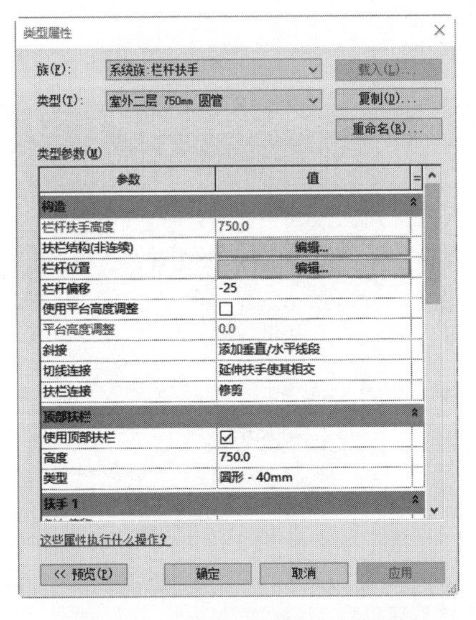

图 11-63　“类型属性”对话框

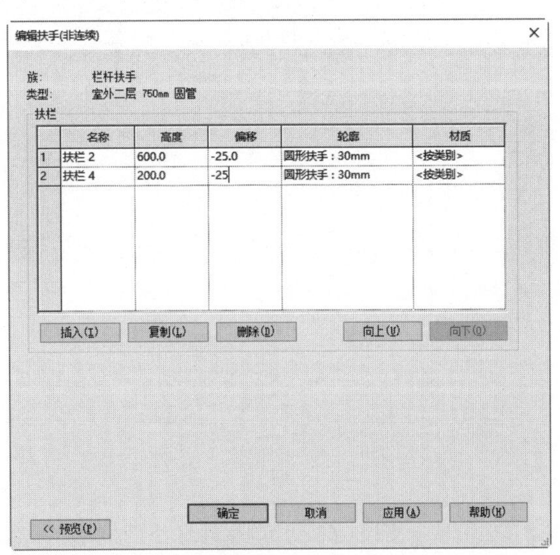

图 11-64　“编辑扶手（非连续）”对话框

（4）单击“栏杆位置”栏中的“编辑”按钮，打开“编辑栏杆位置”对话框，选取“常规栏”，单击“复制”按钮，复制“常规栏”，更改复制的“常规栏”的“栏杆族”为“栏杆-扁钢立杆 5×12mm”，“底部”为“扶栏 4”，“顶部”为“扶栏 2”，“相对前一栏杆的距离”为 100，将更改后的常规栏复制 9 份，其他设置如图 11-65 所示。

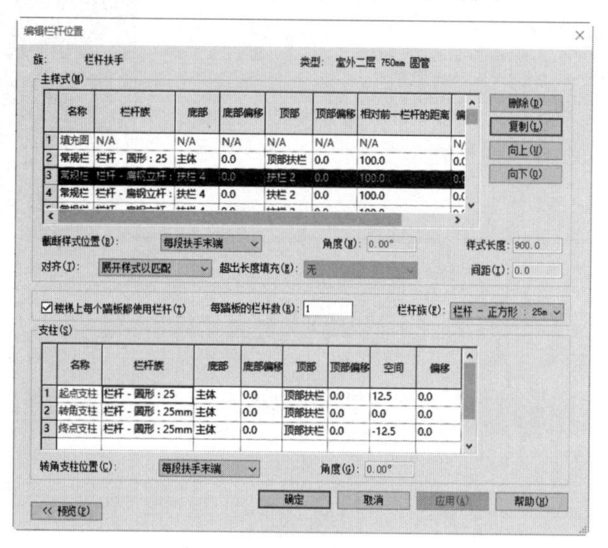

图 11-65　“编辑栏杆位置”对话框

（5）单击“绘制”面板中的“线”按钮，选择栏杆路径，如图 11-66 所示。单击“模式”面板中的“完成编辑模式”按钮。

（6）将视图切换至三维视图，观察栏杆的绘制情况，如图 11-67 所示。

（7）在项目浏览器的楼层平面节点下双击 2F，将视图切换到 2F 楼层平面视图。

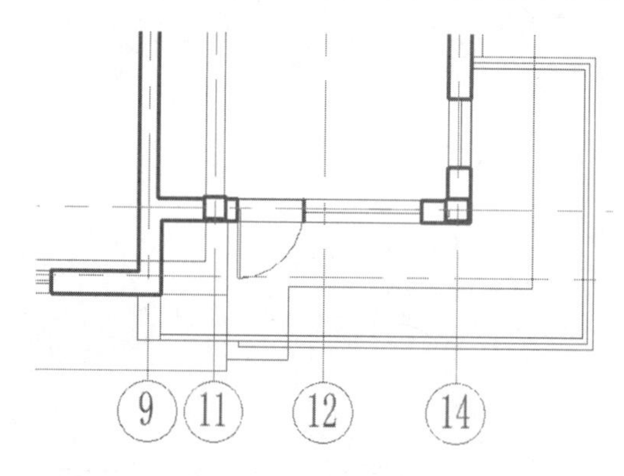

图 11-66　绘制栏杆路径

图 11-67　绘制栏杆 1

（8）单击“建筑”选项卡的“构建”面板中“栏杆扶手”下拉列表中的“绘制路径”按钮，在“属性”选项板中选择“室外二层 750mm 圆管”类型，设置“底部标高”为 2F，“底部偏移”为 0，其他采用默认设置。

（9）单击“绘制”面板中的“线”按钮，选择栏杆路径，如图 11-68 所示。单击“模式”面板中的“完成编辑模式”按钮，完成栏杆路径的绘制。

（10）将视图切换至三维视图，观察栏杆的绘制情况，如图 11-69 所示。

（11）采用相同的方法继续绘制二层上的栏杆 3，如图 11-70 所示。

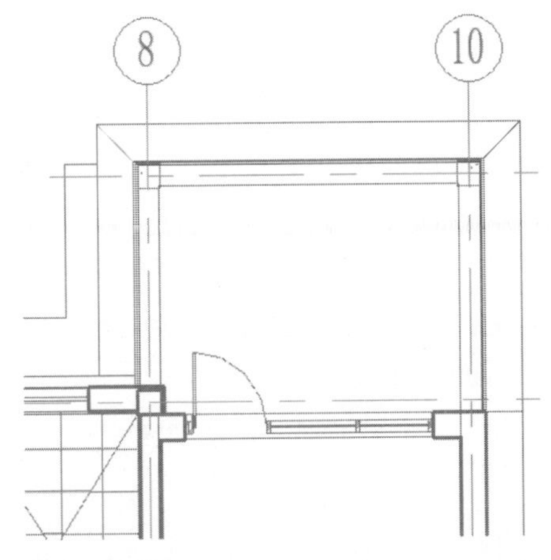

图 11-68　绘制路径

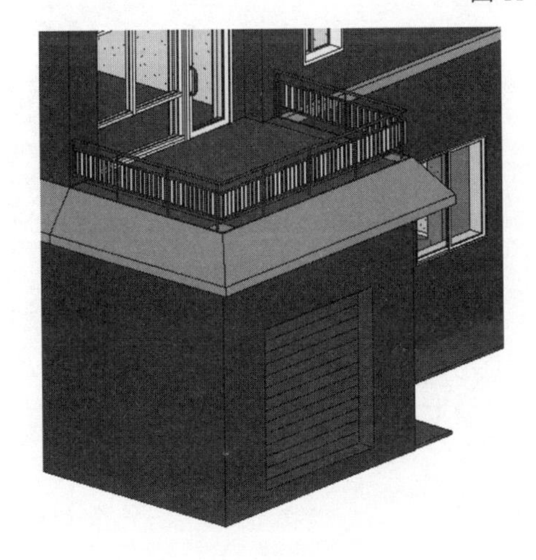

图 11-69　绘制栏杆 2

图 11-70　绘制栏杆 3

11.3.2　放置在楼梯或坡道上的栏杆

已选择栏杆扶手类型后，对于楼梯而言，可以将栏杆扶手放置在楼梯踏板上或是坡道上。

具体步骤如下：

（1）单击“建筑”选项卡的“构建”面板中“栏杆扶手”下拉列表中的“放置在楼梯/坡道上”按钮，打开“修改|在楼梯/坡道上放置栏杆扶手”选项卡，如图 11-71 所示。

（2）默认栏杆扶手放置在踏板上。

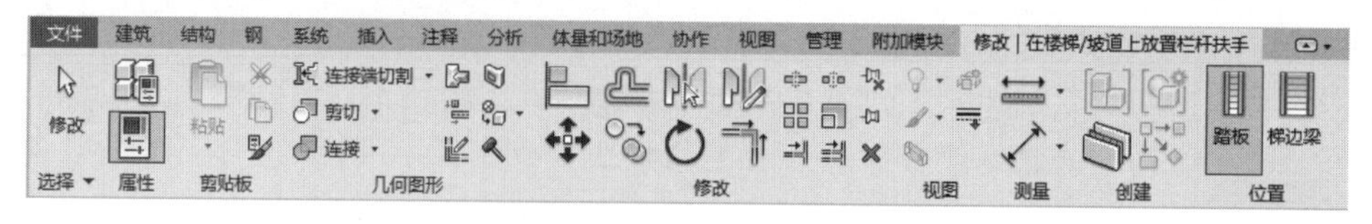

图 11-71 “修改|在楼梯/坡道上放置栏杆扶手”选项卡

（3）在“类型”选项板中选择栏杆扶手的类型为“栏杆扶手-1100mm”。

（4）在将光标放置在无栏杆扶手的楼梯或坡道时，它们将高亮显示。当设置多层楼梯作为栏杆扶手主体时，栏杆扶手会按组进行放置，以匹配多层楼梯的组，如图 11-72 所示。

（5）将视图切换到“标高 1”平面图，选择栏杆扶手，单击⇅按钮，调整栏杆扶手位置。

（6）双击栏杆扶手，打开“修改|路径”选项卡，对栏杆扶手的路径进行编辑，单击“圆角弧”按钮，将拐角处改成圆角，如图 11-73 所示。

（7）单击“模式”面板中的“完成编辑模式”按钮✔，完成栏杆的修改，结果如图 11-74 所示。

图 11-72 添加扶手

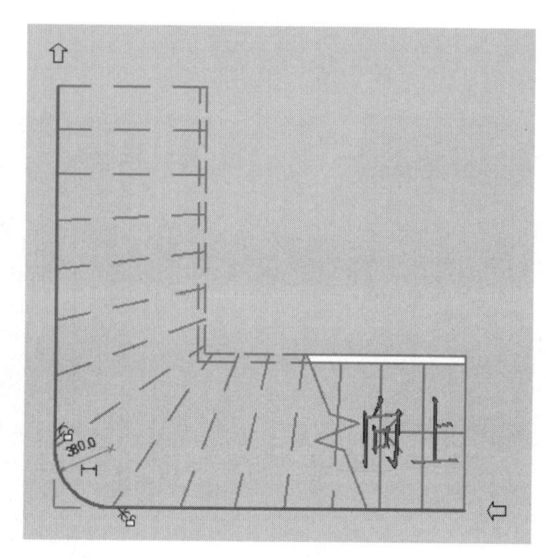

图 11-73 编辑扶手路径

图 11-74 修改后的栏杆扶手

第 12 章　房间图例和家具布置

使用“房间”工具在平面视图中创建房间，或将其添加到明细表内便于以后放置在模型中。选择一个房间后可检查其边界，修改其属性，将其从模型中删除或移至其他位置。可以根据所创建的房间边界得到房间面积。

- 家具布置
- 房间
- 面积

案例效果

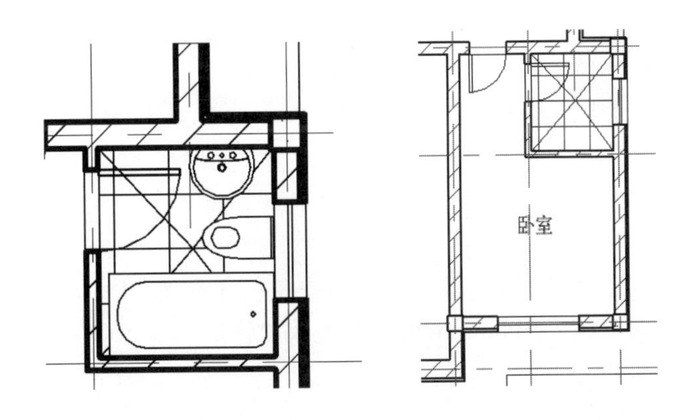

12.1　家 具 布 置

家具布置主要利用“放置构件”命令将独立构件放置在建筑模型中。

（1）单击“建筑”选项卡的“构建”面板中“构件”下拉列表中的“放置构件”按钮，打开“修改|放置 构件”选项卡，如图 12-1 所示。

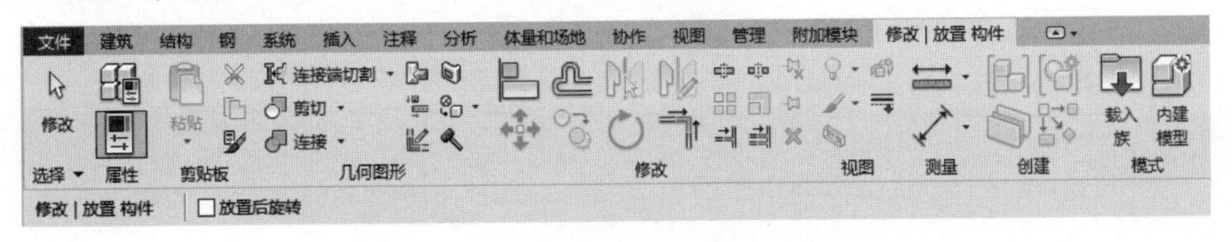

图 12-1　“修改|放置 构件”选项卡

（2）单击“模式”面板中的“载入族”按钮，打开“载入族”对话框，选择需要的族文件，单击“打开”按钮，载入族文件。

（3）将载入的族文件放置在所需的位置。

扫一扫，看视频

动手学——布置卧室和卫生间家具

具体步骤如下：

（1）在项目浏览器的“楼层平面”节点下双击 1F，将视图切换到 1F 楼层平面视图。

（2）单击“建筑”选项卡的“构建”面板中“构件”下拉列表中的“放置构件”按钮，打开“修改|放置 构件”选项卡，如图 12-1 所示。

（3）单击“模式”面板中的“载入族”按钮，打开“载入族”对话框，选择 Chinese→“建筑”→“家具”→3D→“床”文件夹中的“双人床带床头柜.rfa”族文件，单击“打开”按钮，载入族文件。

（4）在选项栏中选中“放置后旋转”复选框，将“双人床带床头柜”族文件放置在主卧中的适当位置，并旋转角度，然后更改床的位置尺寸使双人床靠右侧墙体的中间位置，如图 12-2 所示。

（5）单击“建筑”选项卡的“构建”面板中“构件”下拉列表中的“放置构件”按钮，打开“修改|放置 构件”选项卡。

（6）单击“模式”面板中的“载入族”按钮，打开“载入族”对话框，选择 Chinese→“建筑”→“家具”→3D→“柜子”文件夹中的“地柜 1.rfa”族文件，单击“打开”按钮，载入族文件。

（7）在“属性”选项板中单击“编辑类型”按钮，打开“类型属性”对话框，单击“复制”按钮，新建 W1200*D500*H400mm 类型，更改“深度”为 500，“宽度”为 1200，其他采用默认设置，如图 12-3 所示。

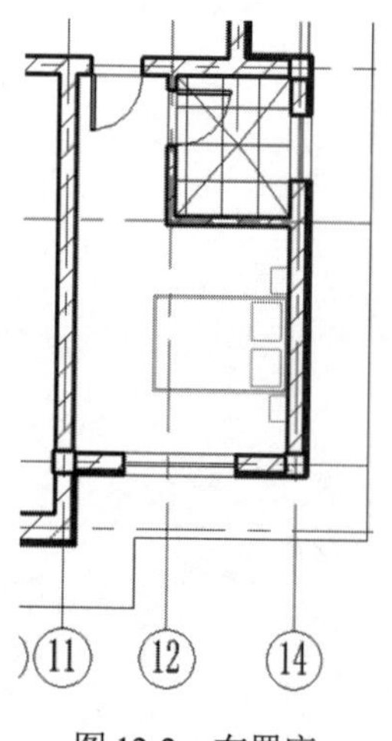

图 12-2　布置床

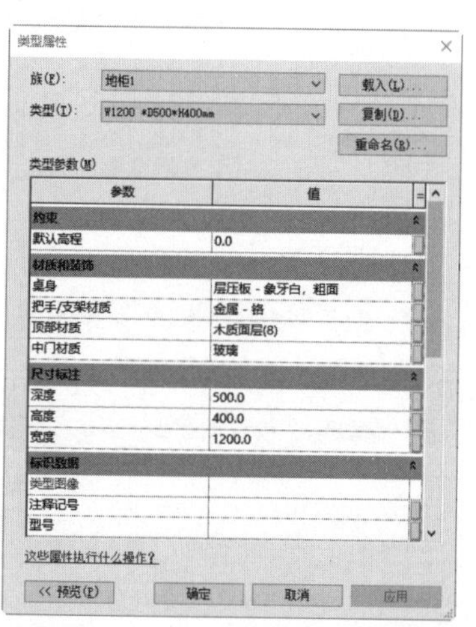

图 12-3　“类型属性”对话框

（8）在选项栏中选中“放置后旋转”复选框，将地柜放置在床的对面中间位置，如图12-4所示。

（9）单击“建筑”选项卡的“构建”面板中“构件”下拉列表中的“放置构件”按钮，打开“修改|放置 构件”选项卡。

（10）单击“模式”面板中的“载入族”按钮，打开“载入族”对话框，选择Chinese→“建筑”→“专用设备”→“住宅设施”→“家用电器”→“液晶电视.rfa”族文件，单击“打开”按钮，载入族文件。

（11）将其放置在第（8）步布置的地柜中间，然后在“属性”选项板中更改“偏移”为400，使电视位于地柜上方，如图12-5所示。

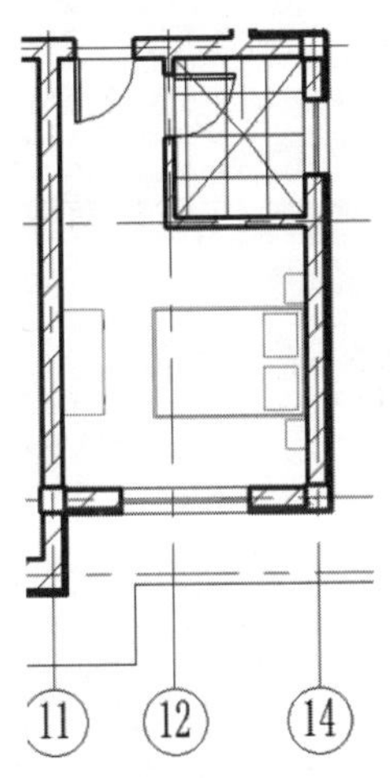

图12-4　布置地柜

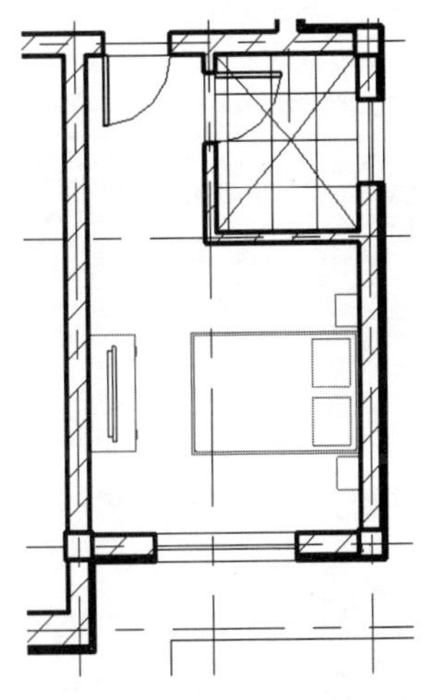

图12-5　布置电视

（12）单击“建筑”选项卡的“构建”面板中“构件”下拉列表中的“放置构件”按钮，单击“模式”面板中的“载入族”按钮，打开“载入族”对话框，选择Chinese→“建筑”→“卫生器具”→3D→“常规卫浴”→“浴盆”→“浴盆1 3D.rfa”族文件，单击“打开”按钮，载入族文件。

（13）选取卫生间的墙，放置浴盆，单击按钮，调整浴盆方向，如图12-6所示。

（14）单击“建筑”选项卡的“构建”面板中“构件”下拉列表中的“放置构件”按钮，单击“模式”面板中的“载入族”按钮，打开“载入族”对话框，选择Chinese→“建筑”→“卫生器具”→3D→“常规卫浴”→“坐便器”→“全自动坐便器-落地式.rfa”族文件，单击“打开”按钮，载入族文件。

（15）在选项栏中选中“放置后旋转”复选框，将坐便器放置在卫生间内适当位置，如图12-7所示。

（16）单击“建筑”选项卡的“构建”面板中“构件”下拉列表中的“放置构件”按钮，单击“模式”面板中的“载入族”按钮，打开“载入族”对话框，选择Chinese→“建筑”→“卫生器具”→3D→“常规卫浴”→“洗脸盆”→“立柱式洗脸盆.rfa”族文件，单击“打开”按钮，载入族文件。

（17）将洗脸盆放置在卫生间内适当位置，如图 12-8 所示。

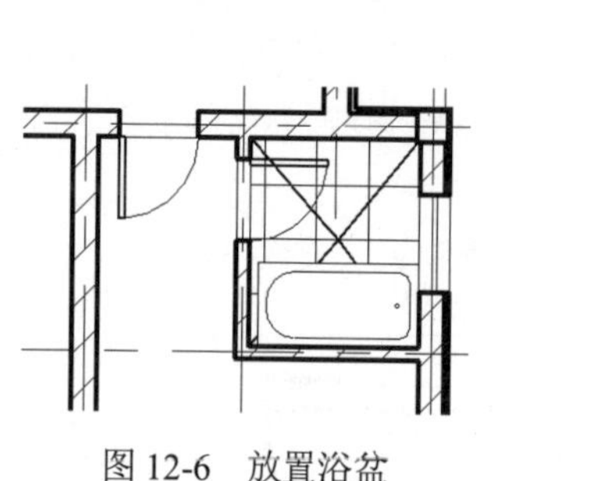

图 12-6　放置浴盆

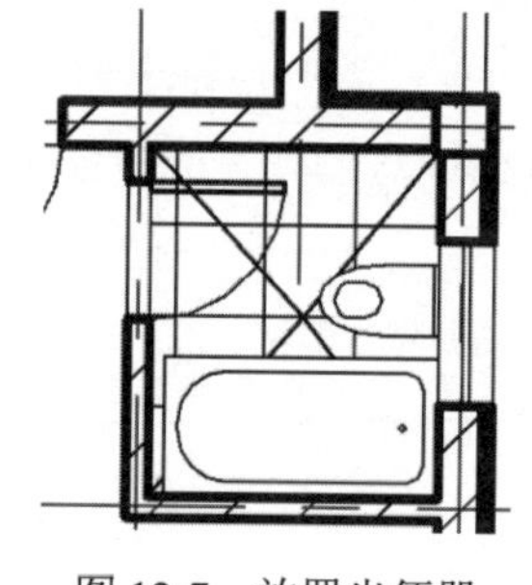

图 12-7　放置坐便器

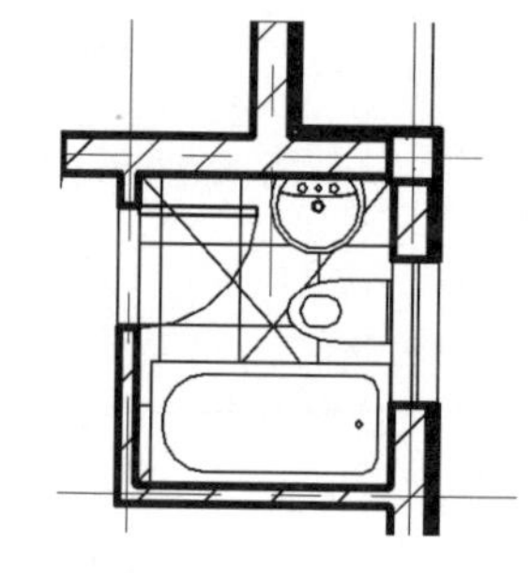

图 12-8　放置洗脸盆

读者可以按照卧室家具的布置方法布置其他房间的家具，这里就不再一一介绍了。

12.2　房　　间

房间是基于图元（例如墙、楼板、屋顶和天花板）对建筑模型中的空间进行细分的部分。

12.2.1　创建房间

在模型设计前先创建预定义的房间、创建房间明细表并将房间添加到明细表。可以在模型准备就绪时将房间放置到模型中。

具体步骤如下：

（1）单击“建筑”选项卡的“房间和面积”面板中的“房间”按钮，打开“修改|放置 房间”选项卡，如图 12-9 所示。

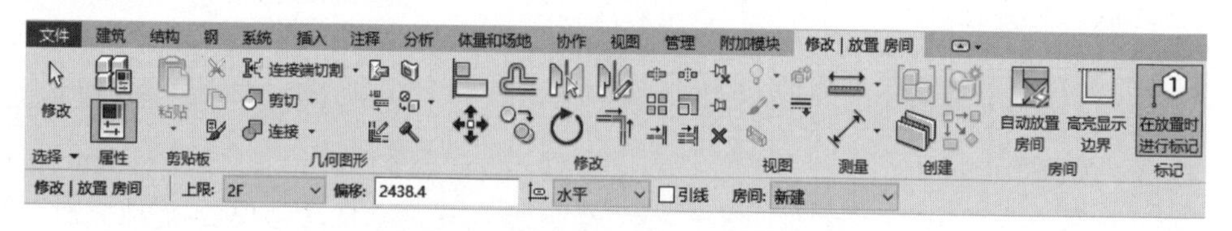

图 12-9　“修改|放置 房间”选项卡

- 在放置时进行标记：如果要随房间显示房间标记，则激活此按钮；如果要在放置房间时忽略房间标记，则不激活此按钮。
- 高亮显示边界：如果要查看房间边界图元，则激活此按钮，Revit 将以金黄色高亮显示所有房间边界图元，并显示一个警告对话框。

- 上限：指定将从其测量房间上边界的标高。如果要向标高 1 楼层平面添加一个房间，并希望该房间从标高 1 扩展到标高 2 或标高 2 上方的某个点，则可将上限指定为“标高 2”。
- 偏移：输入房间上边界距该标高的距离。输入正值表示向“上限”标高上方偏移，输入负值表示向其下方偏移。
- ：指定所需房间的标记方向，有“水平”“垂直”和“模型”三种方向。
- 引线：指定房间标记是否带有引线。
- 房间：可以选择“新建”创建新的房间，或者从列表中选择一个现有房间。

（2）在“属性”选项板中可以更改标记类型，并设置房间的其他属性，如图 12-10 所示。

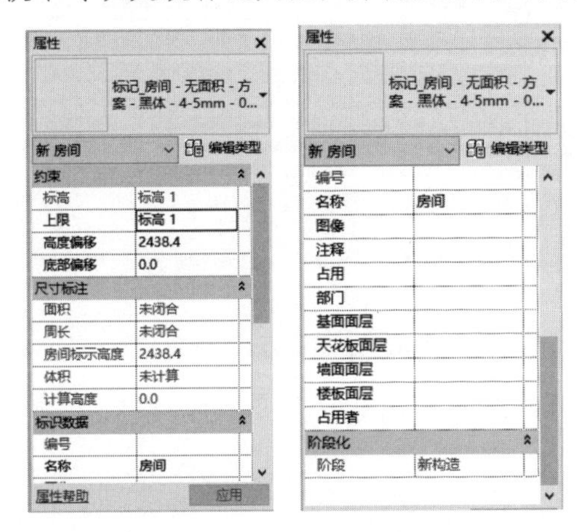

图 12-10　“属性”选项板

- 标高：房间所在的底部标高。
- 上限：测量房间上边界时所基于的标高。
- 高度偏移：从“上限”标高开始测量其到房间上边界之间的距离。输入正值表示向“上限”标高上方偏移；输入负值表示向其下方偏移；输入 0（零）将使用“上限”指定的标高。
- 底部偏移：从底部标高（由“标高”参数定义）开始测量其到房间下边界之间的距离。输入正值表示向底部标高上方偏移；输入负值表示向其下方偏移；输入 0（零）将使用底部标高。
- 面积：根据房间边界图元计算得出的净面积。
- 周长：房间的周长。
- 房间标示高度：房间可能的最大高度。
- 体积：启用了体积计算时计算的房间体积。
- 编号：指定的房间编号。此值对于项目中的每个房间都必须是唯一的。如果此值已被使用，Revit 会发出警告信息，但允许继续使用它。

- 名称：房间名称。
- 注释：用户指定的有关房间的信息。
- 占用：房间的占有类型。
- 部门：将使用房间的部门。
- 基面面层：基面的面层信息。
- 天花板面层：天花板的面层信息，如大白浆。
- 墙面面层：墙面的面层信息，如刷漆。
- 楼板面层：楼板的面层信息，如地毯。
- 占用者：使用房间的人、小组或组织的名称。

（3）在绘图区中将光标放置在封闭的房间中高亮显示，单击放置房间。

扫一扫，看视频

动手学——创建别墅房间

具体步骤如下：

（1）隐藏布置的家具。

（2）单击“建筑”选项卡的“房间和面积”面板中的“房间”按钮，打开“修改|放置房间”选项卡。

（3）在选项栏中更改“偏移”为2000，其他采用默认设置。

（4）在“属性”选项板中选择“标记_房间-无面积-施工-仿宋-3mm-0-80”类型，其他采用默认设置。

（5）在绘图区中将光标放置在封闭的区域中，此时房间高亮显示，如图12-11所示。

（6）单击放置房间标记，如图12-12所示。

（7）双击房间名称进入编辑状态，此时房间以红色线段显示，然后输入房间名称为“车库”，如图12-13所示。

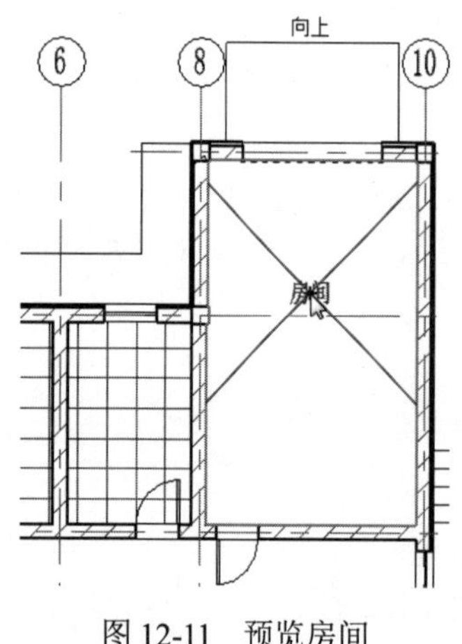

图12-11　预览房间

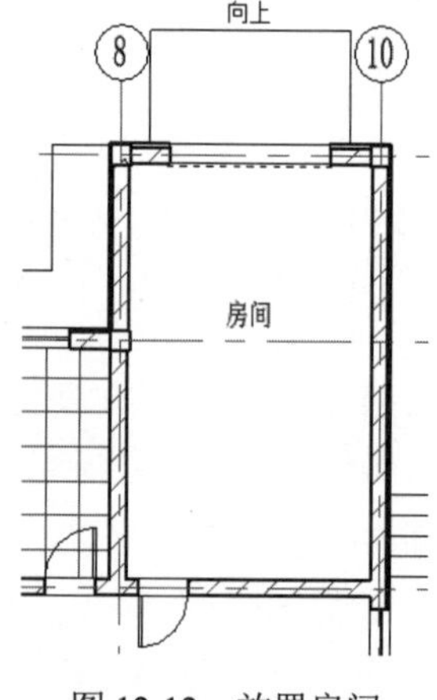

图12-12　放置房间

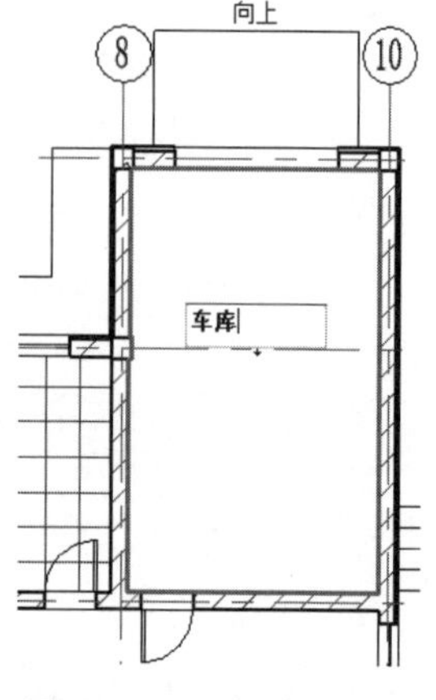

图12-13　更改房间名称

（8）单击“建筑”选项卡的“房间和面积”面板中的“房间”按钮，打开“修改|放置 房间”选项卡。

（9）在“属性”选项板的“名称”栏中输入“卧室”，然后将房间标记放在卧室区域，如图 12-14 所示。

（10）单击“建筑”选项卡的“房间和面积”面板中的“房间”按钮，打开“修改|放置 房间”选项卡。

（11）将房间标记分别放置在多个封闭区域内，如图 12-15 所示。

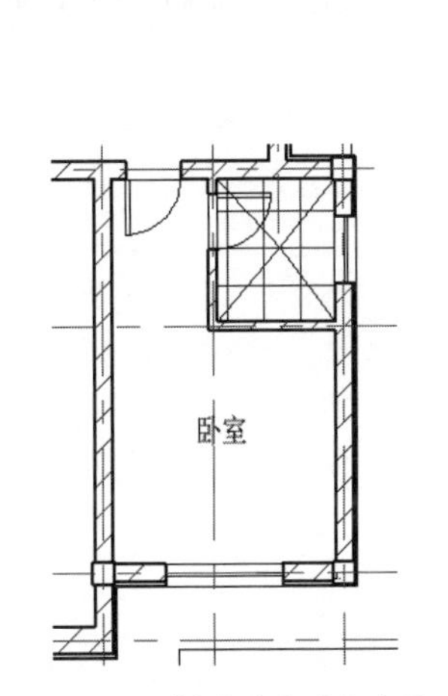

图 12-14　创建卧室房间标记

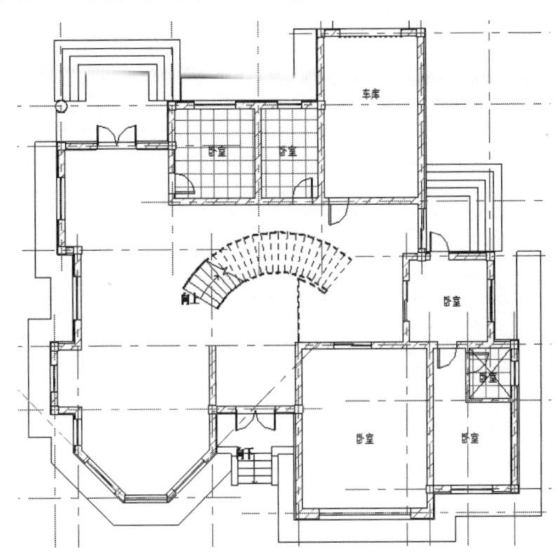

图 12-15　放置多个房间

（12）分别双击房间名称，更改房间名称，结果如图 12-16 所示。

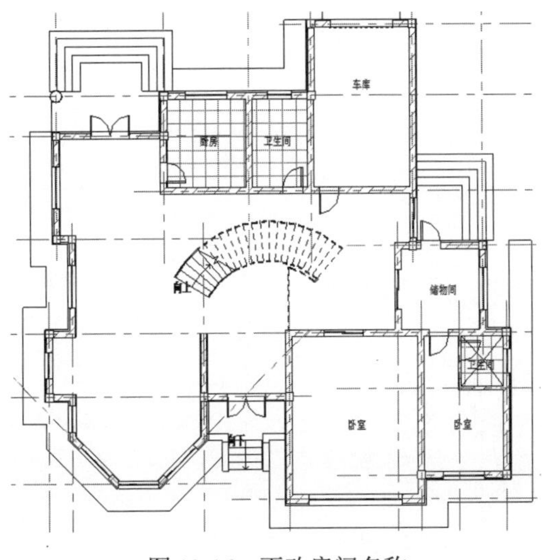

图 12-16　更改房间名称

12.2.2 创建房间分隔

使用“房间分隔线”工具可添加和调整房间边界。如果所需的房间边界中不存在房间边界图元，添加分隔线以帮助定义房间。

具体步骤如下：

（1）单击“建筑”选项卡的“房间和面积”面板中的“修改|放置 房间分隔”按钮，打开“修改|放置 房间分隔”选项卡，如图 12-17 所示。

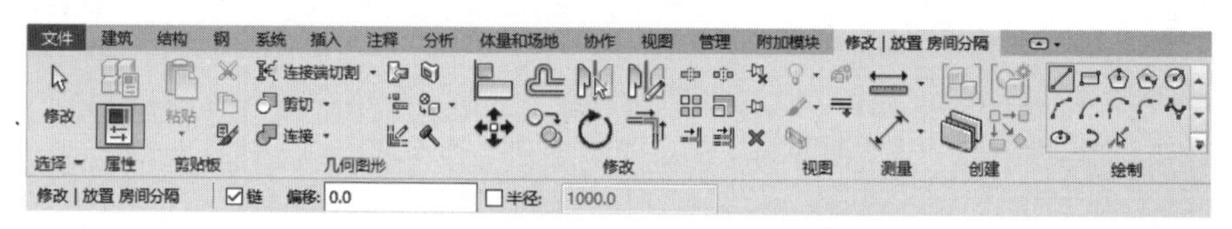

图 12-17 “修改|放置 房间分隔”选项卡

（2）单击“绘制”面板中的按钮，绘制分隔线。

动手学——绘制别墅房间分隔线

扫一扫，看视频

具体步骤如下：

（1）单击“建筑”选项卡的“房间和面积”面板中的“房间分隔”按钮，打开“修改|放置 房间分隔”选项卡。

（2）单击“绘制”面板中的“线”按钮，在楼梯间和客厅区域之间绘制分隔线，如图 12-18 所示。

（3）单击“建筑”选项卡的“房间和面积”面板中的“房间”按钮，打开“修改|放置 房间”选项卡，添加客厅和楼梯间，并修改名称，结果如图 12-19 所示。

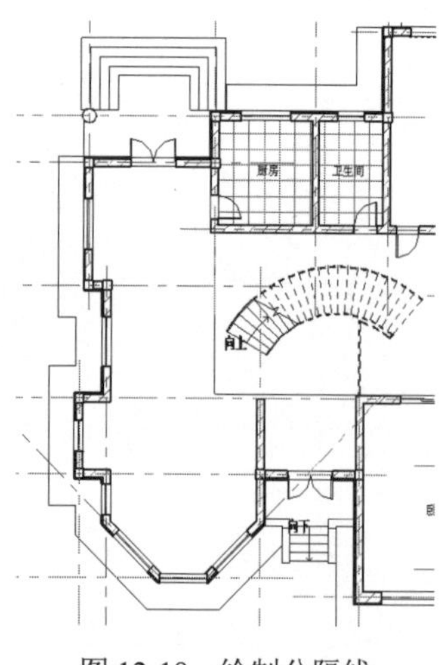

图 12-18 绘制分隔线

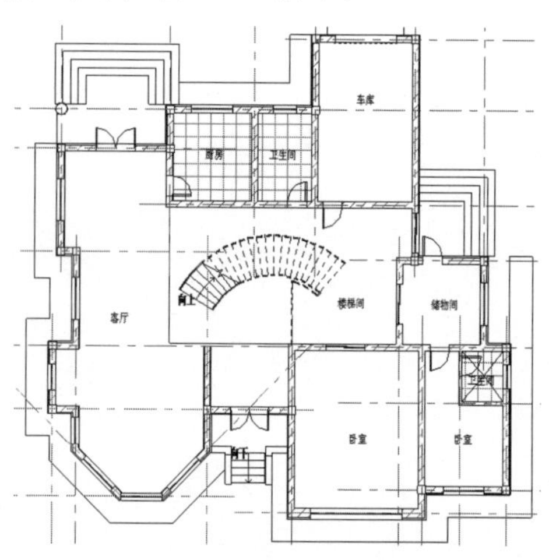

图 12-19 添加客厅和楼梯间

12.2.3 创建房间标记

房间标记是可在平面视图和剖面视图中添加和显示的注释图元。房间标记可以显示相关参数的值，例如房间编号、房间名称、计算的面积和体积等参数。

如果在创建房间时不使用“在放置时进行标记”选项，可以利用标记房间命令来标记房间。

具体步骤如下：

（1）单击“建筑”选项卡的“房间和面积”面板中的“标记 房间”按钮，打开“修改|放置 房间标记”选项卡，如图 12-20 所示。

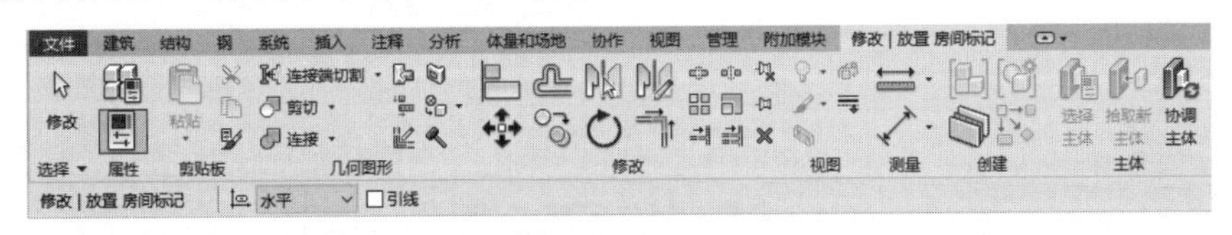

图 12-20　“修改|放置 房间标记”选项卡

（2）在选项栏中指定房间标记方向和房间标记是否带有引线。

（3）在“属性”选项板中可以选择标记类型，如图 12-21 所示。

（4）在房间中单击以放置房间标记，放置房间标记时，这些标记将与现有标记对齐。

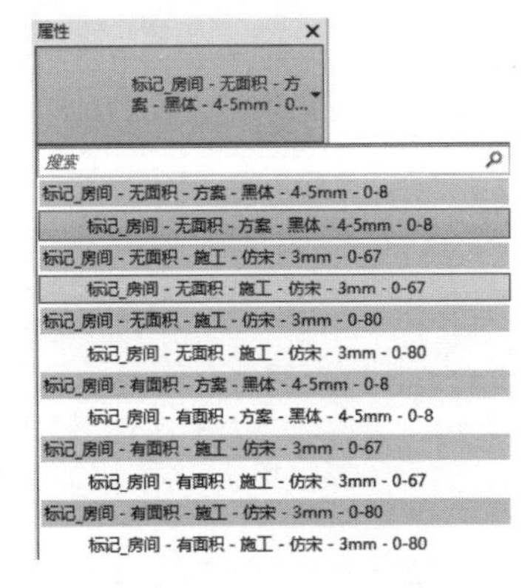

图 12-21　标记类型

注意：

如果要在房间重叠的位置单击以放置标记，则只会标记一个房间。如果当前模型中的房间与链接模型中的房间重叠，则会标记当前模型中的房间。

12.3 面　积

面积是对建筑模型中的空间进行再分割形成的，其范围通常比各个房间的范围大。面积不一定以模型图元为边界。可以绘制面积边界，也可以拾取模型图元作为边界。

12.3.1 创建面积平面

面积平面是根据模型中面积方案和标高显示空间关系的视图。可以对每一个面积方案和楼层应用面积平面。

具体步骤如下：

（1）单击“建筑”选项卡的“房间和面积”面板中“面积”下拉列表中的“面积平面”按钮，打开“新建面积平面”对话框，如图 12-22 所示。

（2）在“类型”下拉列表中选择“总建筑面积”类型，然后在列表中选择“标高 3”为新建的视图，如图 12-23 所示。

不复制现有视图：选中此复选框，创建唯一的面积平面视图；取消选中此复选框，创建现有面积平面视图的副本。

（3）单击“确定”按钮，打开如图 12-24 所示的提示对话框，单击“是”按钮。

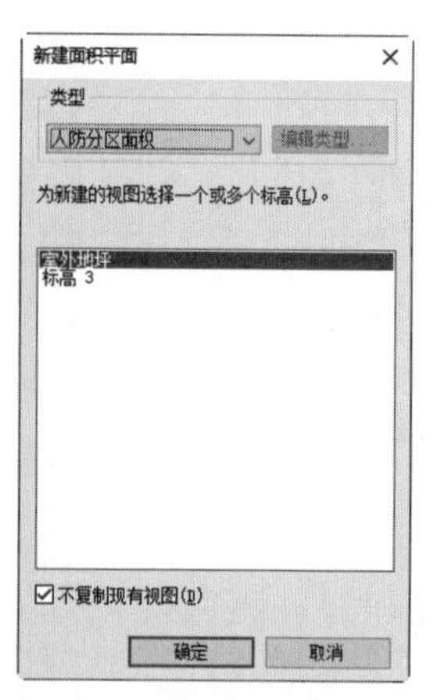

图 12-22 “新建面积平面”对话框

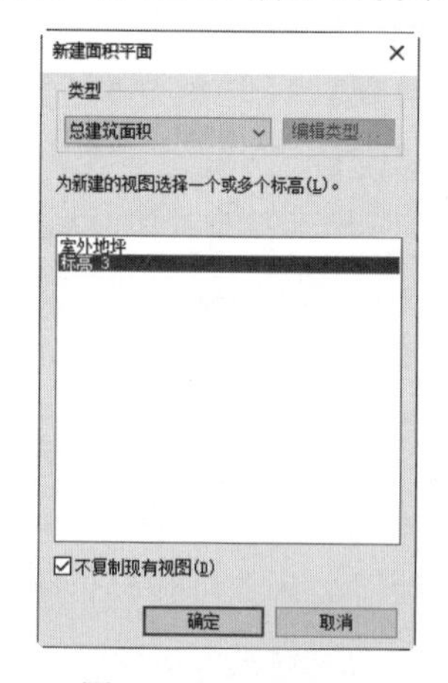

图 12-23 设置参数

图 12-24 提示对话框

- 是：单击此按钮，Revit 会沿着闭合的环形外墙放置边界线。
- 否：单击此按钮，由用户自己绘制面积边界线。

提示：

Revit 不能在未闭合的外墙上自动创建面积边界线。如果项目中包含位于环形外墙以内的规则幕墙系统，则必须绘制面积边界，因为规则幕墙系统不是墙。

（4）系统自动创建标高 1 总建筑面积平面视图，在视图中显示建筑总面积并用紫色线条高亮显示总面积轮廓。

采用相同的方法可以创建人防分区面积视图、净面积视图和防火分区面积视图，这里不再一一介绍，读者可以自行创建。

12.3.2 创建面积边界

具体步骤如下：

（1）单击“建筑”选项卡的“房间和面积”面板中的“面积边界”按钮，打开“修改

|放置 面积边界”选项卡，如图 12-25 所示。

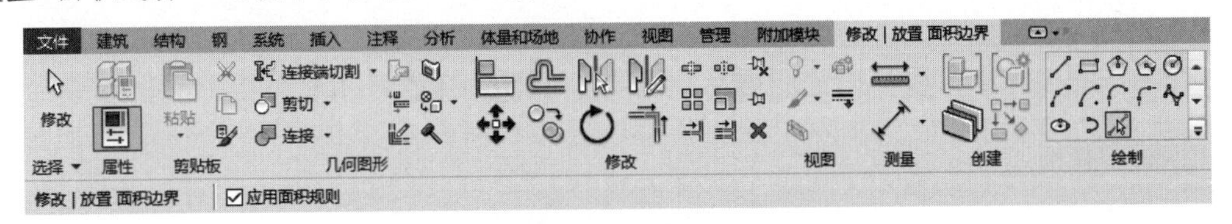

图 12-25 “修改|放置 面积边界”选项卡

（2）单击“绘制”面板中的按钮绘制边界。

（3）按 Esc 键退出边界绘制。

12.3.3 创建面积

具体步骤如下：

（1）单击“建筑”选项卡的“房间和面积”面板中“面积”⊠下拉列表中的“面积”按钮⊠，打开“修改|放置 面积”选项卡，如图 12-26 所示。

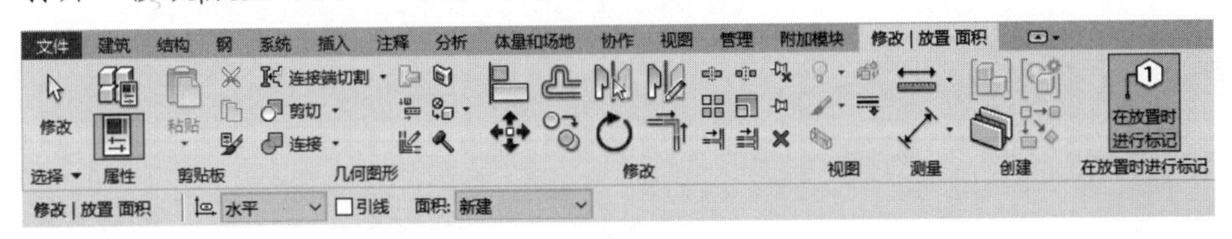

图 12-26 “修改|放置 面积”选项卡

（2）在选项栏中指定房间标记方向和房间标记是否带有引线。

（3）在“属性”选项板中选择“标记_面积”类型，如图 12-27 所示。

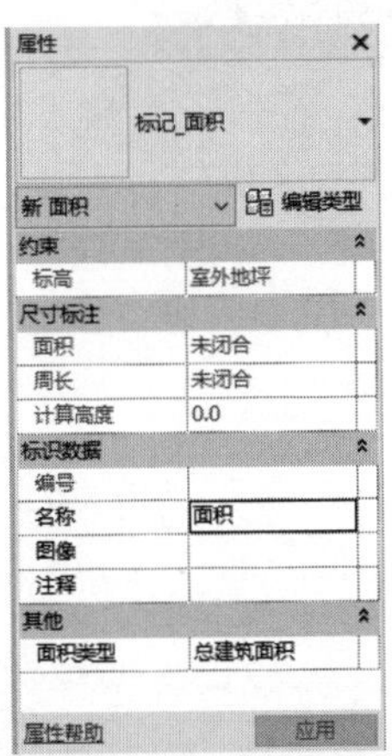

图 12-27 “属性”选项板

（4）在面积边界中单击放置面积。

第 13 章　场 地 设 计

Revit 提供了多种工具帮助布置场地平面，可以从绘制地形表面开始，然后添加建筑红线、建筑地坪及停车场构件等。

本章主要介绍场地设置、地形表面、建筑地坪、地形编辑、建筑红线及场地构件。

- 场地设置
- 地形表面
- 建筑地坪
- 地形编辑
- 建筑红线
- 场地构件

案例效果

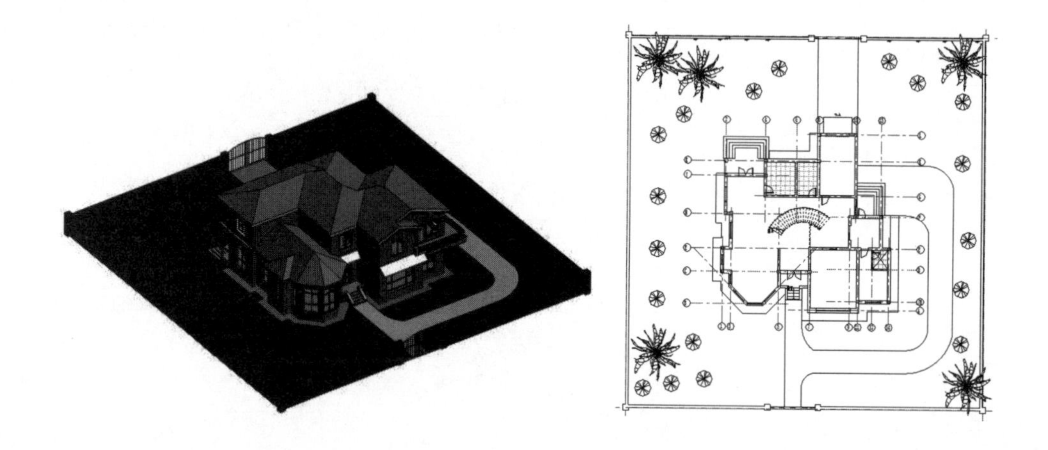

13.1　场 地 设 置

可以定义等高线间隔，添加用户定义的等高线，选择剖面填充样式、基础土层高程和角度显示等项目进行全局场地设置。

单击“体量和场地”选项卡的“场地建模”面板中的“场地设置”按钮↘，打开“场地设置”对话框，如图 13-1 所示。

1．显示等高线

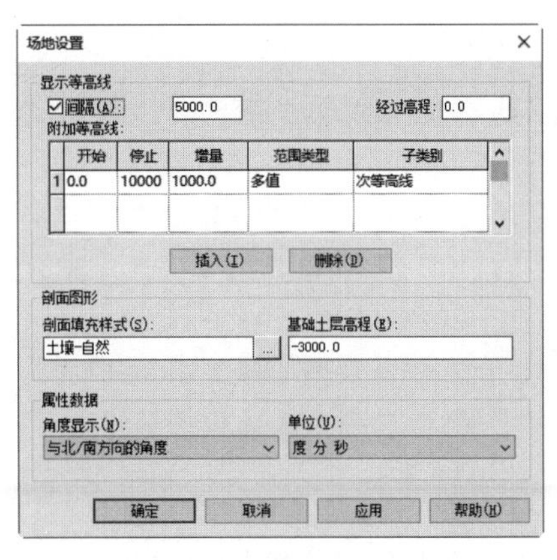

图 13-1 “场地设置”对话框

（1）间隔：设置等高线间的间隔，用于确定等高线显示位置处的高程。

（2）经过高程：设置等高线的开始高程，在默认情况下，“经过高程”设置为 0。例如，如果将等高线间隔设置为 10，则等高线将显示在-20、-10、0、10、20 的位置；如果将“经过高程”值设置为 5，则等高线将显示在-25、-15、-5、5、15、25 的位置。

（3）附加等高线：将自定义等高线添加到场地平面中。

- 开始：输入附加等高线开始显示时所处的高程。
- 停止：输入附加等高线不再显示时所处的高程。
- 增量：设置附加等高线的间隔。
- 范围类型：选择“单一值”，可以插入一条附加等高线；选择“多值”，可以插入增量附加等高线。
- 子类别：为等高线指定线样式。它包括“次等高线”“三角形边缘”“主等高线”“隐藏线”4 种类型。

（4）插入：单击此按钮，插入一条新的附加等高线。

（5）删除：选中附加等高线，单击此按钮，删除选中的等高线。

2．剖面图形

- 剖面填充样式：设置在剖面视图中显示的材质。单击□按钮，打开“材质浏览器”对话框，设置剖面填充样式。
- 基础土层高程：控制着土壤横断面的深度（例如，-30ft 或-25m）。该值控制项目中全部地形图元的土层深度。

3．属性数据

- 角度显示：指定建筑红线标记上角度值的显示。如果选择“度”，则在建筑红线方向角度表中以 360° 方向标准显示建筑红线，使用相同的符号显示建筑红线标记。
- 单位：指定在显示建筑红线表中的方向值时要使用的单位。如果选择“十进制度数”，则建筑红线方向角度中的角度值显示为十进制数，而不是度、分和秒。

13.2 地 形 表 面

“地形表面”工具使用点或导入的数据来定义地形表面，可以在三维视图或场地平面中创建地形表面。

13.2.1 通过放置点创建地形

在绘图区域中放置点来创建地形表面。

具体步骤如下：

（1）新建一个项目文件。

（2）将视图切换到场地平面。

（3）单击“体量和场地”选项卡的“场地建模”面板中的“地形表面”按钮，打开“修改|编辑表面”选项卡，如图 13-2 所示。

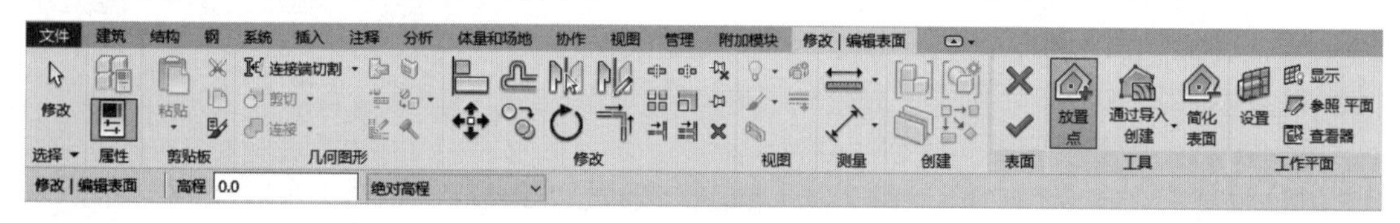

图 13-2 “修改|编辑表面”选项卡

- 绝对高程：点显示在指定的高程处（从项目基点）。
- 相对于表面：通过该选项，可以将点放置在现有地形表面上的指定高程处，从而编辑现有地形表面。要使该选项的使用效果更明显，需要在着色的三维视图中工作。

（4）系统默认激活“放置点”按钮，在选项栏中输入高程值。

（5）在绘图区域中单击以放置点。如果需要，在放置其他点时可以修改选项栏中的高程。

（6）单击“表面”面板中的“完成表面”按钮，完成地形表面。

13.2.2 通过导入等高线创建地形

根据 DWG、DXF 或 DGN 文件导入的三维等高线数据自动生成地形表面。Revit 会分析数据并沿等高线放置一系列高程点。

导入等高线数据时，请遵循以下要求：

- 导入的 CAD 文件必须包含三维信息。
- 在要导入的 CAD 文件中必须将每条等高线放置在正确的 z 坐标值位置。
- 将 CAD 文件导入 Revit 时，请勿选择“定向到视图”选项。

13.2.3 通过点文件创建地形

将点文件导入以在 Revit 模型中创建地形表面，点文件使用高程点的规则网格来提供等高线数据。

导入的点文件必须符合以下要求：

- 点文件必须使用逗号分隔的文件格式（可以是 CSV 或 TXT 文件）。
- 文件中必须包含 *x*、*y* 和 *z* 坐标值作为文件的第一个数值。
- 点的任何其他数值信息必须显示在 *x*、*y* 和 *z* 坐标值之后。

如果该文件中有两个点的 *x* 和 *y* 坐标值分别相等，Revit 会使用 *z* 坐标值最大的那个点。

扫一扫，看视频

动手学——创建别墅地形

具体步骤如下：

（1）在项目浏览器的“楼层平面”节点下双击室外地坪，将视图切换到室外地坪楼层平面视图。

（2）单击“建筑”选项卡的“工作平面”面板中的“参照平面”按钮，在别墅的四周绘制 4 个参照平面，平面距离外墙的距离为 10m，如图 13-3 所示。

（3）单击“体量和场地”选项卡的“场地建模”面板中的“地形表面”按钮，打开“修改|编辑表面”选项卡，在选项栏中输入“高程”为-750。

（4）单击“放置点”按钮，在参考面的交点处放置点，结果如图 13-4 所示。单击“模式”面板中的“完成编辑模式”按钮，完成地形的绘制。

（5）将视图切换至三维视图，选取第（3）步绘制的地形，在“属性”选项板的“材质”栏中单击按钮，打开“材质浏览器”对话框，设置场地的“材质”为“草”。

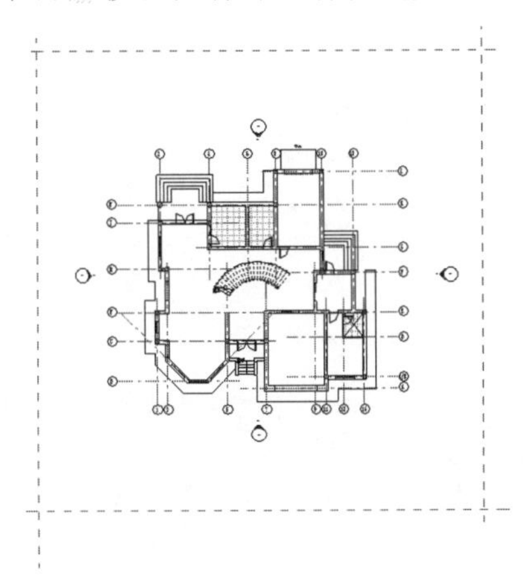
图 13-3　绘制参照面

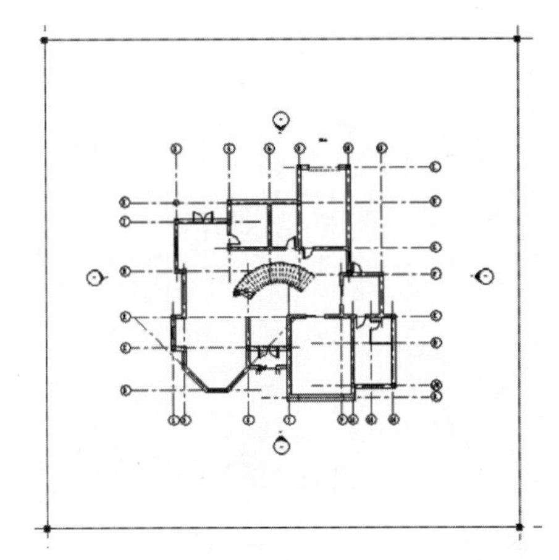
图 13-4　放置点

13.3 建筑地坪

通过在地形表面绘制闭合环，可以添加建筑地坪。在绘制地坪后，可以指定一个值来控制其距离标高的高度偏移，还可以指定其他属性。可通过在建筑地坪的周长之内绘制闭合环来定义地坪中的洞口，还可以为该建筑地坪定义坡度。

具体步骤如下：

（1）新建一个项目文件，并将视图切换到场地平面，绘制一个场地地形，如图 13-5 所示，或者直接打开场地地形。

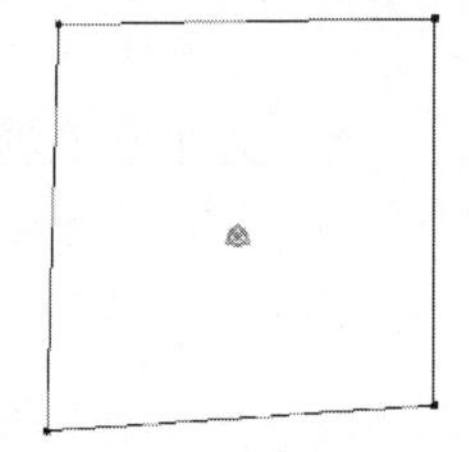

图 13-5　绘制场地地形

（2）单击“体量和场地”选项卡的“场地建模”面板中的“建筑地坪”按钮，打开“修改|创建建筑地坪边界”选项卡，如图 13-6 所示。

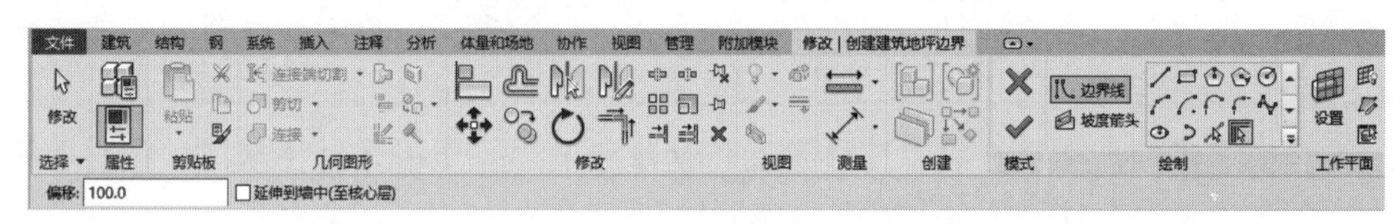

图 13-6　“修改|创建建筑地坪边界”选项卡

（3）单击“绘制”面板中的“边界线”按钮和“线”按钮（默认状态下，“边界线”按钮是激活状态），绘制闭合的建筑地坪边界线，如图 13-7 所示。

（4）在“属性”选项板中设置“自标高的高度偏移”为-200，其他采用默认设置，如图 13-8 所示。

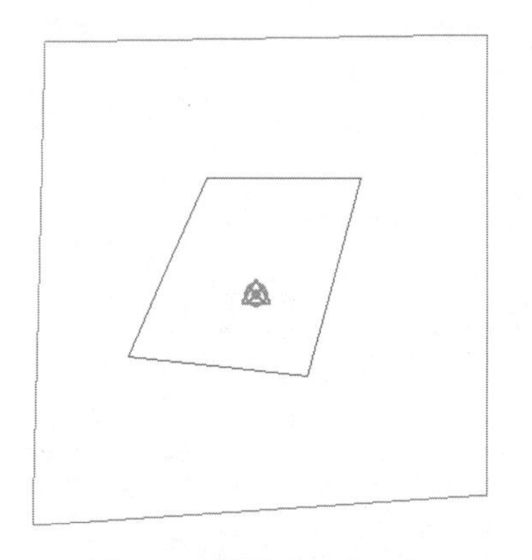

图 13-7　绘制地坪边界线

图 13-8　“属性”选项板

- 标高：设置建筑地坪的标高。
- 自标高的高度偏移：指定建筑地坪偏移标高的正负距离。
- 房间边界：用于定义房间的范围。

（5）还可以单击“编辑类型”按钮，打开如图 13-9 所示的“类型属性”对话框，修改建筑地坪结构和指定图形设置。

- 结构：定义建筑地坪结构，单击“编辑”按钮，打开如图 13-10 所示的“编辑部件”对话框，设置各层的功能，每一层都必须具有指定的功能。

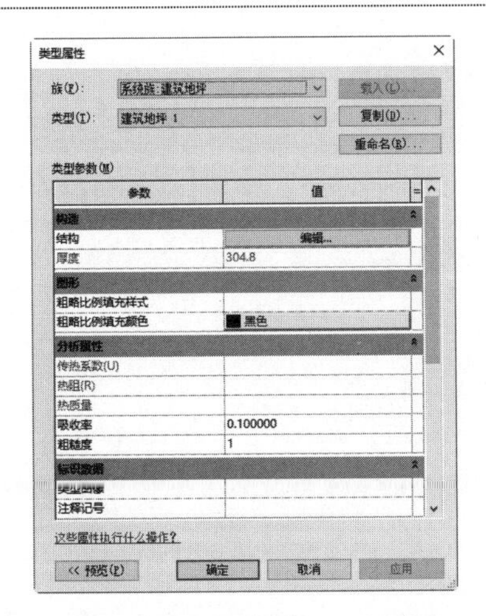

图 13-9 “类型属性”对话框

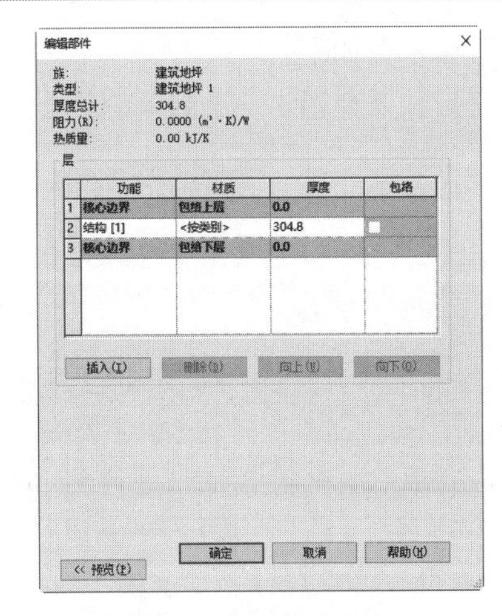

图 13-10 “编辑部件”对话框

- 厚度：显示建筑地坪的总厚度。
- 粗略比例填充样式：在粗略比例视图中设置建筑地坪的填充样式。
- 粗略比例填充颜色：在粗略比例视图中对建筑地坪的填充样式应用某种颜色。

（6）单击“模式”面板中的“完成编辑模式”按钮✔，完成建筑地坪的创建，如图 13-11 所示。

（7）将视图切换到三维视图，建筑地坪的最终效果如图 13-12 所示。

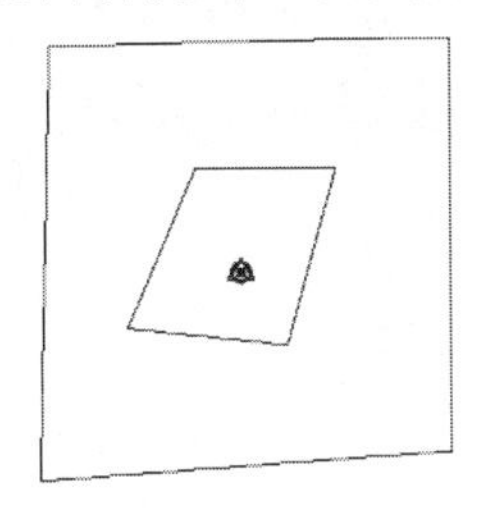

图 13-11 建筑地坪

图 13-12 三维建筑地坪

13.4 地 形 编 辑

13.4.1 拆分和合并地形表面

1. 拆分地形表面

可以将一个地形表面拆分为两个不同的表面，可以为这些表面指定不同的材质来表示公路、湖、广场或丘陵，也可以删除地形表面的一部分。

具体步骤如下：

（1）打开如图 13-13 所示的地形文件。

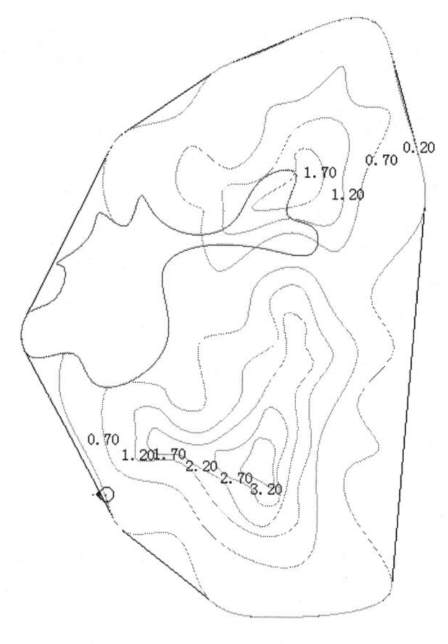

图 13-13 地形

（2）单击“体量和场地”选项卡的“修改场地”面板中的“拆分表面”按钮，在视图中选择要拆分的地形表面，打开“修改|拆分表面”选项卡，如图 13-14 所示。

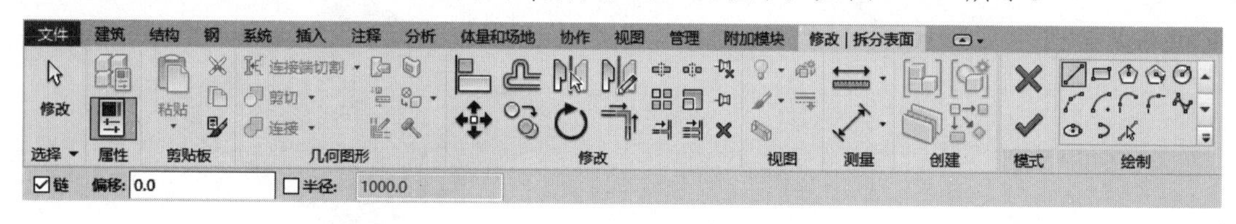

图 13-14 “修改|拆分表面”选项卡

（3）单击“绘制”面板中的“线”按钮，绘制一个不与任何表面边界接触的单独的闭合环，或绘制一个单独的开放环。开放环的两个端点都必须在表面边界上。开放环的任何部分都不能相交，或者不能与表面边界重合，如图 13-15 所示。

（4）单击“模式”面板中的“完成编辑模式”按钮，完成地形表面的拆分，如图 13-16 所示。

2. 合并地形表面

可以将两个单独的地形表面合并为一个表面。此工具对于重新连接拆分的地形表面非常有用。注意，要合并的表面必须有重叠或共享公共边。

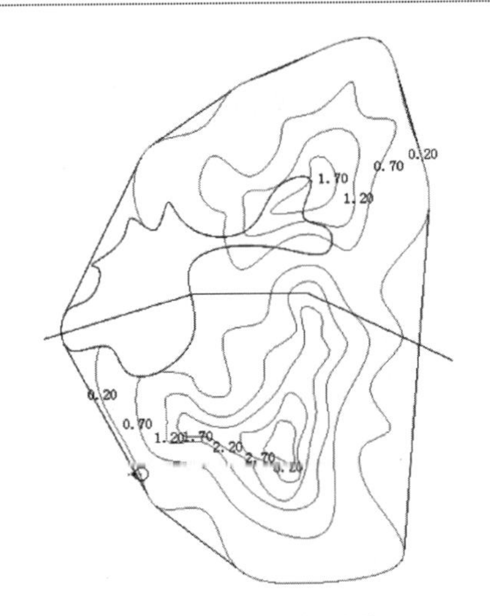

图 13-15　绘制拆分线

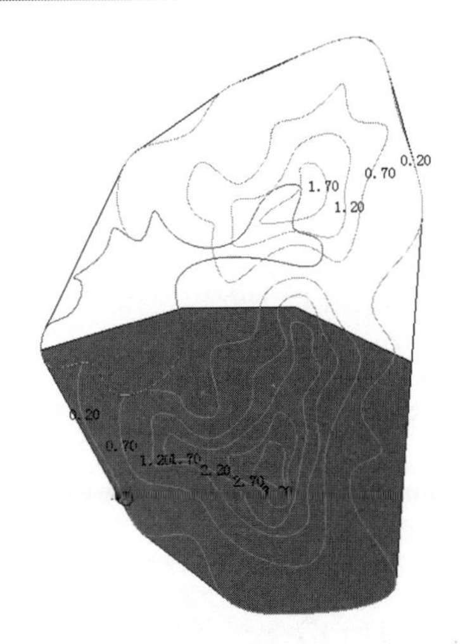

图 13-16　拆分地形

13.4.2　子面域

子面域定义可应用不同属性集（例如材质）的地形表面区域。例如，可以使用子面域在平整表面、道路或岛上绘制停车场。创建子面域并不会生成单独的表面。

具体步骤如下：

（1）单击“体量和场地”选项卡的“修改场地”面板中的“子面域”按钮，打开“修改|创建子面域边界”选项卡，如图 13-17 所示。

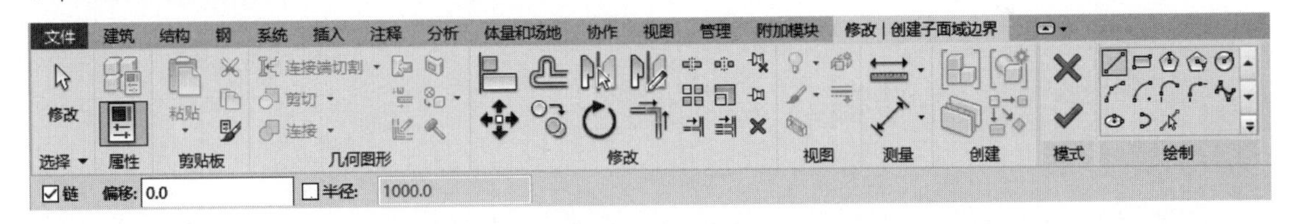

图 13-17　“修改|创建子面域边界”选项卡

（2）单击“绘制”面板中的“线”按钮，绘制建筑子面域边界线，如图 13-18 所示。

注意：

使用单个闭合环创建地形表面子面域。如果创建多个闭合环，则只有第一个环用于创建子面域，其余环将被忽略。

（3）单击“模式”面板中的“完成编辑模式”按钮，完成子面域的创建，如图 13-19 所示。

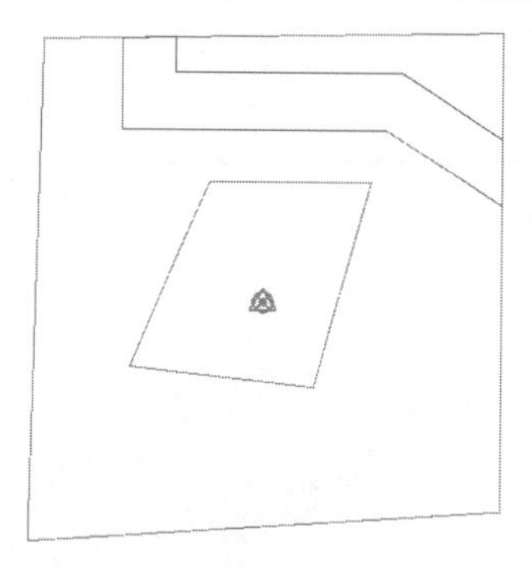

图 13-18　绘制子面域边界线

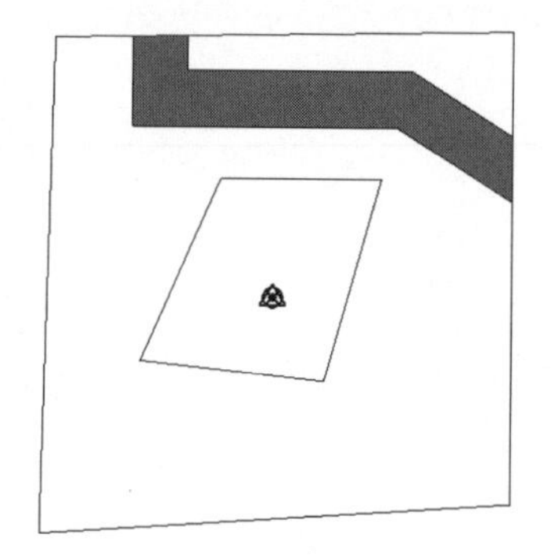

图 13-19　创建子面域

扫一扫，看视频

动手学——创建别墅道路

具体步骤如下：

（1）将视图切换至室外地坪楼层平面视图。单击“体量和场地”选项卡的“修改场地”面板中的“子面域”按钮，打开“修改|创建子面域边界”选项卡。

（2）单击“绘制”面板中的“线”按钮和“圆角弧”按钮，绘制封闭的边界线，如图 13-20 所示。

（3）在“属性”选项板的“材质”栏中单击按钮，打开“材质浏览器”对话框，设置道路的“材质”为“卵石”。

（4）单击“模式”面板中的“完成编辑模式”按钮，完成道路的绘制。

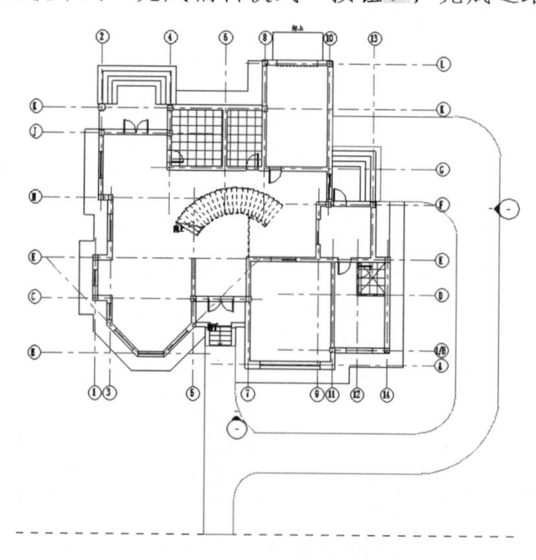

图 13-20　绘制边界线

（5）单击“体量和场地”选项卡的“修改场地”面板中的“子面域”按钮，打开“修改|创建子面域边界”选项卡。

（6）单击“绘制”面板中的“线”按钮，绘制封闭的边界线，如图 13-21 所示。

（7）在“属性”选项板的“材质”栏中单击按钮，打开“材质浏览器”对话框，设置道路的“材质”为“水泥砂浆”。

（8）单击“模式”面板中的“完成编辑模式”按钮，完成道路的绘制。

（9）选取立面图标记，将其移动到地形边界外，如图 13-22 所示。

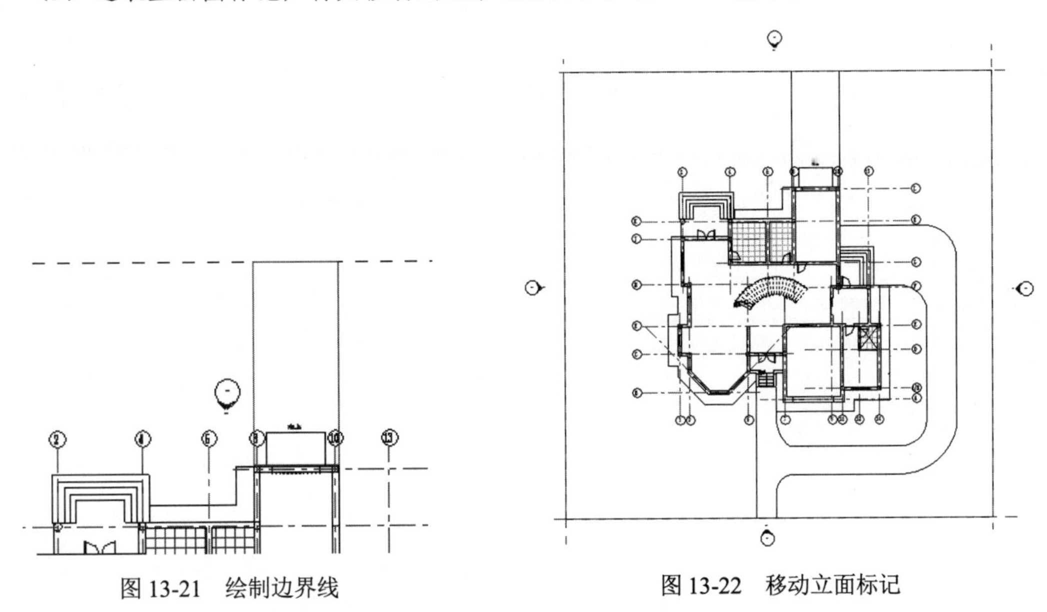

图 13-21　绘制边界线　　图 13-22　移动立面标记

13.5　建筑红线

添加建筑红线的方法有在场地平面中直接绘制或在项目中通过输入测量数据来创建。

13.5.1　直接绘制

具体步骤如下：

（1）单击“体量和场地”选项卡的“修改场地”面板中的“建筑红线”按钮，打开“创建建筑红线”对话框，如图 13-23 所示。

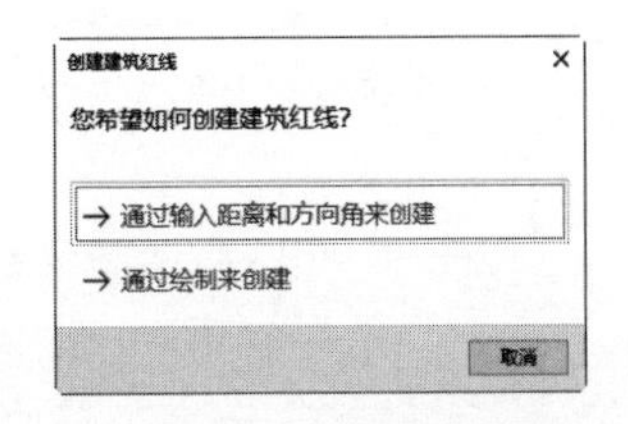

图 13-23　“创建建筑红线”对话框

（2）单击“通过绘制来创建”选项，打开“修改|创建建筑红线草图”选项卡，如图 13-24 所示。

（3）单击“绘制”面板中的“线”按钮，绘制建筑红线草图，如图 13-25 所示。

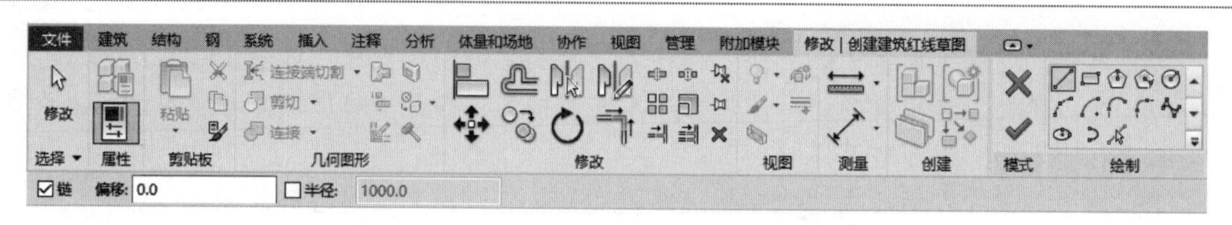

图 13-24 “修改|创建建筑红线草图”选项卡

注意：

这些绘制的线应当形成一个闭合环。如果绘制的是一个开放环并单击“完成建筑红线”按钮，Revit会发出一条警告，说明无法计算面积。可以忽略该警告继续工作或将环闭合。

（4）单击“模式”面板中的“完成编辑模式”按钮✔，完成建筑红线的创建，如图 13-26所示。

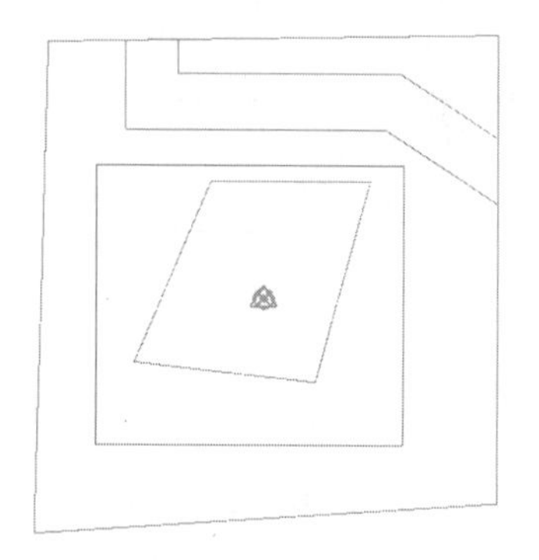

图 13-25 绘制建筑红线草图

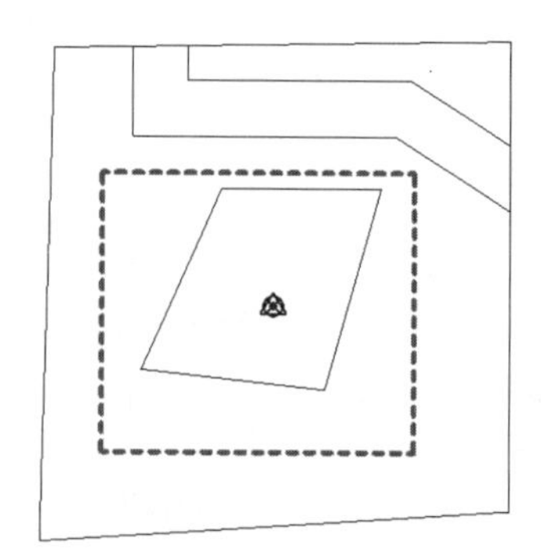

图 13-26 创建建筑红线

13.5.2 通过输入距离和方向角来绘制

具体步骤如下：

（1）单击“体量和场地”选项卡的“修改场地”面板中的“建筑红线”按钮，打开“创建建筑红线”对话框。

（2）单击“通过输入距离和方向角来创建”选项，打开“建筑红线”对话框，如图 13-27 所示。

（3）单击“插入”按钮，在测量数据中添加距离和方位角。

（4）也可以添加圆弧段为建筑红线，分别输入“距离”和“方位角”的值，用于描绘圆弧上两点之间的线段，选择“弧”类型并输入半径值（该值必须大于线段长度的1/2），半径越大，形成的圆越大，产生的弧面也越平。

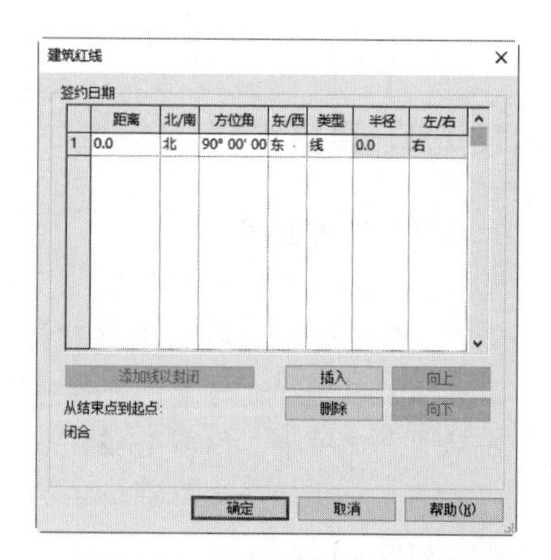

图 13-27 “建筑红线”对话框

（5）继续插入线段，可以单击“向上”或“向下”按钮，修改建筑红线的排列顺序。

（6）将建筑红线放置到适当位置。

13.6 场 地 构 件

13.6.1 停车场构件

可以将停车位添加到地形表面中，并将地形表面定义为停车场构件的主体。

具体步骤如下：

（1）打开 13.3 节绘制的建筑地坪文件。

（2）单击“体量和场地”选项卡的“场地建模”面板中的“停车场构件”按钮▦，打开“修改|停车场构件”选项卡，如图 13-28 所示。

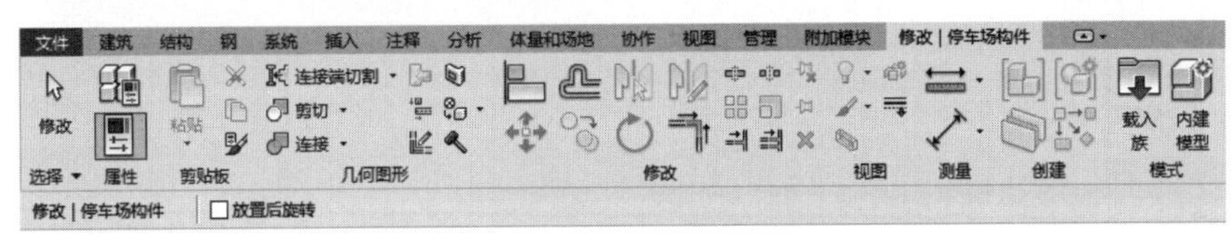

图 13-28 “修改|停车场构件”选项卡

（3）在“属性”选项板中选择“停车位 4800×2400mm-90 度”类型，其他采用默认设置，如图 13-29 所示。

（4）在地形表面上的适当位置单击放置停车场构件，如图 13-30 所示。

（5）将视图切换到三维视图，停车场构件最终效果图如图 13-31 所示。

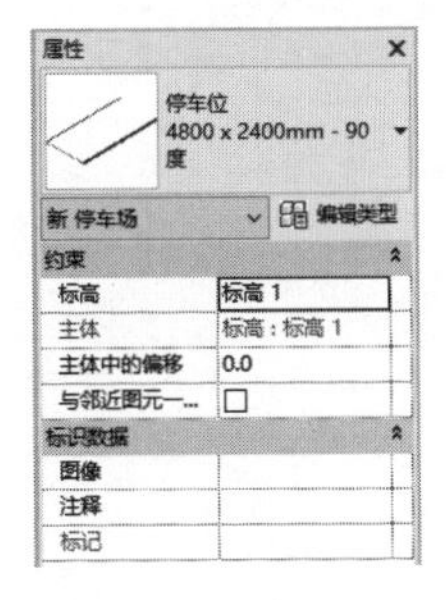

图 13-29 “属性”选项板

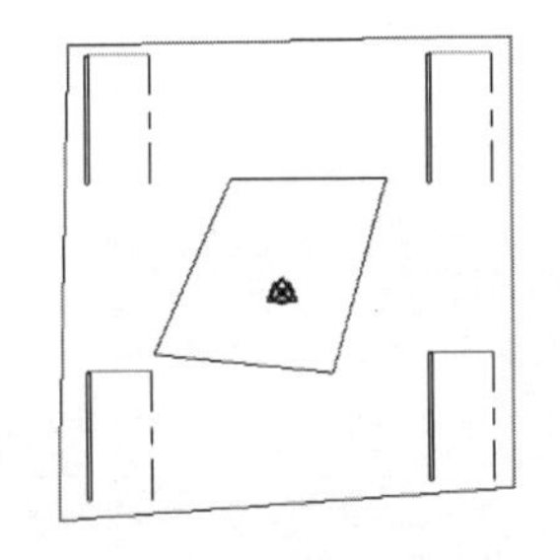

图 13-30 放置停车场构件

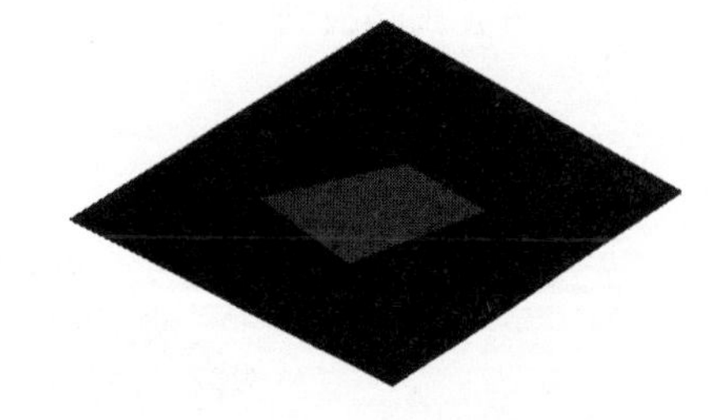

图 13-31 停车场构件

13.6.2 场地专用构件

可在场地平面中放置场地专用构件（如树、电线杆和消防栓）。

具体步骤如下：

（1）打开 13.3 节绘制的建筑地坪文件。

（2）单击“体量和场地”选项卡的“场地建模”面板中的“场地构件”按钮，打开“修改|场地构件”选项卡，如图 13-32 所示。

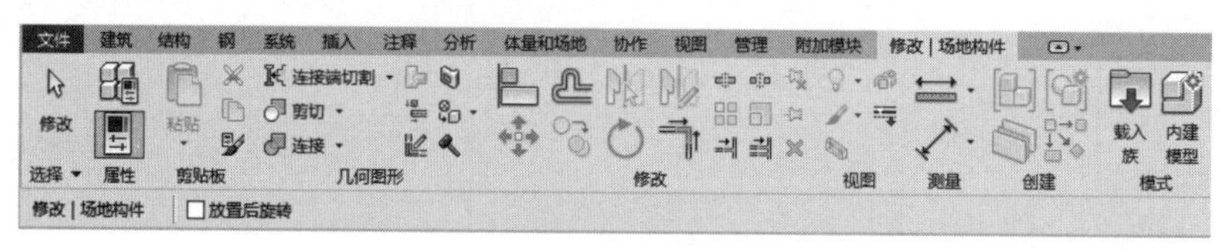

图 13-32 “修改|场地构件”选项卡

（3）在“属性”选项板中选择“RPC 树-落叶树 杨叶桦-3.1 米”类型，其他采用默认设置，如图 13-33 所示。

（4）在地形表面上的适当位置单击放置场地构件，如图 13-34 所示。

（5）在“属性”选项板中选择其他场地构件类型，将其放置到地形表面适当位置，如图 13-35 所示。

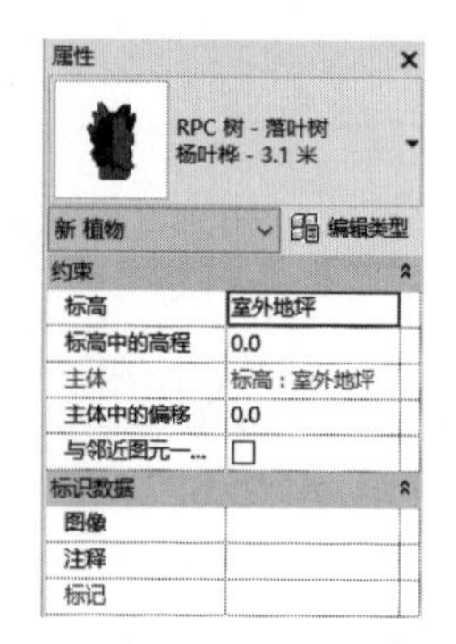

图 13-33 “属性”选项板

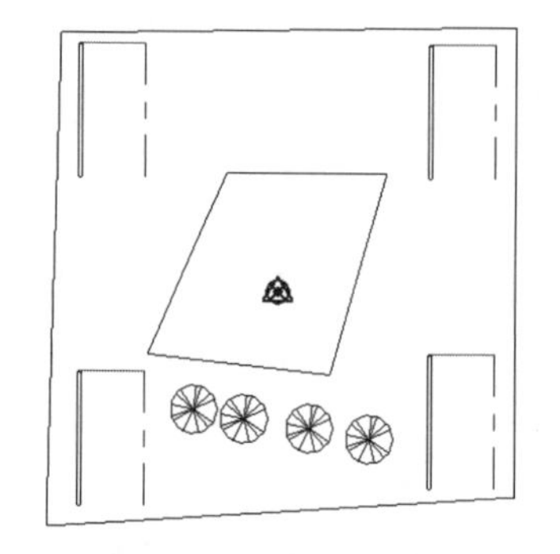

图 13-34 放置场地构件

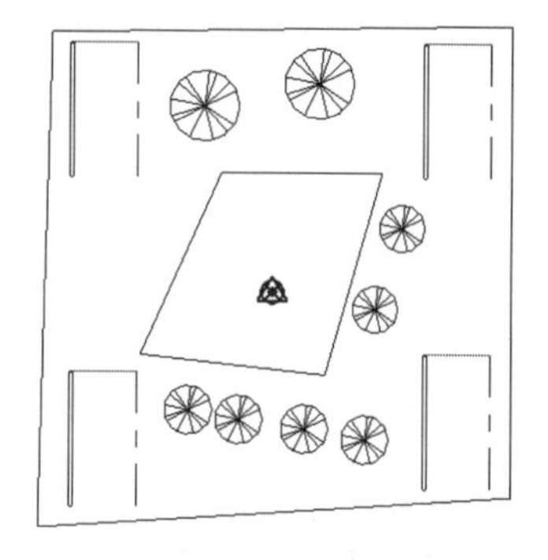

图 13-35 放置其他场地构件

（6）将视图切换到三维视图，场地构件最终效果图如图 13-36 所示。

图 13-36 场地构件

动手学——布置别墅场地植物

具体步骤如下：

（1）单击“建筑”选项卡的“构建”面板中“柱”下拉列表中的“柱：建筑”按钮，打开“修改|放置 柱”选项卡。

（2）在“属性”选项板中选择“矩形柱 610×610mm”类型，单击“编辑类型”按钮，打开“类型属性”对话框，在“材质”栏中单击按钮，打开“材质浏览器”对话框，设置“材质”为“隔音天花板瓷砖 24×24”，连续单击“确定”按钮，完成矩形柱的设置。

（3）在地形表面的四个角放置矩形柱，然后选取这四个矩形柱，在“属性”选项板中更改“顶部偏移”为 1800，其他采用默认设置，如图 13-37 所示。

（4）单击“建筑”选项卡的“构建”面板中的“墙”按钮，在“属性”选项板中选择“常规-90mm 砖墙”类型，单击“编辑类型”按钮，打开“类型属性”对话框，新建“围墙”类型，单击“编辑”按钮，打开“编辑部件”对话框，更改“厚度”为 240，连续单击“确定”按钮。

（5）在“属性”选项板中设置“定位线”为“核心面：外部”，“底部约束”为“室外地坪”，“顶部约束”为“未连接”，“无连接高度”为 2400，如图 13-38 所示。

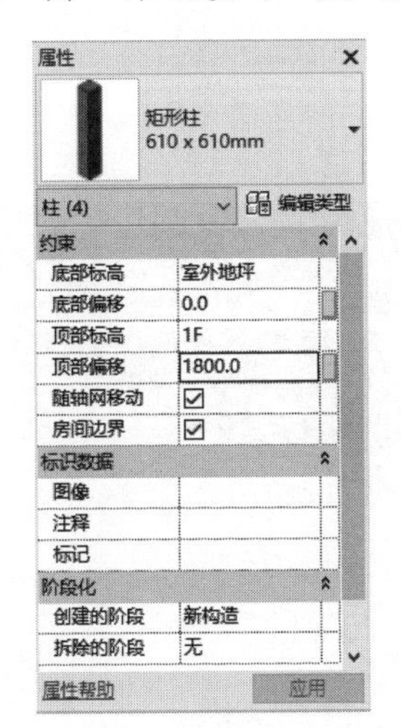

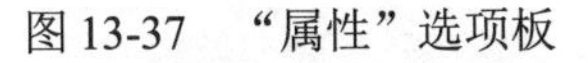
图 13-37 “属性”选项板

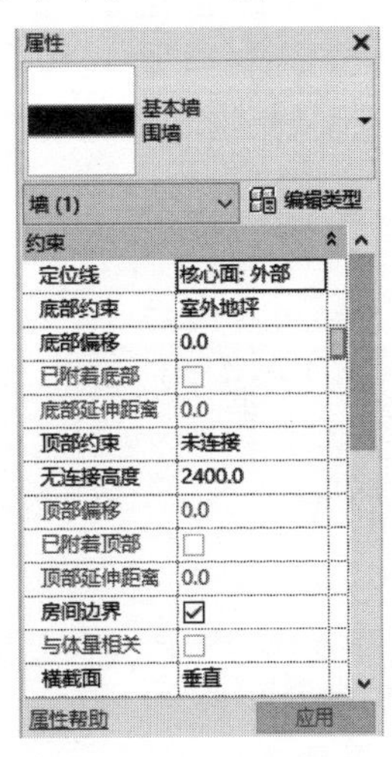

图 13-38 “属性”选项板

（6）根据建筑柱绘制墙体，如图 13-39 所示。

（7）单击“建筑”选项卡的“构建”面板中的“门”按钮，打开“修改|放置门”选项卡。单击“载入族”按钮，打开“载入族”对话框，选择源文件中的“铁艺门”族文件，将其放置在车库道路的围墙处。

（8）单击“修改”面板中的“用间隙拆分”按钮，将铁艺门两侧的围墙拆分并删除，然后放置建筑柱，结果如图 13-40 所示。

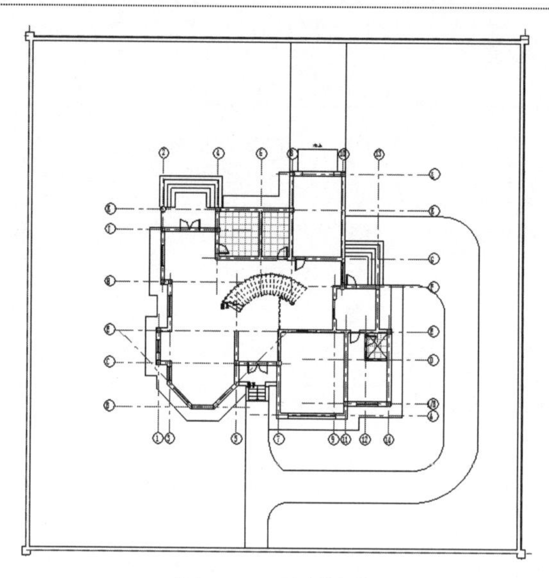

图 13-39　绘制墙体

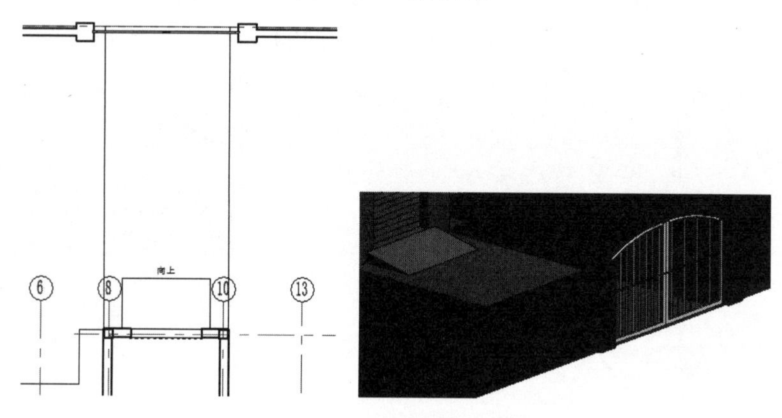

图 13-40　放置建筑柱

（9）采用相同的方法在大门处放置铁艺门，如图 13-41 所示。

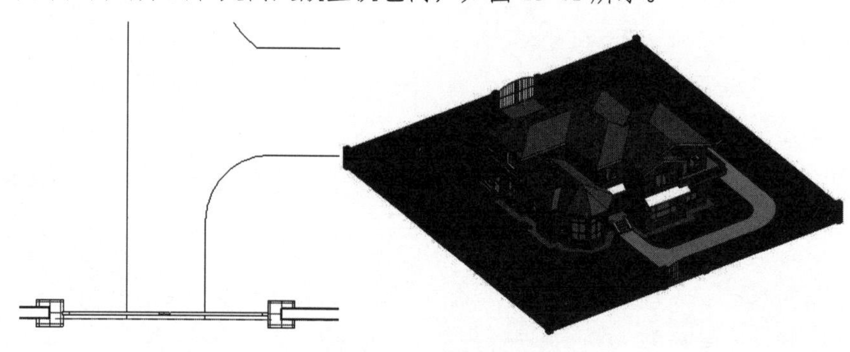

图 13-41　放置铁艺门

（10）单击“体量和场地”选项卡的“场地建模”面板中的“场地构件”按钮，在打开的选项卡中单击“模式”面板中的“载入族”按钮，打开“载入族”对话框，选择“建筑”→“植物”→3D→“乔木”文件夹中的“棕榈树 2 3D.rfa”族文件，单击“打开”按钮，载入“棕榈树 2 3D”族文件。

（11）将其放置到场地中的适当位置，如图 13-42 所示。

（12）单击“体量和场地”选项卡的“场地建模”面板中的“场地构件”按钮，在打开的选项卡中单击“模式”面板中的“载入族”按钮，打开“载入族”对话框，选择“建筑”→“植物”→3D→“灌木”文件夹中的“灌木 5 3D.rfa”族文件。

（13）单击“打开”按钮，载入“灌木 5 3D”族文件，将灌木放置到场地中的适当位置，如图 13-43 所示。

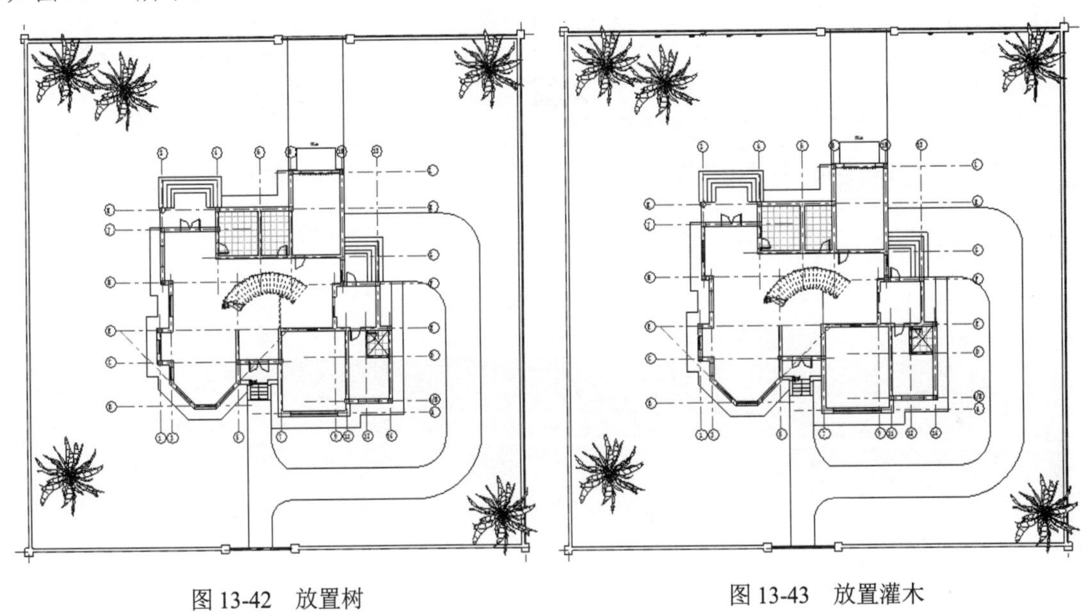

图 13-42　放置树　　　　图 13-43　放置灌木

（14）在“属性”选项板中选择“山茱萸-3.0 米”，在场地中放置山茱萸，如图 13-44 所示。

（15）单击“体量和场地”选项卡的“场地建模”面板中的“场地构件”按钮，在打开的选项卡中单击“模式”面板中的“载入族”按钮，打开“载入族”对话框，选择“建筑”→“植物”→3D→“草本”文件夹中的“花 3D.rfa”族文件。

（16）单击“打开”按钮，载入“花 3D”族文件，将花放置到路与墙的中间位置，如图 13-45 所示。

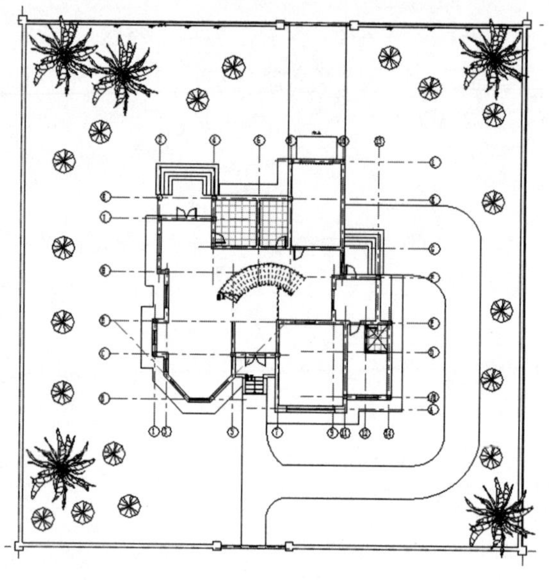

图 13-44　放置山茱萸

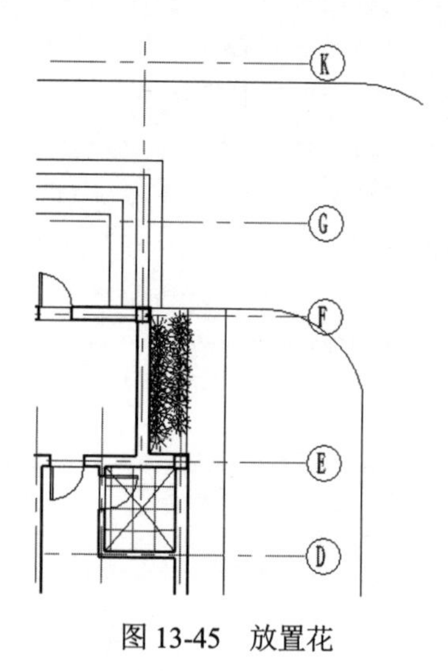

图 13-45　放置花

第 14 章　漫游和渲染

Revit 可以使用“真实”视觉样式构建模型的实时渲染视图，也可以使用“渲染”工具创建模型的照片级真实感图像；Revit 使用不同的效果和内容（如照明、植物、贴花和人物）来渲染三维视图。

- 贴花
- 漫游
- 渲染

案例效果

14.1　贴　　花

使用“放置贴花”工具可将图像放置到建筑模型的表面上以进行渲染。例如，可以将贴花用于标志、绘画和广告牌，也可以将贴花放置到水平表面和圆筒形表面上。对于每个贴花，可以指定一个图像，并设置其反射率、亮度和纹理（凹凸贴图）等属性。

14.1.1　放置贴花

具体步骤如下：

（1）单击“插入”选项卡的“链接”面板中“贴花”下拉列表中的“放置贴花”按钮，打开“贴花类型”对话框，如图 14-1 所示。

（2）单击“新建贴花”按钮，打开“新贴花”对话框，输入名称为“墙画”，如图 14-2 所示，单击“确定”按钮。

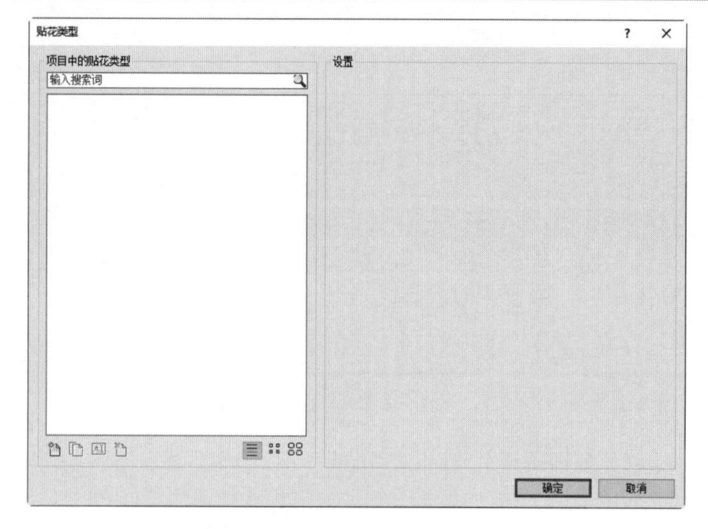

图 14-1 “贴花类型”对话框

图 14-2 “新贴花”对话框

（3）新建“墙画”贴花，如图 14-3 所示。可以在对话框中指定图像文件并定义其饰面、凹凸填充图案和其他属性。

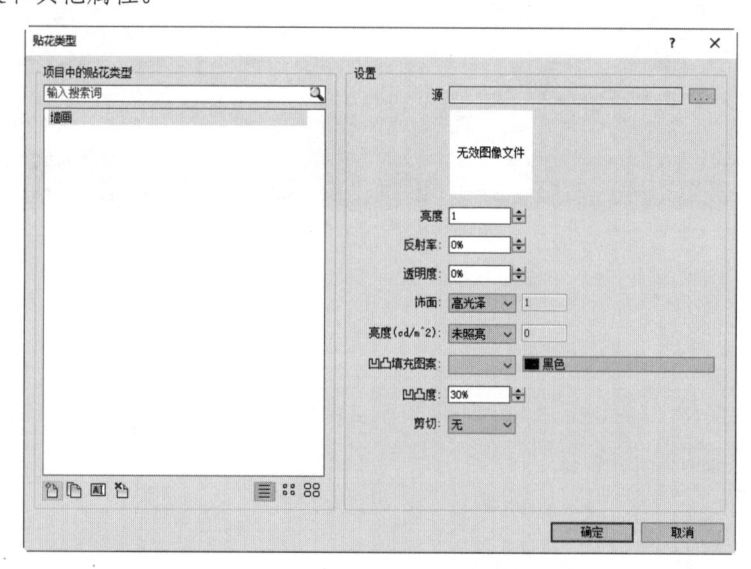

图 14-3 “贴花类型”对话框

- 新建：新建贴花类型。
- 复制：复制贴花类型。单击此按钮，打开“复制贴花”对话框，输入名称，如图 14-4 所示。
- 重命名：重新命名贴花类型。单击此按钮，打开“重命名”对话框，输入新名称，如图 14-5 所示。

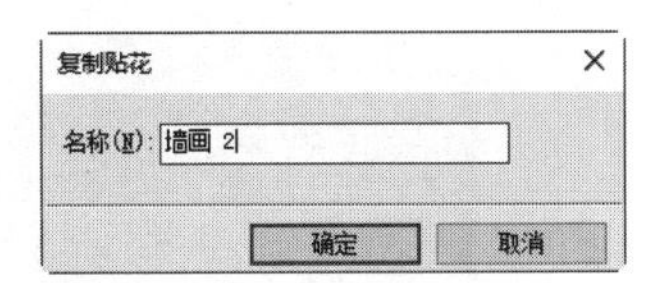

图 14-4　“复制贴花”对话框

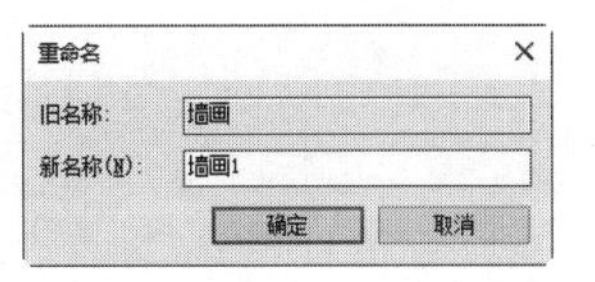

图 14-5　“重命名”对话框

- 删除：删除所选定的贴花。
- 源：为贴花显示的图像文件。单击按钮，打开“选择文件”对话框，选择贴花文件。Revit 支持 BMP、JPG、JPEG 和 PNG 类型的图像文件。
- 亮度：贴花照度的感测。“亮度”是一个乘数，此值为 1 时亮度无变化；为 0.5 时，亮度减半。
- 反射率：测量贴花从其表面反射了多少光。输入一个介于 0（无反射）~1（最大反射）之间的值。
- 透明度：测量有多少光通过该贴花。输入一个介于 0（完全不透明）~1（完全透明）之间的值。
- 饰面：贴花表面的纹理，包括“粗面”“半光泽”“光泽”“高光泽”和“自定义”5 种饰面。
- 亮度（cd/m^2）：表面反射的灯光，包括“未照亮”“暗发光”“手机屏幕”“桌灯镜”等 12 种灯光。
- 凹凸填充图案：要在贴花表面上使用的凹凸填充图案（附加纹理），此纹理位于已应用到放置了贴花的表面上的任何纹理顶层。
- 凹凸度：凹凸的相对幅度。输入 0 可使表面平整，输入更大的小数值（最大为 1）可增大表面不规则性的程度。
- 剪切：剪切贴花表面的形状。

（4）单击按钮，打开“选择文件”对话框，选择贴花文件并设置参数。

（5）在绘图区域中，单击要在其上放置贴花的水平表面（如墙面或屋顶面）或圆柱形表面。贴图在所有未渲染的视图中显示为一个占位符。

14.1.2　修改已放置的贴花

可以对贴花进行移动、调整大小、旋转或更改属性等操作。

具体步骤如下：

（1）在视图中选择要修改的贴花。

（2）拖曳贴花到新位置以移动贴花，如图 14-6 所示。

（3）拖曳贴花上的蓝色夹点调整贴花的大小，如图 14-7 所示。也可以在选项栏中输入新的宽度和高度，选中“固定宽高比”复选框，保持尺寸标注间的长宽比。

（4）单击选项栏中的“重设”按钮，将贴花恢复到原始尺寸。

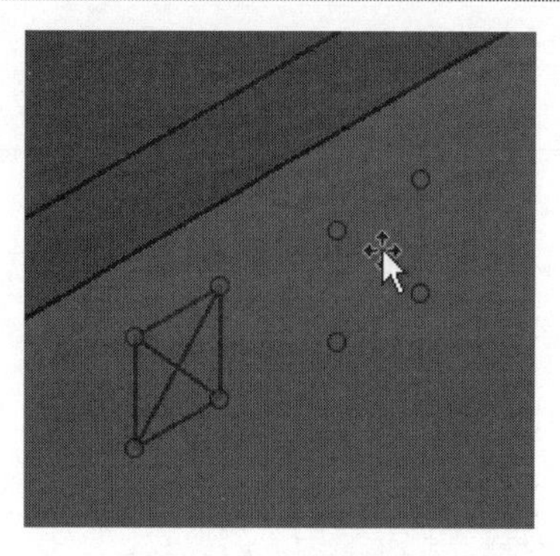
图 14-6　移动贴花

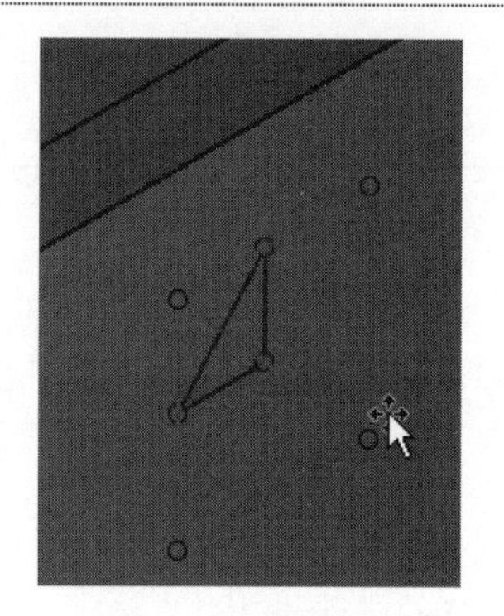
图 14-7　调整大小

（5）可以利用“修改”面板中的工具来修改贴花。

14.2 漫　　游

定义通过建筑模型的路径并创建动画或一系列图像，向客户展示模型。

漫游是指沿着定义的路径移动的相机，此路径由帧和关键帧组成。关键帧是指可在其中修改相机方向和位置的可修改帧。默认情况下，漫游创建为一系列透视图，但也可以创建为正交三维视图。

14.2.1　创建漫游路径

具体步骤如下：

（1）单击“视图”选项卡的“创建”面板中“三维视图”下拉列表中的“漫游”按钮，打开“修改|漫游”选项卡，如图 14-8 所示。

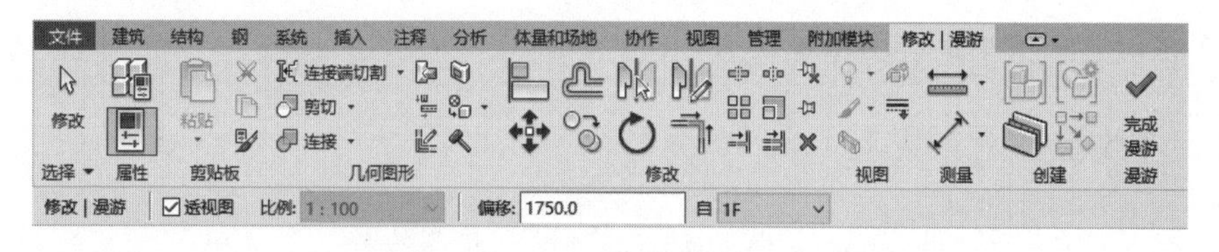

图 14-8　“修改|漫游”选项卡

（2）在当前视图的任意位置单击作为漫游路径的开始位置，然后单击逐个放置关键帧，如图 14-9 所示。

（3）单击“漫游”面板中的“完成漫游”按钮，结束路径的绘制。

（4）在项目浏览器中新增漫游视图“漫游 1”，双击“漫游 1”视图，打开漫游视图，如图 14-10 所示。

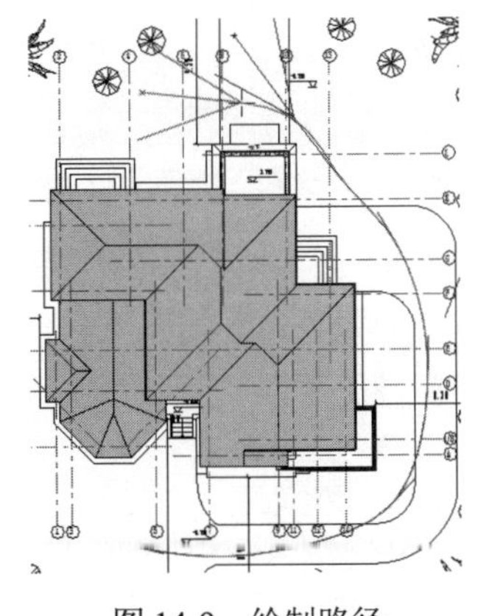

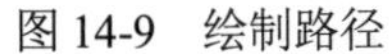

图 14-9　绘制路径

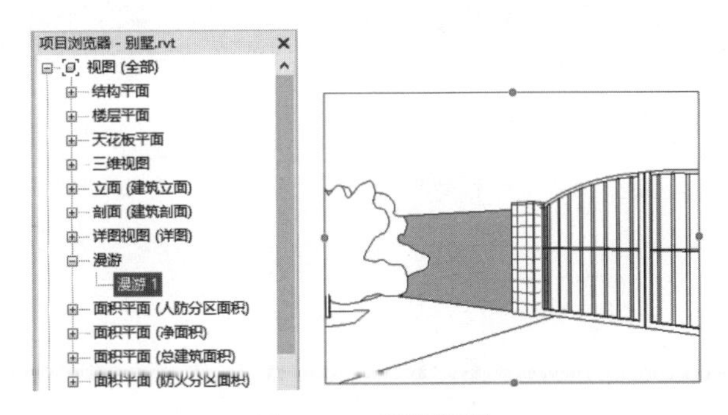

图 14-10　漫游视图

14.2.2　编辑漫游

具体步骤如下：

（1）单击“修改|相机”选项卡的“漫游”面板中的“编辑漫游”按钮，打开“编辑漫游”选项卡，如图 14-11 所示。

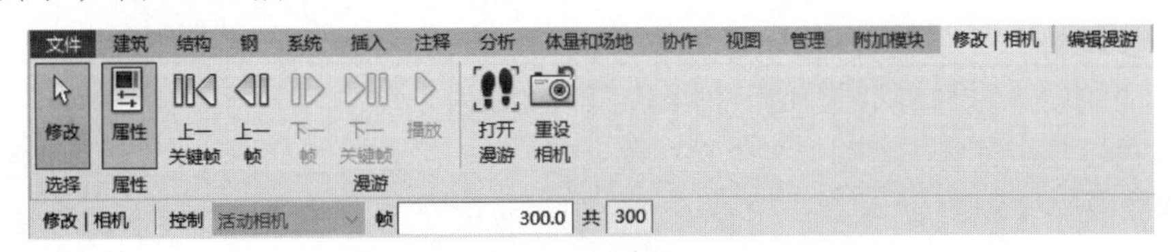

图 14-11　“编辑漫游”选项卡

（2）此时漫游路径上会显示关键帧，如图 14-12 所示。

（3）在选项栏中设置“控制”为“路径”，路径上的关键帧变为控制点，拖动控制点可以调整路径形状，如图 14-13 所示。

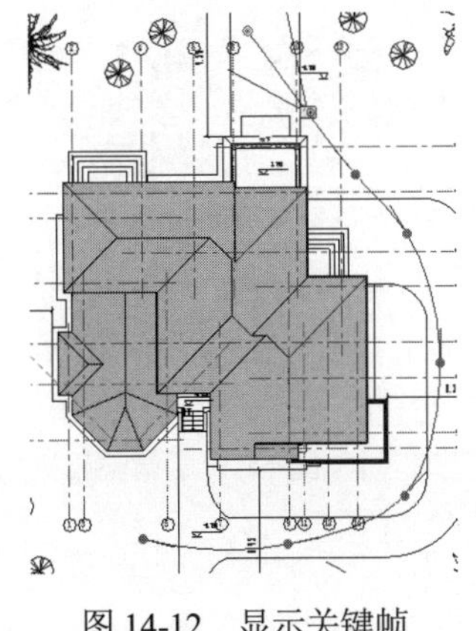

图 14-12　显示关键帧

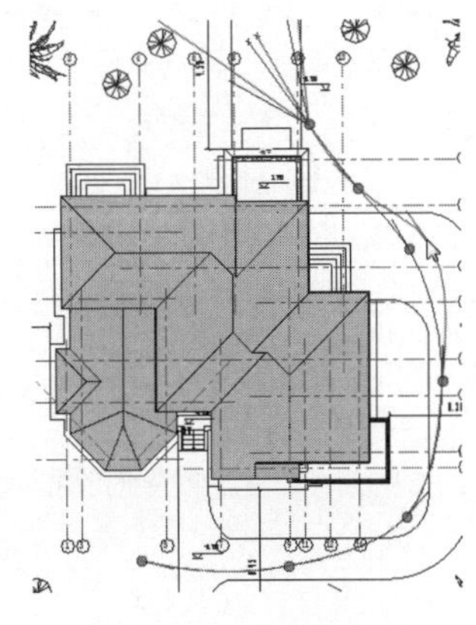

图 14-13　拖动控制点

（4）在选项栏中设置“控制”为“添加关键帧”，然后在路径上单击添加关键帧，如图 14-14 所示。

（5）在选项栏中设置“控制”为“删除关键帧”，然后在路径上单击要删除的关键帧，删除关键帧，如图 14-15 所示。

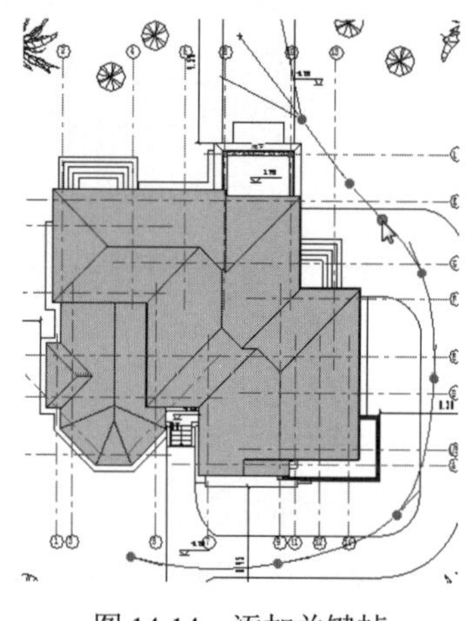

图 14-14　添加关键帧

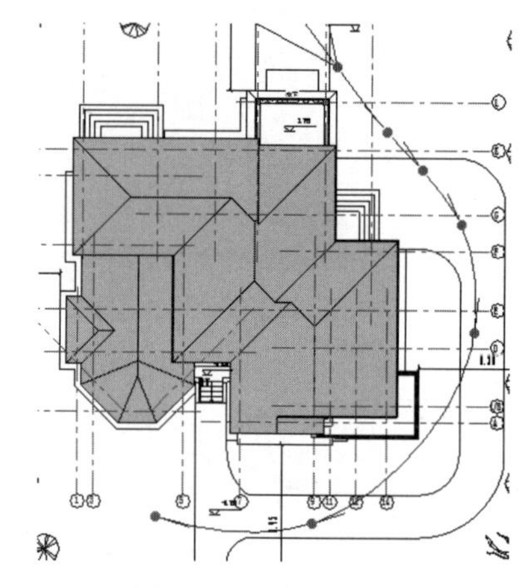

图 14-15　删除关键帧

（6）单击选项栏中的 300 按钮，打开“漫游帧”对话框，更改“总帧数”为 100，如图 14-16 所示。单击“确定”按钮，效果如图 14-10 所示。

（7）在选项栏中设置“控制”为“活动相机”，然后拖曳相机控制相机角度，如图 14-17 所示。单击“下一关键帧”按钮▷▯▯，调整关键帧上相机的角度，采用相同的方法调整其他关键帧的相机角度。

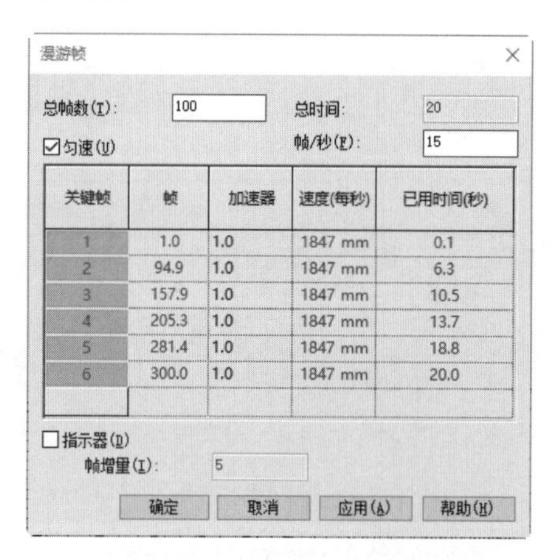

关键帧	帧	加速器	速度(每秒)	已用时间(秒)
1	1.0	1.0	1847 mm	0.1
2	94.9	1.0	1847 mm	6.3
3	157.9	1.0	1847 mm	10.5
4	205.3	1.0	1847 mm	13.7
5	281.4	1.0	1847 mm	18.8
6	300.0	1.0	1847 mm	20.0

图 14-16　“漫游帧”对话框

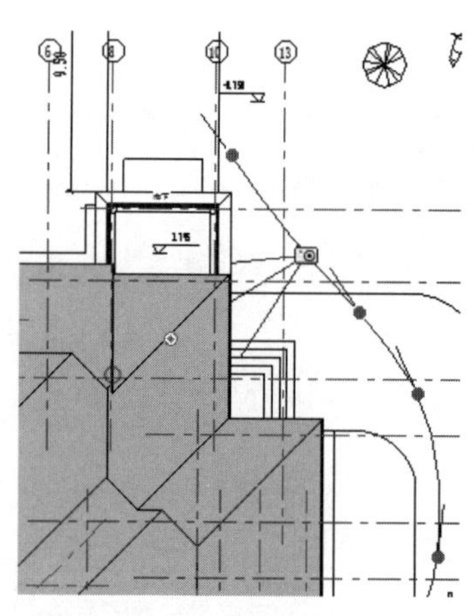

图 14-17　调整相机角度

（8）在选项栏中输入 1，单击“漫游”面板中的“播放”按钮▷，开始播放漫游，中途要停止播放，可以按 Esc 键结束播放。

14.2.3 导出漫游

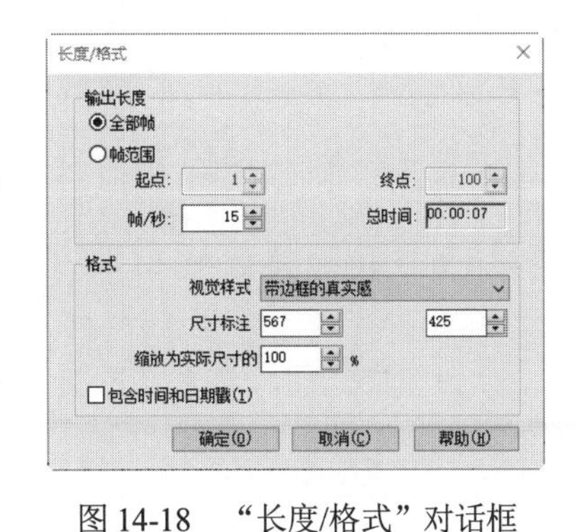

图 14-18 “长度/格式”对话框

可以将漫游导出为 AVI 或图像文件。

将漫游导出为图像文件时，漫游的每个帧都会保存为单个文件。可以导出所有帧或一定范围的帧。

具体步骤如下：

（1）选择“文件”→“导出”→“图像和动画”→“漫游”命令，打开“长度/格式”对话框，如图 14-18 所示。在对话框中设置参数，单击“确定”按钮。

- 全部帧：导出整个动画。
- 帧范围：选中此单选按钮，指定该范围内的起点帧和终点帧。
- 帧/秒：设置导出后漫游的速度为每秒多少帧。默认为 15 帧，播放速度比较快；建议设置为 3～4 帧，速度比较合适。
- 视觉样式：设置导出后漫游中图像的视觉样式，包括“线框”“隐藏线”“着色”“带边框着色”“一致的颜色”“真实”“带边框的真实感”和“渲染”。
- 尺寸标注：指定帧在导出文件中的大小，如果输入一个尺寸标注的值，软件会计算并显示另一个尺寸标注的值以保持帧的比例不变。
- 缩放为实际尺寸的：输入缩放百分比，软件会计算并显示相应的尺寸标注。
- 包含时间和日期戳：选中此复选框，在导出的漫游动画或图片上会显示时间和日期。

（2）打开“导出漫游”对话框，设置保存路径、文件名和文件类型，如图 14-19 所示，单击“保存”按钮。

（3）打开“视频压缩”对话框，默认“压缩程序”为“全帧（非压缩的）”，产生的文件非常大，选择 Microsoft Video 1 压缩程序，如图 14-20 所示，单击“确定”按钮将漫游文件导出为 AVI 文件。

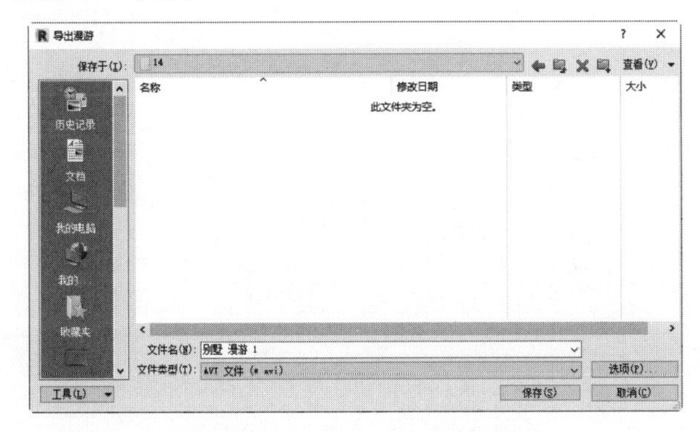

图 14-19 “导出漫游”对话框

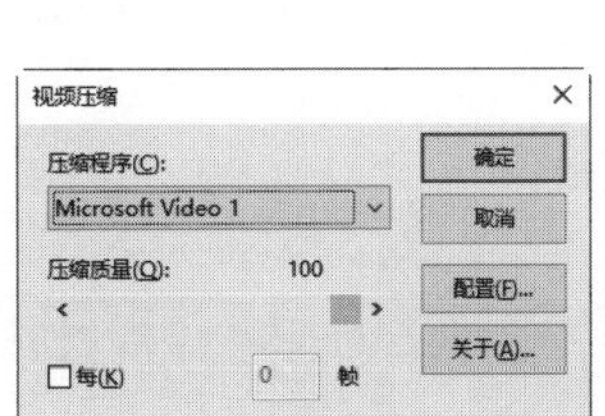

图 14-20 “视频压缩”对话框

14.3 渲　染

渲染是一种为建筑模型创建照片级真实感图像的功能。

14.3.1 相机视图

在渲染之前，一般要先创建相机透视图，生成不同地点、不同角度的场景。

具体步骤如下：

（1）打开系统自带的建筑样例项目（rac_basic_sample_project.rvt）文件。

（2）将视图切换为 Site 楼层平面。

（3）单击“视图”选项卡的“创建”面板中“三维视图”下拉列表中的“相机”按钮，在平面图的正前方放置相机，如图 14-21 所示。

（4）移动光标，确定相机的方向，如图 14-22 所示。

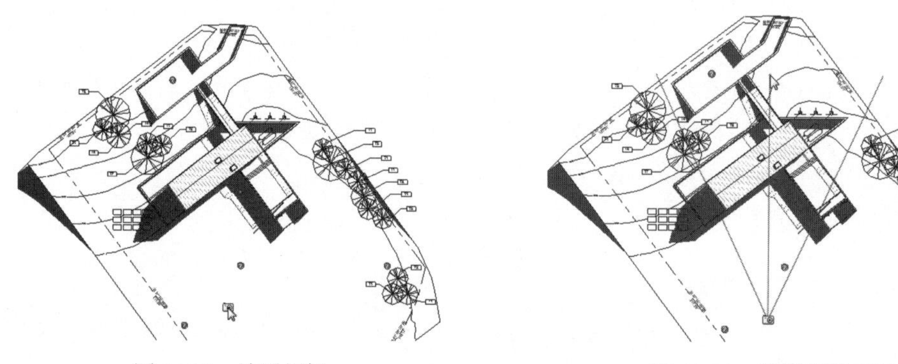

图 14-21　放置相机　　图 14-22　设置视觉范围

（5）单击放置相机的视点，系统自动创建一张三维视图，同时在项目浏览器中增加了相机视图：三维视图 1，如图 14-23 所示。

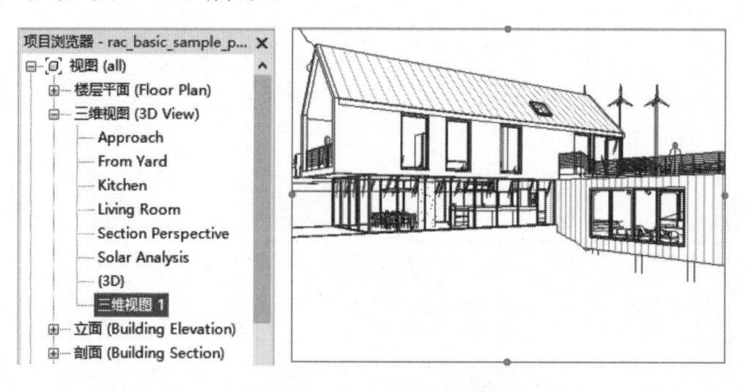

图 14-23　相机视图

（6）单击控制栏中的“视觉样式”按钮，在打开的菜单中选择“真实”选项，如图 14-24 所示。真实效果图如图 14-25 所示。

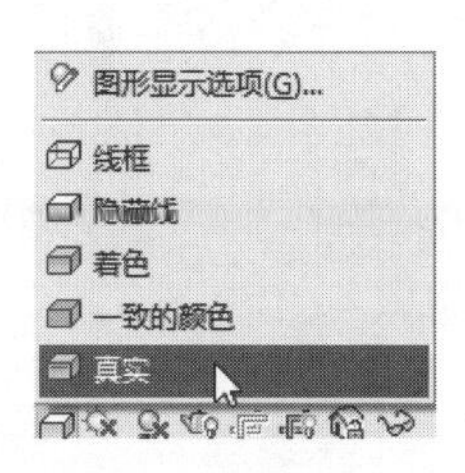

图 14-24　“视觉样式”菜单

图 14-25　真实效果

（7）选取相机视图视口，拖动视口右边的控制点，改变视图范围，如图 14-26 所示。

（8）采用相同的方法拖动其他各边的控制点，将房子全部显示出来，结果如图 14-27 所示。

图 14-26　改变视图范围

图 14-27　相机视图

动手学——创建别墅外景相机视图

扫一扫，看视频

具体步骤如下：

（1）在项目浏览器的“楼层平面”节点下双击“室外地坪”，将视图切换到室外地坪平面视图。

（2）单击“视图”选项卡的“创建”面板中“三维视图”下拉列表中的“相机”按钮，在平面视图的左下角放置相机，如图 14-28 所示。

（3）移动光标，确定相机的方向，如图 14-29 所示。

（4）单击放置相机视点，系统自动创建一张三维视图，同时在项目浏览器中增加了相机视图：三维视图 1，如图 14-30 所示。

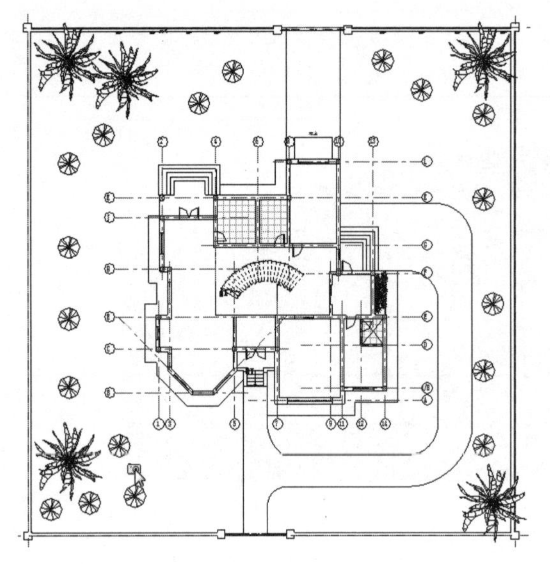

图 14-28　放置相机

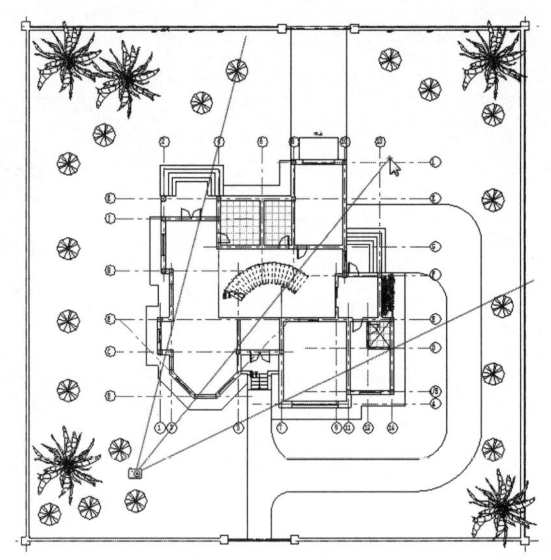

图 14-29　设置视觉范围

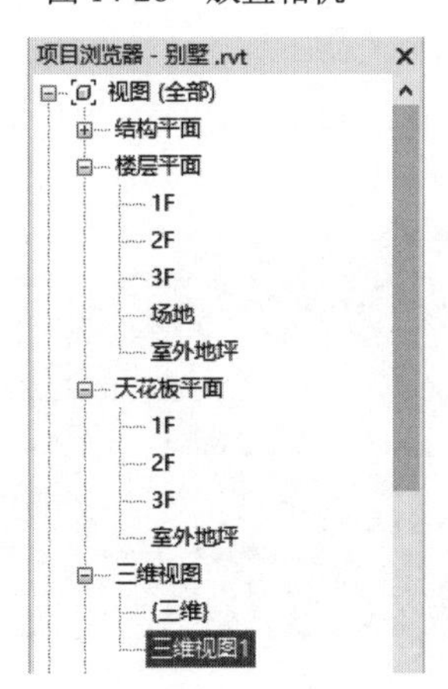

图 14-30　三维视图

（5）拖动裁剪区域的控制点，调整视图的界限，三维视图如图 14-31 所示。

（6）将视图切换至室外地坪楼层平面视图，拖动相机的控制点，调整相机的视图范围，如图 14-32 所示。

（7）双击“三维视图 1”，切换至三维视图，拖动视口上的控制点，调整视图范围，结果如图 14-33 所示。

（8）单击控制栏中的“视觉样式”按钮，在打开的菜单中选择“着色”选项，效果如图 14-34 所示。

（9）在项目浏览器中选择第（4）步创建的“三维视图 1”，右击，在弹出的快捷菜单中选择“重命名”选项，如图 14-35 所示，输入新名称为“外景视图”。

图 14-31　更改尺寸后的三维视图

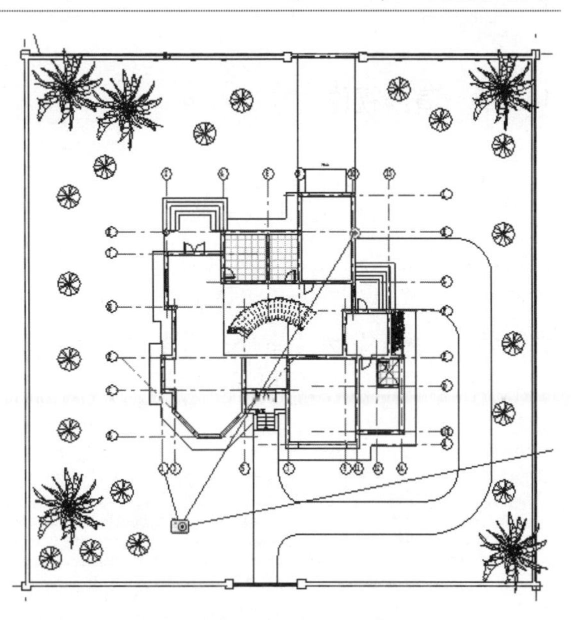

图 14-32　调整相机视图范围

图 14-33　三维视图效果

图 14-34　着色效果

14.3.2 渲染视图

渲染视图以创建三维模型的照片级真实感图像。

（1）打开已创建的相机视图文件。

（2）单击“视图”选项卡的“演示视图”面板中的“渲染”按钮，打开“渲染”对话框，设置“质量”组的“设置”为“高”，“输出设置”组的“分辨率”为“打印机”，“照明”组的“方案”为“室外：日光和人造光”，“背景”组的“样式”为“天空：少云”，其他采用默认设置，如图 14-36 所示。

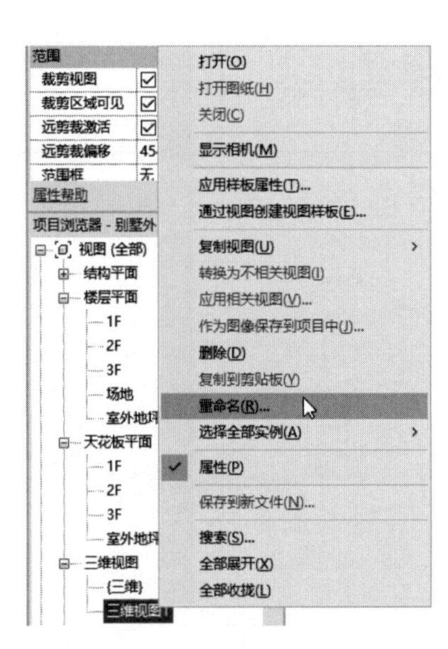

图 14-35　选择“重命名”选项

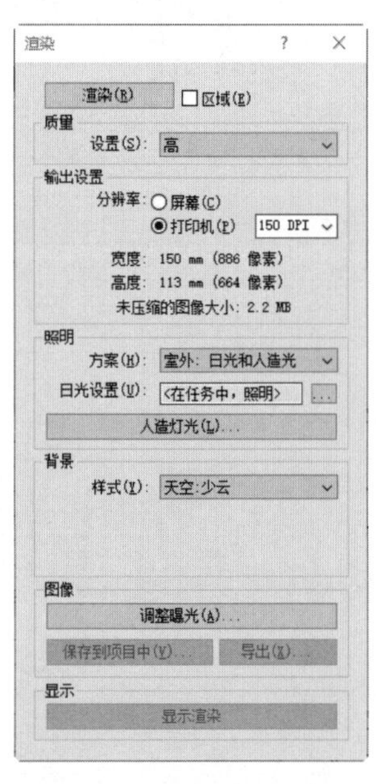

图 14-36　“渲染”对话框

① 区域：选中此复选框，在三维视图中 Revit 会显示渲染区域边界。选择渲染区域，并使用蓝色夹具来调整其尺寸。对于正交视图，也可以拖曳渲染区域以在视图中移动其位置。

② 质量：为渲染图像指定所需的质量。它包括“绘图”“中”“高”“最佳”“自定义”和“编辑”。

- 绘图：尽快渲染，生成预览图像。模拟照明和材质，阴影缺少细节。渲染速度最快。
- 中：快速渲染，生成预览图像，获得模型的总体印象。模拟粗糙和半粗糙材质。该设置最适用于没有复杂照明或材质的室外场景。渲染速度中等。
- 高：相对中等质量，渲染所需时间较长。照明和材质更准确，尤其对于镜面（金属类型）材质。对软性阴影和反射进行高质量渲染。该设置最适用于有简单照明的室内和室外场景。渲染速度慢。

- 最佳：以较高的照明和材质精确度渲染。以高质量水平渲染半粗糙材质的软性阴影和柔和反射。此渲染质量对复杂的照明环境尤为有效，渲染所需的时间最长。渲染速度最慢。
- 自定义：使用“渲染质量设置”对话框中指定的设置。渲染速度取决于自定义设置。
- 编辑：选择此选项，打开“渲染质量设置”对话框，设置渲染光线和材质精度以及渲染持续时间。

③ 输出设置-分辨率：选中“屏幕”单选按钮，为屏幕显示生成渲染图像；选中“打印机”单选按钮，生成供打印的渲染图像。

④ 照明：在“方案”列表中选择照明方案。如果选择了日光方案，可以在日光设置中调整日光的照明设置；如果选择了使用人造灯光的照明方案，则单击“人造灯光”按钮，打开“人造灯光”对话框，控制渲染图像中的人造灯光。

⑤ 背景：可以为渲染图像指定背景，背景可以是单色、天空和云或者自定义图像。

注意：

创建包含自然光的内部视图时，天空和云背景可能会影响渲染图像中灯光的质量。

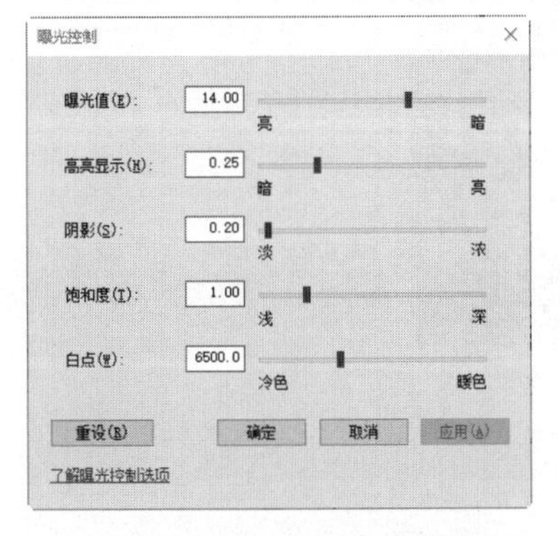

图 14-37　“曝光控制”对话框

⑥ 调整曝光：单击此按钮，打开如图 14-37 所示的“曝光控制”对话框，可以帮助将真实世界的亮度值转换为真实的图像，曝光控制模仿人眼对与颜色、饱和度、对比度和眩光有关的亮度值的反应。

- 曝光值：渲染图像的总体亮度。此设置类似于具有自动曝光的摄影机中的曝光补偿设置。输入一个介于 -6（较亮）~16（较暗）之间的值。
- 高亮显示：图像最亮区域的灯光级别。输入一个介于 0（较暗的高亮显示）~1（较亮的高亮显示）之间的值。默认值是 0.25。
- 阴影：图像最暗区域的灯光级别。输入一个介于 0.1（较亮的阴影）~1（较暗的阴影）之间的值。默认值为 0.2。
- 饱和度：渲染图像中颜色的亮度。输入一个 0（灰色/黑色/白色）~5（更鲜艳的色彩）之间的值。默认值为 1。
- 白点：应该在渲染图像中显示为白色的光源色温。此设置类似于数码相机上的“白平衡”设置。如果渲染图像看上去橙色太浓，则减小“白点”值。如果渲染图像看上去太蓝，则增大“白点”值。

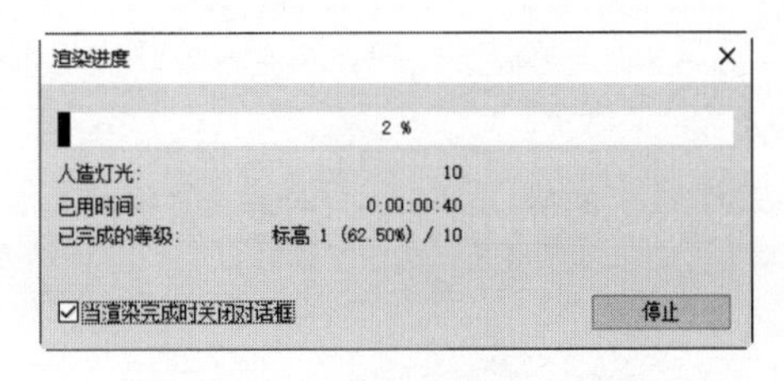

图 14-38　“渲染进度”对话框

（3）单击“渲染”按钮，打开如图 14-38 所示的“渲染进度”对话框，显示渲染进度，选中“当渲染完成时关闭对话框”复选框，则渲染完成后自动关闭对话框。

扫一扫，看视频

动手学——别墅外景渲染

具体步骤如下：

（1）单击“视图”选项卡的“演示视图”面板中的“渲染”按钮，打开“渲染”对话框，设置“质量”组的“设置”为“最佳”，“输出设置”组的“分辨率”为“屏幕”，“照明”组的“方案”为“室外：仅日光”，“背景”组的“样式”为“天空：少云”。

（2）单击“渲染”按钮，打开“渲染进度”对话框，显示渲染进度，选中“当渲染完成时关闭对话框”复选框，则渲染完成后自动关闭对话框。渲染结果如图 14-39 所示。

（3）单击“渲染”对话框中的“调整曝光”按钮，打开“曝光控制”对话框，拖动各个选项的滑块调整数值，也可以直接输入数值，如图 14-40 所示。单击“应用”按钮，结果如图 14-41 所示。然后单击“确定”按钮，关闭“曝光控制”对话框。

图 14-39　渲染结果

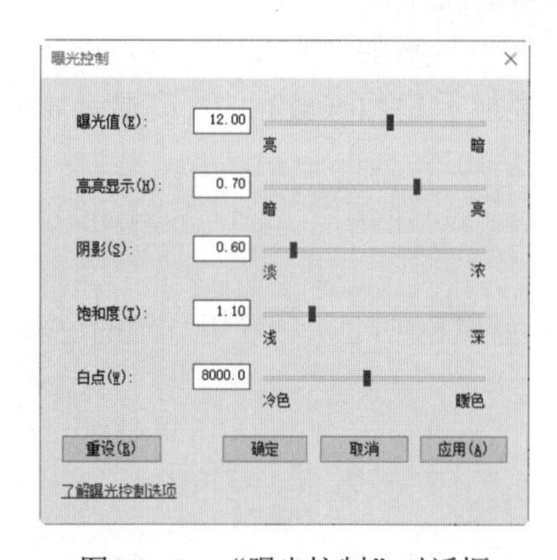

图 14-40　“曝光控制”对话框

图 14-41　调整曝光后的图像

（4）单击“渲染”对话框中的“保存到项目中”按钮，打开“保存到项目中”对话框，输入“名称”为“别墅效果图”，如图 14-42 所示。

（5）单击“确定”按钮，将渲染完的图像保存在项目中，如图 14-43 所示。

图 14-42 “保存到项目中”对话框

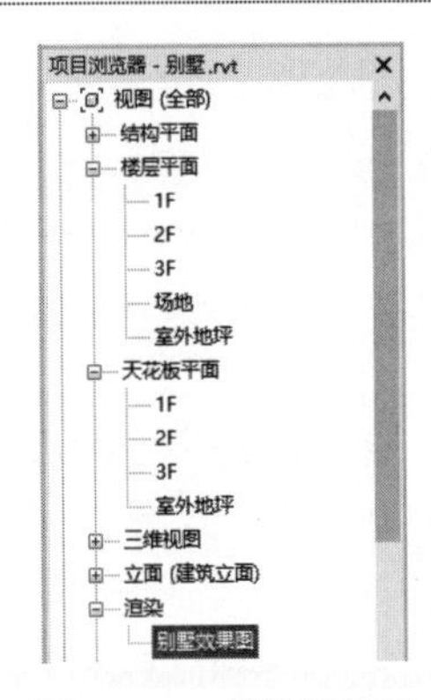

图 14-43 项目浏览器

（6）关闭“渲染”对话框后，视图显示为相机视图，双击项目中的“渲染：别墅效果图”，打开渲染图像，如图 14-39 所示。

14.3.3 导出渲染视图

导出图像时，Revit 会将每个视图直接打印到光栅图像文件中。

具体步骤如下：

（1）打开创建的渲染视图文件。

（2）选择“文件”→“导出”→“图像和动画”→“图像”命令，打开“导出图像”对话框，如图 14-44 所示。在此对话框中设置图像参数。

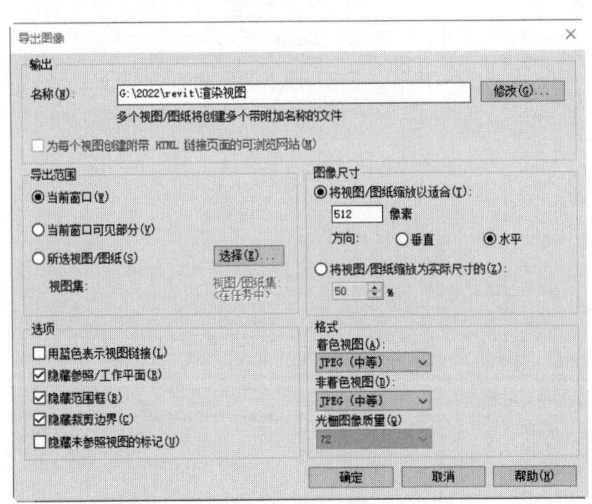

图 14-44 “导出图像”对话框

（3）单击“确定”按钮，导出渲染后的图像。

① 修改：根据需要修改图像的默认路径和文件名。

② 导出范围：指定要导出的图像。

- 当前窗口：选中此单选按钮，将导出绘图区域的所有内容，包括当前查看区域以外的部分。
- 当前窗口可见部分：选中此单选按钮，将导出绘图区域中当前可见的任何部分。
- 所选视图/图纸：选中此单选按钮，将导出指定的图纸和视图。单击“选择”按钮，打开“视图/图纸集”对话框，选择所需的图纸和视图，单击“确定”按钮。

③ 图像尺寸：指定图像显示属性。

- 将视图/图纸缩放以适合：要指定图像的输出尺寸和方向。Revit 将在水平或垂直方向将图像缩放到指定数目的像素。
- 将视图/图纸缩放为实际尺寸的：输入百分比，Revit 将按指定的缩放比例设置输出图像。

④ 选项：选择所需的输出选项。默认情况下，导出的图像中的链接以黑色显示；选中“用蓝色表示视图链接”复选框，显示蓝色链接；选中“隐藏参照/工作平面”“隐藏范围框”“隐藏裁剪边界”和“隐藏未参照视图的标记”复选框，在导出的视图中隐藏不必要的图形部分。

⑤ 格式：选择着色视图和非着色视图的输出格式。

扫一扫，看视频

动手学——导出别墅外景图形

具体步骤如下：

（1）选择“文件”→“导出”→“图像和动画”→“图像”命令，打开“导出图像”对话框。

（2）单击“修改”按钮，打开“指定前缀和扩展名”对话框，设置图像的保存路径，输入“文件名”为“别墅外景效果图”，单击“保存”按钮，返回到“导出图像”对话框。

（3）在“图像尺寸”中设置“像素”为 1024，“方向”为“水平”，在“格式”中设置“着色视图”和“非着色视图”均为“JPEG（无失真）”，其他采用默认设置，如图 14-45 所示。单击“确定”按钮，导出图像。

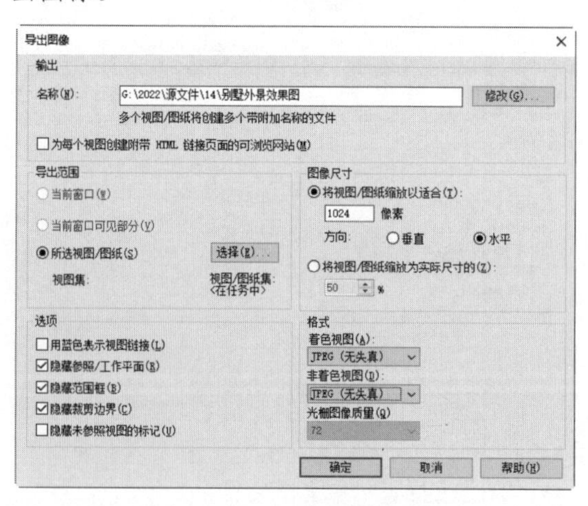

图 14-45　设置“导出图像”参数

第 15 章　施工图设计

施工图设计是建筑设计的最后阶段，它的主要任务是满足施工要求，即在初步设计或技术设计的基础上，综合建筑、结构等各工种，相互交底，深入了解材料供应、施工技术、设备等条件，把满足工程施工的各项具体要求反映在图纸上。施工图设计主要是通过图纸，把设计者的意图和全部设计结果表达出来，作为施工的依据，它是设计和施工工作的桥梁。

- 总平面图
- 平面图
- 立面图
- 剖面图

案例效果

15.1　总 平 面 图

无论是方案图、初设图还是施工图，总平面图都是必不可少的。

总平面图用来表达整个建筑基地的总体布局，表达新建建筑物及构筑物位置、朝向及周边环境关系。这也是总平面图的基本功能。总平面图专业设计成果包括设计说明书、设计图纸及合同规定的鸟瞰图、模型等。总平面图只是其中的设计图纸部分，在不同设计阶段，总平面图除了具备其基本功能外，表达设计意图的深度和倾向也有所不同。

在方案设计阶段，总平面图着重体现新建建筑物的体量大小、形状及与周边道路、房屋、绿地、广场和红线之间的空间关系，同时传达室外空间设计效果。因此，方案图在具有必要的技术性的基础上，还要强调艺术性的体现。就目前情况来看，除了绘制 CAD 线条图，还需对线条图进行套色、渲染处理或制作鸟瞰图、模型等。总之，设计者总在不遗余力地展现自己设计方案的优点及魅力，以便在竞争中胜出。

在初步设计阶段，进一步推敲总平面图设计中涉及的各种因素和环节（如道路红线、建筑红线或用地界线、建筑控制高度、容积率、建筑密度、绿地率、停车位数及总平面布局、周围环境、空间处理、交通组织、环境保护、文物保护、分期建设等），推敲方案的合理性、科学性和可实施性，进一步准确落实各种技术指标，深化竖向设计，为施工图设计做准备。

在施工图设计阶段，总平面图的专业成果包括图纸目录、设计说明、设计图纸和计算书。其中，设计图纸包括总平面图、竖向布置图、土方图、管道综合图、景观布置图及详图等。总平面图是新建房屋定位、放线及布置施工现场的依据，因此必须详细、准确、清楚地表示出来。

扫一扫，看视频

动手学——创建别墅总平面图

具体步骤如下：

（1）在项目浏览器的“楼层平面”节点下双击“室外地坪”，将视图切换到室外地坪平面视图。

（2）在“属性”选项板的视图范围栏中单击“编辑”按钮，打开“视图范围”对话框，设置“顶部偏移”为 10000，“剖切面偏移”为 10000，其他采用默认设置。

（3）单击“注释”选项卡的“尺寸标注”面板中的“高程点”按钮，打开“修改|放置尺寸标注”选项卡，取消选中“引线”复选框，显示高程为“实际（选定）高程”，如图 15-1 所示。

图 15-1　“修改|放置尺寸标注”选项卡

（4）在“属性”选项板中选择“高程点 三角形（项目）”类型，将高程点放置在视图中的适当位置，如图 15-2 所示。

（5）单击“注释”选项卡的“尺寸标注”面板中的“对齐”按钮，在“属性”选项板中选择“线性尺寸标注样式 对角线-3mm RomanD（场地）-引线-文字在上”类型，单击“编辑类型”按钮，打开“类型属性”对话框，新建“对角线-5mm RomanD（场地）-引线-文字在上”类型，更改“文字大小”为 5，其他采用默认设置，如图 15-3 所示，单击“确定”按钮。

（6）标注围墙到建筑边缘的尺寸，如图 15-4 所示。

（7）单击“视图”选项卡的“图纸组合”面板中的“图纸”按钮，打开“新建图纸”对话框，在列表中选择“A1 公制”图纸，如图 15-5 所示。

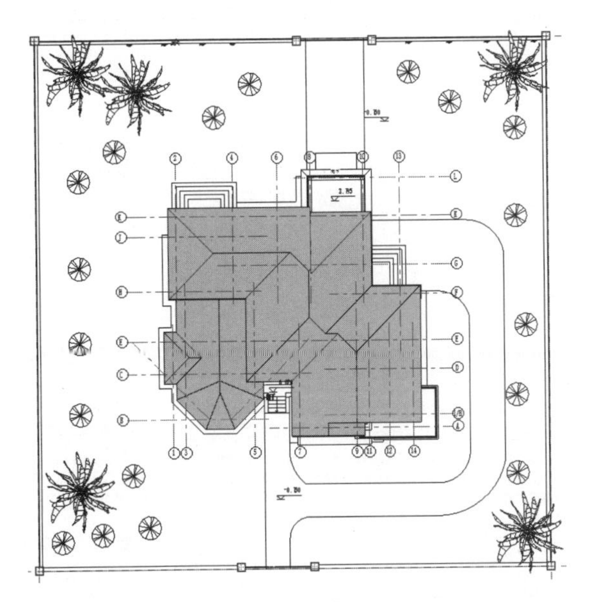

图 15-2　标注高程点

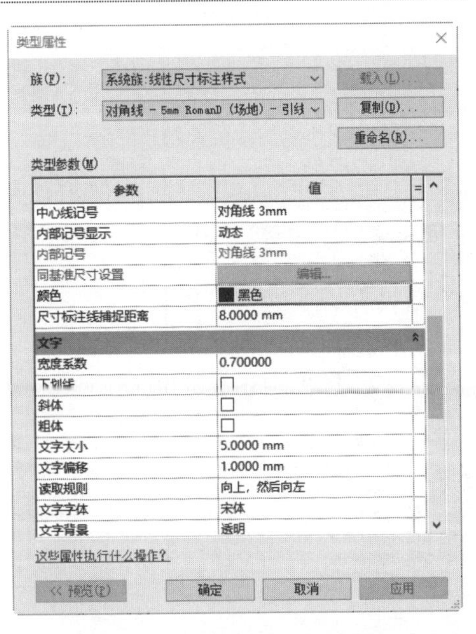

图 15-3　“类型属性”对话框

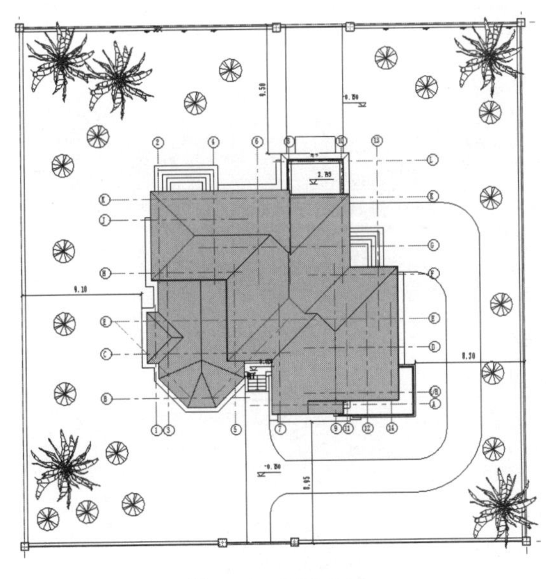

图 15-4　标注尺寸

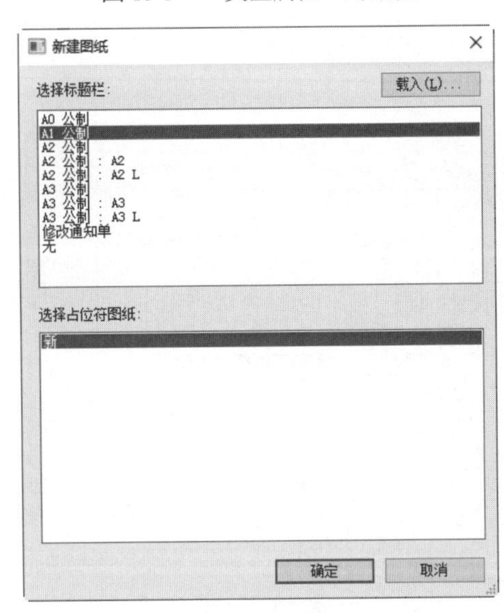

图 15-5　“新建图纸”对话框

（8）单击“确定”按钮，新建 A1 图纸，并显示在项目浏览器的图纸节点下，如图 15-6 所示。

（9）单击“视图”选项卡的“图纸组合”面板中的“视图”按钮，打开“视图”对话框，在列表中选择“楼层平面：室外地坪”视图，如图 15-7 所示，然后单击“在图纸中添加视图”按钮，将视图添加到图纸中，如图 15-8 所示。

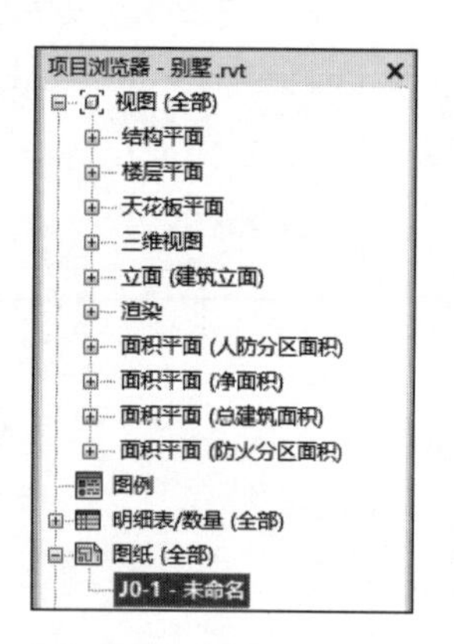

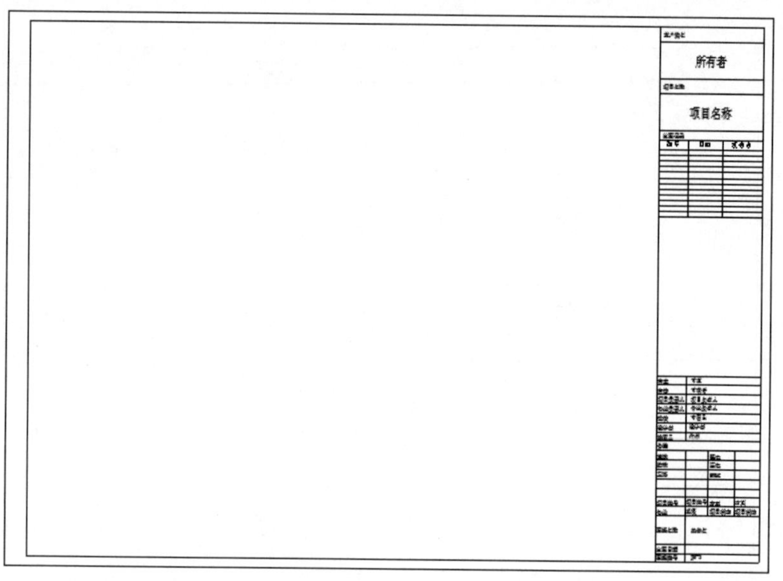

图 15-6　新建 A1 图纸

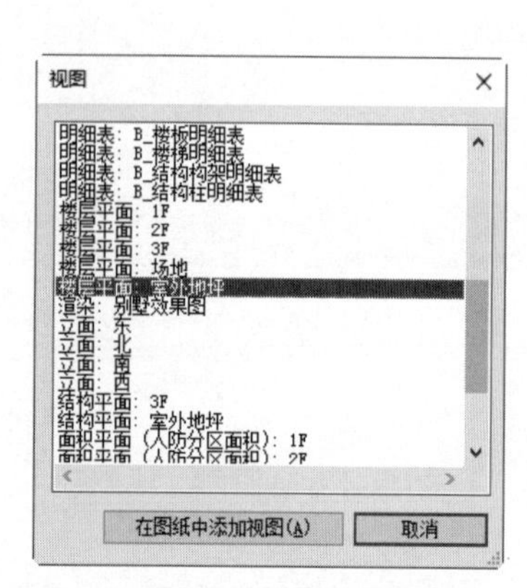

图 15-7　“视图”对话框

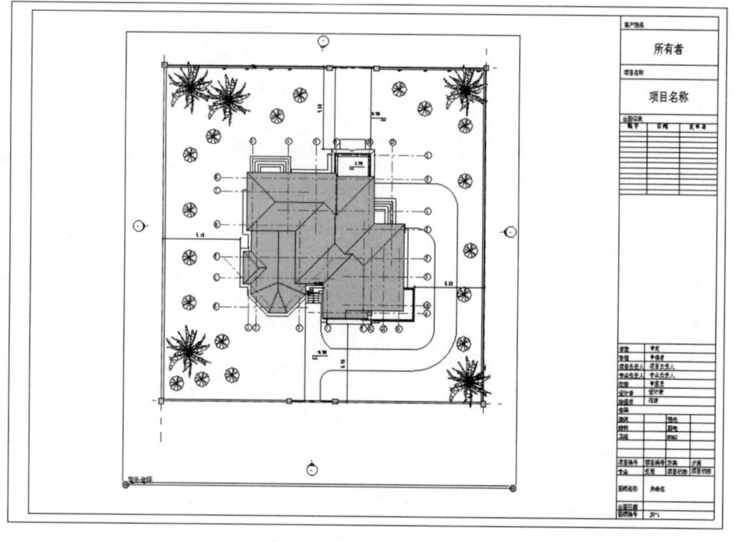

图 15-8　添加视图到图纸

（10）在图纸中选择标题和视口，右击，在弹出的快捷菜单中选择“在视图中隐藏”→“图元”选项，如图 15-9 所示。隐藏选中的图元，结果如图 15-10 所示。

（11）在项目浏览器中选择“图纸”→“J0-1-未命名”下的“楼层平面：室外地坪”，双击鼠标打开此视图，在视图中选择任意立面标记，右击，在弹出的快捷菜单中选择“在视图中隐藏”→“类别”选项，隐藏所有的立面标记。切换到图纸，如图 15-11 所示。

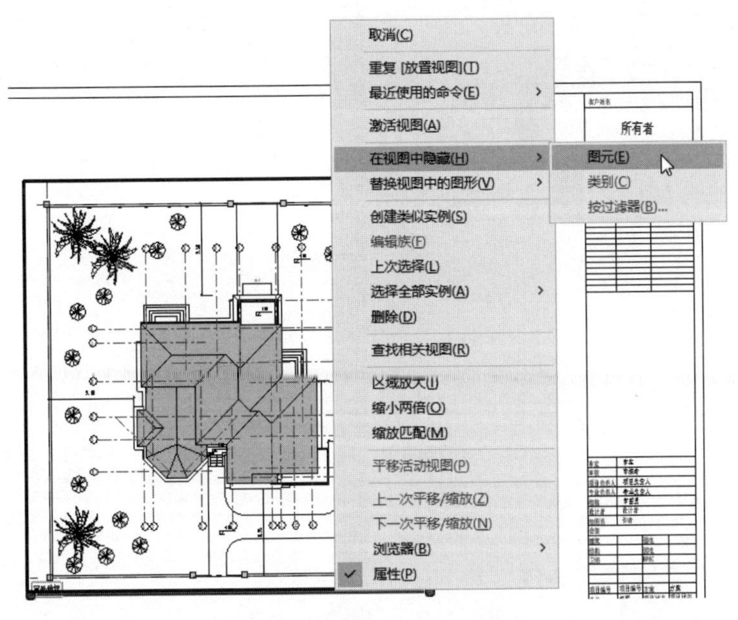

图 15-9　选择“图元”选项

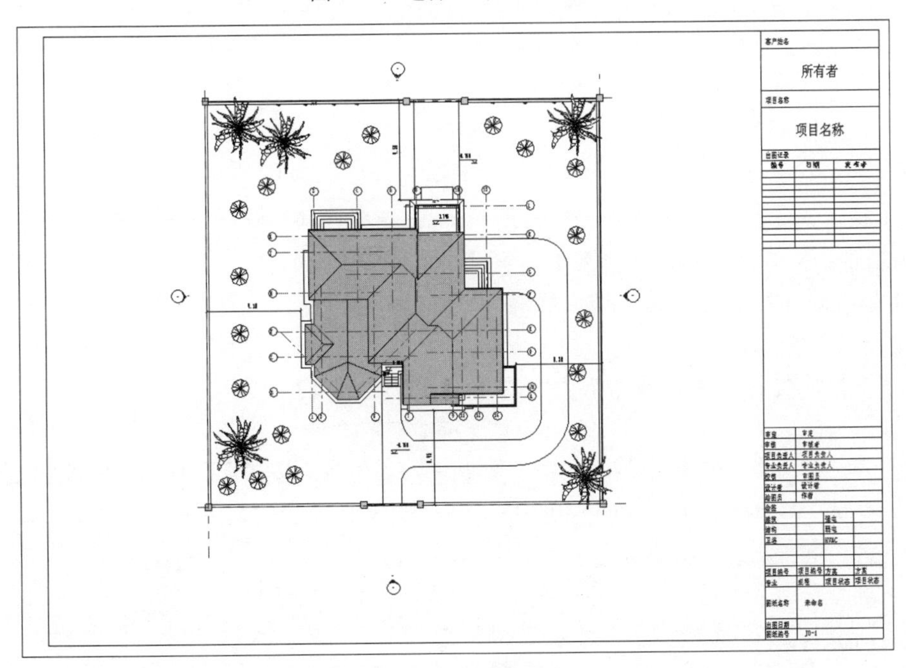

图 15-10　隐藏图元

（12）单击“注释”选项卡的“符号”面板中的“符号”按钮，打开“修改|放置 符号”选项卡，如图 15-12 所示。

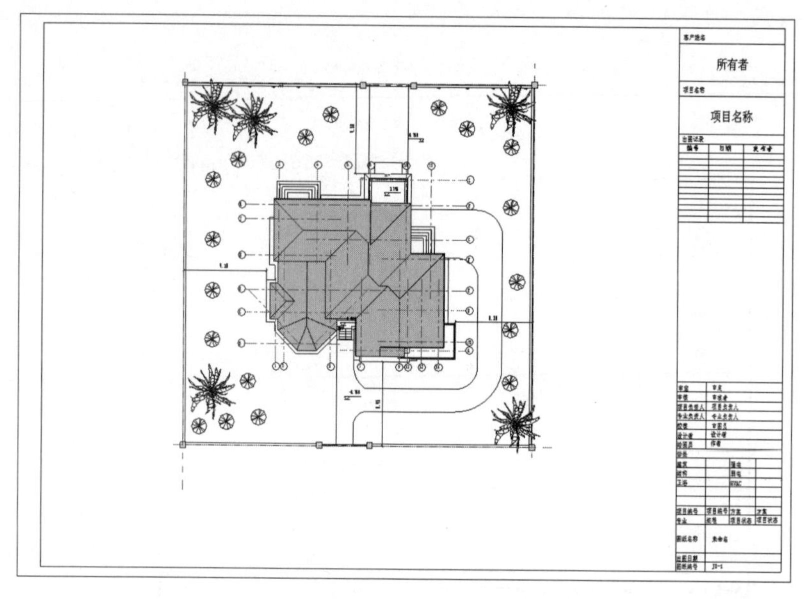

图 15-11　隐藏立面标记

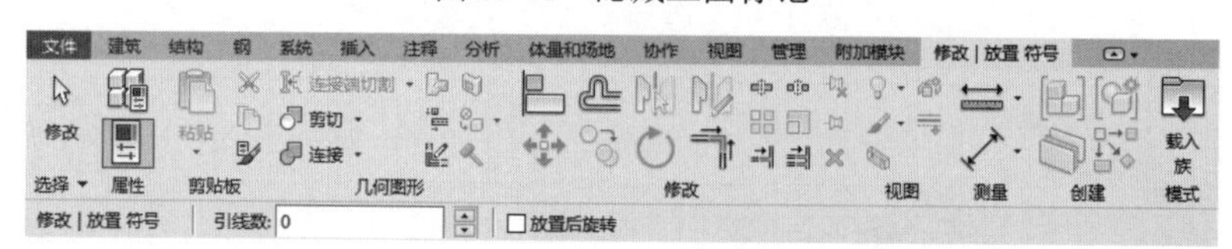

图 15-12　“修改|放置 符号”选项卡

（13）单击“模式”面板中的“载入族”按钮，打开“载入族”对话框，选择 Chinese→“注释”→“符号”→“建筑”文件夹中的“指北针 2.rfa”族文件，单击“打开”按钮，载入“指北针 2”族文件。

（14）将指北针符号放置到图纸中的右上角，如图 15-13 所示。

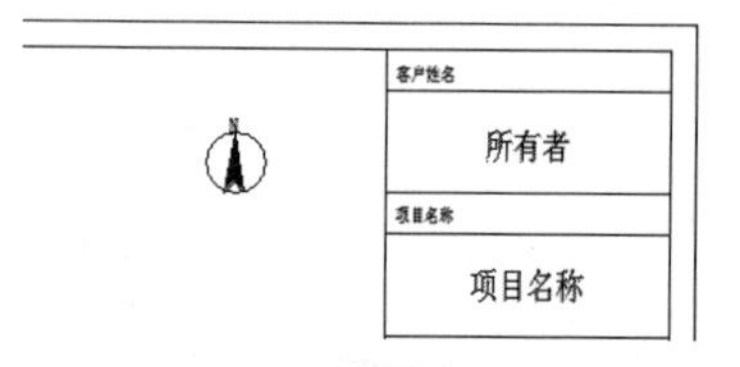

图 15-13　放置指北针

（15）单击“注释”选项卡的“文字”面板中的“文字”按钮**A**，打开“修改|放置 文字”选项卡。单击“无引线”按钮和“居中对齐”按钮，如图 15-14 所示。

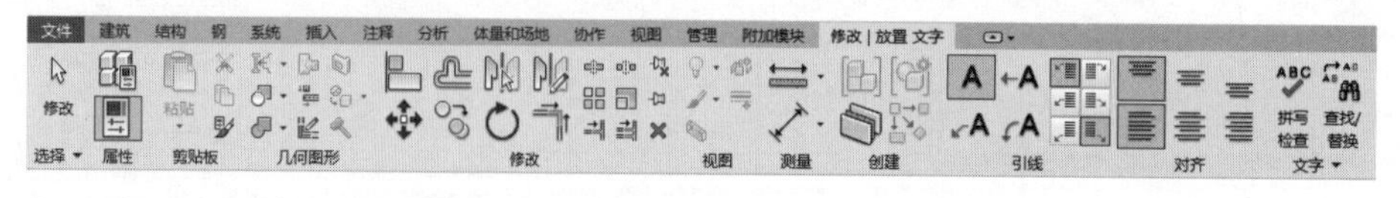

图 15-14　“修改|放置 文字”选项卡

（16）在“属性”选项板中选择“文字 宋体 10mm”类型，在图形下方单击，显示输入框并打开“放置 编辑文字”选项卡，如图 15-15 所示；在输入框中输入“总平面图”文字，然后在“属性”选项板中选择“文字 宋体 7.5mm”类型，输入比例“1∶100”，结果如图 15-16 所示。

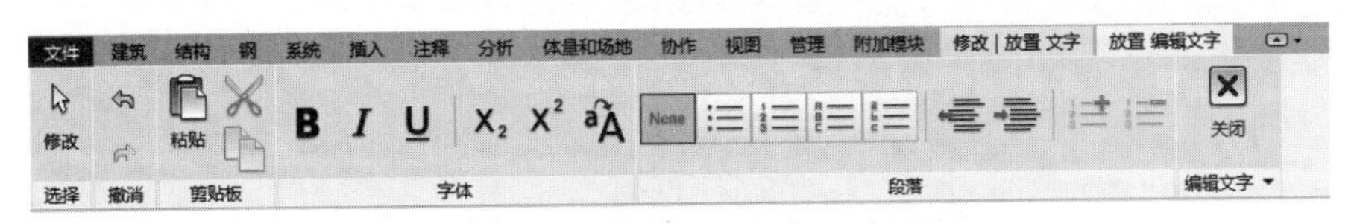

图 15-15 “放置 编辑文字”选项卡

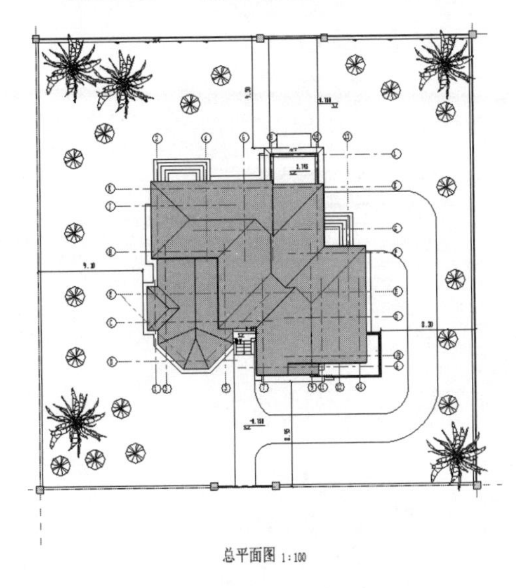

图 15-16 标注文字

（17）单击“注释”选项卡的“详图”面板中的“详图线”按钮，打开“修改|放置 详图线”选项卡，如图 15-17 所示。

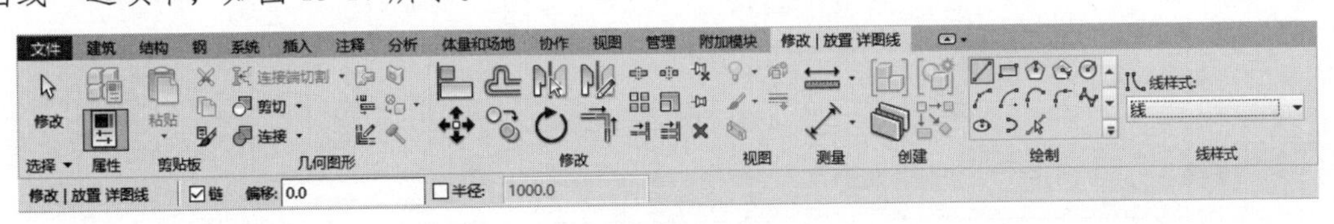

图 15-17 “修改|放置 详图线”选项卡

（18）单击“绘制”面板中的“线”按钮，在“线样式”面板的“线样式”下拉列表中选择“宽线”样式，然后在“总平面图”字样下方绘制水平直线，如图 15-18 所示。

（19）在项目浏览器中的“J0-1-未命名”上右击，在弹出的快捷菜单中选择“重命名”选项，如图 15-19 所示。

（20）打开“图纸标题”对话框，输入“名称”为“总平面图”，如图 15-20 所示，单击“确定”按钮，完成图纸的命名。此时，图纸中的图纸名称也随之更改，如图 15-21 所示。

总平面图 1:100

图 15-18 绘制直线

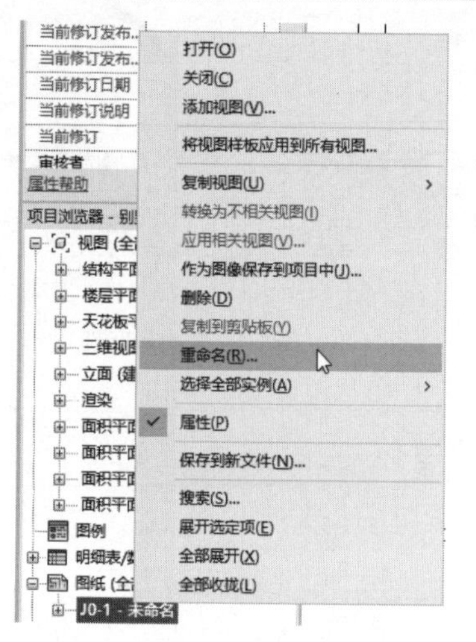

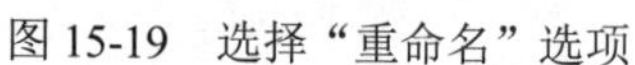

图 15-19 选择“重命名”选项

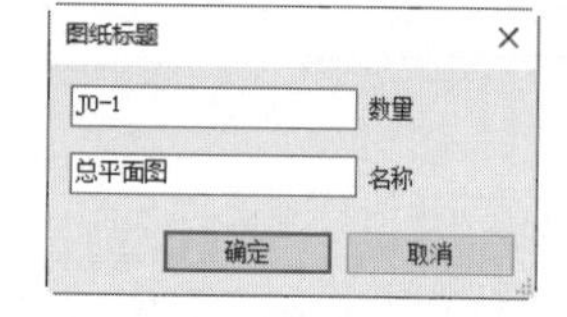

图 15-20 “图纸标题”对话框

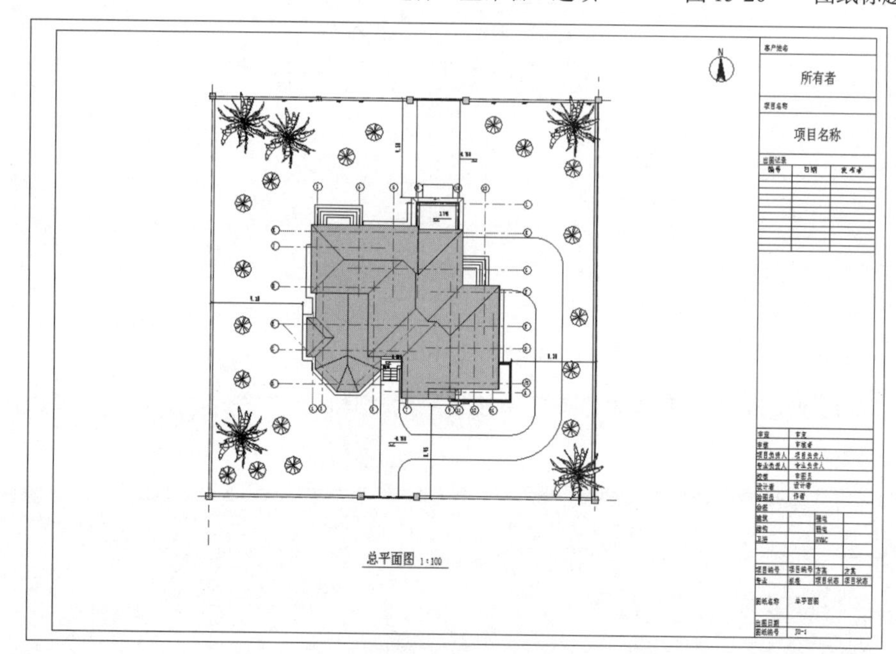

图 15-21 总平面图

15.2 平 面 图

建筑平面图是建筑施工图中最基本的图样之一，它主要反映房屋的平面形状、大小和房间的布置，墙柱的位置、厚度和材料，门窗类型和位置等。

1. 建筑平面图的图示要点

（1）每个平面图对应一个建筑物楼层，并注有相应的图名。

（2）可以表示多层的一张平面图称为标准层平面图，标准层平面图各层的房间数量、大小和布置都必须一样。

（3）建筑物左右对称时，可以将两层平面图绘制在同一张图纸上，左、右分别绘制各层的一半，同时中间要注上对称符号。

（4）当建筑平面较大时，可以分段绘制。

2. 建筑平面图的图示内容

（1）表示墙、柱、门、窗的位置和编号，房间名称或编号，轴线编号等。

（2）标注出室内外的有关尺寸及室内楼、地面的标高，建筑物的底层，标高为±0.000。

（3）标注出电梯、楼梯的位置及楼梯的上下方向和主要尺寸。

（4）标注阳台、雨篷、踏步、斜坡、雨水管道、排水沟等的具体位置及大小尺寸。

（5）绘制出卫生器具、水池、工作台及其他重要设备的位置。

（6）绘制出剖面图的剖切符号及编号。根据绘图习惯，一般只在底层平面图绘制。

（7）标注出有关部位上节点详图的索引符号。

（8）绘制出指北针。根据绘图习惯，一般只在底层平面图绘出指北针。

3. 建筑平面图类型

（1）按剖切位置不同分类：根据剖切位置不同，建筑平面图可分为地下层平面图、底层平面图、X 层平面图、标准层平面图、屋顶平面图、夹层平面图等。

（2）按不同的设计阶段分类：按不同的设计阶段分为方案平面图、初设平面图和施工平面图。不同的阶段图纸表达的深度不一样。

扫一扫，看视频

动手学——创建别墅平面图

具体步骤如下：

（1）在项目浏览器的“楼层平面”节点下双击 1F，将视图切换至 1F 楼层平面。

（2）在项目浏览器中选择“楼层平面”→1F 节点，右击，在弹出的快捷菜单中选择“复制视图”→“带细节复制”选项。

（3）创建 1F 副本 1 楼层平面视图，右击，在弹出的快捷菜单中选择“重命名”选项，更改名称为“一层平面图”，并切换至此视图。

（4）单击“视图”选项卡的“图形”面板中的“可见性/图形”按钮，打开“楼层平面：一层平面图的可见性/图形替换”对话框，在“模型类别”选项卡中分别取消选中“场地”“植物”“家具”“卫浴装置”和“专用设备”复选框，在“注释类别”选项卡中取消选中“参照平面”和“立面”复选框，单击“确定”按钮。

（5）在视图中选取围墙、柱子和大门，单击“视图”面板中的“隐藏”下拉列表中的“隐藏图元”按钮，整理后的一层平面图如图 15-22 所示。

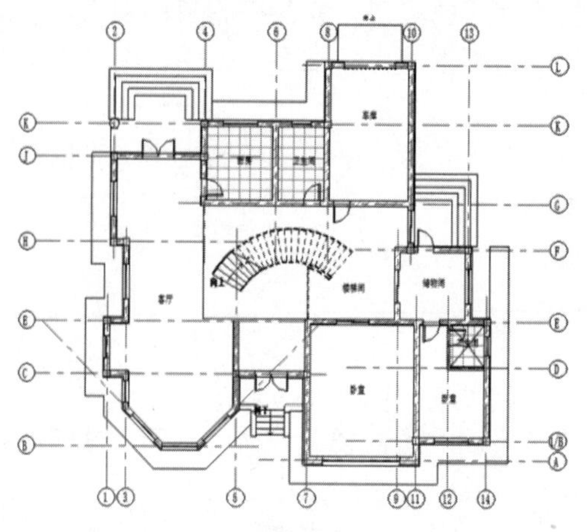

图 15-22　整理后的一层平面图

（6）单击“注释”选项卡的“标记”面板中的“按类别标记”按钮①，打开“修改|标记”选项卡，取消选中“引线”复选框，如图 15-23 所示。

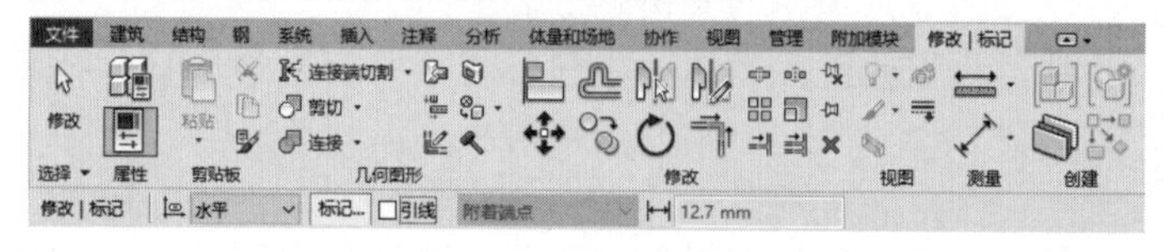

图 15-23　“修改|标记”选项卡

（7）对视图中所有门添加标记，移动调整门标记的位置，可以在“属性”管理器中调整标记的方向为水平或竖直，结果如图 15-24 所示。

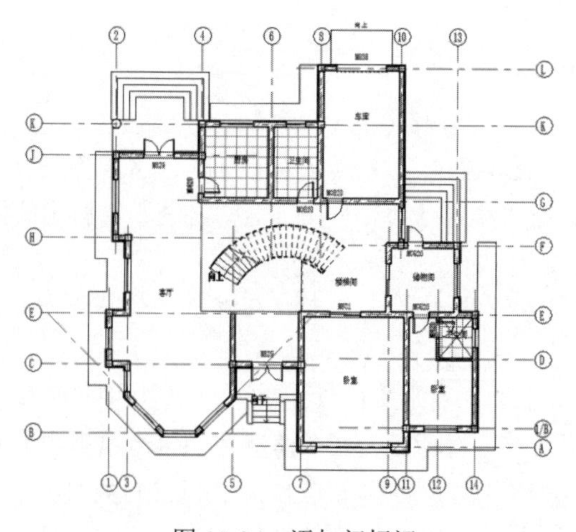

图 15-24　添加门标记

（8）在项目浏览器中的“族”→“注释符号”→“标记_窗”节点下，拖曳窗标记到视图中的窗位置，取消选中“引线”复选框，对视图中所有窗添加标记，并移动调整位置，在“属性”管理器中调整标记的方向为水平或竖直，结果如图15-25所示。

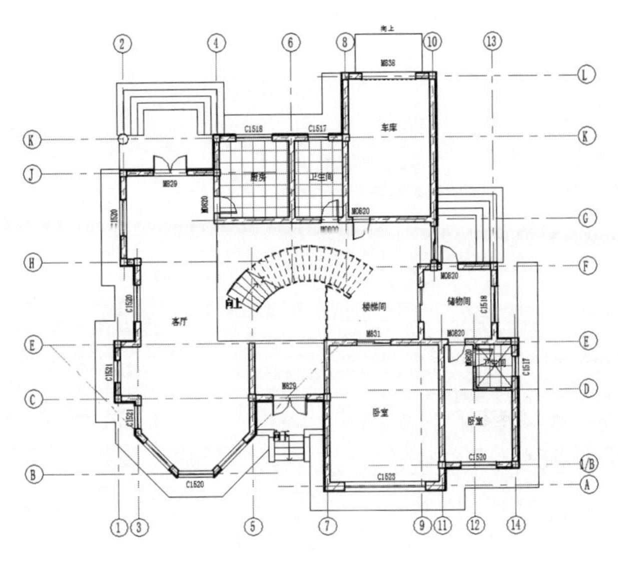

图15-25　添加窗标记

（9）调整轴线的长度，单击“注释”选项卡的“尺寸标注”面板中的“对齐”按钮，在“属性”选项板中选择“对角线-3mm RomanD”类型，标注细节尺寸，如图15-26所示。

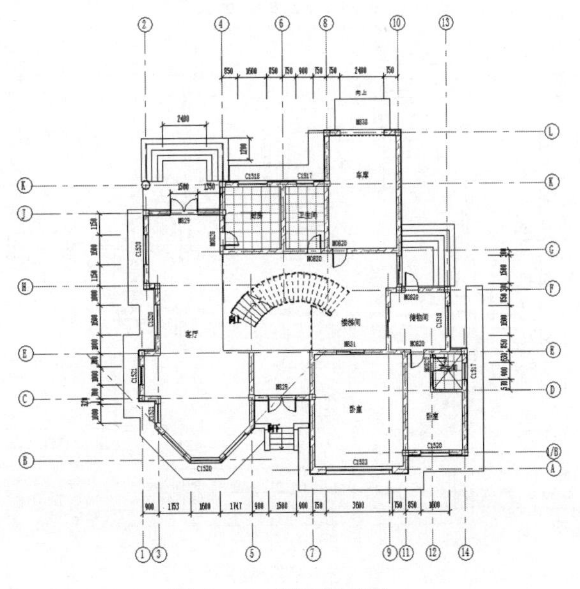

图15-26　标注细节尺寸

（10）选取台阶尺寸 1200，打开“尺寸标注文字”对话框，选中“以文字替换”单选按钮，输入替换文字为 4*300，其他采用默认设置，如图 15-27 所示。单击“确定”按钮，完成文字替代，如图 15-28 所示。

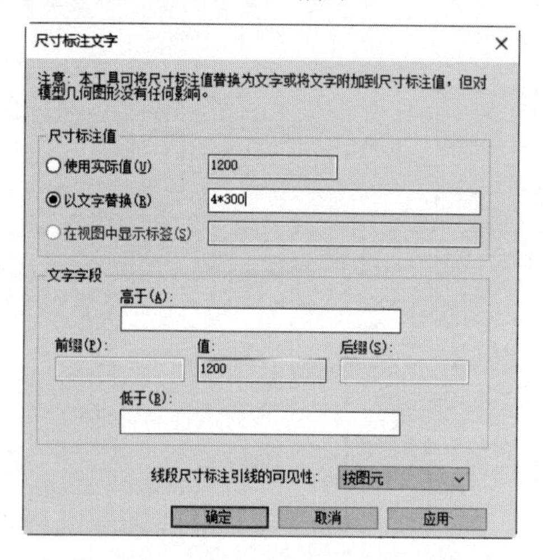

图 15-27　“尺寸标注文字”对话框

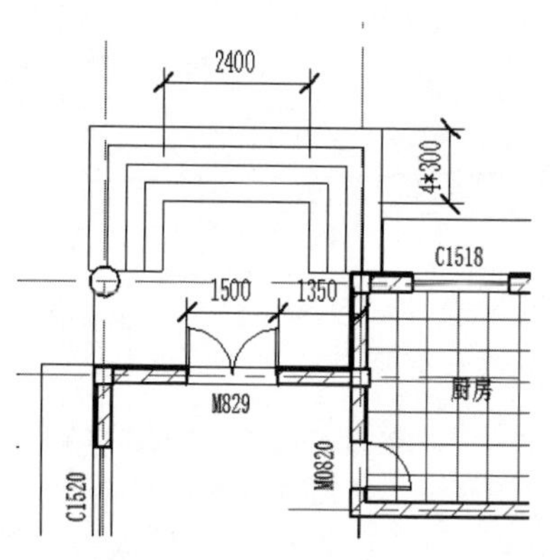

图 15-28　替代尺寸

（11）单击“注释”选项卡的“尺寸标注”面板中的“对齐”按钮，标注外部尺寸，如图 15-29 所示。

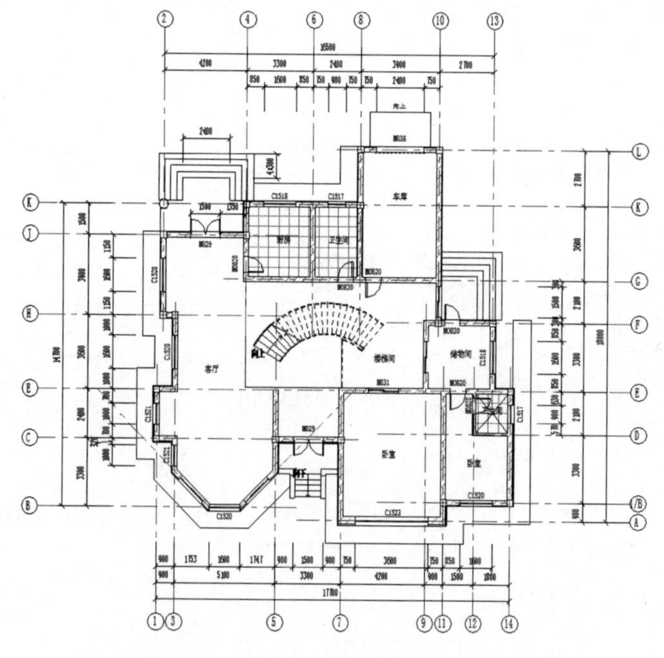

图 15-29　标注外部尺寸

（12）单击“注释”选项卡的“尺寸标注”面板中的“角度”按钮，标注角度尺寸，如图 15-30 所示。

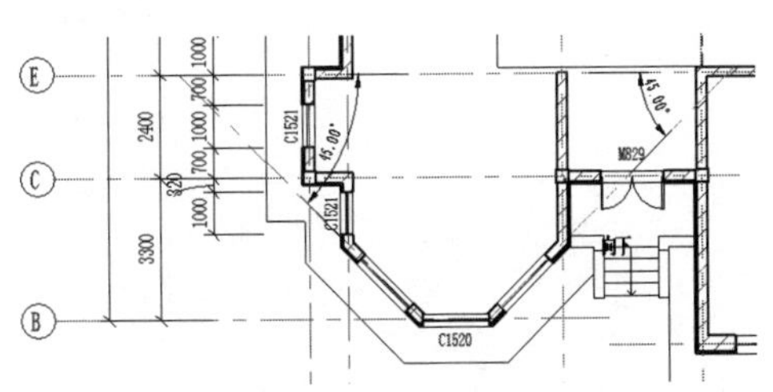

图 15-30　标注角度尺寸

（13）选取轴号并拖曳调整轴号的位置，然后调整尺寸位置，整理后的结果如图 15-31 所示。

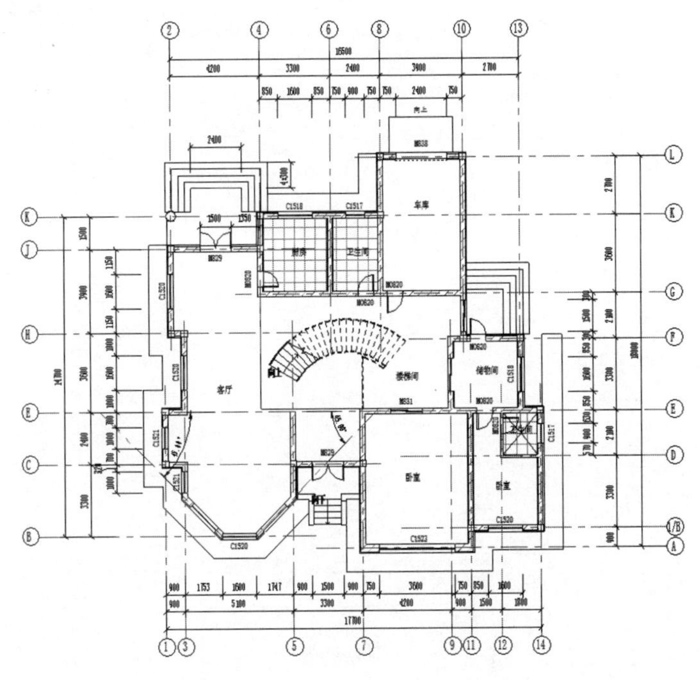

图 15-31　整理轴号和尺寸位置

（14）单击“视图”选项卡的“图纸组合”面板中的“图纸”按钮，打开“新建图纸”对话框，在列表中选择“A2 公制”图纸，单击“确定”按钮，新建 A2 图纸。

（15）单击“视图”选项卡的“图纸组合”面板中的“视图”按钮，打开“视图”对话框，在列表中选择“楼层平面：一层平面图”视图，然后单击“在图纸中添加视图”按钮，将视图添加到图纸中，如图 15-32 所示。

（16）选取图形中的视口标题，在“属性”选项板中选择“视口 没有线条的标题”类型，并将标题移动到图中的适当位置。

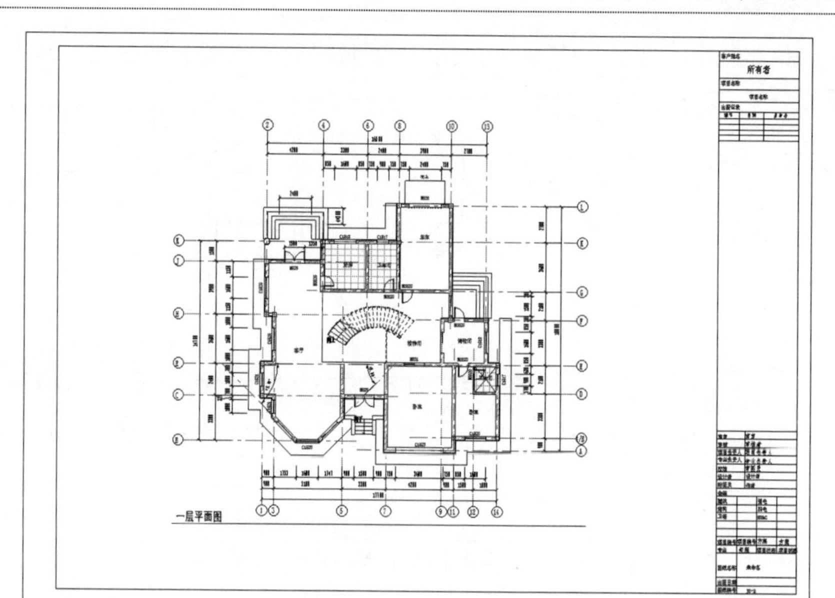

图 15-32　添加视图到图纸

（17）单击“注释”选项卡的“文字”面板中的“文字”按钮A，在“属性”选项板中选择“文字 宋体 5mm”类型，输入比例“1：100”。

（18）单击“注释”选项卡的“详图”面板中的“详图线”按钮，在文字下方绘制水平直线，结果如图 15-33 所示。

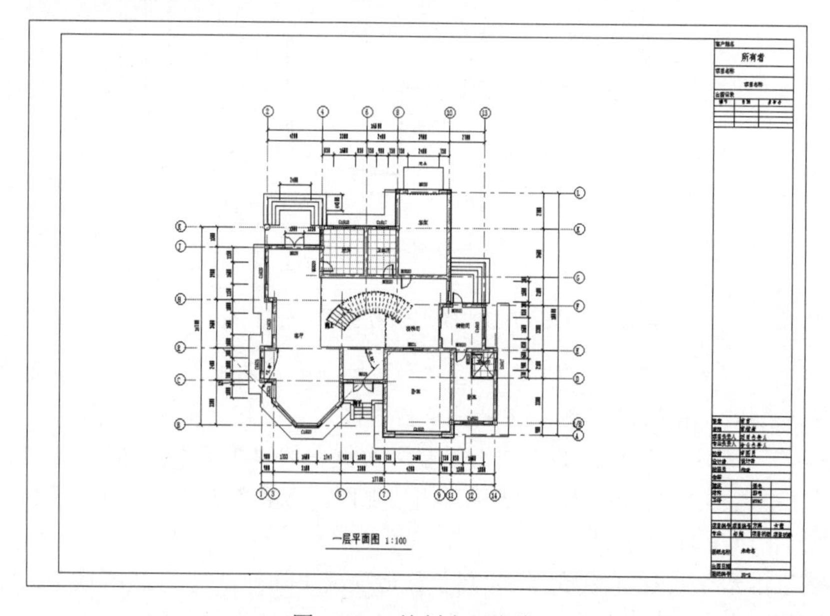

图 15-33　绘制水平直线

（19）在图纸的标题栏中双击图纸名称“未命名”，更改名称为“一层平面图”。

读者可以根据一层平面图的创建方法创建别墅的二层平面图，这里就不再一一进行介绍了。

15.3 立 面 图

建筑立面图是用来研究建筑立面的造型和装修的图样。立面图主要是反映建筑物的外貌和立面装修的做法，这是因为建筑物给人的美感主要来自其立面的造型和装修。

立面图是直接用正投影法将建筑各个墙面进行投影所得到的正投影图。一般的立面图上的图示内容有墙体外轮廓及内部凹凸轮廓、门窗（幕墙）、入口台阶及坡道、雨篷、窗台、窗楣、壁柱、檐口、栏杆、外露楼梯、各种线脚等。从理论上讲，立面图上所有建筑构配件的正投影图均要反映在立面图上。实际上，一些比例较小的细部可以简化或用图例来代替。例如门窗的立面，可以在具有代表性的位置仔细绘制出窗扇、门扇等细节，而同类门窗则用其轮廓表示即可。在施工图中，如果门窗不是引用有关门窗图集，则其细部构造需要绘制大样图来表示，这样就弥补了立面上的不足。

此外，当立面转折、曲折较复杂时，可以绘制展开立面图。圆形或多边形平面的建筑物，可分段展开绘制立面图。为了图示明确，在图名上均应注明“展开”二字，在转角处应准确标明轴线号。

为建筑立面图命名的目的在于能够一目了然地识别其立面的位置。因此，各种命名方式都是围绕“明确位置”这个主题来实施的。至于采取哪种方式，则应视具体情况而定。

1. 以相对主入口的位置特征命名

以相对主入口的位置特征命名，建筑立面图分为正立面图、背立面图、侧立面图。这种方式一般适用于方正、简单的建筑平面图，而且入口位置明确的情况。

2. 以相对地理方位的特征命名

以相对地理方位的特征命名，建筑立面图常称为南立面图、北立面图、东立面图、西立面图。这种方式一般适用于规整、简单的建筑立面图，而且建筑朝向相对正南或正北偏转不大的情况。

3. 以轴线编号命名

以轴线编号命名是指用立面起止定位轴线来命名，如①-⑥立面图、Ⓐ-Ⓔ立面图等。这种方式命名准确，便于查对，特别适用于建筑立面较复杂的情况。

根据《建筑制图标准》（GB/T 50104—2010）的规定：有定位轴线的建筑物，宜以两端定位轴线号作为立面图名称；无定位轴线的建筑物，可按立面图各面的朝向确定名称。

扫一扫，看视频

动手学——创建别墅立面图

具体步骤如下：

（1）在项目浏览器的“立面”节点下双击“南”，将视图切换至南立面。

（2）在项目浏览器中选择“立面”→“南”节点，右击，在弹出的快捷菜单中选择“复制视图”→“带细节复制”选项。

（3）将新复制的立面图重命名为“南立面图”，并切换至此视图，隐藏围墙和大门，如图 15-34 所示。

图 15-34　南立面图

（4）单击“视图”选项卡的“图形”面板中的“可见性/图形”按钮，打开“立面：南立面图的可见性/图形替换”对话框，在“模型类别”选项卡中取消选中“场地”“地形”“植物”复选框，在“注释类别”选项卡中取消选中“参照平面”复选框，单击“确定”按钮，然后隐藏植物、参照平面等。此时的南立面图如图 15-35 所示。

图 15-35　整理后的南立面图

（5）隐藏多余的轴线，并调整轴线编号的显示，如图 15-36 所示。

图 15-36　调整轴线

(6) 单击“注释”选项卡的“尺寸标注”面板中的“对齐”按钮，标注内部和外部尺寸，如图 15-37 所示。

图 15-37　标注尺寸

(7) 单击“注释”选项卡的“尺寸标注”面板中的“高程点”按钮，标注屋顶的高程，如图 15-38 所示。

图 15-38　标注屋顶的高程

（8）单击“注释”选项卡的“标记”面板中的“材质标记”按钮，打开“修改|标记材质”选项卡，如图 15-39 所示。

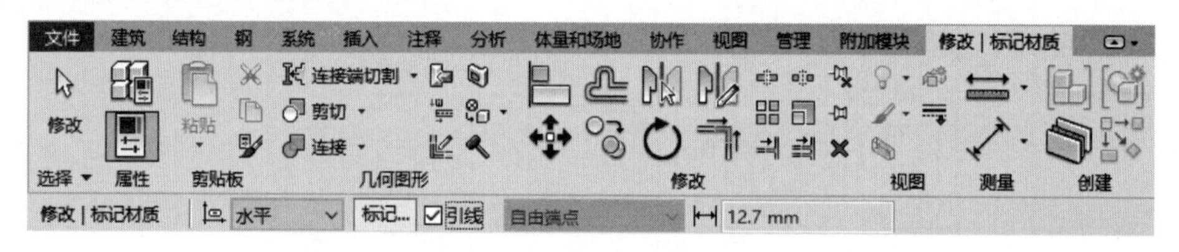

图 15-39　“修改|标记材质”选项卡

（9）在选项栏中选中“引线”复选框，在视图中选取要标记材质的对象，将标记拖曳到适当位置单击并放置，完成材质标记的添加，如图 15-40 所示。

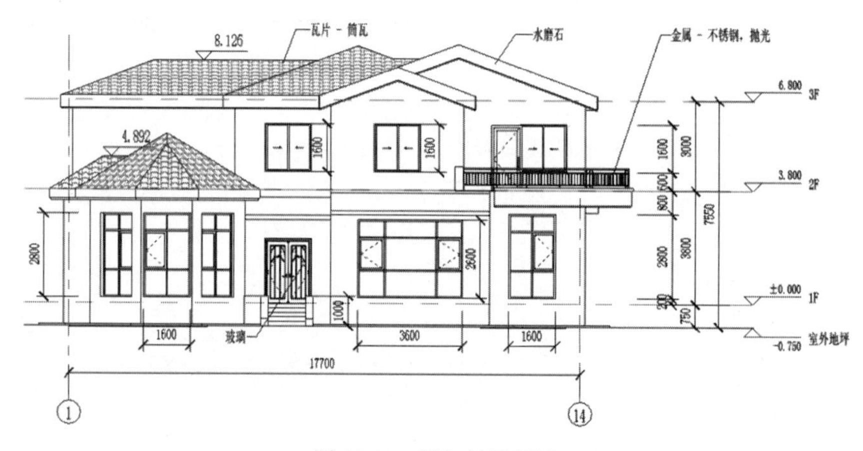

图 15-40　添加材质标记

（10）单击“视图”选项卡的“图纸组合”面板中的“图纸”按钮，打开“新建图纸”对话框，在列表中选择“A3 公制”图纸，单击“确定”按钮，新建 A3 图纸。

（11）单击“视图”选项卡的“图纸组合”面板中的“视图”按钮，打开“视图”对话框，在列表中选择“立面：南立面图”视图，然后单击“在图纸中添加视图”按钮，将视图添加到图纸中，如图 15-41 所示。

（12）选取图形中的视口标题，在“属性”选项板中选择“视口 没有线条的标题”类型，并将标题移动到图中适当位置。

（13）单击“注释”选项卡的“文字”面板中的“文字”按钮**A**，在“属性”选项板中选择“文字 宋体 5mm”类型，输入比例“1：100”。

（14）单击“注释”选项卡的“详图”面板中的“详图线”按钮，在文字下方绘制水平直线，结果如图 15-42 所示。

图 15-41　添加视图到图纸

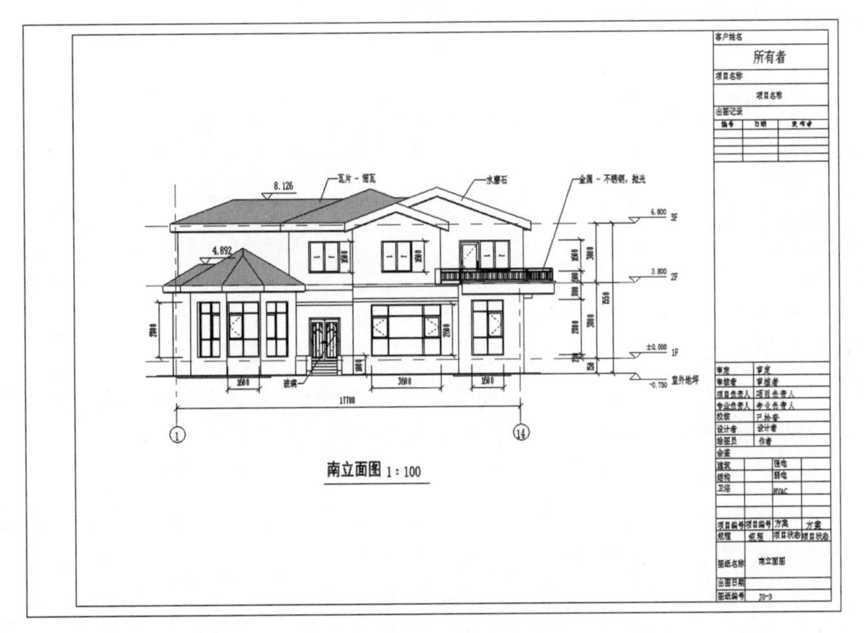

图 15-42　绘制水平直线

（15）在项目浏览器中的“J0-3-未命名”上右击，在弹出的快捷菜单中选择“重命名”选项，打开“图纸标题”对话框，输入“名称”为“南立面图”，单击“确定”按钮，完成图纸的重命名。

读者可以根据南立面图的创建方法创建别墅的东立面图、西立面图和北立面图，这里就不再一一进行介绍了。

15.4 剖 面 图

剖面图是表达建筑室内空间关系的必备图样，是建筑制图中的一个重要环节，其绘制方法与立面图相似，主要区别在于剖面图需要表示出构配件被剖切的截面形式及材料图案。在平面图、立面图的基础上学习剖面图绘制会方便很多。

剖面图是指用剖切面将建筑物的某一位置剖开，移去一侧后剩下一侧沿剖切方向的正投影图，用来表达建筑内部空间关系、结构型式、楼层情况及门窗、楼层、墙体构造法等。根据工程的需要，绘制一个剖面图可以选择一个剖切面、两个平行剖切面或两个相交剖切面（见图 15-43）。对于两个相交剖切面的情形，应在图名中注明“展开”二字。剖面图与断面图的区别在于，剖面图除了表示剖切到的部位外，还应表示出投射方向看到的构配件轮廓（即“看线”）；而断面图只需要表示剖切到的部位。

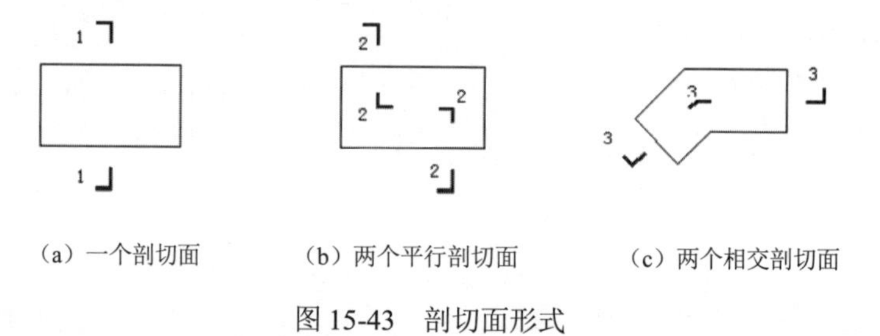

（a）一个剖切面　（b）两个平行剖切面　（c）两个相交剖切面

图 15-43　剖切面形式

不同的设计深度，图示内容有所不同。

（1）制订方案阶段重点在于表达剖切部位的空间关系、建筑层数、高度、室内外高差等。剖面图中应注明室内外地坪标高、楼层标高、建筑总高度（室外地面至檐口）、剖面编号、比例或比例尺等。如果有建筑高度控制，还需标明最高点的标高。

（2）初步设计阶段需要在方案图基础上增加主要内外承重墙、柱的定位轴线和编号，更加详细、清晰、准确地表达出建筑结构、构件（剖到或看到的墙、柱、门窗、楼板、地坪、楼梯、台阶、坡道、雨篷、阳台等）本身及相互关系。

（3）施工图阶段是在优化、调整、丰富初设图的基础上标注图示内容最为详细的阶段。一方面是剖到和看到的构配件图样准确、详尽、到位；另一方面是标注详细。除了标注室内外地坪、楼层、屋面突出物、各构配件的标高外，还要标注竖向尺寸和水平尺寸。竖向尺寸包括外部三道尺寸（与立面图类似）和内部地坑、隔断、吊顶、门窗等部位的尺寸；水平尺寸包括两端和内部剖到的墙、柱定位轴线间尺寸及轴线编号。

根据《建筑制图标准》（GB/T 50104—2010）的规定，剖面图应根据图纸的用途或设计深度，在平面图上选择空间复杂，能反映全貌、构造特征及有代表性的部位剖切。

投射方向一般宜向左、向上，当然也要根据工程情况而定。剖切符号标在底层平面图中，短线指向为投射方向。剖面图编号标在投射方向一侧，剖切线若有转折，则应在转角的外侧加注与该符号相同的编号，如图 15-43 所示。

动手学——创建别墅剖面图

扫一扫，看视频

具体步骤如下：

（1）将视图切换到 1F 楼层平面。

（2）单击“视图”选项卡的“创建”面板中的“剖面”按钮，打开“修改|剖面”选项卡，如图 15-44 所示，采用默认设置。

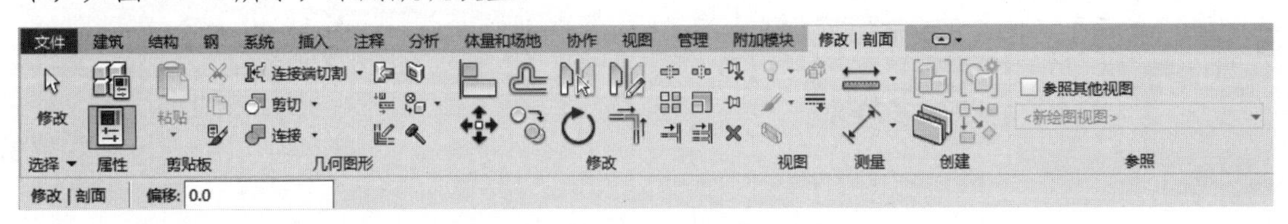

图 15-44　“修改|剖面”选项卡

（3）在视图中绘制剖面线，然后调整剖面线的位置，如图 15-45 所示。

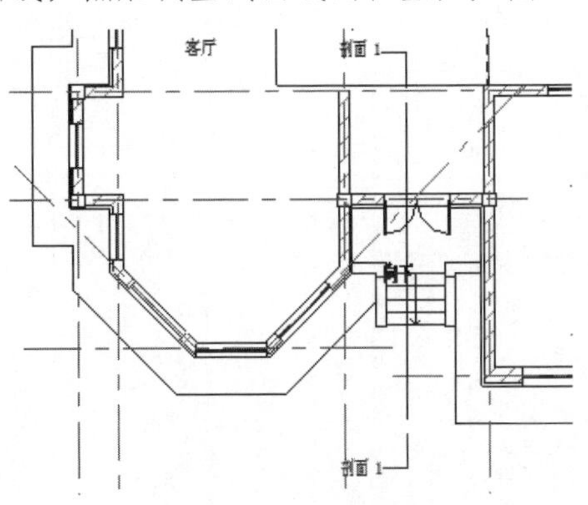

图 15-45　绘制剖面线

（4）选取上一步绘制的剖面线，打开“修改|视图”选项卡，如图 15-46 所示。单击“剖面”面板中的“拆分线段”按钮，在适当的位置拆分剖面线，如图 15-47 所示。

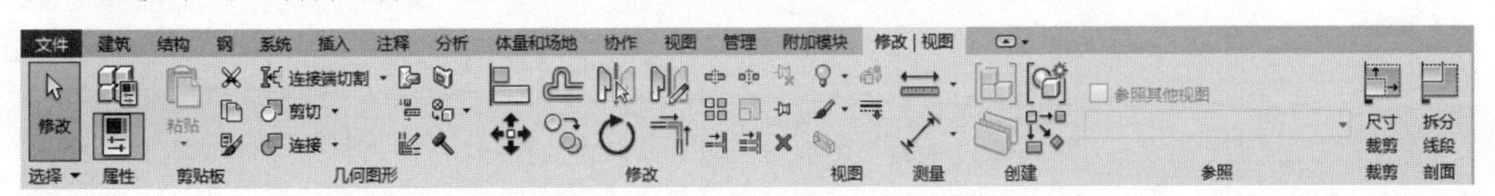

图 15-46　“修改|视图”选项卡

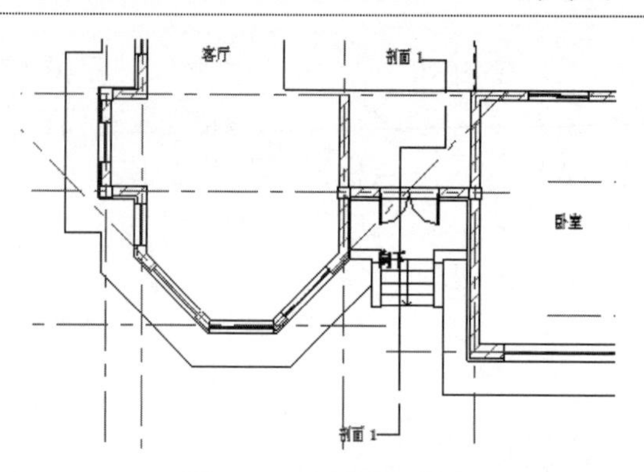

图 15-47　拆分剖面线

（5）选取拆分的剖面线，拖动剖面线上的控制点调整剖面线，如图 15-48 所示。

（6）单击剖面线上的“翻转剖面”按钮⇆，调整剖切方向，如图 15-49 所示。

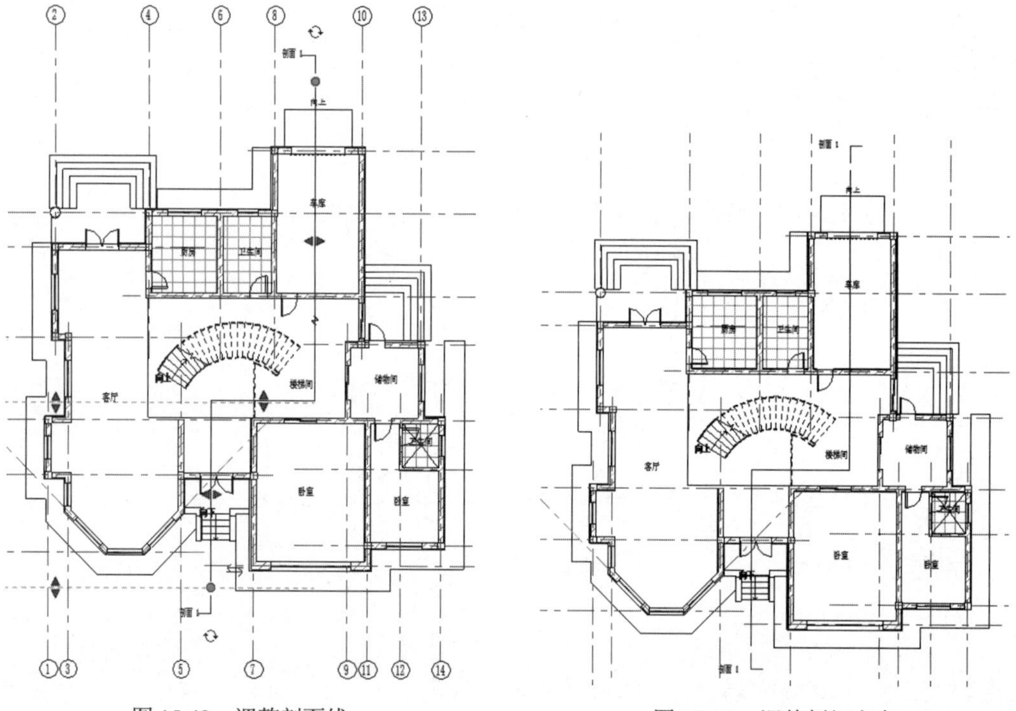

图 15-48　调整剖面线　　　　图 15-49　调整剖切方向

📖 教你一招：

如何将剖面线变粗并设置为红色?

答：单击“管理”选项卡的“设置”面板中的“对象样式”按钮，打开“对象样式”对话框，在“注释对象”选项卡中分别设置“剖面标头”“剖面框”和“剖面线”标签，设置“线宽投影”为 5 或更大的值，然后修改线颜色为红色。

（7）绘制完剖面线后，系统自动创建剖面图，在项目浏览器的“剖面（建筑剖面）”节点下双击“剖面 1”视图，打开此剖面视图，如图 15-50 所示。

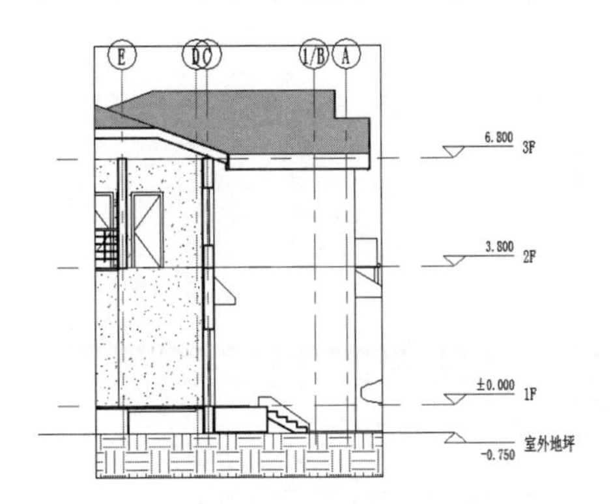

图 15-50　自动生成的剖面视图

（8）拖动剖面视图的视口，使别墅建筑剖面视图全部显示，如图 15-51 所示。

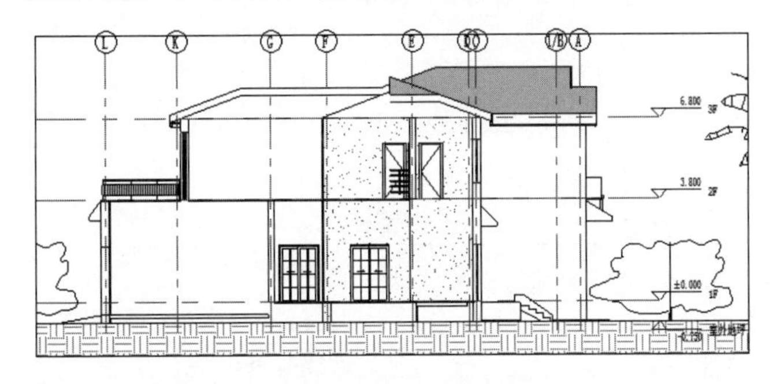

图 15-51　剖面视图

（9）单击“视图”选项卡的“图形”面板中的“可见性/图形”按钮，打开“剖面：面 1 的可见性/图形替换”对话框，在“模型类别”选项卡中取消选中“场地”和“植物”复选框，单击“确定”按钮，结果如图 15-52 所示。

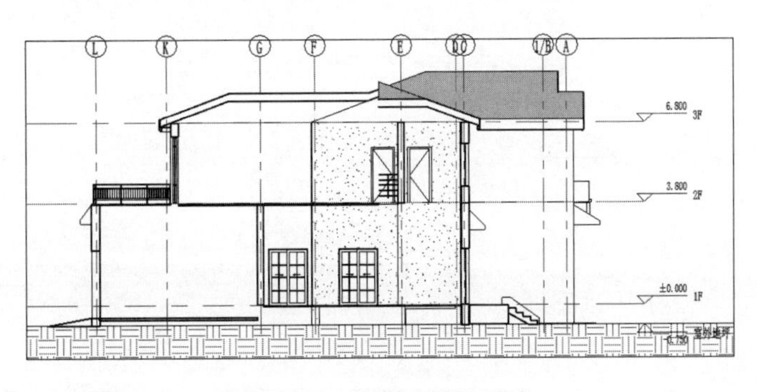

图 15-52　整理后的剖面图

（10）在“属性”选项板中取消选中“裁剪区域可见”复选框，隐藏视图中的裁剪区域，如图 15-53 所示。

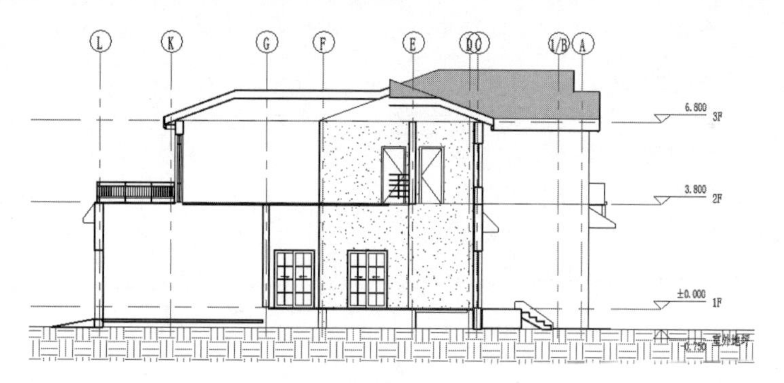

图 15-53　隐藏裁剪区域

（11）从图 15-53 中可以看出车库的内墙没有到车库的地面。所以选取此内墙，在“属性”选项板中设置“底部约束”为“室外地坪”，结果如图 15-54 所示。

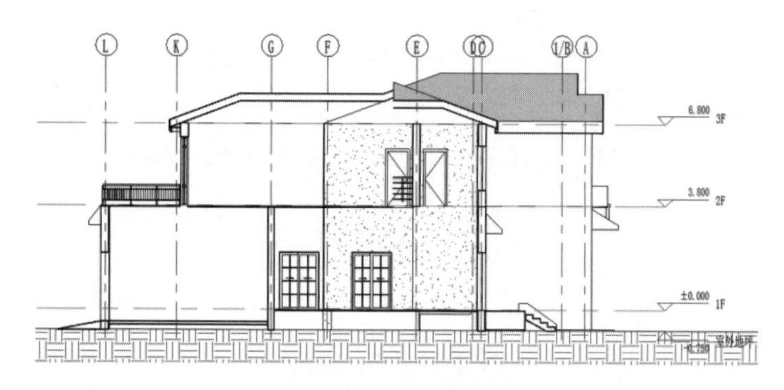

图 15-54　更改墙的约束

（12）分别选取轴号和标高线并拖曳调整其位置，然后更改轴号的显示和隐藏。整理后的结果如图 15-55 所示。

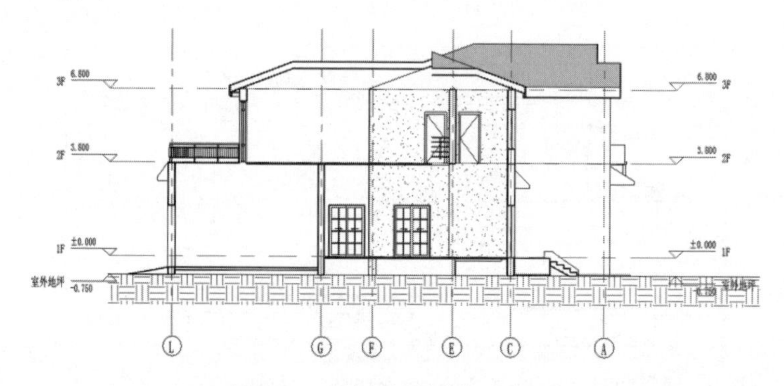

图 15-55　整理轴号和标高位置

（13）单击“注释”选项卡的“尺寸标注”面板中的“对齐”按钮，标注尺寸，如图 15-56 所示。

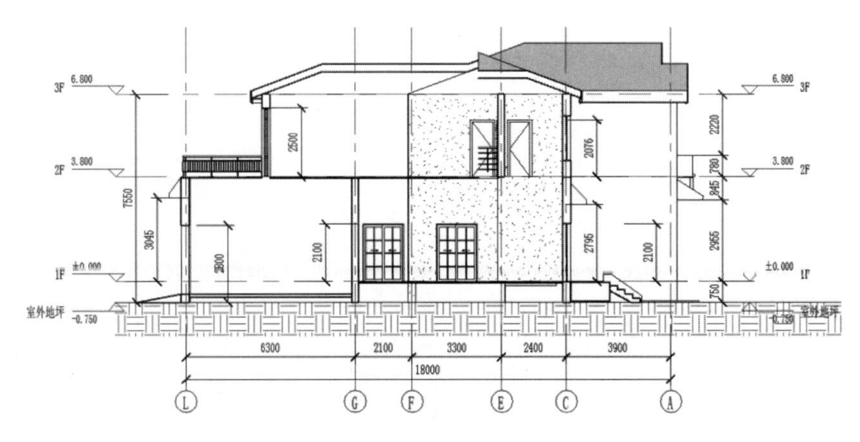

图 15-56　标注尺寸

（14）单击“视图”选项卡的“图纸组合”面板中的“图纸”按钮，打开“新建图纸”对话框，在列表中选择“A3 公制”图纸，单击“确定”按钮，新建 A3 图纸。

（15）单击“视图”选项卡的“图纸组合”面板中的“视图”按钮，打开“视图”对话框，在列表中选择“剖面 1”视图，然后单击“在图纸中添加视图”按钮，将视图添加到图纸中，如图 15-57 所示。

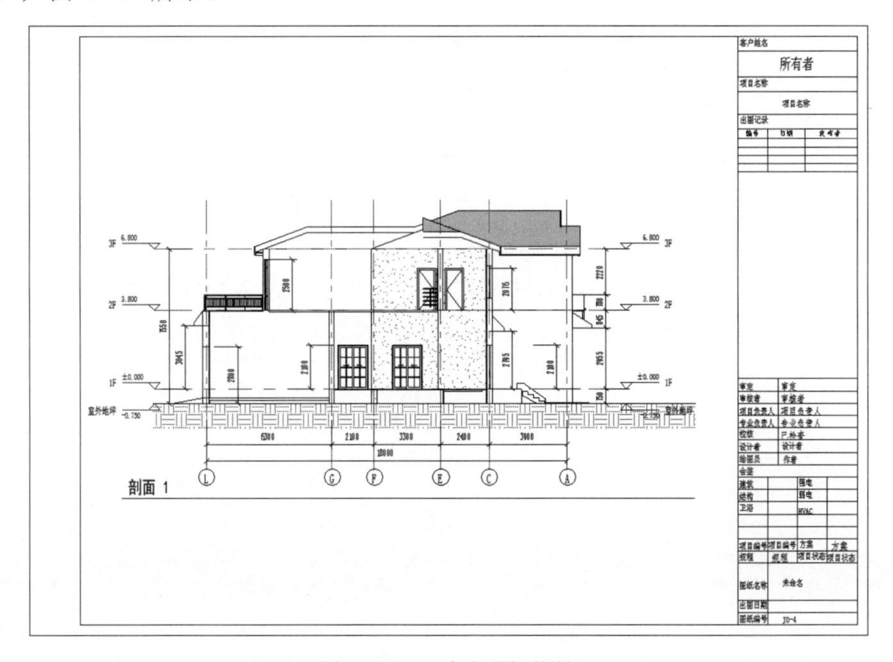

图 15-57　添加视图到图纸

（16）选取图形中的视口标题，在“属性”选项板中选择“视口 有线条的标题”类型，并将标题移动到图中适当的位置，然后在“属性”选项板中更改视图名称为“1-1 剖面图”。

（17）单击“注释”选项卡的“文字”面板中的“文字”按钮**A**，在“属性”选项板中选择“文字 宋体 5mm”类型，输入比例“1：100”，并在名称下面绘制线段，结果如图 15-58 所示。

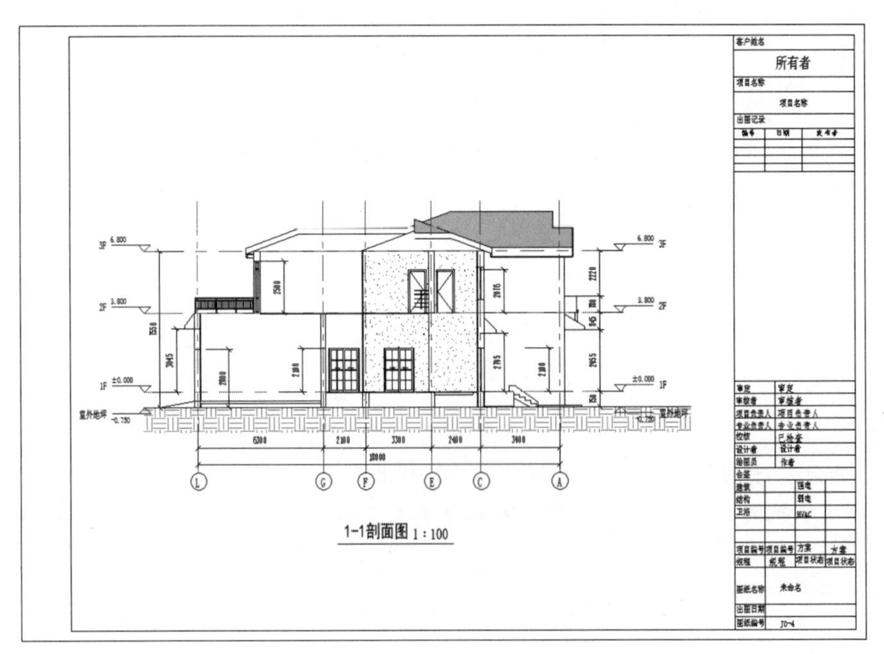

图 15-58　输入文字并绘制线段

（18）在项目浏览器中的“J0-4-未命名”上右击，在弹出的快捷菜单中选择“重命名”选项，打开“图纸标题”对话框，输入“名称”为“1-1 剖面图”，单击“确定”按钮，完成图纸的命名。

读者可以根据 1-1 剖面图的创建方法创建别墅东西方向的 2-2 剖面图，这里就不再一一进行介绍了。

综　合　篇　▶▶第3篇

本篇将通过宾馆大楼综合实例完整地介绍Revit建筑设计全过程。通过本篇的学习，读者将掌握Revit建筑设计、工程设计的实践操作方法。

☑ 掌握Revit建筑设计思路

☑ 巩固Revit绘图技巧

第 16 章　创建地下一层

首先绘制宾馆大楼的标高和轴网，根据轴网绘制柱和墙，再布置门，完成地下一层的主体建筑；然后在主体建筑外面布置停车位，布置卫生间内的卫生器具；最后放置电梯。

- 创建标高
- 创建轴网
- 创建柱
- 创建墙
- 创建门
- 布置停车位
- 布置卫生间
- 布置电梯

案例效果

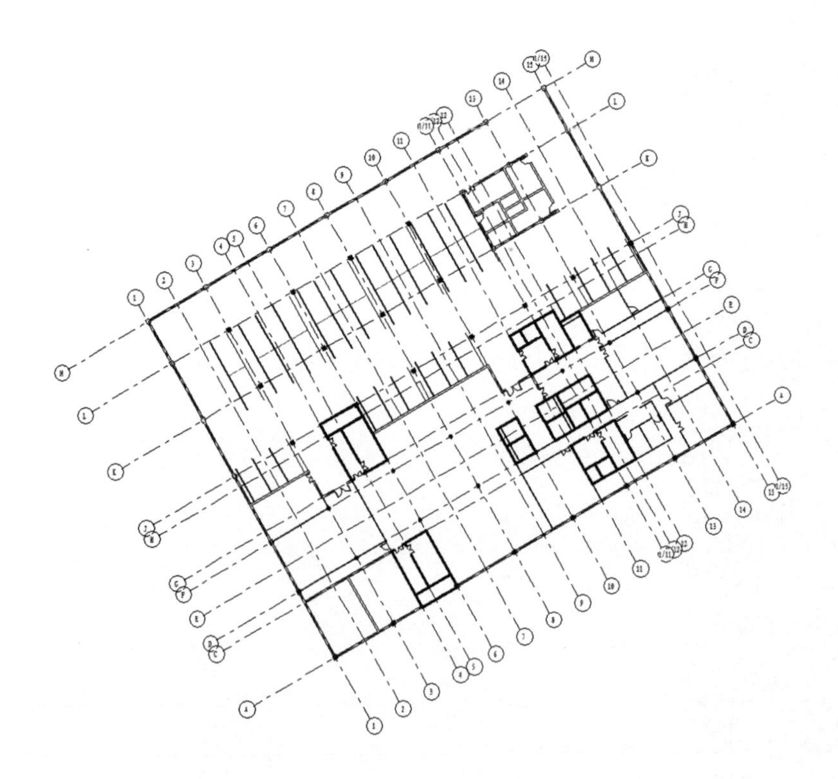

扫一扫，看视频

16.1 创 建 标 高

创建标高的具体步骤如下：

（1）在“主视图”界面中选择“模型”→“新建”按钮，打开“新建项目”对话框，选择“建筑样板”文件，单击“确定”按钮，新建一个项目文件，系统自动切换视图到楼层平面：标高 1。

（2）在项目浏览器中双击“立面”节点下的“东”，将视图切换到东立面视图。

（3）单击“建筑”选项卡的“基础”面板中的“标高”按钮，绘制标高线，修改尺寸值和标高线名称，并显示左端的编号，如图 16-1 所示。

31.800 F10
28.200 F9
24.600 F8
21.000 F7
18.000 F6
14.400 F5
10.800 F4
9.000 F3.5
7.200 F3
3.600 F2
±0.000 F1
-0.450 室外标高
-3.600 F-1
64.200 F19
60.600 F18
57.000 F17
53.400 F16
49.800 F15
46.200 F14
42.600 F13
39.000 F12
35.400 F11
78.600 F23
75.000 F22
71.400 F21
67.800 F20

图 16-1 绘制标高线

扫一扫，看视频

16.2 创建轴网

创建轴网的具体步骤如下：

（1）在项目浏览器中双击“楼层平面”节点下的F-1，将视图切换到F-1楼层平面视图。

（2）单击“建筑”选项卡的“基准”面板中的“轴网”按钮，打开“修改|放置 轴网”选项卡。

（3）在“属性”选项板选择“轴网 6.5mm 编号”类型，单击“编辑类型”按钮，打开“类型属性”对话框，选中“平面视图轴号端点 1（默认）”复选框，其他采用默认设置，如图16-2所示，单击“确定”按钮。

（4）在绘图区中绘制轴网，修改轴网之间的尺寸，修改轴网编号，设置轴网与水平之间的夹角为30°，结果如图16-3所示。

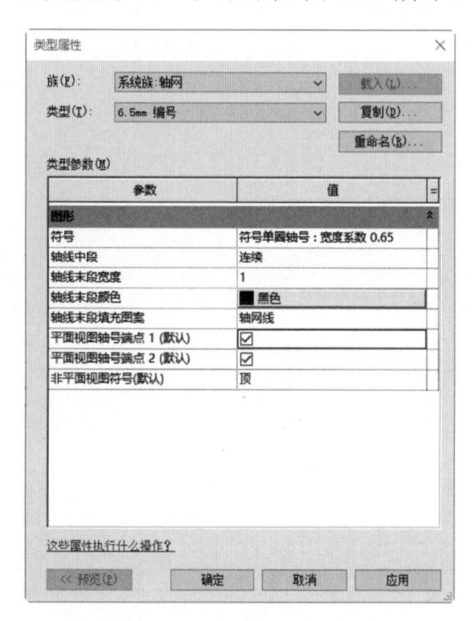

图16-2 “类型属性”对话框

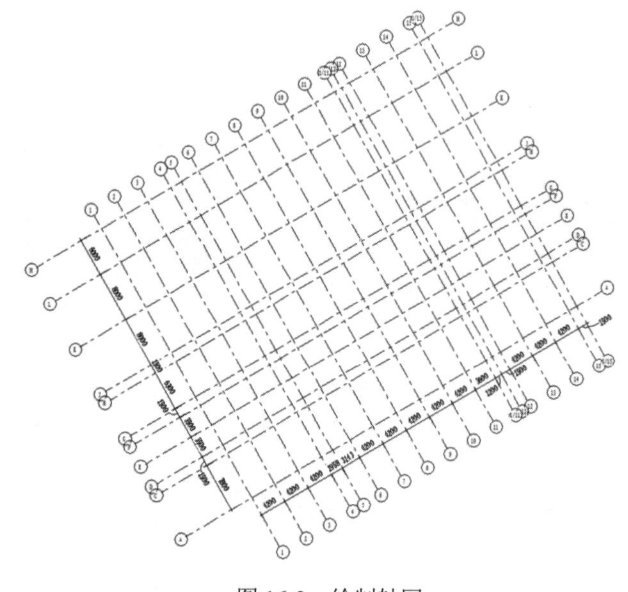

图16-3 绘制轴网

扫一扫，看视频

16.3 创建柱

创建柱的具体步骤如下：

（1）单击“建筑”选项卡的“构建”面板中“柱”下拉列表中的“柱：建筑”按钮，打开“修改|放置 柱”选项卡。

（2）在“属性”选项板中选择“矩形柱 457×475mm”类型，单击“编辑类型”按钮，打开“类型属性”对话框，单击“复制”按钮，新建“500×500mm”类型，单击“材质”栏中的按钮，打开“材质浏览器”对话框，新建“钢筋混凝土”材质，具体参数如图 16-4 所示，单击“确定”按钮，返回到“类型属性”对话框，更改“深度”和“宽度”均为 500，单击“确定”按钮。

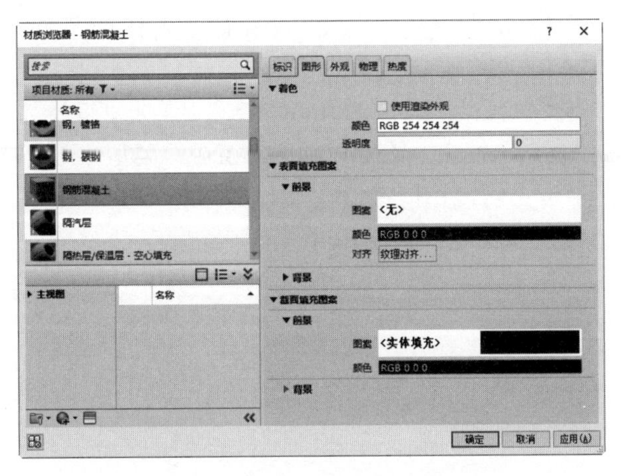

图 16-4 “钢筋混凝土”材质参数

（3）在选项栏中选中“放置后旋转”复选框，在轴网的交点处放置矩形柱并旋转使其与轴线平行，如图 16-5 所示。

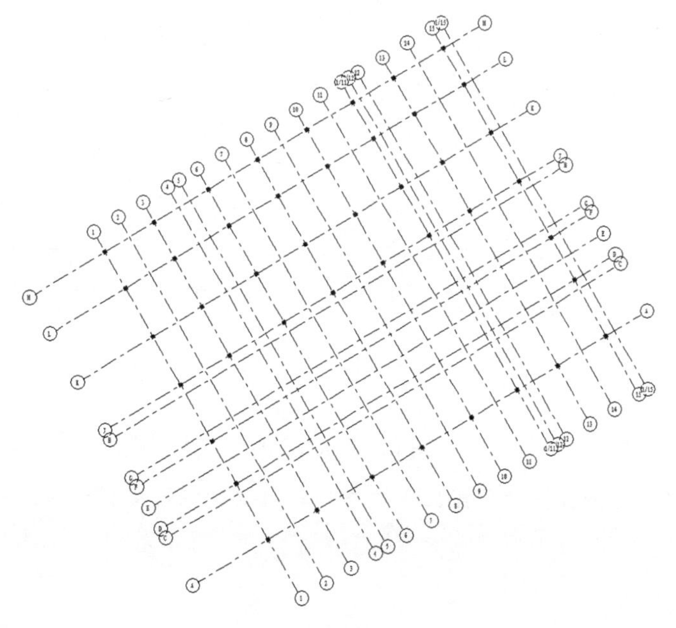

图 16-5 放置矩形柱

（4）选取轴线 1~15 与轴线 K~M 上的矩形柱，在“属性”选项板中设置“顶部标高”为“室外标高”，“顶部偏移”为-100，其他采用默认设置，采用相同的方法选取轴线 1~15 与轴线 A~J 上的矩形柱，在“属性”选项板中设置“顶部标高”为 F7，“顶部偏移”为 0，其他采用默认设置。

（5）重复“柱：建筑”命令，单击“模式”面板中的“载入族”按钮，打开“载入族”对话框，选择 Chinese→“建筑”→“柱”文件夹中的“圆柱.rfa”族文件，单击“打开”按钮，打开“圆柱”族文件。

（6）在“属性”选项板中选择“圆柱 305mm”类型，单击“编辑类型”按钮，打开“类型属性”对话框，单击“复制”按钮，新建“500mm 直径”类型，更改材质为“钢筋混凝土”，更改“直径”为 500，单击“确定”按钮。

（7）在轴网的交点处放置圆柱，如图 16-6 所示。

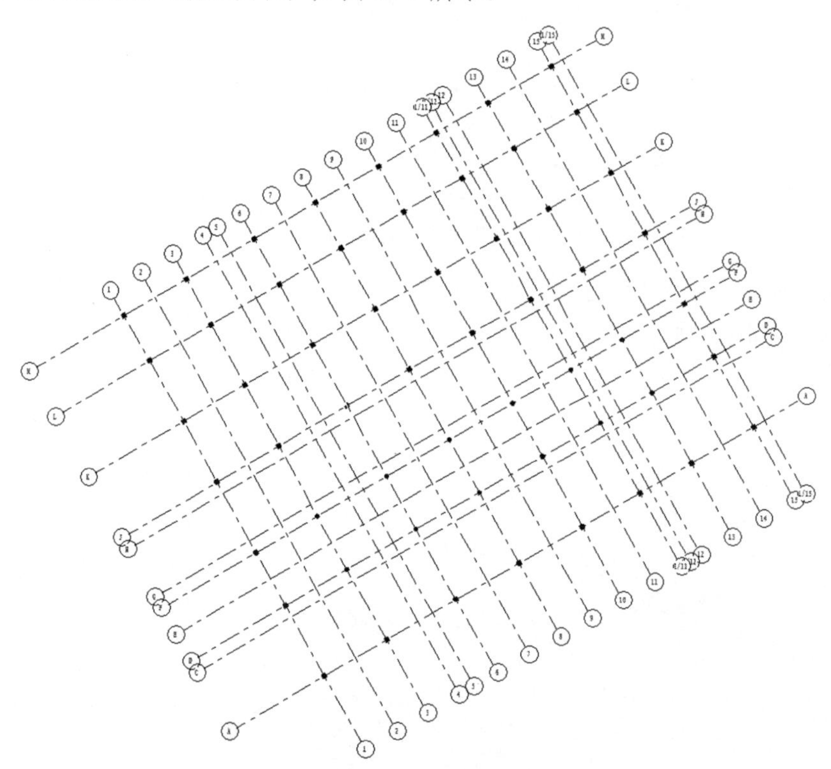

图 16-6　放置圆柱

（8）选取轴网上的圆柱，在“属性”选项板中设置“顶部标高”为 F7，“顶部偏移”为 0，其他采用默认设置。

16.4 创 建 墙

扫一扫，看视频

创建墙的具体步骤如下。

1. 绘制白色外墙

（1）单击“建筑”选项卡的“构建”面板中的“墙”按钮，在“属性”选项板中选择“基本墙 常规-200mm”类型，单击“编辑类型”按钮，打开“类型属性”对话框，单击“复制”按钮，新建“外墙-白色涂料”类型，单击结构栏中的“编辑”按钮。

（2）打开“编辑部件”对话框，按图 16-7 所示设置墙体参数，连续单击“确定”按钮。

（3）在“属性”选项板中设置“定位线”为“墙中心线”，“底部约束”为 F-1，“底部偏移”为 0，“顶部约束”为“直到标高：室外地坪”，其他采用默认设置，如图 16-8 所示。

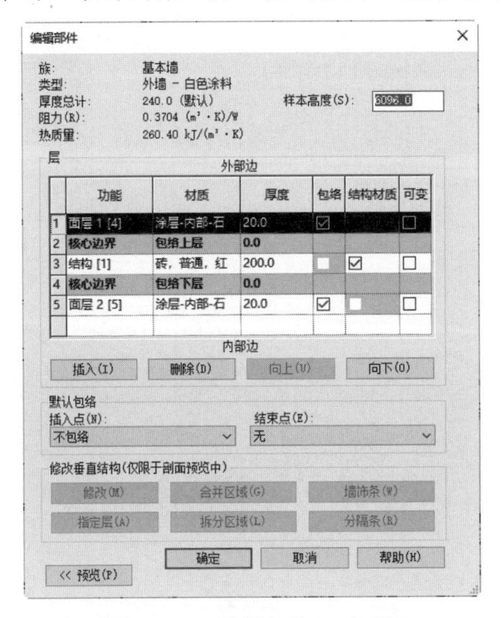

图 16-7 “编辑部件”对话框

图 16-8 “属性”选项板

（4）根据轴网绘制外墙体，如图 16-9 所示。

（5）重复“墙体”命令，在“属性”选项板中设置“顶部约束”为“未连接”，“无连接高度”为 2000。绘制的墙体如图 16-10 所示。

（6）重复“墙体”命令，在“属性”选项板中设置“顶部约束”为“直到标高：室外地坪”，“顶部偏移”为-150。绘制的墙体如图 16-11 所示。

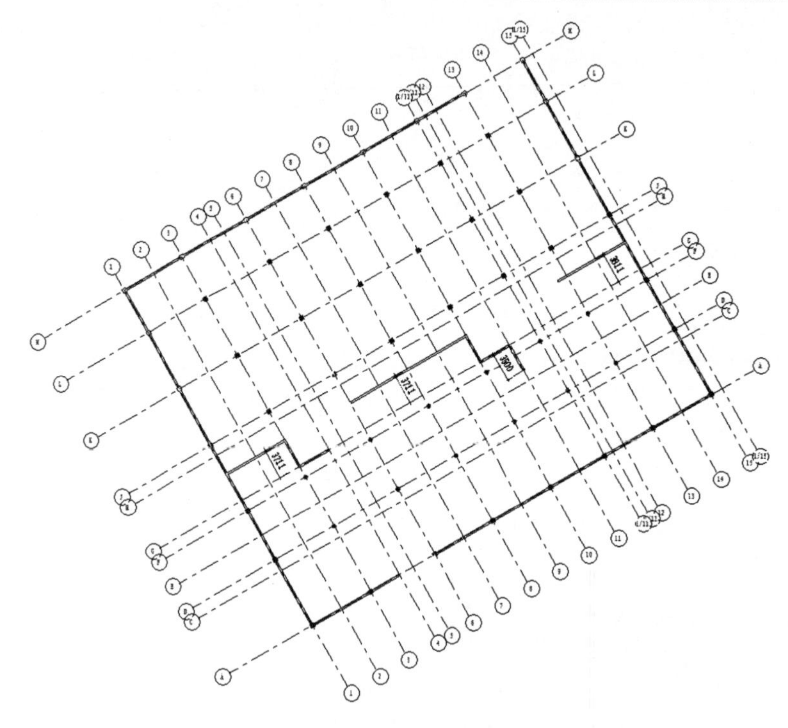

图 16-9　绘制外墙体

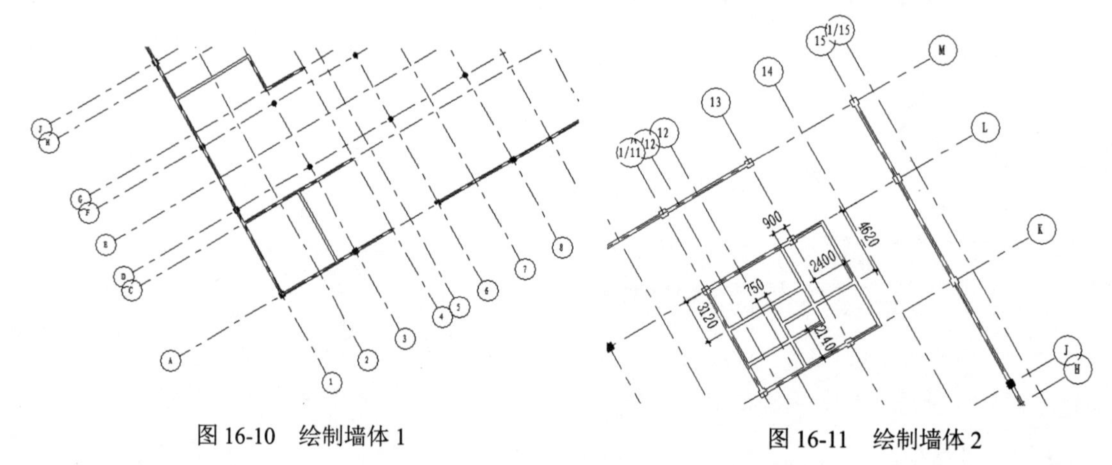

图 16-10　绘制墙体 1　　　　图 16-11　绘制墙体 2

2. 绘制剪力墙

（1）在“属性”选项板中选择“基本墙 常规-200mm”类型，单击“编辑类型”按钮，打开“类型属性”对话框，单击“复制”按钮，新建“剪力墙”类型，单击结构栏中的“编辑”按钮。

（2）打开“编辑部件”对话框，设置结构层的“材质”为“钢筋混凝土”，“厚度”为 240，连续单击“确定”按钮。

（3）在“属性”选项板中设置“定位线”为“墙中心线”，“底部约束”为 F-1，“底部偏移”为 0，“顶部约束”为“直到标高：F23”，“顶部偏移”为 0，其他采用默认设置。

（4）根据轴网绘制直到屋顶的剪力墙，如图 16-12 所示。

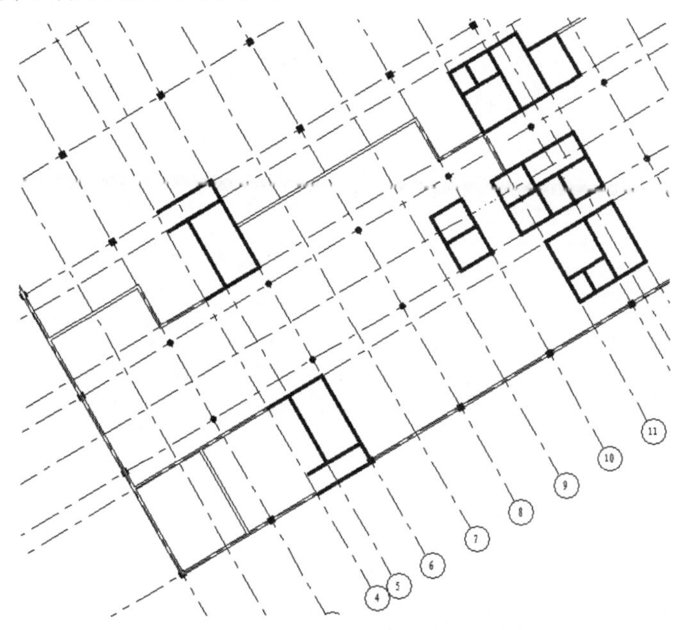

图 16-12　绘制直到屋顶的剪力墙

（5）重复“墙”命令，在“属性”选项板中设置“顶部约束”为“直到标高：F3”，其他采用默认设置，根据轴网绘制直到三层的剪力墙，如图 16-13 所示。

（6）在“属性”选项板中设置“顶部约束”为“直到标高：F5”，其他采用默认设置，根据轴网绘制直到五层的剪力墙，如图 16-14 所示。

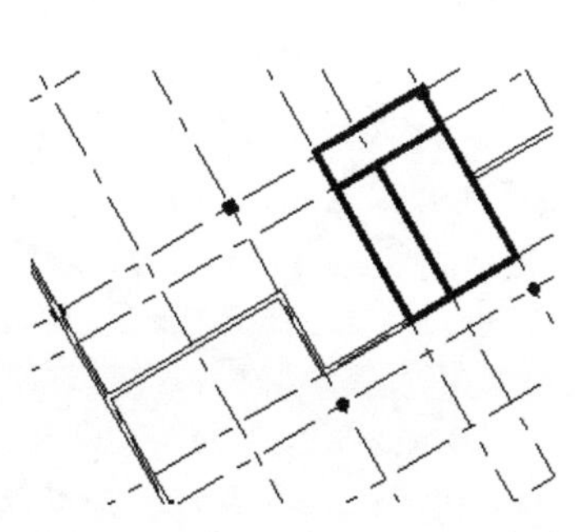

图 16-13　绘制直到三层的剪力墙

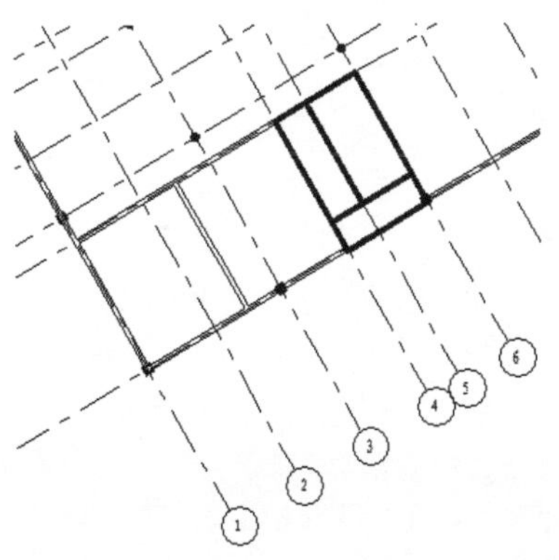

图 16-14　绘制直到五层的剪力墙

3．绘制房间隔断

（1）重复“墙”命令，在“属性”选项板中选择“内部-79mm 隔断（1 小时）”类型，设置“定位线”为“墙中心线”，“底部约束”为 F-1，“顶部约束”为“直到标高：室外标高”，根据轴网绘制直到室外标高的隔断墙，如图 16-15 所示。

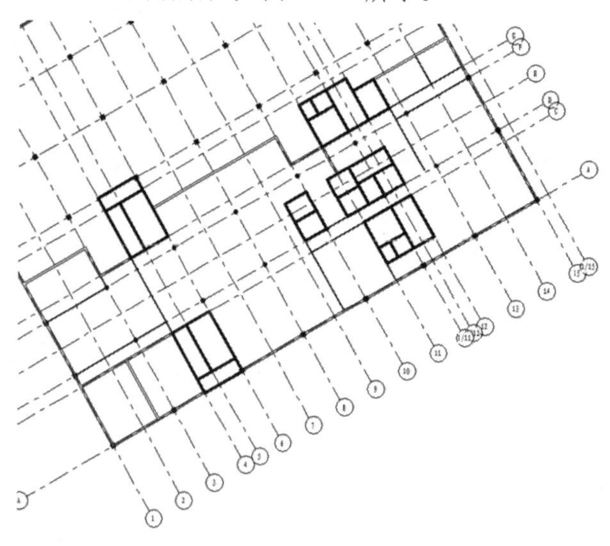

图 16-15　直到室外标高的隔断墙

（2）重复“墙”命令，在“属性”选项板中设置“定位线”为“墙中心线”，“底部约束”为 F-1，“顶部约束”为“直到标高：F1”，“顶部偏移”为-600，根据轴网绘制直到一层的隔断墙，如图 16-16 所示。

（3）重复“墙”命令，在“属性”选项板中设置“定位线”为“墙中心线”，“底部约束”为 F-1，“顶部约束”为“直到标高：F3”，“顶部偏移”为-600，根据轴网绘制直到三层的隔断墙，如图 16-17 所示。

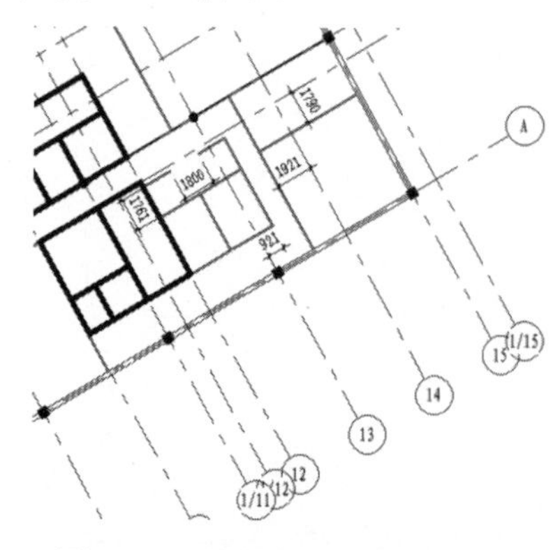

图 16-16　绘制直到一层的隔断墙

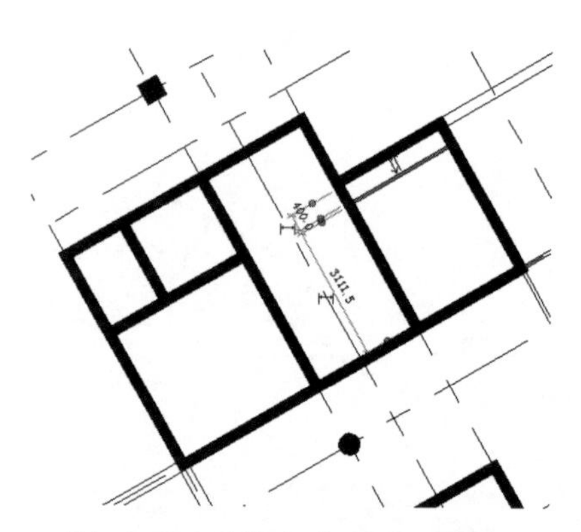

图 16-17　绘制直到三层的隔断墙

（4）重复“墙”命令，在“属性”选项板中设置“定位线”为“墙中心线”，“底部约束”为 F-1，“顶部约束”为“直到标高：F22”，“顶部偏移”为 0，根据轴网绘制直到二十二层的隔断墙，如图 16-18 所示。

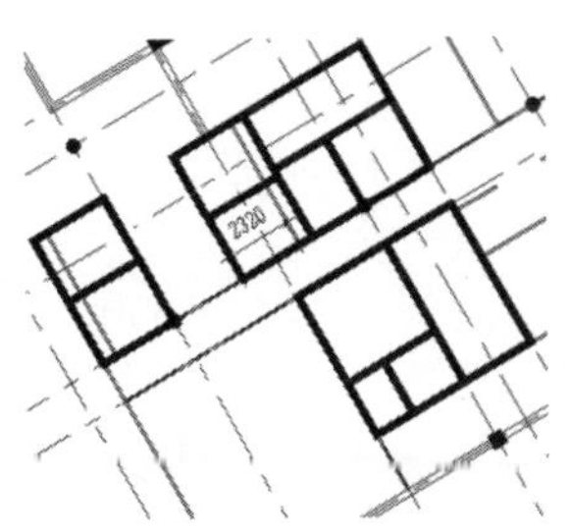

图 16-18　绘制直到二十二层的隔断墙

16.5 创 建 门

扫一扫，看视频

创建门的具体步骤如下：

（1）单击“建筑”选项卡的“构建”面板中的“门”按钮，打开“修改|放置门”选项卡。

（2）单击“模式”面板中的“载入族”按钮，打开“载入族”对话框，选择“单-嵌板 1.rfa”族文件，单击“打开”按钮，载入族文件。

（3）在“属性”选项板中选择“单-嵌板 1 915×2134mm”类型，单击“编辑类型”按钮，打开“类型属性”对话框，新建“900×2000mm”类型，更改“高度”为 2000，“宽度”为 900，在如图 16-19 所示的位置放置单扇门，并修改临时尺寸，卫生间的门距离墙为 100，其他的门距离墙为 200。

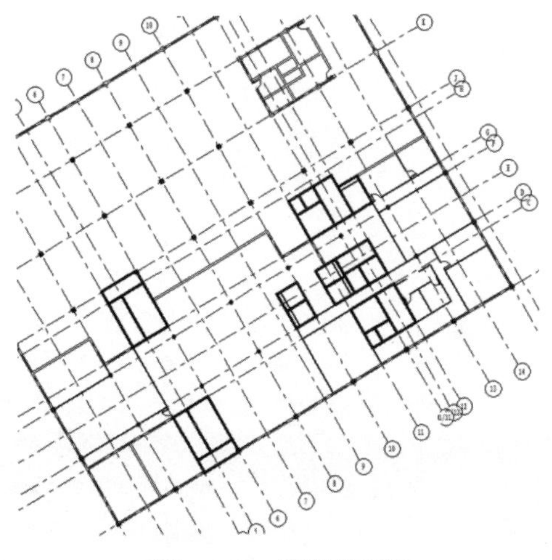

图 16-19　放置单扇门

（4）重复“门”命令，单击“模式”面板中的“载入族”按钮，打开“载入族”对话框，选取“门-双扇平开.rfa”族文件，单击“打开”按钮，载入族文件。

（5）在如图16-20所示的位置放置双扇平开门。

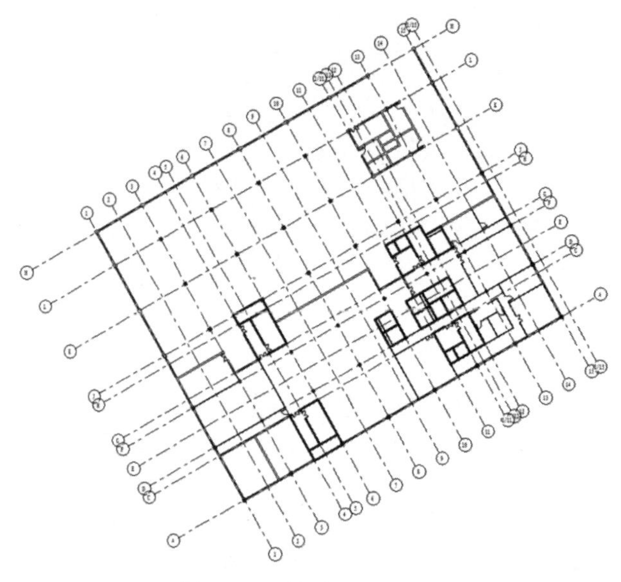

图16-20　放置双扇平开门

（6）重复“门”命令，单击“模式”面板中的“载入族”按钮，打开“载入族”对话框，选择“双-子母.rfa”族文件，单击“打开”按钮，载入族文件。

（7）在如图16-21所示的位置放置子母门，并修改临时尺寸，门距墙的距离为200。

（8）单击“模式”面板中的“载入族”按钮，打开“载入族”对话框，选择“双-嵌板1.rfa”族文件，单击“打开”按钮，载入族文件。

（9）在“属性”选项板中选择“双-嵌板1 1830×2134mm”类型，单击“编辑类型”按钮，打开“类型属性”对话框，新建“1800×2000mm”类型，更改“高度”为2000，“宽度”为1800，在如图16-22所示的位置放置双扇嵌板门，并调整门的位置。

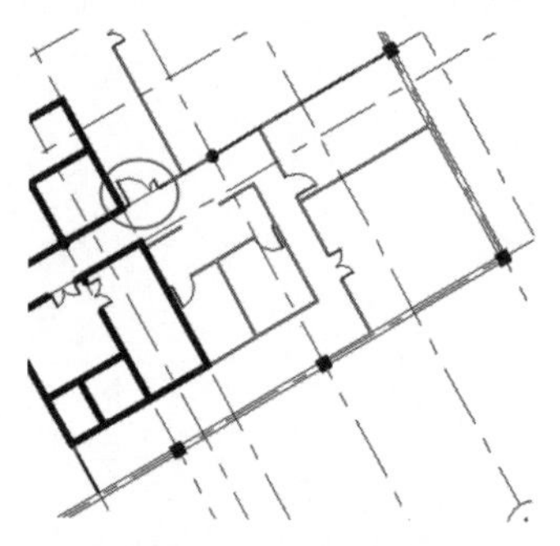

图16-21　放置子母门

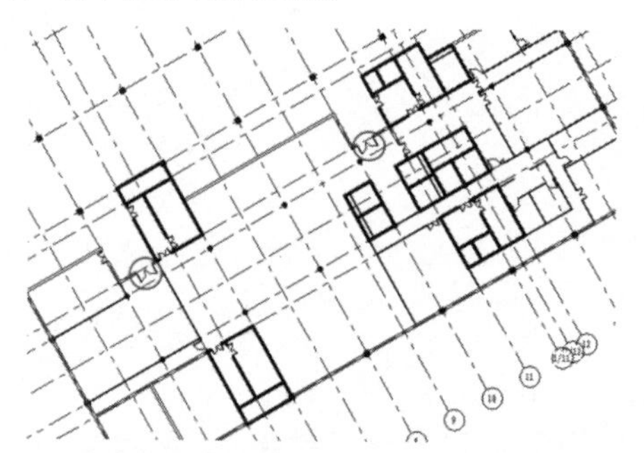

图16-22　放置双扇嵌板门

扫一扫，看视频

16.6　布置停车位

布置停车位的具体步骤如下：

（1）单击“体量和场地”选项卡的“场地建模”面板中的“停车场构件”按钮▦，打开“修改|停车场构件”选项卡。

（2）在“属性”选项板中选择“停车位 4800×2400mm-90 度”类型，其他采用默认设置，如图 16-23 所示。

（3）在选项栏中选中“放置后旋转”复选框，在墙体旁边布置停车位，如图 16-24 所示。

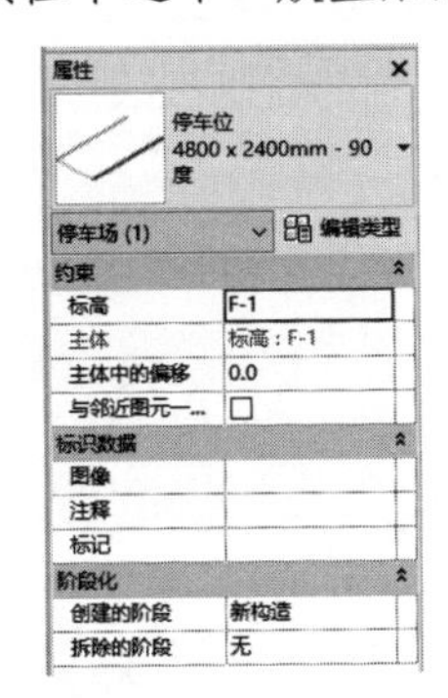

图 16-23　“属性”选项板

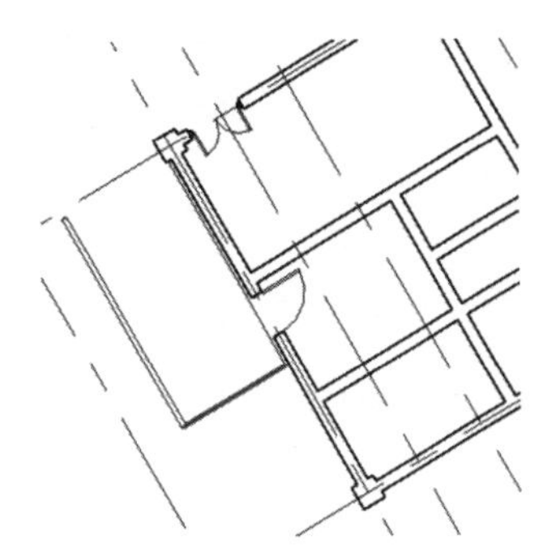

图 16-24　布置停车位 1

（4）采用相同的方法布置其他停车位，可以直接复制停车位，也可以利用“阵列”命令创建其他停车位。结果如图 16-25 所示。

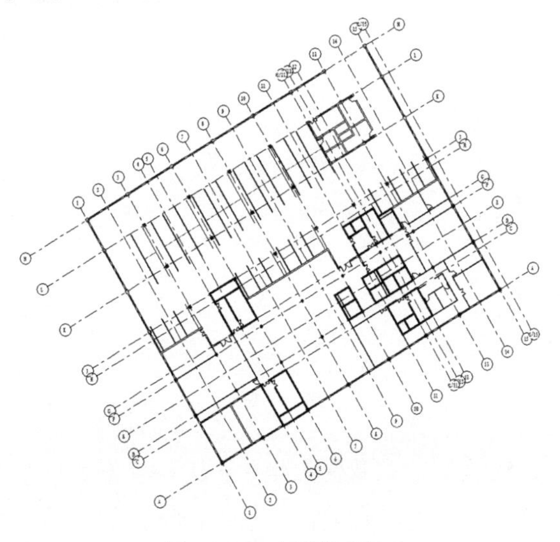

图 16-25　布置停车位 2

扫一扫，看视频

16.7 布置卫生间

布置卫生间的具体步骤如下：

（1）单击“建筑”选项卡的“构建”面板中“构件”下拉列表中的“放置构件”按钮，打开“修改|放置构件”选项卡。

（2）单击“模式”面板中的“载入族”按钮，打开“载入族”对话框，选取 Chinese→“建筑”→“卫生器具”→2D→“常规卫浴”→“小便器”→“小便器 2D.rfa”族文件，单击“打开”按钮，载入族文件。

（3）将小便器放置在如图 16-26 所示的位置，并修改临时尺寸。

（4）单击“修改”选项卡的“修改”面板中的“阵列”按钮，将小便器进行阵列，阵列间距为 660，个数为 3。结果如图 16-27 所示。

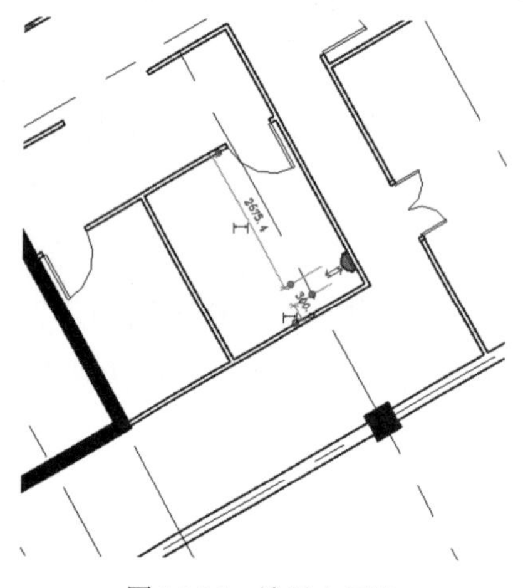

图 16-26　放置小便器

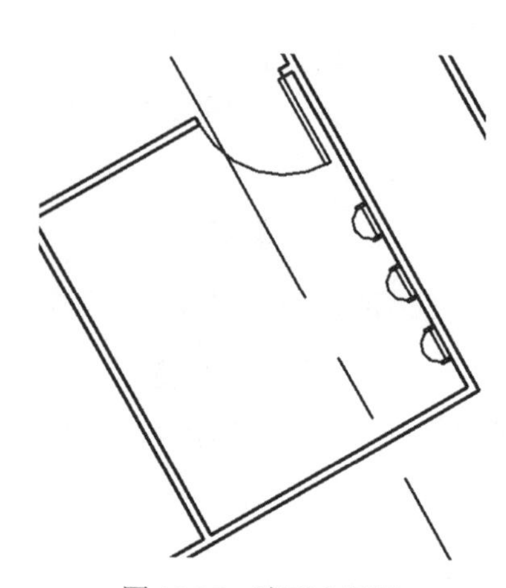

图 16-27　阵列小便器

（5）重复“放置构件”命令，单击“模式”面板中的“载入族”按钮，打开“载入族”对话框，选择源文件中的“盥洗室隔断.rfa”族文件，单击“打开”按钮，载入“盥洗室隔断”族文件。

（6）将盥洗室隔断放置在如图 16-28 所示的一侧位置，然后单击“修改”选项卡的“修改”面板中的“镜像-拾取轴”按钮，将一侧的“盥洗室隔断”以中间墙体中心线为轴线进行镜像。

（7）重复“放置构件”命令，单击“模式”面板中的“载入族”按钮，打开“载入族”对话框，选取 Chinese→“建筑”→“卫生器具”→2D→“常规卫浴”→“坐便器”→“坐便器-商用有墙 2D.rfa”族文件，单击“打开”按钮，载入族文件。

（8）将坐便器放置在隔断区域的中间位置，如图 16-29 所示。

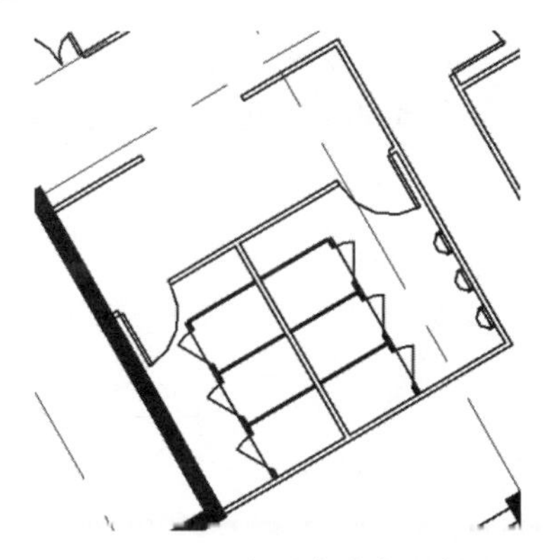

图16-28　布置盥洗室隔断

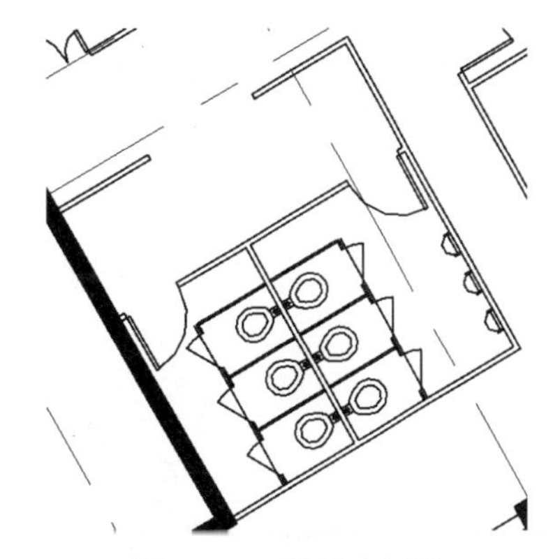

图16-29　放置坐便器

16.8 布 置 电 梯

扫一扫，看视频

布置电梯的具体步骤如下：

（1）单击“建筑”选项卡的“构建”面板中“构件”下拉列表中的“放置构件”按钮，打开“修改|放置构件”选项卡。

（2）单击“模式”面板中的“载入族”按钮，打开“载入族”对话框，选择源文件中的“电梯.rfa”族文件，单击“打开”按钮，载入“电梯”族文件。

（3）在“属性”选项板中单击“编辑类型”按钮，新建 1900×2000 类型，修改“轿厢深度”为 1900，“轿厢宽度”为 2000，将电梯放置在如图 16-30 所示的墙中间位置。

（4）重复“放置构件”命令，在“属性”选项板中单击“编辑类型”按钮，新建 1500×1600 类型，修改“轿厢深度”为 1500，“轿厢宽度”为 1600，将电梯放置在如图 16-31 所示的位置。

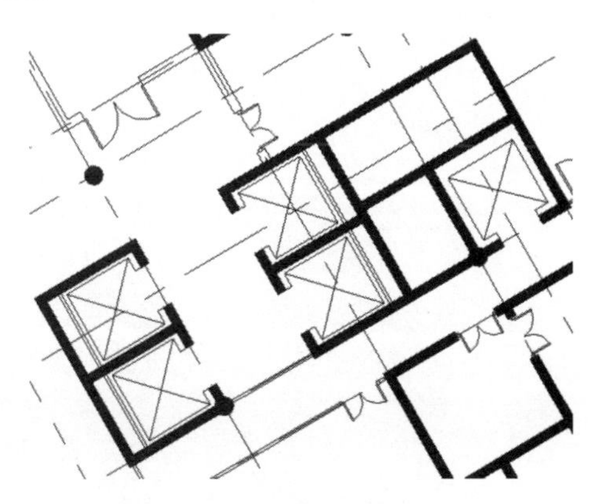

图16-30　布置电梯 1900×2000

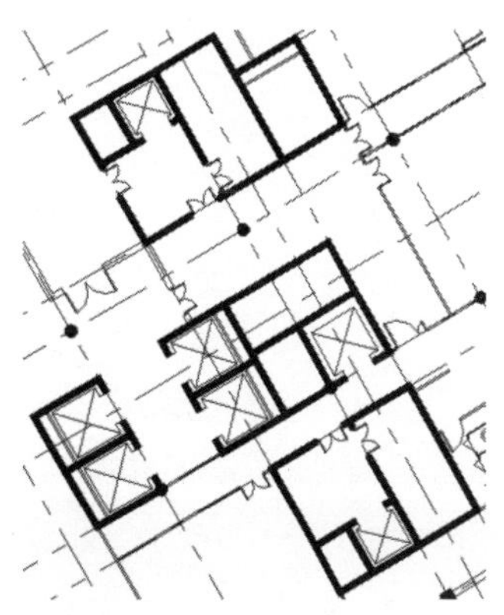

图16-31　布置电梯 1500×1600

（5）重复“放置构件”命令，在“属性”选项板中单击“编辑类型”按钮，新建2700×2000类型，修改“轿厢深度”为2700，“轿厢宽度”为2000，将电梯放置在如图16-32所示的位置。

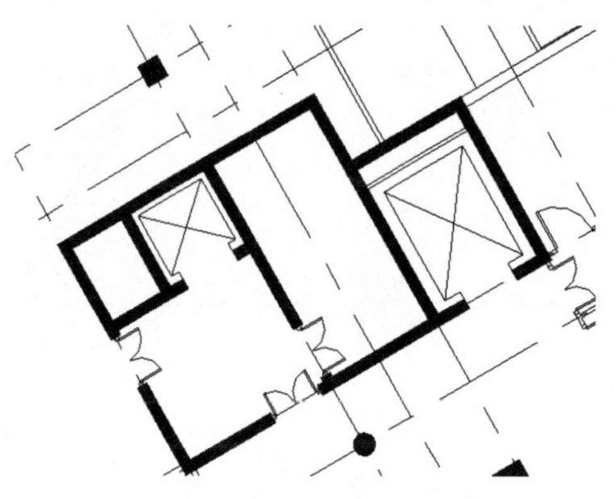

图16-32　布置电梯2700×2000

第 17 章　创建一、二层

在第 16 章的基础上，首先根据轴网创建一层的外墙、幕墙和隔断墙，在墙体上布置门、窗，然后根据外墙绘制楼板，最后布置家具和电梯。

- 创建墙
- 布置门
- 布置窗
- 绘制楼板
- 布置家具和电梯

案例效果

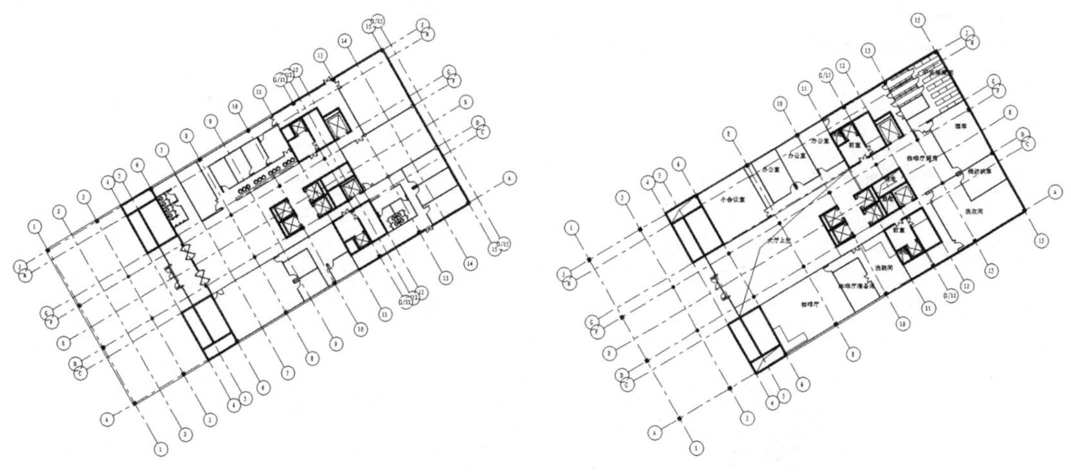

17.1　创　建　墙

扫一扫，看视频

创建墙的具体步骤如下。

1. 绘制剪力墙

（1）在项目浏览器中双击“楼层平面”节点下的 F1，将视图切换到 F1 楼层平面视图，如图 17-1 所示。

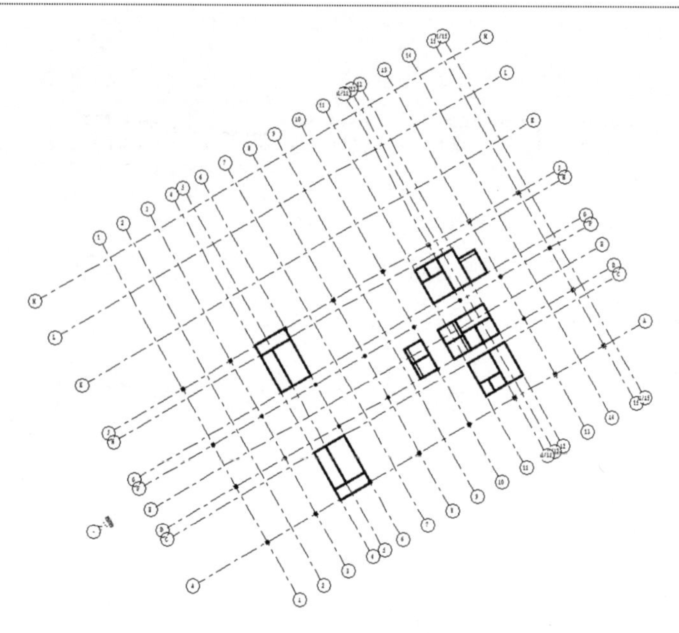

图 17-1　F1 楼层平面视图

（2）单击“建筑”选项卡的“构建”面板中的“墙”按钮，在“属性”选项板中选择“剪力墙”类型，设置“定位线”为“面层面：外部”，“底部约束”为 F1，“底部偏移”为 0，“顶部约束”为“直到标高：F2”，其他采用默认设置。

（3）根据轴网绘制一层外墙，如图 17-2 所示。

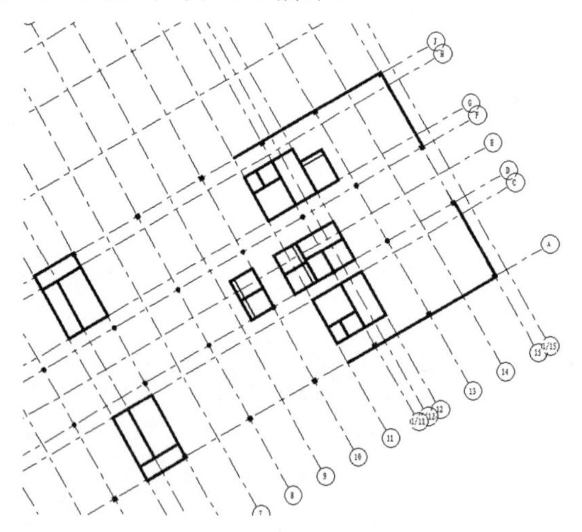

图 17-2　绘制外侧剪力墙

（4）重复“墙”命令，在“属性”选项板中设置“顶部约束”为“未连接”，“无连接高度”为 900，其他采用默认设置，根据轴网绘制剪力墙，如图 17-3 所示。

2. 绘制幕墙

（1）重复“墙”命令，在“属性”选项板中选择“幕墙 店面”类型，单击“编辑类型”按钮，打开“类型属性”对话框，单击“复制”按钮，新建“店面 2”类型，更改垂直网格的“间距”为 1800，其他采用默认设置，单击“确定”按钮。

（2）在“属性”选项板中设置“底部偏移”为 900，“顶部约束”为“直到标高：F2”，“顶部偏移”为−600，其他采用默认设置。

（3）在图 17-3 所示的剪力墙上绘制幕墙，如图 17-4 所示。

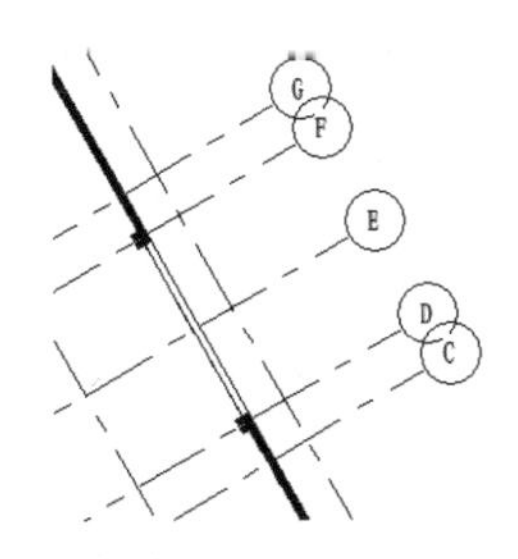

图 17-3 绘制剪力墙

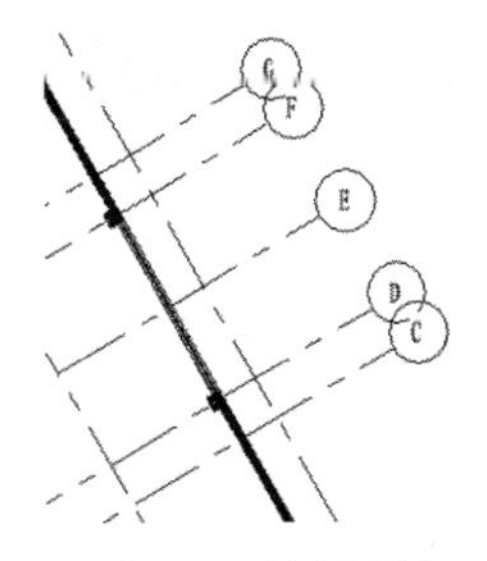

图 17-4 绘制幕墙

（4）单击“建筑”选项卡的“构建”面板中的“竖梃”按钮，打开“修改|放置 竖梃”选项卡，单击“全部网格线”按钮。

（5）在“属性”选项板中选择“圆形竖梃 25mm 半径”类型，单击“编辑类型”按钮，打开“类型属性”对话框，单击材质栏中的按钮，打开“材质浏览器”对话框，设置“金属-铝”材质，具体参数如图 17-5 所示。单击“确定”按钮，返回到“类型属性”对话框，参数如图 17-6 所示，单击“确定”按钮，在绘图区中选取绘制的幕墙上的网格线，创建竖梃。

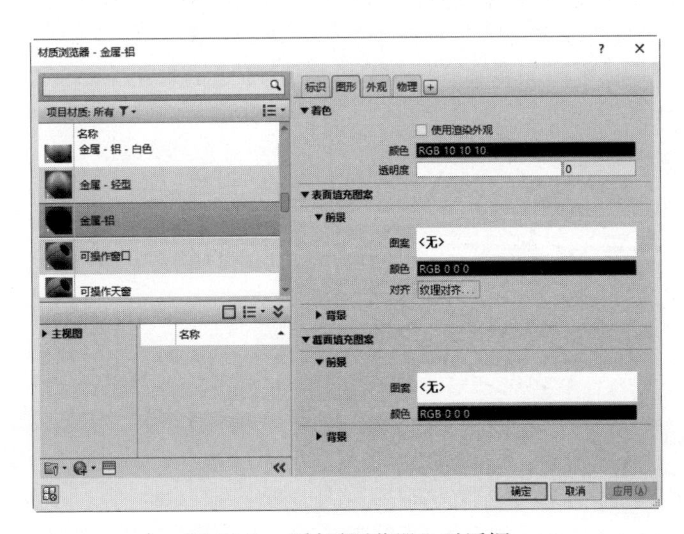

图 17-5 “材质浏览器”对话框

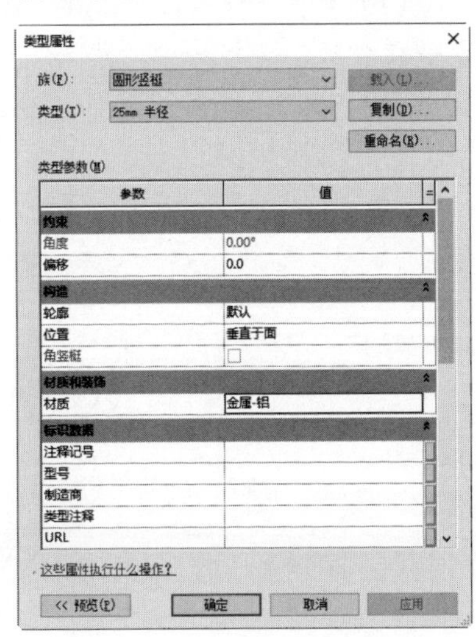

图 17-6 “类型属性”对话框

（6）单击“建筑”选项卡的“构建”面板中的“墙”按钮，在“属性”选项板中设置“底部偏移”为 0，“顶部约束”为“直到标高：F2”，“顶部偏移”为-800，在绘图区绘制如图 17-7 所示的幕墙。

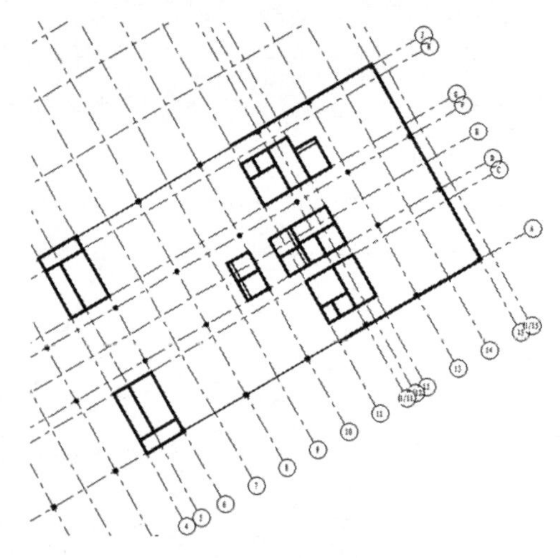

图 17-7　绘制幕墙

（7）单击“建筑”选项卡的“构建”面板中的“竖梃”按钮，打开“修改|放置 竖梃”选项卡，单击“全部网格线”按钮，在“属性”选项板中选择“圆形竖梃 25mm 半径”类型，在绘图区中选取第（5）步绘制的幕墙上的网格线，创建竖梃。

3．绘制房间隔断

（1）重复“墙”命令，在“属性”选项板中选择“内部-79mm 隔断（1 小时）”类型，设置“定位线”为“墙中心线”，“底部约束”为 F1，“顶部约束”为“直到标高：F2”，“顶部偏移”为-600，根据轴网绘制隔断墙，如图 17-8 所示。

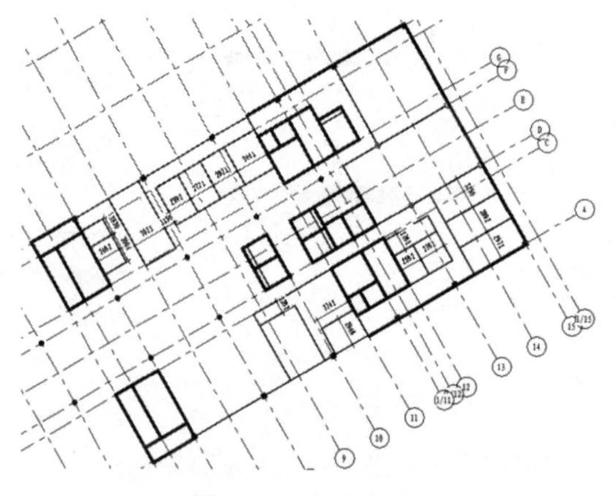

图 17-8　绘制隔断墙

（2）选取第（1）步绘制的隔断墙，分别更改顶部约束，如图 17-9 所示。

图 17-9　编辑隔断墙

（3）重复“墙”命令，在“属性”选项板中设置“定位线”为“墙中心线”，“底部约束”为 F1，“顶部约束”为“未连接”，“无连接高度”为 2800，根据轴网绘制高度为 2800 的隔断墙，如图 17-10 所示。

（4）重复“墙”命令，在“属性”选项板中设置“定位线”为“墙中心线”，“底部约束”为 F1，“顶部约束”为“直到标高：F1”，“顶部偏移”为 1250，根据轴网绘制放置门的墙，如图 17-11 所示。

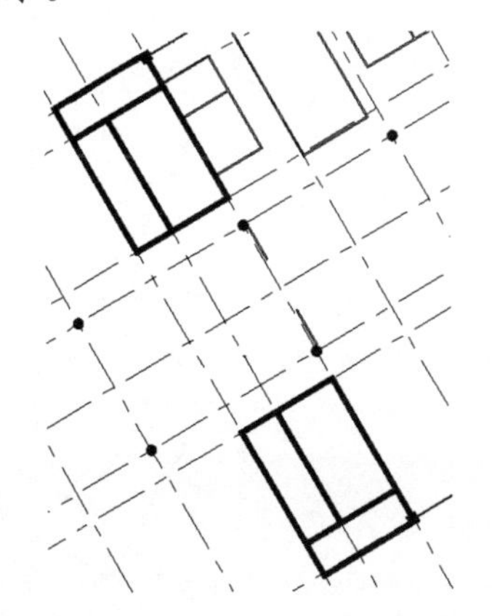

图 17-10　绘制高度为 2800 的隔断墙

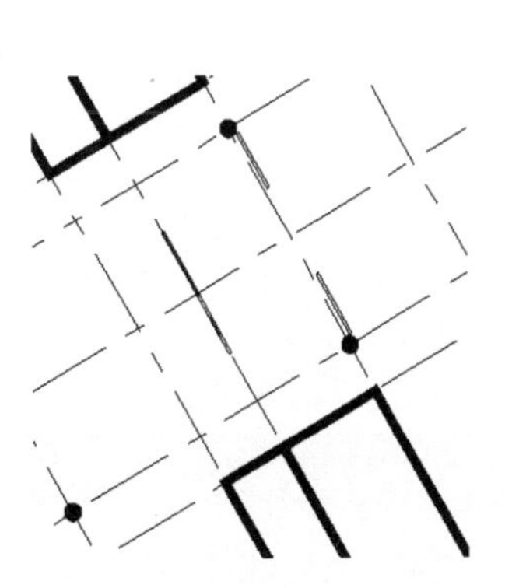

图 17-11　绘制放置门的墙

（5）重复“墙”命令，在“属性”选项板中选择“常规-300mm”类型，单击“编辑类型”按钮，打开“类型属性”对话框，新建“常规-400mm”类型，单击结构栏中的“编辑”按钮，打开“编辑部件”对话框，更改“厚度”为 400，连续单击“确定”按钮。

（6）重复“墙”命令，设置“底部偏移”为 0，“顶部约束”为“未连接”，“无连接高度”为 1100，在绘图区绘制如图 17-12 所示的墙体。

（7）重复“墙”命令，在“属性”选项板中选择“幕墙 店面 2”类型，设置“底部偏移”为 0，“顶部约束”为“直到标高：F2”，“顶部偏移”为-600，在绘图区绘制如图 17-13 所示的幕墙，并创建幕墙上的竖梃。

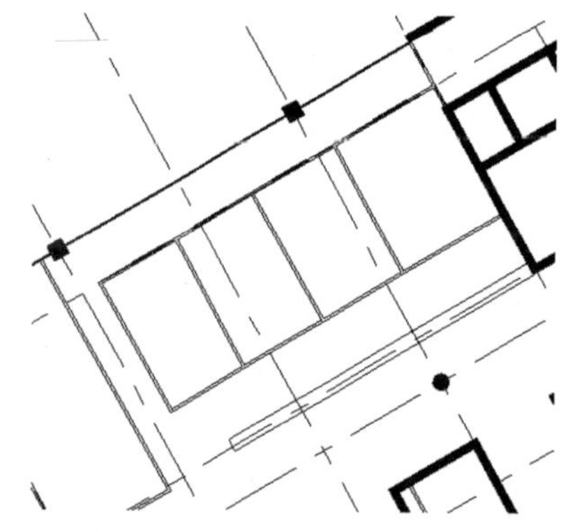

图 17-12 绘制厚度为 400 的墙体

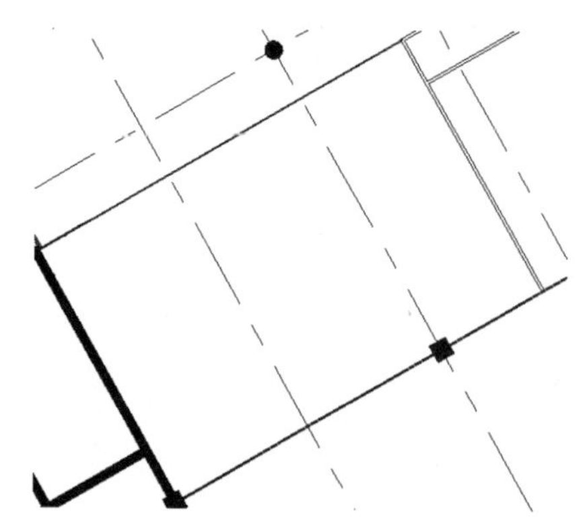

图 17-13 绘制竖梃

（8）重复“墙”命令，在“属性”选项板中选择“幕墙 店面 2”类型，设置“底部偏移”为 900，“顶部约束”为“直到标高：F2”，“顶部偏移”为-600，在绘图区绘制如图 17-14 所示的幕墙，并创建幕墙上的竖梃。

（9）重复“墙”命令，在“属性”选项板中选择“幕墙 店面 2”类型，设置“底部偏移”为 0，“顶部约束”为“直到标高：F2”，“顶部偏移”为 0，在绘图区绘制如图 17-15 所示的幕墙，并创建幕墙上的竖梃。

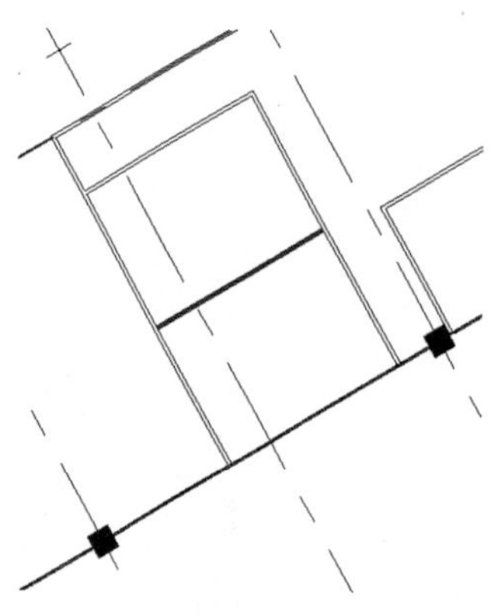

图 17-14 绘制幕墙并创建竖梃

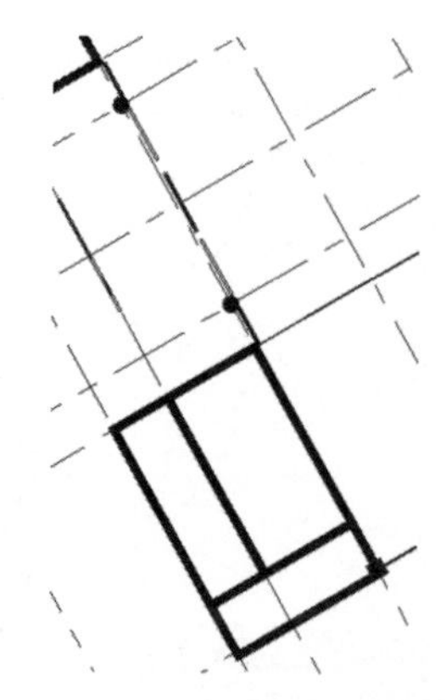

图 17-15 绘制幕墙并创建竖梃

（10）重复“墙”命令，在“属性”选项板中选择“幕墙 店面 2”类型，设置“底部偏移”为 0，“顶部约束”为“直到标高：F3”，“顶部偏移”为 0，在绘图区绘制如图 17-16 所示的幕墙，并创建幕墙上的竖梃。

（11）在“属性”选项板中单击“视图范围”栏中的“编辑”按钮，打开“视图范围”对话框，设置顶部的“偏移”为 3500，剖切面的“偏移”为 3200，其他采用默认设置，单击“确定”按钮，F1 层显示如图 17-17 所示。

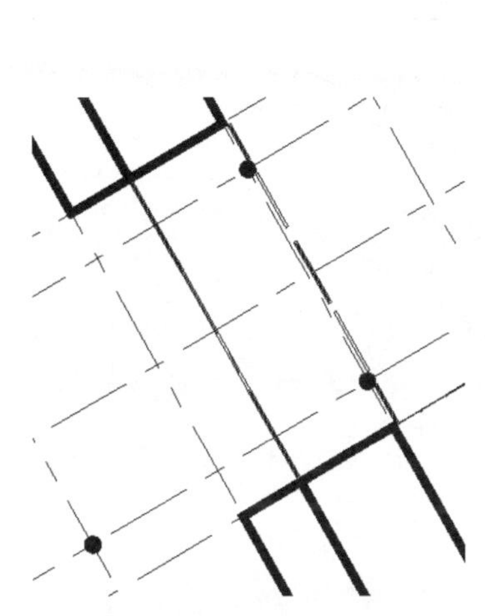

图 17-16 绘制幕墙并创建竖梃

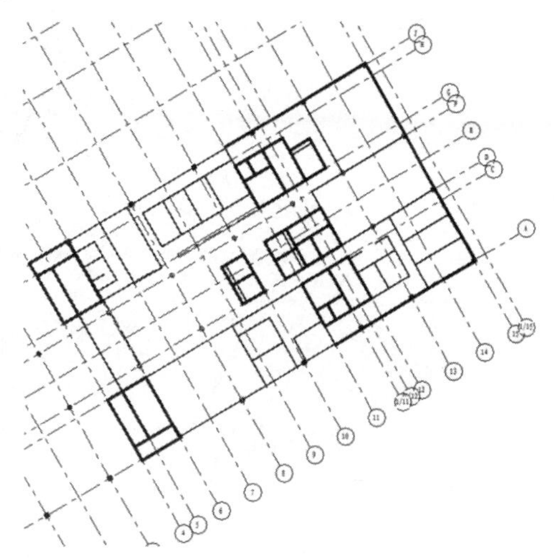

图 17-17 F1 层视图

（12）单击“建筑”选项卡的“构建”面板中的“墙”按钮，在“属性”选项板中选择“基本墙 常规-400mm”类型，设置“定位线”为“面层面：外部”，“底部约束”为 F1，“底部偏移”为 2800，“顶部约束”为“直到标高：F2”，“顶部偏移”为 0，再绘制两侧墙体，如图 17-18 所示。

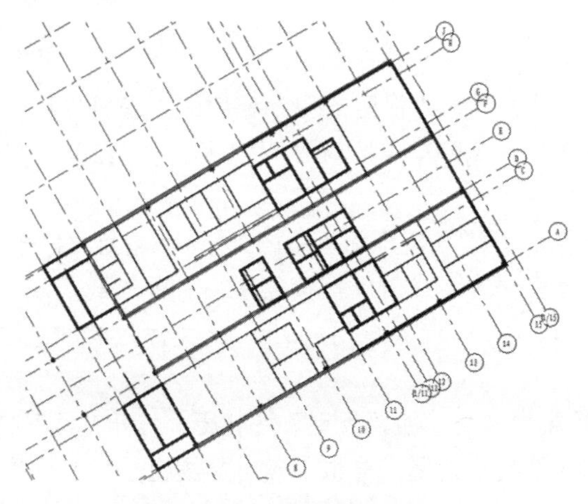

图 17-18 绘制两侧墙体

（13）重复“墙”命令，在“属性”选项板中选择“基本墙 常规-300mm”类型，设置“定位线”为“面层面：外部”，“底部约束”为 F1，“底部偏移”为 3000，“顶部约束”为“直到标高：F2”，“顶部偏移”为 0，绘制如图 17-19 所示的墙体。

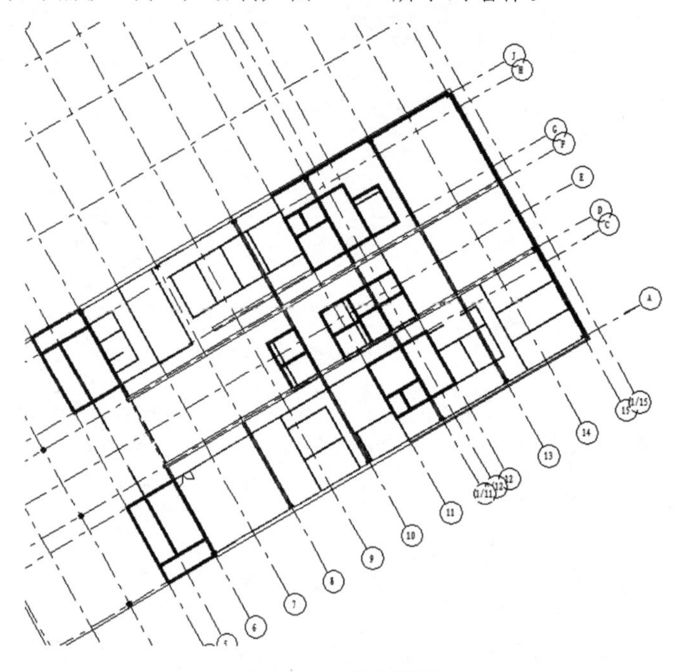

图 17-19　绘制墙体

扫一扫，看视频

17.2 布　置　门

布置门的具体步骤如下：

（1）在“属性”选项板中单击“视图范围”栏中的“编辑”按钮，打开“视图范围”对话框，设置顶部的“偏移”为 2300，剖切面的“偏移”为 1200，其他采用默认设置，单击“确定”按钮。

（2）单击“建筑”选项卡的“构建”面板中的“门”按钮，打开“修改|放置门”选项卡。

（3）单击“模式”面板中的“载入族”按钮，打开“载入族”对话框，选择 Chinese →“建筑”→“门”→“其他”→“入口门厅.rfa”族文件，单击“打开”按钮，载入“入口门厅”族文件。

（4）在“属性”选项板中单击“编辑类型”按钮，打开“类型属性”对话框，更改“粗略宽度”为 4000，其他采用默认设置，单击“确定”按钮，在入口处的隔断墙上放置入口门厅，如图 17-20 所示。

（5）单击“模式”面板中的“载入族”按钮，打开“载入族”对话框，选择 Chinese →“建筑”→“门”→“普通门”→“旋转门”→“旋转门 1.rfa”族文件，单击“打开”按钮，载入“旋转门 1”族文件。

（6）在入口处的两侧隔断墙上放置旋转门，如图 17-21 所示。

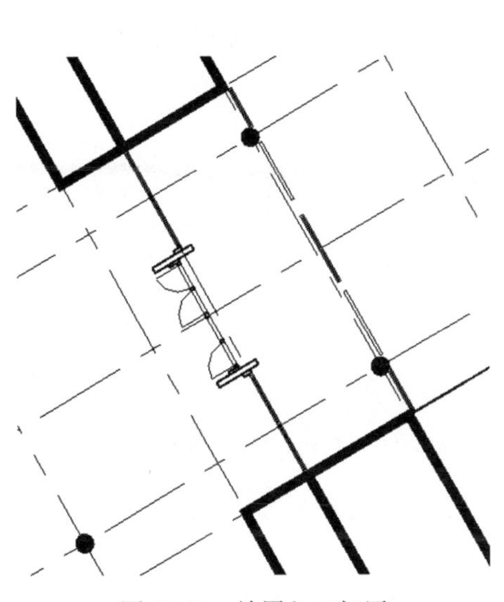

图 17-20 放置入口门厅

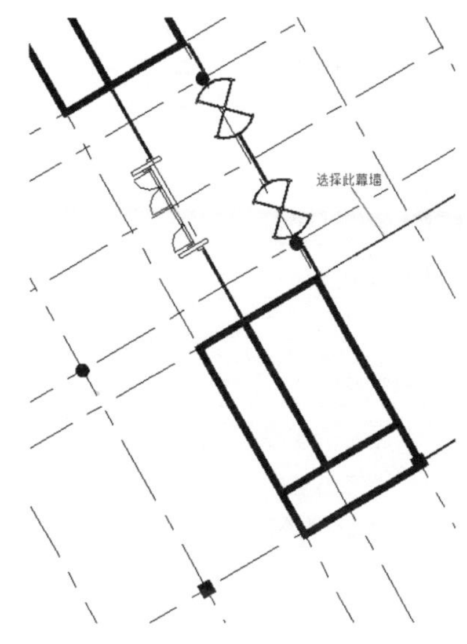

图 17-21 放置旋转门

（7）将视图切换至三维视图，选取图 17-21 所示的幕墙，单击控制栏中的“临时隐藏/隔离”按钮，打开如图 17-22 所示的下拉列表，选择“隔离图元”选项，将幕墙隔离，如图 17-23 所示。

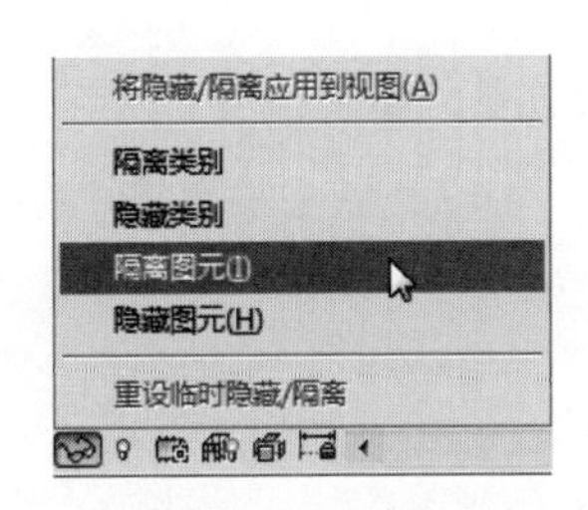

图 17-22 下拉列表

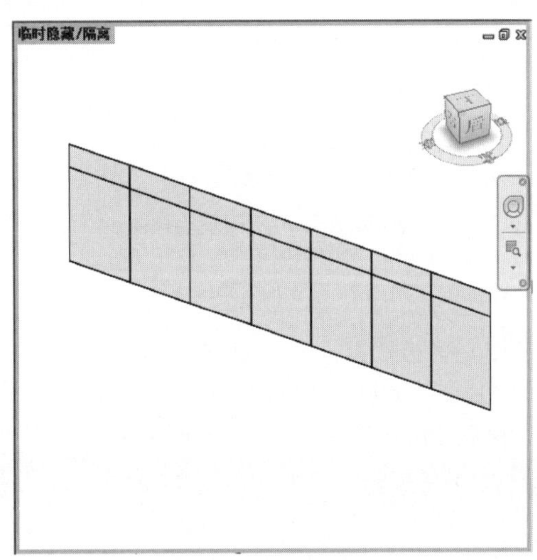

图 17-23 隔离幕墙

（8）单击“插入”选项卡的“从库中载入”面板中的“载入族”按钮，打开“载入族”对话框，选择“幕墙嵌板-双开门 3.rfa”族文件。

（9）选取幕墙，右击，在弹出的快捷菜单中选择“选择主体上的嵌板”选项。选取幕墙上最左侧嵌板，如图 17-24 所示。

（10）在“属性”选项板中选择第（8）步载入的“幕墙嵌板-双开门 3”类型，将嵌板替换为双开门，如图 17-25 所示。

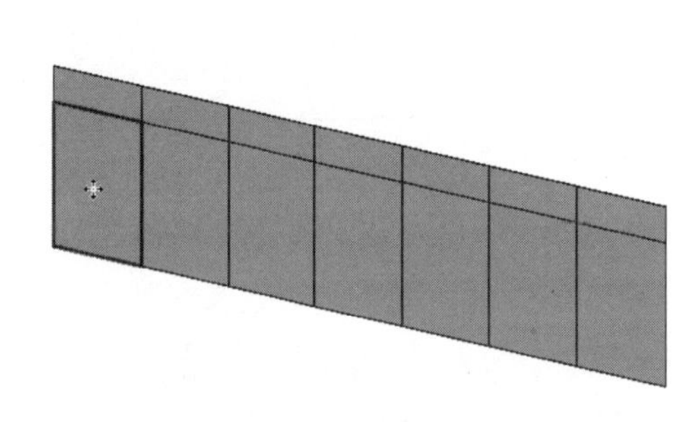

图 17-24　选取嵌板

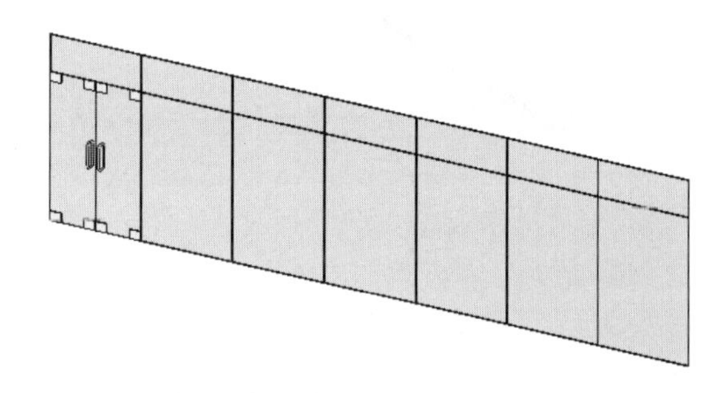

图 17-25　创建双开门

（11）单击控制栏中的“临时隐藏/隔离”按钮，在打开的如图 17-26 所示的下拉菜单中选择“重设临时隐藏/隔离”选项，切换到 F1 楼层平面，如图 17-27 所示。

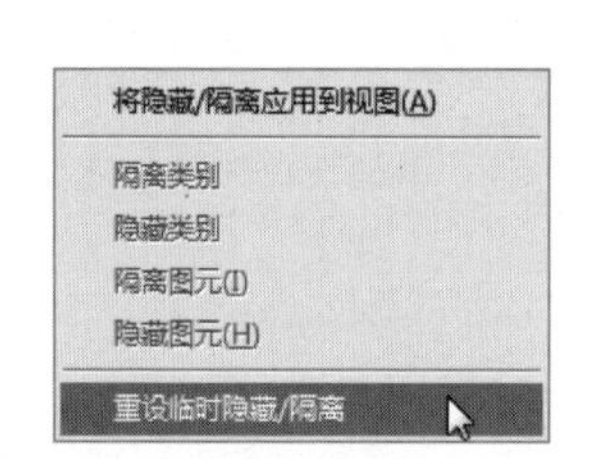

图 17-26　下拉菜单

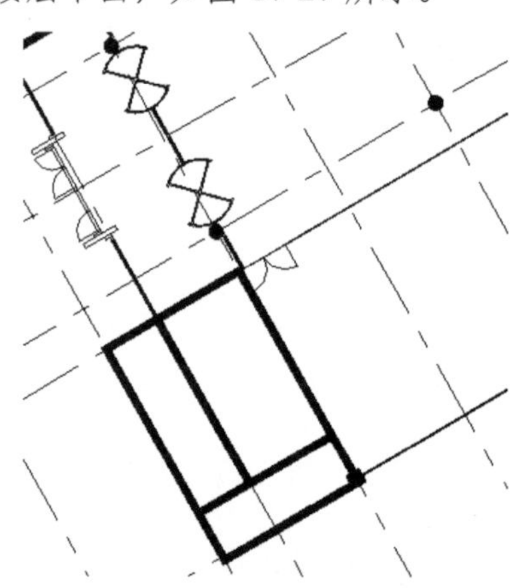

图 17-27　F1 楼层平面视图

（12）单击“建筑”选项卡的“构建”面板中的“门”按钮，在“属性”选项板中选择“单-嵌板 1 0900×2000”类型，在如图 17-28 所示的位置放置单扇门，并调整门的位置。

（13）重复“门”命令，在“属性”选项板中选择“门-双扇平开 1200×2100”类型，在如图 17-29 所示的位置放置双扇平开门，并调整门的位置。

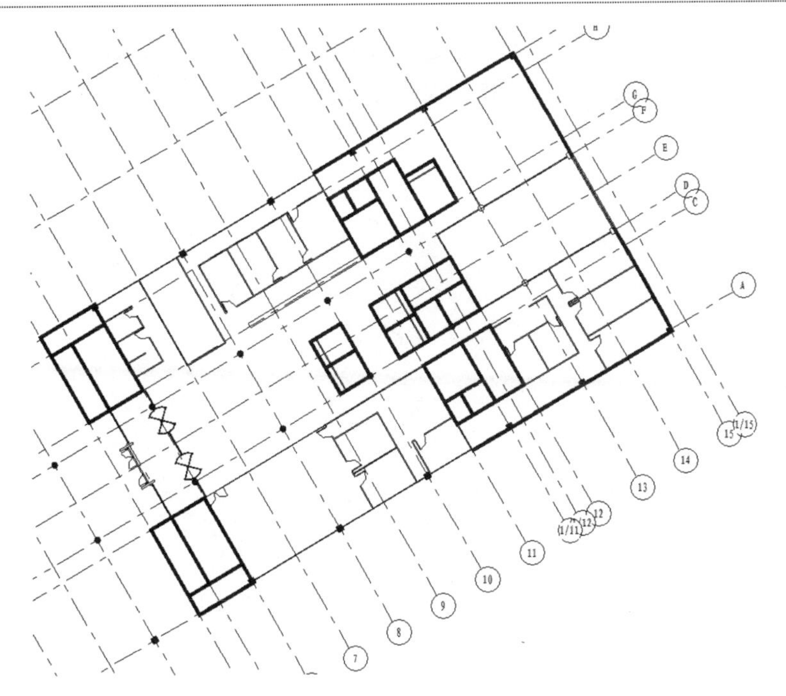

图 17-28 布置单扇门

图 17-29 布置双扇平开门

（14）重复“门”命令，在“属性”选项板中选择“双-子母 1200×2000”类型，在如图 17-30 所示的位置放置子母门，并修改临时尺寸。

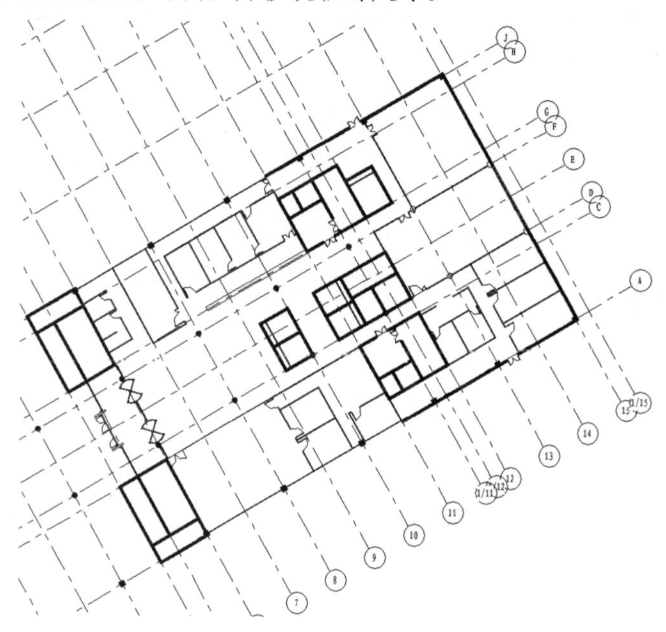

图 17-30　布置子母门

扫一扫，看视频

17.3　布　置　窗

布置窗的具体步骤如下：

（1）在“属性”选项板中单击“视图范围”栏中的“编辑”按钮，打开“视图范围”对话框，设置剖切面的“偏移”为 2000，其他采用默认设置，单击“确定”按钮。

（2）单击“建筑”选项卡的“构建”面板中的“窗”按钮，打开“修改|放置 窗”选项卡，单击“模式”面板中的“载入族”按钮，打开“载入族”对话框，载入“铝合金双扇推拉窗”族文件。

（3）在“属性”选项板中设置“底高度”为 800，将铝合金双扇推拉窗放置在剪力墙上，如图 17-31 所示。

（4）单击“模式”面板中的“载入族”按钮，打开“载入族”对话框，载入 C3415 族文件。

（5）在“属性”选项板中设置“底高度”为 1800，单击“编辑类型”按钮，打开“类型属性”对话框，更改“宽度”为 3400，其他采用默认设置，单击“确定”按钮，将 C3415 窗放置在剪力墙上，如图 17-32 所示。

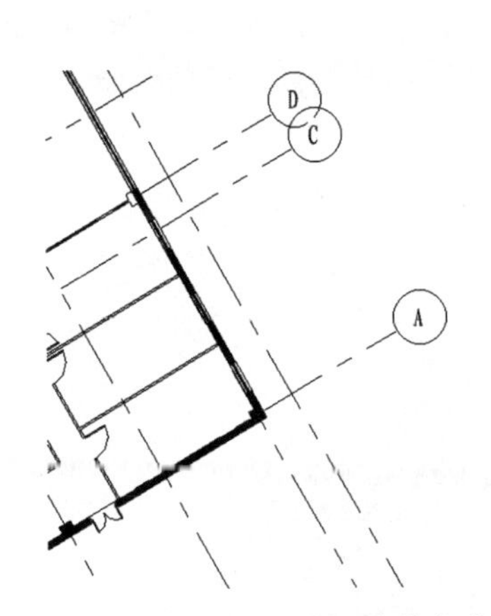

图 17-31 布置铝合金双扇推拉窗

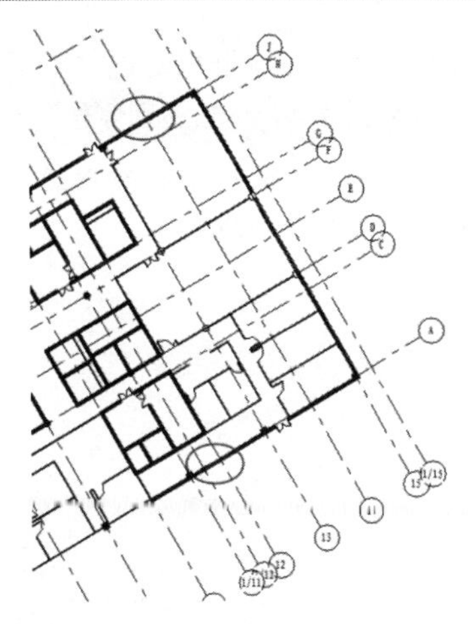

图 17-32 布置 C3415 窗

17.4 绘制楼板

扫一扫，看视频

绘制楼板的具体步骤如下：

(1) 单击“建筑”选项卡的“构建”面板中“楼板”下拉列表中的“楼板：建筑”按钮，打开“修改|创建楼层边界”选项卡。

(2) 单击“绘制”面板中的“边界线”按钮、“拾取墙”按钮和“线”按钮，绘制楼板边界线，如图 17-33 所示。

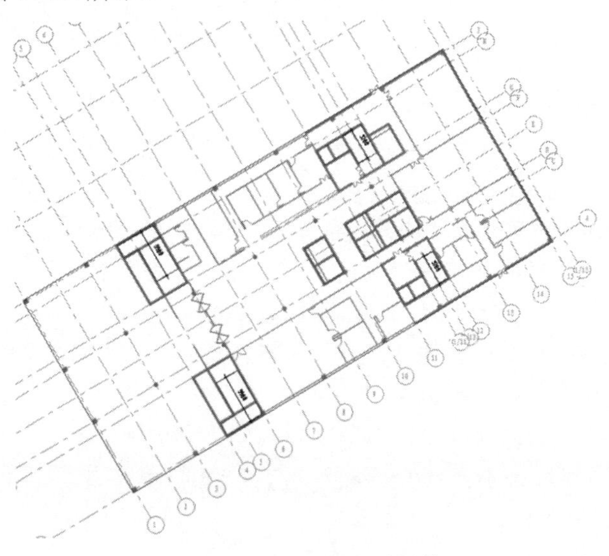

图 17-33 绘制楼板边界线

（3）在“属性”选项板中选择“常规-150mm”类型，单击“编辑类型”按钮，打开“类型属性”对话框，单击“编辑”按钮，打开“编辑部件”对话框，设置结构材质为“混凝土，现场浇注，灰色”，其他采用默认设置，连续单击“确定”按钮。

（4）单击“模式”面板中的“完成编辑模式”按钮✔，完成楼板的创建，如图 17-34 所示。

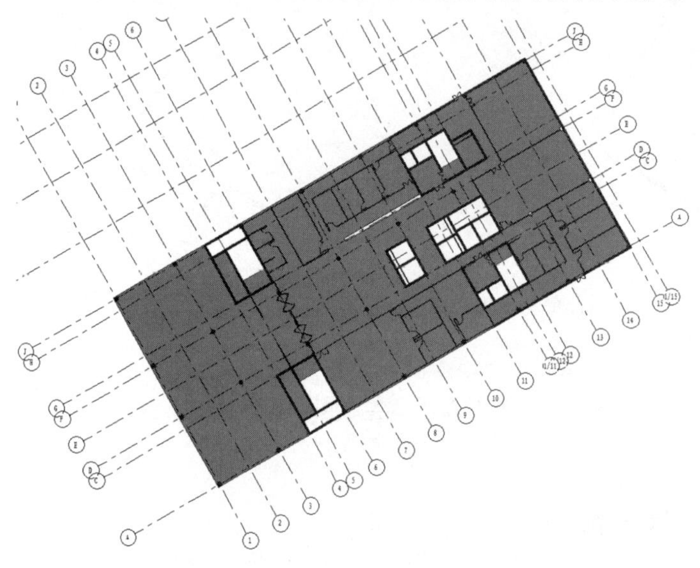

图 17-34　创建楼板

扫一扫，看视频

17.5　布置家具和电梯

布置家具和电梯的具体步骤如下：

（1）单击“建筑”选项卡的“构建”面板中“构件”下拉列表中的“放置构件”按钮，打开“修改|放置构件”选项卡。

（2）在“属性”选项板中选择“盥洗室隔断 中间或靠墙（150 高低台）”类型，将其放置在墙的右侧，然后利用“镜像-拾取轴”命令，将盥洗室隔断镜像到墙的另一侧，如图 17-35 所示。

（3）重复“放置构件”命令，在“属性”选项板中选择“坐便器-商用-墙 2D 380mm 座椅高”类型，将其放置在隔断区域的中间位置，如图 17-36 所示。

（4）采用相同的方法布置另一侧的卫生间，如图 17-37 所示。

（5）重复“放置构件”命令，单击“模式”面板中的“载入族”按钮，打开“载入族”对话框，选择 Chinese→“建筑”→“家具”→3D→“桌椅”→“椅子”→“转椅 5.rfa”族文件，单击“打开”按钮，载入“转椅 5”族文件。

（6）在选项栏中选中“放置后旋转”复选框，将其放置后旋转30°，如图17-38所示。

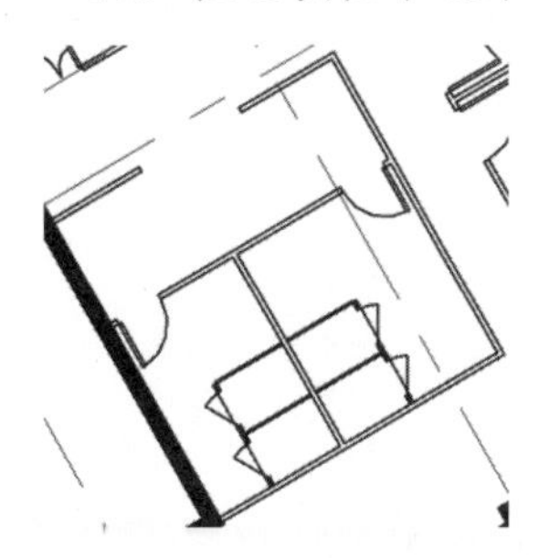

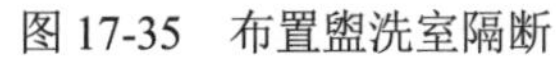
图17-35　布置盥洗室隔断

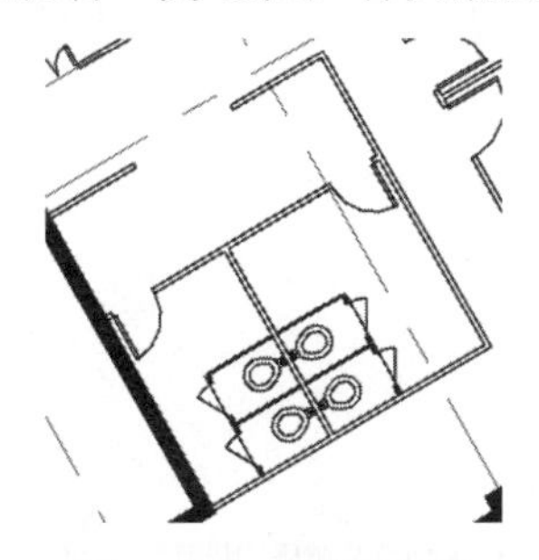

图17-36　放置坐便器

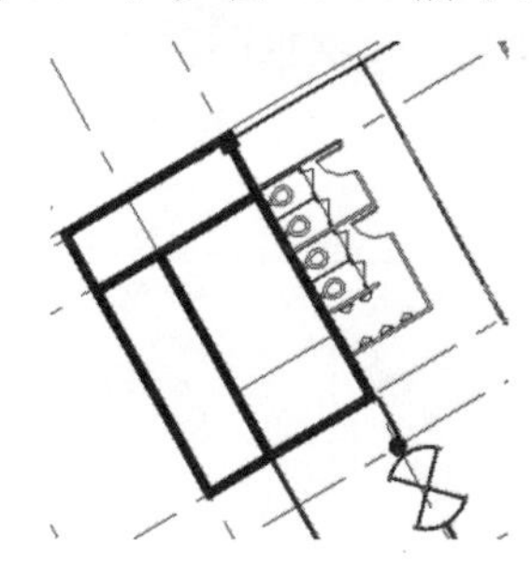

图17-37　布置卫生间

（7）利用“复制”命令复制转椅，然后调整其位置，放置成一排，如图17-39所示。

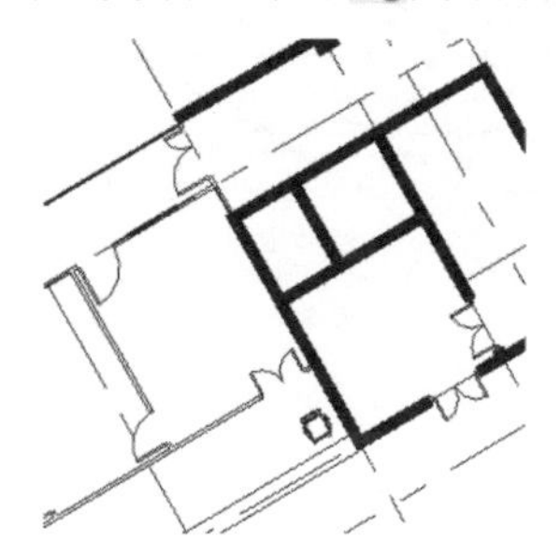

图17-38　放置转椅

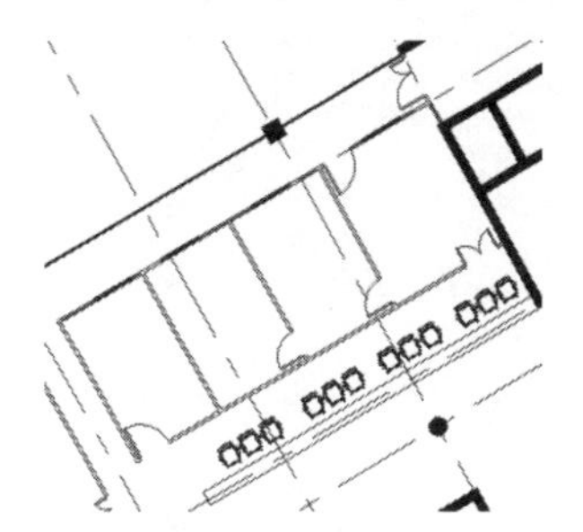

图17-39　放置一排转椅

（8）采用与16.8节相同的方法布置电梯，如图17-40所示。

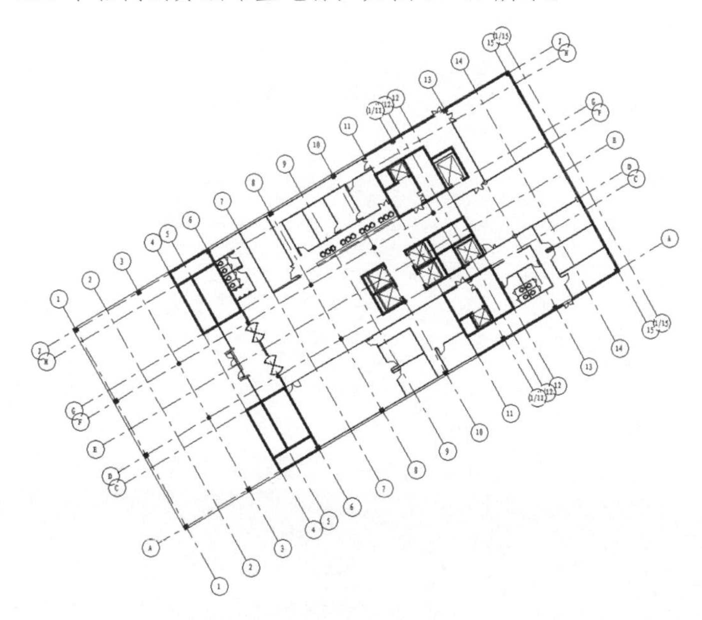

图17-40　布置电梯

二层结构和一层类似，这里就不再一一介绍了，读者可以根据一层的绘制方法绘制二层建筑。二层视图如图 17-41 所示。

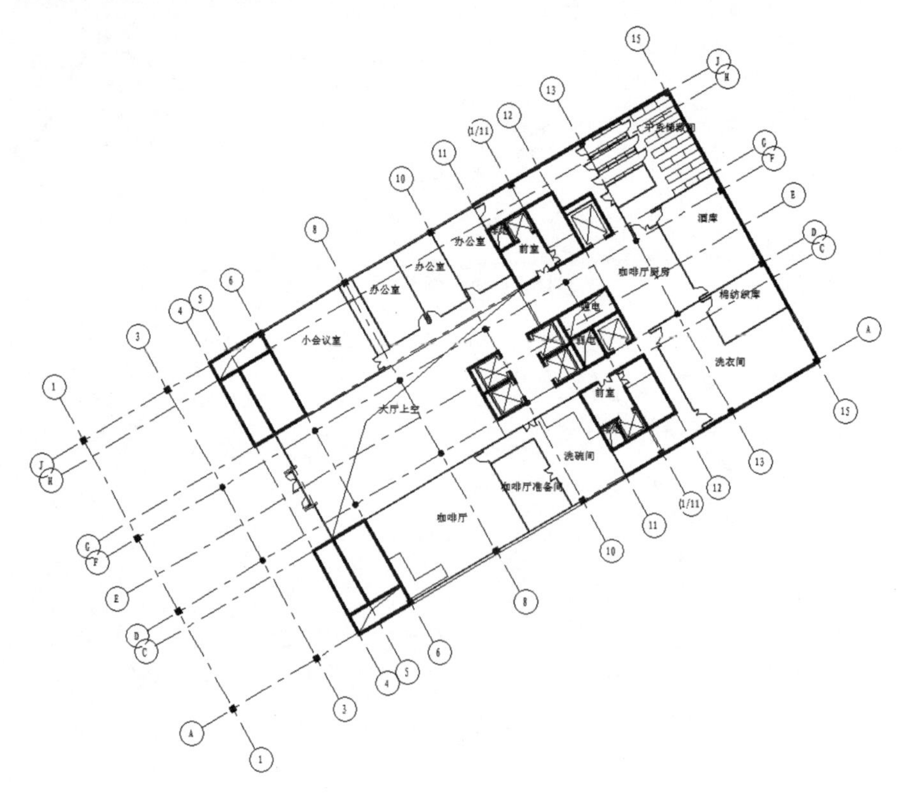

图 17-41　二层视图

第 18 章　创建三至六层

在第 17 章的基础上，首先根据轴网在 F3 楼层平面视图中绘制外墙、幕墙和隔断墙，然后在墙体上放置门、窗，再根据墙体创建楼板，最后布置家具和绿植。

- 创建墙
- 布置门
- 布置窗
- 绘制楼板
- 布置家具
- 布置绿植

案例效果

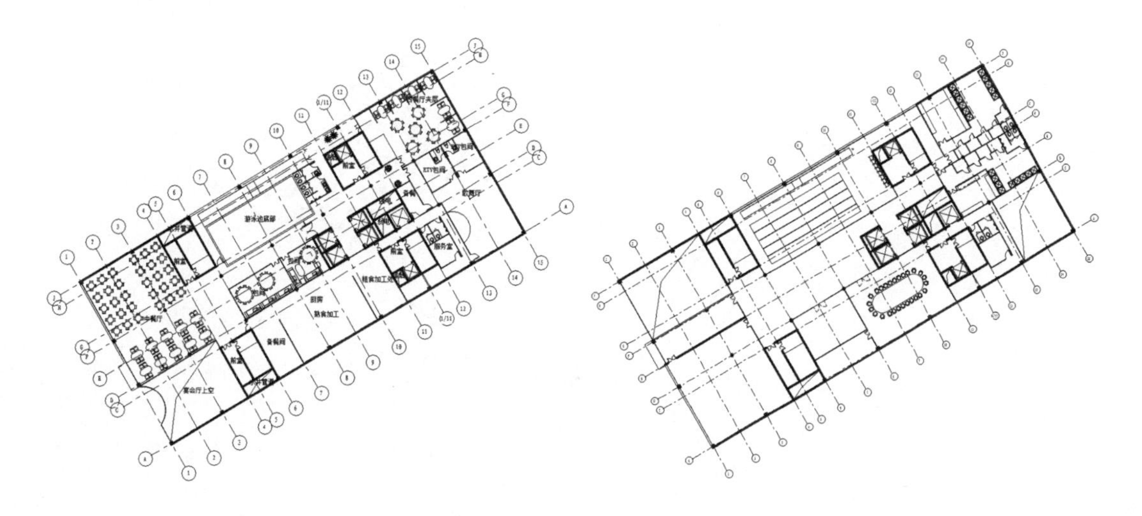

18.1 创　建　墙

扫一扫，看视频

创建墙的具体步骤如下。

1. 绘制外墙

（1）在项目浏览器中双击“楼层平面”节点下的F3，将视图切换到F3楼层平面视图。

（2）单击“建筑”选项卡的“构建”面板中的“墙”按钮，在“属性”选项板中选择“剪力墙”类型，设置“定位线”为“墙中心线”，“底部约束”为F3，“底部偏移”为0，“顶部约束”为“直到标高：F23”，绘制轴线4上的剪力墙。

（3）重复“墙”命令，在“属性”选项板中设置“定位线”为“面层面：外部”，“底部约束”为F3，“底部偏移”为0，“顶部约束”为“未连接”，“无连接高度”为1200，其他采用默认设置，根据轴网绘制如图18-1所示的外墙。

（4）重复“墙”命令，在“属性”选项板中设置“顶部约束”为“未连接”，“无连接高度”为900，其他采用默认设置，根据轴网绘制剪力墙，如图18-2所示。

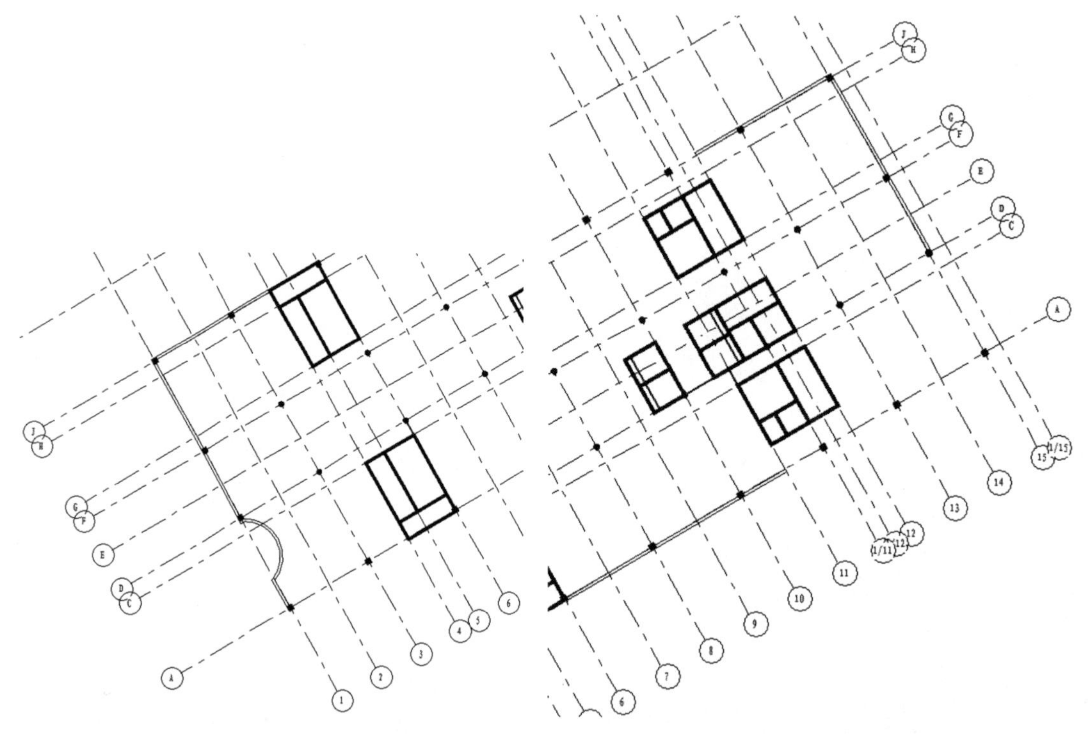

图18-1　绘制高度为1200的剪力墙　　　　图18-2　绘制高度为900的剪力墙

（5）重复“墙”命令，在“属性”选项板中设置“顶部约束”为“直到标高：F4”，“顶部偏移”为-600，其他采用默认设置，根据轴网绘制剪力墙，如图18-3所示。

（6）重复“墙”命令，在“属性”选项板中设置“顶部约束”为“直到标高：F5”，“顶部偏移”为0，其他采用默认设置，根据轴网绘制剪力墙，如图18-4所示。

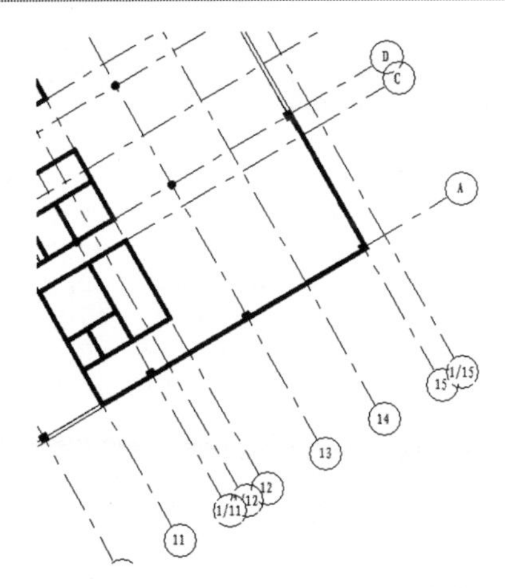

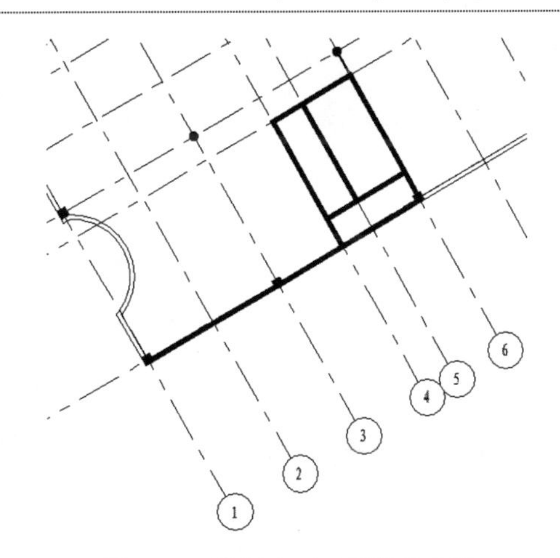

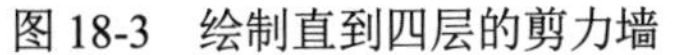

图 18-3　绘制直到四层的剪力墙

图 18-4　绘制直到五层的剪力墙

2. 绘制房间隔断

（1）重复“墙”命令，在“属性”选项板中选择“内部-79mm 隔断（1 小时）”类型，设置“定位线”为“墙中心线”，“底部约束”为 F3，“顶部约束”为“直到标高：F4”，“顶部偏移”为-600，根据轴网绘制直到四层的隔断墙，如图 18-5 所示。

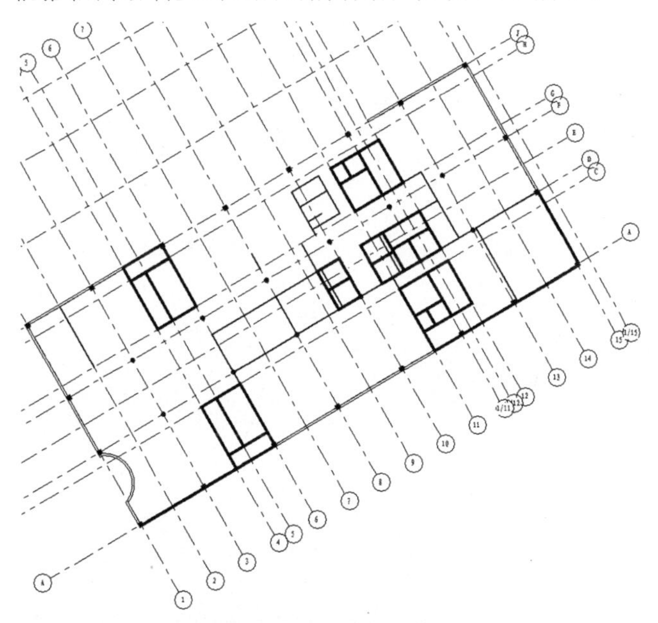

图 18-5　绘制隔断墙

（2）重复“墙”命令，在“属性”选项板中设置“定位线”为“墙中心线”，“底部约束”为 F3，“顶部约束”为“直到标高：F4”，“顶部偏移”为-1200，根据轴网绘制隔断墙，如图 18-6 所示。

（3）重复“墙”命令，在“属性”选项板中设置“定位线”为“墙中心线”，“底部约束”为 F3，“顶部约束”为“直到标高：F4”，“顶部偏移”为 0，根据轴网绘制隔断墙，如图 18-7 所示。

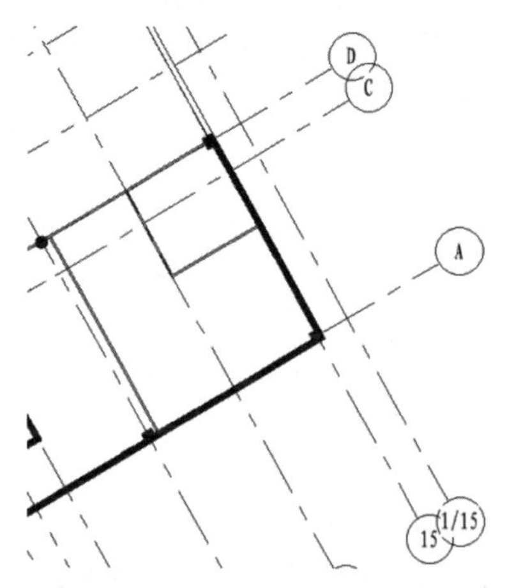

图 18-6　绘制高度为 2400 的隔断墙

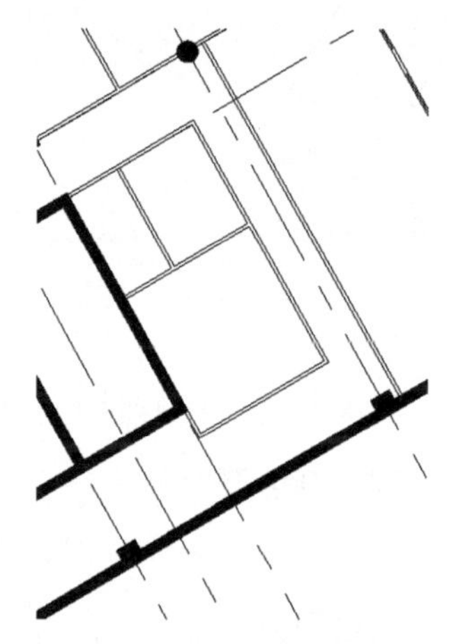

图 18-7　绘制直到四层的隔断墙

（4）重复“墙”命令，在“属性”选项板中设置“定位线”为“墙中心线”，“底部约束”为 F3，“顶部约束”为“未连接”，“无连接高度”为 1800，根据轴网绘制隔断墙，如图 18-8 所示。

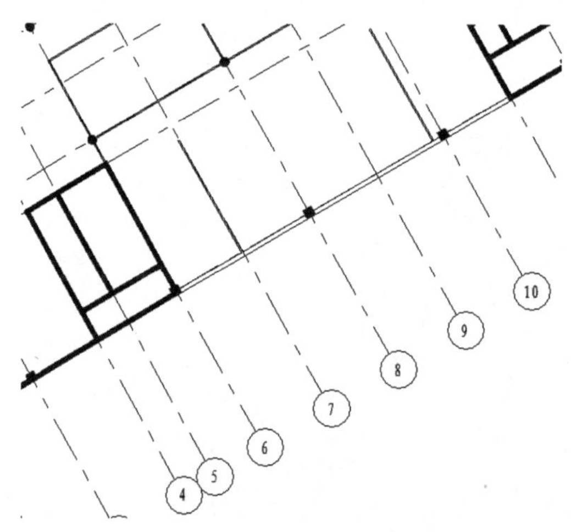

图 18-8　绘制高度为 1800 的隔断墙

（5）重复“墙”命令，在“属性”选项板中选择“基本墙 内部-135mm 隔断（2 小时）”类型，单击“编辑类型”按钮，打开“类型属性”对话框，单击结构栏中的“编辑”按钮，打开“编辑部件”对话框，设置具体参数，如图 18-9 所示，连续单击“确定”按钮。

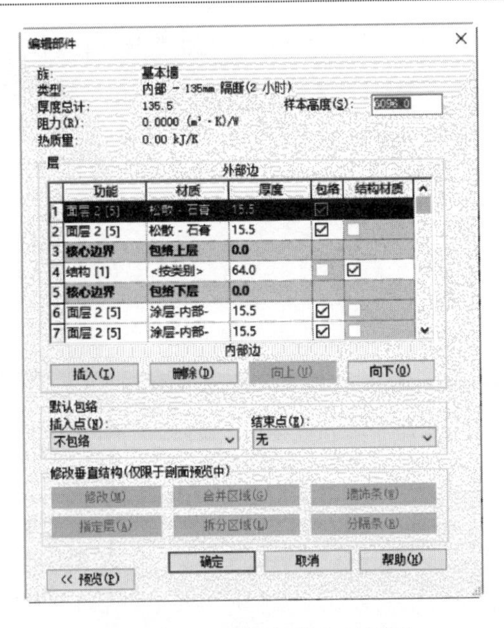

图 18-9　“编辑部件”对话框

（6）在“属性”选项板中设置“底部偏移”为 0，“顶部约束”为“直到标高：F4”，“顶部偏移”为-600，其他采用默认设置，根据轴网绘制隔断墙，如图 18-10 所示。

3．绘制幕墙

（1）重复“墙”命令，在“属性”选项板中选择“店面 2”类型，设置“底部偏移”为 600，“顶部约束”为“直到标高：F4”，“顶部偏移”为-600，其他采用默认设置。

（2）在图 18-2 所示的剪力墙上绘制幕墙，如图 18-11 所示。选取绘制的幕墙上的网格线，创建竖梃。

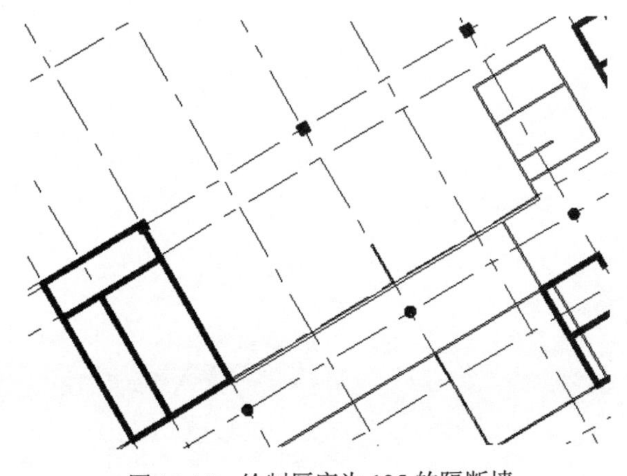

图 18-10　绘制厚度为 135 的隔断墙

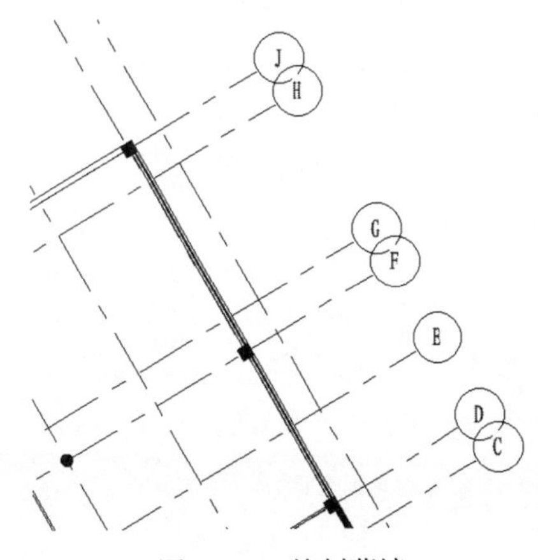

图 18-11　绘制幕墙 1

（3）单击“建筑”选项卡的“构建”面板中的“墙”按钮，在“属性”选项板中设置“底部偏移”为600，“顶部约束”为“直到标高：F4”，“顶部偏移”为-800，在绘图区绘制如图18-12所示的幕墙。选取绘制的幕墙上的网格线，创建竖梃。

（4）单击“建筑”选项卡的“构建”面板中的“墙”按钮，在“属性”选项板中设置“底部偏移”为0，“顶部约束”为“直到标高：F4”，“顶部偏移”为-800，在绘图区绘制如图18-13所示的幕墙。选取绘制的幕墙上的网格线，创建竖梃。

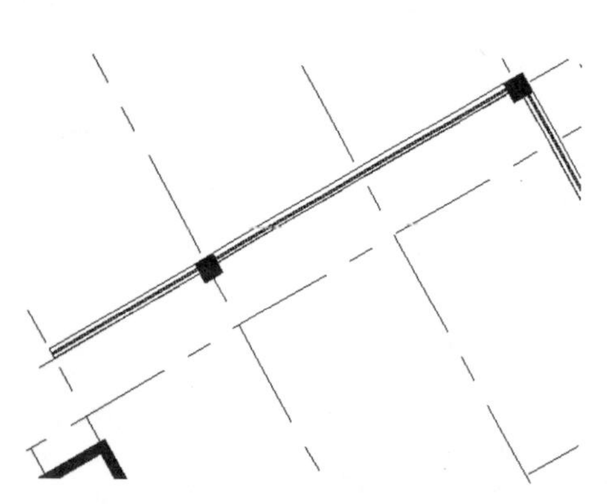

图18-12　绘制幕墙2

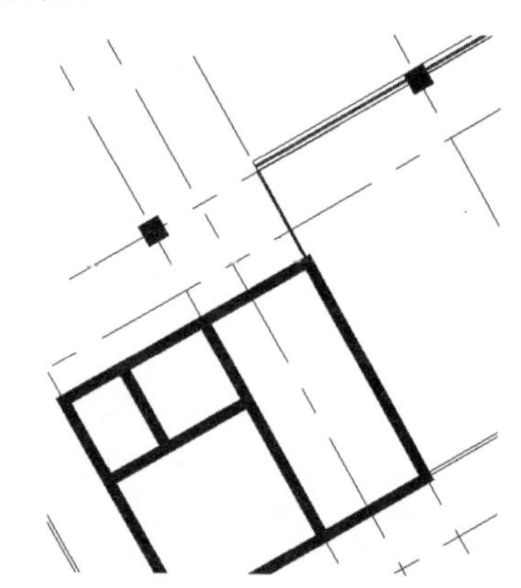

图18-13　绘制幕墙3

（5）单击“建筑”选项卡的“构建”面板中的“墙”按钮，在“属性”选项板中设置“底部偏移”为0，“顶部约束”为“直到标高：F4”，“顶部偏移”为-150，在绘图区绘制如图18-14所示的幕墙。选取绘制的幕墙上的网格线，创建竖梃。

（6）单击“建筑”选项卡的“构建”面板中的“墙”按钮，在“属性”选项板中设置“底部偏移”为1200，“顶部约束”为“直到标高：F4”，“顶部偏移”为-800，在绘图区绘制如图18-15所示的幕墙。选取绘制的幕墙上的网格线，创建竖梃。

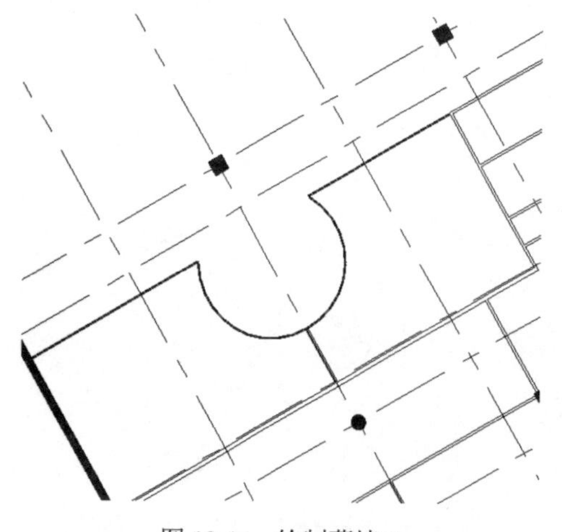

图18-14　绘制幕墙4

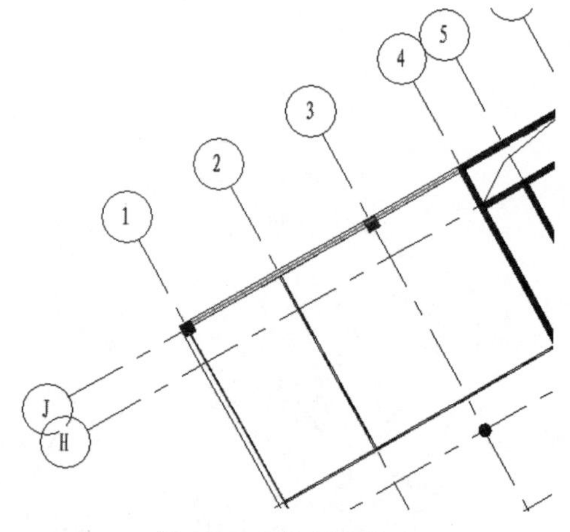

图18-15　绘制幕墙5

（7）单击“建筑”选项卡的“构建”面板中的“墙”按钮，在“属性”选项板中设置“底部偏移”为 1200，“顶部约束”为“直到标高：F4”，“顶部偏移”为-600，在绘图区绘制如图 18-16 所示的幕墙。选取绘制的幕墙上的网格线，创建竖梃。

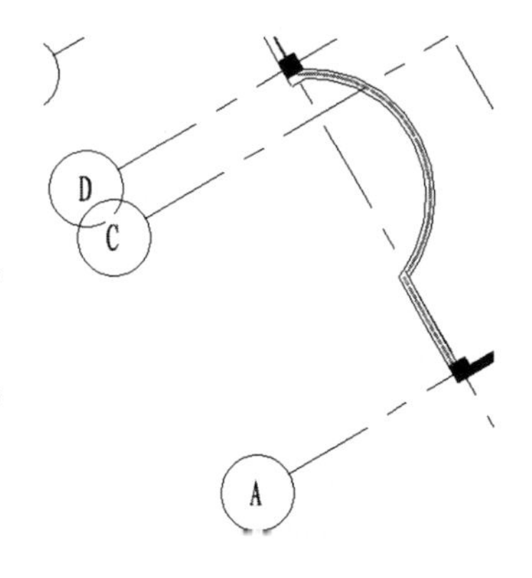

图 18-16　绘制幕墙 6

（8）在“属性”选项板中单击“视图范围”栏中的“编辑”按钮，打开“视图范围”对话框，设置顶部的“偏移”为 3500，剖切面的“偏移”为 3200，其他采用默认设置，单击“确定”按钮。

（9）隐藏不需要的轴线，并调整轴线的长度。

（10）单击“建筑”选项卡的“构建”面板中的“墙”按钮，在“属性”选项板中选择“基本墙 常规-400mm”类型，两侧墙体设置“定位线”为“面层面：外部”，中间墙体设置“定位线”为“墙中心线”，“底部约束”为 F3，“底部偏移”为 2800，“顶部约束”为“直到标高：F4”，“顶部偏移”为 0，沿着轴线 A、D、F、J 绘制墙体，如图 18-17 所示。

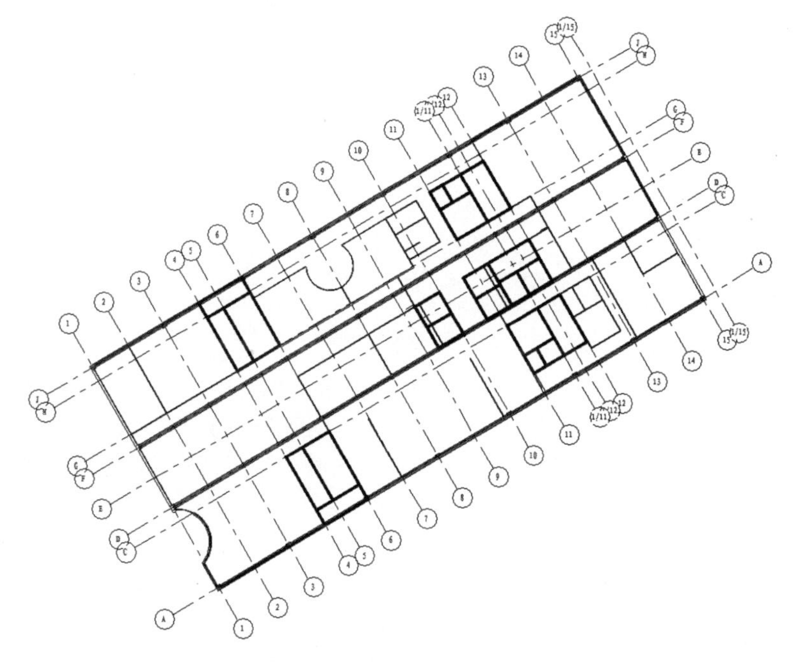

图 18-17　绘制两侧墙体

（11）重复“墙”命令，在“属性”选项板中选择“基本墙 常规-300mm”类型，两侧墙体设置“定位线”为“面层面：外部”，中间墙体设置“定位线”为“墙中心线”，“底部约束”为 F1，“底部偏移”为 3000，“顶部约束”为“直到标高：F4”，“顶部偏移”为 0，沿着轴线 1、3、6、10、1/11、13 和 15 绘制如图 18-18 所示的墙体。

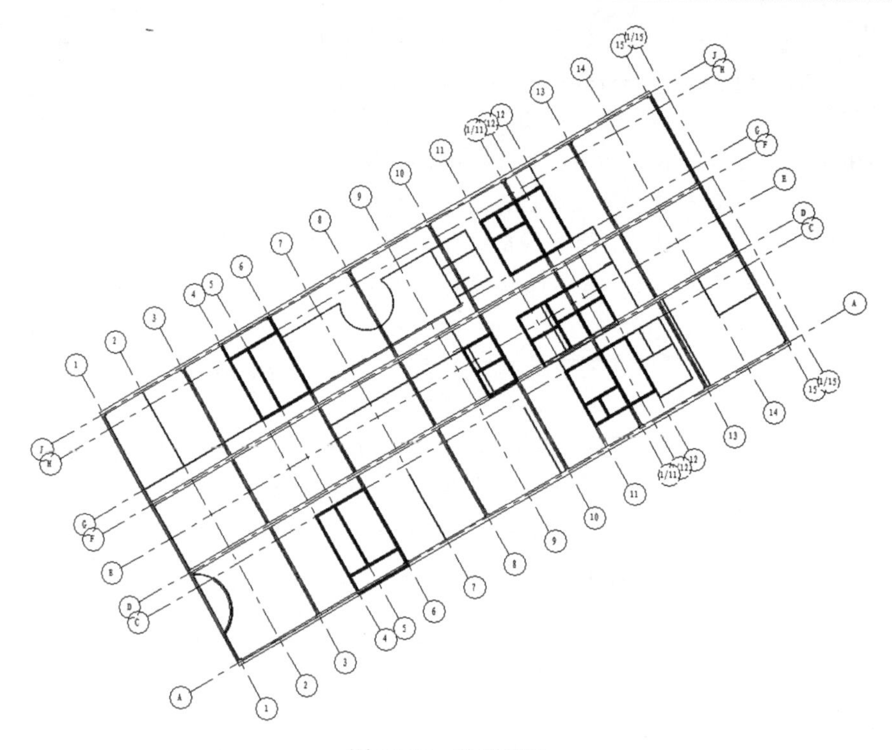

图 18-18　绘制墙体

扫一扫，看视频

18.2 布　置　门

布置门的具体步骤如下：

（1）在“属性”选项板中单击“视图范围”栏中的“编辑”按钮，打开“视图范围”对话框，设置顶部的“偏移”为 2300，剖切面的“偏移”为 1200，其他采用默认设置，单击“确定”按钮。

（2）将视图切换至三维视图，选取如图 18-19 中所指的幕墙，将幕墙隔离。

（3）选取幕墙，右击，在弹出的快捷菜单中选择“选择主体上的嵌板”选项。选取幕墙上最左侧嵌板，如图 18-20 所示。

（4）在“属性”选项板中选择 17.2 节中载入的“幕墙嵌板-双开门 3”类型，将嵌板替换为双开门，如图 18-21 所示。

（5）单击控制栏中的“临时隐藏/隔离”按钮，在打开的下拉列表中选择“重设临时隐藏/隔离”选项，切换到 F3 楼层平面，如图 18-22 所示。

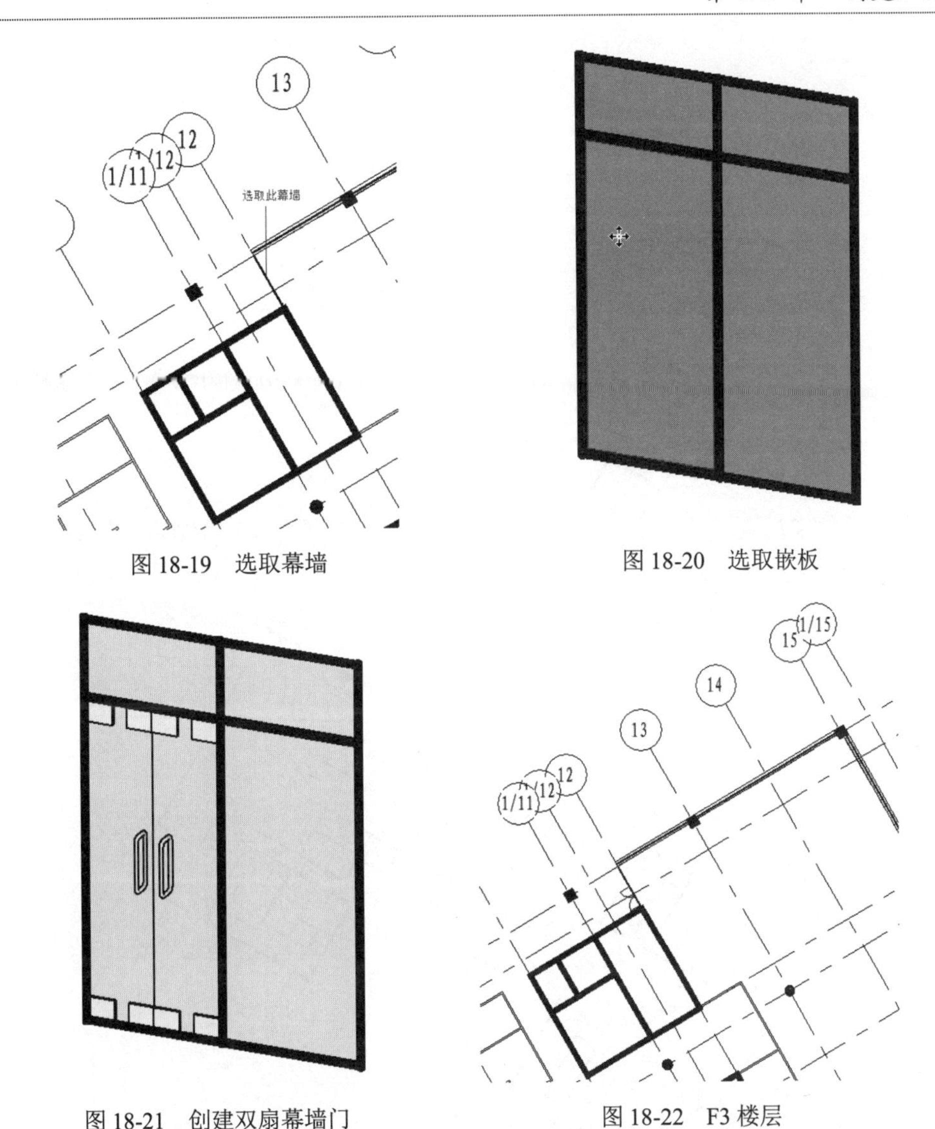

图 18-19 选取幕墙

图 18-20 选取嵌板

图 18-21 创建双扇幕墙门

图 18-22 F3 楼层

（6）单击“建筑”选项卡的“构建”面板中的“门”按钮，打开“修改|放置门”选项卡。

（7）单击“模式”面板中的“载入族”按钮，打开“载入族”对话框，选择“双-与墙齐-双向活动.rfa”族文件，单击“打开”按钮，载入族文件。

（8）在走廊的两端放置双向活动门，如图 18-23 所示。

（9）重复“门”命令，在“属性”选项板中选择“双-嵌板 1”类型，在如图 18-24 所示的位置放置双扇嵌板门，并修改临时尺寸。

（10）重复“门”命令，在“属性”选项板中选择“门-双扇平开”类型，在楼梯间的墙上放置双扇平开门，如图 18-25 所示。

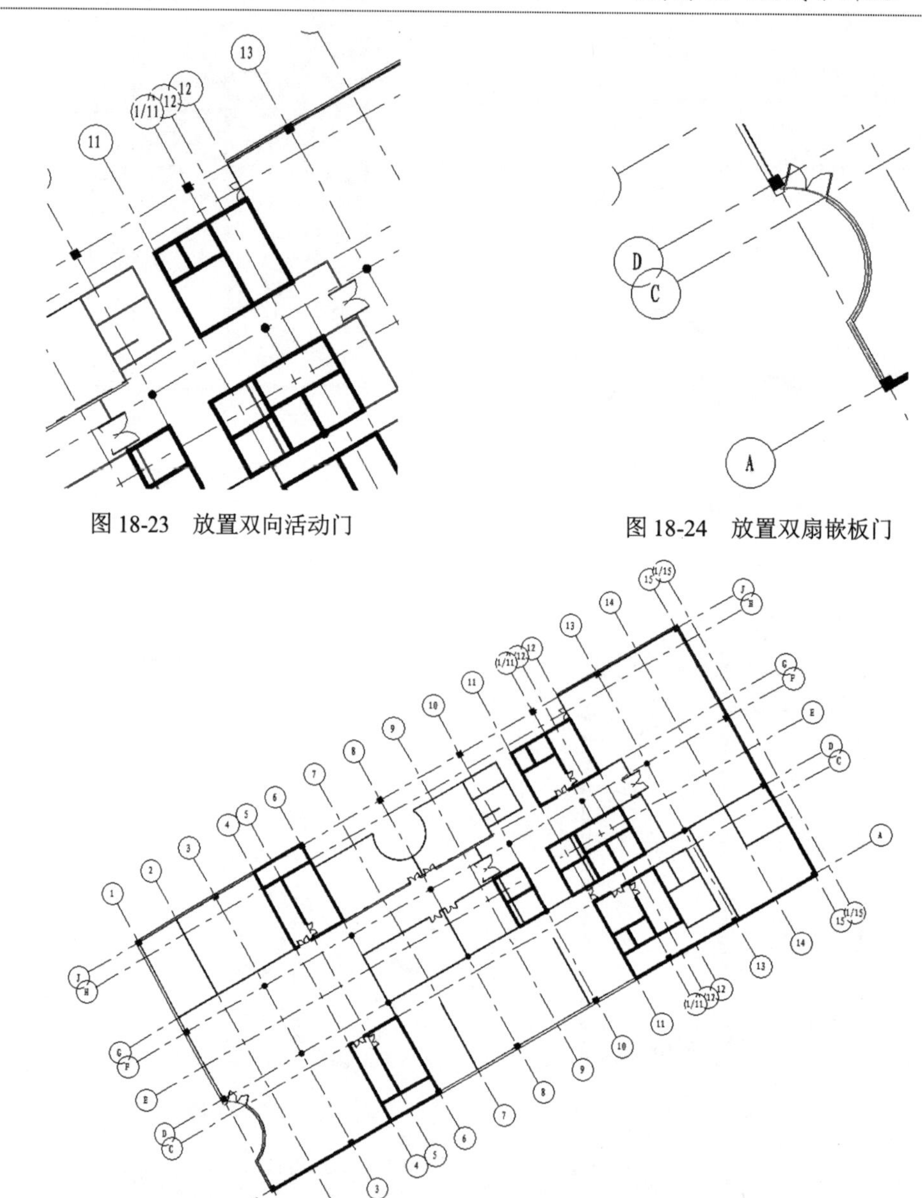

图 18-23　放置双向活动门

图 18-24　放置双扇嵌板门

图 18-25　放置双扇平开门

（11）重复“门”命令，在“属性”选项板中选取“单-嵌板 1 900×2000”类型，在如图 18-26 所示的位置放置单扇门，并修改临时尺寸。

（12）重复“门”命令，在“属性”选项板中选取“双-子母 1200×2000”类型，在如图 18-27 所示的位置放置子母门，并修改临时尺寸。

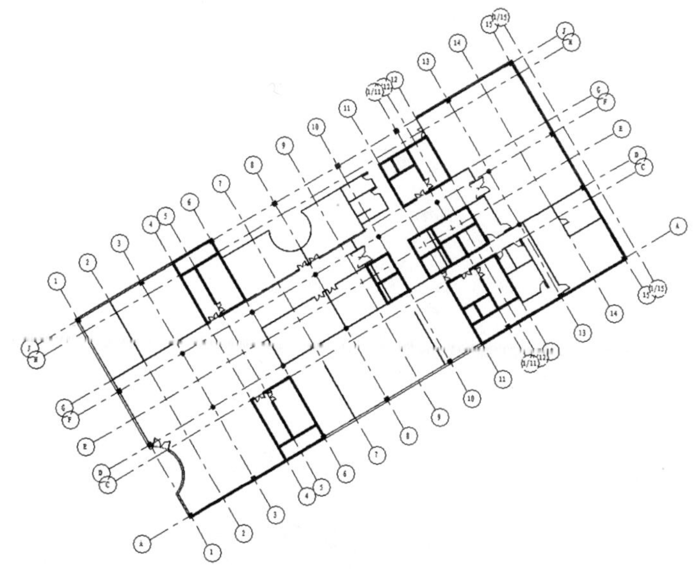

图 18-26 放置单扇门

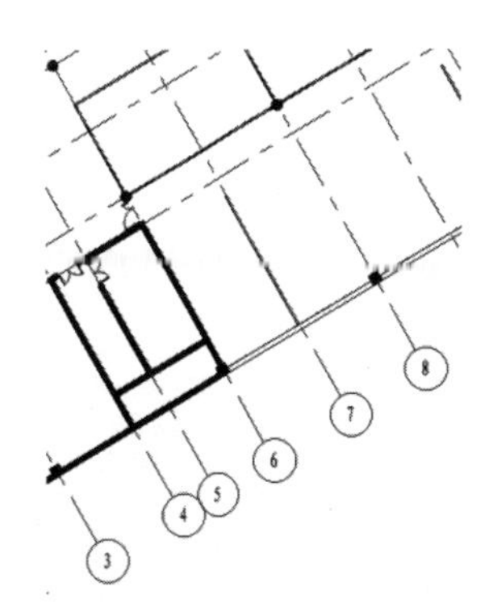

图 18-27 放置子母门

18.3 布 置 窗

扫一扫，看视频

布置窗的具体步骤如下：

（1）在“属性”选项板中单击“视图范围”栏中的“编辑”按钮，打开“视图范围”对话框，设置剖切面的“偏移”为 2000，其他采用默认设置，单击“确定”按钮。

（2）单击“建筑”选项卡的“构建”面板中的“窗”按钮，打开“修改|放置 窗”选项卡。

（3）在“属性”选项板中选择“铝合金双扇推拉窗 1200×1500mm”类型，设置“底高度”为 800，将铝合金双扇推拉窗放置在剪力墙上，如图 18-28 所示。

（4）在“属性”选项板中选择 C3415 类型，设置“底高度”为 1800，将 C3415 窗放置在剪力墙上，如图 18-29 所示。

（5）在“属性”选项板中单击“视图范围”栏中的“编辑”按钮，打开“视图范围”对话框，设置剖切面的“偏移”为 1200，其他采用默认设置，单击“确定”按钮。

（6）单击“建筑”选项卡的“构建”面板中的“窗”按钮，打开“修改|放置 窗”选项卡，单击“模式”面板中的“载入族”按钮，打开“载入族”对话框，载入“百叶窗”族文件。

（7）在选项栏中选中“放置后旋转”复选框，在“属性”选项板中更改“高度”为 1000，将百叶窗放置在 A 轴线的外墙上，并旋转百叶窗与 A 轴线重合，然后选中百叶窗拖动控制点，调整其宽度。结果如图 18-30 所示。

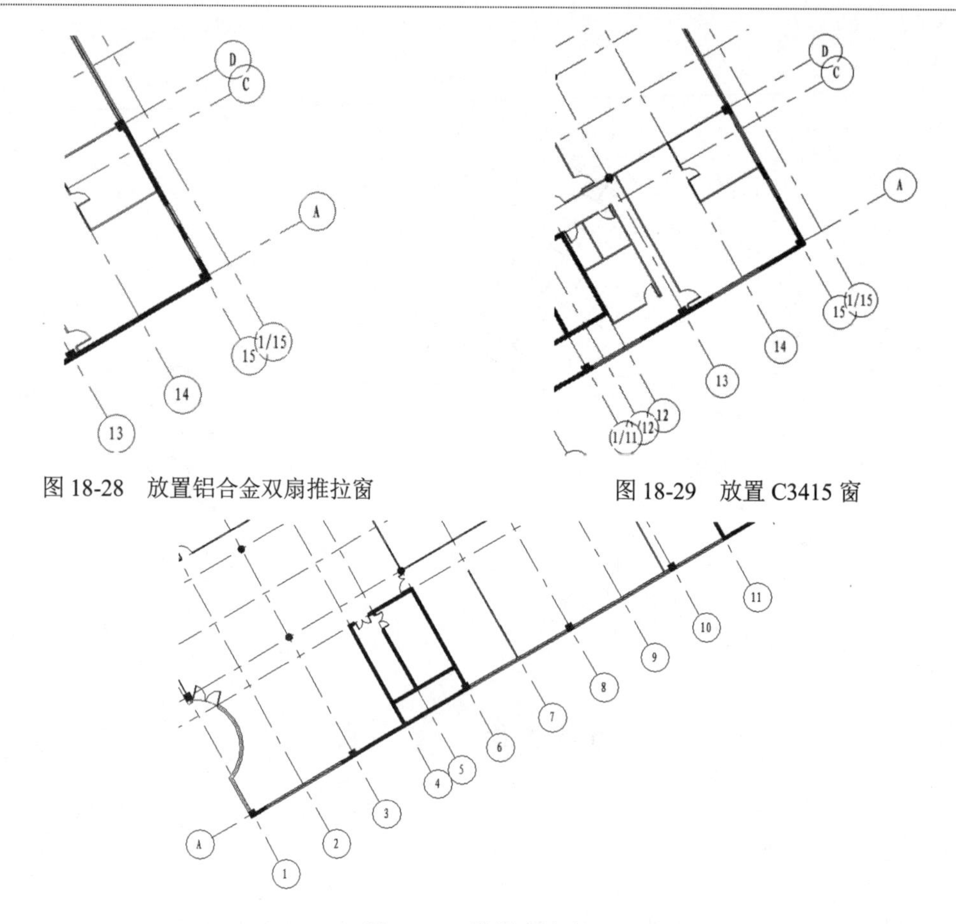

图 18-28　放置铝合金双扇推拉窗

图 18-29　放置 C3415 窗

图 18-30　放置百叶窗

（8）将视图切换至东视图，选择放置百叶窗的剪力墙，在“属性”选项板中更改“顶部约束”为“直到标高：F4”，“顶部偏移”为-800，然后单击“建筑”选项卡的“洞口”面板中的“墙”按钮，在剪力墙上绘制矩形洞口，将百叶窗显示出来。

扫一扫，看视频

18.4　绘制楼板

绘制楼板的具体步骤如下：

（1）单击“建筑”选项卡的“构建”面板中“楼板”下拉列表中的“楼板：建筑”按钮，打开“修改|创建楼层边界”选项卡。

（2）单击“绘制”面板中的“边界线”按钮、“拾取墙”按钮和“线”按钮，绘制楼板边界线，如图 18-31 所示。

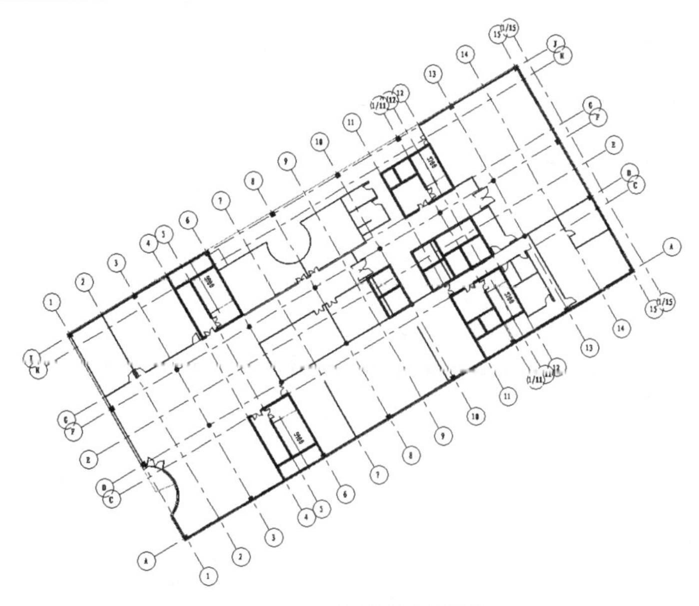

图 18-31 绘制楼板边界线

（3）单击“模式”面板中的“完成编辑模式”按钮✔，完成楼板的创建，如图 18-32 所示。

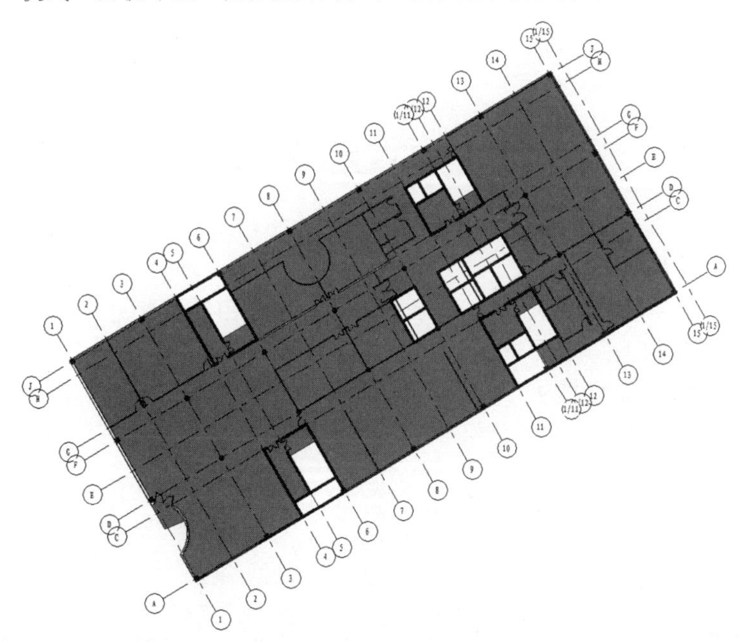

图 18-32 创建三层楼板

（4）单击“建筑”选项卡的“构建”面板中“楼板”下拉列表中的“楼板：建筑”按钮，打开“修改|创建楼层边界”选项卡。

（5）在“属性”选项板中选择“常规-300mm”类型，输入“自标高的高度偏移”为150，其他采用默认设置。

（6）单击“绘制”面板中的“边界线”按钮、“线”按钮和“圆角弧”按钮，绘制楼板边界线，如图18-33所示。

（7）单击“模式”面板中的“完成编辑模式”按钮，完成放置钢琴台阶的创建，如图18-34所示。

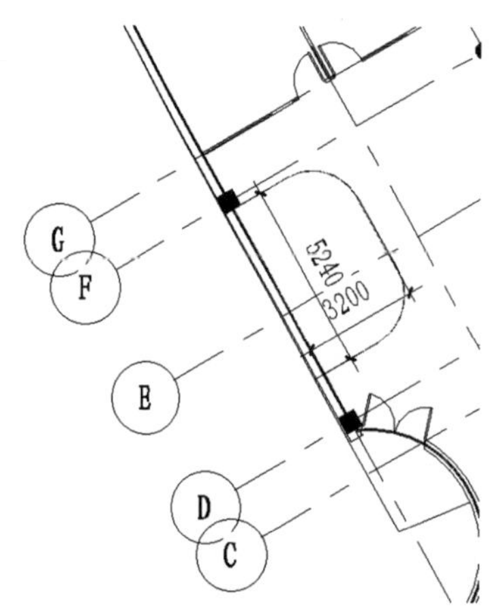

图18-33　绘制楼板边界线

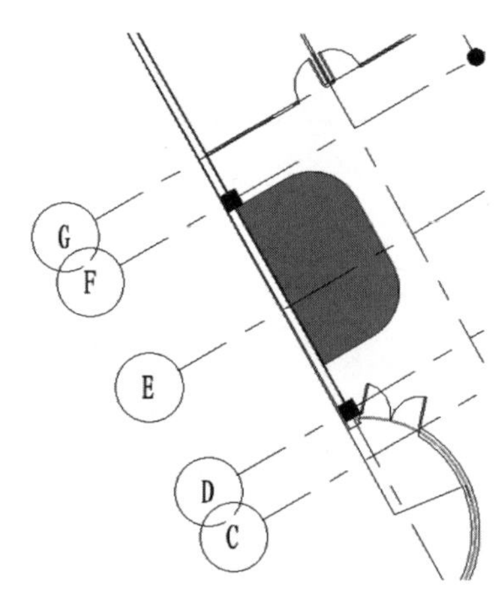

图18-34　创建放置钢琴台阶

扫一扫，看视频

18.5　布置家具

布置家具的具体步骤如下：

（1）单击“建筑”选项卡的“构建”面板中“构件”下拉菜单中的“放置构件”按钮，打开“修改|放置构件”选项卡。

（2）单击“模式”面板中的“载入族”按钮，打开“载入族”对话框，选择Chinese→“建筑”→“家具”→3D→“桌椅组合”→“餐桌-圆形带餐椅.rfa”族文件，单击“打开”按钮，载入“圆形带餐椅”族文件。

（3）在“属性”选项板中选择“带椅子的圆形餐桌 2134mm 直径”类型，将其放置在如图18-35所示的位置。

（4）单击“模式”面板中的“载入族”按钮，打开“载入族”对话框，选择Chinese→“建筑”→“家具”→3D→“沙发”→“组合沙发1.rfa”族文件，单击“打开”按钮，载入“组合沙发1”族文件。

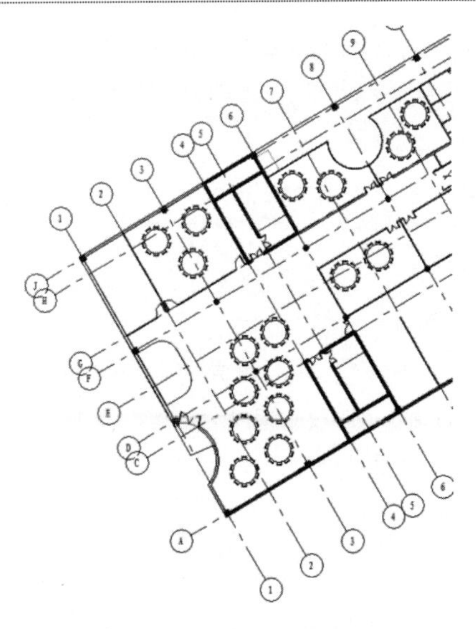

图 18-35　布置 10 人餐桌椅

（5）将组合沙发放置到适当位置，然后双击组合沙发打开其族文件，删除小的座位，另存为“沙发 2”族文件，将其放置在图中适当位置，如图 18-36 所示。

（6）重复“放置构件”命令，单击“模式”面板中的“载入族”按钮，打开“载入族”对话框，选择 Chinese→“建筑”→“家具”→3D→“桌椅”→“桌子”→“餐桌-椭圆形.rfa”族文件，单击“打开”按钮，载入“餐桌-椭圆形”族文件，将其放置在两个沙发中间适当位置。

（7）重复“放置构件”命令，在“属性”选项板中选择“带椅子的圆形餐桌 915mm 直径”类型，将其放置在图中适当位置，然后利用“阵列”命令进行布置，结果如图 18-37 所示。

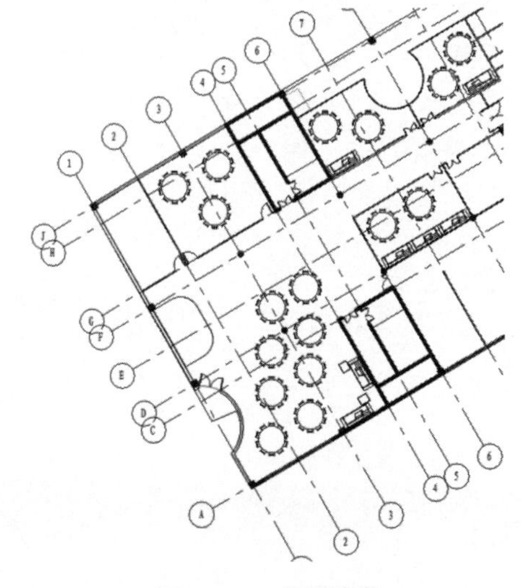

图 18-36　布置沙发

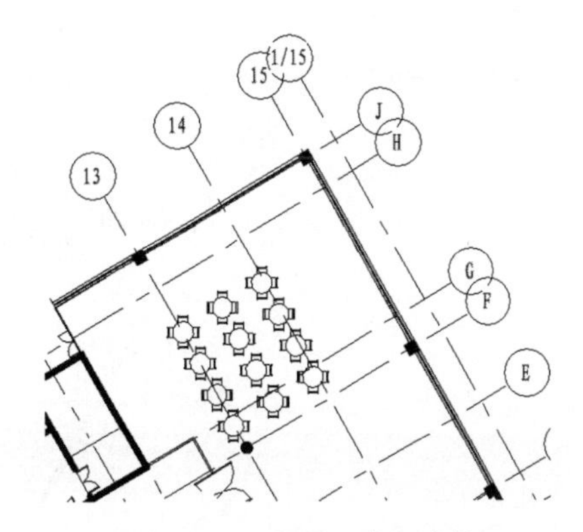

图 18-37　布置 4 人餐桌椅

（8）重复“放置构件”命令，在“属性”选项板中选择“餐桌-椭圆形 915×1830mm”类型，在选项栏中选中“放置后旋转”复选框，将其布置在图中适当位置。

（9）单击“模式”面板中的“载入族”按钮，打开“载入族”对话框，选择 Chinese→“建筑”→“家具”→3D→“桌椅”→“椅子”→“布艺休闲椅.rfa”族文件，单击“打开”按钮，载入“布艺休闲椅”族文件，将其布置在椭圆形餐桌的两侧，如图 18-38 所示。

（10）单击“修改”选项卡的“创建”面板中的“创建组”按钮，打开“创建组”对话框，采用默认名称和设置，单击“确定”按钮，打开“编辑组”面板，单击“添加”按钮，选取椭圆餐桌和两侧的 4 把椅子，单击“完成”按钮，将椭圆餐桌和椅子创建成组。

（11）单击“修改”选项卡的“修改”面板中的“复制”按钮，将创建成组的椭圆餐桌椅复制放置在图中适当位置，如图 18-39 所示。

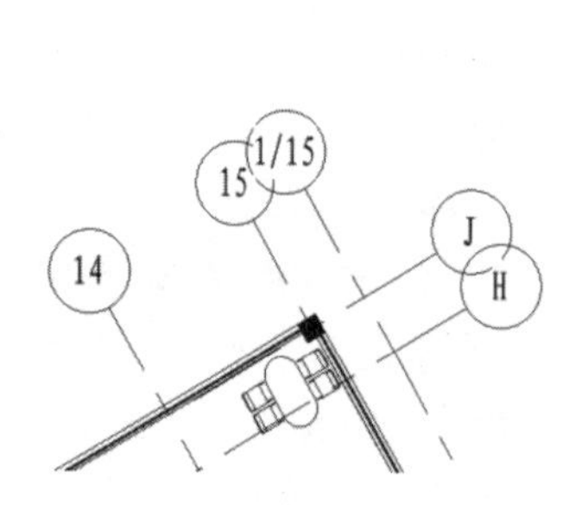

图 18-38 椭圆餐桌椅

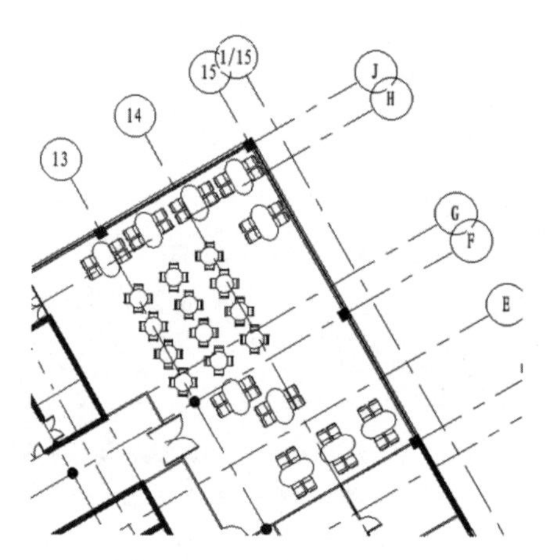

图 18-39 放置椭圆餐桌椅

（12）重复“放置构件”命令，单击“模式”面板中的“载入族”按钮，打开“载入族”对话框，选择 Chinese→“建筑”→“专用设备”→“住宅设施”→“家用电器”→“钢琴.rfa”族文件，单击“打开”按钮，载入“钢琴”族文件，将其布置在视图的两侧，如图 18-40 所示。

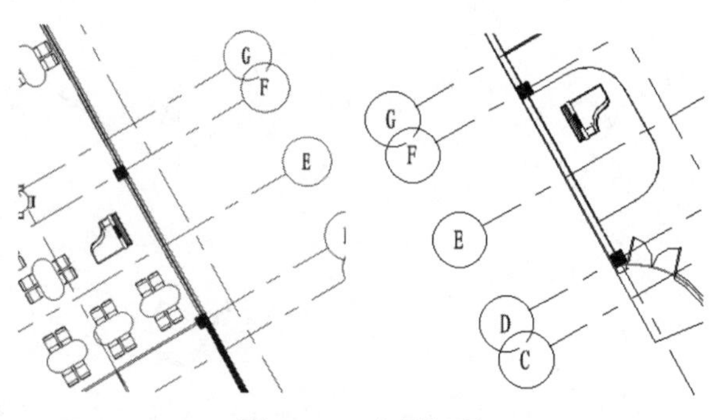

图 18-40 布置钢琴

（13）单击“建筑”选项卡的“构建”面板中的“墙”按钮，在“属性”选项板中选择“常规 300mm”类型，设置“定位线”为“面层面：外部”，“底部约束”为 F3，“底部偏移”为 0，“顶部约束”为“未连接”，“无连接高度”为 450，其他采用默认设置。在钢琴的前方绘制一段墙体，如图 18-41 所示。

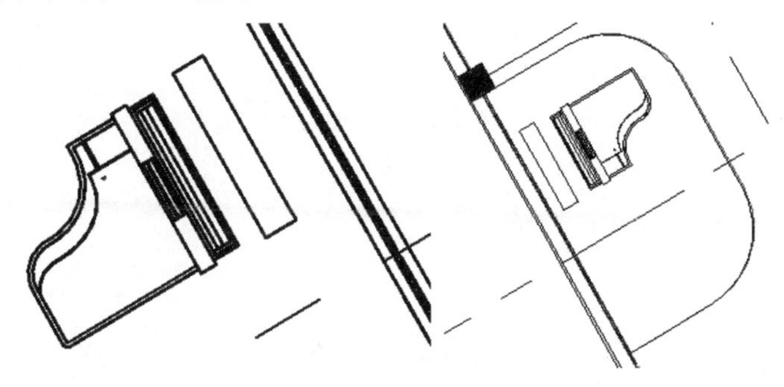

图 18-41　绘制墙体

（14）单击“建筑”选项卡的“构建”面板中“构件”下拉菜单中的“放置构件”按钮，打开“修改|放置构件”选项卡。

（15）单击“模式”面板中的“载入族”按钮，打开“载入族”对话框，选择 Chinese→“建筑”→“家具”→3D→“柜子”→“搁板.rfa”族文件，单击“打开”按钮，载入“搁板”族文件。在“属性”选项板中选择 2440×305×2134mm 类型，将其放置在四人餐桌椅的前方靠墙位置，如图 18-42 所示。

（16）单击“建筑”选项卡的“构建”面板中的“墙”按钮，在“属性”选项板中选择“常规 400mm”类型，设置“定位线”为“面层面：外部”，“底部约束”为 F3，“底部偏移”为 0，“顶部约束”为“未连接”，“无连接高度”为 1200，其他采用默认设置。在搁板的前方绘制一段墙体作为吧台，如图 18-43 所示。

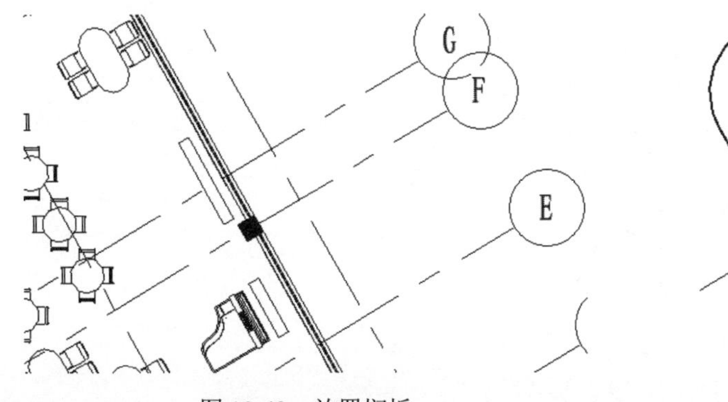

图 18-42　放置搁板

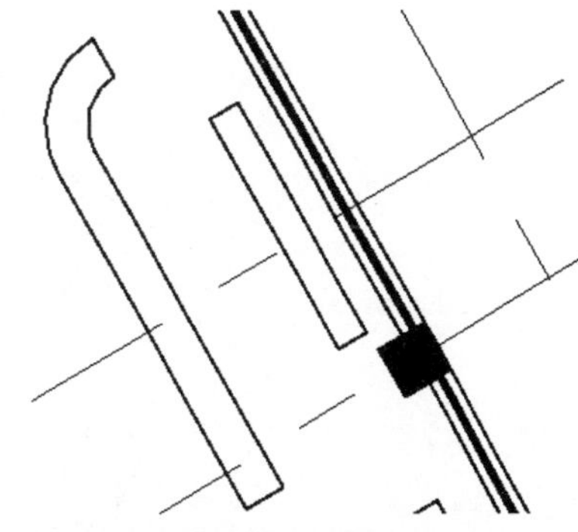

图 18-43　绘制吧台

（17）重复“放置构件”命令，单击“模式”面板中的“载入族”按钮，打开“载入族”对话框，选择 Chinese→“建筑”→“家具”→3D→“桌椅”→“桌子”→“桌子-圆形.rfa”

族文件，单击“打开”按钮，载入“桌子-圆形”族文件。

（18）在“属性”选项板中单击“编辑类型”按钮，打开“类型属性”对话框，新建“600mm 直径”类型，在对话框中更改“半径”为 300，单击“确定”按钮，将其放置在吧台的前方位置，如图 18-44 所示。

（19）重复“放置构件”命令，单击“模式”面板中的“载入族”按钮，打开“载入族”对话框，选择 Chinese→“建筑”→“专用设备”→“住宅设施”→“家用电器”文件夹中的“电冰箱.rfa”族文件，单击“打开”按钮，载入“电冰箱”族文件。

（20）在“属性”选项板中选择 850×760mm 类型，将其放置在搁板的左侧位置，如图 18-45 所示。

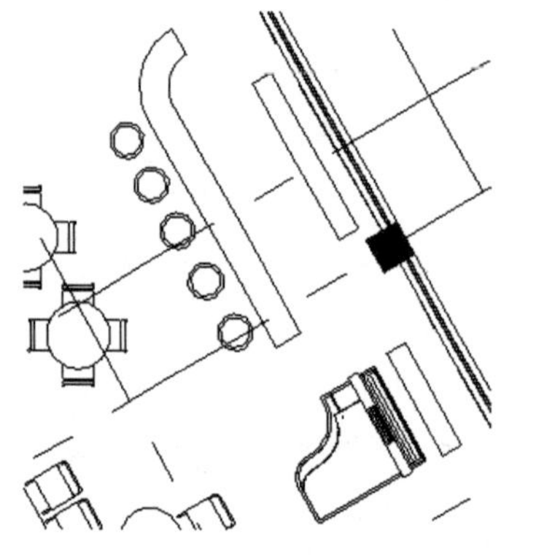

图 18-44　放置圆形桌子

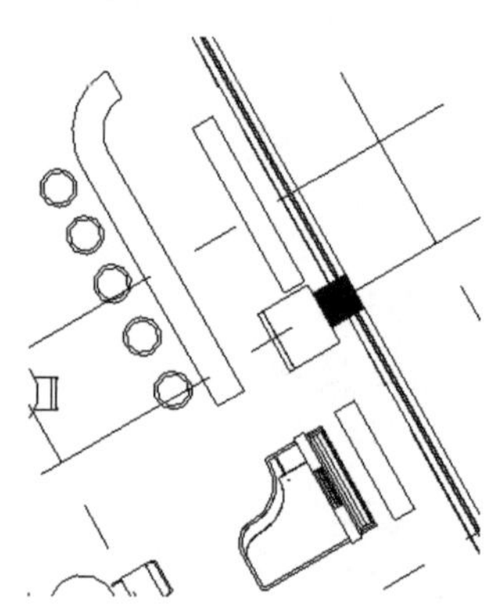

图 18-45　放置冰箱

（21）采用与 16.7 节相同的方法布置卫生间内的隔断、坐便器和小便斗，如图 18-46 所示。

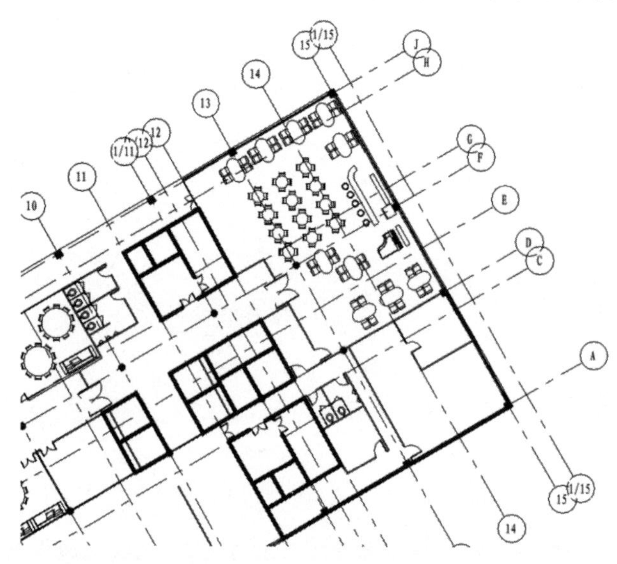

图 18-46　布置卫生间设施

（22）重复“放置构件”命令，单击“模式”面板中的“载入族”按钮，打开“载入族”对话框，选择源文件中的“两联台盆”族文件，单击“打开”按钮，载入“洗脸盆”族文件。将其放置在卫生间内隔断墙外位置，拖动洗脸盆的台面控制点，调整“洗脸盆”台面的大小，结果如图18-47所示。

（23）采用与16.8节相同的方法布置电梯，如图18-48所示。

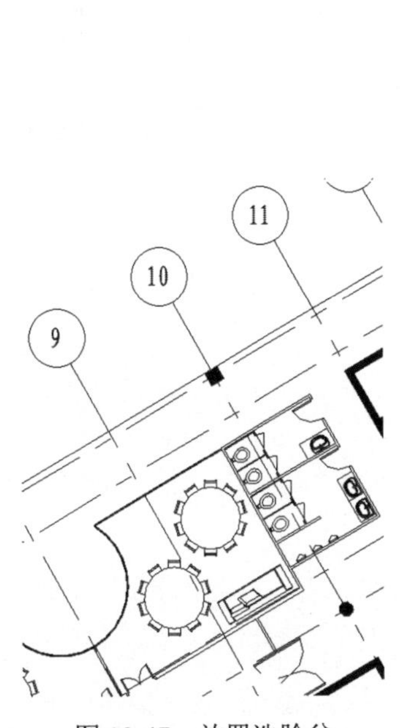

图18-47 放置洗脸盆

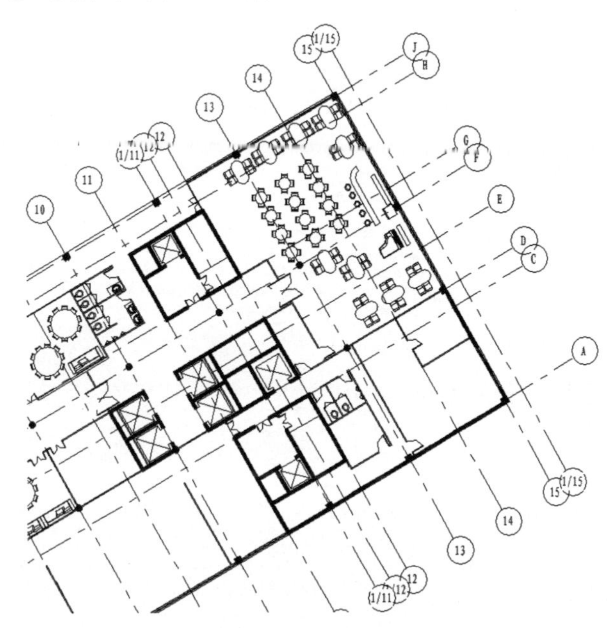

图18-48 布置电梯

18.6 布置绿植

扫一扫，看视频

布置绿植的具体步骤如下：

（1）单击“体量和场地”选项卡的“场地建模”面板中的“场地构件”按钮，打开“修改|场地构件”选项卡。

（2）单击“模式”面板中的“载入族”按钮，打开“载入族”对话框，选择Chinese→“建筑”→“植物”→RPC→“PRC树-热带1.rfa”族文件，单击“打开”按钮，载入“PRC树-热带1”族文件。

（3）在“属性”选项板中选择“马来西亚金棕榈-3.0米”类型，将其放置在圆形幕墙内，如图18-49所示。

（4）在“属性”选项板中选择“佛度竹-1.5米”类型，将其放置在靠近外墙的位置，如图18-50所示。

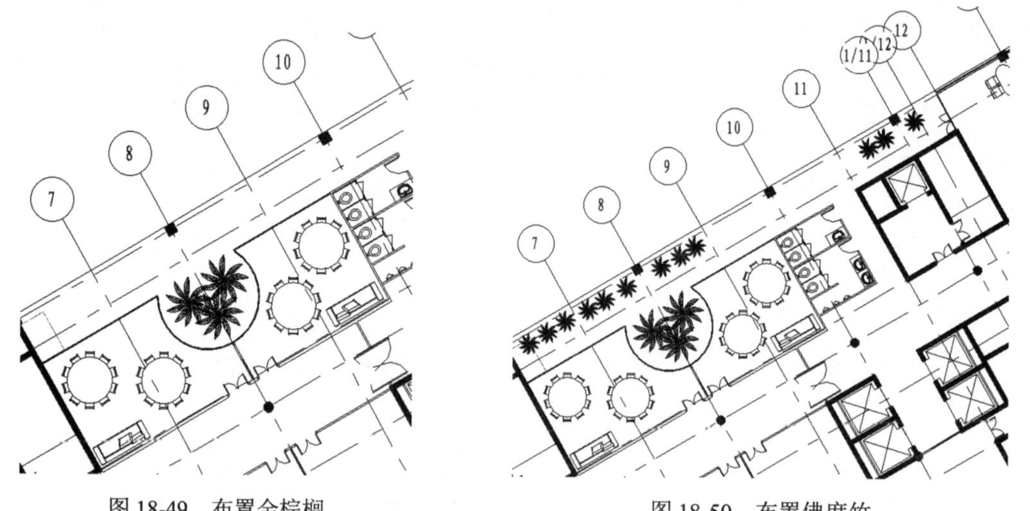

图 18-49　布置金棕榈　　　　图 18-50　布置佛度竹

（5）重复“场地构件”命令，单击“模式”面板中的“载入族”按钮，打开“载入族”对话框，选择 Chinese→“建筑”→“植物”→3D→“乔木”→“粉单竹 3D.rfa”族文件，单击“打开”按钮，载入“粉单竹”族文件。

（6）在“属性”选项板中单击“编辑类型”按钮，打开“类型属性”对话框，更改“高度”为 3000，单击“确定”按钮，将粉单竹布置在走廊和餐厅的角落，如图 18-51 所示。

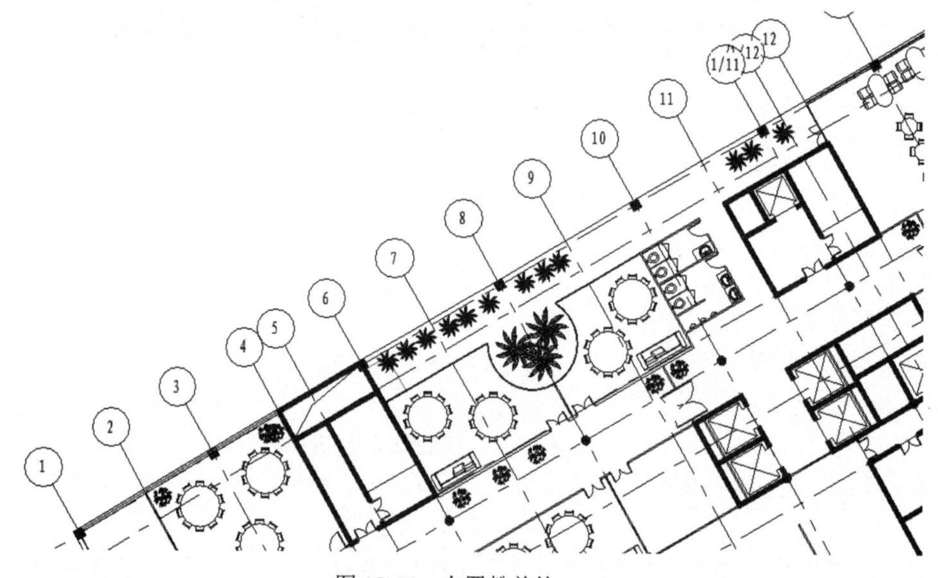

图 18-51　布置粉单竹

四至六层的结构和三层类似，这里就不再一一介绍，读者可以根据三层的绘制方法绘制四至六层建筑。其视图分别如图 18-52~图 18-54 所示。

图 18-52　四层视图

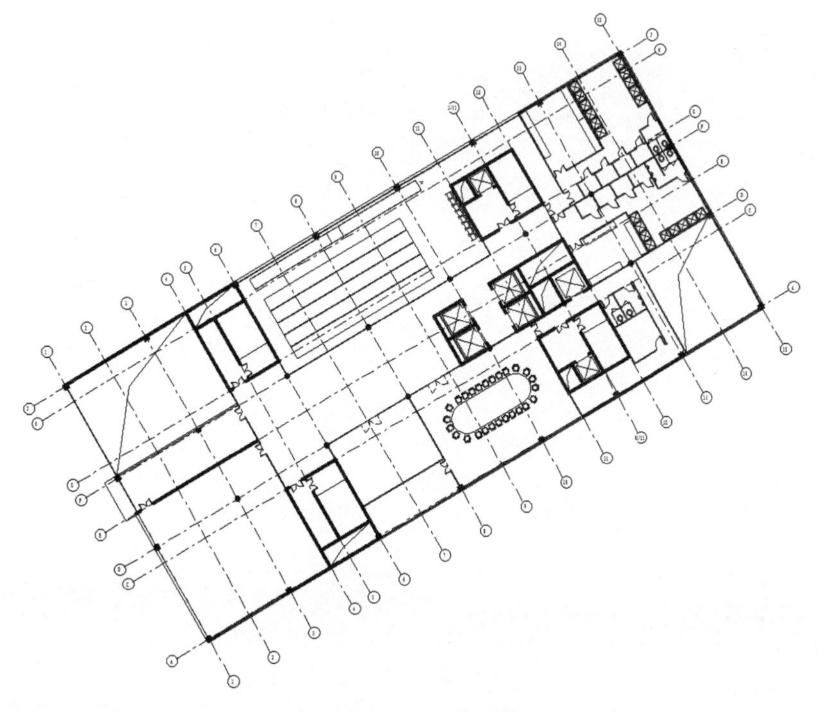

图 18-53　五层视图

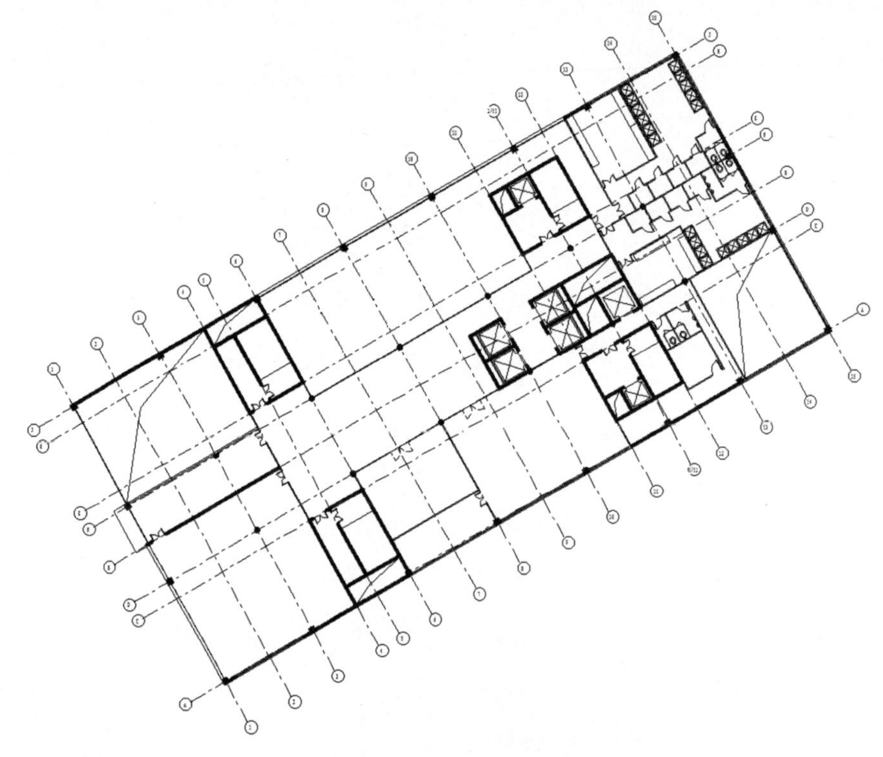

图 18-54　六层视图

第 19 章　创建标准层

宾馆大楼里七至二十二层为标准层，标准层里的设置和布局都是一样的。本章以第七层为例介绍标准层的绘制。

在第 18 章的基础上，首先根据轴网在 F7 楼层平面视图中绘制外墙、幕墙和隔断墙，然后在墙体上放置门、窗，再根据墙体创建楼板，通过镜像和复制完成各个房间内的家具布置，最后布置绿植。

- 创建墙
- 布置门
- 布置窗
- 绘制楼板
- 布置家具
- 布置绿植

案例效果

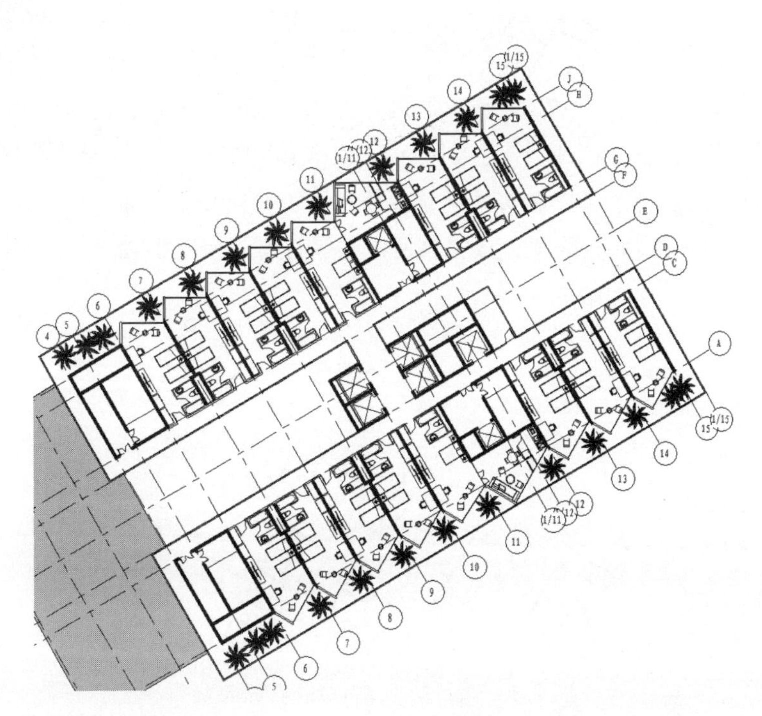

扫一扫，看视频

19.1 创 建 墙

创建墙的具体步骤如下。

1. 绘制隔断墙

（1）在项目浏览器中双击“楼层平面”节点下的 F7，将视图切换到 F7 楼层平面视图。

（2）单击“建筑”选项卡的“构建”面板中的“墙”按钮，在“属性”选项板中选择“剪力墙”类型，设置“定位线”为“墙中心线”，“底部约束”为 F7，“底部偏移”为 0，“顶部约束”为“未连接”，“无连接高度”为 3600，其他采用默认设置。

（3）根据轴网绘制隔断墙，如图 19-1 所示。

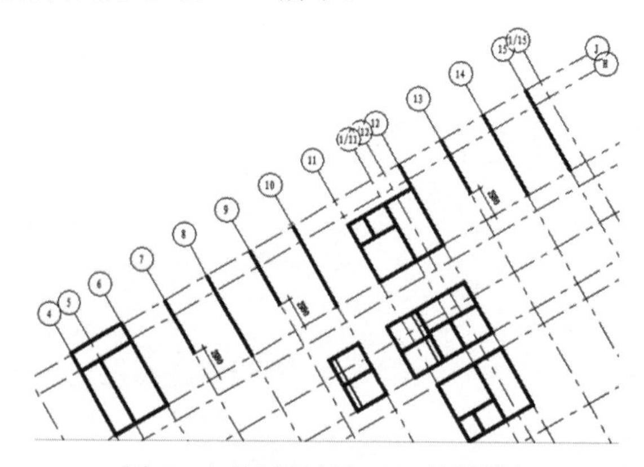

图 19-1 绘制高度为 3600 的隔断墙

（4）重复“墙”命令，在“属性”选项板中设置“顶部约束”为“直到标高：F8”，“顶部偏移”为 0，其他采用默认设置，根据轴网绘制隔断墙，如图 19-2 所示。

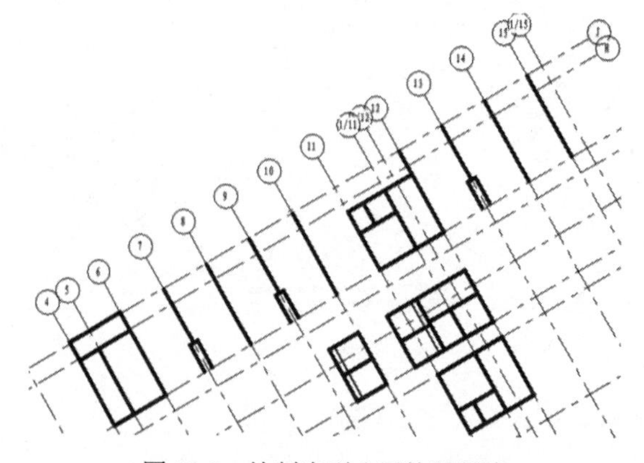

图 19-2 绘制直到八层的隔断墙

（5）在“属性”选项板中选择“内部-135mm 隔断（2 小时）”类型，设置“定位线”为“面层面：内部”，“顶部约束”为“直到标高：F8”，“顶部偏移”为 0，其他采用默认设置，绘制隔断墙，如图 19-3 所示。

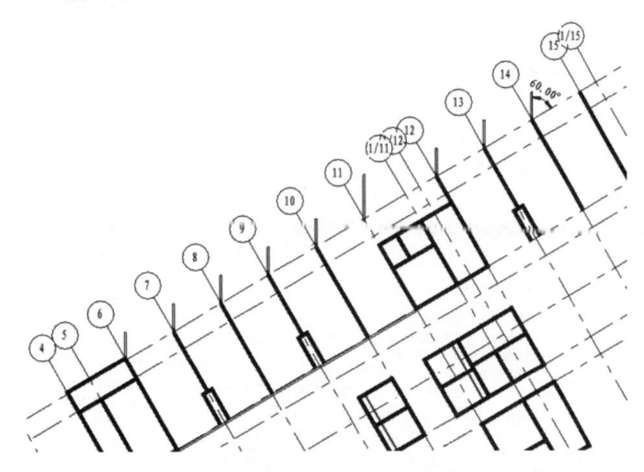

图 19-3　绘制厚度为 135 的隔断墙

（6）重复“墙”命令，在“属性”选项板中选择“内部-79mm 隔断（1 小时）”类型，设置“定位线”为“墙中心线”，“顶部约束”为“直到标高：F8”，“顶部偏移”为 0，其他采用默认设置，绘制隔断墙，如图 19-4 所示。

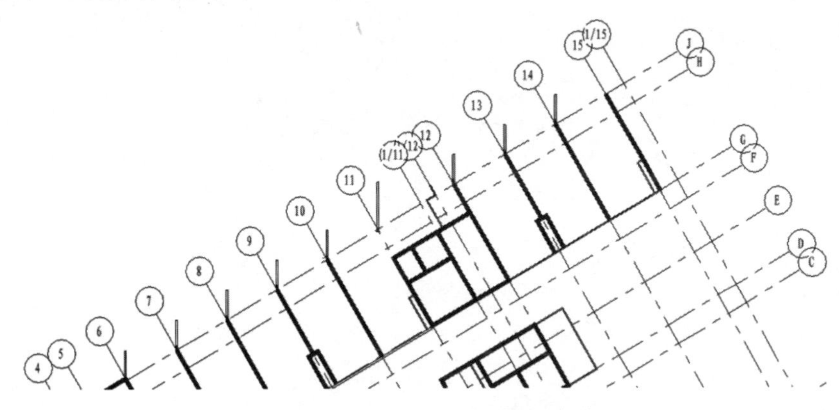

图 19-4　绘制厚度为 79 的隔断墙

（7）重复“墙”命令，在“属性”选项板中设置“定位线”为“墙中心线”，“底部约束”为 F7，“顶部约束”为“未连接”，“无连接高度”为 3300，绘制如图 19-5 所示的隔断墙。

2．绘制幕墙和外墙

（1）重复“墙”命令，在“属性”选项板中选择“店面 2”类型，设置“顶部约束”为“未连接”，“无连接高度”为 3600，其他采用默认设置，绘制隔断幕墙，如图 19-6 所示。

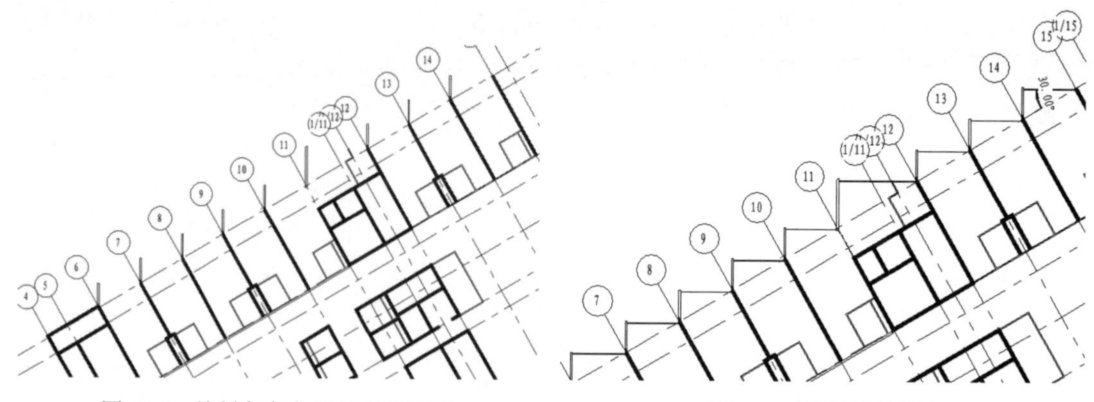

图 19-5　绘制高度为 3300 的隔断墙　　　　图 19-6　绘制隔断幕墙

（2）重复“墙”命令，在“属性”选项板中选择“店面 2”类型，设置“顶部约束”为“直到标高：F8”，“顶部偏移”为-600，其他采用默认设置，绘制外幕墙，如图 19-7 所示。

图 19-7　绘制外幕墙

（3）单击“修改”选项卡的“修改”面板中的“镜像-拾取轴”按钮，选取前面绘制的隔断墙和幕墙，以 E 轴线为镜像轴进行镜像，调整镜像后幕墙的长度，结果如图 19-8 所示。

（4）单击“建筑”选项卡的“构建”面板中的“墙”按钮，在“属性”选项板中选择“店面 2”类型，设置“顶部约束”为“直到标高：F8”，“顶部偏移”为 0，其他采用默认设置，绘制中间走廊幕墙，如图 19-9 所示。

（5）在“属性”选项板中选择“内部-79mm 隔断（1 小时）”类型，设置“顶部约束”为“直到标高：F8”，“顶部偏移”为-600，其他采用默认设置。在玻璃幕墙上绘制宽度为 300 的外墙，如图 19-10 所示。

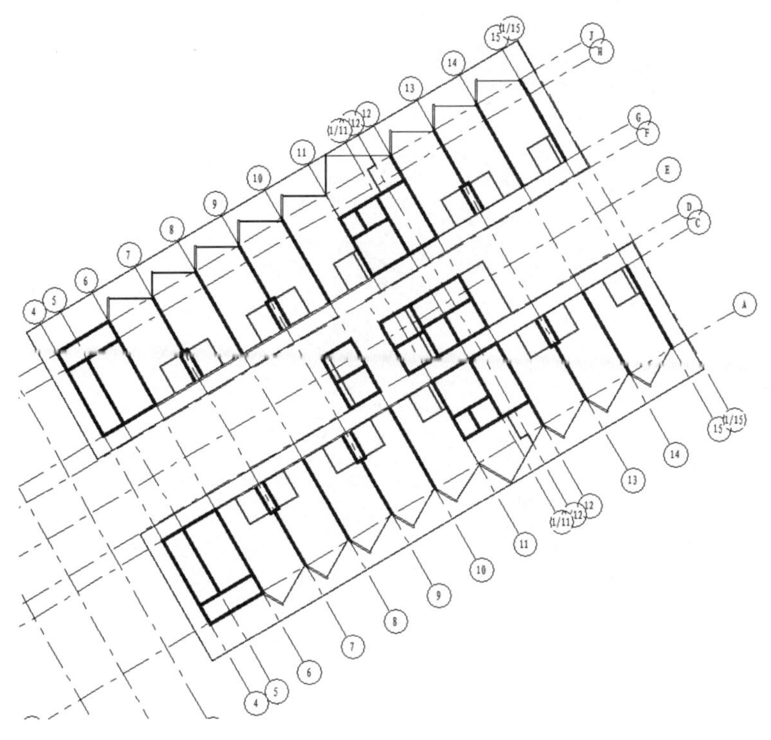

图 19-8　镜像墙体

图 19-9　绘制中间走廊幕墙

图 19-10　绘制外墙 1

（6）继续绘制其他玻璃幕墙上的外墙，并利用“阵列”和“镜像-拾取轴”命令绘制其他外墙，结果如图 19-11 所示。设置 1/15 轴线上的外墙的“顶部约束”为“直到标高：F22”。

（7）在“属性”选项板中单击“视图范围”栏中的“编辑”按钮，打开“视图范围”对话框，设置顶部的“偏移”为 3500，剖切面的“偏移”为 3200，其他采用默认设置，单击“确定”按钮。

（8）在“属性”选项板中选择“内部-79mm 隔断（1 小时）”类型，设置“定位线”为“面层面：外部”，“底部约束”为 F7，“底部偏移”为 3000，“顶部约束”为“直到标高：F8”，“顶部偏移”为 0，其他采用默认设置，绘制外墙，如图 19-12 所示。

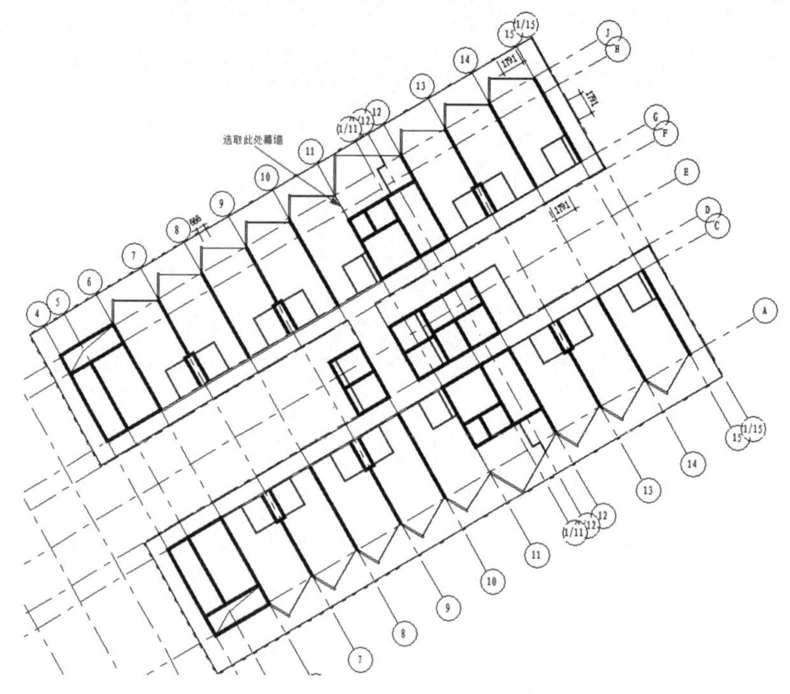

图 19-11　绘制幕墙上的外墙

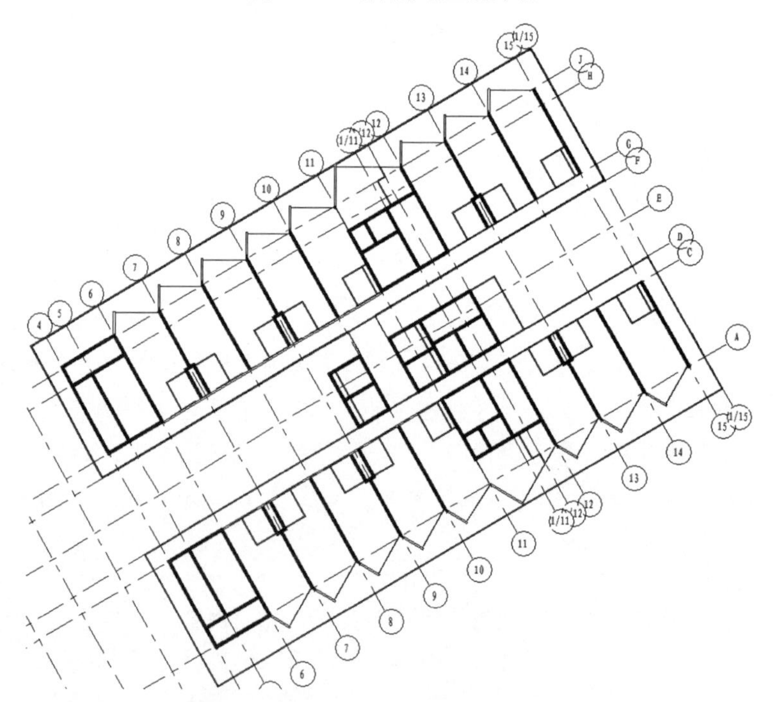

图 19-12　绘制外墙 2

19.2 布 置 门

布置门的具体步骤如下：

（1）在“属性”选项板中单击“视图范围”栏中的“编辑”按钮，打开“视图范围”对话框，设置顶部的“偏移”为2300，剖切面的“偏移”为1200，其他采用默认设置，单击“确定”按钮。

（2）将视图切换至三维视图，选取图19-11中所指的幕墙，将幕墙隔离。

（3）选取幕墙，右击，在弹出的快捷菜单中选择“选择主体上的嵌板”命令。

（4）选取幕墙上最左侧嵌板，如图19-13所示。

（5）在“属性”选项板中选择上一步载入的“幕墙嵌板-双开门3”类型，将嵌板替换为双开门，如图19-14所示。

（6）单击控制栏中的“临时隐藏/隔离”按钮，在打开的下拉列表中选择“重设临时隐藏/隔离”命令，切换到F7楼层平面，如图19-15所示。

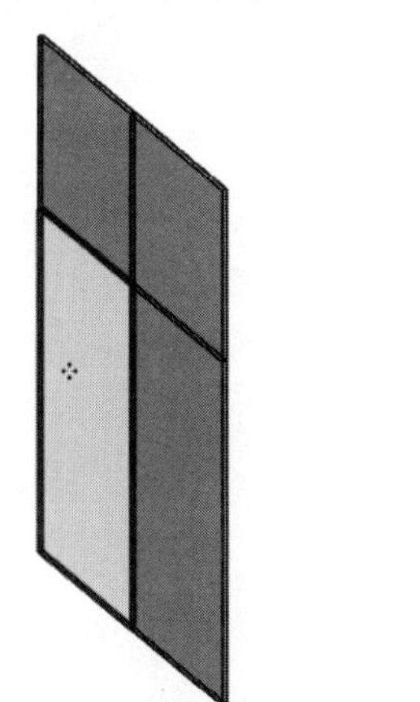

图19-13　选取嵌板

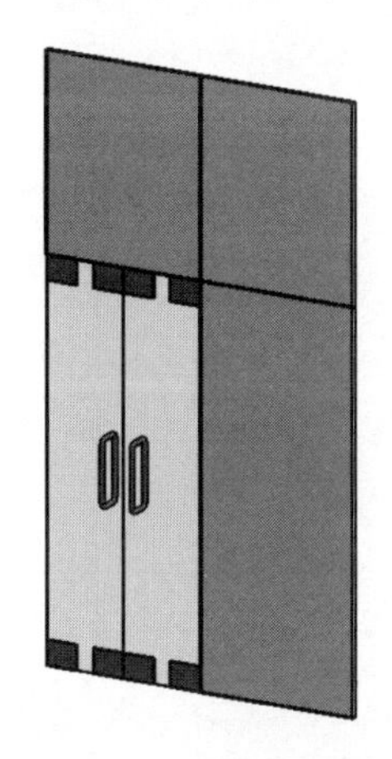

图19-14　创建双扇幕墙门

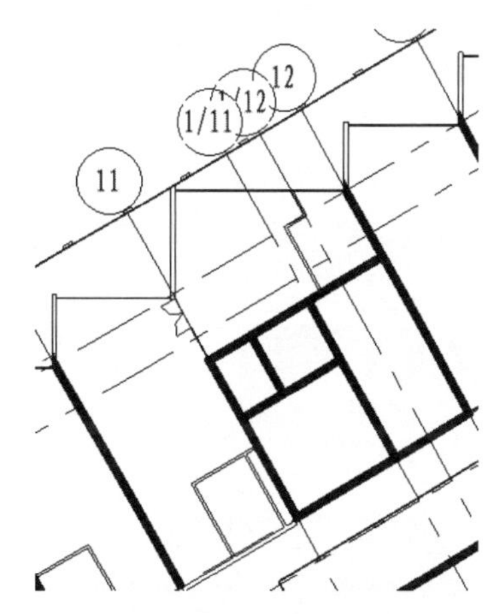

图19-15　F7楼层平面

（7）采用相同的方法在另一侧幕墙上创建双扇幕墙门。

（8）单击“建筑”选项卡的“构建”面板中的“门”按钮，打开“修改|放置门”选项卡。

（9）在“属性”选项板中选择“单-嵌板1 762×2032mm”类型，单击“编辑类型”按钮，打开“类型属性”对话框，新建750×2000mm类型，更改“高度”为2000，“宽度”为750，单击“确定”按钮，将其布置在卫生间隔断墙上，也可以结合“镜像”命令来布置单扇门，如图19-16所示。

（10）重复“门”命令，在“属性”选项板中选择“单-嵌板1 900×2000mm”类型，将其布置在隔断墙上，也可以结合“镜像”命令来布置单扇门，如图19-17所示。

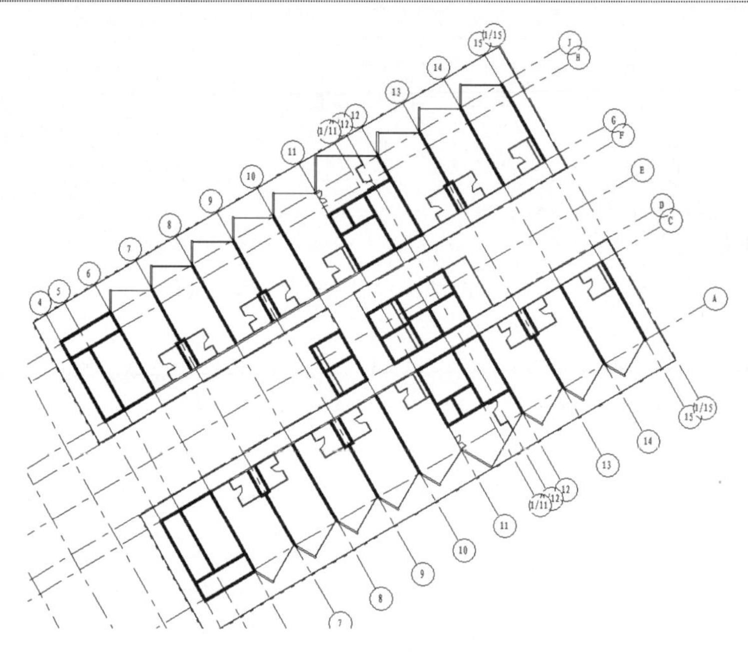

图 19-16　布置单扇门 1

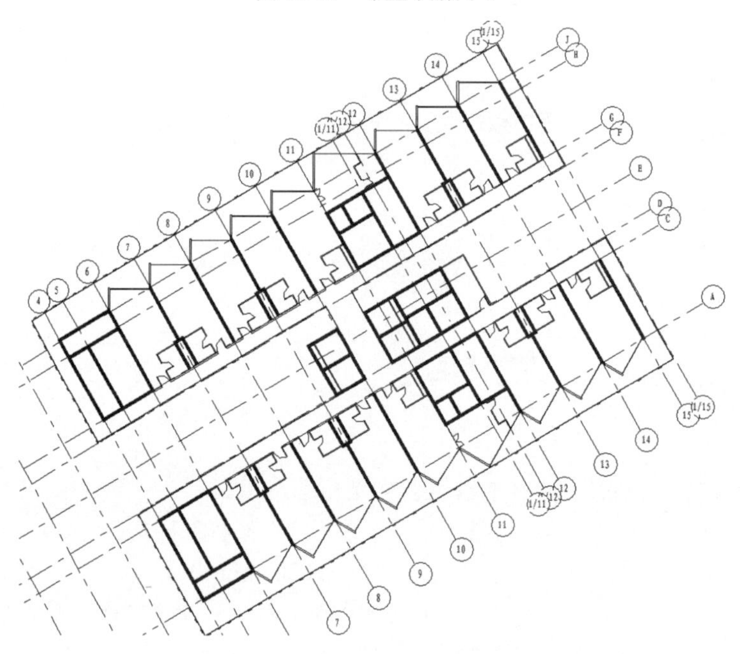

图 19-17　布置单扇门 2

（11）重复“门”命令，在“属性”选项板中选择“门-双扇平开”类型，在楼梯间及前室上放置双扇平开门，也可以结合“镜像”命令来布置双扇平开门，如图 19-18 所示。

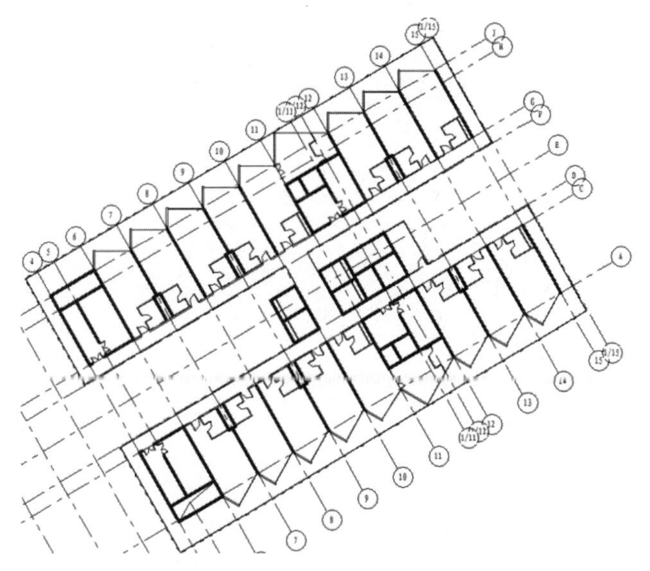

图 19-18 布置双扇平开门

19.3 布 置 窗

扫一扫，看视频

布置窗的具体步骤如下：

（1）单击“建筑”选项卡的“构建”面板中的“窗”按钮，在“属性”选项板中选择“百叶窗 铝合金百页 2”类型。

（2）在选项栏中选中“放置后旋转”复选框，在“属性”选项板中更改“高度”为 3000，将百叶窗放置在右下端的幕墙上，并旋转百叶窗与幕墙重合，然后选中百叶窗，拖动控制点，调整宽度使其两端与两侧外墙重合，结果如图 19-19 所示。

（3）将百叶窗放置在下端的中间幕墙上，并旋转百叶窗与幕墙重合，然后选中百叶窗，拖动控制点，调整宽度使其两端与两侧外墙重合，结果如图 19-20 所示。

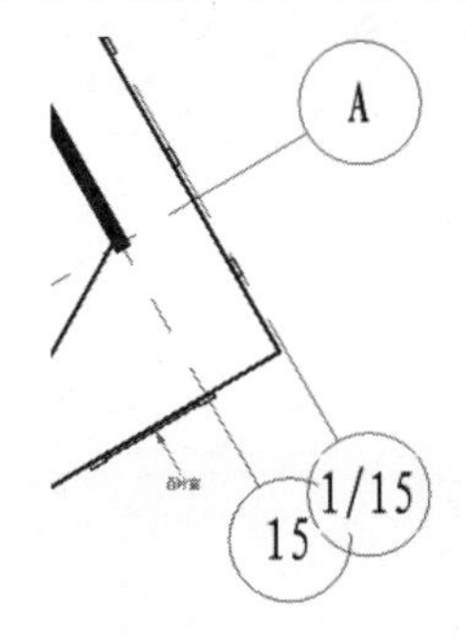

图 19-19 放置百叶窗在右下端的幕墙上

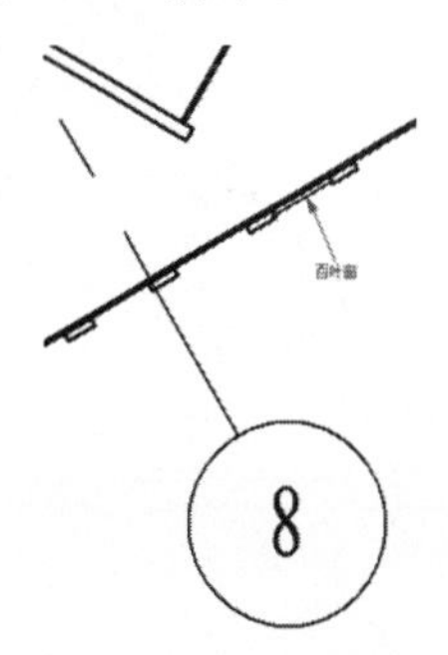

图 19-20 放置百叶窗在下端的中间幕墙上

（4）利用“复制”命令或者“阵列”命令布置其他百叶窗，如图 19-21 所示。

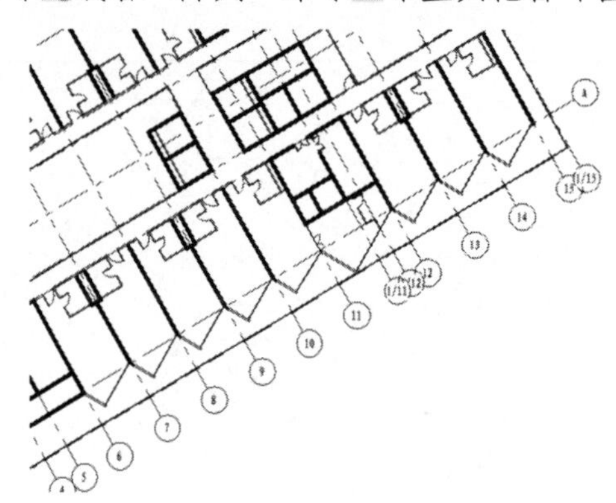

图 19-21　布置其他百叶窗

扫一扫，看视频

19.4　绘制楼板

绘制楼板的具体步骤如下：

（1）单击“建筑”选项卡的“构建”面板中“楼板”下拉列表中的“楼板：建筑”按钮，打开“修改|创建楼层边界”选项卡。

（2）单击“绘制”面板中的“边界线”按钮、“拾取墙”按钮和“线”按钮，绘制楼板边界线，如图 19-22 所示。

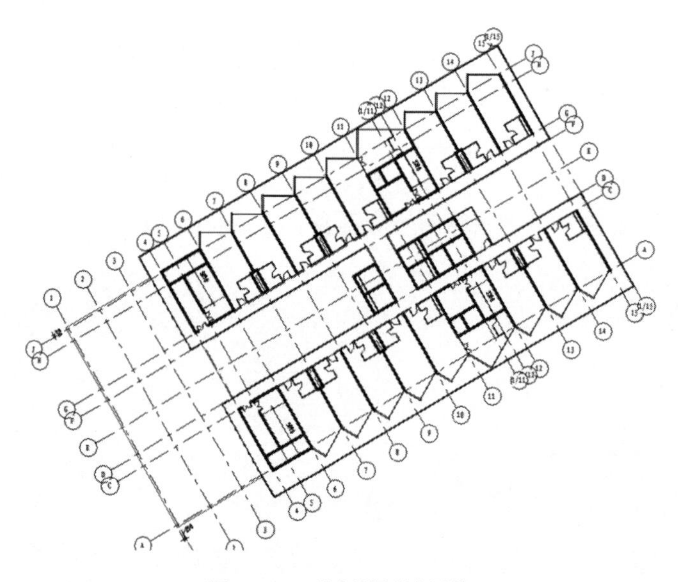

图 19-22　绘制楼板边界线

（3）在“属性”选项板中选择“常规-150mm”类型，输入“自标高的高度偏移”为 0，其他采用默认设置。

（4）单击“模式”面板中的“完成编辑模式”按钮✔，完成楼板的创建。

（5）单击“建筑”选项卡的“构建”面板中“楼板”下拉列表中的“楼板：建筑”按钮，打开“修改|创建楼层边界”选项卡。

（6）在“属性”选项板中单击“编辑类型”按钮，打开“类型属性”对话框，单击“复制”按钮，新建“常规-450mm”类型，单击“编辑”按钮，打开“编辑部件”对话框，设置结构层的“材质”为“场地-土”，输入“厚度”为 400，插入“面层 1[4]”，设置“材质”为“草”，输入“厚度”为 50，如图 19-23 所示。

（7）在“属性”选项板中输入“自标高的高度偏移”为 150，其他采用默认设置。

（8）单击“绘制”面板中的“边界线”按钮、“线”按钮，绘制楼板边界线，如图 19-24 所示。

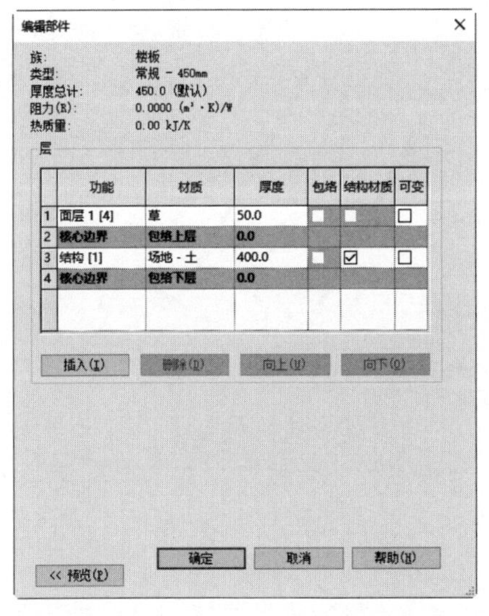

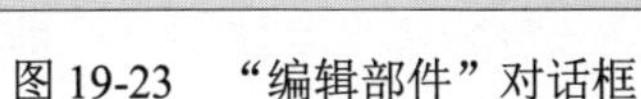
图 19-23 “编辑部件”对话框

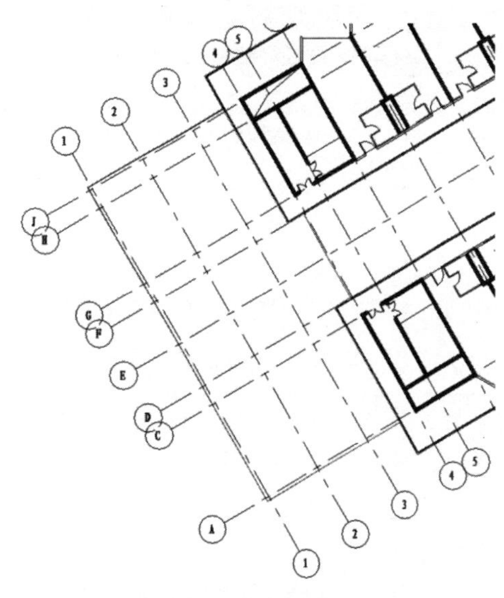

图 19-24 绘制楼板边界线

（9）单击“模式”面板中的“完成编辑模式”按钮✔，完成露台的创建。

19.5 布置家具

扫一扫，看视频

布置家具的具体步骤如下：

（1）单击“建筑”选项卡的“构建”面板中“构件”下拉列表中的“放置构件”按钮，打开“修改|放置构件”选项卡。

（2）单击“模式”面板中的“载入族”按钮，打开“载入族”对话框，选择 Chinese→“建筑”→“卫生器具”→3D→“常规卫浴”→“浴盆”→“浴盆 1 3D.rfa”族文件，单击“打开”按钮，载入“浴盆 1 3D”族文件。

（3）在“属性”选项板中单击“编辑类型”按钮，打开“类型属性”对话框，单击“复制”按钮，新建1780×762mm 类型，更改“宽度”为1780，其他采用默认设置，如图 19-25 所示，单击“确定”按钮。

（4）将浴盆放置在如图 19-26 所示卫生间的下方。

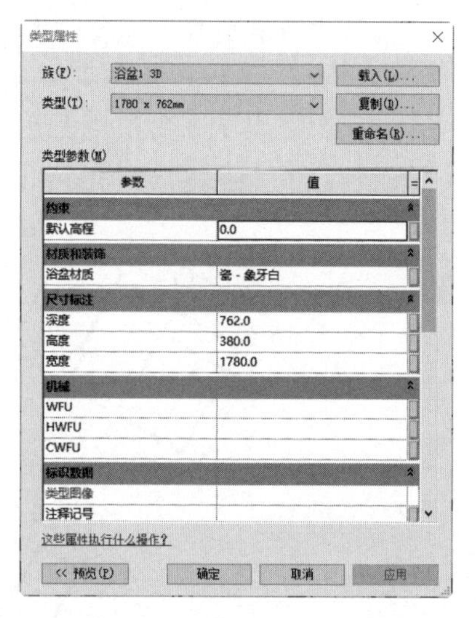

图 19-25 “类型属性”对话框

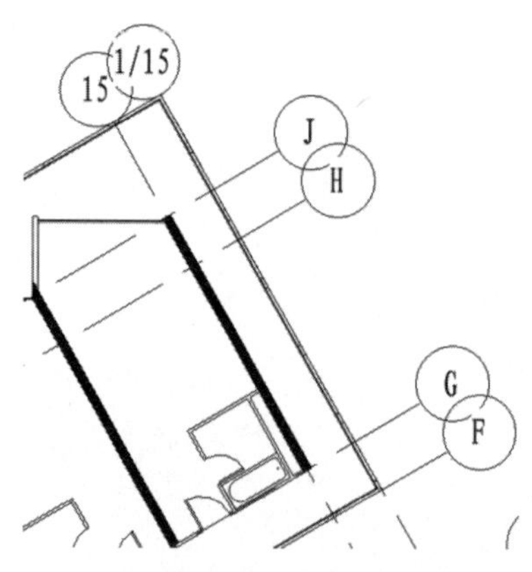

图 19-26 布置浴盆

（5）重复“放置构件”命令，单击“模式”面板中的“载入族”按钮，打开“载入族”对话框，选择源文件中的“坐便器 1.rfa”族文件，单击“打开”按钮，载入“坐便器 1”族文件。在选项栏中选中“放置后旋转”复选框，将其放置在如图 19-27 所示卫生间的中间靠墙位置。

（6）重复“放置构件”命令，单击“模式”面板中的“载入族”按钮，打开“载入族”对话框，选择源文件中的“两联台盆 台式洗脸盆.rfa”族文件，载入族文件。在选项栏中选中“放置后旋转”复选框，将其放置在如图 19-28 所示卫生间的上方靠墙位置。

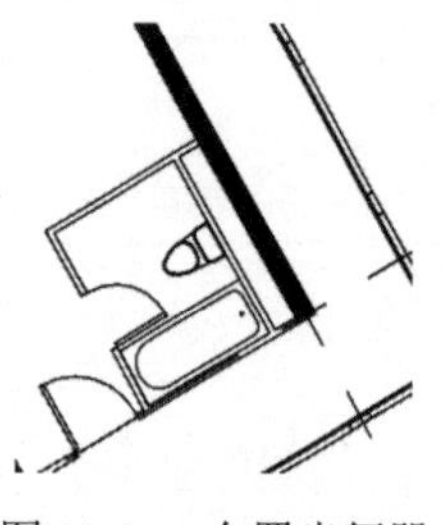

图 19-27 布置坐便器

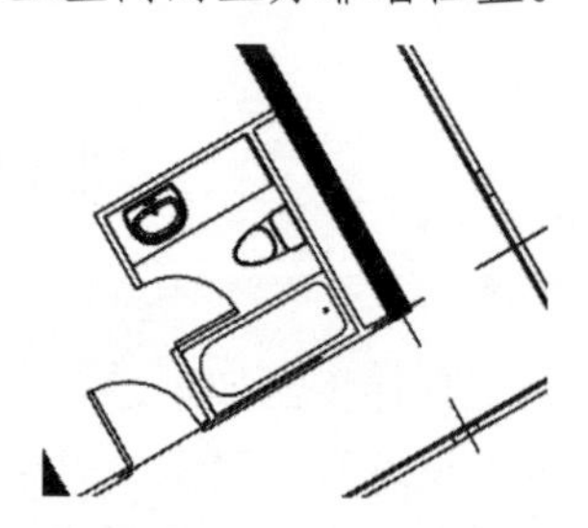

图 19-28 放置洗脸盆

（7）重复“放置构件”命令，单击“模式”面板中的“载入族”按钮，打开“载入族”对话框，选择 Chinese→“建筑”→“家具”→3D→“床”→“单人床.rfa”族文件，单击“打开”按钮，载入“单人床”族文件。

（8）在选项栏中选中“放置后旋转”复选框，将其放置在如图 19-29 所示房间的中间右侧靠墙位置。

（9）重复“放置构件”命令，单击“模式”面板中的“载入族”按钮，打开“载入族”对话框，选择 Chinese→“建筑”→“家具”→3D→“柜子”→“边柜 2.rfa”族文件，单击“打开”按钮，载入“边柜 2”族文件。在选项栏中选中“放置后旋转”复选框，将其放置在两个单人床的中间，然后移动单人床位置，结果如图 19-30 所示。

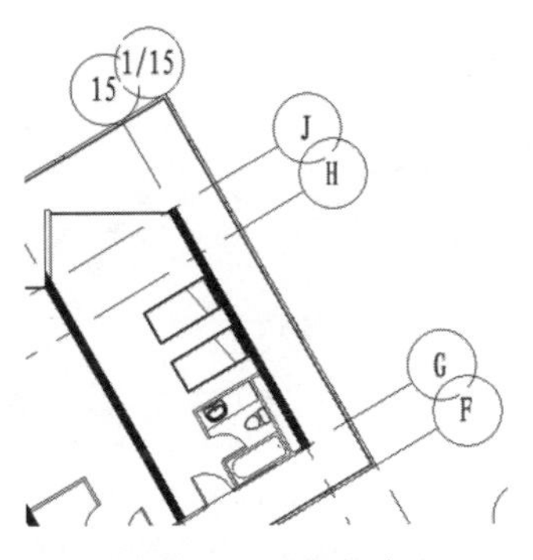

图 19-29　布置单人床

图 19-30　布置边柜

（10）重复“放置构件”命令，在“属性”选项板中选择“布艺休闲椅”类型，在选项栏中选中“放置后旋转”复选框，将其放置在幕墙内侧；然后在“属性”选项板中选择“桌子-圆形 600mm”类型，将其放置在布艺休闲椅的中间，如图 19-31 所示。

（11）重复“放置构件”命令，在“属性”选项板中选择“桌 1525×762mm”类型，在选项栏中选中“放置后旋转”复选框，将其靠墙放置；然后在“属性”选项板中选择“转椅”类型，在选项栏中选中“放置后旋转”复选框，将其放置在桌的前方，如图 19-32 所示。

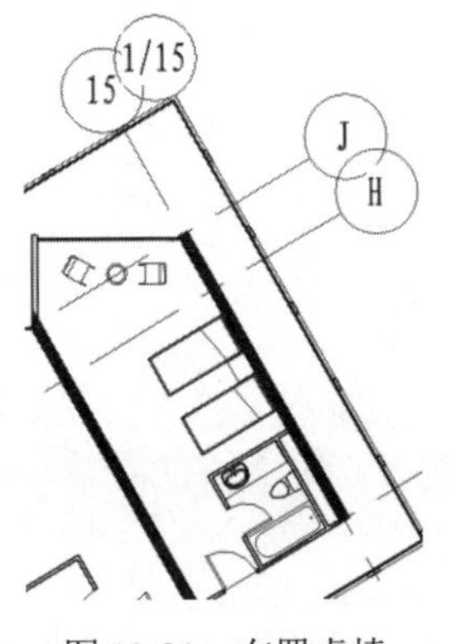

图 19-31　布置桌椅

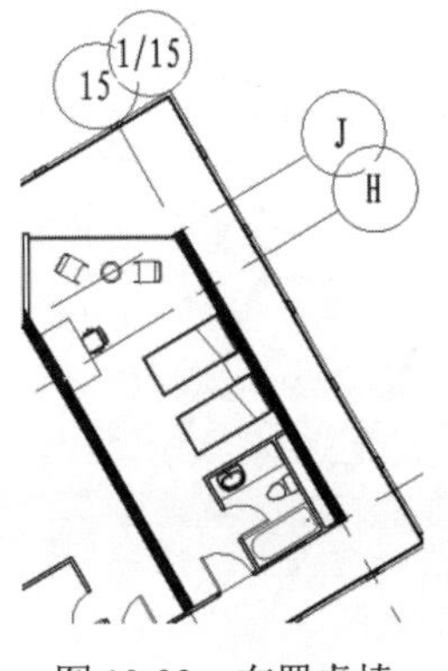

图 19-32　布置桌椅

（12）重复“放置构件”命令，单击“模式”面板中的“载入族”按钮，打开“载入族”对话框，选择 Chinese→“建筑”→“家具”→3D→“桌椅”→“桌子”→“茶几-矩形2.rfa”族文件，单击“打开”按钮，载入“茶几-矩形 2”族文件。在选项栏中选中“放置后旋转”复选框，将其放置在左侧墙体处，如图 19-33 所示。

（13）重复“放置构件”命令，单击“模式”面板中的“载入族”按钮，打开“载入族”对话框，选择 Chinese→“建筑”→“专用设备”→“住宅设施”→“家用电器”→“液晶电视.rfa”族文件，单击“打开”按钮，载入“液晶电视”族文件。在选项栏中选中“放置后旋转”复选框，将其放置在第（12）步布置的矩形茶几中间，在“属性”选项板中输入“偏移”值为 330，如图 19-34 所示。

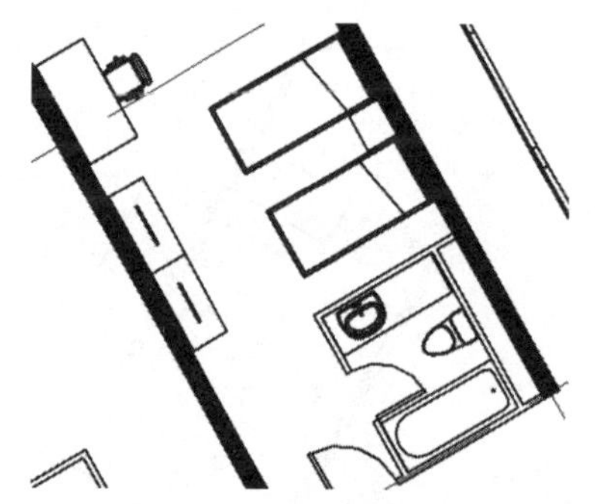

图 19-33　布置矩形茶几

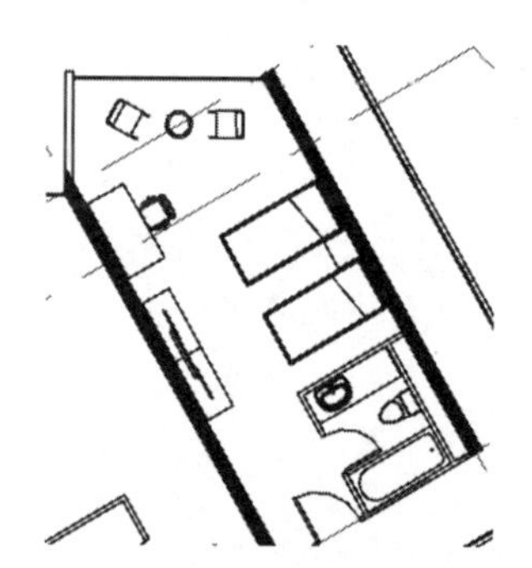

图 19-34　放置液晶电视

（14）重复“放置构件”命令，单击“模式”面板中的“载入族”按钮，打开“载入族”对话框，选择 Chinese→“建筑”→“家具”→3D→“柜子”→“衣柜 2.rfa”族文件，单击“打开”按钮，载入“衣柜 2”族文件，将其放置在门后面，结果如图 19-35 所示。

（15）重复“放置构件”命令，单击“模式”面板中的“载入族”按钮，打开“载入族”对话框，选择 Chinese→“建筑”→“家具”→3D→“柜子”→“橱柜 2.rfa”族文件，单击“打开”按钮，载入“橱柜 2”族文件。在选项栏中选中“放置后旋转”复选框，将其放置在衣柜旁边，结果如图 19-36 所示。

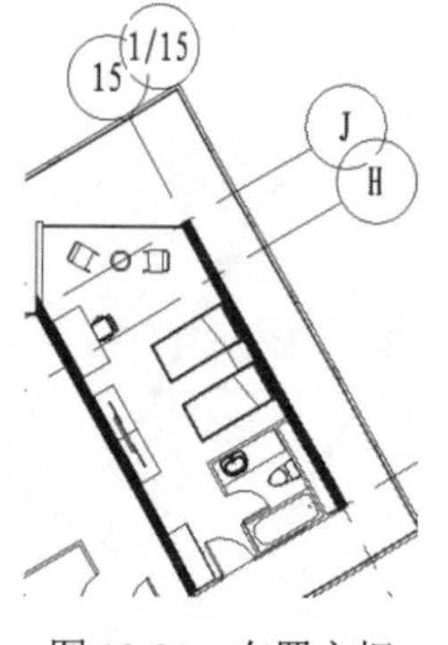

图 19-35　布置衣柜

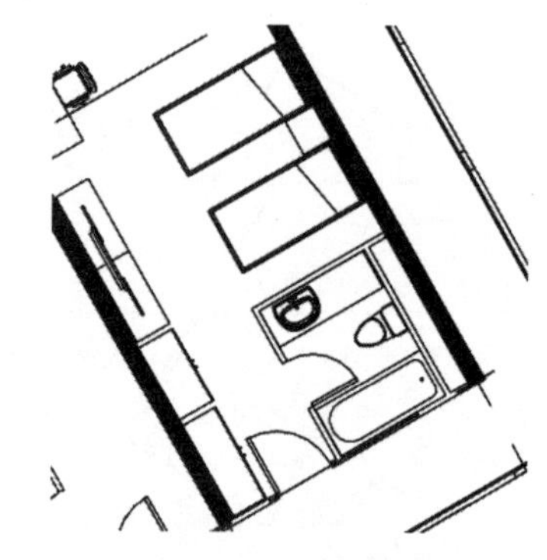

图 19-36　布置橱柜

（16）重复“放置构件”命令，单击“模式”面板中的“载入族”按钮，打开“载入族”对话框，选择 Chinese→“建筑”→“照明设备”→“台灯和落地灯”→“台灯-半球状1.rfa”族文件，单击“打开”按钮，载入“台灯-半珠状 1”族文件。

（17）在“属性”选项板中输入“偏移”值为 650，将其放置在边柜上，如图 19-37 所示。

（18）单击“修改”选项卡的“创建”面板中的“创建组”按钮，打开“创建组”对话框，采用默认名称和设置，单击“确定”按钮，打开“编辑组”面板，单击“添加”按钮，选取房间内所有家具和卫生间内的卫生器具，单击“完成”按钮，将所选取的家具和卫生器具创建成组。

（19）利用“镜像-拾取轴”命令和“复制”命令将创建成组的家具和卫生器具布置到其他房间，然后将楼梯间左侧房间的单人床删除，布置成双人床，如图 19-38 所示。

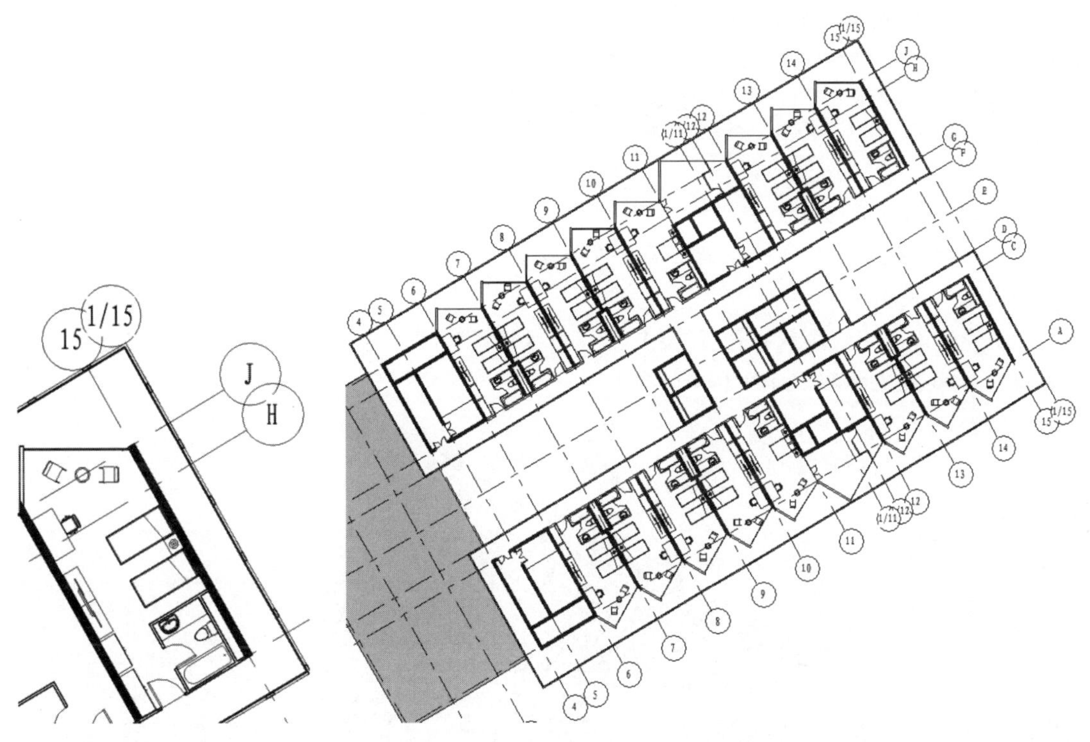

图 19-37　布置台灯　　　　图 19-38　布置其他房间的家具

（20）采用相同的方法布置楼梯间前面的房间中的家具，如图 19-39 所示。

（21）采用与 16.8 节相同的方法布置电梯，如图 19-40 所示。

图 19-39　布置房间

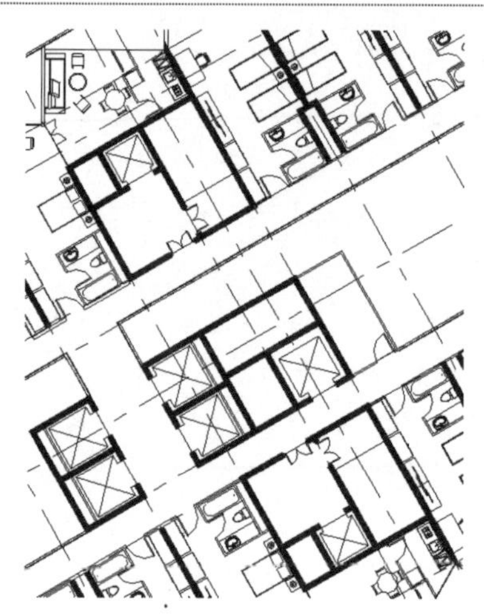

图 19-40　布置电梯

扫一扫，看视频

19.6 布置绿植

布置绿植的具体步骤如下：

（1）单击“体量和场地”选项卡的“场地建模”面板中的“场地构件”按钮，打开“修改|场地构件”选项卡。

（2）在“属性”选项板中选择“RPC 树-热带马来西亚金棕榈-3.0 米”类型，将其放置在外幕墙与房间幕墙之间，如图 19-41 所示。

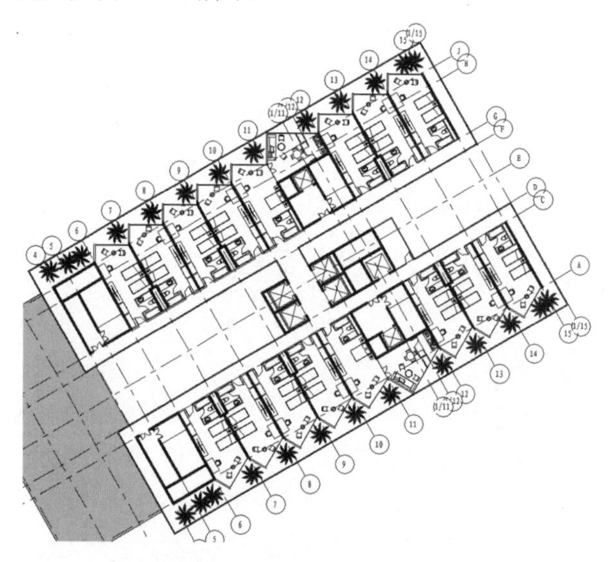

图 19-41　布置马来西亚金棕榈

（3）重复“场地构件”命令，在“属性”选项板中选择“RPC 树-热带 1 草属棕榈-5.5 米”类型，将其放置在露台上，如图 19-42 所示。

（4）重复“场地构件”命令，在“属性”选项板中选择“RPC 树-热带 1 散尾葵-7.5 米”类型，单击“编辑类型”按钮，打开“类型属性”对话框，更改“高度”为 14000，将其放置在露台上，如图 19-43 所示。

其他标准层的绘制和七层类似，这里就不再一一介绍了，读者可以根据七层的绘制方法绘制其他标准层。

图 19-42　布置热带草属棕榈

图 19-43　布置热带散尾葵

第 20 章　创建顶层和辅助设施

在前面的章节中介绍了宾馆大楼的主体建筑和室内布置，本章主要介绍顶层以及楼梯、坡道及栏杆扶手等辅助设施的创建。

- 创建顶层
- 创建楼梯
- 创建坡道
- 创建栏杆扶手
- 创建外景图像

案例效果

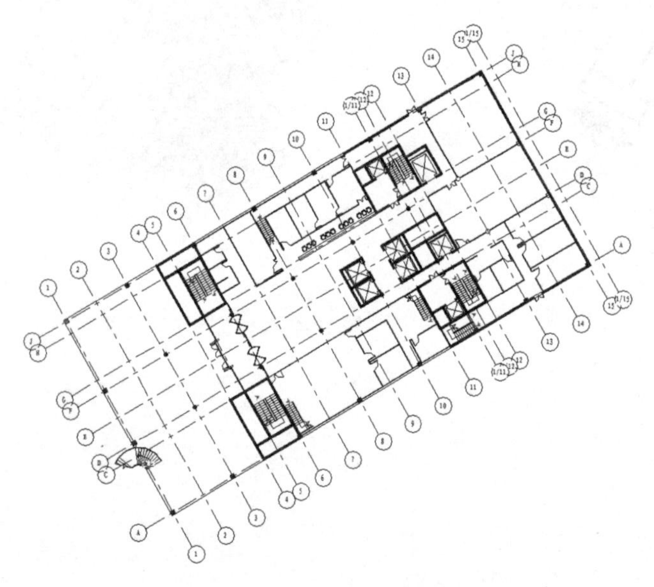

扫一扫，看视频

20.1　创 建 顶 层

在二十二层上绘制女儿墙，然后在楼梯间上放置门，再绘制二十二层的楼板，最后绘制楼梯楼板。

1. 创建女儿墙

（1）在项目浏览器中双击“楼层平面”节点下的 F22，将视图切换到 F22 楼层平面视图。

（2）单击“建筑”选项卡的“构建”面板中的“墙”按钮，在“属性”选项板中选择“内部-79mm 隔断（1 小时）”类型，设置“定位线”为“面层面：外部”，“底部约束”为 F22，“底部偏移”为 0，“顶部约束”为“未连接”，“无连接高度”为 900，其他采用默认设置。

（3）根据轴网绘制如图 20-1 所示的女儿墙。

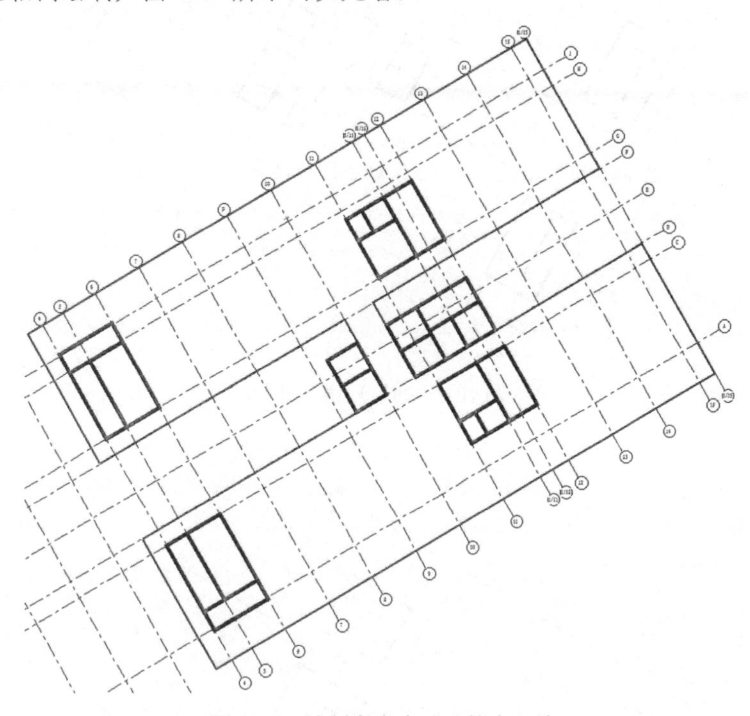

图 20-1　绘制高度为 900 的女儿墙

2. 布置门

（1）单击“建筑”选项卡的“构建”面板中的“门”按钮，打开“修改|放置门”选项卡。

（2）在“属性”选项板中选择“门-双扇平开”类型，在楼梯间及前室上放置双扇平开门，也可以结合“镜像”命令来布置双扇平开门，如图 20-2 所示。

3. 创建楼板

（1）单击“建筑”选项卡的“构建”面板中“楼板”下拉列表中的“楼板：建筑”按钮，打开“修改|创建楼层边界”选项卡。

（2）单击“绘制”面板中的“边界线”按钮、“拾取墙”按钮和“线”按钮，绘制楼板边界线，如图 20-3 所示。

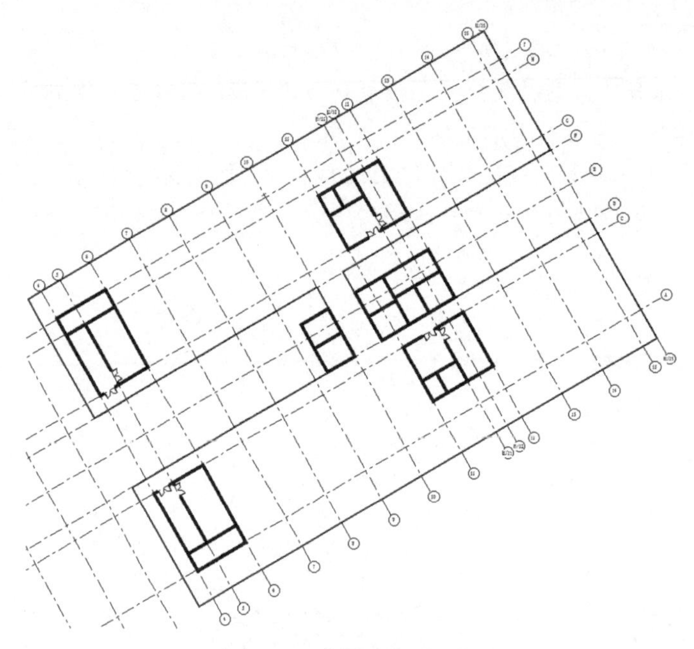

图 20-2　布置双扇平开门

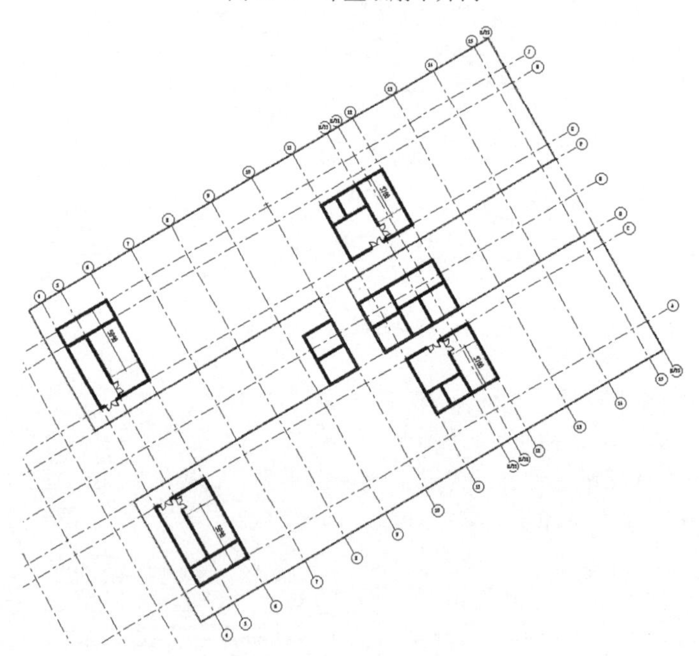

图 20-3　绘制楼板边界线 1

（3）在“属性”选项板中选择“常规-150mm”类型，输入“自标高的高度偏移”为 0，其他采用默认设置。

（4）单击“模式”面板中的“完成编辑模式”按钮，完成楼板的创建。

（5）在项目浏览器中双击“楼层平面”节点下的 F23，将视图切换到 F23 楼层平面视图。

（6）单击“建筑”选项卡的“构建”面板中“楼板”下拉列表中的“楼板：建筑”按钮，打开“修改|创建楼层边界”选项卡。

（7）单击“绘制”面板中的“边界线”按钮、“拾取墙”按钮和“线”按钮，绘制楼板边界线，如图 20-4 所示。

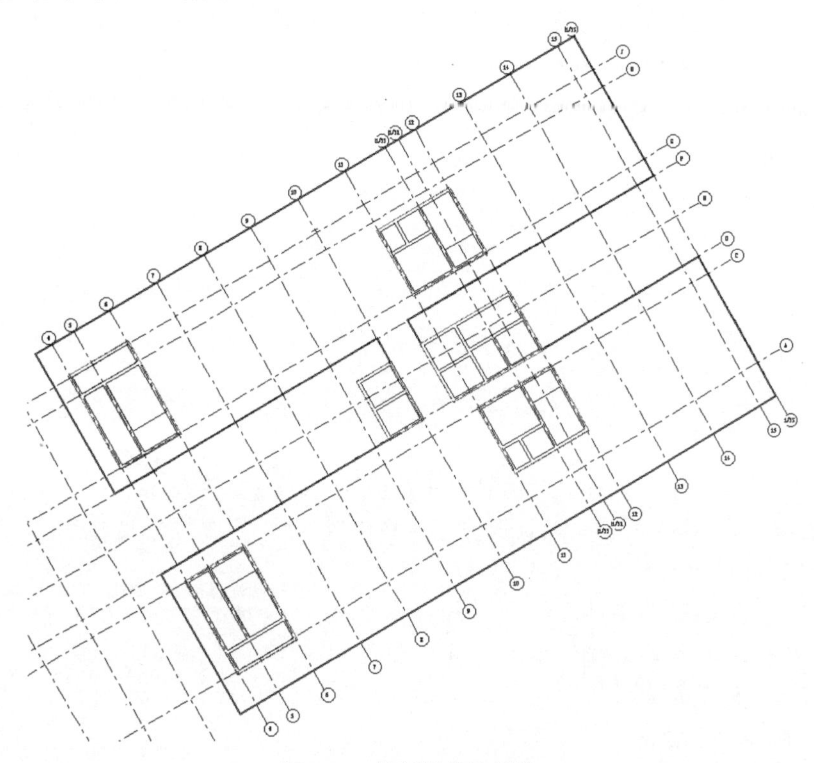

图 20-4　绘制楼板边界线 2

（8）在“属性”选项板中选择“常规-150mm”类型，输入“自标高的高度偏移”为 150，其他采用默认设置。

（9）单击“模式”面板中的“完成编辑模式”按钮，完成楼板的创建。

20.2　创建楼梯

扫一扫，看视频

创建楼梯的具体步骤如下：

（1）在项目浏览器中双击“楼层平面”节点下的 F-1，将视图切换到 F-1 楼层平面视图。

（2）单击“建筑”选项卡的“构建”面板中“楼梯”按钮，打开“修改|创建楼梯”选项卡。

（3）在选项栏中设置“定位线”为“楼段：中心”，“偏移”为 0，“实际梯段宽度”为 1100，并选中“自动平台”复选框。

（4）在“属性”选项板中选择“现场浇注楼梯 整体式楼梯”类型，单击“编辑类型”按钮，打开“类型属性”对话框，单击“复制”按钮，新建“整体式”类型，更改“最大踢面高度”为 180，“最小踏板深度”为 250。

（5）单击“梯段类型”栏中的按钮，打开“类型属性”对话框，新建“整体梯段”类型，更改“结构深度”为 80。单击“整体式材质”栏中的按钮，打开“材质浏览器”对话框，选择“混凝土-现场浇注混凝土”材质。单击“确定”按钮，返回到“类型属性”对话框，其他采用默认设置，单击“确定”按钮，返回到“类型属性”对话框。

（6）单击“平台类型”栏中的按钮，打开“类型属性”对话框，新建“100mm 厚度”类型，更改“整体厚度”为 100，“整体式材质”为“混凝土-现场浇注混凝土”，连续单击“确定”按钮。

（7）在“属性”选项板中设置“顶部标高”为 F1，“顶部偏移”为 0。

（8）单击“构件”面板中的“梯段”按钮和“直梯”按钮（默认状态下，系统会激活这两个按钮），绘制楼梯路径，如图 20-5 所示。默认情况下，在创建梯段时会自动创建栏杆扶手。

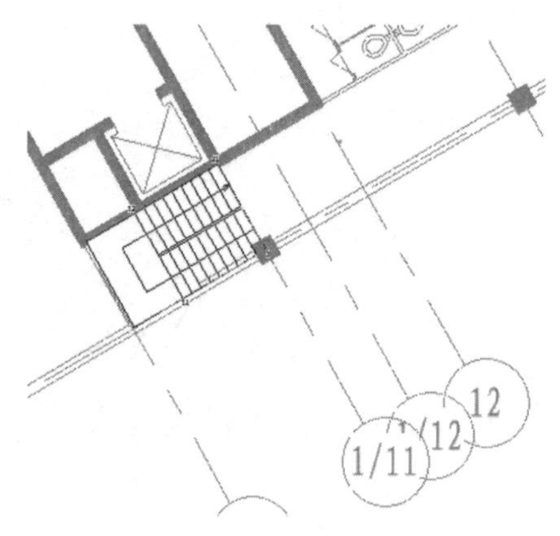

图 20-5　绘制楼梯路径

（9）单击“修改|创建楼梯”选项卡的“多层楼梯”面板中的“连接标高”按钮，打开“转到视图”对话框，选择“立面：北”选项，单击“打开视图”按钮，转换到北立面视图。依次选取 F2、F3、F4、F5 标高线，单击“模式”面板中的“完成编辑模式”按钮，完成楼梯的创建。

（10）选取上一步创建的楼梯栏杆，在“属性”选项板中单击“编辑类型”按钮，打开“类型属性”对话框，新建“栏杆-金属立杆”类型，更改“栏杆偏移”为-25，选中“使用平台高度调整”复选框，设置“平台高度调整”为 0，取消选中“使用顶部扶栏”复选框，其他采用默认设置。

（11）单击“扶栏结构（非连续）”栏中的“编辑”按钮，打开“编辑扶手（非连续）”对话框，设置扶手参数，如图 20-6 所示。单击“确定”按钮，返回到“类型属性”对话框。

（12）单击“栏杆位置”栏中的“编辑”按钮，打开“编辑栏杆位置”对话框，设置栏杆参数，如图 20-7 所示。连续单击“确定”按钮，完成栏杆的设置。

（13）选取楼梯挨着墙体的栏杆，按 Delete 键将其删除。

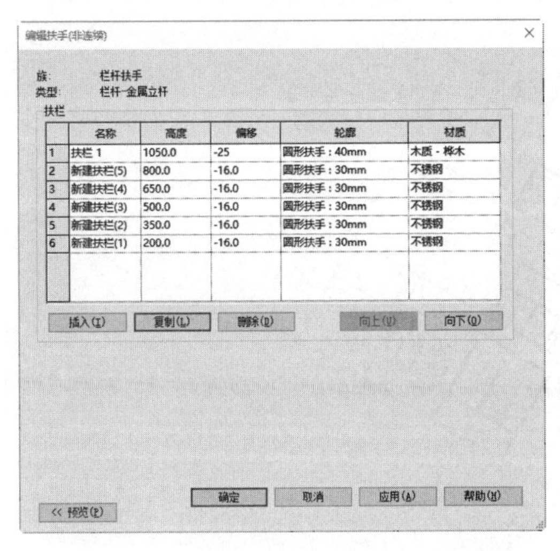

图 20-6 “编辑扶手（非连续）”对话框

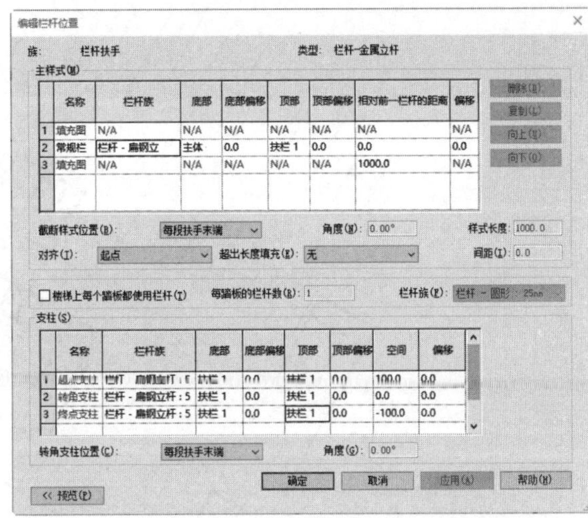

图 20-7 “编辑栏杆位置”对话框

（14）单击“建筑”选项卡的“构建”面板中的“楼梯”按钮，打开“修改|创建楼梯”选项卡。

（15）在选项栏中设置“定位线”为“楼段：中心”，“偏移”为 0，“实际梯段宽度”为 1350，并选中“自动平台”复选框。

（16）在“属性”选项板中选择“现场浇注楼梯 整体式楼梯”类型，设置“顶部标高”为 F1，“顶部偏移”为 0。

（17）单击“构件”面板中的“梯段”按钮和“直梯”按钮（默认状态下，系统会激活这两个按钮），绘制楼梯路径，如图 20-8 所示。默认情况下，在创建梯段时会自动创建栏杆扶手。

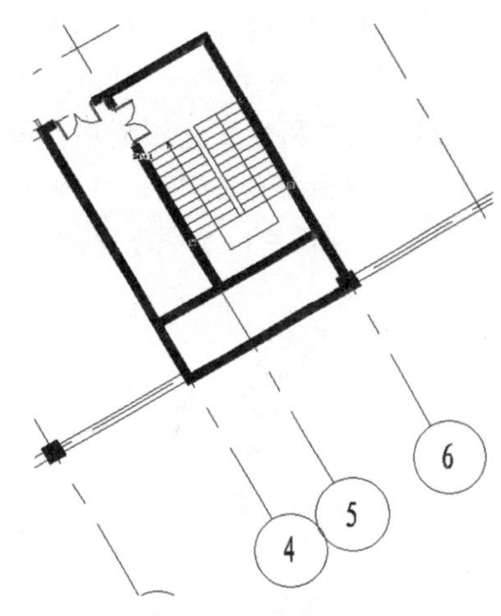

图 20-8 绘制楼梯路径

（18）单击“修改|创建楼梯”选项卡的“多层楼梯”面板中的“连接标高”按钮，打开“转到视图”对话框，选择“立面：北”选项，单击“打开视图”按钮，转换到北立面视图。选取 F2~F22 标高线，单击“模式”面板中的“完成编辑模式”按钮，完成楼梯的创建。

（19）选取中间栏杆扶手，更改类型为“栏杆-金属立杆”，然后选取楼梯挨着墙体的栏杆，按 Delete 键删除。

（20）采用相同的方法创建其他 4 个楼梯间内的楼梯，如图 20-9 所示。

（21）在项目浏览器中双击“楼层平面”节点下的 F1，将视图切换到 F1 楼层平面视图。单击“建筑”选项卡的“构建”面板中的“楼梯”按钮，打开“修改|创建楼梯”选项卡。

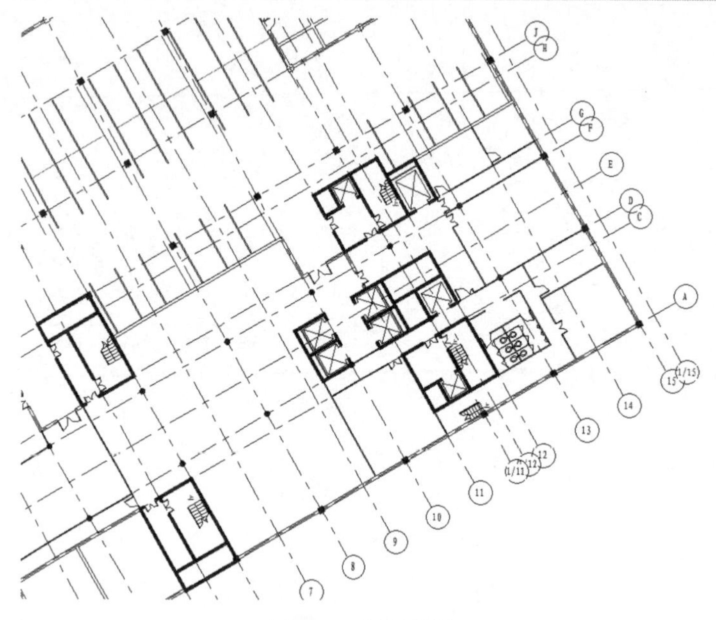

图 20-9　绘制楼梯

（22）单击“工作平面”面板中的“参照平面”按钮，绘制如图 20-10 所示的参照平面。

（23）单击“构件”面板中的“梯段”按钮和“圆心-端点螺旋”按钮，在选项栏中输入“实际梯段宽度”为 2000，选中“自动平台”复选框。

（24）在“属性”选项板中选择“现场浇注楼梯 整体式楼梯”类型，设置“底部标高”为 F1，“顶部标高”为 F3，其他采用默认设置。

（25）在视图中以参照平面的交点为圆心，以参照平面为参照绘制圆弧段，如图 20-11 所示。

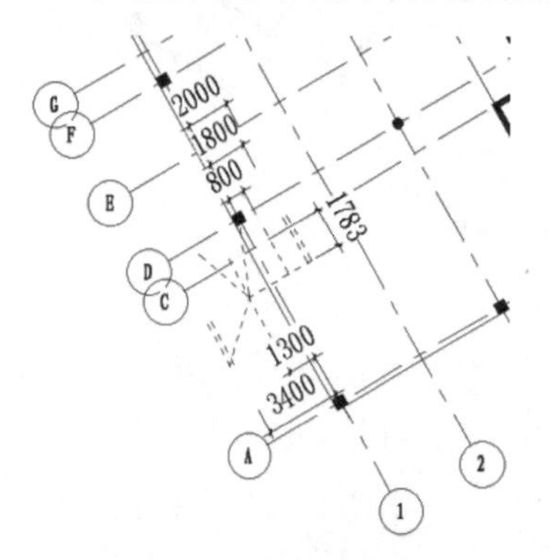

图 20-10　绘制参照平面

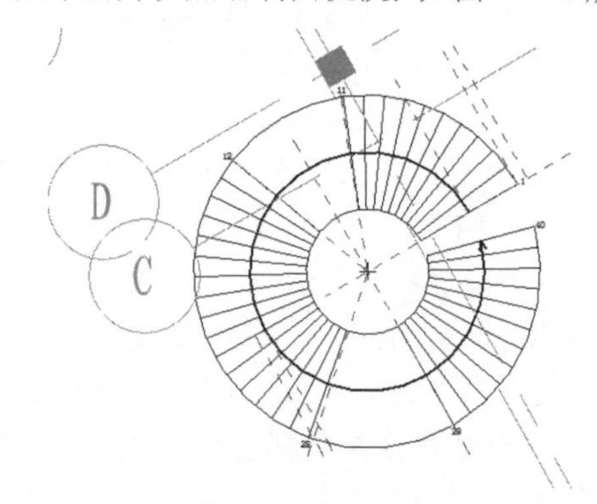

图 20-11　绘制圆弧段

（26）单击“模式”面板中的“完成编辑模式”按钮，完成旋转楼梯的绘制。

（27）单击“建筑”选项卡的“构建”面板中的“楼梯”按钮，打开“修改|创建楼梯”选项卡。

（28）单击“工作平面”面板中的“参照平面”按钮，绘制如图 20-12 所示的参照平面。

（29）单击“构件”面板中的“梯段”按钮和“直梯”按钮，在选项栏中输入“实际梯段宽度”为 1100，选中“自动平台”复选框。

（30）在“属性”选项板中选择“现场浇注楼梯 整体式楼梯”类型，设置“底部标高”为 F1，“顶部标高”为 F2，其他采用默认设置。

（31）在视图中以参照平面的交点为起点，以参照平面为参照绘制梯段，如图 20-13 所示。

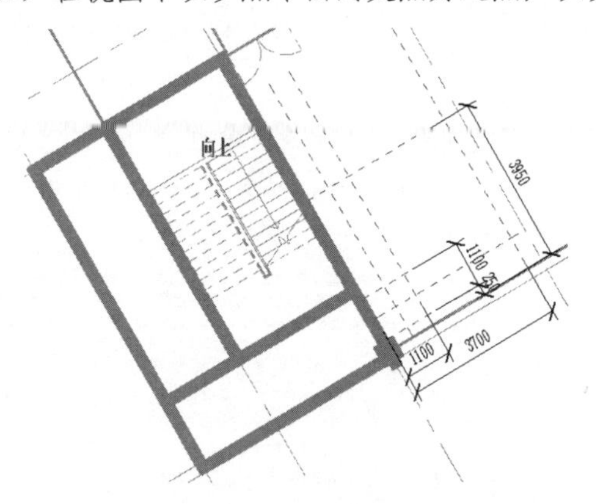

图 20-12　绘制参照平面

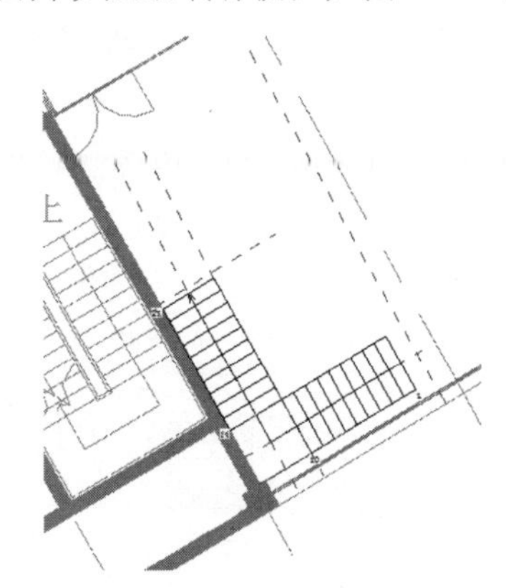

图 20-13　绘制梯段 1

（32）单击“模式”面板中的“完成编辑模式”按钮，完成楼梯的绘制。

（33）采用相同的方法创建其他梯段，结果如图 20-14 所示。

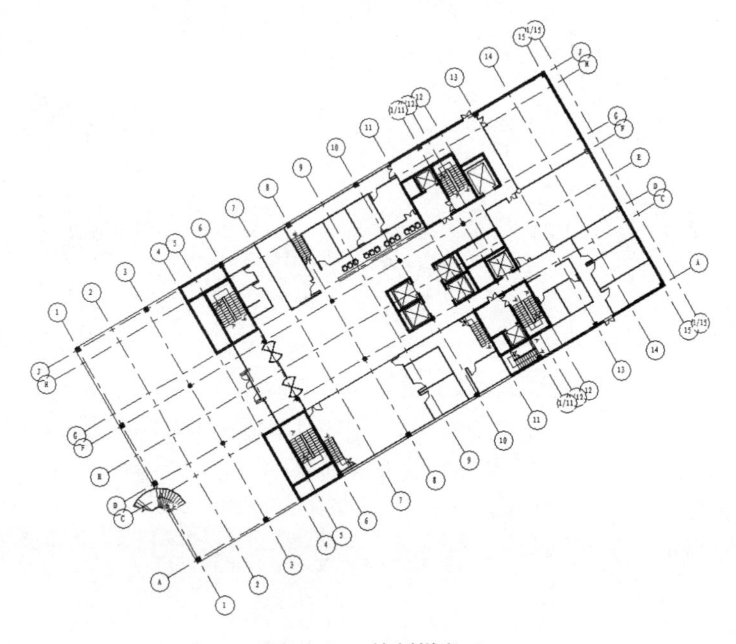

图 20-14　绘制梯段 2

扫一扫，看视频

20.3 创建坡道

创建坡道的具体步骤如下：

（1）在项目浏览器中双击“楼层平面”节点下的F3，将视图切换到F3楼层平面视图。

（2）单击“建筑”选项卡的“构建”面板中的“坡道”按钮，打开“修改|创建坡道草图”选项卡。

（3）单击“编辑类型”按钮，打开“类型属性”对话框，设置“造型”为“结构板”，“厚度”为100，“功能”为“内部”，设置“坡道材质”为“混凝土，预制”，“最大斜坡长度”为60000，“坡道最大坡度（1/x）”为4，其他采用默认设置，单击“确定”按钮。

（4）在“属性”选项板中设置“底部标高”为F3，“底部偏移”为0，“顶部标高”为F3.5，“顶部偏移”为0。

（5）单击“绘制”面板中的“边界”按钮和“线”按钮，绘制坡道边界，如图20-15所示。

（6）单击“绘制”面板中的“踢面”按钮和“线”按钮，绘制踢面线，如图20-16所示。

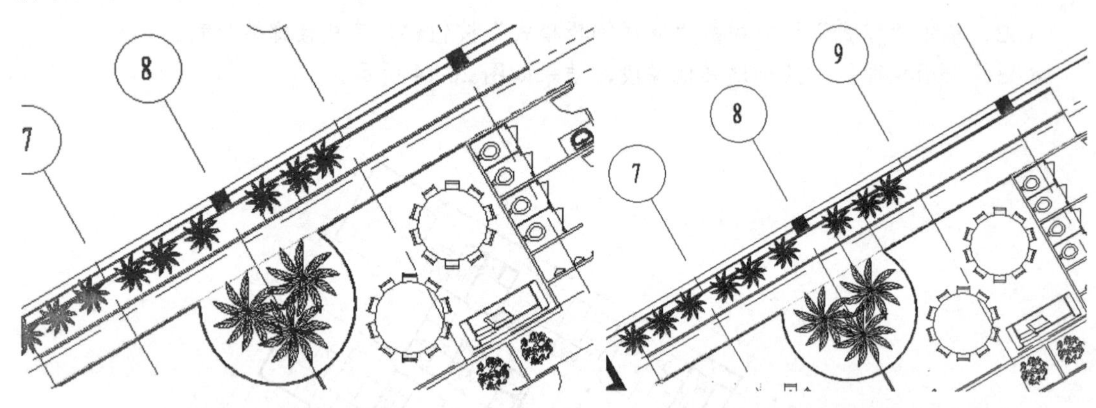

图20-15　绘制坡道边界　　图20-16　绘制踢面线

（7）单击“模式”面板中的“完成编辑模式”按钮，完成坡道的绘制。

（8）在项目浏览器中双击“楼层平面”节点下的F3.5，将视图切换到F3.5楼层平面视图。

（9）重复“坡道”命令，在“属性”选项板中设置“底部标高”为F3.5，“底部偏移”为0，“顶部标高”为F4，“顶部偏移”为0。

（10）绘制坡道的边界和踢面，如图20-17所示。

（11）采用相同的方法绘制F4楼层的坡道，如图20-18所示。

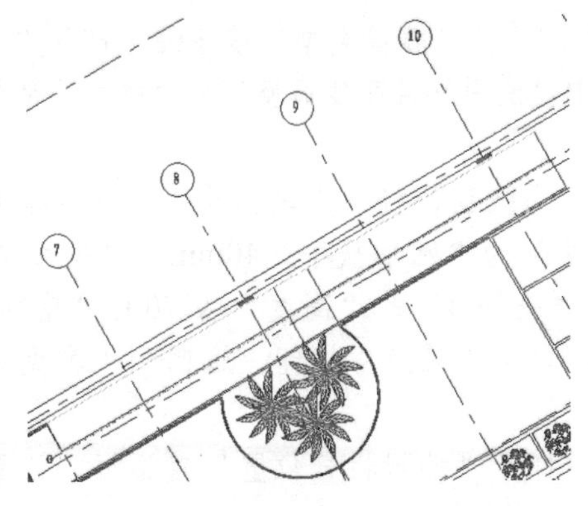

图 20-17　绘制坡道的边界和踢面

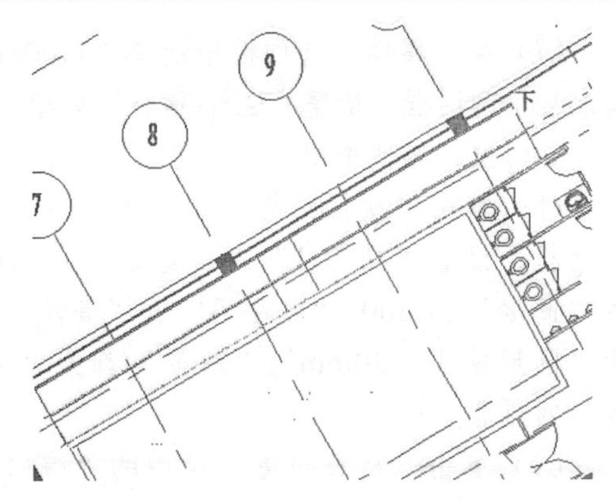

图 20-18　绘制四到五层的坡道

20.4　创建栏杆扶手

扫一扫，看视频

创建栏杆扶手的具体步骤如下：

（1）在项目浏览器中双击“楼层平面”节点下的 F3，将视图切换到 F3 楼层平面视图。

（2）单击“建筑”选项卡的“构建”面板中“栏杆扶手”下拉列表中的“绘制路径”按钮，打开“修改|创建栏杆扶手路径”选项卡。

（3）单击“绘制”面板中的“线”按钮（默认状态下，系统会激活此按钮），在旋转楼梯出口绘制栏杆路径，如图 20-19 所示。

（4）单击“模式”面板中的“完成编辑模式”按钮，完成栏杆路径的绘制。

（5）在“属性”选项板中选择“栏杆-金属立杆”类型，设置“底部标高”为 F3，“底部偏移”为 0，“从路径偏移”为 0，绘制的栏杆如图 20-20 所示。

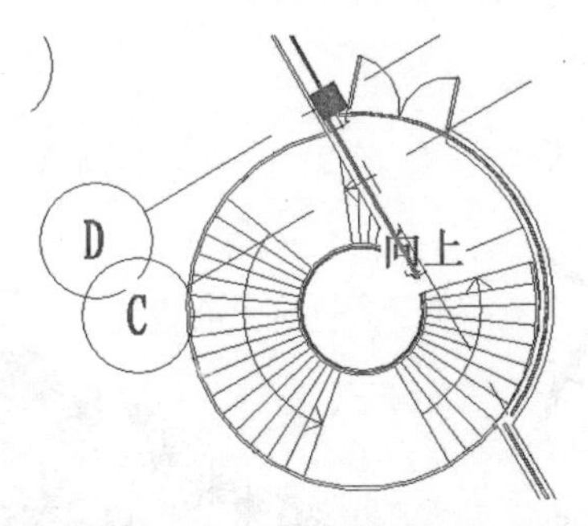

图 20-19　绘制栏杆路径

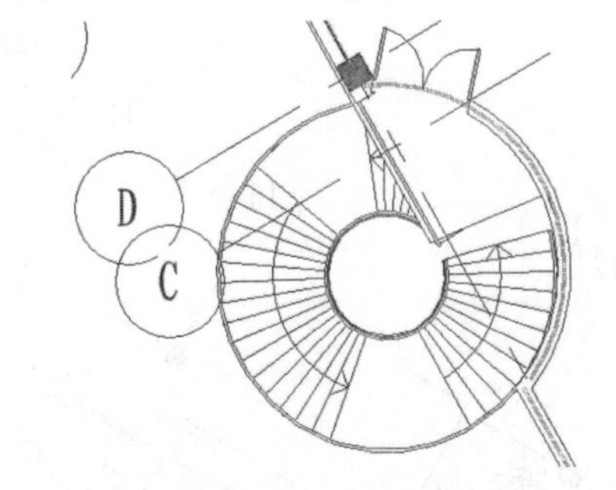

图 20-20　绘制栏杆

（6）单击“建筑”选项卡的“构建”面板中“栏杆扶手”下拉列表中的“绘制路径”按钮，打开“修改|创建栏杆扶手路径”选项卡。

（7）在“属性”选项板中选择“1100mm”类型，单击“编辑类型”按钮，打开“类型属性”对话框。新建“栏杆-横杆”类型，取消选中“使用平台高度调整”和“使用顶部扶栏”复选框，其他采用默认设置。

（8）单击“扶栏结构（非连续）”栏中的“编辑”按钮，打开“编辑扶手（非连续）”对话框，设置“扶手 1”的“高度”为 1100，“轮廓”为“圆形扶手：40mm”，“扶手 2”的“高度”为 300，“扶手 3”的“高度”为 500，“扶手 4”的“高度”为 700，“轮廓”为“圆形扶手：30mm”，“材质”都为“不锈钢”，单击“确定”按钮，返回到“类型属性”对话框。

（9）单击“栏杆位置”栏中的“编辑”按钮，打开“编辑栏杆位置”对话框，设置“常规栏”的“顶部”为“扶手 1”，“相对于前一栏杆的距离”为 1200，“对齐”为“展开样式以匹配”，设置“起点支柱”，“转角支柱”和“终点支柱”的“栏杆族”为“无”，“底部”为“主体”，“顶部”为“扶手 1”，其他采用默认设置。连续单击“确定”按钮，完成栏杆的设置。

（10）单击“绘制”面板中的“线”按钮（默认状态下，系统会激活此按钮），在长廊中绘制栏杆路径，如图 20-21 所示。

（11）单击“模式”面板中的“完成编辑模式”按钮，完成栏杆路径的绘制。

（12）单击“建筑”选项卡的“构建”面板中“栏杆扶手”下拉列表中的“绘制路径”按钮，打开“修改|创建栏杆扶手路径”选项卡。

（13）单击“绘制”面板中的“线”按钮（默认状态下，系统会激活此按钮），在长廊的结构柱之间绘制栏杆路径，如图 20-22 所示。

（14）单击“模式”面板中的“完成编辑模式”按钮，完成栏杆路径的绘制。

（15）重复步骤（6）~（10），继续绘制长廊上结构柱之间的栏杆扶手，如图 20-23 所示。

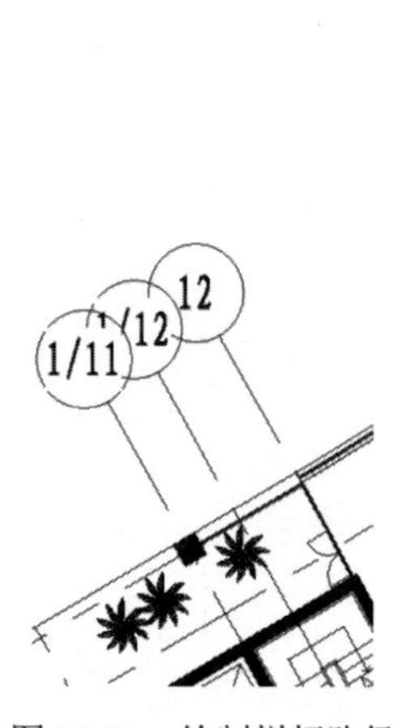

图 20-21　绘制栏杆路径

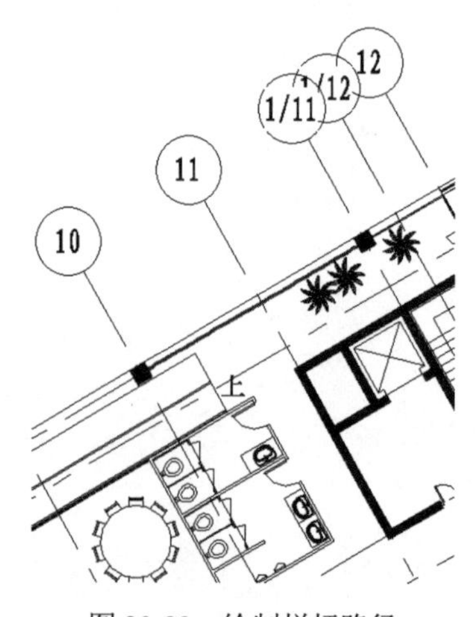

图 20-22　绘制栏杆路径

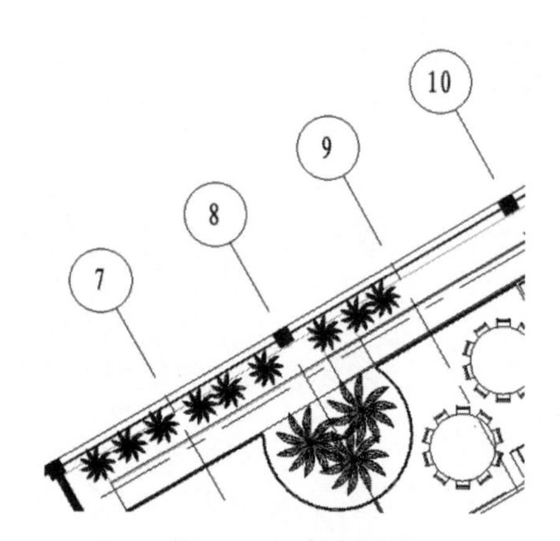

图 20-23　栏杆扶手

扫一扫，看视频

20.5 创建外景图像

创建外景图像的具体步骤如下：

（1）在项目浏览器中双击“楼层平面”节点下的 F1，将视图切换到 F1 平面视图。

（2）单击“视图”选项卡的“创建”面板中“三维视图”下拉列表中的“相机”按钮，在平面视图的左侧放置相机并确定相机方向，如图 20-24 所示。

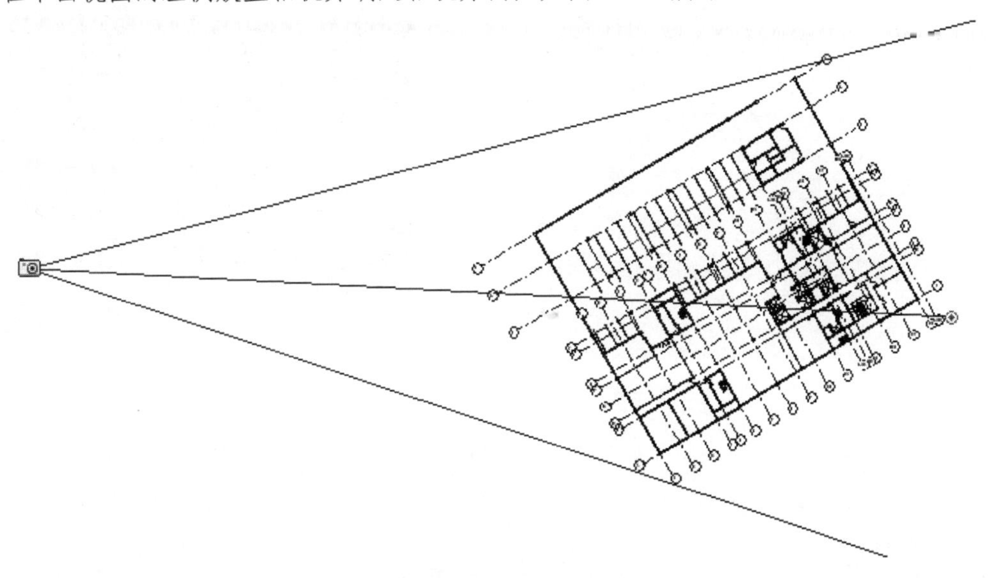

图 20-24 设置相机

（3）系统自动创建三维视图。在“属性”选项板中分别输入“视点高度”和“目标高度”为 25000，拖动裁剪区域的控制点，调整视图的界限，如图 20-25 所示。

（4）单击控制栏中的“视觉样式”按钮，在下拉列表中选择“着色”选项。在项目浏览器中选择上一步创建的“三维视图 1”，右击，在弹出的快捷菜单中选择“重命名”命令，打开“重命名视图”对话框，输入“名称”为“外景视图”，单击“确定”按钮，完成视图名称的更改。

（5）单击“视图”选项卡的“演示视图”面板中的“渲染”按钮，打开“渲染”对话框，设置“质量”为“最佳”，“分辨率”为“屏幕”，“照明方案”为“室外：仅日光”，“背景样式”为“天空：无云”，单击“日光设置”框右侧的“选择太阳”按钮，打开“日光设置”对话框，在“日光研究”选项组中选中“静止”单选按钮，其他采用默认设置，单击“确定”按钮，返回“渲染”对话框。

（6）单击“渲染”按钮，打开“渲染进度”对话框，显示渲染进度。选中“当渲染完成时关闭对话框”复选框，则渲染完成后自动关闭对话框，渲染结果如图 20-26 所示。

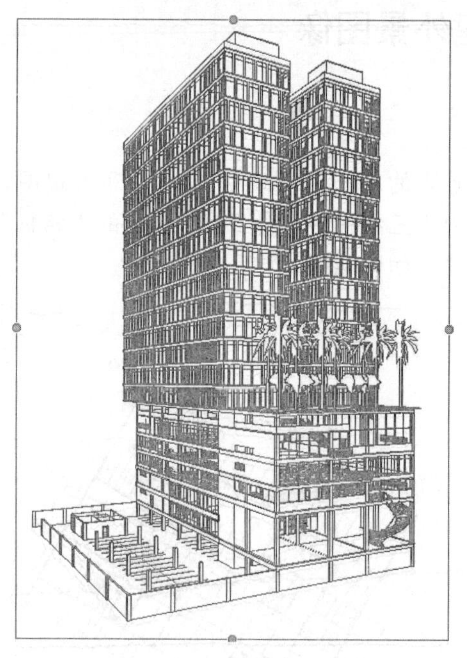

图 20-25　更改视图界限

图 20-26　渲染图形

（7）单击“渲染”对话框中的“保存到项目中”按钮，打开“保存到项目中”对话框，输入“名称”为“宾馆大楼外景视图”，单击“确定”按钮，将渲染完的图像保存在项目中。

□作者介绍

天工在线是一个CAD/CAM/CAE方面集技术研讨、工程计算、培训咨询和教材开发的工程人员协作联盟。

天工在线的负责人由Autodesk中国认证考试管理中心首席专家、技术总监、Autodesk全球认证讲师担任，全面负责Autodesk中国认证考试大纲的制定、题库建设、技术咨询和师资力量的培训工作。

天工在线的成员精通Autodesk系列软件，具有丰富的使用经验和实践经验。其创作的CAD/CAM/CAE类图书实例丰富、注重实践、通俗易懂，不但对高校传统教材是有力的补充，而且备受读者欢迎，在国内同类图书销售中长期名列前茅。

读者朋友扫描下方的二维码或关注微信公众号“设计指北”，发送“bim0592”到公众号后台，获取本书的资源下载链接，然后将此链接复制到计算机浏览器的地址栏中，根据提示下载。

如果您在学习本书时遇到技术问题或疑惑，可以加入本书的读者交流圈，使用手机微信扫描下面的二维码后进入，进行在线交流学习，作者不定时在群里答疑解惑，方便读者无障碍地快速学习本书。

责任编辑：杨静华

丛书简介

《CAD/CAM/CAE 微视频讲解大系》是一套 CAD/CAM/CAE 方面的专业基础类图书。该丛书内容全面、由浅入深、实例丰富、讲解详尽，从基础知识到实例、案例，逐层深入，逐步拓展，以便零基础的读者能够轻松学习并熟练使用 CAD/CAM/CAE 相关软件。

为了让读者朋友高效学习，每种图书都专门录制了同步微视频，并附带了几乎所有实例的源文件，还给出了相应的实例分析。

为了更好地服务于读者，丛书还提供了公众号、QQ 群在线服务等。

总之，本丛书的目的是，从多种维度、以多种方式竭尽所能帮助读者朋友快速学习 CAD/CAM/CAE 技术，弥补高校教育实践性不足的缺憾，架起从高校到社会、到企业的桥梁，让有志于从事计算机辅助设计、计算机辅助制造、计算机辅助分析的读者轻松踏入工作的大门。

ISBN：978-7-5170-9760-0

ISBN：978-7-5170-8775-5

ISBN：978-7-5170-6742-9

ISBN：978-7-5170-5991-2

微信号：Waterpub-Pro

唯一官方微信服务平台

本书专属微信服务平台

手机扫一扫
看微视频讲解
下载海量资源

销售分类：计算机辅助设计 /Autodesk Revit Architecture

学习资源：
88 集微视频讲解 /
实例源文件 / 在线服务

ISBN 978-7-5226-0592-0

定价：89.90 元